高等职业教育"十四五"规划畜牧兽医宠物大类新形态纸数融合教材

新形态教材

中兽医学

ZHONG SHOU YI XUE

主　编　付　森　张丁华　加春生

副主编　刘兴旺　刘　芳　王一明　周启扉　钟登科　刘正平

编　者　（按姓氏笔画排序）

王一明　伊犁职业技术学院

方磊涵　商丘职业技术学院

付　森　商丘职业技术学院

加春生　黑龙江农业工程职业学院

邢耀潭　内江职业技术学院

刘　芳　吉林农业科技学院

刘正平　黑龙江农业经济职业学院

刘兴旺　辽宁职业学院

刘莎莎　娄底职业技术学院

张丁华　河南农业职业学院

周　煜　湖南环境生物职业技术学院

周启扉　黑龙江农业工程职业学院

钟登科　上海农林职业技术学院

U0279205

华中科技大学出版社
http://www.hustp.com
中国·武汉

内 容 简 介

本书是高等职业教育"十四五"规划畜牧兽医宠物大类新形态纸数融合教材。

本书内容包括绪论,基础知识、中药与方剂、针灸与按摩、临床诊治与常见病证四个模块,以及实验实训。本书采用模块化重组、项目化编排、任务分解的形式,按照知识内容相关性和连续性的原则,对顺序进行了酌情调整和精心设计,明确了各项目任务的目标任务,增强了实用性,增加了知识拓展与链接,融合了思政元素,同时配置课程数字化资源,丰富和完善了中兽医学的知识体系,以求更加适应当代中兽医相关职业岗位技能和素质的培养需要。

本书可作为高职高专院校畜牧兽医专业师生的教材,亦可供畜牧兽医技术人员和基层动物疾病防治人员参考。

图书在版编目(CIP)数据

中兽医学/付森,张丁华,加春生主编.—武汉:华中科技大学出版社,2022.8(2023.2重印)
ISBN 978-7-5680-8510-6

Ⅰ.①中… Ⅱ.①付… ②张… ③加… Ⅲ.①中兽医学-高等职业教育-教材 Ⅳ.①S853

中国版本图书馆 CIP 数据核字(2022)第 127173 号

中兽医学
Zhongshouyixue

付 森 张丁华 加春生 主编

策划编辑:罗 伟
责任编辑:张 琴 郭逸贤
封面设计:廖亚萍
责任校对:刘 竣
责任监印:周治超
出版发行:华中科技大学出版社(中国·武汉)　　电话:(027)81321913
　　　　　武汉市东湖新技术开发区华工科技园　　邮编:430223
录　排:华中科技大学惠友文印中心
印　刷:武汉市籍缘印刷厂
开　本:889mm×1194mm　1/16
印　张:23.5
字　数:707千字
版　次:2023 年 2 月第 1 版第 2 次印刷
定　价:69.80 元

高等职业教育"十四五"规划
畜牧兽医宠物大类新形态纸数融合教材
编审委员会

网络增值服务

使用说明

欢迎使用华中科技大学出版社医学资源网 yixue.hustp.com

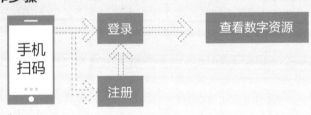

出版
说明

随着我国经济的持续发展和教育体系、结构的重大调整,尤其是2022年4月20日新修订的《中华人民共和国职业教育法》出台,高等职业教育成为与普通高等教育具有同等重要地位的教育类型,人们对职业教育的认识发生了本质性转变。作为高等职业教育重要组成部分的农林牧渔类高等职业教育也取得了长足的发展,为国家输送了大批"三农"发展所需要的高素质技术技能型人才。

为了贯彻落实《国家职业教育改革实施方案》《"十四五"职业教育规划教材建设实施方案》《高等学校课程思政建设指导纲要》和新修订的《中华人民共和国职业教育法》等文件精神,深化职业教育"三教"改革,培养适应行业企业需求的"知识、素养、能力、技术技能等级标准"四位一体的发展型实用人才,实践"双证融合、理实一体"的人才培养模式,切实做到专业设置与行业需求对接、课程内容与职业标准对接、教学过程与生产过程对接、毕业证书与职业资格证书对接、职业教育与终身学习对接,特组织全国多所高等职业院校教师编写了这套高等职业教育"十四五"规划畜牧兽医宠物大类新形态纸数融合教材。

本套教材充分体现新一轮数字化专业建设的特色,强调以就业为导向、以能力为本位、以岗位需求为标准的原则,本着高等职业教育培养学生职业技术技能这一重要核心,以满足对高层次技术技能型人才培养的需求,坚持"五性"和"三基",同时以"符合人才培养需求,体现教育改革成果,确保教材质量,形式新颖创新"为指导思想,努力打造具有时代特色的多媒体纸数融合创新型教材。本教材具有以下特点。

(1)紧扣最新专业目录、专业简介、专业教学标准,科学、规范,具有鲜明的高等职业教育特色,体现教材的先进性,实施统编精品战略。

(2)密切结合最新高等职业教育畜牧兽医宠物大类专业课程标准,内容体系整体优化,注重相关教材内容的联系,紧密围绕执业资格标准和工作岗位需要,与执业资格考试相衔接。

(3)突出体现"理实一体"的人才培养模式,探索案例式教学方法,倡导主动学习,紧密联系教学标准、职业标准及职业技能等级标准的要求,展示课程建设与教学改革的最新成果。

(4)在教材内容上以工作过程为导向,以真实工作项目、典型工作任务、具体工作案例等为载体组织教学单元,注重吸收行业新技术、新工艺、新规范,突出实践性,重点体现"双证融合、理实一体"的教材编写模式,同时加强课程思政元素的深度挖掘,教材中有机融入思政教育内容,对学生进行价值引导与人文精神滋养。

(5)采用"互联网+"思维的教材编写理念,增加大量数字资源,构建信息量丰富、学习手段灵活、学习方式多元的新形态一体化教材,实现纸媒教材与富媒体资源的融合。

(6)编写团队权威,汇集了一线骨干专业教师、行业企业专家,打造一批内容设计科学严谨、深入浅出、图文并茂、生动活泼且多维、立体的新型活页式、工作手册式、"岗课赛证融通"的新形态纸数融合教材,以满足日新月异的教与学的需求。

本套教材得到了各相关院校、企业的大力支持和高度关注,它将为新时期农林牧渔类高等职业

教育的发展做出贡献。我们衷心希望这套教材能在相关课程的教学中发挥积极作用,并得到读者的青睐。我们也相信这套教材在使用过程中,通过教学实践的检验和实践问题的解决,能不断得到改进、完善和提高。

高等职业教育"十四五"规划畜牧兽医宠物大类

新形态纸数融合教材编审委员会

前言

　　为贯彻落实《教育部关于加强高职高专教育人才培养工作的意见》《高等学校课程思政建设指导纲要》《关于加强高职高专教育教材建设的若干意见》文件精神，适应当代临床新技术、养殖新模式、教学新方法的形势，本教材在编写中坚持以突出中国优秀传统文化技能的传承与现代科技的结合为宗旨，结合现代中兽医临床、宠物诊疗和畜牧养殖等岗位的特点，对中兽医学的知识内容进行了精心选择与优化重组，力求将知识传授、素质培养和能力构建三方面有机融合，在教授学生中兽医技能的同时，培养学生正确的世界观、人生观和价值观。

　　本教材采用模块化重组、项目化编排和任务分解的形式，按照知识内容相关性和连续性的原则，对顺序进行了精心设计，本教材除绪论和实验实训外，共分为四个模块。其中：绪论由付森、方磊涵编写；模块一由刘芳（阴阳学说、病因病机）、周煜（五行学说）、付森和方磊涵（脏腑学说和气、血、津液）、钟登科（经络）编写；模块二由张丁华（中药总论）、刘兴旺（常用中药）、加春生（方剂总论、常用方剂）编写；模块三由钟登科编写；模块四由刘莎莎（中医诊法、防治法则）、周煜（辨证论治）、刘芳（常见病证）编写；实验实训由王一明编写；巩固训练由邢耀潭编写完成；周启扉、刘正平参与了数字资源的制作和审核。全书由付森统稿，张丁华、加春生共同审稿。

　　本教材力求做到循序渐进、通俗易懂、简洁明了，但由于编者水平有限，疏漏、错误和不当之处在所难免，欢迎广大读者提出宝贵的意见和建议。

　　本教材得到华中科技大学出版社的大力支持，在此谨表由衷的感谢。

编　者

目录

模块三　针灸与按摩

模块四　临床诊治与常见病证

实 验 实 训

绪　论

一、中兽医学的概念

中兽医学是中国传统兽医学的简称,是中医学的分支。它起源于中国古代,具有独特的理论体系和丰富的诊疗方法。它是我国历代劳动人民同动物疾病做斗争的经验总结,经过数千年的临床实践和发展而形成,主要研究中国传统兽医理、法、方、药及针灸技术。它是以防治动物疾病和动物保健为主要内容的一门综合性应用学科。

中兽医学是以阴阳五行学说为指导思想,以整体观念和辨证论治为理论体系和以四诊、辨证、方药和针灸为主要诊疗手段的医疗技术。它的主要内容包括基础理论、诊法、中药、方剂、针灸和病证防治等。相对于现代兽医学,它以独特的理论体系和诊疗手段而自成体系。

中兽医学是中华民族光辉灿烂的传统文化的重要组成部分,其以整体观念和辨证论治为特点的病证防治技术,至今仍是现代兽医工作者防治动物疾病行之有效的手段。在中华民族的发展历史中,中兽医学为保障畜禽的健康和繁衍,保障畜牧业的发展,提高人们的生活水平,保障国家的安全做出了重要贡献。随着社会进步与科技发展,现代中兽医学又融合了许多其他自然学科,结合了现代科学技术,在对家畜、家禽、伴侣动物(宠物)、经济动物、水产动物以及野生动物等各类动物疾病的防治、人兽共患病的控制及整个现代畜牧业的稳定发展方面起着越来越重要的作用。

二、中兽医学的起源与发展历史

(一)起源于新石器时代

中兽医学的历史悠久,它的起源可以追溯到原始社会,从人类开始驯化野生动物,并将其转变为家畜开始。古人在饲养动物的过程中,逐渐认识动物的疾病,并开始同家畜疾病做斗争,不断地探索治疗方法,从而促成了温热疗法、针灸术和其他外治法等兽医技术的起源。

考古学的发现可以确定我国家畜的饲养至少有1.2万年的历史。在被誉为中华民族"万年智慧"的桂林甑皮岩遗址(距今1.2万年至7000年)考古发掘中,就出土有家猪的骨骼,内蒙古多伦县头道洼新石器时代遗址(距今约6310年)出土有猪、犬和水牛的骨骼。新石器时代的河南仰韶遗址(约公元前5000年),不仅发掘出猪、马、牛等家畜的骨骼,还有石刀、骨针等医疗器具;陕西半坡遗址(约公元前4800年)和姜寨遗址(约公元前4600年),也发掘出猪、马、牛、羊、犬、鸡的骨骼残骸和石刀、骨针、陶器等生活和医疗用具,而且还有用细木围成的圈栏遗迹。而在内蒙古多伦县头道洼新石器时代遗址中出土的砭石,具有切割脓疡和针刺两种作用。这些考古发现证明了在新石器时代的中国的古人就已经普及了家畜的饲养,而且为了保护所饲养的动物,已开始尝试用火、石器、骨器等工具防治动物疾病。

中药的知识也同样起源于人类的生产劳动和生活实践。原始人在采集食物的过程中,因食用某种植物而使某些疾病的症状得以缓解或治愈,或者因为误食了某种植物而引起中毒;经过了无数次的尝试,人们对某些植物的治疗作用和毒性有了基本的认识,从而获得了最原始的中医药知识。"神农尝百草,一日而遇七十毒"的记载,也说明了中医药起源的情况。

(二)夏、商、西周及春秋战国时期得到了初步发展

在商代的甲骨文中,有药酒及一些疾病名称的记载,如胃肠病、体内寄生虫病和齿病等人兽都会发生的疾病,说明随着农业、畜牧业和手工业的不断发展与提高,夏商时期的医学知识和技术也得到了初步发展。河北藁城商代遗址曾发掘出土了郁李仁、桃仁等中药,也发现了猪圈、羊栏、牛棚、马厩的象形文字,说明当时家畜的养殖技术已经具有了较高的水平,对药物也有了更进一步的认识。在这个时期,青铜器的出现和使用,对针灸和手术等中医技术的进步起到了促进作用,考古发现夏商时期已出现了阉割术。另外,商周之际出现的阴阳学说和五行学说,后来也发展成为中医学和中兽医学的指导思想和推理工具。

在西周和春秋战国时期,阉割(去势)术已广泛用于猪、马、牛等动物。当时不仅有了专职兽医机构来治疗动物疾病,而且开始了兽医分科,有内科病(兽病)和外科病(兽疡)等记载,治疗技术出现了灌药、手术、护理、食疗等一系列综合治疗方法。在当时的书籍中,还记载有如猪囊虫、狂犬病、疥癣、

传染病和运动障碍等对家畜危害较大的疾病。《周礼》和《诗经》载有 100 多种人兽通用的药物,而且出现了兽医专用药物的记载,如"流赭(赭石)以涂牛马无病"等。在《晏子春秋》中还有"大暑而疾驰,甚(重)者马死,薄(轻)者马伤"等叙述。

战国时期(公元前 475 年至公元前 221 年),《列子》中就有专门诊治马病的"马医"。《墨子》中也有"罢马不能治,必索良医"的记载。在《楚辞》等古籍中出现了"牛瘍""羸牛""马肘溃""马折膝""马刀伤""马暴死"等动物疾病。

(三)中兽医学术体系在封建社会形成并持续发展

1. 封建社会的前期　中兽医学形成理论体系的重要阶段。

《黄帝内经》一书,被认为是我国现存成书最早的一部医学典籍,中兽医学的基本理论也被认为最早源于《黄帝内经》。该书是中医药理论体系基本完成的直接证明。它汇集了古代人民与疾病做斗争的珍贵经验和理论思想。《黄帝内经》分为《素问》《灵枢》两部,《素问》讲述的是医学基础理论与各家医论,《灵枢》则重点介绍了经络和针灸的理论以及针刺手法的运用。受其影响,中兽医学由此形成了以阴阳五行为指导思想,以整体观念和辨证论治为特点的学术体系,对中兽医的临床诊疗实践活动有着极为重要的意义。

我国最早的药学专著《神农本草经》出现于汉代,该书收载药物 365 种(植物药 252 种、动物药 67 种、矿物药 46 种),其中有"桐花主傅猪疮""柳叶主马疥痂疮"等治疗动物疾病的记载。在考古发现的汉简中,不仅有兽医方剂,还有将药物制成丸剂给马内服的记载。在汉代,也有针药结合法治疗动物疾病的案例,《汉书·艺文志》记载有畜牧兽医专著《相六畜三十八卷》,《三国志》注中记载汉代有《马经》和《牛经》。河南方城汉墓出土的"拒龙阉牛图",说明当时已掌握了走骟法。

汉代名医张仲景编著的《伤寒杂病论》,充实和发展了前人辨证论治的医学思想,也对中兽医学产生了深远影响。张仲景创立的六经辨证方法及经典方剂,在兽医临床沿用至今。

三国时期的外科名医华佗发明的全身麻醉剂"麻沸散",可以用于剖腹涤肠手术。据传,华佗还有关于鸡、猪去势的著述。

2. 封建社会中期　中兽医学形成了完整的学术体系,并继续向前稳步发展。

晋代的名医葛洪开创了"谷道入手"等诊疗技术,首次提出了"杀所咬犬,取脑敷之"的治疗狂犬病的方法,以及"马脊疮"等十几种动物疾病的治疗方法,他编著的《肘后备急方》一书中有治六畜的"诸病方"。

北魏贾思勰的《齐民要术》中编有畜牧兽医专卷,有掏结术,猪、羊的去势术、削蹄法,以及用隔离法防治群发病等防治动物疾病的方技 40 余种。这说明当时的技术已达到了较高水平。

在隋代,中兽医的分科基本完善,出现了《治马经》《治马经图》《杂撰马经》以及《马经孔穴图》等有关动物病证诊治和方药的专著。

唐代是我国古代社会、经济、政治、文化和医学技术发展的辉煌时期,这个时期是我国古代兽医教育的开端。李石编著的《司牧安骥集》为我国现存最早的较为完整的一部中兽医学古籍,也是我国最早的一部兽医学教科书,对中兽医学的理法方药等均有较全面的论述,且流传到海外,产生了深远的影响。唐高宗显庆四年(公元 659 年)颁布的《新修本草》,被认为是世界上最早的药典,收载了 844 种中药。在唐代,还出现了《医马论》《论马宝珠》等少数民族地区的兽医书籍。

宋代先后设置了病马监、皮剥所和药蜜库等兽医专门机构。"牧养上下监,以养疗京城诸坊病马"的病马监,是我国已知最早的兽医院。皮剥所是我国最早的尸体剖检机构,药蜜库是我国最早的兽医药房(见《宋史》)。著作有《明堂灸马经》《医牛方》《医驼方》《疗驼经》《马经》《医马经》《相马病经》《重集医马方》《蕃牧纂验方》等兽医专著。北宋著名兽医常顺首创用药浴法治马疥癣。现存王愈所著的《蕃牧纂验方》载方 57 个,并附有针灸疗法。当时我国少数民族就采用醇作为麻醉剂,进行马的切肺手术。

元代卞宝(卞管勾)编著的《痊骥通玄论》对马的起卧症(包括掏结术)进行了总结性论述,还提出了"胃气不和,则生百病"的脾胃发病学说。

3. 封建社会后期　中兽医学发展历史上的高峰时期。

明代著名科学家李时珍"岁历三十稔,书考八百余家",编著出版了《本草纲目》,该书收载了1892种中药,11096个方剂,其中兽医方面的内容有200多条。该书成书后不久即传播到海外,促进了中外医药学的发展。明代著名兽医喻本元、喻本亨兄弟编著的《元亨疗马集》(附牛驼经),是继《本草纲目》之后的一部优秀的兽医专著,该书集合了前人和作者自己的兽医学理论及临床经验,理法方药俱备,是国内外流传最广的一部中兽医古典著作。在此前后还有《马书》《牛书》《类方马经》等兽医书籍。

清代的中兽医学处于艰难而缓慢的发展状态。鸦片战争以前也有兽医著作成书。李玉书对《元亨疗马集》进行了增删改编,该改编版成了现在广为流传的版本。赵学敏的《串雅外编》特列有"医禽门"和"医兽门"。另外,还有《新刻注释马牛驼经大全集》《抱犊集》《养耕集》《牛经备要医方》《牛医金鉴》《相牛心镜要览》《牛马捷经》等兽医著作。

(四)近代中兽医学的发展

在鸦片战争以后,中国沦为了半殖民地半封建社会,特别是清末到民国期间,中兽医学的发展严重受阻。这一时期的主要著作有《活兽慈舟》《牛经切要》《猪经大全》等著作。其中《活兽慈舟》收载了动物的病证240余种,涉及马、牛、羊、猪、犬、猫等动物,是我国较早记载犬、猫疾病的书籍。《猪经大全》是我国现存古籍中唯一的一部中兽医猪病学专著,该书对48种猪病确立了治疗方法且附有病形图。

1904年,清政府在保定建立北洋马医学堂,标志着西方现代兽医学开始在中国传播,中国开始出现两种不同学术体系的兽医学,从此有了中、西兽医学的分别,中兽医受到了前所未有的冲击和歧视,但仍有《驹儿编全集》《治骡马良方》以及《实验国药新手册》等书籍问世。

1928年,毛泽东在《井冈山的斗争》中提出"用中西两法治疗"的医学思想。中国共产党也在其领导的根据地积极倡导中、西(兽)医结合方法。建立在解放区的华北大学农学院(开始属北方大学),在1947年便把中兽医学作为兽医专业的必修课,开始学习和研究中兽医学。各个根据地和部队兽医系统中都有中兽医,中兽医在军马保健和动物疾病防治工作中发挥了重要作用。

(五)新中国的建立使中兽医学的发展进入蓬勃发展新阶段

1949年,中兽医学进入了一个蓬勃发展的新阶段。人民政府高度重视民间兽医的优势作用。1956年1月,国务院颁布了"加强民间兽医工作"的指示,制定并落实对中兽医"团结、使用、教育和提高"的政策。在北京召开的第一届"全国民间兽医座谈会"上,提出了"使中西兽医紧密结合,把我国兽医学术推向一个新的阶段"的战略目标,进一步明确了中兽医学的发展方向。在政府的高度重视和中兽医工作者的努力下,中兽医学得到了前所未有的发展。中兽医工作者搜集整理出版了一大批中兽医学古籍和经验资料,出版了很多中兽医学书籍,启动了对中兽医学的科学研究工作,使中兽医在理论、中药、方剂、针灸以及病证防治等方面,都取得了丰硕的科研成果。

近年来,随着社会经济的不断发展和生活水平的不断提高,人们在生活中开始追求精神享受,宠物相关行业得以蓬勃发展。随着我国人民饲养宠物的增加,现代中兽医在治疗犬、猫疾病方面,在传承中兽医技术的同时,结合现代电子、电磁、脉冲、红外线等新技术,丰富了临床治疗的手段和方法,创造出了许多新疗法和新剂型,积累了丰富的经验,在中兽医学临床应用方面有了进一步提高和发展。中草药饲料添加剂和超微粉中药制剂替代抗生素的研究和应用,印证了中草药在提高动物生产性能和防治动物疾病方面的独特优势,在绿色食品产业链建设和环境保护方面发挥了重要作用。

自新中国成立开始,我国政府在中国共产党的领导下,非常重视中兽医教育工作,在全国各地的农业院校,相继设立了中兽医学课程或开办了中兽医学专业,建立了完整的从大专到博士的中兽医人才培养体系,培养出了大批中兽医专业人才。

1956年,中国畜牧兽医学会成立中兽医学小组,1979年,中西兽医结合学术研究会(后更名为中国畜牧兽医学会中兽医学分会)成立。这些学术组织促进了中兽医工作者的相互交流和中兽医学的

发展,扩大了中兽医学的国际交流。中兽医针灸在国外的影响力越来越大,很多院校多次开办国际兽医针灸培训班,招收外国留学生,也派出专家到国外讲学,极大地促进了中兽医学在世界范围内的传播。

三、中兽医学的基本特点

在长期的临床实践中,中兽医学的形成和发展,受到了我国古代的朴素唯物论和自发辩证法的影响,形成了以整体观念和辨证论治为特点的独特的学术体系。

(一)整体观念

中兽医学认为动物体是一个有机整体,构成动物体的各个组成部分之间,结构上不可分割,功能上相互协调、相互为用,病理上相互影响,同时也认识到动物机体与外界环境之间存在着密切的关系。动物在大自然中生存,大自然为动物的生命活动提供了物质基础和活动空间,是动物能够正常生存的必备条件,但是不适宜的饲养场地或者不良气候等因素也会成为引发动物疾病的外部因素,动物在感受自然、适应自然和影响自然的过程中,动态地维持着机体正常的生命活动,这样,动物体与自然环境就构成一个相互影响又相互依存的有机整体。

中兽医的整体观念是重视动物体本身的统一性、完整性及其与自然界的相互关系的医学理念,它强调动物机体的统一性、完整性和与外部环境的广泛联系性。机体自身的整体性、内外环境的统一性就是中兽医学特点之一的整体观念。所以,中兽医学的整体观念,实际上包括两个方面,即动物机体自身的整体性和动物机体与外界环境的整体性,这个医学思想贯穿于中兽医学的生理、病理、诊法、辨证和治疗的各方面。

1.动物机体自身的整体性　在中兽医学的理论体系中,动物机体以心、肝、脾、肺、肾为中心,通过经络、气血津液的输布和运动,将各个组织器官相互连接,形成了一个完整统一的有机体。其中,五脏与六腑互为表里,脏腑的组织器官之间相互依赖、相互联系,与机体九窍各有所属且相互感应,从而维持动物机体内部的动态平衡,表现出正常的生命活动。

中兽医认识疾病,首先着眼于整体,重视整体与局部之间的关系。一方面,机体某一部分的病变,可以影响到其他部分,甚至引起整体性的病理改变,如脾气虚本为一脏的病变,但迁延日久,则会因机体生化乏源而引起肺气虚、心气虚,甚至全身虚弱。另一方面,整体的状况又可影响局部的病理过程,如全身虚弱的动物,其创伤愈合较慢等。总之,疾病是整体患病,局部病变是整体患病的局部表现。

中兽医诊察疾病,往往从整体出发,通过观察机体外在的各种临床表现,去分析研究内在的全身或局部的病理变化,即"察其外而知其内"。由于动物体是一个有机整体,因此无论是整体还是局部的病变,都必然会在机体的形体、窍、液及色、脉等方面有所反映。以察口色为例,察口色观察的是口舌局部的变化,但通过对口色的观察,可以分析机体内部脏腑的虚实、气血的盛衰、津液的盈亏、病邪的轻重,疾病的进退等。

中兽医治疗疾病亦从整体出发,既注意脏腑之间的联系,又注意脏腑与形体、窍液的关系。如见口舌糜烂,则依据"心藏神、主血脉,心与小肠相表里、开窍于舌"的中医理论,认为口舌糜烂是心或小肠之热邪上炎所致,应选清心泻小肠热邪的方法治疗。而"表里同治""从五官治五脏"及"见肝之病,当先实脾"等,都是中兽医整体观念的思想,在选择治疗原则和治疗方法中的具体体现。

2.动物机体与外界环境的整体性　动物与外界环境之间是相互对立而又统一的关系。大自然的阳光、空气、水草以及丰富的动物种群,是动物赖以生存的必要条件。自然环境的变化会引起动物生活条件的改变,这些改变会直接或间接地影响动物体的生理功能,甚至引发疾病。当环境发生轻微的改变时,动物可以通过调节自身的功能活动来适应这种变化,而不至于引起疾病。例如,一年四季有温热凉寒的气候变化,如夏季天气炎热,动物表现为阳气发泄,气血趋于表,皮肤松弛而汗多尿少;冬天因天气寒冷,则表现为阳气收藏,气血趋于里,皮肤致密而少汗多尿。这些都在动物自身生理调节的范围内,是动物在长期的进化过程中,为了适应自然而形成的、在一定幅度和范围内对自身生理功能进行调节的能力。所以,在不同的季节,动物的口色会表现为"春如桃花夏似血,秋如莲花冬似雪",脉象有"春弦、夏洪、秋毛、冬石"的变化。但是,当外界环境的变化超出动物自身的适应能力,或因动物机体调节功能失常而不能做出适应性的调节时,动物机体与外界环境之间的平衡就会被破坏,从而引起风寒、风热、中暑等相应的疾病。

因此,动物的健康与环境密切相关,在防治动物疾病时,我们必须重视环境对动物机体的影响。古人依据自然规律,在总结经验的基础上,提出的"春夏养阳""秋冬养阴"的疾病防治法则和"因时、因地、因畜制宜"的治疗原则,就是中兽医整体观念的具体体现。

(二)辨证论治

辨证就是分析、辨别疾病的证候,通过望、闻、问、切和其他各种诊断手段获取病情资料,在中兽医学理论的指导下,对动物疾病进行分析,辨别动物当时的功能状态,认识疾病的本质,识别疾病证候的过程。论治是根据动物病证的性质确定治疗原则和治疗方法的过程。所以,辨证论治是相互关联的两个过程,它是中兽医认识疾病、确定防治措施的基本过程。辨证是论治的前提和依据,论治是治疗疾病的手段和方法,也是辨证的目的和结果。治疗原则和治疗措施合适与否,取决于辨证的结果是否正确;而临床治疗效果又可以反过来检验辨证论治结果的正确性。所以,辨证和论治是动物疾病诊疗过程中不可分割的两个方面,也是理法方药在临床应用方面的具体表现。

辨证论治中的"证",不同于"病"或"症"。"病"是指疾病的全过程,它有特定病因、病理、发病形式、发展规律和转归等,例如感冒、疮痈、痢疾等。"症"是指疾病的具体临床表现,是疾病表现出来的不正常的状态和现象,如发热、鼻塞、咳嗽、呕吐、黄染等。"证"既不是疾病的全过程,也不是疾病的临床表现,"证"是对疾病发展过程中,不同阶段、不同类型病机的全面概括,它包括病因(如风、寒、暑、湿、燥、火等)、病性(寒、凉、温、热等)、病位(表、里)、邪正关系(虚、实等)的改变,反映的是疾病发展过程中某个阶段病理变化的全面情况,且给出治疗方向。如脾虚泄泻证,病位在内在脾,病因为湿,正邪力量对比属虚,临床症状表现为泄泻,同时指出了治疗方向为健脾燥湿。所以,在辨病基础上的辨证是中兽医认识和分析疾病的重要临床环节和技能。

四、学习中兽医学的目的和方法

(一)学习目的

通过理论学习和实验实训,掌握中兽医的基础理论知识、基本操作技能、常用中药和方剂等知识,把传统理论方法与现代科学技术和诊疗仪器设备相结合,具有一定的独立分析及诊治简单疾病的能力。通过感受课程思政元素,激发民族自豪感和爱国主义思想,培养珍爱生命、爱岗敬业、严谨认真的专业素养。以继承和发扬祖国兽医学遗产的方针作为指引,服务于现代化的畜牧业生产和正在蓬勃发展中的宠物诊疗等行业。

(二)学习方法

(1)中、西兽医学是在不同的历史、文化背景条件下形成的两套不同的医学体系。在学习中兽医学的过程中,要根据中兽医学的"整体观念"和"辨证论治"的特点,逐步达到对中兽医学的理、法、方、药及针灸等内容的融会贯通。我们可以比较中、西兽医某些论述的异同之处,但是不能生搬硬套西兽医的理论观点来解释中兽医的论述。对于现代科学仍然不能明确解释的中兽医学理论,不能轻易否定,要在学习和实践中拓宽思路,积极地探索,实现接受、理解和再认识的提高过程。

(2)中兽医学中包含了大量的哲学内容,是在古代朴素唯物论和自发辩证法思想的指导下形成和发展起来的。受当时科技水平和历史条件的限制,中兽医学在解释动物的生理功能和病理变化时,套用了古代哲学范畴的概念,如阴阳学说和五行学说等。因此我们在学习中兽医学课程时,务必理解中兽医学中的哲学思想,掌握中兽医学认识和分析事物的基本观点,以朴素唯物论和自发辩证法为指导,运用唯物辩证法的观点,去粗取精、去伪存真,吸收其精华,予以继承和发扬。同时,注意理论联系实际。中兽医学的形成和发展经历了几千年的时间,其理论、方药以及针灸等诊疗技术都是从临床实践中总结出来的,是一门实践性极强的科学,只有做到理论与临床实践相结合,才能加深对中兽医学理论的认识,加快对各项临床诊疗技术的掌握。

(3)在学习中兽医学的过程中培养自学能力,并利用互联网技术和智能手机,充分收集发布在互联网上的中兽医药相关资料、图片、视频等,并辨别真伪,以达到主动学习,不断提高中兽医水平的目的。

模块一
基础知识

项目一 阴阳五行学说

阴阳五行学说，是我国古代带有朴素唯物论和自发辩证法性质的哲学思想，是用以认识世界和解释世界的一种世界观和方法论。在春秋战国时期，这一学说被引用到医药学中，作为推理工具，借以说明动物体的组织结构、生理功能和病理变化并指导临床的辨证及病证防治，成为中兽医学基本理论的重要组成部分。

任务一 阴 阳 学 说

扫码学课件
任务 1-1-1

学习目标

▲知识目标
1. 能理解阴阳的概念及阴阳之间的关系。
2. 明确阴阳学说在病理上的应用。
3. 明确阴阳学说在诊断和治疗上的应用。
▲课程思政目标
1. 通过中医的阴阳理论，让学生学会正确看待事情的方法。
2. 让学生学有所成、学有所用。
▲知识点
1. 阴阳的基本概念
2. 阴阳的相互关系。
3. 阴阳学说在兽医临床上的应用。

阴阳，在中国古代哲学中用以概括对立统一关系。阴阳学说，是以阴和阳的相对属性及其消长变化来认识自然、解释自然、探求自然规律的一种宇宙观和方法论，是中国古代朴素的对立统一理论。中兽医学引用阴阳学说来阐释兽医学中的许多问题以及动物和自然的关系，它贯穿于中兽医学的各个方面，成为中兽医学的指导思想。

一、阴阳的基本概念

阴阳是相互关联又相互对立的两种事物，或同一事物内部对立双方属性的概括。阴阳的最初含义是指日光的向背，向日为阳，背日为阴，以日光的向背定阴阳。向阳的地方具有明亮、温暖的特性，背阳的地方具有黑暗、寒冷的特性，于是又以这些特性来区分阴阳。在长期的生产生活实践中，古人遇到种种似此相互联系又相互对立的现象，于是就不断地引申其义，将天地、上下、日月、昼夜、水火、升降、动静、内外、雌雄等，都用阴阳加以概括，阴阳也因此失去其最初的含义，成为一切事物对立而又统一的两个方面的代名词。古人正是从这一朴素的对立统一观念出发，认为阴阳两方面的相反相成，消长转化，是一切事物发生、发展、变化的根源。如《素问·阴阳应象大论》中说："阴阳者，天地之道也，万物之纲纪，变化之父母，生杀之本始。"意思是说，阴阳是宇宙间的普遍规律，是一切事物所服从的纲领，各种事物的产生与消亡，都根源于阴阳的变化。

Note

阴阳既然指矛盾的两个方面,也就代表了事物两种相反的属性。一般认为,识别阴阳的属性,是以上下、动静、有形无形等为准则。概括起来,凡是向上的、运动的、无形的、温热的、向外的、明亮的、亢进的、兴奋的及强壮的均属于阳,而凡是向下的、静止的、有形的、寒凉的、向内的、晦暗的、减退的、抑制的及虚弱的均属于阴。

阴阳既可以代表相互对立的事物或现象,又可以代表同一事物内部对立着的两个方面。前者如天与地、昼与夜、水与火、寒与热等,后者如人体内部的气和血、脏与腑,中药的温性与寒性等。

阴阳所代表的事物属性,不是绝对的,而是相对的。这种相对性,一方面表现为阴阳双方是通过比较而加以区分的,单一事物无法确定阴阳;另一方面,则表现为阴阳之中复有阴阳。如以背部和胸腹的关系来说,背部为阳,胸腹为阴;而属阴的胸腹,又以胸在膈前属阳,腹在膈后属阴。又如以脏腑的关系来说,脏为阴,腑为阳;而属于阴的五脏,又以心、肺位居膈前而属阳,肝、脾、肾位居膈后而属阴;属于阴的肝,又因其气主升,性疏泄而属阳,为阴中之阳。这些都说明阴阳是相对的,阴阳之中复有阴阳。由此可见,宇宙中的任何事物都可以概括为阴和阳两类,任何一种事物内部又可以分为阴和阳两个方面,而每一事物内部的阴或阳的一方,还可以再分阴阳。这种事物既相互对立又相互联系的现象,在自然界是无穷无尽的。故《素问·金匮真言论》说:"阴中有阳,阳中有阴。"《素问·阴阳离合论》中说:"阴阳者,数之可十,推之可百,数之可千,推之可万,万之大,不可胜数,然其要一也。"

二、阴阳学说的基本内容

阴阳学说的基本内容,可以从阴阳的交感相错、对立制约、互根互用、消长平衡和相互转化等方面加以说明。

1. 阴阳的交感相错 阴阳双方在一定条件下交合感应、互错相融的关系。《易传·象传上·咸》说"天地感而万物化生",指出阴阳交感相错是万物化生的根本条件,如果阴阳二气不能在运动中交合感应,互错相融,新事物和新个体就不会产生。在自然界,天之阳气下降,地之阴气上升,二气交感,形成云雾、雷电、雨露,生命得以诞生,万物得以生长;在动物界,阴阳交合,雌雄媾精是物种繁衍的基本条件,通过阴阳交错而产生新的动物个体。

2. 阴阳的对立制约 阴阳双方存在着相互排斥、相互斗争和相互制约的关系。对立,即相反,如动与静、寒与热、上与下等都是相互对立的两个方面。对立的双方,通过排斥、斗争相互制约,从而取得统一,使事物达到动态平衡。以动物体的生理功能为例,功能之亢奋为阳,抑制为阴,二者相互制约,从而维持动物体的生理状态。再以四季的寒暑为例,夏虽阳热,而夏至以后阴气却随之而生,以制约暑热之阳;冬虽阴寒盛,但冬至以后阳气却随之而生,以制约严寒之阴。阴阳双方的不断排斥与斗争,推动了事物的变化或发展。故《素问·疟论》说:"阴阳上下交争,虚实更作,阴阳相移。"

3. 阴阳的互根互用 阴阳双方具有相互依存、互为根本的关系,即阴或阳的任何一方,都不能脱离另一方而单独存在,每一方都以相对立的另一方作为存在的前提和条件。如热为阳,寒为阴,没有热就无所谓寒;上为阳,下为阴,没有上也无所谓下。双方存在着相互依赖、相互依存的关系,即阳依存于阴,阴依存于阳。故《素问·阴阳应象大论》说:"阳根于阴,阴根于阳。"

阴阳的互用,是指阴阳双方存在着相互资生、相互促进的关系。所谓"孤阴不生,独阳不长""阴生于阳,阳生于阴",便是说"孤阴"和"独阳"不但相互依存,而且还有相互资生、相互促进的关系,即阴精通过阳气的活动而产生,而阳气又由阴精化生而来。正如《医贯砭·阴阳论》中指出:"无阳则阴无以生,无阴则阳无以化。"同时,阴和阳还存在着"阴为体,阳为用"的相互依赖关系。又如《素问·阴阳应象大论》中说:"阴在内,阳之守也;阳在外,阴之使也。"这指出阴精在内,是阳气的根源;阳气在外,是阴精的表现。

4. 阴阳的消长平衡 阴阳双方不断运动变化,此消彼长,又力求维系动态平衡的关系。阴阳双方在对立制约、互根互用的情况下,不是静止不变的,而是处于此消彼长的变化过程中,正所谓"阴消阳长,阳消阴长"。例如,机体各项功能活动(阳)的产生,必然要消耗一定的营养物质(阴),这就是"阴消阳长"的过程;而各种营养物质(阴)的化生,又必须消耗一定的能量(阳),这就是"阳消阴长"的过程。在生理情况下,这种阴阳的消长保持在一定的范围内,阴阳双方维持着一个相对的平衡状态。假若这种阴阳的消长超过了这个范围,导致相对平衡关系的失调,就会引发疾病。如《素问·阴阳应象大论》中所说的"阴盛则阳病,阳盛则阴病",就是指由于阴阳消长的变化,阴阳平衡失调,引起了"阳气虚"或"阴液不足"的病证,其治疗应分别以温补阳气和滋阴增液使阴阳重新达到平衡为原则。

5. 阴阳的相互转化 对立的阴阳双方在一定条件下,可向其属性相反的方面转化,即阴可以转化为阳,阳可以转化为阴。正如《素问·阴阳应象大论》中所说的"重阴必阳,重阳必阴""寒极生热,热极生寒"。又如《灵枢·论疾诊尺》也说:"寒生热,热生寒,此阴阳之变也。"如果说阴阳消长属于量变的过程,而阴阳转化则属于质变的过程。在疾病的发展过程中,阴阳转化是经常可见的。如动物外感风寒,出现耳鼻发凉、肌肉颤抖等寒象;若治疗不及时或治疗失误,寒邪入里化热,就会出现口干、舌红、气粗等热象,这就是由阴证向阳证的转化。又如患热性病的动物,由于持续高热,热甚伤津,气血两亏,呈现出体弱无力、四肢发凉等虚寒症状,这便是由阳证向阴证的转化。此外,临床上所见由实转虚、由虚转实、由表入里、由里出表等病证的变化,都是阴阳转化的例证。

综上所述,阴阳的交感相错、对立制约、互根互用、消长平衡和相互转化,从不同的角度说明了阴阳之间的相互关系及其运动规律。它们之间不是孤立的,而是相互联系的。阴阳交感相错是阴阳最基本的前提,没有阴阳交感,就没有事物的发生,其他规律也就无从论及;阴阳的互根互用说明了阴阳双方彼此依存,互相促进,不可分离;对立制约是阴阳最普遍的规律,阴阳双方通过对立制约而取得平衡;阴阳消长和相互转化是阴阳运动的最基本形式,阴阳消长稳定在一定范围内,则取得动态平衡;否则,便出现阴阳的转化。阴阳的运动是永恒的,而平衡只是相对的。了解这些内容,有助于理解阴阳学说在中兽医学方面的应用。

三、阴阳学说在中兽医学中的应用

阴阳学说贯穿于中兽医学理论体系的各个方面,用以说明动物体的组织结构、生理功能和病理变化,并指导临床诊断和治疗。

1. 生理方面

(1)说明动物体的组织结构:动物体是一个既对立又统一的有机整体,其组织结构可以阴阳两个方面来加以概括说明,就大体部分来说,体表为阳,体内为阴;上部为阳,下部为阴;背部为阳,胸腹为阴。就四肢的内外侧而论,则外侧为阳,内侧为阴。就脏腑而言,则脏为阴,腑为阳;而具体到每一脏腑,又有阴阳之分,如心阳、心阴、肾阳、肾阴、胃阴、胃阳等等。总之,动物体的每一组织结构,均可以根据其所在的上下、内外、表里、前后等各相对部位以及相对的功能活动特点来概括阴阳,并进而说明它们之间的对立统一关系。

(2)说明动物体的生理:一般认为,物质为阴,功能为阳。正常的生命活动是阴阳这两个方面保持对立统一的结果。如《素问·生气通天论》说:"阴者,藏精而起亟(亟,可作气解)也;阳者,卫外而为固也。"就是说"阴"代表着物质或物质的储藏,是阳气的源泉;"阳"代表着功能活动,起着卫外而固守阴精的作用;没有阴精就无以产生阳气,而通过阳气的作用又不断化生阴精,二者存在着相互对立、互根互用、消长转化的关系。在正常情况下,阴阳保持着相对平衡,以维持动物体的生理活动。正如《素问·生气通天论》所说:"阴平阳秘,精神乃治。"否则,阴阳不能相互为用而分离,精气就会竭绝,生命活动也将停止,就像《素问·生气通天论》中所说的"阴阳离决,精神乃绝"。

2. 病理方面

(1)说明疾病的病理变化:中兽医学认为,疾病是动物体内的阴阳两方面失去相对平衡,出现偏盛偏衰的结果。疾病的发生与发展,关系到正气和邪气两个方面。正气,是指机体的功能活动和对病邪的抵抗能力,以及对外界环境的适应能力等;邪气,泛指各种致病因素。正气包括阴精和阳气两个部分,邪气也有阴邪和阳邪之分。疾病的过程,多为邪正斗争引起机体阴阳偏盛偏衰的过程。

在阴阳偏盛方面,认为阴邪致病,可使阴偏盛而阳伤,出现"阴盛则寒"的病证。如寒湿阴邪侵入机体,致使"阴盛其阳",从而发生"冷伤之证",动物表现为口色青黄、脉沉迟、鼻寒耳冷、身颤肠鸣,不时起卧。相反,阳邪致病,可使阳偏盛而阴伤,出现"阳盛则热"的病证。如热燥阳邪侵犯机体,致使

"阳盛其阴",从而出现"热伤之证",动物表现为高热、唇舌鲜红、脉洪数、耳耷头低、行走如痴等症状。正如《素问·阴阳应象大论》中所说:"阴胜则阳病,阳胜则阴病,阴胜则寒,阳胜则热。"

在阴阳偏衰方面,认为如果机体阳气不足,不能制阴,相对地会出现阴有余,发生阳虚阴盛的虚寒证;相反,如果阴液亏虚,不能制阳,相对地会出现阳有余,发生阴虚阳亢的虚热证。正如《素问·调经论》所说:"阳虚则外寒,阴虚则内热。"由于阴阳双方互根互用,任何一方虚损到一定程度,均可导致对方的不足,即所谓"阳损及阴,阴损及阳",最终可导致"阴阳俱虚"。如某些慢性消耗性疾病,在其发展过程中,会因阳气虚弱致使阴精化生不足,或因阴精不足致使阳气化生无源,最后导致阴阳两虚。

阴阳的偏胜或偏衰,均可引起寒证或热证,但二者有着本质的不同。阴阳偏胜所形成的病证是实证,如阳邪偏胜导致实热证,阴邪偏胜导致实寒证等;而阴阳偏衰所形成的病证则是虚证,如阴虚则出现虚热证,阳虚则出现虚寒证等。故《素问·通评虚实论》说:"邪气盛则实,精气夺则虚。"

(2)说明疾病的发展:在病证的发展过程中,由于病性和条件的不同,可以出现阴阳的相互转化。如"寒极则热,热极则寒",即是指阴证和阳证的相互转化。临床上可以见到由表入里、由实转虚、由热化寒和由寒化热等的变化。如患败血症的动物,开始表现为体温升高、口舌红、脉洪数等热象,当严重者发生"暴脱"时,则转而表现为四肢厥冷、口舌淡白、脉沉细等寒象。

(3)判断疾病的转归:若疾病经过"调其阴阳",恢复"阴平阳秘"的状态,则以痊愈而告终;若继续恶化,终致"阴阳离决",则以死亡为转归。

3. 诊断方面 阴阳失调是疾病发生、发展的根本原因,因此任何疾病无论临床症状如何错综复杂,只要在收集症状和进行辨证时以阴阳为纲加以概括,就可以执简驭繁,抓住疾病的本质。

(1)分析症状的阴阳属性:一般来说,凡口色红、黄、赤、紫者为阳,口色白、青、黑者为阴;凡脉象浮、洪、数、滑者为阳,沉、细、迟、涩者为阴;凡声音高亢、洪亮者为阳,低微、无力者为阴;身热属阳,身寒属阴;口干而渴者属阳,口润不渴者属阴;躁动不安者属阳,蹉卧静默者属阴。

(2)辨别证候的阴阳属性:一切病证,不外"阴证"和"阳证"两种。八纲辨证就是分别从病性(寒热)、病位(表里)和正邪消长(虚实)几方面来分辨阴阳,并以阴阳作为总纲统领各证(表证、热证、实证属阳证,里证、寒证、虚证属阴证)。临床辨证,首先要分清阴阳,才能抓住疾病的本质。故《素问·阴阳应象大论》说:"善诊者,察色按脉,先别阴阳。"又如《元亨疗马集》说:"凡察兽病,先以色脉为主……然后定夺其阴阳之病。"

4. 治疗方面

(1)确定治疗原则:由于阴阳偏胜偏衰是疾病发生的根本原因,因此,泻其有余,补其不足,调整阴阳,使其重新恢复协调平衡就成为诊疗疾病的基本原则。正如《素问·至真要大论》中说:"谨察阴阳所在而调之,以平为期。"对于阴阳偏胜者,应泻其有余,或用寒凉药以清阳热,或用温热药以祛阴寒,此即"热者寒之,寒者热之"的治疗原则;对于阴阳偏衰者,应补其不足,阴虚有热则滋阴以清热,阳虚有寒则益阳以祛寒,此即"壮水之主以制阳光,益火之源以消阴翳"的治疗原则,但也要注意"阳中求阴""阴中求阳",以使阴精、阳气生化之源不竭。

(2)用阴阳来概括药物的性味与功能,指导临床用药:一般来说,温热性的药物属阳,寒凉性的药物属阴;辛、甘、淡味的药物属阳,酸、咸、苦味的药物属阴;具有升浮、发散作用的药物属阳,而具有沉降、涌泄作用的药物属阴。根据药物的阴阳属性,可以灵活地运用药物调整机体的阴阳,以期补偏救弊。如热盛用寒凉药以清热,寒盛用温热药以祛寒,便是《黄帝内经》中所指出的"寒者热之,热者寒之"用药原则的具体运用。

5. 预防方面 由于动物体与外界环境密切相关,动物体的阴阳必须适应四时阴阳的变化,否则便易引起疾病。因此,加强饲养管理,增强动物体的适应能力,可以防止疾病的发生。如《素问·四气调神大论》所说"春夏养阳,秋冬养阴,以从其根……逆之则灾害生,从之则苛疾不起",《元亨疗马集·腾驹牧养法》中也有"凡养马者,冬暖屋,夏凉棚""切忌宿水、冻料、尘草、砂石……食之"的预防措施。此外,还可以通过春季放血、灌四季调理药等方法来调和气血,协调阴阳,预防疾病。

知识拓展与链接

　　黄帝曰:阴阳者,天地之道也,万物之纲纪,变化之父母,生杀之本始,神明之府也,治病必求于本。故积阳为天,积阴为地。阴静阳躁,阳生阴长,阳杀阴藏。阳化气,阴成形。寒极生热,热极生寒。寒气生浊,热气生清,清气在下,则生飧泄;浊气在上,则生䐜胀。此阴阳反作,病之逆从也。——《素问·阴阳应象大论》

　　注释:黄帝指出,阴阳之道,是天地的规律,是万物的总纲,是变化的源头,是生长肃杀的根本,也是人的意识和行为之动力的渊源,所以治病时必须弄清阴阳这个根本问题。蓝天是由清阳之气汇集之后形成的,大地是由浊阴之气汇集之后形成的。阴气的特点是静而不动,阳气的特点是动而不静。阳气主宰生发,阴气主宰长养;阳气又主宰肃杀,阴气又主宰敛藏。阳气化生无形的能量,阴气成全有形的万物。寒气发展到极点的时候,热气就会产生;而热气发展到极点的时候,寒气就会产生。寒气凝滞,所以化生浊阴之气;热气升散,所以化生清阳之气。清阳之气如果滞留在下而不能升发,就会使人产生飧泄(完谷不化的泄泻)之病;浊阴之气如果滞留在上而不能宣降,就会使人胸膈发生胀满。这是阴阳的运行失去常规的表现,人体患病则是由于违背了阴阳之道。

巩固训练

任务二　五行学说

学习目标

扫码学课件
任务 1-1-2

▲**知识目标**

1.熟知五行的概念。

2.概述五行对事物的归类。

3.概述五行对事物生克的规律。

▲**技能目标**

1.运用五行学说说明动物的生理功能及病理变化。

2.运用五行学说的知识实现诊治动物的疾病。

▲**课程思政目标**

1.熟练运用辨证论治的思想看待五行学说。

2.通过学习树立辩证唯物主义的观点。

Note

▲知识点
1.五行学说的基本概念。
2.五行学说的基本内容。
3.五行学说在中兽医学中的运用。

一、五行学说的基本概念

五行学说与阴阳学说一样是我国古代哲学中影响广泛的重要学说之一,在中国传统文化中占有非常重要的历史地位。著名的历史学家齐思和曾说:"吾国学术思想,受五行说之支配最深,大而政治、宗教、天文、舆地,细而堪舆、占卜,以至医药、战阵,莫不以五行说为之骨干。士大夫之所思维,常人之所信仰,莫能出乎五行说范围之外。"由此可见五行学说的正确与否,直接关系到中兽医学理论的正确与否。

五行学说作为中国古代的一种朴素唯物主义哲学思想,是将世间万物以元素的形式加以概括而形成的一种宇宙观。原始的五行,与五刑、五典、五服等一样,都是古人以五类来划分事物的一种方式。然而五行之所以受到后人的重视,是因为金、木、水、火、土五种物质与古人的日常生活息息相关。随着学说不断发展和完善,五行不仅仅停留于事物的归类,被进一步引申为:世界上的一切事物,都是由其运动变化而生成的。所以在现代的五行学说中,宇宙间的一切事物,都是由木、火、土、金、水五种物质元素所组成,自然界各种事物和现象的发展变化,都是这五种物质不断运动和相互作用的结果。中兽医学中五行学说的概念与其基本一致,用以联系家畜有机体的脏腑器官,并以五脏为中心,运用相互资生、相互制约的关系解释生理、病理现象。它与阴阳学说共同构成中兽医学独特的理论体系的基础。

二、五行学说的基本内容

(一)五行学说的基本属性

在《尚书·洪范》中,箕子对周武王的答问是关于五行最早、最全面而详细的一种解释,其曰:"五行:一曰水,二曰火,三曰木,四曰金,五曰土。水曰润下,火曰炎上,木曰曲直,金曰从革,土爰稼穑。润下作咸,炎上作苦,曲直作酸,从革作辛,稼穑作甘。"从中可以看出五行指"木、火、土、金、水",一般可将其理解为五种物料,即"五材"。但五行的本质却并非五材,而只是借用五材的性质特点,说明宇宙中各种事物的运行状态。与阴阳等很多中兽医学基本概念一样,五行也并非字面意义,而是取其引申含义,是一种比喻,也就是运用归类推演法使五行的概念能用于分析具体事物属性和事物之间的关系。

1.木曰曲直 木,并非指木材,而是指生命活动由内敛状态转而开始伸展、外向,由曲转直,如植物之生长状态。木行比喻了一种"疏通、伸展"的运行特征。以木的升发条达的特性可将其类比于诸如春季、绿色、风等具体事物。

2.火曰炎上 炎,指热,引申为旺盛、活跃之意。上,并非单指重力方向的"上",而引申为"向外发散、明显表露"之意。火行指"旺盛运行"。以火的炎热向上的特性将其类比于诸如夏季、红色、暑气等具体事物。

3.土爰稼穑 万物于斯生长。事物的各种发展变化,均须基于不变的基础,故将"稳定、广博、包容"的性质比喻为土。以土的孕育变化万物的特性将其类比于诸如长夏、黄色、湿气等具体事物。

4.金曰从革 从指顺从,革指变革。多数金属材料是自然界原本所没有的,须由矿石经一定的方法提炼而来。"从革"可引申为依从自然的规律而变化,从而将"归纳、整理、转化、变形"等活动比喻为金。以金的沉降清肃的特性将其类比于诸如秋季、白色、燥等具体事物。

5.水曰润下 润,指渗透、充实;下,并非单纯指重力方向的"沉降",而是指进入深层、下一层级。

自然界水的性质恰为无孔不入、浸淫弥漫。故将"渗透、濡润、充实"的活动比喻为水。以水流于何处必然会渗藏于地下的特性将其类比于诸如冬季、黑色、寒气等具体事物。《黄帝内经》中强调生命机体之五行与天地自然五行是相通、相应的,如《素问·六节藏象论》云:"心者……通于夏气;肺者……通于秋气;肾者……通于冬气;肝者……通于春气;脾者……通于土气。"《灵枢·经别》云:"余闻人之合于天道也,内有五脏,以应五音、五色、五时、五味、五位也;外有六腑,以应六律,六律建,阴阳诸经而合十二月、十二辰、十二节、十二经水、十二时、十二经脉者,此五脏六腑之所以应天道。"因此"五音、五色、五时、五味、五位"、动物机体中的五脏六腑、生命活动与自然五行浑然一体,打造出五元生命共同体,具体对应关系可见表1-1。

表1-1 五行归类表

自然界						五行	动物机体					
五音	五色	五时	五味	五位	五气		五脏	五腑	五液	五窍	五体	五志
角	青	春	酸	东	风	木	肝	胆	泪	目	筋	怒
徵	赤	夏	苦	南	暑	火	心	小肠	汗	舌	脉	喜
宫	黄	长夏	甘	中	湿	土	脾	胃	涎	口	肉	思
商	白	秋	辛	西	燥	金	肺	大肠	涕	鼻	皮毛	悲
羽	黑	冬	咸	北	寒	水	肾	膀胱	唾	耳	骨	恐

(二)五行学说的基本规律

1. 五行中重"土"思想 五行学说中的一个重要内容是重视"土",这一思想,无论是在五行概念形成的早期,还是在其后五行学说的发展以及向其他文化领域渗透的过程中均有清晰的呈现。如《管子·四时》中提到:"中央曰土,土德实辅四时入出……春嬴育,夏养长,秋聚收,冬闭藏。"根据自然界的运行规律,土居于阴阳之间,处于前后两个季节转化交替之时。在动物机体中,土行有和缓、稳定之意,所谓"脉无胃气也,死""无太过,无不及,自有一种雍容和缓之状者,便是胃气之脉",其中的"胃"即指土行,暗指有生气的脉当如土行一般从容、和缓、稳定。因此在运用五行学说分析动物机体内的关系时应着重"土行"发挥的作用。

2. 五行的生克规律 五行学说中的相生相克规律是解释世间万物之间联系最基本的规律,同时也是形成五元生命共同体最基本的关系。

(1)五行的相生。

①基本含义:五行相生主要有两层含义:第一层含义是五行在时间、空间和属性等的相续。所谓相续,也就是延续和发展。比如从木到火,是从温向热的转变,后者是前者的延续与发展;同样,母畜生出仔畜,仔畜是母畜生命的延续,其体质、长相、性格、生活习惯等都承袭其父母而来,这也是时间、空间和属性上的一种相续。第二层含义则是派生的,相对的。相生的两行之间,既可以有促进作用,也可以有抑制作用,正常情况下,以促进作用为主。

②相生顺序与关系:五行学说中的相生顺序是木、火、土、金、水五种物质的递次相生,即木生火、火生土、土生金、金生水、水生木。在相生关系中,任何一行都有"生我""我生"两方面的关系,《难经》把它比喻为"母"与"子"的关系。"生我"者为母,"我生"者为"子"。所以五行相生关系又称"母子关系"。以金为例,生"我"者土,土能生金,则土为金之母;"我"生者水,金能生水,则水为金之子。余可类推。

(2)五行的相克。

①基本含义:五行相克同样有两层含义。

第一层含义是五行在时间、空间、属性等的相离与对峙。五行按时空和属性的相续是木、火、土、金、水。不难发现,凡时空上相离(不相续)的两行,必定存在相克的关系。所谓属性上的对峙,是指相克的两行,其五行之气的运行方式是有差别的,甚至是相反的。比如水润下、火炎上,两者运动的

趋势相反,所以相克;金主收敛,木主条达发散,两者相反,所以相克。

第二层含义是属性上的抑制、制约作用。相克的两行,因为时空上不是相续的,属性上是相互对峙的,相互之间存在抑制作用。所以一般也把抑制作用称为相克,这可以说是广义的相克。

以上两层含义,第一层是本质的,绝对的;第二层则是派生的,相对的。

②相克顺序与关系:五行中相克的基本规律为木克土,土克水,水克火,火克金,金克木。这种克制关系也是往复无穷的。在相克的关系中,任何一行都有"克我""我克"两方面的关系。《黄帝内经》称之为"所胜"与"所不胜"的关系。"克我"者为"所不胜","我克"者为"所胜"。所以,五行相克的关系,又叫"所胜"与"所不胜"的关系。同样以金为例,"克我"者火,则火为金之"所不胜"。"我克"者木,则木为金之"所胜"。余可类推。

(3)五行的生克制化。

①基本含义:制化指的是制约、变化,五行中的制化关系结合了相生相克,使得相生相克能成为一个整体,在相生之中寓有相克,相克之中同时寓有相生。制化关系是自然界维持平衡协调的基本规律。如果只有相生而无相克,就不能维持其正常的平衡发展;如果只有相克而无相生,则万物便无从生化。因此,生克是一切事物运动维持相对平衡必不可少的条件。只有在相生相克的基础上,才能促进万物的生化不息。这种同时发生、相互作用的关系,称为"生克制化"。《张氏内经》中提到:"造化之机,不可无生,亦不可无制,无生则发育无由,无制则亢而为害,必须生中有制,制中有生,才能运行不息。"

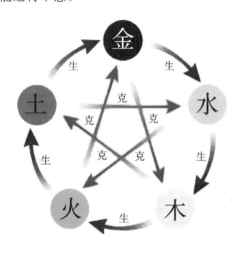

图1-1 五行生克制化图

②生克制化的基本规律:木克土,土生金,金克木;火克金,金生水,水克火;土克水,水生木,木克土;金克木,木生火,火克金;水克火,火生土,土克水。具体可见图1-1。

③生克制化的关系:五行生克制化是事物变化之间的正常现象,对于动物机体来说则是维持正常生命活动的状态。由生克制化规律可以看出这种状态是一种相对平衡。在事物发展过程中必然有一行或多行出现过多或不及的情况,但是生克制化的存在能在不平衡中求得一个新的平衡,而新平衡又会被另一个不平衡所取代,以此不断循环往复推动事物发展。五行学说用这一理论来说明自然界气候的正常变迁和自然界的生态平衡,以及动物体的生理活动。

(4)五行的乘侮。

①五行相乘:五行相乘,也被称为"五行亢乘""倍克","乘"有以强凌弱、乘虚侵袭之意,具体指的是五行中某"一行"对被克的"一行"克制太过,从而引起异常相克反应。所以基本规律与五行相克是一致的,表现为木乘土,土乘水,水乘火,火乘金,金乘木。

五行相乘的原因主要有五行中某一行太过和不及两种。第一种为太过导致的相乘,是指五行中的某一行过于亢盛,对其所胜行进行超过正常限度的克制,继而引发其所胜行的虚弱,从而导致五行之间的协调运作关系失常。太过通常用"亢"来描述。五行太过相乘规律:木亢乘土,土亢乘水,水亢乘火,火亢乘金,金亢乘木。第二种为不及导致的相乘,是指五行中某一行过于虚弱,难以抵御其所不胜行正常限度的克制,使其本身更显虚弱。不及通常用"虚"来描述。五行不及相乘规律:土虚木乘,水虚土乘,火虚水乘,金虚火乘,木虚金乘。

②五行相侮:五行相侮,亦称"五行反侮""反克"。"侮"有欺侮、恃强凌弱之意,具体指五行中的某"一行"过于强盛,对原来"克我"的"一行"进行反克。所以基本规律与五行相克是相反的,表现为木侮金,金侮火,火侮水,水侮土,土侮木。

五行相侮的原因与相乘类似,由于五行中某一行太过或不及引起。第一种为太过所致的相侮,是指五行中的某一行过于强盛,使原来克制它的一行不仅不能克制它,反而受到它的反向克制。太过用"亢"表示。五行太过相侮规律:土亢侮木,木亢侮金,金亢侮火,火亢侮水,水亢侮土。第二种为不及所致的相侮,是指五行中某一行过于虚弱,不仅不能制约其所胜的一行,反而受到其所胜行的"反克"。不及用"虚"表示。五行不及相侮规律:木虚土侮,土虚水侮,水虚火侮,火虚金侮,金虚木侮。

③相乘相侮间的关系:相乘和相侮,都是不正常的相克现象,两者之间既有区别又有联系。其主要区别:相乘是按五行的相克次序发生过强的克制现象;相侮是与五行相克次序发生方向相反的克制现象。两者之间的联系:在发生五行相乘时,也可同时发生相侮;发生相侮时,也可同时发生相乘。如:木过强时,既可以乘土,又可以侮金。金虚时,既可受到木的反侮,又可受到火乘,因而相乘与相侮之间存在着密切的联系。《素问·五运行大论》说:"气有余,则制己所胜而侮所不胜;其不及,则己所不胜侮而乘之,己所胜轻而侮之。"乘侮体现事物发展过程中的反常变化,对动物体而言则为病理现象。

(三)五行学说在中兽医学中的应用

五行学说在中兽医学中的应用,主要是依据五行的特性来分析说明动物脏腑及其他组织间的属性,用五行中的相关规律探索动物脏腑及其他组织间的生理功能及病理关系,以此指导解决临床实践中的具体问题。

1.五行学说在动物生理方面的应用

(1)动物组织结构的分属:中兽医学理论将五行学说用于说明家畜机体与自然的关系,主要体现在将五脏比类对应于五行,以五脏(肝、心、脾、肺、肾)为中心,以六腑(实际上是五腑:胃、小肠、大肠、膀胱、胆)为配合,支配五体(筋、脉、肉、皮毛、骨),开窍于五官(目、舌、口、鼻、耳),外荣于体表组织(爪、面、唇、毛、发)等,形成了以五脏为中心的脏腑组织的结构系统,从而为藏象学说奠定了理论基础。

(2)说明脏腑的生理功能:五行学说将动物机体的内脏分别归属于五行,以五行的特性来说明五脏的部分生理功能。如:木性可曲可直,条顺畅达,有生发的特性,肝属木,故肝喜条达而恶抑郁,有疏泄的功能;火性温热,其性炎上,心属火,故心阳有温煦之功;土性敦厚,有生化万物的特性,脾属土,故脾有消化水谷,运送精微,营养五脏、六腑、四肢百骸之功,为气血生化之源;金性清肃,收敛,肺属金,故肺具清肃之性,肺气有肃降之能;水性润下,有寒润、下行、闭藏的特性,肾属水,故肾主闭藏,有藏精、主水等功能。

(3)说明脏腑之间的相互关系:利用五行的相生关系说明脏腑之间的相互促进,利用五行的相克关系说明脏腑之间的相互制约,所以动物机体中的脏腑之间均有生我、我生、克我、我克的关系。如心阳温煦有助脾之运化(火生土),脾运化精微上输于肺(土生金),肺金肃降以助肾主水、纳气(金生水),肾藏精滋养肝之阴血(水生木)。肝藏血济心之阴血,其中肝归木,心归火,利用五行相生关系得出肝生心,肝是心之母,心是肝之子,余可类推。脾健运止肾水泛滥(土克水),肾水上乘防心火亢盛(水克火),心阳温煦防肺金清肃太过(火克金),肺金清肃防肝升发太过(金克木)。肝疏泄助脾之运化,其中肝归木,脾归土,利用五行相克关系得出肝克脾,肝脏出现问题会影响到脾的生理功能,余可类推。

2.五行学说在动物病理方面的应用

(1)发病:根据五脏能与五时一一对应和五行相克规律,外部环境发生变化容易引起动物五脏的五行发生失衡,从而导致动物机体产生疾病。

(2)传变:动物机体是一个有机整体,若五脏之间失去平衡,则本脏之病可以传至他脏,他脏之病也可以传至本脏。这种病理上的相互影响称为传变。从五行学说来说明五脏病变的传变,可以将其分为相生关系传变和相克关系传变。

①相生关系传变:主要包括"母病及子"和"子病犯母"两方面。

"母病及子",亦称"母虚累子",是指五行中某一行所对应的五脏出现疾病,必然会影响到其子行及其对应的五脏,形成了母脏先病子脏后病的情况。母病及子一般会呈现出两类,一类是母行虚弱,累及子行,导致母子两行皆虚弱,即所谓"母能令子虚"。另一类是母行过亢,引起其子行亦盛,导致母子两行皆亢。

"子病犯母",亦称"子盗母气",是指五行中某一行所对应的五脏出现疾病,必然会波及其母行,形成了子脏先病母脏后病的情况。子病犯母一般会呈现出三类,第一类是子行亢盛,引起母行也偏亢,以致子母两行皆亢,所谓"子能令母实"。第二类是子行亢盛,劫夺母行,导致母行衰弱。第三类是子行虚弱,上累母行,引起母行亦不足,古时称其为"子不养母"。

根据相生传变规律,一般"母病及子"为顺,病程相对来说较轻,预后良好;而"子病犯母"为逆,病程相对较重,预后不良。

②相克关系传变:主要包括"相乘"和"反侮"两方面。相乘即为相克太过形成疾病;反侮为反向克制形成疾病。

3. 五行学说在动物疾病诊断方面的应用 动物机体是一个有机整体,若五脏出现失衡状态,定能直接体现在机体体表相应的组织器官中。五窍、五体、五声等按照五行分类归属形成一定联系,可以为诊断奠定理论基础。因此在临床实践中,可通过望、闻、问、切等方式获得体表病变的相关资料,然后根据五行的基本规律进行病情的推断。例如病畜口色青、脉弦、眼与筋的功能异常,为肝经疾病。若口(唇)淡白微黄,为气血两虚。若口色红紫,为热甚血瘀。若口色红赤或糜烂、脉洪数,为心经火盛或心火上炎。再如咳嗽痰液清稀,发热恶寒,口色淡红,苔薄稍干,脉浮数,为热伤肺卫。

4. 五行学说在动物疾病治疗方面的应用 中兽医学根据五行学说及五脏在五行上的归类,总结了补母、泻子、抑强、扶弱四大治疗法则,并以此为基础,提出了许多具体的治疗方法。长期的临床实践,证明了其具有重要的价值和指导意义。

(1)补母:用于"母子"关系中的虚证,为处理相生不及而出现的病理反应的法则。如:肺属金,脾属土,土能生金,故对慢性虚损的肺病,常常使用调理和补益脾土的方法治疗,谓之"培土生金",此即"虚则补其母"的法则。

(2)泻子:用于"母子"关系中的实证,为处理相生太过而出现的病理反应的法则。例如心火亢盛,波及肝而使肝风内动,则治以清泻心火为主,心火平则肝风自息,此为"实则泻其子"。

(3)抑强:用于相克太过,为处理病理上相乘现象的法则。如肝气太盛而犯脾,可用泻肝法以平肝气,则脾病自愈,此乃"强者抑之"。

(4)扶弱:用于相克不及,为处理病理上相侮现象的法则。如肺气虚弱,则不能制肝而使肝气偏亢,或肝气盛而肺不足以制肝所致之"木火刑金"之证,治以补益肺气之法,则肝气自平,此乃"弱者扶之"。

当然在临床实践中,不能生搬硬套上述治疗法则,必须要分清主次,相互结合。

 **巩固训练**

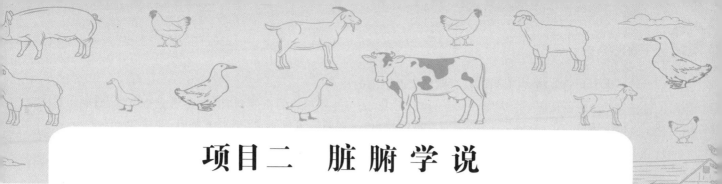

项目二 脏腑学说

▲**知识目标**

掌握五脏、六腑的生理功能及其相互之间的关系。

▲**技能目标**

1.能正确说出五脏和六腑。

2.能正确理解和说明脏腑学说的内容和特点。

3.能正确说明五脏的生理功能。

4.正确理解五脏六腑之间的关系。

▲**素质目标**

1.通过学习脏腑学说,学生建立中兽医学的医学思想。

2.通过学习五脏六腑的功能和相互之间的关系,进一步强化学生对中兽医学整体观念医学思想的认识。

3.培养学生一丝不苟、严谨认真、善于思考的岗位素养和用于探索、勤学好问的学习习惯。

▲**知识点**

1.脏腑的概念。

2.脏腑学说的内容和特点。

3.五脏六腑的生理功能。

4.五脏六腑之间的相互关系。

任务一　脏腑学说概述

一、脏腑学说的概念

脏腑是动物的内脏和功能的总称,是动物机体重要的组成部分。研究动物机体各脏腑、组织和器官的生理活动、病理变化及其相互关系的学说就是脏腑学说。

古人把脏腑称为"藏象"(《素问·六节藏象论》)。"藏"即脏,指的是藏于动物体内的内脏器官,"象"是外在的形象或征象,它是指脏腑的生理活动和病理变化反映在外的征象。

通过研究机体外部的征象,可以了解动物内脏活动的规律及相互关系。脏腑学说是中兽医对动物生理活动和病理现象的基本认识,也是中兽医理论体系的重要组成部分。

二、脏腑学说的内容和特点

脏腑学说是通过观察动物机体外在的征象,研究内在的脏腑、组织和器官的生理病理及其相互关系的学说,其内容主要包括五脏、六腑、奇恒之腑及其相应的组织、器官的功能活动以及它们之间的相互关系。

根据其形态和功能的不同特点,脏腑分为五脏、六腑和奇恒之腑。五脏指的是心、肝、脾、肺、肾,

扫码学课件
任务 1-2-1

Note

21

是化生和储藏精气的器官,具有藏精气而不泻的特点。

六腑包括胆、胃、大肠、小肠、膀胱、三焦,是与外界相通的空腔器官,主要功能是受盛、腐熟水谷和传导糟粕,具有传化浊物、泻而不藏的特点。《素问·五脏别论》曰:"五脏者,藏精气而不泻也,故满而不能实;六腑者,传化物而不藏,故实而不能满也。"

奇恒之腑是指脑、髓、骨、脉、胆、胞宫。"奇"是异,"恒"是常的意思,因为形态中空似腑,功能藏精气似脏,所以不同于一般的脏腑,故称为奇恒之腑。其中,胆为六腑之一,但它藏清净之液,故又归于奇恒之腑。

脏腑学说的特点如下。

(1)脏腑学说中蕴含着整体观念,其以五脏为中心,通过经络的互相络属,把六腑、五体等联络一起。脏腑虽各有其功能,但彼此又相互联系,脏与腑之间存在阴阳、表里的关系。脏在里,属阴;腑在表,属阳;心与小肠、肝与胆、脾与胃、肺与大肠、肾与膀胱、心包络与三焦相表里。脏腑还与肢体组织(脉、筋、肉、皮毛、骨)、五官九窍(舌、目、口、鼻、耳及前后阴)等有着密切联系,如五脏之间存在着相互资助与制约的关系,六腑之间存在着承接合作的关系,脏腑之间存在着表里相合的关系,五脏与肢体官窍之间存在着归属开窍的关系等,从而构成了动物机体内外各部分功能上相互联系的统一整体。

脏与腑之间的表里关系,是通过经脉来联系的。脏的经脉络于腑,腑的经脉络于脏,彼此经气相通,在生理功能上相互协调、相互为用,并与外界环境因素紧密配合,从而保持动物机体内外环境的基本平衡,维持正常的生理功能和生命活动。在病理上也存在着相互影响、相互制约、相互传变的关系。

(2)脏腑学说中的脏腑不完全是现代兽医解剖学的概念,它更重要的是包含着对生理功能和病理变化的概括。某一脏或腑所具有的功能,可能包括了现代兽医学中几个脏器所具有的功能,而现代兽医学中某个脏器的功能,又可能反映在几个脏腑的功能之中。所以,虽然脏腑与"脏器"的名称相似,但其含义差别很大。不能简单地将二者等同看待。

(3)由"象"及"脏"来分析、推理或印证脏腑的功能状况或病理变化。脏腑学说认为,动物机体外在的各种表现及状况,都与机体内部的脏腑功能活动有密切关系。通过分析机体外部的征象,可以了解和认识各个内脏器官的生理功能和病理变化情况。

 巩固训练

任务二　脏腑的功能

一、五脏

五脏是心、肝、脾、肺、肾五个内脏器官的总称。古人称"脏"为"藏"。五脏的主要生理功能是化生和储藏气、血、精、津液、神,"藏而不泻"是五脏的共同特点。五脏和奇恒之腑有着密切的关系,本课程在介绍五脏的功能时,将连同奇恒之腑一并叙述。

（一）心

心即心脏，位于胸中，有心包护于外。心的主要生理功能是主血脉和藏神。心开窍于舌，在液为汗。心的经脉下络于小肠，故心与小肠相表里。心在脏腑的功能活动中起主导作用，使脏腑之间相互协调，是动物机体生命活动的中心，是脏腑中最重要的器官。《灵枢·邪客》中说："心者，五脏六腑之大主也，精神之所舍也。"《司牧安骥集·马师皇五脏论》中也有"心是脏中之君"的论述，都指出了心有统管脏腑功能活动的作用。

1. 心的生理功能

（1）心主血脉：心为血液运行提供动力，脉是血液运行的通道。心主血脉，是指心有推动血液在脉管内运行，以滋养全身的作用，故《素问·痿论》说："心主身之血脉。"由于心、血、脉三者密切相关，所以心脏的功能正常与否，可以从脉象、口色上反映出来。如心气旺盛、心血充足，则脉象平和，节律调匀，口色鲜明如桃花色。若心气不足、心血亏虚，则脉细无力，口色淡白。若心气衰弱，血行瘀滞，则脉涩不畅，脉律不整或有间歇，出现结脉或代脉、口色青紫等症状。

（2）心藏神：神指的是精神活动，是机体对外界事物的客观反映。心藏神，是指心为一切精神活动的主宰。《灵枢·本神》说："所以任物者谓之心。"任，即粗任，是承受的意思。《素问·六节藏象论》中"心者，生之本，神之变也"和《司牧安骥集·胡先生清浊五脏论》中"心藏神"等论述都说明了因为心藏神，所以心能统辖各个脏腑，成为生命活动的根本。

心藏神的功能与心主血脉的功能密切相关。血液是维持正常精神活动的物质基础，又为心所主，当动物心血充盈，心神得养时，动物就会表现为"皮毛光彩，精神倍"的状态；当心血不足，神不得藏时就会出现活动异常或惊恐不安的现象。《司牧安骥集·碎金五脏论》就有"心虚无事多惊恐，心痛颠狂脚不宁"的描述。同理，心神异常的时候，也可导致心血不足，或血行不畅，或脉络瘀阻。

2. 心与窍液的关系

（1）开窍于舌：舌的生理功能与心直接相关，心的生理功能及病理变化也最容易在舌上反映出来。因为心经的别络上行于舌，所以心的气血上通于舌，故有舌为心之苗之说。心血充足，舌体则柔软红润，运动灵活；心血不足，舌色则淡而无光；心血瘀阻，舌色则为青紫；心经有热，则舌质红绛、口舌生疮。故《素问·阴阳应象大论》中说："心主舌，开窍于舌。"《司牧安骥集·马师皇五脏论》也说"心者，外应于舌"。

（2）在液为汗：《灵枢·决气》中说："腠理发泄，汗出溱溱，是谓津。"汗是津液发散于肌腠的部分，即汗由津液所化生。津液又是血液的重要组成部分，血汗同源，且血为心所主，故称"汗为心之液"，又称心主汗。《素问·宣明五气》指出："五脏化液，心为汗。"心在液为汗，指的是心与汗有密切关系。出汗异常，往往与心的功能异常有关。如心阳不足，会引起腠理不固而自汗；心阴血虚，会导致阳不摄阴而盗汗。因为血汗同源，津亏血少，则汗源不足；而发汗太过，则容易伤津耗血。所以《灵枢·营卫生会》有"夺血者无汗，夺汗者无血"之说。在临床上，治疗心阳不足和心阴血虚的动物，应注意慎用汗法。汗多不仅伤津耗血，还耗散心气，严重时会引发亡阳证。

知识拓展与链接

心包络

心包络，又称为心包或膻中，它与六腑中的三焦互为表里。心包络是心的外卫器官，有保护心脏的作用。当外邪侵犯心脏时，一般是由表及里，由外入内，会先侵犯心包络。《灵枢·邪客》说"故诸邪之在于心者，皆在于心之包络"，指出了心包受邪所出现的病证与心是一致的，所以心包络与心在病理和用药上基本相同。

（二）肺

肺位于胸中，上连气道。其主要功能是主气、司呼吸，主宣发和肃降，通调水道，外合皮毛。肺开

窍于鼻,在液为涕。肺的经脉下络于大肠,与大肠相表里。

1. 肺的生理功能

(1)主气、司呼吸:肺主气,是指肺具有主宰一身之气的生成、出入与代谢的功能。肺主气,包括主呼吸之气和一身之气两个方面。

①肺主呼吸之气,指肺是体内外气体交换的场所,机体通过肺的呼吸作用,吸入自然界的清气,呼出体内的浊气,吐故纳新,从而实现机体与外界环境间的气体交换,维持动物正常的生命活动。

②一身之气,由自然界之清气、先天之精气和水谷化生之精气所构成。肺主一身之气,是指全身之气都由肺所主,且与宗气的生成密切相关。宗气是由水谷精微之气与肺所吸入的清气,在元气的作用下相合而成。宗气一方面维持着肺的呼吸功能,吐故纳新,使机体内外气体进行交换;另一方面由肺入心,推动血液运行,并宣发到身体各部,来维持脏腑组织的功能活动,故有"肺朝百脉"之说,所以,宗气也是促进和维持机体功能活动的动力。虽然心主血脉,但也必须依赖肺气的推动,才能维持其正常的功能。

肺主气的功能正常,表现为气道通畅,呼吸均匀。如果病邪犯肺,使肺气壅阻,就引起呼吸功能的失调,表现出咳嗽、气喘、呼吸不利等症状;肺气不足时,会出现体倦无力、气短、自汗等气虚症状。

(2)主宣发和肃降:宣发,是指宣通和发散;肃降,是指清肃和下降。肺主宣发和肃降,实际上是指肺对肺气的运动具有向上、向外宣发和向下、向内肃降的双向调节功能。

①肺主宣发,不仅把体内代谢过的气体呼出体外,还将脾传输到肺的水谷精微之气布散到全身而外达皮毛。肺又宣发卫气,发挥温分肉和司腠理开合的作用。如果肺气不宣而壅滞,则会引起呼吸不畅、咳嗽、胸满、皮毛焦枯等症状。

②肺主肃降:a.通过肺气的下降作用,把自然界之清气吸入体内。b.将津液和水谷精微布散全身,将代谢产物和多余水液下输于肾和膀胱,最终排出体外。c.保持气道的清洁。肺为清虚之脏,其气宜清不宜浊,只有保持清洁才能保证其正常的生理功能。肺居于上焦,故以清肃下降为顺;若肺气不能肃降而上逆,就会引起咳嗽、气喘等症状。

(3)通调水道:通调,即疏通、调节;水道,是水液运行和排泄的通道。肺主通调水道,是指肺的宣发和肃降运动对体内水液的输布、运行和排泄有疏通和调节的作用。肺的宣发作用,不仅将津液与水谷精微布散于全身,还通过宣发卫气、司腠理开合,来调节汗液的排泄。肺的肃降作用,还使代谢后的水液经肾的气化作用,转化为尿液由膀胱排出体外,肺通调水道的功能,是肺宣发和肃降作用相互配合的体现,如果肺的宣降功能失常,就会影响机体的水液代谢,出现水肿、腹水、胸水、泄泻等症。因肺参与机体的水液代谢,故有"肺主行水"之说。又因肺居于胸中,位于上焦,位置较高,所以还有"肺为水之上源"的说法。

(4)主一身之表,外合皮毛:一身之表,包括皮肤、汗孔、被毛等组织,简称皮毛,是机体抵御外邪侵袭的外部屏障。肺外合皮毛,是指肺与皮毛在生理或病理上都有着极其密切的关系。在生理方面,皮肤的汗孔(又称"气门""鬼门")具有散气的作用,因参与呼吸调节而有"宣肺气"的功能;皮毛也有赖于肺气的温煦,才得以润泽,否则就会憔悴枯槁。在病理方面,肺经的疾病可以反映于皮毛,而皮毛受邪也可传于肺。如肺气虚的动物容易出汗,且经久可见其皮毛焦枯或被毛脱落;而动物若外感风寒,也会影响到肺,出现咳嗽、鼻塞、流涕等症状。

2. 肺与窍液的关系

(1)开窍于鼻:鼻有司呼吸和主嗅觉的功能。鼻为肺窍,肺气正常则见鼻窍通利,嗅觉灵敏。如外邪犯肺,肺气不宣,则常见鼻塞流涕,嗅觉不灵等症状。若肺热壅盛,则常见鼻翼扇动等症。鼻为肺窍,是肺的门户,故鼻也是邪气犯肺的通道,如湿热之邪侵犯肺卫,大多由鼻窍而入。此外,喉也是呼吸的门户和发音器官,是肺脉所经之处,它的功能也会受肺气的影响,如声音嘶哑、失音等病症,大多与肺的异常有关。

(2)在液为涕:涕是鼻涕,是鼻腔黏膜的分泌物,正常的情况下有润泽鼻窍的作用。因鼻为肺窍,故其分泌物也属于肺。鼻涕状态的变化可以反映肺气是否正常。若肺气正常,则鼻涕可润泽鼻窍而不外流;若肺受邪气所袭,鼻涕的分泌和性状就会发生变化。如风寒袭肺,则鼻流清涕;肺受风热之邪,则鼻涕黄浊浓稠;若肺败,则鼻流黄绿色的腥臭脓涕;若肺受燥邪,则表现为鼻干无涕。

(三)脾

脾位于腹内,其经脉络于胃,与胃相表里。脾的生理功能为主运化,主统血,主肌肉四肢。脾开窍于口,在液为涎。

1.脾的生理功能

(1)主运化:运,是运输;化,是消化、吸收。脾主运化,是指脾有消化、吸收、运输营养物质及水湿的功能。古人称脾为"后天之本""五脏之母",是因为机体的脏腑经络、四肢百骸、筋肉、皮毛,均有赖于脾的运化以获取营养。

脾主运化的含义主要包括以下两个方面。

①运化水谷精微:经胃初步消化的水谷,由脾进一步消化和吸收,获得的营养物质再转输到心、肺,通过经脉运送到全身,供机体生命活动所需。脾的运化功能健旺,称为"健运"。脾气健运,则运化水谷的功能旺盛。各脏腑组织得到充分而全面的营养,就可以维持正常的生命活动,表现出健康、充满活力的状态。若脾失健运,则水谷运化功能失常,动物会出现腹胀、腹泻、精神倦怠、消瘦、营养不良的症状。

②运化水湿:脾有促进水液代谢的作用。脾在运输水谷精微的同时,也会把水液运送到全身各组织中,以发挥其滋养濡润的作用。代谢后的水液,下达于肾,经膀胱排出体外。如果脾运化水湿的功能失常,就可能出现水湿停留的病证。停留肠道表现为泄泻,停于腹腔为腹水,溢于肌表则为水肿,水湿聚集就成痰饮。故《素问·至真要大论》有"诸湿肿满,皆属于脾"之说。

脾气机的特点是上升,将水谷精微及水湿上输于肺,因此有"脾主升清"之说。"清"是指精微的营养物质。如果脾气不升,反而下陷,可能导致泄泻,也可能引起滑脱诸证,如脱肛、子宫脱垂等。

(2)主统血:统,即统摄、控制。脾主统血,是指脾统摄血液,使其在脉中正常运行,而不溢出脉外的功能。脾的统血功能,全是依赖脾气的固摄作用。脾气旺盛,则固摄有权,血液就能正常地在脉管中运行;脾气虚弱,统摄乏力,则气不摄血,引起各种出血性疾病,且以慢性出血为多见,如长期便血等。

(3)主肌肉四肢:脾可为肌肉四肢提供营养,确保其健壮有力并正常发挥其功能。肌肉的生长发育及健硕有力,主要由脾所运化的水谷精微濡养。脾气健运,营养充足,则肌肉丰满,健硕有力,否则就表现为动物消瘦,肌肉痿软。四肢的功能活动,也有赖于脾运化水谷所得的营养才得以正常发挥。当脾气健旺,营养充足时,四肢活动有力,行动轻健;脾失健运,清阳不布,营养缺失,就会导致四肢活动无力,步行怠慢。当动物脾虚胃弱时,往往表现为四肢痿软无力、倦怠好卧等症状。

2.脾与窍液的关系

(1)开窍于口:脾主水谷的运化,口是水谷摄入的门户。脾气通于口,与食欲存在着直接的联系。脾气旺盛,则食欲正常。故《灵枢·脉度》说:"脾和则口能知五谷矣。"脾失健运,则动物食欲减退,甚至废绝。故《司牧安骥集·碎金五脏论》说:"脾不磨时马不食。"

脾主运化,其华在唇。脾通过经络与唇相通,唇为脾的外应。故口唇可以反映出脾运化功能的盛衰。若脾气健运,营养充足,则口唇鲜明光润如桃花色;若脾不健运,脾气衰弱,则食欲不振,营养不佳,口唇淡白无光;若脾经热毒上攻,则口唇生疮;若脾有湿热,则口唇红肿。

(2)在液为涎:涎即口津,是口腔分泌的液体,具有湿润口腔、帮助食物吞咽和消化的作用。脾的运化功能正常,则津液上注于口而为涎,以辅助脾胃的消化功能,不会溢出口外。若脾胃不和,则涎液分泌增加,口涎自动流出;脾气虚弱时,气虚不能摄涎,涎液也会自口角流出;若脾经热毒上攻,则口唇生疮,口流黏涎。

(四)肝

肝位于腹腔右上侧,胆附于其下(马属动物无胆囊)。肝的生理功能是藏血,主疏泄,主筋。肝开

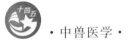

窍于目,在液为泪。肝有经脉络于胆,与胆相表里。

1. 肝的生理功能

(1)藏血:肝有储藏血液及调节血量的功能。当动物休息、静卧或运动减少时,机体对血液的需要量也随着减少,部分血液会储藏于肝。在使役或运动时,机体对血液的需要量增加,肝就会输出所藏的血液,供机体的活动所需。肝所藏之血称为肝血,肝血供应能力直接影响到动物耐受疲劳的能力。若肝血供给充足,则可提高动物对疲劳的耐受力,否则就易于疲劳。

肝藏血的功能失调主要有肝血不足和肝不藏血两种情况:肝血不足,血不养目,则发生目眩、目盲;或血不养筋,表现为筋肉拘挛或屈伸不利。肝不藏血,则会引起动物不安或出血。肝的阴血不足,还会引起阴虚阳亢或肝阳上亢,出现肝火、肝风等证。

(2)主疏泄:疏,是疏通;泄,是发散。肝主疏泄,是指肝具有保持全身气机通畅条达,通而不滞,散而不郁的作用。气机是对机体脏腑功能活动基本形式的概括和表达。气机调畅,则升降正常,是维持脏腑生理活动的前提。肝含有清阳之气,全身气机的舒畅条达,与肝的疏泄功能密切相关,《血证论》说:"设肝之清阳不升,则不能疏泄。"

肝的疏泄功能主要表现在以下四个方面。

①调畅气血运行:肝的疏泄功能直接影响气机的调畅,而气和血,如影随形,气动则血行,气滞则血瘀。因此,肝的疏泄功能保持正常是维持血流通畅的必要条件。肝失条达,肝气郁结,则见气滞血瘀;肝气太盛,血随气逆,则影响肝藏血的功能,可见呕血、衄血等症。

②调控精神活动:动物的精神活动,与肝气有着密切关系。肝的疏泄功能正常,也是保持精神活动正常的必要条件。如肝气疏泄失常,气机不调,可引起精神活动异常,出现躁动或精神沉郁、胸胁胀痛等症状。

③协调脾胃运化:肝气疏泄是否正常还是影响脾胃消化功能的重要因素。肝的疏泄功能正常,可使全身气机疏通畅达,有协助脾胃之气升降的作用;另外,肝能输注胆汁以帮助消化食物,而胆汁的输注也受肝疏泄功能的影响。若肝气郁结,疏泄失常,就会影响脾胃,从而出现食欲减退、嗳气、肚腹胀满等消化功能紊乱的现象,也可引起黄疸。

④通调水液代谢:肝气疏泄还包括通过疏利三焦、通调水液升降通路发挥调节水液代谢的作用。肝气疏泄功能如果失常,则气不调畅,会直接影响三焦的通利,引起水肿、胸水、腹水等水液代谢障碍病症。

(3)主筋:筋,即筋膜(包括肌腱),是联系关节、约束肌肉、主司运动的组织。筋附着于骨及关节,筋的收缩和弛张使关节运动自如。肝主筋,是指肝可以给筋提供营养,维持筋的正常功能。因为筋需要肝血的滋养,才能正常发挥其功能,所以肝主筋的功能与"肝藏血"密切相关,当肝血充盈时,筋得到充分濡养,筋的活动才能正常。若肝血不足,血不养筋,就会出现四肢拘急、萎弱无力、伸屈不灵等症。邪热劫津,津伤血耗,血不营筋,则可引起四肢抽搐、角弓反张、牙关紧闭等肝风内动之证。

肝血的盛衰,还能引起爪甲(蹄)荣枯的变化。因"爪为筋之余",爪甲(蹄)有赖于肝血的滋养,当肝血充足时,筋强力壮,爪甲(蹄)坚韧;若肝血不足,则筋弱无力,爪甲(蹄)多薄而软,甚至变形且容易脆裂。《素问·五脏生成篇》说:"肝之合筋也,其荣爪也。"

2. 肝与窍液的关系

(1)开窍于目:目主视觉,其视物功能的发挥有赖于五脏六腑之精气,《素问·五脏生成篇》说:"目受血而能视。"《灵枢·脉度》说:"肝气通于目,肝和则目能辨五色矣。"因肝通过经脉与目相连,故肝血的滋养是目能视功能的关键保障。因肝与目关系密切,所以肝的功能正常与否,也常在目上有所反映。若肝血充足,则双目有神、视物清晰;若肝血不足,则两眼干涩、视物不清,甚至导致夜盲;若肝经风热,则目赤痒痛;若肝火上炎,则目赤肿痛生翳。

(2)在液为泪:泪从目出,因肝开窍于目,故泪为肝之液。泪有濡润和保护眼睛的功能,正常情况不会溢出眼睛。当有异物入目时,泪液会大量分泌,起到清洁眼球、排除异物的作用。在病理情况下,肝的病变会引起泪的分泌异常。当肝之阴血不足时,泪液会减少,导致两目干涩;若肝经风热,则两目流泪生眵。

（五）肾

肾位于下焦，在腰脊两侧，左右各一，故称腰为肾之府。肾是脏腑阴阳之本、生命之源，故称为先天之本。肾的生理功能包括主藏精，主命门之火，主水，主纳气，主骨、生髓、通于脑。肾开窍于耳，司二阴，在液为唾。肾有经脉络于膀胱，与膀胱相表里。

1. 肾的生理功能

（1）主藏精：有主封藏和主生长发育与生殖两个含义。

①主封藏：肾能摄纳闭藏精气，即将精气封藏于肾，使其不断充盛，防其无故流失，使精气在体内充分发挥其生理作用。精是指精微物质，肾所藏之精是肾阴，又叫真阴、元阴，它是构成机体的基本物质，也是机体生命活动的物质基础。肾中精气，是先天之精和后天之精的合称。先天之精即肾脏之精，它先身而生，来源于父母，是构成胚胎发育的原始物质，是生殖之精。后天之精来源于脾胃化生的水谷之精气，以及脏腑代谢平衡后的剩余精气，是动物出生后从外界获得的，是水谷之精，故又称为"脏腑之精"，它是维持机体生命活动的物质基础。先天之精和后天之精相互融为一体，相互资生，相互联系。先天之精有赖于后天之精的滋养才能充盛，后天之精需要先天之精的资助才能化生，若其中之一衰竭，必然影响到另一方的功能。

②主生长发育与生殖：肾中精气有促进机体生长发育和生殖的作用。精气是构成动物机体的基本物质，也是动物生长发育和各种功能活动的物质基础。动物胚胎的形成和发育都以肾精为基本物质，同时它还是动物出生后生长发育过程中的物质根源。机体发育成熟时，雄性产生精液，雌性会有卵子发育，出现发情周期，开始具有生殖能力。到了老年，肾精衰微，生殖能力也随之下降，直至消失。

肾藏精，是指精的产生、储藏和输布都由肾所主导。肾气由肾所藏之精化生而成，通过三焦输布到全身，促进了动物机体的生长、发育和生殖。故阳痿、滑精、精亏不孕等证，均与肾有直接关系。

（2）主命门之火：命门是生命之根本；火是指功能。命门之火，又称为元阳或肾阳（真阳），也藏于肾。命门之火既是肾生理功能的动力，也是动物机体热能的来源。肾主命门之火，是指肾的元阳，即命门之火肾阳，有温煦五脏六腑、维持基本生命活动的功能。肾所藏之精需要命门之火的温养，从而发挥滋养全身组织器官和繁殖后代的作用。故五脏六腑的功能活动，有赖于肾阳的温煦而维持正常状态，特别是后天脾胃之气需要先天命门之火的温煦，才能更好地发挥运化的作用，故命门之火不足会导致全身阳气衰微。

肾阳和肾阴是概括肾脏生理功能的两个方面。肾阴对机体各脏腑起着濡润滋养的作用，肾阳则起着温煦生化的作用，二者相互制约，相互依存，维持着相对的平衡，否则就会出现肾阳虚或肾阴虚的病变。因肾阳虚和肾阴虚的本质均为肾的精气不足，故二者之间存在着密切联系，肾阴虚发展到一定程度会累及肾阳，肾阳虚也会伤及肾阴，甚至出现肾阴肾阳俱虚的病证。

（3）主水：在动物机体水液代谢的过程中，肾起着升清降浊的作用。动物机体内的水液代谢主要是由肺、脾、肾三脏共同完成，其中肾的作用最为重要。肾主水的功能，依赖肾阳（命门之火）对水液的蒸化来完成。水液入胃肠后，由脾上输于肺，肺将水液清中之清的部分输布全身，通过肃降作用使水液清中之浊的部分下行于肾，肾再分清泌浊，使浊中之清经再吸收上输于肺，浊中之浊的无用部分则下注膀胱，最后排出体外。肾阳对水液的蒸化作用，古人称之为"气化"。当肾阳不足、命门火衰、气化失常时，就会产生水液代谢障碍，发生水肿、胸水、腹水等症。

（4）主纳气：纳有受纳、摄纳之意。肾主纳气，是指肾有摄纳呼吸之气，辅助肺司呼吸的功能。肺吸入之气须下纳于肾，才能使呼吸调匀，故有"肺主呼气，肾主纳气"之说。肺司呼吸，为气之本；肾主纳气，为气之根。只有肾气充足，元气固守于肾，才能纳气正常、呼吸和利；如果肾虚，则根本不固，纳气失常，就会影响到肺气的肃降，出现呼多吸少，吸气困难的病证。

（5）主骨、生髓、通于脑：肾有主管骨骼的代谢，资生和充养骨髓、脊髓及大脑的功能。髓充于骨中，滋养骨骼，骨赖髓而强壮，肾所藏之精有生髓的作用。这也是体现肾的精气具有促进生长发育功能的一个方面。若肾精充足，则髓的生化有源，骨骼能得到髓的充分滋养而坚强有力。若肾精亏虚，则髓的化源不足，不能充分滋养骨骼，导致骨骼发育不良，甚至骨脆无力等症。髓分为骨髓和脊髓，

均为肾精所化生。脊髓上通于脑,聚而成脑。脑被称为"元神之府",主精神活动,需要依靠肾精源源不断地化生才能得到滋养,否则就会出现痴呆、神情麻木、目光呆滞、倦怠嗜卧等症状。

"齿为骨之余",肾主骨,故牙齿也有赖肾精的充养。若肾精充足,则牙齿坚固;若肾精不足,则牙齿松动,甚至脱落。

《素问·五脏生成篇》"肾之合骨也,其荣发也",是指动物被毛的生长,虽然其营养来源于血,但其生机根源于肾气,故毛发为肾的外候。肾脏精气的盛衰会在被毛的荣枯方面有所表现。若肾精充足,则被毛完整、浓密、光亮;若肾气虚衰,则被毛脱落、枯槁。

2. 肾与窍液的关系

(1)开窍于耳,司二阴:肾的上窍是耳,下窍是二阴(即前阴和后阴)。肾的功能活动可以主宰和影响耳和二阴的功能,同时,耳和二阴的功能可以反映肾的功能状态。

耳是听觉器官,其功能的发挥,有赖于肾精的充养。肾精充足,则听觉灵敏;若肾精不足,可引起耳鸣、听力减退等症。故有"肾气通于耳,肾和则耳能闻五音矣"和"肾壅耳聋难听事,肾虚耳似听蝉鸣"之说。

二阴之前阴有排尿和生殖的功能,后阴有排泄粪便的功能,都与肾有着直接或间接的联系。前阴与生殖有关,故由肾所主,排尿虽在膀胱,却要依赖肾阳的气化功能。肾阳不足,就会引起尿频、阳痿等症。后阴排泄粪便的功能,也受肾阳温煦作用的影响。肾阳不足,则阳虚火衰,会引起大便秘结;而脾肾阳虚,会导致大便溏泻。

(2)在液为唾:唾,即口津,由口腔分泌,有帮助食物吞咽和消化的作用。《素问·宣明五气》认为唾的分泌与肾相关,故有"五脏化液……肾为唾"之说。唾与涎都是口津,涎自两腮出,溢之于口,可自口角流出;唾则生于舌下,可以从口中唾(吐)出。虽然在中医临床上,口角流涎从脾论治,唾液频吐从肾论治,但在兽医临床上却很难区分。

二、六腑

六腑是胆、胃、小肠、大肠、膀胱和三焦的总称,六腑共同的生理功能是传化水谷,具有泄而不藏的特点。

(一)胆

胆附于肝(马有胆管,无胆囊),内藏胆汁。胆汁是肝气疏泄而来,故《脉经》说:"因胆汁为肝之精气所化生,清而不浊。"胆的主要功能是储藏和排泄胆汁,帮助脾胃运化水谷。和其他腑的转输作用相同,故为六腑之一。但其他腑所盛者皆浊,唯胆所盛者为清净之液,故称"胆为清净之腑"。因"肝之余气泄于胆,聚而成精",故胆还有似五脏藏精的功能,却没有其他五腑传化水谷的功能,故又把胆列为奇恒之腑。

胆有经脉络于肝,与肝相表里。胆汁的化生、储藏和排泄功能,由肝的疏泄功能调节和控制。肝气条达疏泄,则胆汁排泄通畅,脾胃健运。若肝失疏泄,则胆汁排泄不利,脾胃运化失常,出现饮食减少、腹胀便溏等症。胆汁外溢则出现黄疸。肝胆本为一体,二者在生理上相互依存,相互制约,在病理上相互影响,往往出现肝胆同病。

(二)胃

胃位于膈后,上接食管,下连小肠,又称为胃脘。胃有经脉络于脾,与脾相表里。胃的主要功能为受纳和腐熟水谷,以降为和。

胃主受纳,是指胃有接受和容纳饮食水谷,将其初步消化形成食糜的作用。胃中的水谷经腐熟或初步消化,一部分转变为气血,由脾上输于肺,再经肺的宣发作用布散到全身。故《灵枢·玉版》说:"胃者,水谷气血之海也。"没有被消化吸收的部分,则通过胃的通降作用,下传于小肠,其精微物质经脾的运化输布而营养全身。可见脾胃相互配合完成了水谷精微的运化和输布,因此常常将脾胃合称为"后天之本"。

胃的受纳和腐熟水谷的功能,称为"胃气"。由于胃需要把腔中的水谷下传到小肠,故胃气的特点是以降为和顺。若胃气不降,则出现食欲不振、水谷停滞、肚腹胀满等症;若胃气不降反升,即胃气上逆,则出现嗳气、呕吐等症。胃气的功能状况,对于动物体的健康以及疾病的预后判断都至关重要,故有"胃气壮,五脏六腑皆壮也""有胃气则生,无胃气则死"之说。所以临床上,也常常把"保胃气"作为重要的治疗原则。

(三)小肠

小肠位于腹中,上通于胃,下连大肠。有经脉络于心,与心相表里。小肠的主要生理功能是受盛化物和分别清浊,受盛化物是小肠接受由胃传来的水谷,并继续将其转化为可吸收的精微物质的功能。分别清浊是指小肠能分别食糜中的精微物质和残渣。清者即为水谷精微,经吸收后,由脾传输到身体各部,供机体活动之需;浊者就是糟粕和多余水液,下注于大肠或肾,经由二便排出体外。因此小肠有病,除了会影响消化吸收功能外,还会出现排粪、排尿的异常。

(四)大肠

大肠位于腹中,上通于小肠,下连肛门。有经脉络于肺,与肺相表里。大肠的主要功能是传化糟粕,即接受小肠下传的水谷残渣或浊物,并吸收其中的多余水液,燥化成粪便,使其最后由肛门排出体外。大肠的传导燥化作用,是胃降浊功能的延续,同时与肺的肃降和肾司二阴的功能有关。大肠传导或燥化功能失常,就会导致腹胀、肠鸣、便溏或大便燥结等症。

(五)膀胱

膀胱位于后腹部,有经脉络于肾,与肾相表里。其主要功能是储存和排泄尿液。水液经过小肠的吸收后下输于肾,经肾阳的气化成为尿液,再下渗于膀胱,潴留到一定量之后,会自主引起排尿动作,及时排出体外。膀胱的功能与肾密切相关,若肾阳不足,膀胱功能也随之减弱,不能约束尿液从而引起尿频、尿失禁等。若膀胱气化不利,会出现尿少、尿秘。湿热蕴结于膀胱,会出现排尿困难、尿痛、尿淋漓、血尿等症状。

(六)三焦

三焦是上、中、下焦的总称。有经脉络于心包,与心包相表里。三焦总的功能是通行元气,运行水液,是水谷出入的通路。

1.上焦 在膈以上,包括心、肺等,上焦的功能是司呼吸,主血脉,将水谷精气敷布全身,以温养肌肤、筋骨,并通调腠理。

2.中焦 在膈以下至脐的脘腹部,包括脾、胃等脏腑,中焦的主要功能是腐熟水谷,并将营养物质通过肺脉化生营血。

3.下焦 在脐以下,包括肝、肾、大小肠、膀胱等脏腑。下焦的主要功能是分别清浊,并将糟粕以及代谢后的水液排泄于外。

由之可见,三焦包含了胸腹腔内的脏器及其部分功能,所以说三焦不是一个独立的器官,而是通行气血,输送水液、养料及排泄废物的通道。自水谷受纳、腐熟,到气血津液的敷布,代谢产物的排泄,均与三焦有关。三焦的这些功能都是通过气化作用完成的,故三焦总司机体的气化作用。在病理条件下,上焦病包括心、肺的病变,中焦病包脾、胃的病变,下焦病则主要指肝、肾之病变。

知识拓展与链接

胞宫

胞宫,是子宫、输卵管和卵巢的总称,其主要功能是主发情和孕育胎儿。因机体的生殖功能由肾所主,故胞宫与肾有密切的关系。肾气充盛,动物才能正常发情,具有生殖及营养胞胎的功能。若肾气虚弱,气血不足,则动物发情不正常,或形成不孕症。胞宫与心、肝、脾三脏存在关联,因为动物的发情和孕育胎儿,都有赖于血液的滋养,需要心主血、肝藏血、脾统血功能密切配合。若三者的功能失调,会影响胞宫的功能。

Note

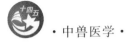

三、脏腑之间的关系

动物体是一个有机整体,由五脏、六腑等组织器官构成。在生理上,各脏腑之间相互联系,分工合作,共同维持机体正常的生命活动,在病理上也相互影响。

(一)脏与脏的关系

1.心与肺　心与肺的关系,主要是气与血的关系。心主血,肺主气,二者相互配合,保证了气血的正常运行。血的运行靠气的推动,气只有贯注于血脉中,依赖血的运载才能输布周身,故有"气为血帅,血为气母,气行则血行,气滞则血瘀"之说。这说明了心与肺、气与血是相互依存、密不可分的关系。因此,肺气不足或肺失宣肃,都会影响心的行血功能,导致血液运行迟滞,出现口舌青紫、脉迟涩等血瘀之症。心气不足或心阳不振,也会影响肺的宣降功能,表现为呼吸异常和咳嗽、气促等肺气上逆之症。

2.心与脾　心主血、藏神,脾主运化、统血,二者的关系十分密切。脾为心血的生化之源,若脾气充足,血液生化有源,则心血充盈;血行于脉中,虽靠心气的推动,但有赖于脾气的统摄才不致溢出脉外。脾的运化功能有赖于心血的滋养和心神的统辖,若心血不足或心神失常,会引起脾的运化失健,出现食欲减退、肢体倦怠等症;相反,若脾气虚弱,运化失职,也可导致心血不足或脾不统血,出现心悸、易惊或出血等症。

3.心与肝　心与肝的关系主要表现在心主血、肝藏血,心藏神、肝主疏泄两个方面。首先,心主血、肝藏血,二者相互配合而起到推动血液循环及调节血量的作用。因此,心、肝之阴血不足,可互为影响。若心血不足,肝血可因之而虚,导致血不养筋,出现筋骨酸痛、四肢拘挛、抽搐等症;若肝血不足,也可影响心的功能,出现心悸等症。其次,肝主疏泄、心藏神,二者相互联系,相互影响。如肝疏泄失常,肝郁化火,可以扰及心神,出现心神不宁、狂躁不安等症;如心火亢盛,也可使肝血受损,出现血不养筋或血不养目等症。

4.心与肾　心位于上焦,其性属火、属阳,肾位于下焦,其性属水、属阴,二者之间存在着相互作用、相互制约的关系。在生理条件下,心火不断下降,以资肾阳,共同温煦肾阴,使肾水不寒;同时,肾水不断上济于心,以资心阴,共同濡养心阳,使心阳不亢。这种阴阳相交,水火相济的关系,称为"水火既济""心肾相交"。在病理情况下,若肾水不足,不能上资心阴,就会出现心阳独亢或口舌生疮的阴虚火旺之证;若心火不足,不能下温肾阳,以致肾水不化,就会上凌于心,出现"水气凌心"的心悸症。此外,心主血,肾藏精,精血互化,故肾精亏损和心血不足之间也常互为因果。

5.肺与脾　肺与脾的关系,主要表现在气的生成与水液代谢两个方面。在气的生成方面,肺主气,脾主运化,同为后天气血生化之源,存在着益气与主气的关系,脾所传输的水谷之精气,上输于肺,与肺吸入的清气结合而形成宗气,这就是脾助肺益气的作用。因此,肺气的盛衰在很大程度上取决于脾气的强弱,故有"脾为生气之源,肺为主气之枢"之说。在水液代谢方面,脾运化水湿的功能,与肺气的肃降有关,脾、肺二脏相互配合,再加上肾的作用,共同完成水液的代谢过程。脾与肺在病理变化上也密切相关,若脾气虚弱,脾失健运,水湿不能运化,聚为痰饮,则影响肺气的宣降,出现咳嗽、气喘等症,故有"脾为生痰之源,肺为贮痰之器"之说。同样,肺有病也可影响到脾,如肺气虚,宣降失职,可引起水液代谢不利,湿邪困留脾气,致脾不健运,出现水肿、倦怠、腹胀、便溏等症。

6.肺与肝　肺与肝的关系,主要是气机升降的关系。肺气肃降,肝气升发,二者协调,使机体气机升降运行畅通无阻。若肝气升发太过,或肺气肃降不及,可致气火上逆,出现咳嗽、气喘、咯血、衄血的肝火犯肺证;若肺气不足,不能制约肝,肝失条达,可形成肝旺乘脾等证。

7.肺与肾　主要是呼吸和水液代谢两方面的关系。肺主气,司呼吸;肾纳气,为气之根,二者配合完成呼吸和气体交换。肾精气充足,肺吸入之气才能下纳于肾,呼吸才能和顺;肾气不足,肾不纳气,则出现呼多吸少,动则气喘的病证。肺气不足,可导致肾虚证。肺主宣降,肾主膀胱气化并司膀胱开合,共同参与水液代谢。水液需经肺的肃降才能下达于肾。肾能气化和升降水液,脾运化的水液,要在肺和肾的合作下才能完成正常的代谢过程。因此,肾、肺、脾功能失调,均可引起水湿潴留诸证。

8.肝与脾 肝与脾的关系,主要是疏泄和运化的关系。肝藏血、主疏泄,脾生血、司运化,肝气的疏泄与脾胃之气的升降有密切关系。肝疏泄正常,脾胃升降适度,则血液生化有源。若肝气郁滞,疏泄失常,可导致脾不健运,出现食少、肚胀、泄泻等症;若脾失健运,水湿内停,日久蕴热,蒸于中焦,可导致肝疏泄不利,胆汁横溢而成黄疸。

9.肝与肾 肝与肾的关系,主要表现在肾精和肝血相互资生方面。肾藏精,肝藏血,肝血需要肾精的滋养,肾精又需肝血的不断补充,即精能生血,血能化精,二者相互依存,相互补充。肝、肾二脏往往盛则同盛,衰则同衰,故有"肝肾同源"之说。在病理上,精血的病变亦常互相影响。如肾精亏损,可导致肝血不足;肝血不足,也可引起肾精亏损。由于肝肾同源,肝肾阴阳之间的关系也极为密切。肝肾之阴,相互资生,在病理上也相互影响。如肾阴不足可引起肝阴不足,阴不制阳而致肝阳上亢,出现痉挛、抽搐等"水不涵木"之症;若肝阴不足,亦可导致肾阴不足而致相火上亢,出现虚热、盗汗等症。

10.脾与肾 脾与肾的关系,主要是先天与后天的关系。脾为后天之本,肾为先天之本。脾主运化,肾主藏精,二者相互资生,相互促进。肾所藏之精,需脾运化水谷之精的滋养才能充盈;脾的运化,又需肾阳的温煦,才能正常发挥作用。若肾阳不足,不能温煦脾阳,可引发腹胀、泄泻、水肿等症;而脾阳不足,脾不能运化水谷精气,则又可引起肾阳的不足或肾阳久虚,出现脾肾阳虚证,主要表现为体质虚弱,形寒肢冷,久泻不止,肛门不收,或四肢浮肿。

(二)腑与腑的关系

腑与腑之间的关系,主要是传化物的关系。水谷入于胃,经过胃的腐熟与初步消化,下传于小肠,由小肠进一步消化吸收以分别清浊,其中营养物质经脾转输于周身,糟粕则下注于大肠,经大肠的消化、吸收和传导,形成粪便,从肛门排出体外。在此过程中,胆排泄胆汁,以协助小肠的消化功能;代谢废物和多余的水分,下注膀胱,经膀胱的气化,形成尿液,排出体外;三焦是水液升降排泄的主要通道。食物和水液的消化、吸收、传导、排泄是由各腑相互协调,共同配合而完成的。因六腑传化水谷,需要不断地受纳排空,虚实更替,故六腑以通为顺。正如《灵枢·平人绝谷》所说:"胃满则肠虚,肠满则胃虚,更虚更满,故气得上下。"一旦腑气不通或水谷停滞,就会引起各种病证,治疗时常以使其畅通为原则,故前人有"腑病以通为补"之说。

六腑在生理上相互联系,病理上也相互影响。六腑之中一腑的不通,会影响水谷的传化,导致他腑的功能也失常。如胃有实热,消灼津液,引起大便秘结,导致大肠传导不利;而谷道不通,又反过来影响胃的和降,使胃气上逆,出现呕吐等症。若胃有寒邪,不能正常腐熟水谷,会影响小肠分别清浊的功能,导致清浊不分而注入大肠,形成泄泻之症。若脾胃湿热,熏蒸肝胆,使胆汁外溢,则发生黄疸等症。

(三)脏与腑的关系

五脏主藏精气,属阴,主里;六腑主传化物,属阳,主表。心与小肠、肺与大肠、脾与胃、肝与胆、肾与膀胱、心包与三焦,彼此之间有经脉相互络属,构成了一脏一腑、一阴一阳、一表一里的阴阳表里关系。它们之间不仅在生理上相互联系,而且在病理上互为影响。

1.心与小肠 心与小肠的经脉相互络属,构成一脏一腑的表里关系。在生理情况下,心气正常,有利于小肠气血的补充,从而使小肠发挥分别清浊的功能;而小肠功能的正常,又有助于心气的正常活动。在病理情况下,若小肠有热,循经脉上熏于心,则可引起口舌糜烂等心火上炎之症。若心经有热,循经脉下移于小肠,可引起尿液短赤、排尿涩痛等小肠实热病证。

2.肺与大肠 肺与大肠的经脉相互络属,构成一脏一腑的表里关系。在生理情况下,大肠的传导功能正常,有赖于肺气的肃降,而大肠传导通畅,肺气才能和利。在病理情况下,若肺气壅滞,失其肃降之功,可引起大肠传导阻滞,导致粪便秘结;若大肠传导阻滞,亦可引起肺气肃降失常,出现气短、咳喘等症。在临床治疗上,肺有实热时,常泻大肠,使肺热由大肠下泻。大肠阻塞时,也可宣通肺气,以疏利大肠。

3. 脾与胃 脾与胃都是消化水谷的重要器官,两者有经脉相互络属,构成一脏一腑的表里关系。脾主运化,胃主受纳;脾气主升,胃气主降;脾性本湿而喜燥,胃性本燥而喜润。二者一化一纳,一升一降,一湿一燥,相辅相成,共同完成消化、吸收、输送营养物质的任务。胃受纳、腐熟水谷是脾主运化的基础。胃将受纳、消磨的水谷及时传输小肠,保持胃肠的虚实更替,故胃气以降为顺。若胃气不降,可引起水谷停滞胃脘,导致胀满、腹痛等症;若胃气不降反而上逆,则出现嗳气、呕吐等症。脾主运化是"为胃行其津液",脾将水谷精气上输于心肺以形成宗气,并借助宗气的作用散布周身,故脾气以升为顺。若脾气不升,可引起食欲不振、食后腹胀、倦怠无力等清阳不升、脾不健运的病证;若脾气不升,反而下陷,就会出现久泄、脱肛、子宫垂脱等病证,故《临证指南医案》说:"脾宜升则健,胃宜降则和。"

脾喜燥而恶湿,若脾不健运,则水湿停聚,阻遏脾阳,反过来又影响到脾的运化功能,可出现便薄、精神倦怠、食欲不振和食后腹胀等湿困脾阳的症状。胃喜湿而恶燥,只有在津液充足的情况下,胃的受纳、腐熟功能才能正常,水谷草料才能不断润降于肠。若胃中津液亏虚,胃失濡润,则出现水草迟细、胃中胀满等症。因此,脾与胃一湿一燥,燥湿相济,阴阳相合,方能完成水谷的运化过程。

由于脾胃关系密切,在病理上常常相互影响。如脾为湿困,运化失职,清气不升,可影响到胃的受纳与和降,出现食少、呕吐、肚腹胀满等症;若饮食失节,食滞胃腑,胃失和降,亦可影响脾的升清及运化,出现腹胀、泄泻等症。

4. 肝与胆 胆附于肝,肝与胆有经脉相互络属,构成一脏一腑的表里关系。胆汁来源于肝,肝疏泄失常则影响胆汁的分泌和排泄,而胆汁排泄失常,又影响肝的疏泄,出现黄疸、消化不良等。故肝与胆在生理上关系密切,在病理上相互影响,常常肝胆同病,在治疗上也肝胆同治。

5. 肾与膀胱 肾与膀胱的经脉相互络属,二者互为表里。肾主水,膀胱有储存和排泄尿液之功,两者均参与机体的水液代谢过程。肾气有助膀胱气化及司膀胱开合以约束尿液的作用。若肾气充足,固摄有权,则膀胱开合有度,尿液的储存和排泄正常;若肾气不足,失去固摄及司膀胱开合的作用,则引起多尿及尿失禁等症;若肾虚,气化不及,则导致尿闭或排尿不畅。

 巩固训练

项目三　气、血、津液

扫码学课件
项目 1-3

学习目标

▲**知识目标**

1. 掌握气、血、津液的概念及生理功能。

2. 掌握气、血、津液的生成及气的运动、津液的输布和排泄形式。

3. 了解气、血、津液之间的关系。

▲**技能目标**

1. 能正确说明气、血、津液概念和气的分类。

2. 能正确理解气血津液的功能及其之间的关系。

▲**素质目标**

1. 通过学习气、血、津液学说,使学生基本建立中兽医学的医学思想。

2. 培养和提高学生逻辑思维能力。

▲**知识点**

1. 气、血、津液的概念。

2. 气的生成、运动和分类。

3. 气、血、津液的生理功能及其相互关系。

　　气、血、津液是构成动物体的基本物质,也是维持动物体生命活动的基本物质。气,是不断运动的、极其细微的物质;血,是循行于脉中的红色液体;津液,是体内一切正常水液的总称。气、血、津液既是动物体脏腑、经络等组织器官生理活动的产物,又为脏腑、经络的生理活动提供必需的物质和能量,是这些组织器官功能活动的物质基础。

　　研究气、血、津液的生成、输布、生理功能、病理变化及其相互关系的学说,称为气血津液学说。它从整体的角度来研究构成和维持动物体生命活动的基本物质,揭示机体脏腑、经络等生理活动和病理变化的物质基础。

一、气

(一)气的基本概念

　　气是不断运动的、极其细微的物质。古人认为:气是构成整个宇宙的最基本物质,自然界的一切事物均由气所构成。如《庄子·知北游》说:"通天下一气耳。"气存在于宇宙中,有两种状态:一种是弥散而剧烈运动不易察觉的"无形"状态,另一种是集中凝聚在一起的有形状态。习惯上,把弥散无形的气称为气,而把气经凝聚变化形成的有形实体称为形。气的概念被引用到中兽医学中,即气是构成动物体和维持其生命活动的基本物质。

(二)气的生成

　　动物体内气主要源于两个方面。一是禀受于父母的先天之精气,即先天之气。它藏于肾,是构成生命的基本物质,为动物体生长发育和生殖的根本,是机体气的重要组成部分。二是肺吸入的自然界清气和脾胃所运化的水谷精微之气,即后天之气。自然界的清气由肺吸入,在肺内不断地同体

Note

33

内之气进行交换,实现吐故纳新,参与动物体气的生成;水谷精微之气,由脾胃所运化,输布于全身,滋养脏腑,化生气血,是维持机体生命活动的主要物质。

(三)气的运动

气的运动称为气机。气是不断运动的,其运动形式有升、降、出、入四种。升,是指气自下而上的运动,如脾将水谷精微上输于肺为升;降,是指气自上而下的运动,如胃将腐熟后的食物下传到小肠;出,是指气的运动由内向外,如肺呼出浊气;入,是指气的运动由外向内,如肺吸入清气。

气在体内以血、津液等为载体,气的运动不仅体现于血、津液的运行,还体现于脏腑的生理活动。升降运动是脏腑的基本特性,其趋势则随脏腑的不同而有所差异,如:心肺在上,在上者宜降;肝肾在下,在下者宜升;脾胃居中,通连上下,为升降的枢纽。六腑的功能特点是传化物而不藏,以通为用,故宜降,但在传化食物的过程中,也会吸收水谷精微和津液,故其气机的运动是降中寓升。只有各脏腑的气机升降正常,维持相对平衡,才能保证机体内外气体的交换,营养物质的消化、吸收,水谷精微之气以及血和津液的输布,代谢产物的排泄等新陈代谢活动的正常。否则,就会发生升降失调的病证。

(四)气的生理功能

1. 推动作用　气有激发和推动的作用,气能够激发、推动和促进机体的生长发育及各脏腑组织器官的生理功能,促进血液的生成、运行以及津液的生成、输布和排泄。气的推动作用减弱,就会影响动物体的生长、发育,或使各脏腑组织器官的生理活动减退,血液和津液的生成减少,引起运行迟缓,输布、排泄障碍等病证。

2. 温煦作用　阳气能够生热,具有温煦机体各脏腑组织器官以及血、津液等的作用。动物体的体温,依赖于气的温煦作用得以维持恒定;机体各脏腑组织器官正常的生理活动,依赖于气的温煦作用得以进行;血和津液等液态物质,也依赖于气的温煦作用才能环流于周身而不致凝滞。若阳气不足,则会因产热过少而引起四肢、耳、鼻俱凉,体温偏低的寒证;若阳气过盛,则会因产热过多而引起四肢、耳、鼻俱热,体温偏高的热证。故有"气不足便是寒""气有余便是火"之说。

3. 防御作用　气有保卫机体,抗御外邪的作用。气一方面可以抵御外邪的入侵,另一方面还可祛邪外出。气的防御功能正常,邪气就不易侵入;或虽有外邪侵入,也不易发病,即使发病,也易于治愈。若气的防御作用减弱,机体就易感外邪而发病,或发病后难以治愈。

4. 固摄作用　气有统摄和控制体内液态物质,防止其无故丢失的作用。气的固摄作用主要表现为以下三个方面:一是固摄血液,保证血液在脉中的正常运行,防止其溢出脉外;二是固摄汗液、尿液、唾液、胃液、肠液等,控制其正常的分泌量和排泄量,防止体液丢失;三是固摄精液,防止妄泄。气的固摄功能减弱,可导致体内液态物质的大量丢失。例如,气不摄血,可导致各种出血;气不摄津,可导致自汗、多尿、小便失禁、流涎等;气不固精,可出现遗精、滑精、早泄等。

5. 气化作用　通过气的运动而产生的各种各种变化。各种气的生成及其代谢,精、血、津液等的生成、输布、代谢及其相互转化等均属于气化的范畴。机体的新陈代谢过程,实际上就是气化作用的具体体现。如果气的气化作用失常,则影响机体的各种物质代谢过程,如食物的消化吸收,气、血、津液的生成、输布,汗液、尿液和粪便的排泄等。

6. 营养作用　主要是指脾胃所运化的水谷精微之气对机体各脏腑组织器官所具有的营养作用。水谷精微之气,可以化为血液、津液、营气、卫气。机体的各脏腑组织器官无一不需要这些物质的营养,才能正常发挥其生理功能。

(五)气的分类

动物体的气是由肾中精气、脾胃运化的水谷精气和肺吸入的清气,在肺、脾、胃、肾等脏腑的综合作用下产生的。气因组成成分、来源、在机体分布的部位及其作用的不同,而有不同的名称,如呼吸之气、水谷之气、五脏之气、经络之气等。根据其生成及作用不同,可以分为元气、宗气、营气、卫气四种。

1.元气 元气根源于肾,包括元阴、元阳(即肾阴、肾阳)之气,又称原气、真气、真元之气。它由先天之精所化生,藏之于肾,又赖后天精气的滋养,才能不断地发挥作用。如《灵枢·刺节真邪》说:"真气者,所受于天,与谷气并而充身也。"元气是机体生命活动的原始物质及其生化的原动力。它赖三焦通达周身,使各脏腑组织器官得到激发与推动,以发挥其功能,维持机体的正常生长发育。五脏六腑之气的产生,都要根源于元气的资助。因而元气充,则脏腑盛,身体健康少病。若先天禀赋不足或久病损伤元气,则脏腑气衰,抗邪无力,动物就体弱多病,治疗时宜培补元气,以固根本。

2.宗气 宗气由脾胃所运化的水谷精微之气和肺所吸入的自然界清气结合而成。它形成于肺,聚于胸中,有助肺以行呼吸和贯穿心脉以行营血的作用。如《灵枢·邪客》说:"故宗气积于胸中,出于喉咙,以贯心脉,而行呼吸焉。"呼吸及声音的强弱、气血的运行、肢体的活动能力等都与宗气的盛衰有关,宗气充盛,则机体有关生理活动正常;若宗气不足,则呼吸少气,心气虚弱,甚至引起血脉凝滞等病变。故《灵枢·刺节真邪》说:"宗气不下,脉中之血,凝而留止。"

3.营气 水谷精微所化生的精气之一,与血并行脉中,是宗气贯入血脉中的营养之气,故称营气,又称荣气。营气进入脉中,成为血液的组成部分,并随血液运行周身。营气除了化生血液外,还有营养全身的作用。《灵枢·营卫生会》说:"谷入于胃,以传与肺,五脏六腑皆以受气,其清者为营……营在脉中……营周不休。"由于营气行于脉中,化生为血,其营养全身的功能又与血液基本相同,故营气与血可分而不可离,常并称为"营血"。

4.卫气 卫气主要由水谷之气所化生,是机体阳气的一部分,故有"卫阳"之称。因其性剽悍、滑疾,故《素问·痹论》称"卫者,水谷之悍气也"。卫气行于脉外,敷布全身,在内散于胸腹,温养五脏六腑;在外布于肌表皮肤,温养肌肉,润泽皮肤,滋润腠理,启闭汗孔,保卫肌表,抗御外邪。故《灵枢·本脏》说:"卫气者,所以温分肉,充皮肤,肥腠理,司开合者也。"若卫气不足,肌表不固,外邪就可乘虚而入。

二、血

(一)血的概念

血是一种含有营气的红色液体。它依靠气的推动,循着经脉流注周身,具有很强的营养与滋润作用,是构成动物体和维持动物体生命活动的重要物质。从五脏六腑到筋骨皮肉,都依赖于血的滋养才能进行正常的生理活动。

(二)血的生成

血主要含有营气和津液,其生成主要涉及以下三个方面。

第一,血液主要来源于水谷精微,脾胃是血液的生化之源。如《灵枢·决气》指出"中焦受气取汁,变化而赤,是谓血",即是说脾胃接受水谷精微之气,并将其转化为营气和津液,再通过气化作用,将其变化为红色的血液。《景岳全书》也说:"血者,水谷之精气也,源源而来,而实生化于脾。"由于脾胃所运化的水谷精微是化生血液的基本物质,故称脾胃为"气血生化之源"。

第二,营气入于心脉有化生血液的作用。如《灵枢·邪客》说:"营气者,泌其津液,注之于脉,化以为血。"

第三,精血之间可以互相转化。如《张氏医通》说"气不耗,归气于肾而为精,精不泄,归精于肝而化清血",即认为肾精与肝血之间存在着相互转化的关系。因此,临床上血耗和精亏往往相互影响。

(三)血的生理功能

血具有营养和滋润全身的功能,故《难经·二十二难》说:"血主润之。"血在脉中循行,内至五脏六腑,外达筋骨皮肉,不断地对全身的脏腑、形体、五官九窍等组织器官起着营养和滋润作用,以维持其正常的生理活动。血液充盈,则口色红润,皮肤与被毛润泽,筋骨强劲,肌肉丰满,脏腑坚韧;若血液不足,则口色淡白,皮肤与被毛枯槁,筋骨痿软或拘急,肌肉消瘦,脏腑脆弱。此外,血还是机体精神活动的主要物质基础。若血液供给充足,则动物精神活动正常;否则,就会出现精神紊乱的病证。故《灵枢·平人绝谷》说:"血脉和利,精神乃居。"

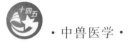

三、津液

(一)津液的概念

津液是动物体内一切正常水液的总称,包括各脏腑组织的内在体液及其分泌物,如胃液、肠液、关节液以及涕、泪、唾等。其中,清而稀者称为"津",浊而稠者称为"液"。津和液虽有区别,但因其来源相同,又互相补充、互相转化,故一般情况下,常统称为津液。津液广泛地存在于脏腑、形体、官窍等器官中,起着滋润濡养的作用。同时,津液也是组成血液的物质之一。因此,津液不但是构成动物体的基本物质,也是维持动物体生命活动的基本物质。

(二)津液的生成、输布和排泄

津液的生成、输布和排泄,是一个很复杂的生理过程,涉及多个脏腑的一系列生理活动。《素问·经脉别论》所说"饮入于胃,游溢精气,上输于脾,脾气散精,上归于肺,通调水道,下输膀胱,水精四布,五经并行",便是对津液代谢过程的简要概括。

1.津液的生成　津液来源于饮食水谷,经由脾、胃、小肠、大肠吸收其中的水分和营养物质而生成。胃主受纳、腐熟水谷,吸收水谷中的部分精微物质;小肠接受胃下传的食物,分别清浊,吸收其中的大部分水分和营养物质后,将糟粕下输于大肠;大肠吸收食物残渣中的多余水分,形成粪便,胃、小肠、大肠所吸收的水谷精微,一起输送到脾,通过脾布散全身。

2.津液的输布　津液的输布主要依靠脾、肺、肾、肝和三焦等脏腑的综合作用来完成。脾主运化水谷精微,将津液上输于肺。肺接受脾转输来的津液,通过宣发和肃降作用,将其输布全身,内注脏腑,外达皮毛,并将代谢后的水液下输肾及膀胱。肾对津液的输布也起着重要作用:一方面,肾中精气的蒸腾气化,推动着津液的生成、输布;另一方面,由肺下输至肾的津液,通过肾的气化作用再次分别清浊,清者上输于肺而布散全身,浊者化为尿液下注膀胱,排出体外。此外,肝主疏泄,可使气机调畅,从而促进了津液的运行和输布;三焦则是津液在体内运行、输布的通道。

由此可见,津液的输布依赖于脾的转输、肺的肃降和通调水道以及肾的气化作用,而三焦是水液升降出入的通道,肝的疏泄又保障了三焦的通利和水液的正常升降。其中任何一个脏腑的功能失调,都会影响津液的正常输布和运行,导致津液亏损或水湿内停等证。

3.津液的排泄　一是由肺宣发至体表皮毛的津液,被阳气蒸腾而化为汗液,由汗孔排出体外;二是代谢后的水液,经肾和膀胱的气化作用,形成尿液并排出体外;三是在大肠排泄粪便时,带走部分津液。此外,肺在呼气时,也会带走部分津液。

(三)津液的生理功能

津液具有滋润和濡养的作用。津较清稀,滋润作用大于液;液较浓稠,濡养作用大于津。

津有两方面的功能:一是随卫气的运行敷布于体表、皮肤、肌肉等组织间,起到润泽和温养皮肤、肌肉的作用,如《灵枢·五癃津液别》说:"温肌肉、充皮肤,为其津。"二是进入脉中,起到组成和补充血液的作用,如《灵枢·痈疽》说:"津液和调,变化而赤为血。"

液也有两方面的功能:一是注入经脉,随着血脉运行灌注于脏腑、骨髓、脊髓和脑髓,起到滋养内脏,充养骨髓、脊髓、脑髓的作用;二是流注关节、五官等处,起到滑利关节、润泽孔窍的作用。液在目、口、鼻可转化为泪、唾、涎、涕等。

四、气、血、津液之间的关系

气、血、津液均来源于脾胃所运化的水谷精微,都是构成机体和维持机体生命活动的基本物质,三者之间存在着相互依存、相互转化和相互为用的关系。

(一)气和血的关系

1.气能生血　一方面是指气,特别是水谷精微之气是化生血液的原料;另一方面是指气化作用是化生血液的动力,从摄入的食物转化成水谷精微,到水谷精微转化成营气和津液,再到营气和津液转化成赤色的血,无一不是通过气化作用来完成的。因此,气旺则血充,气虚则血少。临床治疗血虚疾病时,常于补血药中配以补气药,就是取补气以生血之意。

2.气能行血 血属阴而主静,气属阳而主动。血的运行必须依赖气的推动,故有"气为血帅""气行则血行,气滞则血瘀"之说。一旦出现气虚、气滞,就会导致血行不利,甚至引起血瘀等证。故临床上治疗血瘀证时,常在活血化瘀药中配以行气导滞之品。

3.气能摄血 血液能正常循行于脉中而不致溢出脉外,全赖气对血的统摄。若气虚,气不摄血,则可引起各种出血之证。故临床上治疗出血性疾病时,常在止血药中配补气药,以达到补气摄血的目的。

4.血能载气 气无形而动,必须附着于有形之血,才能行于脉中而不致散失。若气不能依附于血,则将飘浮不定,故有"血为气之母"之说。若血虚,气无所依,必将因气的流散而导致气虚。

（二）气和津液的关系

1.气能生津液 气是津液生成的物质基础和动力。津液源于水谷精气,而水谷精气赖脾胃之运化而生成,气有推动和激发脾胃的功能活动,使其运化正常,保证津液生成的作用。

2.气能行津液 津液的输布和排泄均依赖气的升降出入和有关脏腑的气化功能。气化不利会影响到津液的输布和排泄,导致水液停留,出现痰饮、水肿等证。

3.气能摄津液 气有固摄津液以控制其排泄的作用。若气虚不固,则引起多尿、多汗等津液流失的病证,临床治疗时应注意补气固津。

4.津（液）能载气 津液为气的载体之一,气依附于津液而存在,否则就会涣散不定。因此,津液的丢失,必将引起气的耗损而致气虚证。临床上,若出汗过多或吐泻过度,或因汗、吐、下太过而引起津液大量丢失,均可导致"气随液脱"的危候。故《金匮要略心典·痰饮篇》说:"吐下之余,定无完气。"

（三）血和津液的关系

血和津液在性质上均属于阴,都是以营养、滋润为主要功能的液体,其来源相同,又能相互渗透转化,故二者的关系非常密切。津液是血的组成部分,如《灵枢·痈疽》说:"津液和调,变化而赤为血。"而血的液体部分渗于脉外,可成为津液,故有"津血同源"之说。若出血过多,可引起耗血伤津的病证;而严重的伤津脱液,又损及血,引起津枯血燥。临床上有血虚表现的病证,一般不用汗法,而对于多汗津亏者,也不宜用放血疗法。故《灵枢·营卫生会》说:"夺血者无汗,夺汗者无血。"《伤寒论》也说:"亡血家不可发汗。"

巩固训练

项目四　经　络

任务一　经络概述

扫码学课件
任务1-4-1

经络学说是我国古代劳动人民在长期与疾病做斗争的过程中创造和发展起来的。它是中兽医学基本理论的重要组成部分,是中兽医学理论的核心内容之一。它是研究机体生理活动、病理变化及其相互关系的学说,经络学说贯穿中兽医学的生理、病理、中药、诊断等各个方面,因而也是临床诊断、治疗,特别是针灸疗法的理论根据之一。《黄帝内经》中说:"经脉者,所以能决死生,处百病,调虚实,不可不通。"后世医学家说:"凡治病不明脏腑经络,开口动手便错。"可见经络学说的重要意义。

一、经络的概念

经络是动物体内经脉和络脉的总称,是机体组织结构的重要组成部分。它是联络脏腑,沟通内外上下和运行气血、调节功能的通路。经,有路径的意思,是经络系统的主干,又叫经脉,多循行于机体的深部,相当于河流的主干,是直流的;络,有网络的意思.是经络系统的分支,又叫络脉,像网络一样联络全身,多循行于机体的浅部,有的还显现于体表,相当于河流的分支,是旁流的,经络在体内纵横交错,内外连接,遍布全身,无处不至,把机体的五脏六腑、四肢百骸、筋骨皮毛都紧密地联系起来,形成了一个有机的统一整体。经与络的区别如表 2-1 所示。

Note

表 2-1　经与络的区别

项目	经	络
含义	有路径和经过的意思	有网络的意思
分布	直行为经	横行为络
大小	主干为经	支面横出者为络
深浅	分布于下层,目不可见者为经	分布于表层,目可见者为络

二、经络的组成

经络系统主要由四部分组成,即经脉、络脉、内属脏腑部分和外连体表部分。经脉除分布在体表一定部位外,还深入体内连属脏腑;络脉是经脉的细小分支,一般多分布于体表,联系"经筋"和"皮部"。

(一)经脉

经脉主要由十二经脉、十二经别和奇经八脉构成。十二经脉,即前肢三阳经和三阴经,后肢三阳经和三阴经。十二经脉有一定的起止、一定的循行部位和交接顺序,与脏腑有着直接的络属关系,是全部经络系统的主体,又叫十二正经。十二经别是从十二经脉分出的纵行支脉,故又称为"别行的正经"。奇经八脉,包括任脉、督脉、冲脉、带脉、阴维脉、阳维脉、阴跷脉、阳跷脉八条,其循行、分布与十二经脉、十二经别有所不同。虽然大部分是纵行、左右对称的,但也有横行和分布在躯干正中线的,除与子宫和脑有直接联系外,与五脏、六腑没有直接的络属关系,相互之间也不存在表里相合、相互衔接及相互循环流注的关系,故称其为别道奇行的"奇经"。因其有八条,故称"奇经八脉"。

(二)络脉

络脉是经脉的细小分支,多数无一定的循行路径。络脉包括十五大络、孙络、浮络和血络。十五大络即十二络脉(每一条正经都有一条络脉)加上任脉、督脉的络脉和脾的大络,总共为十五条,它是所有络脉的主体。另有胃的大络,加起来实际上是十六条大络,但因脾胃相表里,故习惯上仍称十五大络。从十五大络分出的斜横分支,一般统称为络脉。从络脉中分出的细小分支,称为孙络。络脉浮于体表的,称为浮络。络脉特别是浮络,在皮肤上暴露出的细小血管称为血络。

(三)内属脏腑部分

经络深入体内连属各个脏腑。十二经脉各与其本身脏腑直接相连,称之为"属";同时也各与其相表里的脏腑相连,称之为"络"。阳经皆属腑而络脏,阴经皆属脏而络腑。如前肢太阴肺经的经脉,属肺络于大肠;前肢阳明大肠经的经脉,属大肠络于肺。互为表里的脏腑之间的这种联系,称为"脏腑络属"关系。此外,通过经络的循环、交叉和交会,各经脉还与其他有关脏腑贯通连接,构成脏腑之间错综复杂的联系。

(四)外连体表部分

经络与体表组织相联系,主要有十二经筋和十二皮部。经筋是经脉所连属的筋肉系统,即十二经脉及其络脉中气血所濡养的肌肉、肌腱、筋膜、韧带等,其功能主要是连缀四肢百骸,主司关节运动。皮部是经脉及其所属络脉在体表的分布部位,即皮肤的经络分区。经筋、皮部与经脉、络脉有紧密联系,故称经络"外络于肢节"。

三、十二经脉和奇经八脉

(一)十二经脉

1.命名　十二经脉对称地分布于动物体的两侧,分别循行于前肢或后肢的内侧或外侧,每一经分别属于一个脏或一个腑。因此,每一经脉的名称包括前肢或后肢、阴或阳、脏或腑三个部分。根据阴阳学说,四肢内侧为阴,外侧为阳;脏为阴,腑为阳。故行于四肢内侧的为阴经,属脏;行于四肢外侧的为阳经,属腑。由于十二经脉分布于前、后肢的内、外两侧共四个侧面,每一侧面有三条经分布,

这样一阴一阳就衍化为三阴三阳：即太阴、少阴、厥阴、阳明、太阳、少阳。各条经脉就是按其所属脏腑，并结合循行于四肢的部位来确定其名称。十二经脉的命名见表 2-2。

表 2-2　十二经脉命名表

循行部位 （阴经行于内侧，阳经行于外侧）		阴经 （属脏络腑）	阳经 （属腑络脏）
前肢	前缘	太阴肺经	阳明大肠经
	中线	厥阴心包轻	少阳三焦经
	后缘	少阴心经	太阳小肠经
后肢	前缘	太阴脾经	阳明胃经
	中线	厥阴肝经	少阳胆经
	后缘	少阴肾经	太阳膀胱经

2. 循行路线　一般来说，前肢三阴经，从胸部开始，循行于前肢内侧，止于前肢末端；前肢三阳经，由前肢末端开始，循行于前肢外侧，抵达于头部；后肢三阳经，由头部开始，经背腰部，循行于后肢外侧，止于后肢末端；后肢三阴经，由后肢末端开始，循行于后肢内侧，经腹达胸。

从十二经脉的分布来看，前肢三阳经止于头部，后肢三阳经又起于头部，故称头为"诸阳之会"。后肢三阴经止于胸部，而前肢三阴经又起于胸部，故称胸为"诸阴之会"。

3. 流注次序　气血由中焦水谷精气所化生，十二经脉是气血运行的主要通道。经脉中气血的运行是依次循环贯注的，即经脉在中焦受气后，上注于肺，自前肢太阴肺经开始，逐经依次相传，至后肢厥阴肝经，再复注于肺，首尾相贯，如环无端，构成十二经脉循环。其流注次序见表 2-3。

表 2-3　十二经脉流注次序表

三阳（表）		三阴（里）
前肢阳明	大肠←肺	前肢太阴
后肢阳明	胃→脾	后肢太阴
前肢太阳	小肠←心	前肢少阴
后肢太阳	膀胱→肾	后肢少阴
前肢少阳	三焦←心包	前肢厥阴
后肢少阳	胆→肝	后肢厥阴

营气在脉中运行时，还有一条分支，即由前肢太阴肺经开始，传注于任脉，上行通连督脉，循脊背，绕经阴部，又连接任脉，到胸腹再与前肢太阴肺经衔接，构成了十四经脉的循行通路。

（二）奇经八脉

奇经八脉是任脉、督脉、冲脉、带脉、阴维脉、阳维脉、阴跷脉、阳跷脉八条经脉的总称。因其不直接与脏腑相连属，有别于十二正经，故称"奇经"。其中，任脉行于腹正中线，总任一身之阴脉，称为"阴脉之海"。任脉还有妊养胞胎的作用，故又有"任主胞胎"之说。督脉行于背正中线，总督一身之阳脉，有"阳脉之海"之称。十二经脉加上任、督二脉，合称"十四经脉"，是经脉的主干。冲脉行于颈、腹两侧，经后肢内侧达足或蹄之中心，与后肢少阴经并行。冲脉总领一身气血的要冲，能调节十二经气血，故有"十二经之海"和"血海"之称。因任脉、督脉、冲脉，同起于胞中，故有"一源三歧"之说。带脉环行于腰部，状如束带，有约束纵行诸脉、调节脉气的作用。阴维脉和阳维脉，分别具有维系、联络全身阴经或阳经的作用。阴跷脉和阳跷脉，具有交通一身阴阳之气和调节肌肉运动、司眼睑开合的作用。

总之，奇经八脉出于十二经脉之间，具有加强十二经脉的联系和调节十二经脉气血的功能。当十二经脉中气血满溢时，则流注于奇经八脉，蓄以备用。古人将气血比作水流，十二经脉比作江河，奇经八脉比作湖泊，相互间起着调节、补充的作用。

任务二　经络的主要作用

扫码学课件
任务 1-4-2

经络能密切联系周身的组织和脏器,在生理功能、病理变化、药物及针灸治疗等方面,都起着重要作用。

一、生理方面

(一)运行气血,温养全身

动物体的各组织器官,均需气血的温养,才能维持其生理活动,而气血必须通过经络的传注,方能通达周身,发挥其温养脏腑组织的作用。故《灵枢·本脏》说:"经脉者,所以行血气而营阴阳,濡筋骨,利关节者也。"

(二)协调脏腑,联系周身

经络既有运行气血的作用,又有联系动物体各组织器官的作用,使机体内外上下保持协调统一。经络内连脏腑,外络肢节,上下贯通,左右交叉,将动物体各组织器官相互紧密地联系起来,从而起到了协调脏腑功能的枢纽作用。

(三)护卫肌表,抗御外邪

经络在运行气血的同时,卫气伴行于脉外。因卫气能温煦脏腑、腠理、皮毛,开合汗孔,因而具有保卫体表、抗御外邪的作用。同时,经络外络肢节、皮毛,营养体表,是调节防卫功能的要塞。

二、病理方面

经络同疾病的发生与传变有着密切的联系,主要表现在以下两个方面。

(一)传导病邪

当病邪侵入动物体时,动物体通过经络以调整体内营卫气血等防卫力量来抵抗病邪。若动物体正气虚弱,气血失调,病邪可通过经络由表及里传入脏腑而引发病证。如外感风寒在表不解,可通过前肢太阴肺经传入肺,引起咳喘等症。

(二)反映病变

脏腑有病,可以通过经络反映到体表,临床上可据此对疾病进行诊断。如心火亢盛,可循心经上传于舌,出现口舌红肿糜烂的症状;肝火亢盛,可循肝经上传于眼,出现目赤肿痛、睛生翳膜等症状;肾有病,可循肾经传于腰部,出现腰胯疼痛无力等症状。

三、治疗方面

(一)传递药物作用

1186 年,张洁古在《珍珠囊》一书中,以经络学说为基础,首先提出了药物归经的理论。他认为药物作用于机体,需通过经络的传递;经络能够选择性地传递某些药物,致使某些药物对某些脏腑具有主要作用。例如,同为泻火药,由于被不同的经络传递,则有黄连泻心火,黄芩泻肺火、大肠火,白芍泻脾火,知母泻肾火,木通泻小肠火,石膏泻胃火,柴胡、黄芩泻三焦火,柴胡、黄连泻肝胆火,黄柏泻膀胱火等的区分。他据此总结出了"药物归经"或"按经选药"的原则。此外,按照药物归经的理论,他在临床实践中还归结出了某些引经药,如桔梗引药上行专入肺经,牛膝引药下行专入肝、肾两经等。

(二)感受和传导针灸刺激

经络能够感受和传导针灸的刺激。针刺体表的穴位之所以能够治疗内脏的疾病,就是借助经络的这种感受和传导作用。因此,在针灸治疗方面就提出了"循经取穴"的原则,即治疗某一经的病变,就在这一经上选取某些特定的穴位,对其施以一定的刺激,达到调理气血和脏腑功能的目的。如胃

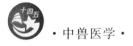

热针玉堂穴(后肢阳明胃经),腹泻针带脉穴(后肢太阴脾经),冷痛针三江穴(后肢阳明胃经)和四蹄穴(前蹄头属前肢阳明大肠经,后蹄头属后肢阳明胃经)等。

总之,经络理论与中兽医临床实践有着紧密的联系,特别是在针灸方面更为突出。根据经络理论,按经选药或循经取穴,往往能取得较好疗效。

知识拓展与链接

经络的研究概况

经络学说的创立,已有两千多年的历史,由于以往受历史条件的限制,没有得到应有的发展。近些年来,许多医务人员和兽医科技人员运用现代科学知识、方法及手段,对经络和穴位进行了大量的研究,并取得了一定的成绩。现概要介绍如下。

一、经络穴位的形态学观察

经络穴位的解剖形态观察,主要在于说明经络穴位与已知的一些形态结构的关系,并借此来探讨它的实质。

(一)经络穴位与神经的关系

在所有组织中,以周围神经与经络穴位的关系最为密切。有的资料表明,十四经脉的穴位,大约有半数分布在神经上,其余少半部分穴位在其周围0.5 cm内有神经通过。另外,经络在四肢的走向,与周围神经的分布非常接近。

(二)经络穴位与血管、淋巴管的关系

据有关研究资料,除血针穴位外,白针或火针穴位正分布在血管干者占少数,但穴旁有血管干者却占2/3以上。有人观察到有的穴位有一至数条淋巴管通过,而有的穴位则未发现有淋巴管通过。

二、穴位特异性的研究

穴位特异性是指穴位与非穴位、这一穴位与他穴位在功能作用上所具有的不同特点。研究穴位特异性,对于阐明经络的规律和指导临诊实践有重要意义。大多数研究资料证明,穴位的作用明显,非穴位大多无作用或作用较差。

实验证明,刺激穴位对不同的功能状态起不同作用,即有双向调节作用。此外,从穴位表面电阻值的测定也可看出穴位的相对特异性。测量马、骡常用穴位的电阻平均值并在距穴位点3~5 cm处或上下各测一点,发现穴位点的电阻平均值都较"非穴位点"低,并且差异非常显著。

三、经络实质的研究现况

关于经络实质的研究主要有以下几种见解:第一,经络与周围神经系统相关;第二,经络与神经节段相关;第三,经络与中枢神经功能相关;第四,经络与神经、体液调节功能相关;第五,经络是独立的类传导系统;第六,经络与生物电相关。

以上关于经络实质问题的几种主要见解,虽然来源于临诊实践和实验室的研究,都有一定的根据和参考价值,但是目前还不能全面、深刻、准确地揭露经络的本质问题。我们应当继续运用现代科学的知识和方法,探讨经络的实质,为中兽医学现代化做出应有的贡献。

 参考资料

经络学说的起源

经络学说是古人长期医疗实践的总结,关于它的起源和形成过程,主要有以下3种说法。

第一,经络的形成,主要以穴位的主治性能为基础。古人对穴位的主治功效的认识是经过一段漫长的时期才逐渐了解到的,由起初偶然的触碰、砸伤、灼伤或抚摩而使疾病减轻,逐步发展到有意识地刺激某些体表部位来医治疾病,于是穴位由开始时没有定位、定名而发展到确定位置与定下名称。随着针刺工具的改进,人们从最早应用石制的砭石和骨针发展到应用金属工具,针刺随即由刺激机体的浅表部位而进入较深层的部位,治疗范围也逐渐扩大。随着医疗实践的积累,人们把穴位的主治作用进行整理分析,归纳分类,发现主治性能基本相同的穴位往往成行地分布在一些部位上。这样由"点"的认识,发展到形成"线"的概念,通过其相互联系而产生了经络。

第二,经络是体表反应点和针刺感应路线的归纳。也就是说内脏有病时按压体表某个部位的反应点后,病痛会随即缓解,同时,针刺人的一定部位时,会出现酸胀麻的感觉,并向着一定的径路发散。这样逐步加以总结归纳为经络系统,同时也成为兽医的借鉴。

第三,解剖、生理知识的综合,形成经络学说的另一方面,是古人对机体解剖和生理现象观察的结果,如古代的有关解剖知识,是经络内属于脏腑的部分依据。

 巩固训练

Note

项目五　病因病机

学习目标

▲知识目标

1. 掌握中兽医学中常见的病因。

2. 熟悉外感致病的一般性质和致病特点。

3. 了解内伤及其他致病因素的发病特点。

▲课程思政目标

1. 通过学习中兽医学的基本理论，让学生学会正确看待事情的方法，树立正确的人生观和价值观。

2. 让学生学有所成、学有所用。

▲知识点

1. 病因的基本概念。

2. 常见的病因。

3. 外感致病的一般性质、特点及发病特征。

　　病因，即致病因素，也就是引起动物疾病发生的原因。病机，是指各种病因作用于机体，引起疾病发生、发展与转归的机制。

　　中兽医学认为，动物体内部各脏腑组织器官之间以及动物体与外界环境之间，是一个既对立又统一的整体。在正常情况下处于相对的平衡状态，以维持动物体的生理活动。如果这种相对平衡的状态在病因的作用下遭到破坏或失调，一时又不能经自行调节而恢复，就会导致疾病的发生。故《素问·调经论》说："血气不和，百病乃变化而生。"

　　疾病的发生和变化，虽然错综复杂，但不外动物体内在的因素和致病的外在因素两个方面，中兽医学分别称为"正气"与"邪气"。"正气"，是指动物体各脏腑组织器官的功能活动，及其对外界环境的适应力和对致病因素的抵抗力；"邪气"，指一切致病因素。疾病的发生与发展就是"正邪相争"的结果。正气充盛的动物，卫外功能固密，外邪不易侵犯；只有在动物体正气虚弱，卫外不固，正不胜邪的情况下，外邪才能乘虚侵害机体而发病。在正、邪这两方面的因素中，中兽医学特别强调正气在疾病发生与否的过程中起着主导作用。如《素问·刺法论》和《素问·评热病论》中分别有"正气存内，邪不可干"和"邪之所凑，其气必虚"之说。当然，在某些特殊情况下，邪气也可成为发病的主要方面，如某些强毒攻击，或强烈的理化因素所致的伤害等。但即使如此，邪气还是要通过损伤机体的正气而发生作用。

　　动物体的正气盛衰，取决于体质因素、所处的环境及饲养管理等条件。一旦饲养管理失调，就会致使正气不足，卫外功能暂时失固。此时如果有外邪侵袭，虽然可以引起动物体发病，但由于动物体质及功能状态的不同，即动物体正气强弱的差异，而在发病时间以及所表现出的症状上有所差异。就发病时间而言，有的邪至即发病，有的则潜伏体内待机而发，亦有重新感邪引动伏邪而发病者。就所表现出的症状而论，有的表现出虚证，有的则表现为实证。如同为外感风寒，体质虚弱，肺卫不固的动物,易患表虚证,病情较重;而体质强壮的动物,则易患表实证,病情较轻。由此可见,动物体正气的盛衰,与疾病的发生与发展均有着密切的关系。

任务一 病 因

病因,是指引起动物疾病发生的原因,中兽医学称之为"病源"或"邪气"。根据病因的性质及致病的特点,中兽医学将其分为外感、内伤和其他致病因素(包括外伤、寄生虫、中毒、痰饮、瘀血等)三大类。如《元亨疗马集·脉色论》说:"风寒暑湿伤于外,饥饱劳役扰于内,五行生克,诸疾生焉。"

研究病因,不仅对辨证论治有着重要意义,而且有助于针对病因采取预防措施,防止疾病的发生。如加强饲养管理,合理使役,改善厩舍的环境卫生,以及消除外界环境不良因素等。这对于保护动物健康,防止时疫杂病的发生是非常重要的。

(一)外感致病因素

外感致病因素是指来源于自然界,多从皮毛、口鼻侵入机体而引发疾病的因素,包括六淫和疫疬。

1.六淫 六淫是指自然界风、寒、暑、湿、燥、火(热)六种反常气候。它们原本是四季气候变化的六种表现,称为六气。在正常情况下,六气于一年之中有一定的变化规律,而动物在长期的进化过程中也适应了这种变化,所以不会引起动物的疾病。只有当动物体正气虚弱,不能适应六气的变化;或因自然界阴阳不调,六气出现太过或不及的反常变化时,才能成为致病因素,侵犯动物体而导致疾病的发生。这种情况下的六气,便称为"六淫"。"淫"有太过、浸淫之意,六淫就是超过限度的六气。

六淫致病,具有下列共同的特点。

①外感性:六淫之邪多从肌表、口鼻侵犯动物体而发病,故六淫所致之病统称为外感病。

②季节性:六淫致病常有明显的季节性。如春天多温病,夏天多暑病,长夏多湿病,秋天多燥病,冬天多寒病等。

③兼挟性:六淫在自然界不是单独存在的,六淫邪气既可以单独侵袭机体而发病,又可以两种或两种以上同时侵犯机体而发病。如外感风寒、风热、湿热、风湿等。

④转化性:一年之中,四季六气是可以相互转化的,如久雨生晴,久晴多热,热极生风,风盛生燥,燥极化火等。因此,六淫致病,其证候在一定条件下可以相互转化。如感受风寒之邪,可以从表寒证转化为里热证等。

从现代科学角度看,六淫除气候因素外,还包括生物(如细菌、病毒等)、物理、化学因素等。机体脏腑本身功能失调而产生类似于风、寒、湿、燥、火的病理现象。由于它们不是由外感受的,而是由内而生,故称为"内生五邪",即内风、内寒、内湿、内燥、内火五种。因其所引起的病证与外感五邪症状相近,故在相应的病因中一并叙述。

(1)风邪:风是春季的主气,但一年四季皆有,故风邪引起的疾病虽以春季为多,亦可见于其他季节。导致动物发病的风邪,常称之为"贼风"或"邪风",所致之病统称为外风证。因风邪多从皮毛肌腠侵犯机体而致病,其他邪气也常依附于外风入侵机体,使外风成为外邪致病的先导,成为六淫中的首要致病因素,故有"风为六淫之首"之说。

相对于外风而言,风从内生者,称为"内风"。内风的产生与心、肝、肾三脏有关,特别是与肝的功能失调有关,故也称"肝风"。

风邪的性质与致病特性如下。

①风为阳邪,其性轻扬开泄。风性具有升发、向上、向外的特性,故为阳邪。因风性轻扬,故风邪

最易侵犯动物体的上部(如头面部)和肌表。正如《素问·太阴阳明论》所说:"伤于风者,上先受之。"风性开泄,是指风邪易使皮毛腠理疏泄而开张,出现汗出、恶风的症状。

②风性善行数变。善行,是指风有善动不居的特性,故风邪致病也具有部位游走不定、变化无常的特点。如以风邪为主的风湿症,常表现出四肢交替疼痛,部位游移不定。数变,是指风邪所致的病证具有发病急、变化快的特点,如荨麻疹(又称遍身黄),表现为皮肤瘙痒,发无定处,此起彼伏。

③风性主动。风具有使物体摇动的特性,故风邪所致疾病也具有类似摇动的症状,如肌肉颤动、四肢抽搐、颈项强直、角弓反张、眼目直视等。故《素问·阴阳应象大论》说:"风胜则动。"

(2)寒邪:寒为冬季的主气,但四季皆有。寒邪有外寒和内寒之分。外寒由外感受,多由气温较低,保暖不够,淋雨涉水,汗出当风,以及采食冰冻的饲草饲料,或饮凉水太过所致。外寒侵犯机体,据其部位的深浅,有伤寒和中寒之别。寒邪伤于肌表,阻遏卫阳,称为"伤寒";寒邪直中于里,伤及脏腑阳气,称为"中寒"。内寒是机体功能衰退,阳气不足,寒从内生的病证。

寒邪的性质与致病特性如下。

①寒性阴冷,易伤阳气。寒是阴气盛的表现,其性属阴,阴气过盛,阳气不但不能驱除寒邪,反而会为阴寒所伤,即所谓"阴胜则阳病"。因此,感受寒邪,最易损伤机体的阳气,出现阴寒偏盛的寒象。如寒邪外束,卫阳受损,可见恶寒怕冷、皮紧毛乍等症状;若寒邪中里,直伤脾胃,脾胃阳气受损,可见肢体寒冷、下利清谷、尿清长、口吐清涎等症状。

②寒性凝滞,易致疼痛。凝滞,即凝结、阻滞、不通畅之意。若寒邪侵犯机体,阳气受损,经脉受阻,可使气血凝结阻滞,不能通畅运行而引起疼痛,即所谓"不通则痛"。如寒邪伤表,使营卫凝滞,则肢体疼痛;寒邪直中肠胃,使胃肠气血凝滞不通,则肚腹冷痛。

③寒性收引。收引,即收缩牵引之意。寒邪侵入机体,可使机体气机收敛,腠理、经络、筋脉和肌肉等收缩牵急。如寒邪侵入皮毛腠理,则毛窍收缩,卫阳受遏,出现恶寒、发热、无汗等症;寒邪侵入筋肉经络,则肢体拘急不伸,冷厥不仁;寒邪客于血脉,则脉道收缩,血流滞涩,可见脉紧、疼痛等症。

(3)暑邪:暑为夏季的主气,为夏季火热之气所化生,有明显的季节性,独见于夏令。如《素问·热论》说:"先夏至日者为病温,后夏至日者为病暑。"暑邪纯属外邪,无内暑之说。

暑邪的性质与致病特性如下。

①暑性炎热,易致发热。暑为火热之气所化生,属于阳邪,故伤于暑者,常出现高热、口渴、脉洪、汗多等一派阳热之象。

②暑性升散,易耗气伤津。暑为阳邪,阳性升散,故暑邪侵入机体,多直入气分,使腠理开泄而汗出。汗出过多,耗伤津液,引起口渴喜饮、唇干舌燥、尿液短赤等症,而且气也随之而耗,导致气津两伤,出现精神倦怠、四肢无力、呼吸浅表等症。严重者,可扰及心神,出现行如酒醉、神志昏迷等症。

③暑多挟湿。夏暑季节,除气候炎热外,还常多雨潮湿。热蒸湿动,湿气较大,故动物体在感受暑邪的同时,还常兼感湿邪,故有"暑多挟湿"之说。临床上,除见到暑热的表现外,还有湿邪阻滞的症状,表现为汗出不畅、渴不多饮、身重倦怠、便溏泄泻等。

(4)湿邪:湿为长夏的主气,但一年四季都有。湿有外湿、内湿之分。外湿多由气候潮湿、涉水淋雨、厩舍潮湿等外在湿邪侵入机体所致;内湿多由脾失健运,水湿停聚而成。外湿和内湿在发病过程中常相互影响。感受外湿,脾阳被困,脾失健运,则湿从内生;而脾阳虚损,脾失健运,则使水湿内停,又易招致外湿的侵袭。

湿邪的性质与致病特性如下。

①湿为阴邪,阻遏气机,易损阳气。湿性类水,故为阴邪。湿邪留滞脏腑经络,容易阻遏气机,使气机升降失常。又因脾喜燥恶湿,故湿邪最易伤及脾阳。脾为湿邪所伤,就出现水湿不运,溢于皮肤则成水肿,流溢胃肠则成泄泻。又因湿困脾阳,阻遏气机,致使气机不畅,可发生肚腹胀满、腹痛、里急后重等症状。

②湿性重浊,其性趋下。重,即沉重之意,指湿邪致病,常出现迈步沉重,黏着步样,或倦怠无力,如负重物。浊,即秽浊,指湿邪致病,其分泌物及排泄物有秽浊不清的特点,如尿混浊,泻痢脓垢,带

下污秽,目眵量多,舌苔厚腻,以及疮疡疔毒,破溃流脓淌水等。湿性趋下,主要指湿邪致病,多先起于机体的下部。

③湿性黏滞,缠绵难退。黏,即黏腻;滞,即停滞。湿性黏滞,是指湿邪致病具有黏腻停滞的特点。湿邪致病的黏滞性,在症状上可以表现为粪便黏滞不爽,尿涩滞不畅;在病程上可表现为病变过程较长,缠绵难退,或反复发作,不易治愈,如风湿症等。

(5)燥邪:燥是秋季的主气,但一年四季皆有。燥有外燥、内燥之分。外燥多由久晴不雨,气候干燥,周围环境缺乏水分所致。因其多见于秋季,故又称"秋燥"。外燥多从口鼻而入,初秋尚热,犹有夏火之余气,燥与热相合侵犯机体,多为温燥;深秋已凉,西风肃杀,燥与寒相合侵犯机体,多为凉燥。内燥多由发汗太过或精血内夺以致机体阴津亏虚所致。

燥邪的性质与致病特性如下。

①燥性干燥,易伤津液。燥邪为病,易伤机体的津液,出现津液亏虚的病变,如口鼻干燥,皮毛干枯,眼干不润,粪便干结,尿短少,口干欲饮,干咳无痰等。

②燥易伤肺。肺为娇脏,喜润恶燥;更兼肺开窍于鼻,外合皮毛,故燥邪为病,最易伤肺,致使肺阴受损,宣降失司,引起肺燥津亏之证,如鼻咽干燥、干咳无痰或少痰等。肺与大肠相表里,若燥邪自肺而影响大肠,可出现粪便干燥难下等症。

(6)火邪:火既可由外感受,又可内生。内生的火多与脏腑功能失调有关。火证常见热象,但火证和热证又有些不同,火证的热象较热证更为明显,且表现出炎上的特征。此外,火证有时还指某些肾阴虚的病证。

火邪的性质与致病特性如下。

①火为热极,其性炎上。火为热极,其性燔灼,故火邪致病,常见高热、口渴、骚动不安、舌红苔黄、尿赤、脉洪数等热象。又因火有炎上的特性,故火邪侵犯机体,症状多表现在机体的上部,如心火上炎,口舌生疮;胃火上炎,齿龈红肿;肝火上炎,目赤肿痛等。

②火邪易生风动血。火热之邪侵犯机体,往往劫耗阴液,使筋脉失养,而致肝风内动,出现四肢抽搐、颈项强直、角弓反张、眼目直视、狂暴不安等症。火热邪气侵犯血脉,轻则使血管扩张,血流加速,甚则灼伤脉络,迫血妄行,引起出血和发斑,如衄血、尿血、便血以及因皮下出血而致体表出现出血点和出血斑等。

③火邪易伤津液。火热邪气,最易迫津液外泄,消灼阴液,故火邪致病除见热象外,往往伴有咽干舌燥、口渴喜饮冷水、尿短少、粪便干燥,甚至眼窝塌陷等津干液少的症状。

④火邪易致疮痈。火邪之邪侵犯血分,可聚于局部,腐蚀血肉而发为疮疡痈肿。故《灵枢·痈疽》说:"大热不止,热胜则肉腐,肉腐则为脓,故命曰痈。"临床上,凡疮疡局部红肿、高突、灼热者,皆由火热所致。

2.疫疠

(1)疫疠的概念:疫疠,也是一种外感致病因素,但它与六淫不同,具有很强的传染性。所谓"疠",是指天地之间的一种不正之气;"疫",是指瘟疫,有传染的意思。如马的偏次黄(炭疽)、牛瘟、猪瘟以及犬瘟热等,都是由疫疠引起的疾病。疫疠可以通过空气传染,由口鼻而入致病,也可随饮食入里或蚊虫叮咬而发病。

疫疠流行有的有明显的季节性,称为"时疫"。如动物的流感多发生于秋末,猪乙型脑炎多发生于夏季蚊虫肆虐的季节。

(2)疫疠致病的特点:疫疠发病急骤,能相互传,蔓延迅速,不论动物的年龄如何,染后症状基本相似。如《三农记·卷八》说:"人疫染人,畜疫染畜,染其形相似者,豕疫可传牛,牛疫可传豕。"

(3)疫疠流行的条件。

①气候反常:气候的反常变化,如非时寒暑、湿雾瘴气、酷热、久旱等,均可导致疫疠流行。

②环境卫生不良:如未能及时妥善处理因疫疠而死的动物的尸体或其分泌物、排泄物,导致环境污染,为疫疠的传播创造了条件。

③社会因素:社会因素对疫疠的流行也有一定的影响。如战乱不止,社会动荡不安,人民极度贫困,疫疠会不断地发生和流行;而社会安定,国家和人民富足时,就会采取有效的防治措施,预防和控制疫疠的发生和流行。

④预防疫疠的一般措施。

a.加强饲养管理,注意动物和环境的卫生。

b.发现有病的动物,立即隔离,并对其分泌物、排泄物以及已死动物的尸体进行妥善处理。进行预防接种。

(二)内伤致病因素

内伤致病因素,主要包括饲养失宜和管理不当,可概括为饥、饱、劳、役四种。饥饱是饲喂失宜,而劳役则属管理使役不当。此外,动物长期休闲,缺乏适当运动也可以引起疾病,称为"逸伤"。内伤致病因素,既可以直接导致动物疾病,也可以使动物体的抵抗能力降低,为外感致病因素创造条件。

1.饥 饮食不足而引起的饥渴。水谷草料是动物气血的生化之源,若饥而不食,渴而不饮,或饮食不足,久而久之,则气血生化乏源,就会引起气血亏虚,表现为体瘦无力,毛焦肷吊,倦怠好卧,以及成年动物生产性能下降,幼年动物生长迟缓、发育不良等。

2.饱 饮喂太过所致的饱伤。胃肠的受纳及传送功能有一定的限度,若饮喂失调,水草太过或暴饮暴食,超过了胃肠受纳及传送的限度,就会损伤胃肠,出现肷腹膨胀、嗳气酸臭、气促喘粗等症。故《素问·痹论》说:"饮食自倍,肠胃乃伤。"

3.劳役 劳役过度或使役不当。久役过劳可引起气耗津亏,精神短少,力衰筋乏,四肢倦怠等症。若奔走太急,失于牵遛,可引起走伤及败血凝蹄等。《司牧安骥集·八邪论》说:"役伤肝。役,行役也,久则伤筋,肝主筋。"

此外,雄性动物因配种过度而致食欲不振、四肢乏力、消瘦,也属于劳伤。

4.逸 久不使役或运动不足。合理的使役或运动是保证动物健康的必要条件,若长期停止使役或失于运动,可使机体气血蓄滞不行,或影响脾胃的消化功能,出现食欲不振、体力下降、腰肢软弱、抗病力降低等逸伤之症。雄性动物缺乏运动,可使精子活力降低而不育;雌性动物过于安逸,可因过肥而不孕。

(三)其他致病因素

1.外伤 常见的外伤性致病因素有创伤、挫伤、烫火伤及虫兽伤等。

(1)创伤和挫伤:创伤往往由锋利的刀刃切割、尖锐物体刺破、子弹或弹片损伤所致。与创伤不同,挫伤常常是没有外露伤口的损伤,主要由钝力所致,如跌扑、撞击、角斗、蹴踢等。创伤和挫伤均可引起不同程度的肌肤出血、瘀血、肿胀,甚至筋断骨折或脱臼等。若伤及内脏、头部或大血管,可导致大失血、昏迷,甚至死亡。

(2)烫火伤:包括烫伤和烧伤,可直接造成皮肤、肌肉等组织的损伤或焦灼,引起疼痛、肿胀,严重者可引起昏迷甚至死亡。

(3)虫兽伤:虫兽咬伤或蜇伤,如狂犬咬伤,毒蛇咬伤,蜂、虻、蝎子的咬蜇等。除损伤肌肤外,还可引起中毒或引发传染病,如蛇毒中毒、蜂毒中毒、感染狂犬病毒等。

2.寄生虫 有内、外寄生虫之分。

(1)外寄生虫:包括虱、蜱、螨等,寄生于动物体表,除引起动物皮肤瘙痒、揩树擦桩、骚动不安,甚至因继发感染而导致脓皮症外,还因吸吮动物体的营养,引起动物消瘦、虚弱、被毛粗乱,甚至泄泻、水肿等症。

(2)内寄生虫:包括蛔虫、绦虫、蛲虫、血吸虫、肝片吸虫等多种,它们多寄生在动物体的脏腑组织中,除引起相应的病证外,有时还可因虫体缠绕成团而导致肠梗阻、胆道阻塞等症。

3.中毒 有毒物质侵入动物体内,引起脏腑功能失调及组织损伤,称为中毒。凡能引起中毒的物质均称为毒物。常见的毒物有有毒植物,霉败、污染或品质不良、加工不当的饲料,农药,以及化学毒物、矿物毒物及动物性毒物等。此外,某些药物或饲料添加剂用量不当,也可引起动物中毒。

4.痰饮　痰和饮是因脏腑功能失调,致使体内津液凝聚变化而成的水湿。其中,清稀如水者称饮,黏浊而稠者称痰。痰和饮本是体内的两种病理性产物,但它一旦形成,又成为致病因素而引起各种复杂的病理变化。

痰饮包括有形痰饮和无形痰饮两种。有形痰饮,视之可见,触之可及,闻之有声,如咳嗽之咳痰、喘息之痰鸣、胸水、腹水等。无形痰饮,视之不见,触之不及,闻之无声,但其所引起的病证,通过辨证求因的方法,仍可确定为痰饮所致,如肢体麻木为痰滞经络,神昏不清为痰迷心窍等。痰不仅是指呼吸道所分泌的痰,还包括了瘰病、痰核以及停滞在脏腑经络等组织中的痰。饮多由脾、肾阳虚所致,常见于胸腹四肢。如饮在肌肤,则成水肿;饮在胸中,则成胸水;饮在腹中,则成腹水;水饮积于胃肠,则肠鸣腹泻。

5.瘀血　全身血液运行不畅,或局部血液停滞,或体内存在离经之血。瘀血也是体内的病理性产物,但形成后,又会使脏腑、组织、器官的脉络血行不畅或阻塞不通,引起一系列的病理变化,成为致病因素。

瘀血致病的共同特点是疼痛,多为刺痛,拒按,痛有定处;瘀血肿块,聚而不散,出现瘀血斑或瘀血点;多伴有出血,血色紫暗不鲜,甚至黑如柏油色。

6.七情　七情是中医学中人的主要内伤性致病因素,而在中兽医学的典籍中,对此却缺乏论述,但在兽医临床实践中,时常可见动物,尤其是犬、猫等宠物因情绪变化而引发的疾病,与人的七情所伤相近。因此,七情作为一种致病因素,也应引起兽医工作者的注意。

七情,指人的喜、怒、忧、思、悲、恐、惊七种情志变化。这本是人体对客观事物或现象所做出的七种不同的情志反映,一般不会使人发病。只有突然、强烈或持久的情志刺激,超过人体本身生理活动的调节范围,引起脏腑气血功能紊乱时,才会引发疾病。与人相似,很多种动物都有着丰富的情绪变化,在某些情况下,如离群,失仔,打斗,过度惊吓,环境及主人的变化,遭受到主人呵斥、打骂等,都可能会引起动物的情绪变化过于剧烈,从而引发疾病。

七情主要是通过直接伤及内脏和影响脏腑气机两个方面来引起疾病。

(1)直接伤及内脏:由于五脏与情志活动有相对应的关系,因此七情太过可损伤相应的脏腑。

①怒伤肝:指过度愤怒,使得肝气上逆,引起肝阳上亢或肝火上炎,肝血被耗的病证。

②喜伤心:指过度欢喜,会使心气涣散,出现神不守舍的病证。

③思伤脾:指思虑过度,会使气机郁结,导致脾失健运的病证。

④忧伤肺:指过度忧伤,会耗伤肺气,出现肺气虚的病证。

⑤恐伤肾:指恐惧过度,会耗伤肾的精气,出现肾虚不固的病证。

虽然情志所伤对脏腑有一定的选择性,但临床上并非绝对如此,因为人体或动物体是一个有机的整体,各脏腑之间是相互联系的。

(2)影响脏腑气机:七情可以通过影响脏腑气机,导致气血运行紊乱而引发疾病。《素问·举痛论》将其概括如下:"怒则气上,喜则气缓,悲则气消,恐则气下……惊则气乱……思则气结。"

①怒则气上:指过度愤怒影响肝的疏泄功能,导致肝气上逆,血随气逆,出现目赤舌红、呕血,甚至昏厥猝倒等症。

②喜则气缓:指欢喜过度会使心气涣散,神不守舍,出现精神不能集中,甚至失神狂乱的症状。

③悲则气消:指过度悲伤会损伤肺气,出现气短、精神萎靡不振、乏力等症。

④恐则气下:指过度恐惧可使肾气不固,气泄于下,出现大小便失禁,甚至昏厥的症状。

⑤惊则气乱:指突然受惊,损伤心气,致使心气紊乱,出现心悸、惊恐不安等症状。

⑥思则气结:指思虑过度,导致脾气郁结,从而出现食欲减退甚至废绝,肚腹胀满,或便溏等症状。

虽然人们现在尚不十分清楚动物的情志活动,但情志活动作为动物对外界客观事物或现象的反应是肯定存在的,情志的过度变化同样也会引起动物的疾病,必须引起重视。

Note

任务二 病 机

病机,即疾病发生、发展与变化的机制。中兽医学认为,疾病的发生、发展与变化的根本原因,不在机体的外部,而在机体的内部。也就是说,各种致病因素都是通过动物体内部因素而起作用的,疾病就是正气与邪气相互斗争,发生邪正消长、升降失常和阴阳失调的结果。

(一)邪正消长

邪正消长,是指在疾病的发生、发展过程中,致病邪气与机体抗病能力之间相互斗争所发生的盛衰变化。一般来说,邪气侵犯动物体之后,正气与邪气即发生相互作用。一方面,邪气对机体的正气起着破坏和损害的作用;另一方面,正气对邪气起着祛除并恢复其损害的作用。因此,在正邪斗争中双方力量的消长变化,关系着疾病的发生、发展和转归。

在疾病的发生方面,如果机体正气强盛,抗邪有力,则能免于发病;如果正气虽盛,但邪气更强,正邪相争有力,机体所发之病多为实证、热证;如果机体体质素虚,正气衰弱,抗病无力,则所发之病多为虚证、寒证。

在疾病的发展和转归方面,若正气不甚虚弱,邪气亦不太过强盛,邪正双方势均力敌,则为邪正相持,疾病处于迁延状态;若正气日益强盛或战胜邪气,而邪气日益衰弱或被祛除,则为正胜邪退,疾病向好转或痊愈的方向发展;相反,如果正气日益衰弱,邪气日益亢盛,则为邪盛正虚,疾病向恶化或危重的方向发展;若正气虽然战胜了邪气,邪气被祛除,但正气亦因之而大伤,则为邪去正伤,多见于重病的恢复期。

(二)升降失常

气机的升降出入是动物体气化功能的基本运动形式,是脏腑功能活动的特点。

在正常情况下,动物体各脏腑的功能活动都有一定的形式。例如,脾主升,胃主降,由于脾胃是后天之本,居于中焦,通达上下,是全身气机升降的枢纽,升则上归心肺,降则下归肝肾。肝之升发,肺之肃降;心火下降,肾水上升;肺气宣发,肾阳蒸腾;肺主呼吸,肾主纳气,都要脾胃配合来完成升降运动。如果这些脏腑的升降功能失常,即可出现种种病理现象。例如,脾之清气不升,反而下降,就会出现泄泻甚至垂脱之证;若胃之浊阴不降,反而上逆,则出现呕吐、反胃;若肺失肃降,则咳嗽、气喘;若肾不纳气,则喘息、气短;若心火上炎,则口舌生疮;肝火上炎,则目赤肿痛。凡此种种,不胜枚举。虽然病证繁多,但究其病机,无不与脏腑经络以及营卫之气的升降失常有关。

(三)阴阳失调

中兽医学认为,动物体内部阴阳两个方面既对立又统一,保持相对平衡状态,维持动物体正常的生命活动。如果阴阳的相对平衡遭到破坏,就会导致阴阳失调,其结果决定了疾病的发生、发展和转归。

1.在疾病的发生方面 疾病是阴阳失调,发生偏盛偏衰所致。在阴阳偏胜方面,阳胜者必伤阴,故阳胜则阴病而见热证;阴胜者必伤阳,故阴胜则阳病而见寒证。在阴阳偏衰方面,阳虚则阴相对偏胜,表现为虚寒证;阴虚则阳相对偏胜,表现为虚热证。由于阴阳互根互用,阴损及阳,阳损及阴,最终可导致阴阳俱损。

2.在疾病的发展方面 由于整个疾病过程中,阴阳总是处于不断变化之中,阴阳失调的病变,其病性在一定的条件下可以向相反的方向转化,即出现由阴转阳或由阳转阴的变化。此外,若阳气极度虚弱,阳不制阴、偏盛之阴盘踞于内,逼迫衰极之阳浮越于外,可出现阴阳不相维系的阴盛格阳之证;若邪热极盛、阳气被郁,深伏于里,不能外达四肢,也可发生格阴于外的阳盛格阴之证。严重者,还可以导致亡阴、亡阳的病变。

3.在疾病的转归方面 若经过治疗,阴阳逐渐恢复相对平衡,则疾病趋于好转或痊愈;否则,阴阳不但没有趋向平衡,反而遭到更加严重的破坏,就会导致阴阳离决,疾病恶化甚至动物死亡。

知识拓展与链接

　　风胜则动,热胜则肿,燥胜则干,寒胜则浮,湿胜则濡泻。天有四时五行,以生长收藏,以生寒暑燥湿风;人有五脏化五气,以生喜怒悲忧恐。故喜怒伤气,寒暑伤形;暴怒伤阴,暴喜伤阳。厥气上行,满脉去形。喜怒不节,寒暑过度,生乃不固。故重阴必阳,重阳必阴。故曰,冬伤于寒,春必温病;春伤于风,夏生飧泄;夏伤于暑,秋必痎疟;秋伤于湿,冬生咳嗽。——《素问·阴阳应象大论》

　　注释:风邪太盛,就会使人体痉挛摇晃;热邪太盛,就会使人体出现红肿;燥邪太盛,就会使人体发生枯萎;寒邪太盛,就会使人体呈现浮肿;湿邪太盛,就会造成泻下稀水的濡泻。大自然中,有春、夏、秋、冬这四季的更替和木、火、土、金、水这五行的运化,因此,才有了万物的生发、长养和敛收、闭藏;同时,也产生了寒、暑、燥、湿、风等不同的气候现象。人有五脏,从中相应地化生出五种特殊功用,即所谓"五气",进而又相应地生发出喜、怒、悲、忧、恐这五种情志活动。情志活动和气候变化如果太过,都会使人受到伤害。喜怒太过,会伤害人的正气;寒暑太过,则伤害人的身体。突然发作的大怒,会伤害人的阴气;忽然产生的大喜,则伤害人的阳气。如果喜怒太过导致气逆上冲,逆乱之气就会充满经脉而使人形色出现异常,发生大病。总之,喜怒不加节制,寒暑之气太盛,人的生命就不会强健长久。自然界的阴气发展到极点的时候,阳气必定重新产生;阳气发展到极点的时候,阴气必定重新产生。因此,人在冬季如果被寒邪所伤,到了春季就容易患温病;在春季如果被风邪所伤,到了夏季就容易患飧泄;在夏季如果被暑邪所伤,到了秋季就容易患疟疾;在秋季如果被湿邪所伤,到了冬季就容易患咳嗽。

巩固训练

模块二
中药与方剂

项目一 中药总论

中药是我国传统药物的总称。中兽药是指在中兽医学理论指导下用于预防和治疗动物疾病的药物。中药学是研究中药的来源、采制、性能、功效及临床应用等知识的科学,是中兽医学的一个重要的组成部分。

中药主要来源于植物、动物和矿物三类,少部分属于加工制品。全国中药资源调查资料表明,我国现有的中药资源 12807 种,其中药用植物 11146 种、药用动物 1581 种、药用矿物 80 种。因植物药占绝大多数,所以古代将中药称为"本草"。

任务一 中药材的产地与采集、加工、储藏

扫码学课件
任务 2-1-1

学习目标

▲知识目标
1.了解中药材的产地。
2.熟悉中药材的采集、加工与储藏等方法。

▲技能目标
1.能熟练掌握中药材的采集方法。
2.能熟练掌握中药材的加工处理方法。

▲课程思政目标
1.激发学生学习中药的热情和积极性。
2.培养学生对中药材的认识,形成吃苦耐劳的职业品质。
3.增强学生对常用中药材的理解,为将来就业做好准备。

▲知识点
1.中药材的产地。
2.中药材的采集。
3.中药材的加工。
4.中药材的储藏。

一、产地

天然中药材的分布、生产,与地理自然条件的关系密切。我国幅员辽阔,地理气候复杂,各地的水土、气候、日照、生物分布等生态环境不完全相同,因而天然中药材的生产多有一定的地域性,且产地与其产量、质量关系密切,由此形成了"道地药材"的概念。

视频:2-1-1

道地药材,又称地道药材,与药材产地、品种、质量等多种因素有关,是优质纯正药材的专用名词,指历史悠久、品种优良、产量丰富、炮制讲究、疗效显著、带有明显地域特点的药材。如四川的黄连、川芎、附子,江苏的薄荷、苍术,宁夏的枸杞子,广东的陈皮、砂仁,东北的人参、细辛、五味子,浙江的浙贝母,云南的茯苓,河南的四大怀药(地黄、牛膝、山药、菊花),山东的阿胶等,都是著名的道地

药材。

道地药材是在长期的生产和用药实践中形成的,也在不断发生变化。自然环境条件的变化、过度采伐、栽培和养殖技术的改变等都会使道地药材的产区发生改变。如上党人参绝灭,现以东北人参为道地药材;三七原产于广西,称为广三七、田七,而云南文山产的三七却后来居上,称为滇三七,成为三七的新道地产区。因此道地药材的确定,涉及药材产地、品种、质量等多种因素,而最为关键的因素就是临床疗效。

重视中药材产地与质量的关系,强调道地药材的开发和应用,对于保证中药疗效,起着非常重要的作用。因此,无论是药物的临床应用还是新药研发,都必须重视药物的产地。但随着医疗事业的发展,中药材需求的日益增加,加上很多中药材的生产周期较长、产量有限,如果片面强调道地药材,就算在道地产区扩大生产,也无法满足市场需求。目前,药材异地引种栽培以及药用动物的驯养,成为解决道地药材不足的重要途径。如天麻的大面积引种,人工培育牛黄,人工养鹿取茸,人工养麝及活麝取香,人工虫草菌的培养等等。当然,在中药材的引种和驯养工作中,应确保该品种原有的性能和疗效。

二、采集

药物所含的有效成分是药物防病治病的关键,药用部分所含有效成分的质量与采集的季节、时间和方法关系密切。动植物都有各自的生长发育规律,在不同的年份、季节、月份乃至时辰采集,药物所含的有效成分都不同,使药物的疗效有较大差异。因此,必须重视中药材的采集时间,尽量在中药材有效成分含量最高的时候进行。

(一)植物药的采集

首先要了解其生长特性。药用植物的生长、分布与纬度、海拔高度、地势、土壤、水分、气候等地理环境均有密切关系。如野生的益母草等多生长在旷野、路边或村旁,金钱草、半边莲等常生长在水中、沟边和沼泽地带,桔梗、栀子等生长在山坡、丘陵地区,半夏、天南星等常生长在阴凉潮湿的地方,杜仲、鸡血藤等都生长在高山森林中。

其次要掌握采药季节和方法。我国气候条件南北悬殊,中药生长发育各地不同,且药用部分又有根、茎、叶、花、果实、种子等不同。只有在有效成分含量最高时采收才能得到高质量的药材,采收的季节非常重要。同时,采集方法对药材质量也有一定的影响。采收时节和方法通常根据入药部位而定。

1.全草类 多在植物充分生长,茎叶茂盛或花朵初开时采收。茎较粗或较高的可用镰刀割取地上部分,如薄荷、荆芥、益母草、紫苏等;茎细或较矮带根全草入药的,则连根拔起全株,如紫花地丁、蒲公英等;有的在花未开前采收,如薄荷、青蒿等;有的须在初春采其嫩苗,如茵陈等;茎叶同时入药的藤本植物,应在生长旺盛时采集,如首乌藤、忍冬藤等。采集时,应将生长苗壮的植株留下一些,以利繁殖。

2.叶类 通常在花蕾将开或正在盛开的时候采摘。此时植物生长茂盛,有效成分含量较高,药力雄厚,最适合采收,如大青叶、荷叶、紫苏叶等。个别叶类中药,如霜桑叶,须在深秋或初冬经霜后采集较佳。

3.花类 一般在尚未完全开放或刚开放时分批采摘。应掌握采摘时间,过早不但产量少而且香气不足,过迟易致花瓣脱落或变色,气味散逸,影响药材质量,如菊花、旋覆花等。有些要求在含苞欲放时采摘花蕾,如金银花、槐花、辛夷;有的在刚开放时采摘最好,如月季花;而红花则在花冠由黄变红时采收为宜。以花粉入药的,如蒲黄,须在花朵盛开时采收。

4.果实和种子类 多数果实类药材,当果实成熟后或即将成熟时采收,如瓜蒌、枸杞子。少数有特殊要求的品种如青皮、枳实等应在未成熟时采集幼嫩果实。种子类药材,通常在种子完全成熟时采集,如莲子、白果、牛蒡子等;有些果实在成熟后会很快脱落,或果壳开裂、种子散失,如茴香、牵牛子等,最好在果实成熟尚未开裂时采收。容易变质的浆果,如枸杞子、女贞子,最好在略熟时在清晨或傍晚采收。

5.根和根茎类 多在秋末春初采集。此时植物生长旺盛,皮内养料丰富,药材质量较佳,而且植物的液汁较多,形成层细胞分裂迅速,皮易剥离,如杜仲、黄柏、厚朴等。但肉桂多在10月采收,此时油多容易剥离。春初在开冻到刚发芽或露苗时采挖较好,过晚则养分消耗,影响质量。秋末在植物地上部分未枯萎到土地封冻之前采挖为好,过早则浆水不足,质地松泡;过晚则不易寻找,如丹参、沙参、天南星等。但也有些中药要在夏天采收,如半夏、延胡索等。采挖时尽量将根全部挖出,同时注意挖大留小,以备来年生长。

根皮的采集,则与根和根茎相类似,应于秋后苗枯,或早春萌发前采集,如牡丹皮、地骨皮、苦楝根皮。采取根皮时,先将根部挖出,然后利用击打法或抽心法取皮。击打法是将新鲜根部洗去泥土后,用木锤击打,使皮部与木质部分离,如地骨皮、北五加皮等。抽心法是将洗净的根在日光下晒半天,此时水分大部分蒸发,全部变软,即可将中央的木质部抽出,如牡丹皮等。

(二)动物药和矿物药的采集

动物类药材因品种不同,采收各异。其具体时间,以保证药效和易于获取为原则。如桑螵蛸宜在3月中旬前采收,过迟则虫卵会孵化;鹿茸应在清明后45~60天截取,过时则角化;驴皮应在冬至后剥取,其皮厚质佳;对于潜藏在地下的虫类可在夏、秋季活动期捕捉,如蚯蚓、蜈蚣等。也有的没有一定的采收时间,如兽类的皮、骨、脏器等。

矿物类药材的采集,一般无季节性限制,随时都可以采收,也可以结合开矿进行。

三、加工

(一)产地加工

中药材产地加工也是中药材生产中的关键技术之一,直接影响中药材的产量和质量。中药材采收后,由采收者在产地进行的初步加工,称为"产地加工"或"采收加工"。中药材采收后,除生姜、鲜石斛、鲜芦根等少数药材要求鲜用外,绝大多数需进行产地加工,以促使干燥,符合商品规格,保证药材质量,便于包装储运。中药的品种繁多,不同的中药材的产地加工要求也不同。一般来说,都应达到形体完整、水分含量适度、色泽好、香气散失少、不变味(生地黄、玄参等必须经加工改变味的例外)、有效物质破坏少等要求,才能确保材药材质量。下面介绍一些常见的产地加工方法。

1.拣 将采收的新鲜药材中的杂物及非药用部分拣去。如牛膝去芦头、须根;白芍、山药除去外皮等。细小杂物可用筛或簸箕除去。药材中的细小部分或杂物可用筛子筛除;杂物或轻重不同之物,可用簸箕或竹匾簸去。

2.洗 新鲜采挖的药材,表面多少附有泥沙,要洗净后才能供药用。有些质地疏松或黏性大的质地较软的药材,在水中洗的时间不宜长,否则不利于切制,如瓜蒌皮等;具有芳香气味的药材一般不用水洗,如薄荷、细辛等;有些种子类药材含有多量的黏液质,下水即结成团块,不易散开,如葶苈子、车前子,不能水洗,而是采用簸、筛等方法除去附着的泥沙。有的药材用水漂洗,可溶去部分有毒成分,如天南星、半夏、附子等。

3.切片 较大的根及根茎类、坚硬的藤木类和肉质的果实类药材大多趁鲜切成块、片,以利于干燥。如大黄、土茯苓、乌药、鸡血藤、山楂、木瓜等。但对某些含挥发性成分或有效成分易氧化的药材,则不宜提早切成薄片干燥或长期储存,否则会降低药材质量,如当归、川芎、槟榔、常山等。

4.去壳 种子类药材,一般把果实采收后,晒干去壳,取出种子,如车前子、菟丝子等;或先去壳取出种子后晒干,如苦杏仁、白果、桃仁。但某些种子类药材有效成分易散失,则不去壳,如豆蔻、草果等。

Note

57

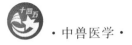

5. 蒸、煮、烫 含黏液质、淀粉或糖分多的药材,用一般方法不易干燥,须先经蒸、煮、烫的处理,则易干燥,同时可使一些药材中的酶失去活力,不会分解药材的有效成分。加热时间的长短及加热方法,应视药材的性质而定。如天麻、红参蒸透;白芍、明党参煮至透心;太子参置沸水中略烫;桑螵蛸、五倍子稍蒸或煮至杀死虫卵为止;菊花蒸后不易散瓣;黄精、玉竹等熟制后能起滋润作用。

6. 熏硫 有些药材为使色泽洁白,防止霉烂,常在干燥前后用硫黄熏制,如山药、白芷、天麻、川贝母、牛膝、党参等。这是一种传统的中药加工方法,但通过该法处理的药材会有不同程度的二氧化硫残留。《中国药典》(2020 年版)一部中规定了山药等药材中二氧化硫残留量不能超过 400 mg/kg。

7. 发汗 某些药材在加工过程中将其堆积放置,或用微火烘至半干或微蒸煮后,堆置起来发热、"回潮",其内部水分外溢,使药材变软、变色、增加香味或减少刺激性,有利于干燥,称为"发汗",如厚朴、玄参等。

(二)干燥

1. 晒干 将经过挑选、洗刷等初步处理的药材摊放在席子上,置阳光下暴晒。如把席子放在架子上则干燥得更快。这是最简便、经济的干燥方法,常用于不怕光的皮类、根和根茎类药材。叶、花和全草类药材长时间暴晒后容易变色,甚至使有效成分损失,尤其是芳香性药材(含挥发油)不宜采用此法。

2. 阴干 将药材放在通风的室内或遮阴的棚下,利用室温和空气流通,使药材中的水分自然蒸发而达到干燥的目的。凡高温、日晒易失效的药材可应用此法,如芳香性的花、叶和全草类药材。

3. 烘干 在室内利用人工加温促使药材干燥的方法。此法特别适用于阴湿多雨的季节,通常在干燥室内进行。室内有多层的架子,架上放置网筛,将药材在网筛上摊成薄层(易碎的花、叶等,须在网筛上衬上纸或布)。加热设备,可用有烟囱的火炉。大规模的烘干设备则用热水管或蒸汽管。干燥室必须通风良好,以利于排出潮湿空气。多汁的浆果(如枸杞子)和根茎(如黄精)等要求迅速干燥,温度可调至 70～90 ℃;具有挥发性的芳香性药材,含有油性的果实、种子和某些动物药(如川芎、乌梢蛇)须用较低温度(以 25～30 ℃为宜)缓缓干燥。

4. 石灰干燥 易生虫、发霉的药材如人参、虎骨等,放入石灰缸内储藏干燥。

生药在干燥后还需做进一步的加工,除去杂质、泥沙、变色和霉烂部分,以符合有关规定的质量要求。

目前已将干燥机械设备用于药材的干燥,如微波干燥器、红外加热干燥器、喷雾干燥器等。

四、储藏

中药材如果储藏不当,则会发生虫蛀、霉烂、变色、变味等腐坏现象,使中药材变质,影响药效,并在经济上造成损失。中药材储藏必须注意以下几点。

1. 保持干燥 没有水分,许多化学变化就不易发生,微生物也不易生长。

2. 保持凉爽 低温不仅可以防止中药材的有效成分变化或散失,还可以防止菌类孢子和虫卵的生长繁殖。

3. 注意避光 有些中药材受光线作用易引起变化,应储藏在暗处或陶瓷、有色玻璃容器中。

4. 注意密闭 有些中药材接触空气易氧化变质,应储藏在密闭容器中。

5. 防虫防鼠 动物类药材,储存前一般要经过蒸制,以免虫卵孵化成虫;一些甜性易生虫中药材在储藏过程中应勤检查、常晾晒;种子类中药材要防止鼠害。

此外,对于剧毒药材应贴上"剧毒药"标签,按国家规定,设置专人、专处妥善保管,防止人兽中毒。

任务二 　中药的性能

学习目标

▲知识目标

1. 了解中药药性理论的概念及其内容。
2. 熟悉中药四气、五味、升降浮沉、归经和毒性的概念。

▲技能目标

1. 能熟练掌握四气、五味、升降浮沉、归经和毒性的划分依据。
2. 能熟练掌握中药性能所决定的药物的功效及其对临床用药的指导意义。

▲课程思政目标

1. 激发学生学习中药的热情和积极性。
2. 培养学生对中药药性的认识，形成吃苦耐劳的职业品质。
3. 增强学生对常用中药性能的理解，为将来就业做好准备。

▲知识点

1. 中药的四气五味。
2. 中药的升降浮沉。
3. 中药的归经。
4. 中药的毒性。

视频：2-1-2

中药的性能是指每味药物的性质和能力。它是药物用于畜禽疾病治疗的物质基础。疾病的发生、发展是畜禽生理功能紊乱、阴阳失去平衡所致的各种病理状态。药物的治疗作用则在于恢复生理功能、调节阴阳平衡，使动物快速康复。用来纠正动物功能偏差的药物作用，是由药物本身的性能所决定的。

中药的性能又称药性，是对中药作用的基本性质和特征的高度概括。药性理论是中药理论的核心，主要包括四气五味、升降沉浮、归经、毒性等。

一、四气五味

《神农本草经》说"药有酸、咸、甘、苦、辛五味，又有寒、热、温、凉四气"，即指出药物有四气和五味，分别代表药物的药性和药味两个方面。性味对于认识药物的共性和个性，以及指导临床用药，都有实际意义。

（一）四气

四气又称四性，是指药物的寒、热、温、凉四种不同的性质。此外，还有一些四气不甚显著的所谓平性药物，这些药物虽然性质较平、作用缓和，但是它们仍有偏温或偏凉的差别。所以对寒、热、温、凉、平五种药性，一般仍称为四气。

四气中，寒凉与温热是两类性质完全不同的药物，而寒与凉，或温与热，只是程度上的不同。具体地说，凉极为寒，微寒为凉；大温为热，微热为温。古人说："寒为凉之极，凉为寒之渐；热为温之极，温为热之渐。"药性的寒、凉、温、热，是古人根据药物作用于机体所发生的反应和对疾病所产生的治疗效果而做出的概括性归纳，是同所治疗疾病的寒热性质相对而言的。凡是能减轻或消除热证的药物，一般属于寒性或凉性；凡是能减轻或消除寒证的药物，大多属于热性或温性。正如《神农本草经》所说，"疗寒以热药，疗热以寒药"。《素问》中说："寒者热之，热者寒之。"

Note

寒凉药大多具有清热、泻火、凉血、燥湿、攻下、解毒等作用,常用于肌肤发热、体温升高、口红、脉数的热证,如知母、石膏、黄连、茵陈、连翘、蒲公英等。温热药多具有散寒、温中、通络、助阳、补气、补血等作用,常用于形寒肢冷、口淡、脉迟的虚寒证,如附子、肉桂、干姜、菟丝子、党参、黄芪等。由此可见,如果用药不明四气,治病不分寒热,不但难以起效,而且往往会延误病情,甚至造成死亡。

(二)五味

五味,即酸、苦、甘、辛、咸五种不同的滋味,代表药物不同的功效和应用。五味也是药物作用的标志,另外,有些药物具有淡味或涩味,因都分属于五味之中,所以仍然称为五味。五味的确定取决于两个方面,一是与实际口尝感觉有关,二是药物临床应用的归纳和总结。所以,把五味上升为药性理论来认识,已远远超出了味觉的概念,与药物功效应用密切相关。因此,本草书籍中记载的味,有时与实际口感味道并不相符。不同的味有不同的作用。味相同的药物,其作用也有相近或共同之处。《黄帝内经》将五味的作用归纳为酸收、苦坚、甘缓、辛散、咸软。

酸味药物有收敛和固涩作用。如乌梅、诃子治疗泄泻、脱肛,五味子、山茱萸能止虚汗、治遗精。涩与酸味相似,也有止泻、止血、涩精、固脱、止汗等作用,如龙骨、牡蛎、赤石脂、芡实等。所以,将涩味归于酸味。

辛味药物有发散、行气、行血的作用,常用于治疗表证或气血阻滞证。如麻黄、桂枝之发散表邪,陈皮、木香之行气宽中,红花、川芎之行血破瘀的作用。

甘味药物有补益、和中、缓急等作用。常用于治疗虚证,并缓和拘急疼痛,调和药性,解药食毒。如甘草、大枣能缓中,黄芪、党参能补气益中,熟地黄、阿胶能补血养血。

苦味药物有泄和燥的作用。泄,包括通泄,如大黄适用于热结便秘;降泄,如杏仁适用于肺气上逆的咳喘;清泄,如栀子适用于热盛心烦等证。燥,即燥湿,用于湿证,有苦寒燥湿热、苦温燥寒湿之分。此外,还有苦能坚阴之说。

咸味药物有软坚散结和泻下作用。多用于瘰疬、痰核等证。如牡蛎、海藻能软坚消痰,芒硝、肉苁蓉能润下通便。

淡味药物有渗湿、利尿作用。多用于治疗水肿、小便不利等证。如茯苓、通草等。淡味附于甘味。

(三)四气和五味的关系

凡药物的性能都是气和味的综合,二者不可分割。如麦冬、黄连从四气来说,都属寒性,皆治热病。但从五味来说,麦冬味甘而性寒,治虚热;黄连味苦而性寒,治实热。又如麻黄、薄荷从五味来说都属辛味,辛能发散,麻黄味辛而性温,发散外感风寒,薄荷味辛而性凉,疏散外感风热。

同一种药性(气),可有五味的差别(即性同而味异)。例如同一温性药,有辛温(紫苏叶、生姜)、酸温(五味子、山茱萸)、甘温(党参、白术)、苦温(苍术、厚朴)、咸温(蛤蚧、肉苁蓉)的不同。同一种味,亦各有四性的不同(味同而性异)。如以辛为例,有辛寒(浮萍)、辛凉(薄荷)、辛温(半夏)、辛热(附子)的不同。

另外,也有部分药物是一性(气)而兼数味。如桂枝性温味辛甘。因辛能发散,甘能壮补,温能散寒,故本品有发散风寒、通经络之功,常与补药同用。又如当归为甘辛苦温,而甘能补,辛能散,苦能泻,故本品为补而不滞之品。由此可见,药物的性味是错综复杂的。这种复杂情况,也正体现了每种药物具有多种作用。

二、升降浮沉

升降浮沉是指药物作用于动物体的四种趋向。升是指向前、向上,降是指向后、向下,浮是指向上、向外,沉是指向后、向内,也就是说,升是上升,降是下降,浮是发散,沉是泄利。但升降与沉浮仅是程度上的差异,故有升极则浮,降极则沉之说。

由于各种疾病在病机和症候上,常有向上、向下,或向外、向内等病势趋向的不同,以及在上、在下、在表、在里等病位的差异,因此能够针对病情,改善或消除这些病证的药物,相对来说也就分别具有升降浮沉的不同作用趋向。药物的这种性能,有助于调整紊乱的脏腑气机,使之归于平顺,或因势利导,祛邪外出。

升浮药物属阳,具有上行、提升、发散、散寒、祛风等作用。沉降药物属阴,具有下行、泻下、降逆、清热、渗利、潜阳等功效。凡病变部位在上、在表者,用药宜升浮不宜沉降,如外感风寒表证,当用麻黄、桂枝等升浮药来解表散寒;在下、在里者,用药宜沉降不宜升浮,如肠燥便秘之里实证,当用大黄、芒硝等沉降药来泻下攻里。病势上逆者,宜降不宜升,如肝火上炎引起的双目红肿、羞明流泪,应选用石决明、龙胆等沉降药以清热泻火、平肝潜阳;病势下陷者,宜升不宜降,如久泻脱肛或子宫脱垂,当用黄芪、升麻等升浮药物益气升阳。一般说来,治疗用药不能够违反这一规律。升降浮沉与药物的气味、质地、药用部分、炮制、配伍等均有关系。

(一)升降浮沉与药物气味的关系

就药物的四气来说,温热药物主升浮,寒凉药物主沉降;就五味来说,辛、甘、淡主升浮,酸、苦、咸主沉降。这也正如李时珍所说,"酸咸无升,辛甘无降,寒无浮,热无沉,其性然也",升降浮沉与四气五味有密切的关系。

(二)升降浮沉与药物质地、药用部分的关系

凡质地轻而疏松的药物,如植物的叶、花、空心的根、茎,大多具有升浮的作用,如薄荷、辛夷、升麻等。凡质地坚实的药物,如植物的籽实、根茎及金石、贝壳类药物,大多具有沉降的作用,如紫苏子、大黄、磁石、牡蛎等。但这也不是绝对的,如"诸花皆升,旋覆独降","诸子皆降,牛蒡独升"等。又如紫苏子味辛性温,从气味上讲,属升,但因质重而主降。

(三)升降浮沉与药物炮制和配伍的关系

以炮制来说,生用主升,熟用主降,酒制能升,生姜制能散,醋制能收,盐水炒能下行。以药物配伍来说,如将升浮药物配于大队沉降药物之中,也能随之下降,而沉降药物配于大队升浮药物之中,也能随之上升。此外,桔梗专能载药上升,牛膝专能引药下行,所以,古人说:"升降在物,亦可在人。"因此,在临床用药时,除掌握药物的普遍规律外,还应知道它们的特殊性,才能更好地达到用药目的。

三、归经

归经,指药物对机体的选择性作用,即某药对某经(脏腑或经络)或某几经发生明显的作用,而对其他经则作用较小或没有作用。也就是说,凡某种药物能治某经的病证,即为归入某经之药。如同属寒性的药物,都具有清热作用,然有黄连偏于清心热、黄芩偏于清肺热、龙胆偏于清肝热等不同。再如同为补药,有党参补脾、蛤蚧补肺、杜仲补肾等的区别。因此,将各种药物对机体各部分的治疗作用进行系统归纳,便形成了归经理论。

中药的归经,以脏腑、经络理论为基础,以所治具体病证为根据。由于经络沟通机体的内外表里,所以一旦机体发生病变,体表的病证可以通过经络而影响内在脏腑,而脏腑的病变也可以通过经络反映到所属体表。各个脏腑、经络发生病变时所发生的症状是各不相同的,如肺经病变多见咳嗽、气喘等症,心经病变多见心悸、神昏等症,脾经病变多见食滞、泄泻等症。在临床上,将药物的疗效与病因病机以及脏腑、经络联系起来,就可以说明药物和归经之间的相互关系。如桔梗的主要作用为止咳化痰,故归肺经;朱砂能够安神,则归心经;麦芽能消积化滞,故入脾经。由此可见,药物的归经理论,具体指出了药效的所在,是从客观疗效观察中总结出来的规律。还有一药而归数经者,即其对数经的病变都能发挥作用。如杏仁归肺与大肠经,是因为它既能平喘止咳,又能润肠通便;石膏归肺与胃经,是因为它能清肺火和胃火。

应用药物时,如果只掌握药物的归经,而忽略了四气五味、升降浮沉等性能,是不够全面的。因为同一脏腑、经络的病变,有寒、热、虚、实以及上逆、下陷等不同;同归一经的药物,其作用也有温、清、补、泻以及上升、下降的区别。如同归肺经的药物,黄芩清肺热,干姜温肺寒,百合补肺虚,葶苈子泻肺实。

中药归经理论对于中药的临床应用具有重要指导意义。一是根据动物脏腑、经络的病变"按经选药"。如肺热咳喘,选用入肺经的黄芩、桑白皮;肝热或肝火,选用入肝经的龙胆草、夏枯草;心火亢盛,选用入心经的黄连、连翘。二是根据脏腑、经络病变的相互影响和传变规律选择用药,即选用入他经的药物配合治疗。如肺气虚而见脾虚者,选择入肺经的药物的同时,选择入脾经的补脾药物以

补脾益肺(培土生金),使肺有所养而逐渐恢复;又如肝阳上亢而见肾水不足者,选用入肝经的药物的同时,选择入肾经滋补肾阴的药物以滋肾养肝(滋水涵木),使肝有所涵而虚阳自潜。总之,既要全面掌握中药性能,又要熟悉脏腑、经络之间的相互关系,才能更好地指导临床用药。

四、毒性

毒性是指药物对机体的伤害作用,即毒副作用。中药的毒性与副作用不同,前者对动物体的危害性较大,甚至可危及生命;后者是指在常用剂量时出现的与治疗需要无关的不适反应,一般比较轻微,对机体危害不大,停药后能消失。为了确保用药安全,必须认识中药的毒性,了解产生毒性的原因,掌握中药中毒的解救方法和预防措施。

有毒药物的毒副作用有程度的不同,故历代本草书籍中常标明"无毒""小毒""有毒""大毒""剧毒"等,以示区别。这是掌握药性必须注意的问题。

①无毒:指所标示的药物服用后一般无副作用,使用安全。

②小毒:指所标示的药物使用较安全,虽可出现一些副作用,但一般不会导致严重后果。

③有毒、大毒:指所标示的药物容易使人兽中毒,使用时必须谨慎。而标示为"大毒"者,其毒性比"有毒"者更甚。

④剧毒:指所标示的药物毒性强烈,多供外用,或只可极少量入丸散内服,并要严格掌握炮制、剂量、服法、宜忌等。

一般来说,有毒药物的中毒剂量与治疗量比较接近,临床应用安全系数较小,或对机体组织器官损害严重,甚至导致死亡。因此,在使用有毒特别是大毒药物时,为保证用药安全,必须注意以下几点。

1. 严格控制剂量 用量过大是发生中毒的主要原因之一。因此,使用有毒药物时,必须根据病畜的年龄、体质、病情轻重,严格控制用量,中病即止,以防过量或蓄积性中毒。

2. 注意正确用法 了解此类药物的用法各有不同,是防止中药中毒的重要环节。有的宜入丸散,不宜煎服;有的只供外用,禁止内服;有的入汤剂当久煎等。临床应用每因用法不当而引起中毒,如乌头、附子中毒,多因煎煮时间过短所致。

3. 遵守炮制工艺 炮制的目的之一是减少或消除药物的毒副作用。因此,严格的炮制工艺、科学的质量标准是临床安全用药的重要保证。

此外,利用合理的配伍、避免配伍禁忌等,都是应当特别注意的。

任何事物都具有两重性,药物的毒性亦然。有毒药物偏性强,根据以偏纠偏、以毒攻毒的原则,其有可以利用的一面。古往今来,人们在利用有毒中药治疗恶疮肿毒、疥癣、瘰疬、瘿瘤、癌肿等病时,积累了大量经验,获得了肯定疗效。

任务三 中药的炮制

扫码学课件
任务 2-1-3

学习目标

▲**知识目标**

1. 理解中药炮制的目的。

2. 熟悉中药炮制的方法。

▲**技能目标**

1. 能熟练掌握中药炮制的方法。

2. 能熟练掌握中药炮制对中药临床疗效的影响。

▲课程思政目标
1.激发学生学习中药的热情和积极性。
2.培养学生对中药材的认识,形成吃苦耐劳的职业品质。
3.增强学生对常用中药炮制的理解,为将来就业做好准备。
▲知识点
1.中药炮制的概念。
2.中药炮制的目的。
3.中药炮制的方法。

中药炮制是依据中兽医学医药理论,按照医疗、调配、制剂的不同要求以及中药自身的性质,对中药所采取的加工处理技术。古时又称"炮炙""修制""修事",经炮制后的药物成品习惯上称为饮片。

视频:2-1-3

一、炮制目的

中药炮制的目的主要是增强疗效,降低毒性和减少副作用,保证临床用药安全。归纳起来主要有以下几个方面。

(一)减少或消除药物的毒性和副作用

如川乌、草乌用蒸、煮等法炮制后,使其所含的毒性乌头碱被水解成几乎无毒性的乌头原碱;斑蝥用米拌炒后,其所含的毒性成分斑蝥素毒性降低;何首乌用黑豆汁拌蒸后,可除去致泻的副作用。

(二)改变或缓和药物的性能

如地黄,生用甘寒,有清热凉血养阴之功,经炮制成熟地黄后则变为甘、微温,有滋阴补血之效;麻黄生用辛散发汗解表作用较强,经蜜炙后其辛散发汗作用缓和,而止咳平喘作用增强。

(三)增强药物作用,提高临床疗效

药物采用不同方法炮制后,能产生不同程度的增效作用。如切制可增加药物有效成分的溶出;款冬花、紫菀等化痰止咳药经蜜炙后可增强润肺止咳作用;化瘀止痛药元胡、三棱等经醋炙后,可增强活血止痛作用。

(四)改变药物作用部位和增强药物作用趋向

如砂仁入脾胃经,作用于中焦,经盐炙后则趋向下焦而入肾经;黄柏、大黄作用于下焦,用酒炙后能清上焦之热。

(五)清除杂质和非药用部分,确保用药质量

如植物类药要尽可能地去除非药用部分,如枇杷叶去毛、杏仁去皮、远志去心等;有些动物类药物,如蜈蚣、全蝎、蝉蜕等要去头、足、翅等非药用部分;矿物类药物要拣去杂质。

(六)便于调剂和制剂

如植物类药物用水浸润后便于切片,质地坚硬的矿物类药物经煅、淬后易于粉碎。药物经过切片、粉碎后,既便于制剂和储藏,又可使有效成分易于煎出。

(七)矫味、矫臭

动物类或其他具有特殊不良气味的药物,经麸炒、酒制后能起到矫味和矫臭作用。如酒制蛇蜕、麸炒椿根皮等。

二、炮制方法

(一)修制

1.净制 采用挑、拣、簸、筛、刷、刮、挖、撞等方法,去掉灰屑、杂质和非药用部分,使药物清洁纯

净。如拣去合欢花中的枝、叶,刷除枇杷叶、石苇叶背面的茸毛,刮去厚朴、肉桂的粗皮,麻黄去根、山茱萸去核等。

2.粉碎 采用捣、碾、研、磨、镑、锉等方法,使药物粉碎,以符合制剂和其他炮制方法的要求。如牡蛎捣碎便于煎煮;川贝母捣粉便于灌服;羚羊角镑成薄片,或锉成粉末,便于制剂和服用。

3.切制 采用切、铡等方法,将药材切成一定规格,以便于调剂、制剂。根据药材的性质和医疗需要,切片有很多规格。如天麻、槟榔切薄片,泽泻、白术切厚片,黄芪、鸡血藤切斜片,陈皮、桑白皮切丝,白茅根、麻黄切段,茯苓、葛根切块等。

(二)水制

水制指用水或其他液体辅料处理药材的方法。水制的目的主要是清洁、软化药物,以便于切制,降低药物的毒性、烈性及减少不良气味等。常用的有淋、洗、泡、漂、浸、润、水飞等。

1.洗 将药材放入清水中,快速洗涤,除去上浮杂物和下沉脏物,及时捞出晒干备用。除少数易溶或不易干燥的花、叶、果、肉类药材外,大多数药材需淘洗。

2.漂 将药材置于宽水或长流水中浸渍一段时间,并反复换水,以去掉腥味、盐分和毒性成分,便于制剂和应用的方法。如将昆布、海藻、盐附子、盐肉苁蓉漂去盐分,海藻、人中白需漂去腥味等。

3.润 用少量清水反复淋洒药材,并覆盖湿物慢慢渗透使之软化,又称为闷或伏。根据药材质地的软硬,加工时的气温、工具,用淋润、洗润、泡润、晾润、浸润、盖润、伏润、露润、包润、复润、双润等多种方法,使清水或其他液体辅料徐徐入内,在不损失或少损失药效的前提下,使药材软化,便于切制饮片。如槟榔须用水浸渍 7 天左右,使其浸透后切成薄片;桂枝须浸渍 2 天左右,待其中心部分润透,然后切片;木通须浸渍 1 天左右,然后切片阴干。还有如淋润荆芥,酒洗润当归,姜汁浸润厚朴,伏润天麻,盖润大黄等。

4.泡 将质地坚硬的药材,在保证其药效的原则下,放在水液或沸汤内浸泡一段时间,使其变软的方法。如杏仁、桃仁须用开水泡浸后捻去皮尖;麦冬须用沸水泡 1 h 左右,然后抽心晒干。

5.水飞 就是把药材放在水内,经过一次次的研磨或搅拌,借药材在水中的沉降性质分取药材极细粉末的方法。将不溶于水的药材粉碎后置乳钵或碾槽内加水共研,大量生产则用球磨机研磨,再加入多量的水,搅拌,较粗的粉粒则下沉,细粒混悬于水中,倾出,粗粒再飞再研,倾出的混悬液沉淀后,分出、干燥即得极细粉末。一般在配制较难研细的药物,或防止药物飞扬损失时采用这种方法,此法所制粉末既细,又减少了研磨中粉末的飞扬损失。常用于矿物类、贝甲类药材的制粉,如飞朱砂、飞炉甘石、飞滑石、飞雄黄等。

(三)火制

火制法是用火加热处理药材的方法,它是使用最为广泛的炮制方法。既然涉及火,就有火力大小之分。古代有文火和武火之分。所谓文火,就是没有火焰的火,加热的温度较低;所谓武火,就是有火焰的火,加热的温度较高。火制的目的在于使药物干燥、松脆、焦黄、炭化,从而便于应用和保存。常用的方法有烘、焙、煨、炒、炮、炙、煅七种。

1.烘 将药材放在近火的地方,使其所含水分慢慢蒸发,从而使药材干燥,以便粉碎和保存,如菊花、金银花等。

2.焙 把药材放在铺上纸的铁丝网上,用弱火加热,使其干燥,如虻虫、水蛭等。

3.煨 将药材包裹于湿面粉、湿草纸中,放在弱火中烤烘或铺在铁丝网上用火烤,使面糊或纸的表面焦黑后去火待冷后剥除,如煨木香、煨甘遂等;或将药材埋入热火灰里加热煨熟,如煨肉豆蔻等;或用草纸与饮片隔层分放加热。其中以湿面糊包裹者,称为面裹煨;以湿草纸包裹者,称为纸裹煨;以草纸分层隔开者,称为隔纸煨;将药材直接埋入火灰中,使其高热发泡者,称为直接煨。煨法可以除去部分药物的油脂或刺激性物质,以减少毒副作用等。但在煨药时须注意火力,以免将药物烧毁。

4.炒 把药材放在铁锅或砂锅里炒。炒药物,可以破坏或清除其中的某种成分,适当改变其性

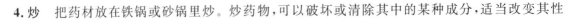

能,降低药材的刺激性或减少副作用,缓和过寒、过燥的偏性,有矫臭、矫味、健脾等作用,且便于粉碎、储藏和有效成分的煎出。根据是否加辅料分为清炒和辅料炒两种。

(1)清炒:不加任何辅料,将药材炒至所需程度,这主要根据药性的不同来决定。一般分为炒黄、炒焦、炒炭三种。

①炒黄:用文火将药材炒至表面微黄色或鼓起,内部无变化。药材炒黄,能减轻寒性并能矫味,如炒白僵蚕、炒白术、炒白蒺藜、炒麦芽等。

②炒焦:用武火将药材表面炒至焦黄色或焦褐色,内部颜色加深,并有焦香气味。药材炒焦后,可增强健脾、消食作用,如焦山楂、焦神曲等。

③炒炭:用武火将药材表面炒至焦黑色,部分炭化存性,以内部焦黄为度,但仍保留药材固有气味。药材制炭后,止血作用增强,如地榆炭、侧柏叶炭等。

炒黄、炒焦使药材易于粉碎加工,并缓和药性。种子类药材炒后煎煮时有效成分易于溶出。炒炭能缓和药物的烈性、副作用,或增强其收敛止血的功效。

(2)辅料炒:将一定量的固体辅料加入药材中,同炒至所需程度,常用的辅料有灶心土、沙土、麦麸、米、滑石、蛤粉等。辅料炒可减轻药材的刺激性,增强疗效,如土炒白术,麸皮炒山药、枳壳,糯米炒斑蝥,沙土炒骨碎补,蛤粉或滑石粉炒阿胶等。

5.炮 把药物的大块或切成小块后,放置在高热的铁锅中急炒片刻,直到表面变黑冒烟后迅速取出,如炮附子、炮姜等。

6.炙 炙与炒在意义与操作上相似,但不同的是炙法是把药材切成片或切成小块,辅料不是固体,而是蜂蜜、酒、醋、姜汁、盐水、童便、米泔水、酥油等液体。也就是将药材与一定量的液体辅料放在锅中加热炒至微焦黄为止,使辅料逐渐渗入药材内部的炮制方法。本法能改变药性,增强疗效,或减少毒副作用等。例如,蜜炙黄芪、甘草、款冬花,酒炙川芎、何首乌,醋炙香附,姜汁炙厚朴,盐炙杜仲、益智仁,米泔水炙苍术,黄酒或醋炙五灵脂,蛤蚧、鳖甲多用油炙黄或入热油熬炸(酥炙)等。由于所用的辅料不同,其作用亦有区别。如蜜炙可增强润肺止咳、补中益气的作用,或缓和药性,减少毒副作用;酒炙可加强活血作用,减少某些药材的副作用;醋炙可加强疏肝止痛作用,降低毒性;盐水炙加强补肾、滋阴降火等功能;姜汁炙能制药之寒性,加强止呕功效和减少毒副作用。

7.煅 高温加热处理。将药材放在耐火的器皿中,然后直接或间接放在烧红的猛火中煅烧,使药材纯净、松脆,易于粉碎,便于有效成分煎出,以便充分发挥药效;或改变药材性能,加强疗效。

(1)明煅:将药材直接放炉火上煅烧至红透后马上取出,放入醋或清水内,称为煅淬。置于容器内直接置于火上而不密闭加热者,称为明煅。此法一般多用于矿物类药材或动物甲壳类药材,如煅牡蛎、煅石膏、煅龙骨、煅龙齿、煅炉甘石、煅石决明等。

(2)焖煅:将药材置于耐火密闭容器内加热煅烧者,称为密闭或焖煅,适用于质地轻松,可炭化的药材,如煅血余炭、煅棕榈炭等。

(四)水火制

水火制是既用火又用水,或加入其他液体辅料加工处理的方法。一般分为煮、蒸、淬、露、焯五种方法。其目的是使药材便于研碎、保存和服用。

1.蒸 利用蒸汽或隔水加热药材的方法,把药材放入蒸笼或水锅上隔水蒸熟。不加辅料者称为清蒸,加辅料者称为辅料蒸。加热的时间,视炮制的目的而定。如改变药材性味功效者,宜久蒸或反复蒸晒,如蒸制熟地黄、玉竹、大黄、人参、何首乌等;为使药材软化,以便于切制者,以变软透心为度,如蒸茯苓、厚朴。

2.煮 把药材放在清水或药汁内煎煮,如天南星、半夏、乌头等,须放在清水内煎煮2 h左右(加入一些甘草、生姜、皂荚等放于清水内),然后取出阴至半干,置于瓷罐或瓦罐中闷3~5天,再取出切片阴干。还有醋煮芫花,酒煮黄芩等。

3.淬 将药材烧红后,迅速取出,投入冷水、醋或其他液体中,如此反复3~7次,使其酥脆的一种方法。淬后不仅易于粉碎,且辅料被其吸收,可发挥预期疗效。如自然铜须用火烧透,用醋淬,再烧再淬,反复 7 次,使之变成黑色,然后水飞研末用。还有黄连煮汁淬炉甘石等。

4.露 用蒸馏的方法来制造药液,如金银花的蒸馏液就是金银花露。

5.焯 将药材快速入沸水中焯过,然后快速取出的方法。

药材通过以上处理,可以增强疗效,降低毒性,改变性能,便于储藏。

（五）其他方法

1.霜 将种子类药材压榨去油或矿物类药材重结晶后的制品。如将巴豆油脂除掉而成的巴豆霜,或将芒硝放入西瓜中置于通风处使其表面析出的西瓜霜等。

2.发酵 利用发酵的方法将药材与辅料拌和,并置于一定的湿度和温度下,利用霉菌使其发泡、生霉,并改变原药的药性,以此提高药材的疗效的方法。如神曲、红曲、淡豆豉。

3.发芽 将具有发芽能力的种子类药材用水浸泡后,经常保持一定的湿度和温度,使其萌发至一定长度幼芽的方法。发芽后的药材干燥入药。如谷芽、麦芽、大豆、黄卷等。

总之,中药炮制的方法相当复杂,需关注工具的选择、加热的程度、浸润的时间等,如果不能很好地掌握,就达不到炮制的目的和要求,因此,必须加以重视。

任务四　中药的配伍

扫码学课件
任务 2-1-4

学习目标

▲知识目标

1.了解中药配伍的概念。

2.熟悉中药配伍七情和各配伍形式的概念和实质。

▲技能目标

1.能熟练掌握中药配伍用药原则。

2.能熟练掌握中药用药禁忌的内容。

▲课程思政目标

1.激发学生学习中药的热情和积极性。

2.培养学生对中药配伍的认识,形成吃苦耐劳的职业品质。

3.增强学生对常用中药配伍的理解,为将来就业做好准备。

▲知识点

1.中药的配伍。

2.中药配伍禁忌。

视频:2-1-4

一、配伍

配伍是指根据动物病情的需要和药物的性能特点,有目的地将两味及两味以上的药物配合在一起使用。

通过配伍可以增强药物疗效,抑制或消除药物的毒副作用,可以适应复杂病情的需要,从而达到全面兼顾治疗的目的。前人把单味药的应用同药与药之间的配伍关系称为药物的"七情"。

1.单行 单用一味药物来治疗某种病情单一的疾病,又叫单方。如一味公英汤,即独用蒲公英治疗暴发火眼;清金散,即单用黄芩治疗轻度肺热。

2.相须 两种或两种以上性能相似的药物合用,发挥协同作用以增强疗效。如麻黄配桂枝,其发汗解表功效大大增强。这种配伍在临诊中比较常用。

3.相使 两种或两种以上性能不同的药物合用,以一种药物为主,另一种药物为辅,辅药能增强主药的功效。如黄芪(补气利水)与茯苓(利水健脾)配合应用,茯苓能增强黄芪补气利水的作用;黄芩(清热泻火)与大黄(攻下泻热)同用,大黄能增强黄芩清热泻火的功效等。

4.相畏 一种药物的毒副作用,能被另一种药物减弱或消除。如生姜能抑制生半夏、生天南星的毒性,所以说生半夏、生天南星畏生姜。这里的"畏"与"十九畏"中的"畏"在概念上并不相同。"十九畏"中的相畏药物不能同用,若在处方中配伍使用,往往会造成毒副作用增强或药效减弱。

5.相杀 两种药物合用,一种药物能消除或减弱另一种药物的毒副作用。如绿豆能杀巴豆毒,防风能解砒霜毒。相畏、相杀实际上都是利用药物的拮抗作用来消除或减弱药物的毒副作用,只是语言表述方式不同而已。

6.相恶 两种药物合用,能相互牵制而使疗效降低或丧失。如黄芩能降低生姜的温性,所以说生姜恶黄芩;莱菔子能削弱人参的补气功能,所以说人参恶莱菔子。

7.相反 两种药物合用,能产生毒性反应或副作用。如"十八反"中的某些组对。

"七情"之中,除单行外,其余六种配伍关系,在处方用药时必须区别对待。相须、相使可以提高疗效,处方用药时要充分利用;相畏和相杀能减弱或消除毒副作用,在应用有毒药物或烈性药物时,常常应用;相恶的药物应避免配伍;相反的药物原则上禁止配伍。

二、禁忌

禁忌是指禁止的和不适合的用法和做法,中药的禁忌主要包括配伍禁忌、妊娠禁忌和饮食禁忌。其中,饮食禁忌又称为食忌。一般要求在服药期间宜少食油腻生冷之物,以避免累及脾胃,影响中药成分的吸收,在治疗肉食动物疾病时应予以注意。

大多数中药的配伍要求不甚严格,但应注意某些性能较特殊的中药。前人所总结的配伍禁忌有"十八反"和"十九畏",现介绍如下。

(一)十八反

十八反是指乌头反半夏、瓜蒌、贝母、白蔹、白及;甘草反海藻、大戟、甘遂、芫花,藜芦反人参、沙参、丹参、玄参、苦参、细辛、芍药。

记忆歌诀

十八反简歌诀

本草明言十八反,半蒌贝蔹及攻乌;
藻戟遂芫俱战草,诸参辛芍叛藜芦。

(二)十九畏

十九畏是指硫黄畏朴硝,水银畏砒霜,狼毒畏密陀僧,巴豆畏牵牛子,丁香畏郁金,川乌、草乌畏犀角,牙硝畏三棱,官桂畏石脂,人参畏五灵脂。

记忆歌诀

十九畏简歌诀

硫黄原是火中精,朴硝一见便相争;
水银莫与砒霜见,狼毒最怕密陀僧;
巴豆性烈最为上,偏与牵牛不顺情;
丁香莫与郁金见,牙硝难合京三棱;
川乌草乌不顺犀,人参最怕五灵脂;
官桂善能调冷气,若逢石脂便相欺;
大凡修合看顺逆,炮爁炙煿要精微。

"十八反"和"十九畏"是前人在长期用药实践中总结出来的经验,也是中兽医临诊配伍用药应遵循的一个原则。自20世纪80年代以来,中(兽)医界对"十八反"进行了大量的实验研究,认为不能把"十八反"绝对化,在特定条件下并非配伍禁忌。在古今配方中也不乏反畏同用的例子,如用甘草水浸甘遂后内服治疗腹水,可以更好地发挥甘遂的疗效;党参与五灵脂同用可以补脾胃,止疼痛;"猪膏散"中大戟、甘遂,与粉草(除去外皮的甘草)同用治牛百叶干;"马价丸"中巴豆与牵牛子同用治马结症等。"十八反"和"十九畏"仍有待现代科学进一步研究。一般来说,对于"十八反""十九畏"中的一些药物,若无充分实验根据和应用经验,仍应避免轻易配合应用。

（三）妊娠禁忌

某些药物具有损害胎元以致堕胎的副作用,应该作为妊娠禁忌的药物。根据药物对于胎元损害程度的不同,一般可分为禁用与慎用两类。禁用的大多是毒性较强或药性猛烈的药物,如巴豆、牵牛子、大戟、斑蝥、商陆、麝香、三棱、莪术、水蛭、虻虫等;慎用的包括通经祛瘀、行气破滞、辛热等药物,如桃仁、红花、大黄、枳实、附子、干姜、肉桂等。

记忆歌诀

妊娠禁忌歌诀

蚖斑水蛭及虻虫,乌头附子配天雄,

野葛水银并巴豆,牛膝薏苡与蜈蚣,

三棱芫花代赭麝,大戟蝉蜕黄雌雄,

牙硝芒硝牡丹桂,槐花牵牛皂角同,

半夏南星与通草,瞿麦干姜桃仁通,

硇砂干漆蟹爪甲,地胆茅根都失中。

凡禁用的药物,绝对不能使用;慎用的药物,则可根据孕畜患病的情况酌情使用。如果没有特殊需要,应尽量避免使用,以免发生事故。

任务五　中药的剂型、剂量及用法

学习目标

▲知识目标

1.了解中药的剂型、剂量的概念。

2.熟悉中药的剂型、剂量及用法。

▲技能目标

1.能熟练掌握中兽医临床常用的剂型特性。

2.能熟练掌握用药剂量与药效的关系及确定剂量大小的依据。

▲课程思政目标

1.激发学生学习中药的热情和积极性。

2.培养学生对中药的剂型、剂量及用法的认识,形成吃苦耐劳的职业品质。

3.增强学生对常用中药剂型、剂量及用法的理解,为将来就业做好准备。

▲知识点

1.中药的剂型。

2.中药的剂量。

3.中药的用法。

扫码学课件
任务 2-1-5

一、剂型

剂型是指根据临诊治疗需要和药物的不同性质，把药物制成的形态。中药的传统剂型比较丰富，随着制药技术的发展，新的剂型还在不断出现。下面介绍几种常用剂型。

视频：2-1-5

（一）汤剂

汤剂是将药物饮片或粉末加水煎煮一定时间，去渣取汁而制成的液体剂型。汤剂是中药最常用的剂型，其优点是吸收快，疗效迅速，药量、药味加减灵活，所以能较好地发挥药效。汤剂适应面广，尤其适用于急、重病证。缺点是不易携带和保存，某些药物的有效成分不易煎出或易挥发散失。近年来将汤剂改制成合剂、冲剂等剂型，既保持了汤剂的特色，又便于工厂生产和储存。

（二）散剂

散剂是将药物粉碎并混合均匀，制成粉末制剂的一种剂型。散剂是中兽医临诊最常用的剂型，其优点是吸收较快，药效确定，便于携带，配制简便。急、慢性病证都可使用。

（三）酒剂

酒剂是将药物浸泡在白酒或黄酒中，经过一定时间后取汁应用的一种剂型，故又称药酒。酒剂也是一种常用的传统剂型。药酒以酒作溶剂，浸出药物的有效成分，而酒辛热善行，具有疏通血脉，驱除风寒湿痹的作用，因此，酒剂是一种混合性液体药剂。其药效发挥迅速，但不能持久，需要常服。适用于各种风湿痹痛、跌打损伤、寒阻血脉、筋骨不健等病证。

（四）膏剂

膏剂是将药物用水或植物油煎熬去渣而制成的剂型。根据应用的不同，分内服和外用两种。内服膏剂是将药物煎汁后去渣，然后将药汁浓缩成黏稠状的一种剂型，内服膏剂中有时也加入适量的蜂蜜。外用膏剂是将药物细粉与适宜的基质制成的具有适当黏稠度的半固体制剂，常用的基质主要有油类和黄蜡。外用膏剂又分为药膏及膏药两种。药膏是在适宜的基质（麻油等）中加入中药，制成易涂布的一种外用半固体制剂。药膏具有解毒消肿、防腐杀虫、生肌止痛、保护创面的作用，多用于疮疡溃烂、久不收口及水火烫伤等，如生肌玉红膏。膏药是用适宜的基质经熬炼去渣，再加入中药熬炼成膏，摊贴于硬纸或布上，应用时将膏药温热溶化，贴于患处，膏药多用于皮肤疾病、关节肿痛、局部未溃之肿胀、风寒湿痹、经脉瘀阻等，如黑膏药。

（五）丸剂

丸剂是将药物粉碎为粉末，加入适宜的赋形剂而制成的固体剂型。丸剂在中医临诊中应用广泛，适用于多种急慢性病。如牛黄解毒丸、六味地黄丸、跌打丸等。由于赋形剂不同，常见的丸剂有蜜丸、水丸、糊丸等。近年来，丸剂在中兽医临诊也常用于猪、犬等动物疾病的治疗。

（六）注射剂

注射剂是根据中药有效成分的不同，经过提取、精制、配制、精滤、灌封、灭菌等工艺，制成的水溶液、混悬液或供配制的无菌粉末，供肌内、静脉等注射用。中药注射剂是近年来发展起来的新型制剂，对动物常见病和多发病有良好效果。其优点是剂量小，疗效迅速，使用简便，便于携带。但一定要保证达到安全、有效、质量稳定、无副作用等要求。如柴胡注射液、当归注射液、红花注射液等。

二、剂量

剂量是指防治疾病时每一味药物所用的数量，也叫治疗量。在一定范围内，剂量越大，作用越强，但剂量超过一定限度，就会引起毒性反应，此外，药物用量超过一定范围时，还会引起功效的改变，如大黄量小能健胃，量大则泻下。因此，必须严谨对待中药的剂量。确定药物剂量的一般原则如下。

（一）根据药物性能

凡有毒的、峻烈的药物用量宜小，且应从小量开始使用，逐渐增加，中病即停，谨防中毒。对质地

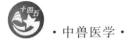

较轻或容易煎出的药物,可用较小的量,对质地较重或不容易煎出的药物,可用较大的量。此外,新鲜的药物,用量可大些。

(二)根据配伍与剂型

在一般情况下,同样的药物配伍时比应用单味药时的用量要轻些。汤剂、酒剂等易于吸收的,其用量较不易吸收的散剂、丸剂等要小些。

(三)根据病情轻重

一般病情轻浅的,用量宜轻;病情较重的,用量可适当增加。

(四)根据动物及环境

由于动物种类、体质、年龄、性别及所在地区和季节等的不同,其用量亦有差异。一般幼龄动物和老龄动物的用量应小于壮年动物;雄性动物的用量稍大于雌性动物;体质强的动物的用量可大于体质弱的。

总之,中药的剂量可根据临诊治疗的具体情况而有所增减,并不是一成不变的,在确定处方用量时应加以全面考虑。

三、用法

(一)用药方式

1. 个体用药 对用药对象逐个用药。个体用药能够准确把握用量,药物的浪费较少,但比较耗时。适合于较少量动物的用药。个体用药现主要针对宠物和个体养殖的数量较少的猪、牛、羊、家禽等。

2. 群体用药 随着我国规模化和集约化畜牧业的发展,群体用药的方式越来越多地被采用。所谓群体用药,就是为了防治群发性疫病,或为了提高动物的生产性能,所采用的批量集体用药。有些动物(如鸡、鱼、蜂、蚕)或群体数量很大,或个体很小,难以逐个给药,只好采用群体给药法。中药方剂的群体用药,目前较普遍的是饲料添加剂,即将药物拌入饲料中或溶解于饮水中给动物服用。此外,在动物所处的环境(如动物房舍空间、养鱼水体)中施药,使环境中的每个动物都能接触到药物,也是一种群体给药方法。群体给药有时存在动物用药量不确定、浪费较多等问题。

(二)用药途径

根据用药的目的、疾病的性质和部位,以及制剂的作用特点等来确定用药途径。用药途径多种多样,大体上可分为经口给药和非经口给药两大类。

1. 经口给药 经口给药又称内服、口服、灌服(流体状制剂)或投服(丸剂、片剂等)以及舐服等。药物作用于胃肠道或经胃肠吸收后发挥治疗作用。经口或鼻插入食管或胃管投灌药也属于经口给药。经口给药的剂型非常广泛,如汤剂、散剂、丸剂、片剂、口服液、胶囊剂等。目前,中药在兽医临床上仍以汤、散剂灌服为主。

(1)灌药的时间:灌药的时间与药物的疗效有一定关系。除急病、重病需尽快用药外,一般来说,空腹或草前灌服,药物吸收较快,而且可以直接作用于胃肠,这对于脾胃病或虫积,比较适宜;而在饱腹或草后灌药,药物的吸收较慢,因此,对于慢性病或灌服刺激性较大的药物以及补阳药比较合适。

(2)灌服的次数:一般是每天灌服 1~2 次,但在急症时可灌服多次。

(3)药液的温度:一般治热性病的清热药宜凉服,而治寒性病的热性药宜温服。此外,冬季宜稍温,夏季宜稍凉。

(4)煎药器具:以砂锅、瓦罐或搪瓷器具为好,但大量煎煮时,也可以用铝锅。

2. 非经口给药 非经口给药是指除经口给药之外的各种给药方式,如注射和注入、敷撒、喷涂、吸入、包埋纳置(如卡耳、肛门或阴道纳栓)、药浴、点眼、吹鼻、灌肠、笼舍熏蒸、鱼虾类水体用药等。非经口给药的剂型有外用汤剂、外用散剂、软膏剂、栓剂、灌肠剂、注射剂等。

知识拓展与链接

中药的化学成分

一、中药的化学成分概述

中药95％以上来源于植物,其所含的化学成分十分复杂,有时一种药材有多种临床应用,其有效成分可以有多种。例如鸦片中的吗啡具有镇痛作用,婴粟碱有解痉作用,而可待因有止咳作用。概括来说,中药成分可以分为有效成分、辅助成分、无效成分和组织成分。

(一)有效成分

有效成分是指具有显著生理活性和药理作用,在临床上有一定应用价值的成分。这类成分仅存在于某些植物中,包括生物碱类、苷类、挥发油类等,如小檗碱是黄连抗菌的有效成分,苦杏仁苷是苦杏仁止咳平喘的有效成分,薄荷挥发油中的薄荷醇和薄荷酮是薄荷辛凉解表的有效成分。

(二)辅助成分

辅助成分是指具有次要生理活性和药理作用的成分,有时它们在临床上也有一定的应用价值。有些辅助成分能促进有效成分的吸收,增强疗效,如洋地黄皂苷能促进洋地黄强心苷的吸收,从而增强洋地黄的强心作用。有些辅助成分能使有效成分更好地发挥作用,如槟榔中的鞣质,可保护槟榔碱在胃液中不被溶解,到肠中才被游离出来。

(三)无效成分

无效成分是指无生理活性,在临床上没有医疗作用的成分。它们包括蛋白质、鞣质、黏液质、色素、树脂等。

(四)组织成分

组织成分是指一些构成药材细胞的物质或其他不溶性物质,如纤维素、栓皮、石细胞等。

上述分类并不是绝对的和固定不变的,应根据具体的中药进行具体分析,才能确定某成分是否是有效成分、辅助成分、无效成分或组织成分。例如,鞣质在地榆与五倍子中为有效成分,在大黄中为辅助成分,而在肉桂中为无效成分。同时,应用发展的观点来分析。随着人们的不断实践,特别是现代科学技术的发展,中药中越来越多的化学成分被认识,用于药理研究,进而被开发利用。原来认为是无效成分的,现在已发现不少成分具有医疗价值,而成为有效成分。如天花粉蛋白有引产、抗癌作用,叶绿素能促使肉芽生长,菠萝蛋白酶有驱虫、抗炎、抗水肿的作用。中药的化学成分不仅与药理作用、临床应用有密切的联系,而且与生药的鉴定、品质评价、新制剂的开发研究、新资源的发掘利用均有密切联系。

二、中药的化学成分简介

(一)生物碱类

生物碱类是存在于生物体(主要为植物)中的一类含氮碱性有机化合物,大多数有复杂的环状结构,氮多包含在环内,有显著的生物活性,是中草药中重要的有效成分之一。如黄连中的小檗碱(黄连素)、麻黄中的麻黄碱、喜树中的喜树碱、长春花中的长春新碱等。

含生物碱的中草药很多,如麻黄、黄连、乌头、延胡索、粉防己、颠茄、洋金花、贝母、槟榔、百部等,分布于100多科中。以婴粟科、豆科、防己科、毛茛科、夹竹桃科、茄科、石蒜科等植物中分布较多。同一科属或亲缘关系较近的科常含有同一结构或类似结构的生物碱,但同一种生物碱亦可分布在不同科中,如小檗碱在毛茛科、芸香科、小檗科的一些植物中都有分布。中草药中生物碱含量一般都较低,大多少于1％,但有少数含量特别多或特别少的特殊情况,如黄连中小檗碱含量可高达8％～9％,金鸡纳树皮中生物碱含量为10％～15％,而长春花中的长春新碱含量只有百万分之一。

（二）苷类

苷又称配糖体，是由糖或糖的衍生物（如糖醛酸）的半缩醛羟基与另一非糖物质中的羟基以缩醛键（苷键）脱水缩合而成的环状缩醛衍生物。水解后能生成糖与非糖化合物，非糖部分称为苷元，通常有酚类、蒽醌类、黄酮类等化合物。这类成分大多具有生物活性，如柳树皮和杨树皮中的水杨苷有解热镇痛作用，牡丹皮和徐长卿中的牡丹酚有镇痛镇静作用，杜鹃花科植物中所含的熊果苷有抗菌作用。黄酮类及黄酮苷在植物界分布广泛，有多方面的药理作用。许多中草药均含本类成分，如槐米、黄芩、陈皮、葛根、野菊花、水飞蓟、银杏叶等。香豆素以豆科、芸香科、菊科、唇形科的植物中较多，一般具有降压、抗菌作用，目前发现其还有抑制肿瘤细胞生长与预防紫外线损伤的作用。强心苷易被酶、酸或碱水解。强心苷的生物活性与其化学结构有很大关系，如果被水解成苷元或内酯环被破坏，强心作用就减弱或消失。在采集、储藏含强心苷的中草药过程中更应注意防止水解的问题。

（三）挥发油类

挥发油又称精油，是一类具有挥发性、可随水蒸气蒸馏出来的油状液体，大部分具有香气，如薄荷油、丁香油等。含挥发油的中药非常多，多具芳香气味，尤以唇形科（薄荷、紫苏、藿香等）、伞形科（茴香、当归、白芷、川芎等）、菊科（艾叶、茵陈蒿、苍术、白术、木香等）、芸香科（橙、花椒等）、樟科（肉桂等）、姜科（生姜、姜黄、郁金等）等更为丰富。含挥发油的中药或提取出的挥发油大多具有发汗、理气、止痛、抑菌、矫味等作用。

（四）树脂类

树脂类是许多植物正常生长过程中分泌的一类物质，在植物体内常与挥发油、树胶、有机酸等混合存在。与挥发油共存的称油树脂，如松油脂；与树胶共存的称胶树脂，如阿魏；与大量芳香族有机酸共存的称香树脂，如安息香。这种与树脂共存的芳香酸通称为香脂酸，有些树脂与糖结合成苷，称苷树脂，如牵牛苷树脂。树脂由多种成分混合而成，其中有树脂酸、树脂醇、树脂烃以及它们的一些更高的聚合物。近年研究发现，已知的这些成分多为二萜、三萜的衍生物，有时还有木脂素类。树脂在植物体内分布广泛，如乳香、没药可活血、止痛、消肿，安息香活血、防腐，苏合香芳香开窍，阿魏用于散痞块，松香有驱风止痛作用等。大多数中药中含有的少量树脂在制药时均作为杂质而除去。

（五）有机酸类

有机酸类是分子结构中含有羧基（—COOH）的化合物。在中药的叶、根，特别是果实中广泛分布，如乌梅、五味子、覆盆子等。常见的植物中的有机酸有酒石酸、草酸、苹果酸、枸橼酸、抗坏血酸（维生素C）、苯甲酸、水杨酸、咖啡酸等。除少数以游离状态存在外，一般都与钾、钠、钙等结合成盐，有些与生物碱类结合成盐。脂肪酸多与甘油结合成酯或与高级醇结合成蜡。有的有机酸是挥发油与树脂的组成成分。一般认为脂肪族有机酸无特殊生物活性，但有些有机酸如酒石酸、枸橼酸可作药用。有报告显示，苹果酸、枸橼酸、酒石酸、抗坏血酸等综合作用于中枢神经。有些特殊的酸是某些中药的有效成分，如土槿皮中的土槿皮酸有抗真菌作用。咖啡酸的衍生物有一定的生物活性，如绿原酸为许多中药的有效成分，有抗菌、利胆、升高白细胞浓度等作用。

（六）糖类

糖类在中药里普遍存在，按其组成可分为三类：单糖、低聚糖和多聚糖（又称为多糖）。多聚糖水解后生成单糖或低聚糖，淀粉、菊糖、树胶、黏液、纤维素是中药中常见的多聚糖。这类成分大多数均被视为无效成分而在制剂时被除去。有些成分具有一定的作用，如阿拉伯胶、西黄芪胶等少数树胶在医药上可作为赋形剂。现代研究发现，许多多聚糖成分有药理活性，如黄芪多聚糖具有增强免疫的作用等。

(七)氨基酸、蛋白质和酶类

蛋白质是高分子化合物,由 α-氨基酸组成,这些氨基酸约有 30 种。酶是生物有机体内具有特殊催化能力的蛋白质。蛋白质的性质不稳定,遇酸、碱、热或某些试剂作用都可沉淀,例如将含蛋白质的水溶液加热至沸或加入乙醇等溶剂,或加入中性盐类(如氯化钠)或醋酸铅等试剂,都可使蛋白质沉淀,中药中蛋白质可据此种性质被提取或去除。

蛋白质与酶等在制药时一般都被视为杂质而除去,因糖浆中有大量蛋白质时易霉变,注射剂中有蛋白质时易产生混浊以及注射后产生疼痛等。但最近也发现有一些蛋白质、氨基酸与酶具有生物活性作用,如从天花粉中提取的天花粉蛋白可用于人工引产与治疗绒毛膜上皮癌(即恶性葡萄胎),菠萝蛋白酶用于抗水肿与抗炎,南瓜子中提取的南瓜子氨酸可用于抑制血吸虫、绦虫、蛲虫的生长,使君子中的使君子氨酸可驱蛔虫等。

(八)鞣质类

鞣质又称单宁,是一类结构复杂的酚类化合物,在植物中广泛分布,尤以树皮中为多,具有收敛、止血、抗菌作用。鞣质类成分味涩,大多数为无定形物质,较难提纯,能与蛋白质结合生成沉淀,此性质在工业上用以鞣革。

根据鞣质的结构可将鞣质分为两类,一类为水解鞣质,具有酯式或苷式结构,大多数由没食子酸或其衍生物与葡萄糖结合而成,可被酸、碱、酶水解。含这类鞣质的中草药有五倍子、没食子、石榴果皮等。水解鞣质在医药上已提纯应用为消炎收敛药,名鞣酸。另一类是缩合鞣质,一般由儿茶素组成,结构复杂,不能水解,加酸加热能产生一种缩合物质——鞣酐(鞣红)。中草药中的鞣质多数属于缩合鞣质。

(九)植物色素类

植物色素类在中药中分布很广,主要有脂溶性色素与水溶性色素两类。脂溶性色素主要为叶绿素、叶黄素与胡萝卜素,三者常共存。此外尚有藏红花素、辣椒红素等。叶绿素等在制药或提取其他有效成分时常作为杂质被去除,以使药物纯化,中药(特别是叶类、全草类)的乙醇提取液中含有多量叶绿素,可在浓缩液中加水使之沉出,也可通过氧化铝、碳酸钙等吸附剂而除去。叶绿素本身有抑菌作用,可制成消炎的药物。水溶性色素主要为花色苷类,又称花青素,普遍存在于花中,花色苷在制药或提取有效成分时,常作为杂质被去除。

(十)油脂和蜡类

油脂是脂肪油和脂肪的总称,植物油脂在种子内含量最多,动物油脂多存在于脂肪组织中,在室温呈液态的称为脂肪油,呈固态或半固态的称为脂肪。油脂可供食用与药用。蜡性质稳定,不溶于水,其化学组成为分子量较大的一元醇的长链脂肪酸酯。具有药理作用的油脂或含油脂的中药,如蓖麻油作为泻下剂,郁李仁、火麻仁具润肠作用,大风子油抑菌,薏苡仁油脂中的薏苡仁酯据报告有驱蛔虫与抗癌等作用。大多数的油脂与蜡在医药上作为制造油注射剂、软膏、硬膏的赋形剂。如麻油、花生油、棉籽油、蜂蜡等。

(十一)无机成分

植物中的无机成分多为钾、钠、钙的盐类,它们或与各种有机物结合存在于细胞中,或呈各种结晶状态,如草酸钙、碳酸钙、硅酸盐等。一般情况下中药中的无机成分均为无效成分。但有的中药内无机盐成分含量很高,如夏枯草内主要无机成分为钾盐,其含量在 3% 以上,可起钾盐的药理作用。有些无机成分如附子中的钙,其与强心作用有关,海带、海藻所含的碘和福寿草中的锂都有一定的治疗作用。

Note

 **参考资料**

公制与旧市制计量单位换算

1. 基本关系

1 公斤(kg)＝2 市斤＝1000 克(g)

1 市斤＝500 克(g)

1 克(g)＝1000 毫克(mg)

2. 十六进位旧制"两、钱、分"与公制"克"的关系

1 两＝31.25 g

1 钱＝3.125 g

1 分＝0.3125 g＝312.5 mg

1 厘＝0.03125 g＝31.25 mg

3. 十进位市制"两、钱、分"与公制"克"的关系

1 两＝50 g

1 钱＝5 g

1 分＝0.5 g＝500 mg

1 厘＝0.05 g＝50 mg

Note

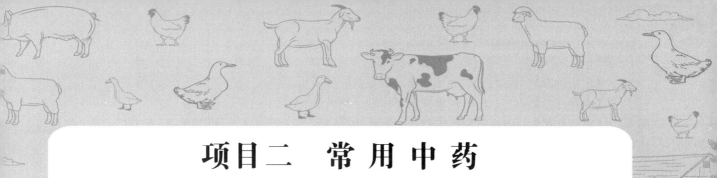

项目二　常用中药

扫码学课件
项目 2-2

学习目标

▲**知识目标**

1.熟知常用中药的分类与使用注意事项。

2.掌握各类常用中药的性味归经、功效主治、配伍应用、临床用量、使用禁忌、药理作用。

▲**技能目标**

在兽医临床上,能够根据患病动物的证候,正确选择各类常见中药进行正确组方,并能够正确使用。

任务一　解　表　药

解表药是指以发散表邪,解除表证为主要作用的药物。此类药物大多为辛味,辛能发散,具有发汗解肌、止渴平喘的作用,适用于外感表证。治疗表证的方法称为汗法,汗法是根据《黄帝内经》所说"其在皮者,汗而发之"的原则提出来的。

根据解表药的性能,一般将其分为两类。

①辛温解表药:性味多辛温,功能为发散风寒,发汗作用强,适用于风寒表证,证见恶寒颤栗,发热无汗,耳鼻发凉,口不渴,舌苔薄白,脉浮紧等。

②辛凉解表药:性味多辛凉,功能为发散风热,发汗作用缓和,适用于风热表证,证见发热重,无汗,恶寒较轻,口干贪饮,舌苔黄厚,脉浮数等。

使用解表药的过程中应注意以下几点。

①用量不宜过大,否则造成汗出过多以耗津液,造成大汗亡阳。

②对于体虚、气虚、血虚的病畜要慎用,要配合补养药以扶正祛邪。

③炎热季节,动物容易出汗,用量宜轻;而寒冷季节,用量宜重,服后要注意保暖。

④本类药物不宜久煎,以免气味挥发,降低疗效。

一、辛温解表药

麻黄

本品为麻黄科植物草麻黄、中麻黄或木贼麻黄的干燥草质茎。切段生用或蜜炙用。主产于山西、河北、内蒙古等地,以山西大同产者为佳。

【性味归经】　辛、微苦,温。入肺、膀胱经。

【功效主治】　发汗散寒,宣肺平喘,利水消肿。主治风寒表实证,肺经实喘,水肿实证。

【配伍应用】　①用于外感风寒引起的恶寒颤栗、发热无汗等,是辛温发汗的主药,常与桂枝相须为用,以增强发汗功效,如麻黄汤。②用于肺热咳喘,则常与石膏、杏仁等配伍,如麻杏甘石汤。③用于水肿实证而兼有表证者,常与生姜、白术等同用。

【临床用量】　马、牛 15～30 g;猪、羊 3～9 g;犬 3～5 g。

彩图:麻黄

Note

【使用禁忌】 表虚多汗、肺虚咳嗽及脾虚水肿者忌用。

【主要成分】 含麻黄碱、假麻黄碱等多种生物碱，以及挥发油等。

【药理作用】 生物碱能松弛支气管平滑肌，兴奋心脏，收缩血管，升高血压，此外，利尿作用显著，有利于利水消肿；挥发油具有解热、降温、发汗及抗流感病毒的作用。

【附药功效】 麻黄根，味甘，性平，入心、肺经，用于气虚自汗和阴虚盗汗。

桂枝

彩图：桂枝片

本品为樟科植物肉桂的干燥嫩枝。切成小段或薄片后入药。主产于广西、云南、广东等地，以广西产量为多。

【性味归经】 辛、甘，温。入心、肺、膀胱经。

【功效主治】 发汗解肌、温通经脉，助阳化气。主治风寒表证，风寒湿痹，水肿。

【配伍应用】 ①用于风寒感冒、发热恶寒，无汗、有汗均可使用。治风寒表证，发热无汗，常与麻黄等同用，如麻黄汤；治感受风寒、表虚自汗等，常与芍药、大枣、生姜等配伍，如桂枝汤。②用于寒湿痹痛，长于前肢关节、肌肉的麻木疼痛，为前肢的引经药，常用附子、羌活、防风等配伍，如桂枝附子汤。③用于痰饮内停，若脾阳不振，常配茯苓、白术等；若膀胱失司，尿不利，常与猪苓、泽泻等配伍，用以协助利水药以利尿，如五苓散。

【临床用量】 马、牛 15～45 g；猪、羊 3～10 g；犬 3～5 g；兔、禽 0.5～1.5 g。

【使用禁忌】 温热病、阴虚火旺及血热妄行所致的出血证忌用；孕畜慎服。

【主要成分】 含挥发油，主要为桂皮醛和桂皮油，其中主要为桂皮醛。

【药理作用】 刺激汗腺分泌，通过发汗，加速散热作用；促进唾液及胃液分泌，帮助消化，缓解腹痛；具有抗炭疽杆菌、金黄色葡萄球菌、沙门氏菌等作用。

防风

彩图：防风

本品为伞形科植物防风的干燥根。切片生用或炒用。主产于东北三省及内蒙古等地。

【性味归经】 辛、甘，温。入膀胱、肝、脾经。

【功效主治】 祛风发表，胜湿解痉。主治表证，风湿痹痛，破伤风等。

【配伍应用】 ①用于治疗风寒表证引起的鼻流清涕，肌肉紧硬等，其性甘缓不燥，为治风通用药，常与羌活、独活、荆芥、前胡等配伍，如荆防败毒散。②用于风湿痹痛，常与附子、升麻、羌活、独活等配伍，如防风散。③用于破伤风导致的痉挛强直，但力量较弱。常与天南星、白附子、天麻等同用，如千金散。

【临床用量】 马、牛 15～60 g；猪、羊 5～15 g；犬 3～8 g；兔、禽 1.5～3 g。

【使用禁忌】 阴虚火旺及血虚痉挛者忌用。

【主要成分】 含挥发油、色原酮、聚乙炔、有机酸、多糖、香豆素等。

【药理作用】 具有解热、镇痛作用，对金黄色葡萄球菌、绿脓杆菌、多种痢疾杆菌、溶血性链球菌及流感病毒具有不同程度的抑制作用。

荆芥

彩图：荆芥

本品为唇形科植物荆芥的花穗或全草。切段生用、炒黄或炒炭用。主产于江苏、浙江、江西等地。

【性味归经】 辛，微温。入肺、肝经。

【功效主治】 祛风解表，透疹，消疮。主治感冒，风疹，疮疡初起。

【配伍应用】 ①用于外感风寒表证，常与防风、独活、羌活等配伍，如荆防败毒饮；用于风热表证，常配伍薄荷、连翘等，如银翘散。②用于衄血、便血、尿血、子宫出血等，常炒炭后与地榆、槐花等止血药配伍。

【临床用量】 马、牛 15～60 g；猪、羊 6～12 g；犬 3～5 g；兔、禽 1.5～3 g。

【主要成分】 含挥发油，主要包括右旋薄荷酮、异薄荷酮、胡薄荷酮及柠檬烯等。

【药理作用】　具有解热作用,增强汗腺分泌以及缓解平滑肌痉挛;对金黄色葡萄球菌和流感病毒有较强的抵抗作用;荆芥炭挥发油具有止血作用。

紫苏叶

本品为唇形科植物紫苏的干燥叶(或带嫩枝)。切细生用。茎单用,名紫苏梗,种子也能入药,名紫苏子。全国各地均产。

彩图:紫苏叶

【性味归经】　辛,温。入肺、脾经。

【功效主治】　发表散寒,行气和胃,止血。主治风寒表证,咳嗽气喘,呕吐,外伤出血。

【配伍应用】　①用于风寒感冒兼有咳嗽者,常与杏仁、前胡、桔梗等同用。②用于脾胃气滞引起的肚腹胀满,食欲不振,呕吐等,常配伍藿香等。

【临床用量】　马、牛 15～60 g;猪、羊 5～15 g;犬 3～8 g;兔、禽 1.5～3 g。

【使用禁忌】　表虚自汗者忌用。

【主要成分】　主要含挥发油紫苏醛,尚含有黄酮类化合物及糖类、β-谷甾醇等。

【药理作用】　扩张皮肤血管,刺激汗腺分泌,发汗解热,促进消化液的分泌和增强胃肠蠕动,缓解支气管痉挛;对葡萄球菌、痢疾杆菌、大肠杆菌等均有抑制作用。

【附药功效】　紫苏梗单用,用于理气宽中,止痛,安胎;紫苏子单用,用于降气祛痰,止咳平喘,润肠通便;茎叶同用,则具有发散并兼理气之功效。

生姜

本品为姜科植物姜的新鲜根茎。切片生用或煨熟用。我国各地均产。

【性味归经】　辛,微温。入脾、肺、胃经。

【功效主治】　发表散寒,温中止呕,化痰止咳。主治风寒表证,呕吐诸证,寒痰咳嗽。

【配伍应用】　①用于发散在表之寒,但其发汗作用较弱,常加入辛温解表剂中,可增强发汗效果,如桂枝汤。②用于温胃和中,降逆止呕,为呕家圣药,治胃寒呕吐,常与半夏、陈皮等同用。③用于解半夏、天南星之毒。

【临床用量】　马、牛 15～60 g;猪、羊 6～15 g;犬、猫 1～5 g;兔、禽 1～3 g。

【使用禁忌】　阴虚有热者忌用。

【主要成分】　含挥发油、树脂及淀粉等。

【药理作用】　促进外周血液循环而致发汗,增加胃液分泌及肠管蠕动,帮助消化。

白芷

本品为伞形科植物白芷或杭白芷的干燥根。切片入药。主产于四川、东北、浙江、江西、河北等地。

彩图:白芷

【性味归经】　辛,温。入胃、大肠、肺经。

【功效主治】　祛风止痛,消肿排脓,通鼻窍,祛湿。主治风寒感冒,风湿痹痛,疮黄疔毒,鼻窍不通。

【配伍应用】　①用于风寒表证,常配伍荆芥、防风、细辛等,如荆防败毒饮;治风湿痹痛,常配独活、桑枝、秦艽等。②用于乳痈初起,常配伍瓜蒌、贝母、蒲公英等;疮痈成脓,不溃破者,与金银花、天花粉、穿山甲[①]、皂角刺同用,如仙方活命饮。③用于鼻炎、副鼻窦炎等,常与辛夷、苍耳子、薄荷等配伍,如苍耳散。

【临床用量】　马、牛 15～30 g;猪、羊 3～9 g;犬、猫 0.5～3 g。

【使用禁忌】　痈疽已溃,脓出通畅者慎用。

【主要成分】　含白芷素、白芷醚、白芷毒素及挥发油等。

【药理作用】　可以使呼吸增强,血压上升,增加唾液分泌,甚至呕吐、惊厥、麻痹,对多数细菌均有抑制作用。

---

①　注:2020 年 6 月,穿山甲被列为国家一级保护野生动物,故穿山甲、炮甲珠在临床应用中应灵活处理。

细辛

彩图：细辛

本品为马兜铃科植物北细辛、汉城细辛或华细辛的干燥根和根茎。切段生用或蜜炙用。主产于辽宁、吉林、陕西、山东、黑龙江等地。

【性味归经】 辛，温。入心、肺、肾经。

【功效主治】 发表散寒，温肺化饮，通窍止痛。主治外感风寒，肺寒咳嗽，冷痛，风湿痹痛。

【配伍应用】 ①用于风寒感冒，尤其对阳虚而又感受寒邪的病畜更为适宜，多与麻黄、附子等配伍。②用于风寒湿邪所致的风湿痹痛，多与羌活、川乌等配伍。③用于肺寒气逆，痰多咳喘等，多与干姜、半夏等配伍。

【临床用量】 马、牛 9～15 g；猪、羊 1.5～3 g；犬 0.5～1.0 g。

【主要成分】 含蒎烯、甲基丁香酚、细辛酮等挥发油。

【药理作用】 具有镇静、镇痛、镇咳和解热作用；甚至可致呼吸肌麻痹而死亡；具有局部麻醉作用和对子宫有抑制作用；对革兰氏阳性菌、痢疾杆菌及伤寒杆菌等，有显著抗菌作用。

辛夷

彩图：辛夷

本品为木兰科植物望春花、玉兰或武当玉兰的干燥花蕾。捣碎生用或炒炭用。主产于河南、安徽、四川等地。

【性味归经】 辛，温。入肺、胃经。

【功效主治】 散风寒，通鼻窍。主治风寒鼻塞，脑颡鼻脓。

【配伍应用】 ①用于祛风散寒，其性升散，引诸药上行，善通鼻窍，为治鼻病的要药。常与知母、黄柏、沙参、木香、郁金等配伍。②治感冒鼻塞，脑颡流鼻等证，如辛夷散。

【临床用量】 马、牛 15～60 g；猪、羊 3～9 g；犬、猫 2～5 g。

【使用禁忌】 气虚及上焦火旺者忌用。

【主要成分】 含挥发油、生物碱和木脂素类等。

【药理作用】 有镇痛、镇静及收缩鼻黏膜血管的作用；有降压和收缩子宫的作用；对皮肤真菌有抑制作用。

苍耳子

彩图：苍耳子

本品为菊科植物苍耳的干燥成熟带总苞的果实。生用或炙用。主产于山东、安徽、江苏、湖北等地。

【性味归经】 辛、苦，温。有毒。入肺经。

【功效主治】 散风湿，通鼻窍，解疮毒。主治风湿痹痛，脑颡鼻脓，疮疥。

【配伍应用】 ①用于外感风寒，鼻窍不通，浊涕下流，脑颡流鼻等，常与辛夷、白芷、薄荷等同用。②用于祛风湿兼能止痛，常与威灵仙、苍术、羌活等配伍。③用于皮肤湿疹瘙痒等证。

【临床用量】 马、牛 15～45 g；猪、羊 3～15 g；兔、禽 1～2 g。

【主要成分】 含苍耳苷、脂肪油、生物碱、维生素 C 等。

【药理作用】 对金黄色葡萄球菌有抑制作用，使血糖急剧下降而惊厥甚至死亡，对肝脏具有损害作用。

二、辛凉解表药

薄荷

彩图：薄荷

本品为唇形科植物薄荷的干燥地上部分。切段生用。主产于江苏、江西、浙江等地。

【性味归经】 辛，凉。入肺、肝经。

【功效主治】 疏散风热，清利头目，利咽，透疹。主治风热表证，咽喉肿痛，目赤，风疹。

【配伍应用】 ①用于风热感冒，常配伍荆芥、牛蒡子、金银花等辛凉解表药，如银翘散。②用于风热上犯所致的目赤、咽痛等，常与桔梗、牛蒡子、玄参等同用。

Note

【临床用量】 马、牛 15～45 g；猪、羊 3～9 g；犬 3～5 g；兔、禽 0.5～1.5 g。

【使用禁忌】 表虚自汗及阴虚发热者忌用。

【主要成分】 新鲜薄荷含挥发油，主要成分为薄荷醇、薄荷酮、乙酸薄荷酯、莰烯等。

【药理作用】 能兴奋中枢神经，使皮肤血管扩张，增加散热；使黏膜局部血管收缩，减轻肿胀和疼痛；外用能麻痹神经末梢，止痛、止痒。

柴胡

本品为伞形科植物柴胡或狭叶柴胡的干燥根。前者习称北柴胡，后者习称南柴胡。切片生用或醋炒用。北柴胡主产于甘肃、辽宁、河北、河南等地；南柴胡主产于湖北、江苏、四川等地。

彩图：柴胡

【性味归经】 辛、苦，微寒。入肝、胆、肺经。

【功效主治】 和解退热，升举阳气，疏肝理气。主治感冒发热，寒热往来，脾虚久泻，子宫脱垂，脱肛。

【配伍应用】 ①用于和解少阳，常与黄芩、半夏、甘草等同用。②用于乳房肿胀，胸胁疼痛，常与当归、白芍、枳实等配伍。③用于久泻脱肛、子宫脱垂等，常配伍黄芪、党参、升麻等，如补中益气汤。

【临床用量】 马、牛 15～45 g；猪、羊 3～10 g；犬 3～5 g；兔、禽 1～3 g。

【主要成分】 含挥发油、有机酸、植物甾醇等。

【药理作用】 具有解热、镇静、镇痛、利胆和抗肝损伤的作用；对疟原虫、结核分枝杆菌、流感病毒有抑制作用。

升麻

本品为毛茛科植物大三叶升麻、兴安升麻或升麻的干燥根茎。切片生用或炙用。主产于辽宁、黑龙江、湖南、山西等地。

彩图：升麻

【性味归经】 辛，微甘，微寒。入肺、脾、胃、大肠经。

【功效主治】 发表透疹，清热解毒，升阳举陷。主治痘疹透发不畅，咽喉肿痛，久泻，脱肛，子宫脱垂。

【配伍应用】 ①用于猪、羊痘疹透发不畅等，多与葛根同用。②用于胃火亢盛所致的口舌生疮、咽喉肿痛，多与石膏、黄连配伍。③用于久泻脱肛、子宫脱垂等，常与黄芪、党参、柴胡等同用。

【临床用量】 马、牛 15～45 g；猪、羊 3～10 g；兔、禽 1～3 g。

【使用禁忌】 阴虚火旺者忌用。

【主要成分】 含苦味素、微量生物碱、水杨酸、齿阿米素等。

【药理作用】 具有解热、镇静、降压及抗惊厥作用；能兴奋肛门及膀胱括约肌；对结核分枝杆菌、皮肤真菌、疟原虫有抑制作用。

葛根

本品为豆科植物野葛的干燥根。切片，晒干。生用或煨用。以浙江、广东、江苏等地产量较多。

彩图：葛根

【性味归经】 甘、辛，凉。入脾、胃经。

【功效主治】 发表解肌，生津止渴，透疹升阳止泻。主治外感发热，胃热口渴，痘疹，脾虚泄泻。

【配伍应用】 ①用于外感发热，尤善于治表证而兼有项背强硬者，常与麻黄、桂枝、白芍等配伍；若治风热表证，则和柴胡、黄芩等同用。②用于脾胃阳气上升而止泻。如配伍党参、白术、藿香等，可治脾虚泄泻。③用于透发斑疹，多与升麻配伍。

【临床用量】 马、牛 20～60 g；猪、羊 5～15 g；犬、猫 3～5 g；兔、禽 1.5～3 g。

【主要成分】 含黄酮苷及多量淀粉。

【药理作用】 具有一定的退热、镇静和解痉作用，能降低血糖及具有缓和的降压作用。

桑叶

本品为桑科植物桑的干燥叶。生用或蜜炙用。全国各地均产。

【性味归经】 甘、苦，寒。入肺、肝经。

【功效主治】 疏风散热,清肺润燥,清肝明目。主治风热表证,肺热燥咳,目赤流泪。

【配伍应用】 ①用于外感风热、肺热咳嗽、咽喉肿痛等证,常与菊花、银花、薄荷、桔梗等配伍,如桑菊饮。②用于肝经风热引起的目赤肿痛,多与菊花、决明子、车前子等配伍。尚有凉血止血作用。

【临床用量】 马、牛 15～30 g;猪、羊 5～10 g;犬 3～8 g;兔、禽 1.5～2.5 g。

【主要成分】 含黄酮苷、酚类、氨基酸、有机酸等。

【药理作用】 具有解热、祛痰和利尿作用,对伤寒杆菌、葡萄球菌有明显的抑制作用。

彩图:桑叶

菊花

本品为菊科植物菊的干燥头状花序。阴干或焙干,或熏、蒸后晒干。主产于浙江、安徽、河南、四川、山东等地。

【性味归经】 甘、苦,微寒。入肺、肝经。

【功效主治】 疏风清热,清肝明目。主治风热感冒,目赤肿痛,翳膜遮睛。

【配伍应用】 ①用于风热感冒,但疏风力较弱,而清热力较佳,常配桑叶、薄荷等,如桑菊饮。②用于风热或肝火所致的目赤肿痛,常与桑叶、夏枯草等同用。③用于热毒疮疡、红肿热痛等证,既可内服,又可外敷,为外科之要药,常与金银花、甘草等配伍应用。

【临床用量】 马、牛 15～45 g;猪、羊 5～10 g;犬 3～8 g;兔、禽 1.5～3 g。

【主要成分】 含挥发油,含菊苷、水苏碱、腺嘌呤、黄酮类等。

【药理作用】 具有抗菌、消炎、解热和降血压的作用,对葡萄球菌、链球菌、痢疾杆菌、绿脓杆菌、流感病毒等,均有抑制作用。

彩图:菊花

蝉蜕

本品为蝉科昆虫黑蚱的若虫羽化时脱落的皮壳。晒干入药。全国各地均产。

【性味归经】 甘、咸,寒。入肺、肝经。

【功效主治】 散风热,利咽喉,退目翳,定惊痫。主治风热感冒,咽喉肿痛,皮肤瘙痒,目赤翳障,破伤风。

【配伍应用】 ①用于治疗皮肤风热、咽喉肿痛、皮肤瘙痒等证,常与薄荷、连翘等同用。②用于退目翳,常与菊花、谷精草、白蒺藜等配伍。③用于破伤风出现四肢抽搐,可与全蝎、天南星、防风等同用。

【临床用量】 马、牛 15～30 g;猪、羊 3～10 g。

【主要成分】 含甲壳质及氮。

【药理作用】 具有镇静、阻断神经节、降低横纹肌紧张度的作用。

彩图:蝉蜕

牛蒡子

本品为菊科植物牛蒡的干燥成熟果实。生用或炒用。主产于河北、东北、浙江、四川、湖北等地。

【性味归经】 辛、苦,寒。入肺、胃经。

【功效主治】 疏散风热,宣肺透疹,解毒利咽。主治外感风热,咳嗽气喘,咽喉肿痛,痈肿疮毒。

【配伍应用】 ①用于外感风热,咽喉肿痛,常与薄荷、荆芥、甘草等配伍。②用于热毒内盛所致的疮黄肿毒,可与清热解毒药配合应用。

【临床用量】 马、牛 15～45 g;猪、羊 5～10 g;犬、猫 2～5 g。

【主要成分】 含牛蒡苷、生物碱、脂肪油、维生素 A、B 族维生素等。

【药理作用】 具有利尿、解毒作用。牛蒡叶外用,有消炎、止痛作用。对金黄色葡萄球菌、皮肤真菌有抑制作用。

彩图:牛蒡子

巩固训练

任务二 清 热 药

清热药是指以清解里热为主要作用的药物。此类药物的药性属寒凉,具有清热泻火、解毒、凉

血、燥湿、解暑等功效,主要用于高热、热痢、湿热黄疸、热毒疮肿、热性出血及暑热等里热证。

根据清热药物的性能,一般将其分为五类。

①清热泻火药:能清气分热,适用于急性热病,证见高热、大汗、口渴、尿液短赤、舌苔黄躁、脉洪数等。

②清热凉血药:能清营分血分热,适用于温热病邪入营血,证见高热、神昏、斑疹、出血,以及舌绛、狂躁、脉数等。

③清热燥湿药:能清热燥湿,适用于湿热诸证,证见肝胆湿热所致的黄疸,肠胃湿热所致的泄泻、痢疾,下焦湿热所致的尿淋漓等。

④清热解毒药:能清热解毒,适用于瘟疫、毒痢等各种热毒证,证见目赤肿痛,咽喉肿痛,疮黄肿毒等。

⑤清热解暑药:能清热解暑,适用于暑热、暑湿证,证见四肢无力,眼闭头低,大便燥结,小便短赤等。

使用清热药过程中应注意以下几点。

①清热药性寒凉,多服久服能伤阳气,故对阳虚、脾胃虚寒、食少、泄泻的动物要慎用。

②温热病易伤津液,清热燥湿药也易伤津液,故对阴虚的动物,要辅助使用养阴药。

③清热药易伤脾胃,对于脾胃虚弱的动物,会影响运化,应辅助健胃的药物。

一、清热泻火药

石膏

本品为硫酸盐类矿物硬石膏族石膏,主含含水硫酸钙($CaSO_4 \cdot 2H_2O$)。粉碎成粗粉,生用或煅用。分布很广,主产于湖北、甘肃、四川等地,以湖北、安徽产者为佳。

彩图:石膏

【性味归经】 甘、辛,大寒。入肺、胃经。

【功效主治】 清热泻火,生津止渴。主治外感热病,肺热喘促,胃热贪饮,壮热神昏,狂躁不安。

【配伍应用】 ①用于肺胃大热,高热不退等实热亢盛证,常与知母相须为用,以增强清里热的作用,如白虎汤。②用于肺热咳嗽、气喘、口渴贪饮等实热证,常配麻黄、杏仁以加强宣肺止咳平喘之功,如麻杏甘石汤。③用于胃火亢盛等证,常与知母、生地黄等同用。④外用治疗湿疹、烫伤、疮黄溃后不敛及创伤久不收口等,常与黄柏、青黛等配伍。

【临床用量】 马、牛 60～120 g;猪、羊 15～30 g;犬、猫 3～5 g;兔、禽 1～3 g。

【使用禁忌】 胃无实热及体质素虚者忌用。

【主要成分】 生石膏为含水硫酸钙,煅石膏为脱水硫酸钙。

【药理作用】 对皮肤真菌有抑制作用;具有解热、祛痰及利尿作用;大剂量可导致心跳、呼吸停止。

栀子

本品为茜草科植物栀子的干燥成熟果实。生用、炒用或炒炭用。产于长江以南各地。

彩图:栀子

【性味归经】 苦,寒。入心、肺、三焦经。

【功效主治】 泻火解毒,清热利尿,凉血。外用消肿止痛。主治三焦热盛,湿热黄疸,热淋,口舌生疮,目赤肿痛,血热鼻衄,闪伤疼痛。

【配伍应用】 ①多用于肝火目赤以及多种火热证,尤长于清肝经之火热,常与黄连等同用。②用于湿热黄疸,尿液短赤,多与茵陈、大黄同用,如茵陈蒿汤。③用于凉血止血,如鼻出血及尿血时,多与黄芩、生地黄等配伍。

【临床用量】 马、牛 15～60 g;猪、羊 5～10 g;犬、猫 3～6 g;兔、禽 1～2 g。

【使用禁忌】 脾胃虚寒、食少便溏者慎用。

【主要成分】 含黄酮类栀子素、鞣酸、果酸、藏红花酸、栀子苷等。

【药理作用】 能增加胆汁分泌量,抑制血中胆红素水平升高;有解热、降压、镇静、止血的作用;

对多种皮肤真菌有抑制作用。

芦根

彩图:芦根

本品为禾本科植物芦苇的新鲜或干燥根茎。切段生用。各地均产。

【性味归经】　甘,寒。入肺、胃经。

【功效主治】　清热生津,止呕,利尿。主治内热口渴肺痈,胃热呕吐,热淋涩痛。

【配伍应用】　①用于肺热咳嗽、痰稠、口干等,常与黄芩、桑白皮等同用。②用于胃热呕逆,可与竹茹等配伍。③治肺痈常与冬瓜仁、薏苡仁、桃仁同用,如苇茎汤。④用于热病伤津、烦热贪饮、舌燥津少等,常与天花粉、麦冬等同用。

【临床用量】　马、牛 30～60 g;猪、羊 10～20 g;犬、猫 5～10 g。

【主要成分】　含天门冬素、薏苡素、蛋白质、葡萄糖等。

【药理作用】　能溶解胆结石;对 β-溶血性链球菌有抑制作用。

夏枯草

彩图:夏枯草

本品为唇形科植物夏枯草的干燥果穗。产于我国各地。

【性味归经】　辛、苦,寒。入肝、胆经。

【功效主治】　清肝泻火,明目,散结消肿。主治目赤肿痛,乳痈,疮肿。

【配伍应用】　①用于肝热传眼,目赤肿痛之证,常与菊花、决明子、黄芩等同用。②用于疮黄、温病等,常与玄参、贝母、牡蛎、昆布等配伍。

【临床用量】　马、牛 15～60 g;猪、羊 5～10 g;犬 3～5 g;兔、禽 1～3 g。

【主要成分】　含夏枯草苷、生物碱、无机盐及维生素 B_1 等。

【药理作用】　有明显的降压、利尿作用;能抑制某些肿瘤生长。

淡竹叶

本品为禾本科植物淡竹叶的干燥茎叶。生用。产于浙江、江苏、湖南、湖北、广东等地。

【性味归经】　甘、淡,寒。入心、胃、小肠经。

【功效主治】　清热,利尿。主治心热舌疮,尿短赤,尿血。

【配伍应用】　①用于心经实热、口舌生疮、尿短赤等,常与木通、生地黄等同用。②用于胃热,常与石膏、麦冬等同用。③用于外感风热,常与薄荷、荆芥、金银花等配伍。

【临床用量】　马、牛 15～45 g;猪、羊 5～15 g;兔、禽 1～3 g。

【主要成分】　含三萜类和甾类物质芦竹素等。

【药理作用】　有利尿解热作用;对金黄色葡萄球菌、绿脓杆菌有抑制作用。

二、清热凉血药

地黄

彩图:地黄

本品为玄参科植物地黄的新鲜或干燥块根。切片生用。新鲜者,习称鲜地黄;慢慢焙至约八成干者,习称生地黄。主产于河南、河北、东北及内蒙古。全国大部分地区都有栽培。

【性味归经】　甘,寒。入心、肝、肾经。

【功效主治】　养阴生津,清热凉血。鲜地黄主治热病伤阴,高热口渴,血热出血,咽喉肿痛。生地黄主治阴虚发热,津伤便秘,鼻衄,尿血,咽喉肿痛。

【配伍应用】　①用于血分实热证,多与玄参、水牛角等同用,如清营汤。②用于热甚伤阴、津亏便秘,多与玄参、麦冬等配伍,如增液汤。③用于阴虚内热,多与青蒿、鳖甲、地骨皮等同用。④用于血热妄行而致的出血证,常与侧柏叶、茜草等同用。⑤用于热病伤津、口干舌红或口渴贪饮,常与麦冬、沙参、玉竹等配伍。

【临床用量】　马、牛 30～60 g;猪、羊 5～15 g;犬 3～6 g;兔、禽 1～2 g。

【使用禁忌】　脾胃虚弱、便溏者不宜用。

【主要成分】　含梓醇、地黄素、葡萄糖、甘露醇、维生素 A 等。

【药理作用】　能促进血液的凝固作用;有强心利尿、升高血压和降低血糖的作用;对真菌有抑制作用;大剂量可导致心脏中毒。

牡丹皮

本品为毛茛科植物牡丹的干燥根皮。切片生用或炒用。主产于安徽、山东、湖南、四川、贵州等地。

【性味归经】　苦、辛,微寒。入心、肝、肾经。

【功效主治】　清热凉血,活血散瘀。主治温毒发斑,衄血,便血,尿血,跌打损伤,痈肿疮毒。

【配伍应用】　①用于热入血分所致的鼻衄、便血、斑疹等,常与生地黄、玄参等同用。②用于瘀血阻滞,跌打损伤等,常与桂枝、桃仁、当归、赤芍、乳香、没药等配伍。

【临床用量】　马、牛 15～30 g;猪、羊 3～10 g;犬 2～6 g;兔、禽 1～2 g。

【使用禁忌】　脾虚胃弱及孕畜忌用。

【主要成分】　含牡丹酚原苷、挥发油、丹皮酚、甾醇、生物碱等。

【药理作用】　有降压、镇静、镇痛、抗惊、解热、抗过敏等作用;能减少毛细血管的通透性;能使子宫内膜充血;对大多数细菌等有抑制作用。

彩图:牡丹皮

白头翁

本品为毛茛科植物白头翁的干燥根。生用。主产于东北、内蒙古及华北等地。

【性味归经】　苦,寒。入胃、大肠经。

【功效主治】　清热解毒,凉血止痢。主治热毒血痢,湿热肠黄。

【配伍应用】　用于肠黄作泻、下痢脓血、里急后重。本品为治痢的要药,常与黄连、黄柏、秦皮等同用,如白头翁汤。

【临床用量】　马、牛 15～60 g;猪、羊 6～15 g;犬、猫 1～5 g;兔、禽 1.5～3 g。

【使用禁忌】　虚寒下痢者忌用。

【主要成分】　含白头翁素、白头翁酸等。

【药理作用】　对肠黏膜有收敛作用;具有强心作用,并可提取一种似洋地黄作用的成分;对绿脓杆菌、金黄色葡萄球菌、枯草杆菌、痢疾杆菌有抑制作用,大剂量能抑制阿米巴滋养体生长;有镇静、镇痛及抗痉挛的作用。

玄参

本品为玄参科植物玄参的干燥根。切片生用。主产于浙江、湖北、安徽、山东、四川、河北、江西等地。

【性味归经】　甘、苦、咸,微寒。入肺、胃、肾经。

【功效主治】　滋阴降火,凉血解毒。主治热病伤阴,咽喉肿痛,疮黄疔毒,阴虚便秘。

【配伍应用】　①用于清热泻火,又可滋养阴液,无论热毒实火,阴虚内热均可使用,多与生地黄、麦冬、黄连、金银花等配伍,如清营汤。②用于虚火上炎引起的咽喉肿痛,津枯燥结等,常与生地黄、麦冬等配伍。

【临床用量】　马、牛 15～45 g;猪、羊 5～15 g;犬、猫 2～5 g;兔、禽 1～3 g。

【使用禁忌】　脾虚泄泻者忌用,反藜芦。

【主要成分】　含生物碱、糖类、甾醇、氨基酸、脂肪酸等。

【药理作用】　具有轻度强心作用,剂量稍大,可使心脏中毒;具有扩张血管、降低血压和血糖的作用;对绿脓杆菌有抑制作用。

彩图:玄参

地骨皮

彩图:地骨皮

本品为茄科植物枸杞或宁夏枸杞的干燥根皮。切段生用。主产于宁夏、甘肃、河北等地。

【性味归经】　甘,寒。入肺、肝、肾经。

【功效主治】　凉血退热,清肺降火。主治阴虚血热,肺热咳喘。

【配伍应用】　①用于血热妄行所致的各种出血证,常与白茅根、侧柏叶等配伍。②用于阴虚发热,常与青蒿、鳖甲等配伍。③用于肺热咳喘,可与桑白皮等配伍。

【临床用量】　马、牛 15～60 g;猪、羊 5～15 g;兔、禽 1～2 g。

【使用禁忌】　脾胃虚寒者忌用。

【主要成分】　含甜菜碱、皂苷、鞣酸等。

【药理作用】　能扩张血管而降压,并有降低血糖的作用;有解热作用;对子宫有显著的兴奋作用;对葡萄球菌有抑制作用。

水牛角

彩图:水牛角

本品为牛科动物水牛的角。镑片或锉成粗粉。南方各地均产。

【性味归经】　苦,寒。入心、肝经。

【功效主治】　清热定惊,凉血止血,解毒。主治高热神昏,惊狂不安,斑疹出血,衄血,便血。

【配伍应用】　①用于血热妄行的出血证,常与生地黄、玄参、牡丹皮等同用。②用于温热病壮热不退,神昏抽搐等,常与生地黄、芍药、牡丹皮配伍,如犀角地黄汤。③用于斑疹及丹毒等,常与牡丹皮、紫草等同用。

【临床用量】　马、牛 90～150 g;猪、羊 20～50 g;犬、猫 3～10 g。

【使用禁忌】　孕畜慎用。畏川乌、草乌。

【主要成分】　含碳酸钙、磷酸钙及角质等。

【药理作用】　水牛角与犀角的药理作用相似,对离体动物的心脏有增强作用;能降低末梢血的血细胞总数,并使淋巴组织增生。

紫草

彩图:紫草

本品为紫草科植物新疆紫草或内蒙紫草的干燥根。切片生用。主产于辽宁、湖南、湖北、新疆等地。

【性味归经】　甘、咸,寒。入心、肝经。

【功效主治】　凉血活血,解毒消斑。主治血热毒盛,热毒血斑,疮疡,湿疹,烫伤,烧伤。

【配伍应用】　用于血热毒盛,入血分,郁滞于内,痘疮、斑疹透发不畅等,可与赤芍、蝉蜕等同用。

【临床用量】　马、牛 15～45 g;猪、羊 5～10 g;兔、禽 0.5～1.5 g。

【使用禁忌】　脾胃虚弱、粪便滑泻者忌用。

【主要成分】　主要含乙酰紫草素。

【药理作用】　有强心、解热、降压作用;有对抗垂体促性腺激素及绒毛膜促性腺激素的作用;对枯草杆菌、金黄色葡萄球菌、大肠杆菌、流感病毒有抑制作用。

白茅根

本品为禾本科植物白茅的干燥根茎。切段生用。各地均产。

【性味归经】　甘,寒。入肺、胃、膀胱经。

【功效主治】　凉血止血,清热利尿。主治衄血,尿血,热淋,水肿。

【配伍应用】　①用于热证的鼻衄和尿血等,常与仙鹤草、蒲黄、小蓟等同用。②用于热淋、水肿、黄疸、尿不利等热证,常与车前草、木通、金钱草等配伍。③用于热病贪饮,肺胃有热等,多与芦根等配伍。

【临床用量】　马、牛 30～100 g;猪、羊 10～20 g;犬 3～6 g。

【主要成分】　含有多量的钾盐、葡萄糖、果糖、蔗糖、柠檬酸、草酸、苹果酸等。

【药理作用】　有显著的利尿作用,与含多量钾盐有关;具有缩短凝血时间及出血时间的作用,并能降低血管通透性;对金黄色葡萄球菌、痢疾杆菌有抑制作用。

三、清热燥湿药

黄连

本品为毛茛科植物黄连、三角叶黄连或云连的干燥根茎。生用,姜汁炒或酒炒用。主产于四川、云南及我国中部、南部各地。

【性味归经】 苦,寒。入心、脾、胃、肝、胆、大肠经。

【功效主治】 清热燥湿,泻火解毒。主治湿热泻痢,心火亢盛,胃火炽盛,肝胆湿热,目赤肿痛,火毒疮痈。

【配伍应用】 ①用于湿热诸证,尤以肠胃湿热壅滞之证最宜,治肠黄可配郁金、诃子、黄芩、大黄、黄柏、栀子、白芍,如郁金散。②用于心火亢盛、口舌生疮、三焦积热和衄血等,可与黄芩、黄柏、栀子、天花粉、牛蒡子、桔梗等同用,如洗心散。③用于火热炽盛,疮黄肿毒,常配黄芩、黄柏、栀子,如黄连解毒汤。

【临床用量】 马、牛 15～30 g;猪、羊 5～10 g;犬 3～8 g;兔、禽 0.5～1 g。

【使用禁忌】 脾胃虚寒,非实火湿热者忌用。

【主要成分】 含小檗碱及黄连碱、甲基黄连碱、棕榈碱等多种生物碱。

【药理作用】 对大多数细菌、流感病毒、钩端螺旋体、阿米巴原虫及皮肤真菌均有抑制作用;能增强白细胞的吞噬能力,并有利胆、扩张末梢血管、降压及解热作用。

彩图:黄连

黄芩

本品为唇形科植物黄芩的干燥根。切片生用或酒炒用。主产于河北、山西、内蒙古、河南及陕西等地。

【性味归经】 苦,寒。入肺、胆、脾、大肠、小肠经。

【功效主治】 清热燥湿,泻火解毒,止血,安胎。主治肺热咳嗽,胃肠湿热,泻痢,黄疸,高热贪饮,便血,衄血,目赤肿痛,痈肿疮毒,胎动不安。

【配伍应用】 ①用于泻痢,常配伍大枣、白芍等;②用于黄疸,多配伍栀子、茵陈等;③用于湿热淋证,可配伍木通、生地黄等。④用于肺热咳嗽,可与知母、桑白皮等配伍。⑤用于泻上焦实热,常与黄连、栀子、石膏等同用。⑥用于风热犯肺,与栀子、杏仁、桔梗、连翘、薄荷等配伍。⑦用于清热解毒,治疗热毒疮黄等,常与金银花、连翘等同用。⑧用于清热安胎,常与白术同用,治疗热盛,胎动不安。

【临床用量】 马、牛 20～60 g;猪、羊 5～15 g;犬 3～5 g;兔、禽 1.5～2.5 g。

【使用禁忌】 脾胃虚寒,无湿热实火者忌用。

【主要成分】 含黄芩苷、黄芩素、汉黄芩素、汉黄芩苷和黄芩新素等。

【药理作用】 具有解热、镇静、降压、利尿、降低毛细血管通透性、抑制肠管蠕动等作用;对多种细菌、流感病毒及皮肤真菌等有抑制作用。

彩图:黄芩

黄柏

本品为芸香科植物黄皮树的干燥树皮。习称川黄柏。切丝生用或盐水炒用。产于东北、华北、内蒙古、四川、云南等地。

【性味归经】 苦,寒。入肾、膀胱经。

【功效主治】 清湿热,泻火毒,退虚热。主治湿热泻痢,黄疸,带下,热淋,疮疡肿毒,湿疹,阴虚火旺,盗汗。

【配伍应用】 ①用于湿热泄泻、黄疸、淋证,尿短赤等,以除下焦湿热为佳,治疗泻痢,可配伍白头翁、黄连,如白头翁汤。②退虚热,用于阴虚发热,常与知母、地黄等同用,如知柏地黄汤。

【临床用量】 马、牛 15～45 g;猪、羊 5～10 g;犬 5～6 g;兔、禽 0.5～2 g。

【使用禁忌】 脾胃虚寒、胃弱者忌用。

【主要成分】 含小檗碱及少量掌叶防己碱、黄柏碱、棕榈碱等多种生物碱,以及无氮结晶物质及脂肪油、黏液质、甾醇类等。

彩图:黄柏

【药理作用】 对血小板有保护作用,外用可促进皮下出血的吸收;有降低血糖、利胆、利尿、扩张血管、降血压及退热作用;抗菌谱与抗菌效力和黄连相似;对某些皮肤真菌也有抑制作用。

秦皮

彩图:秦皮

本品为木犀科植物苦枥白蜡树、白蜡树、尖叶白蜡树或宿柱白蜡树的干燥枝皮或干皮。切丝生用。主产于陕西、河北、河南、辽宁、吉林等地。

【性味归经】 苦、涩,寒。入肝、胆、大肠经。

【功效主治】 清热燥湿,收涩止痢,清肝明目。主治湿热泻痢,目赤肿痛,云翳。

【配伍应用】 ①用于湿热泻痢,常与白头翁、黄连等同用,如白头翁汤。②用于肝热上炎的目赤肿痛、睛生翳障等,常与黄连、竹叶等配伍。

【临床用量】 马、牛 15~60 g;猪、羊 5~10 g;犬 3~6 g;兔、禽 1~1.5 g。

【主要成分】 含七叶树苷、七叶树内酯、秦皮苷、秦皮素等。

【药理作用】 有祛痰、止咳、平喘作用;有镇痛、镇静和抗惊厥作用;有类似肾上腺皮质激素样的抗风湿作用;对痢疾杆菌、伤寒杆菌有较强的抑制作用,并有杀阿米巴原虫的作用。

苦参

彩图:苦参

本品为豆科植物苦参的干燥根。切片生用。主产于山西、河南、河北等地。

【性味归经】 苦,寒。入心、肝、胃、大肠、膀胱经。

【功效主治】 清热燥湿,杀虫,利尿。主治湿热泻痢,黄疸,尿闭,疥癣。

【配伍应用】 ①用于黄疸,常与栀子、龙胆等同用。②用于泻痢,常与木香、甘草等配伍。②用于肺风毛燥,常与党参、玄参等同用。③用于疥癣,可与雄黄、枯矾等配伍。④用于湿热内蕴,尿不利等,常与当归、木通、车前子等同用。

【临床用量】 马、牛 15~60 g;猪、羊 6~15 g;犬 3~8 g;兔、禽 0.3~1.5 g。

【使用禁忌】 脾胃虚寒,食少便溏者忌用。

【主要成分】 含金雀花碱及苦参碱。

【药理作用】 对葡萄球菌、绿脓杆菌及多种皮肤真菌有抑制作用,并有明显的利尿作用。

龙胆

彩图:龙胆

本品为龙胆科植物龙胆、条叶龙胆、三花龙胆或坚龙胆的干燥根及根茎。切段生用。我国南北各地均产。

【性味归经】 苦,寒。入肝、胆经。

【功效主治】 清热燥湿,泻肝胆实火。主治肝胆湿热,黄疸,目赤肿痛,湿疹瘙痒。

【配伍应用】 ①用于黄疸,常与茵陈、栀子等同用。②用于尿短赤、湿疹等,常与黄柏、苦参、茯苓等配伍。③用于肝经风热,目赤肿痛等,为治肝火之要药,常与栀子、黄芩、柴胡、木通等同用,如龙胆泻肝肠。④用于肝经热盛、热极生风、抽搐痉挛等,多与钩藤、牛黄、黄连等配伍。

【临床用量】 马、牛 15~45 g;猪、羊 6~15 g;犬、猫 1~5 g;兔、禽 1.5~3 g。

【使用禁忌】 脾胃虚寒和虚热者慎用。

【主要成分】 含龙胆苦苷、龙胆碱、龙胆三糖、黄色龙胆根素等。

【药理作用】 少量内服可促进胃液分泌,有健胃作用,过多内服则刺激胃壁导致呕吐;具有抗皮肤真菌的作用;对绿脓杆菌、痢疾杆菌、金黄色葡萄球菌等有抑制作用。

四、清热解毒药

金银花

彩图:金银花

本品为忍冬科植物忍冬的干燥花蕾或带初开的花。生用或炙用。除新疆外,全国均产,主产于河南、山东等地。

【性味归经】 甘,寒。入肺、心、胃经。

Note

【功效主治】 清热解毒,疏散风热。主治温病发热,风热感冒,肺热咳嗽,咽喉肿痛,热毒血痢,乳房肿痛,痈肿疮毒。

【配伍应用】 ①用于热毒痈肿,有红、肿、热、痛症状属阳证者,常与当归、陈皮、防风、白芷、贝母、天花粉、乳香、穿山甲等配伍,如真人活命饮。②用于外感风热与温病初起,常与连翘、荆芥、薄荷等同用,如银翘散。③用于热毒血痢,常与黄芩、白芍等配伍。

【临床用量】 马、牛 15～60 g;猪、羊 5～10 g;犬、猫 3～5 g;兔、禽 1～3 g。

【使用禁忌】 虚寒作泻,无热毒者忌用。

【主要成分】 含氯原酸、异氯原酸、木犀草素等。

【药理作用】 对痢疾杆菌、伤寒杆菌、大肠杆菌、绿脓杆菌、葡萄球菌、链球菌、肺炎双球菌等有抑制作用,并有抗流感病毒作用。

连翘

本品为木犀科植物连翘的干燥果实。生用。主产于山西、陕西、河南等地,甘肃、河北、山东、湖北亦产。

彩图:连翘

【性味归经】 苦,微寒。入肺、心、小肠经。

【功效主治】 清热解毒,消肿散结,疏风散热。主治外感风热,温病发热,疮黄肿毒。

【配伍应用】 ①用于各种热毒和外感风热或温病初起,常与金银花同用,如银翘散。②用于疮黄肿毒,为疮家圣药,多与金银花、蒲公英等配伍。

【临床用量】 马、牛 20～30 g;猪、羊 10～15 g;犬 3～6 g;兔、禽 1～2 g。

【使用禁忌】 体虚发热、脾胃虚寒、阴疮经久不愈者忌用。

【主要成分】 含连翘酚、齐墩果(醇)酸、皂苷、香豆精类,还有丰富的维生素 P 及少量挥发油。

【药理作用】 对金黄色葡萄球菌、痢疾杆菌、溶血性链球菌、肺炎双球菌、伤寒杆菌以及流感病毒有抑制作用;具有强心利尿作用,并可降低血管通透性及脆性;有镇吐、抗肝损伤及解热作用。

紫花地丁

本品为堇菜科植物紫花地丁的干燥全草。干用或鲜用。主产于江苏、福建、云南及长江以南各地。

彩图:
紫花地丁

【性味归经】 苦、辛,寒。入心、肝经。

【功效主治】 清热解毒,凉血消肿,主治疮黄疔毒,目赤肿痛,化解蛇毒。

【配伍应用】 ①用于疮黄肿毒、丹毒、肠痈等,常与蒲公英、金银花、野菊花、紫背天葵同用,如五味消毒饮。②可解蛇毒,用治毒蛇咬伤。

【临床用量】 马、牛 60～80 g;犬 3～6 g;猪、羊 15～30 g。

【主要成分】 含苷类、黄酮类、蜡等。

【药理作用】 对结核分枝杆菌、金黄色葡萄球菌及皮肤真菌有抑制作用。

蒲公英

本品为菊科植物蒲公英、碱地蒲公英或同属数种植物的干燥全草。生用。各地均产。

彩图:蒲公英

【性味归经】 苦、甘,寒。入肝、胃经。

【功效主治】 清热解毒,散结消肿,利尿通淋。主治疮毒,乳痈,肺痈,肠痈,目赤,咽痛,湿热黄疸,热淋。

【配伍应用】 ①用于痈疽疔毒,多与金银花、野菊花、紫花地丁等同用;治肺痈,多配鱼腥草、芦根等;用于肠痈,多与赤芍、紫花地丁、牡丹皮等配伍;用于乳痈,可与金银花、连翘、通草、穿山甲等配伍,如公英散。②用于湿热黄疸,多与茵陈、栀子配伍;用于热淋,常与白茅根、金钱草等同用。

【临床用量】 马、牛 30～90 g;猪、羊 15～30 g;犬、猫 3～6 g;兔、禽 1.5～3 g。

【使用禁忌】 非热毒实证不宜用。

【主要成分】 含蒲公英甾醇、蒲公英素、蒲公英苦素、菊糖、果胶、胆碱等。

【药理作用】 对金黄色葡萄球菌、溶血性链球菌、绿脓杆菌、痢疾杆菌、伤寒杆菌等有杀菌作用;有利胆和利尿作用。

板蓝根

彩图:板蓝根

本品为十字花科植物菘蓝的干燥根。切片生用。主产于江苏、河北、安徽、河南等地。

【性味归经】 苦,寒。入心、胃经。

【功效主治】 清热解毒,凉血,利咽。主治风热感冒,咽喉肿痛,温毒发斑,疮黄肿毒。

【配伍应用】 ①用于各种热毒、瘟疫、疮黄肿毒、大头黄等,常与黄芩、连翘、牛蒡子等同用,如普济消毒饮。②用于热毒斑疹、丹毒、血痢肠黄等,常与黄连、栀子、赤芍、升麻等同用。③用于咽喉肿痛、口舌生疮等,多与金银花、桔梗、甘草等配伍。

【临床用量】 马、牛 30~100 g;猪、羊 15~30 g;犬、猫 3~5 g;兔、鸡 1~2 g。

【使用禁忌】 脾胃虚寒者慎用。

【主要成分】 含靛苷、β-谷甾醇、靛红及氨基酸、树脂、糖类等。

【药理作用】 对革兰氏阳性和阴性细菌均有抑制作用,对流感病毒亦有抑制作用。

射干

彩图:射干

本品为鸢尾科植物射干的干燥根茎。切片生用。主产于浙江、湖北、河南、安徽、江苏等地。

【性味归经】 苦,寒。入肺经。

【功效主治】 清热解毒,祛痰利咽。主治肺热咳喘,痰涎壅盛,咽喉肿痛。

【配伍应用】 ①用于热毒郁肺,结于咽喉而致的咽喉肿痛,常与黄芩、牛蒡子、山豆根、甘草等配伍。②用于肺热咳嗽痰多者,常与前胡、贝母、瓜蒌等同用。

【临床用量】 马、牛 15~45 g;猪、羊 5~10 g。

【使用禁忌】 脾胃虚寒者慎用。

【主要成分】 含射干苷、鸢尾苷、射干素等。

【药理作用】 有消除上呼吸道炎性渗出物及解热、止痛的作用;对皮肤真菌有抑制作用。

山豆根

彩图:山豆根

本品为豆科植物越南槐的干燥根和根茎。切片生用。主产于广西、广东、湖南、贵州等地。

【性味归经】 苦,寒。入肺、胃经。

【功效主治】 清热解毒,消肿利咽,祛痰止咳。主治咽喉肿痛,肺热咳喘,疮黄疔毒。

【配伍应用】 用于热毒肺火所致之咽喉肿痛,为咽喉肿痛的要药,常与射干、玄参、桔梗等同用。

【临床用量】 马、牛 15~45 g;猪、羊 5~10 g;犬 3~5 g;兔、禽 1~2 g。

【使用禁忌】 肺有风寒或脾虚溏泻者忌用。

【主要成分】 含苦参碱、氧化苦参碱、甲基金雀花碱、臭豆碱等多种生物碱及 β-谷甾醇、酚性成分、异黄酮等。

【药理作用】 具有加快心率、增强心肌收缩力作用;对结核分枝杆菌、霍乱弧菌、皮肤真菌及钩端螺旋体等病原均有一定的杀灭作用;对恶性肿瘤有一定的抑制作用。

黄药子

本品为薯蓣科植物黄独的干燥块茎。切片生用。主产于湖北、湖南、江苏、江西、山东、河北等地。

【性味归经】 苦,平。有小毒。入心、肺经。

【功效主治】 清热凉血,解毒消肿。主治肺热咳喘,咽喉肿痛,疮黄肿毒,衄血。

【配伍应用】 ①用于疮黄肿毒,常与栀子、黄芩、黄连、白药子等同用,如消黄散。②用于咽喉肿痛,常与山豆根、射干、牛蒡子等同用。③用于衄血,常与栀子、生地黄等同用。④用于毒蛇咬伤,可与半边莲等配伍。

【临床用量】 马、牛 15~60 g;猪、羊 5~15 g;犬 3~8 g;兔、禽 1~3 g。

【主要成分】 主要含多种甾体皂苷等。

【药理作用】 具有抑菌、抗病毒的作用。

白药子

本品为防己科植物头花千金藤的干燥块根。切片生用,主产于江西、湖南、湖北、广东、浙江、陕西、甘肃等地。

【性味归经】 苦,寒。入肺、心、脾经。

【功效主治】 用于清热解毒,凉血散瘀,消肿止痛。主治风热咳嗽,咽喉肿痛,湿热下痢,疮黄肿毒,毒蛇咬伤。

【配伍应用】 用于肺热咳嗽、咽喉肿痛、疮黄肿毒等,常与黄药子同用。

【临床用量】 马、牛 30~60 g;猪、羊 5~15 g;犬 3~8 g;兔、禽 1~3 g。

【主要成分】 含头花藤碱、西克来宁碱、头花诺林碱、异粉防己碱、氧甲基异根毒碱、高千金藤碱、小檗胺、小檗胺甲醚等多种生物碱。

【药理作用】 对结核分枝杆菌有抑制作用。

穿心莲

本品为爵床科植物穿心莲的干燥地上部分。切段,晒干生用,或鲜用。华南、西南、华东等地均有栽培。

彩图:穿心莲

【性味归经】 苦,寒。入心、肺、大肠、小肠经。

【功效主治】 清热解毒,消肿止痛。主治感冒发热,湿热下痢,蛇虫咬伤,疮痈疔毒。

【配伍应用】 ①用于肺热咳喘,常与桑白皮、黄芩等同用。②用于咽喉肿痛,可与山豆根、牛蒡子等配伍。③用于肠黄泻痢等,可与秦皮、白头翁等同用。

【临床用量】 马、牛 60~120 g;猪、羊 30~60 g;犬、猫 3~10 g;兔、禽 1~3 g。

【主要成分】 含二萜类内酯、穿心莲内酯、新穿心莲内酯等。

【药理作用】 为广谱抗菌药,对钩端螺旋体亦有抑制作用;具有提高白细胞对细菌的吞噬能力和抗病毒作用。

鱼腥草

本品为三白草科植物蕺菜的新鲜全草或干燥地上部分。切段生用。主产于江苏、浙江、江西、安徽、四川、云南、贵州、广东、广西等地。

彩图:鱼腥草

【性味归经】 辛,微寒。入肺经。

【功效主治】 清热解毒,消肿排脓,利尿通淋。主治肺痈,肠黄,痢疾,乳痈,淋浊。

【配伍应用】 ①用于清热解毒,多用于治疗痰热壅滞、肺痈鼻脓,常与桔梗、桃仁、芦根、浙贝母同用。②用于消肿排脓,治疮痈肿毒,常与连翘、野菊花、蒲公英等同用。③用于利尿通淋,治湿热淋证,常与车前子、滑石等同用。④治湿热下痢,常与白头翁、黄连、黄芩等同用。

【临床用量】 马、牛 30~120 g;猪、羊 15~30 g;犬、猫 3~5 g;兔、禽 1~3 g。

【主要成分】 含挥发油。

【药理作用】 有抑菌、抗炎、消肿、增强免疫功能等作用。

五、清热解暑药

香薷

本品为唇形科植物石香薷或江香薷的干燥地上部分。切段生用。主产于江西、安徽、河南等地。

【性味归经】 辛,微温。入肺、胃经。

【功效主治】 祛暑解表,利湿行水。主治暑湿感冒,伤暑,发热无汗,泄泻腹痛,尿不利,水肿。

【配伍应用】 ①用于牛、马伤暑,常与黄芩、黄连、天花粉等同用,如香薷散。②用于暑湿,常与扁豆、厚朴等配伍。③用于水肿、尿不利等,常与白术、茯苓等同用。

【临床用量】 马、牛 15~45 g;猪、羊 3~10 g;犬 2~4 g;兔、禽 1~2 g。

【主要成分】 含香薷酮及倍半萜烯类化合物等。

【药理作用】 有发汗、解热、利尿作用。

Note

彩图:青蒿

青蒿

本品为菊科植物黄花蒿的干燥地上部分。切段生用。各地均产。

【性味归经】 苦、辛、寒。入肝、胆经。

【功效主治】 清热解暑、退虚热、杀原虫。主治外感暑热、阴虚发热、湿热黄疸、焦虫病、球虫病。

【配伍应用】 ①用于外感暑热，常与藿香、佩兰、滑石等配伍。②用于温热病，常与黄芩、竹茹等同用。③用于阴虚发热，常与生地黄、鳖甲、知母、牡丹皮同用，如青蒿鳖甲汤。

【临床用量】 马、牛 15～60 g；猪、羊 5～15 g；犬 3～5 g。

【主要成分】 含青蒿酮、侧柏酮、樟脑、青蒿素等。

【药理作用】 对鸡艾美尔球虫病、牛双芽巴贝斯虫病、环形泰勒虫病有较好疗效；青蒿素有抑制疟原虫的作用。

绿豆

本品为豆科植物绿豆的种子。生用。全国各地均有栽培。

【性味归经】 甘、寒。入心、胃经。

【功效主治】 消暑止渴、清热解毒。主治暑热口渴、痈肿热毒、中毒轻症。

【配伍应用】 ①用于暑热，常与甘草、葛根、黄连等同用；②用于中毒，常与甘草同用。

【临床用量】 马、牛 250～500 g；猪、羊 30～90 g；犬、猫 6～10 g。

【主要成分】 含淀粉、脂肪油、蛋白质、维生素 B_1 和 B_2、烟碱酸、维生素 A 物质。

【药理作用】 有利尿作用。

荷叶

彩图:荷叶

巩固训练

本品为睡莲科植物莲的干燥叶。生用或晒干用。主产于浙江、江西、湖南、江苏、湖北等地。

【性味归经】 苦、平。入肝、脾、胃经。

【功效主治】 清暑化湿、凉血止血。主治暑湿泄泻、脾虚泄泻、血热吐衄、便血、子宫出血。

【配伍应用】 ①用于暑热、尿短赤等，常与藿香、佩兰等同用。②用于暑湿泄泻、脾虚气陷等，常与白术、扁豆等配伍。

【临床用量】 马、牛 30～90 g；猪、羊 10～30 g；犬 6～9 g。

【主要成分】 含荷叶碱、莲碱、黄酮苷类、荷叶苷、槲皮黄酮苷及异槲皮黄酮苷等。

【药理作用】 能直接扩张血管而降压；对平滑肌有解痉作用。

任务三 化痰止咳平喘药

化痰止咳平喘药是指能消除痰涎、制止或减轻咳嗽和气喘的药物。此类药物味多辛、苦，入肺经，具有宣通肺气、止咳化痰的作用，适用于咳嗽挟痰之证。

根据化痰止咳平喘药的性能，一般将其分为三类。

①温化寒痰药:性味温燥，功能为温肺祛寒、燥湿化痰，适用于寒痰、湿痰所致的气喘之证，证见咳嗽痰多，痰色白，苔白润，脉滑。

②清化热痰药:性味寒凉，功能为清化热痰、清肺润燥化痰，适用于热痰郁肺所致的气喘之证。证见发热咳喘，气急鼻扇，口渴欲饮等。

③止咳平喘药:性味苦辛，功能为止咳平喘，适用于咳嗽气喘之证，证见咳嗽痰多，久而不愈，苔薄白，脉浮缓。

使用止咳化痰平喘药的过程中应注意以下几点。

①引起咳嗽的原因很多，治疗时，必须辨明引起咳嗽的原因，适当地配伍适宜的药物。

②临床上，咳嗽每多挟痰，而痰多亦致咳嗽。因此，在治疗上止咳和化痰往往配合应用。

Note

③由于咳、喘症状不同,治疗原则也不同。如喘急宜平,气逆宜降,燥咳宜润,热咳宜清等。

一、温化寒痰药

半夏

本品为天南星科植物半夏的干燥块茎。原药为生半夏,用凉水浸泡至口尝无麻辣感,晒干加白矾共煮透,取出晾干切片者为清半夏;与姜、矾共煮透,晾干切片入药者为姜半夏;以浸泡至口尝无麻辣感的半夏,加入甘草煎汤泡石灰块的混合液中浸泡至内无白心者称法半夏。主产于四川、湖北、安徽、江苏、山东、福建等地。

【性味归经】 辛,温。有毒。入脾、胃、肺经。

【功效主治】 消肿散结。主治痈肿。

【配伍应用】 ①用于多种呕吐证,对停饮和湿邪阻滞所致的呕吐尤为适宜。若属热性呕吐,尚须配合清热泻火的药物。②用于咳嗽气逆、痰涎壅滞等,为治湿痰之要药,属于湿痰者,常与陈皮、茯苓等配伍,如二陈汤。③用于马肺寒吐沫,与升麻、防风、枯矾、生姜同用,如半夏散。④用于肚腹胀满,常与黄芩、黄连、干姜等同用。⑤用于气郁痰阻的病证,可配伍厚朴、茯苓、紫苏叶、生姜等药。⑥生半夏有毒,多作外科疮黄肿毒之用,如半夏末、鸡蛋白调涂治乳疮。

【临床用量】 马、牛 15~45 g;猪、羊 3~9 g;犬、猫 1~5 g。

【使用禁忌】 阴虚燥咳、伤津口渴、血证、热痰稠黏及孕畜禁用。反乌头。

【主要成分】 含有 β-谷甾醇、葡萄糖苷及游离的 β-谷甾醇、微量挥发油、植物甾醇、皂苷、辛辣性醇类、生物碱等。

【药理作用】 有镇咳、镇吐作用。

天南星

本品为天南星科植物天南星、异叶天南星或东北天南星的干燥块茎。生用或炙用。主产于四川、河南、河北、云南、辽宁、江西、浙江、江苏、山东等地。

【性味归经】 苦、辛,温。有毒。入肺、肝、脾经。

【功效主治】 散结消肿。主治痈肿,蛇虫咬伤。

【配伍应用】 ①用于风痰咳嗽、顽痰咳嗽及痰湿壅滞等,常与陈皮、半夏、白术同用。②用于癫痫、口眼歪斜、中风口紧、全身风痹、四肢痉挛、破伤风等,为祛风痰的主药,常多与半夏、白附子等配伍。③尚能消肿毒,外敷疮肿,有消肿定痛的功效。

【临床用量】 马 15~30 g,牛 15~40 g;猪、羊 3~9 g;犬、猫 1~2 g。

【使用禁忌】 阴虚燥痰及孕畜忌用。

【主要成分】 含 β-谷甾醇、三萜皂苷、安息香酸、氨基酸、淀粉及 D-甘露醇等。

【药理作用】 可引起支气管分泌增加而起祛痰作用;有明显的镇静及抗惊作用。

旋覆花

本品为菊科植物旋覆花或欧亚旋覆花的干燥头状花序。原药生用。主产于广西、广东、江苏、浙江等地。

【性味归经】 苦、辛、咸,微温。入肺、脾、胃、大肠经。

【功效主治】 降气,消痰,行水,止呕。主治风寒咳喘,痰饮蓄积,呕吐。

【配伍应用】 ①用于咳嗽气喘、气逆不降等,常与苏子等同用。②用于消痰行水,可配伍桔梗、桑白皮、半夏、瓜蒌仁等。

【临床用量】 马、牛 15~45 g;猪、羊 5~10 g;犬、猫 1~3 g。

【使用禁忌】 阴虚燥咳,粪便泄泻者忌用。

【主要成分】 含黄酮苷类等。

【药理作用】 有镇吐、祛痰作用。

白前

彩图:白前

本品为萝藦科植物柳叶白前或芫花叶白前的干燥根茎及根。切段生用。主产于浙江、山东、安徽、河南、广东、江苏等地。

【性味归经】 辛、苦,微温。入肺经。

【功效主治】 祛痰,降气止咳。主治肺气壅实,痰多诸证,咳嗽气喘。

【配伍应用】 用于肺气壅塞、痰多诸证。偏寒者,常与紫菀、半夏同用;偏热者,常与桑白皮、地骨皮配伍;外感咳嗽,可与荆芥、桔梗、陈皮等同用,如止嗽散。

【临床用量】 马、牛 15～45 g,猪、羊 5～10 g;兔、禽 1～2 g。

【主要成分】 芫花叶白前含三萜皂苷;柳叶白前含皂苷。

【药理作用】 有祛痰作用。

二、清化热痰药

贝母

彩图:贝母

本品为百合科植物川贝母或浙贝母的干燥鳞茎,又称大贝或尖贝。原药均生用,主产于四川、浙江、青海、甘肃、云南、江苏、河北等地。

【性味归经】 川贝母:苦、甘,微寒。浙贝母:苦,寒。均入心、肺经。

【功效主治】 止咳化痰,清热散结。主治肺热咳喘,创痈肿毒,肺痈,乳痈。

【配伍应用】 ①川贝母用于痰热咳嗽,常与知母同用。用于久咳,常与杏仁、紫菀、款冬花、麦冬等药配伍;用于肺痈鼻脓,配伍百合、大黄、天花粉等,如百合散。②浙贝母用于乳痈肿痛未溃者,配伍天花粉、连翘、蒲公英、当归、青皮等。

【临床用量】 马、牛 15～30 g,猪、羊 3～10 g;兔、禽 0.5～1.5 g。

【使用禁忌】 脾胃虚寒及有湿痰者忌用。反乌头。

【主要成分】 贝母含川贝母碱、炉贝母碱、青贝母碱等多种生物碱。浙贝母含浙贝母碱、贝母酚、贝母新、贝母替丁等多种生物碱及甾醇、淀粉等。

【药理作用】 少量具有降压、增强子宫收缩、抑制肠蠕动的作用,大量具有麻痹中枢神经、抑制呼吸运动的作用;浙贝母有阿托品样作用,其散瞳作用强于阿托品。

瓜蒌

彩图:瓜蒌

本品为葫芦科植物栝楼或双边栝楼的干燥成熟果实。主产于山东、安徽、河南、四川、浙江、江西等地。

【性味归经】 甘、微苦,寒。入肺、胃、大肠经。

【功效主治】 清热化痰,利气散结。主治肺热咳嗽,胸膈疼痛,乳痈,粪便干燥。

【配伍应用】 ①用于肺热咳嗽,痰液黏稠等,常与贝母、桔梗、杏仁等同用。②用于粪便燥结,可与火麻仁等配伍。③用于乳痈初起,肿痛未成脓者,常与蒲公英、乳香、没药等配伍。

【临床用量】 马、牛 30～60 g,猪、羊 10～20 g;犬 6～8 g;兔、禽 0.5～1.5 g。

【使用禁忌】 脾胃虚寒,无实热者忌用。反乌头。

【主要成分】 含三萜皂苷、有机酸、树脂、糖类、色素,种子内含脂肪油。

【药理作用】 对大肠杆菌、伤寒杆菌等有抑制作用;有较强的镇咳和祛痰作用。

桔梗

彩图:桔梗

Note

本品为桔梗科植物桔梗的干燥根。切片生用。主产于安徽、江苏、浙江、湖北、河南等地。

【性味归经】 苦、辛,平。入肺经。

【功效主治】 宣肺,祛痰,利咽,排脓。主治咳嗽痰多,咽喉肿痛,肺痈。

【配伍应用】 ①用于肺热咳喘,常与贝母、板蓝根、甘草、蜂蜜等配伍,如清肺散。②用于肺痈、疮黄肿毒,有排脓之效。③用于开提肺气,疏通胃肠,并为载药上行之主药。

【临床用量】 马、牛 15～45 g；猪、羊 3～10 g；犬 2～5 g；兔、禽 1～1.5 g。

【使用禁忌】 阴虚久咳者忌用。

【主要成分】 本品含有桔梗皂苷（水解后产生桔梗皂苷元）、菊糖、植物甾醇等。

【药理作用】 有促进支气管黏膜分泌的作用；有一定的消炎抗菌作用；可致溶血，不宜静脉注射。

天花粉

本品为葫芦科植物栝楼或双边栝楼的干燥根。切片生用。主产于山东、安徽、河南、四川、浙江、江西等地。

彩图：天花粉

【性味归经】 甘、微苦，微寒。入肺、胃经。

【功效主治】 清热泻火，生津止渴，排脓消肿。主治高热贪饮，肺热燥咳，咽喉肿痛，热毒痈肿，乳痈。

【配伍应用】 ①用于肺热燥咳、肺虚咳嗽、胃肠燥热或痈肿疮毒等，常与麦冬、生地黄配伍。②用于热证伤津口渴者，常配生地黄、芦根等。

【临床用量】 马、牛 15～45 g；猪、羊 5～15 g；犬、猫 3～5 g；兔、禽 1～2 g。

【使用禁忌】 脾胃虚寒者忌用。

【主要成分】 含皂苷、蛋白质及淀粉等。

【药理作用】 具有引产作用。

前胡

本品为伞形科植物白花前胡的干燥根。切片生用。主产于江苏、浙江、江西、广西、安徽等地。

彩图：前胡

【性味归经】 苦、辛，微寒。入肺经。

【功效主治】 降气祛痰，宣散风热。主治痰多气喘，风热咳嗽。

【配伍应用】 ①用于肺气不降的痰稠喘满及风热郁肺的咳嗽。②用于风热郁肺，发热咳嗽，可与薄荷、牛蒡子、桔梗等疏散风热药配伍。

【临床用量】 马、牛 15～45 g；猪、羊 5～10 g；兔、禽 1～3 g。

【使用禁忌】 阴虚火嗽、寒饮咳嗽均不宜用。

【主要成分】 白花前胡含多种香豆精类。

【药理作用】 有显著增加呼吸道分泌物的作用，具有祛痰作用，但煎剂无显著镇咳作用。

三、止咳平喘药

苦杏仁

本品为蔷薇科植物、山杏、西伯利亚杏、东北杏或杏的干燥成熟种子。除去核壳和种仁皮尖，生用或炒用。主产于我国北方各地。

彩图：苦杏仁

【性味归经】 苦，微温。有小毒。入肺、大肠经。

【功效主治】 止咳平喘，润肠通便。主治咳嗽气喘，肠燥便秘。

【配伍应用】 ①用于外感咳嗽，配伍款冬花、枇杷叶、橘皮等；②用于肺热气喘，配伍麻黄、石膏、甘草等，如麻杏甘石汤。③用于老弱病畜肠燥便秘和产后便秘，配伍桃仁、火麻仁、当归、生地黄、枳壳等。

【临床用量】 马、牛 15～30 g；猪、羊 3～10 g；犬 3～8 g。

【使用禁忌】 阴虚咳嗽者忌用。

【主要成分】 含苦杏仁苷、苦杏仁酶、苦杏仁油等。

【药理作用】 多用苦杏仁入药；甜杏仁较少使用，多用于肺虚咳嗽；苦杏仁有镇咳和镇静作用，若过量服用，可引起中毒反应而致死。

款冬花

本品为菊科植物款冬的干燥花蕾。生用或蜜炙用。主产于河南、陕西、甘肃、浙江等地。

彩图：款冬花

【性味归经】 辛、微苦，温。入肺经。

【功效主治】 润肺下气,止咳化痰。主治咳嗽气喘。

【配伍应用】 ①用于劳伤咳嗽,常与紫菀等配伍。②用于肺燥咳嗽,多与黄药子、僵蚕、郁金、白芍、玄参同用,如款冬花散。③蜜炙用,可增强润肺功效。

【临床用量】 马、牛 15～45 g;猪、羊 3～10 g;犬、猫 3～5 g;兔、禽 0.5～1.5 g。

【主要成分】 含有款冬醇、植物甾醇、蒲公英黄色素、鞣质、挥发油等。

【药理作用】 有显著镇咳作用,但祛痰作用不强;对结核分枝杆菌、金黄色葡萄球菌等多种细菌有抑制作用。

百部

彩图:百部

本品为百部科植物直立百部、蔓生百部或对叶百部的干燥块根。生用或蜜炙用。主产于江苏、安徽、山东、河南、浙江、福建、湖北、江西等地。

【性味归经】 甘、苦,微温。入肺经。

【功效主治】 润肺止咳,杀虫。主治咳嗽,蛲虫病,蛔虫病,疥癣,体虱。

【配伍应用】 ①用于风寒咳喘,配伍麻黄、杏仁。②用于肺劳久咳,配伍紫菀、贝母、葛根、石膏、竹叶。③用于杀灭畜、禽体虱、虱卵,并善杀蛲虫,20%的醇浸液或 50%的水浸液外用。

【临床用量】 马、牛 15～30 g;猪、羊 6～12 g;犬、猫 3～5 g。

【主要成分】 含百部碱。

【药理作用】 对结核分枝杆菌、炭疽杆菌、金黄色葡萄球菌等有抗菌作用;能降低呼吸中枢的兴奋性,具有镇咳作用;对猪蛔虫、蛲虫、虱有杀灭作用;过量可引起中毒。

枇杷叶

彩图:枇杷叶

本品为蔷薇科植物枇杷的干燥叶,刷去茸毛生用或蜜炙用。南方各地均产。

【性味归经】 苦,微寒。入肺、胃经。

【功效主治】 清肺止咳,和胃降逆。主治肺热咳喘,胃热呕吐。

【配伍应用】 ①用于肺热咳喘,多与黄连、桑白皮等配伍。②用于肺燥咳嗽,多蜜炙用。③用于胃热口渴、呕逆等,多与沙参、石斛、玉竹、竹茹等同用。

【临床用量】 马、牛 30～60 g;猪、羊 10～20 g;兔、禽 1～2 g。

【使用禁忌】 本品清降苦泄,寒嗽及胃寒作呕者不宜用。

【主要成分】 本品含有苦杏仁苷、乌索酸、齐墩果酸、草果酸、柠檬酸、鞣质、维生素 B_1 等。

【药理作用】 可抑制呼吸中枢,具有止咳作用;对金黄色葡萄球菌、肺炎双球菌、痢疾杆菌等有抑制作用。

紫菀

彩图:紫菀

本品为菊科植物紫菀的干燥根及根茎。生用或蜜炙用。主产于河北、安徽、河南、东北等地。

【性味归经】 辛、苦,温。入肺经。

【功效主治】 化痰止咳,润肺下气。主治咳嗽,喘急,痰多。

【配伍应用】 ①用于久咳不止,配伍冬花、百部、乌梅、生姜。②用于阴虚咳嗽,配伍知母、贝母、桔梗、阿胶、党参、茯苓、甘草等。③用于外感咳嗽痰多,与百部、桔梗、白前、荆芥等同用,如止嗽散。

【临床用量】 马、牛 15～45 g;猪、羊 3～6 g;犬 2～5 g。

【主要成分】 含有紫菀皂苷、紫菀酮、有机酸(琥珀酸)、槲皮素、紫乙素、紫丙素等。

【药理作用】 能增加呼吸道腺体的分泌而使痰液稀释,易于咳出;对多种革兰氏阴性杆菌及结核分枝杆菌有抗菌作用;具有利尿和溶血作用。

白果

Note

本品为银杏科植物银杏的干燥成熟种子。去壳,剥去黄色假种皮,捶碎使用。全国各地均产。

【性味归经】 甘、苦、涩,平。有毒。入肺经。

【功效主治】 敛肺定喘,收涩除湿。主治劳伤肺虚,喘咳痰多,尿浊。

【配伍应用】 ①用于久病或肺虚引起的咳喘,配伍白果、麻黄、杏仁、黄芩、桑白皮、苏子、款冬花、半夏、甘草。②用于湿热、尿白浊等,常与芡实、黄柏等同用。

【临床用量】 马、牛 15～45 g;猪、羊 5～10 g;犬、猫 1～5 g。

【主要成分】 银杏种仁含脂肪油、淀粉、蛋白质、氢氰酸、组氨酸等;果肉(外种皮)含白果酸、白果酚、鞣质、糖类。

【药理作用】 可抑制结核分枝杆菌等多种细菌和一些皮肤真菌,具有降压作用。

葶苈子

本品为十字花科植物独行菜或播娘蒿的干燥成熟种子。前者习称北葶苈子,后者习称南葶苈子。微炒,蜜炙或隔纸焙用。主产于陕西、河北、河南、山东、安徽、江苏等地。

【性味归经】 辛、苦,大寒。入肺、膀胱经。

【功效主治】 泻肺平喘,行水消肿。主治痰涎壅肺,喘咳痰多,水肿,胸腹积水,尿不利。

【配伍应用】 ①用于肺热喘粗,配伍板蓝根、浙贝母、桔梗等,如清肺散。②用于实证水肿,胀满喘急,尿不利等,配伍大黄、芒硝、杏仁等,如大陷胸丸、葶苈丸。

【临床用量】 马、牛 15～30 g;猪、羊 5～10 g;犬、猫 3～5 g。

【使用禁忌】 肺虚喘促、脾虚肿满、膀胱气虚者忌用。

【主要成分】 播娘蒿种子含挥发油,油中含异硫氰酸苄酯、异硫氰酸丙酯、二硫化烯丙酯等。独行菜种子含脂肪油、芥子苷、蛋白质、糖类。

【药理作用】 有强心利尿作用。

紫苏子

本品为唇形科植物紫苏的干燥成熟果实,又称苏子。生用或炒用。主产于湖北、江苏、河南等地。

【性味归经】 辛,温。入肺经。

【功效主治】 止咳平喘,降气祛痰,润肠通便。主治痰壅咳喘,肠燥便秘。

【配伍应用】 ①用于咳逆痰喘,配伍前胡、半夏、厚朴、陈皮、甘草、当归、生姜、肉桂。②用于上实下虚的咳喘证,如苏子降气汤。③用于肠燥便秘,常与火麻仁、瓜蒌仁、杏仁等同用。

【临床用量】 马、牛 15～60 g;猪、羊 5～10 g;犬 3～8 g;兔、禽 0.5～1.5 g。

【使用禁忌】 本品有滑肠耗气之弊,肠滑气虚者忌用。

【主要成分】 含有挥发油、维生素 B_1。

【药理作用】 有止咳平喘作用。

彩图:紫苏子

洋金花

本品为茄科植物白曼陀罗的干燥花。切成丝或研末生用。主产于华北、华南各地。

【性味归经】 辛,温。有毒。入肺、肝经。

【功效主治】 止咳平喘,镇痛解痉。主治咳嗽喘急,寒湿痹痛,肚腹冷痛。

【配伍应用】 用于慢性气喘,咳嗽气逆,寒湿痹痛,可用作麻醉药。

【临床用量】 马、牛 15～30 g;猪、羊 1.5～3 g。

【使用禁忌】 体弱者禁用。

【主要成分】 含有东莨菪碱及阿托品等多种生物碱。

【药理作用】 其作用和阿托品相似,中毒后抑制或麻痹迷走神经和副交感神经,对中枢神经起抑制作用。

巩固训练

Note

任务四 消 导 药

消导药是指能健运脾胃,促进消化,具有消积导滞作用的药物。此类药物多具芳香解郁的作用,适用于消化不良、草料停滞、肚腹胀满、腹痛腹泻之证。

使用消导药的过程中应注意以下几点。

①在临床应用时,常根据不同病情而配伍其他药物,不可单纯依靠消导药。如食滞多与气滞有关,故常与理气药同用;便秘常与泻下药同用;脾胃虚弱,可配伍健胃补脾药;脾胃有寒,可配伍温中散寒药;湿浊内阻,可配伍芳香化湿药;积滞化热,可配伍苦寒清热药。

②消导药属于克伐之物,过度使用可使动物气血亏耗,因此,对于怀孕、虚弱动物要辅助补益药。

神曲

本品为面粉和其他药物混合后经发酵而成的加工品,又称六曲或建曲。本品原主产于福建,现各地均能生产,而制法规格稍有出入,大致以大量麦粉、麸皮与杏仁泥、赤豆粉,以及鲜青蒿、鲜苍耳、鲜辣蓼自然汁,混合拌匀,使不干不湿,做成小块,放入筐内,覆以麻叶或楮叶(枸树叶),保温发酵 1 周,长出菌丝(生黄衣)后,取出晒干即成。生用或炒至略具有焦香气味入药(名焦六曲)。

【性味归经】 甘、辛,温。入脾、胃经。

【功效主治】 消食化积,健胃和中。主治草料积滞,肚腹胀满。

【配伍应用】 用于草料积滞、消化不良、食欲不振、肚腹胀满、脾虚泄泻等,尤以消谷积见长,常与山楂、麦芽等同用,如曲蘖散。

【临床用量】 马、牛 20~60 g,猪、羊 10~15 g;犬 5~8 g。

【主要成分】 为酵母制剂,含有 B 族维生素、酶类、麦角固醇、蛋白质、脂肪等。

【药理作用】 具有促进消化液分泌和增强食欲的作用。

麦芽

本品为禾本科植物大麦的成熟果实经发芽干燥的炮制加工品。生用或炒用。各地均产。

【性味归经】 甘,平。入脾、胃经。

【功效主治】 生用行气消食,健脾开胃;炒用回乳消胀。生麦芽主治食积不消,肚胀,乳房胀痛;炒麦芽主治断乳。

彩图:麦芽

【配伍应用】 ①用于消化不良,尤以消草食见长,常与山楂、陈皮等同用。②用于脾胃虚弱,常与白术、砂仁、甘草等配伍。③用于回乳、乳汁郁积引起的乳房肿胀。

【临床用量】 马、牛 20~60 g;猪、羊 10~15 g;犬 5~8 g;兔、禽 1.5~5 g。

【使用禁忌】 哺乳期母畜忌用。

【主要成分】 含淀粉酶、转化糖酶、蛋白质分解酶、B 族维生素、维生素 C、脂肪、卵磷脂、麦芽糖、葡萄糖等。

【药理作用】 嫩短的芽含酶量较高,微炒时对酶无影响,但炒焦后则酶的活力降低。

鸡内金

本品为雉科动物家鸡的干燥沙囊内壁。剥离后,洗净晒干。研末生用或炒用。

【性味归经】 甘,平。入脾、胃、小肠、膀胱经。

【功效主治】 消食健胃,化石通淋。主治食积不消,呕吐,泄泻,砂石淋。

彩图:鸡内金

【配伍应用】 ①用于食积不化、肚腹胀满,常与山楂、麦芽等同用。②用于脾虚腹泻,常与白术、干姜等配合。③用于化石通淋,多与金钱草、海金沙、牛膝等同用。

【临床用量】 马、牛 15~30 g;猪、羊 3~9 g;兔、禽 1~2 g。

【主要成分】 含胃激素、胆汁三烯、胆绿素、蛋白质及多种氨基酸等。

Note

【药理作用】 内服能使胃液分泌量及酸度增加,有健胃作用。

山楂

本品为蔷薇科植物山楂或山里红的成熟干燥果实。生用或炒用。主产于河北、江苏、浙江、安徽、湖北、贵州、广东等地。

彩图:山楂

【性味归经】 酸、甘,微温。入脾、胃、肝经。

【功效主治】 消食健胃,活血化瘀。主治食积停滞,伤食泄泻,瘀滞出血,产后瘀阻。

【配伍应用】 ①用于食积不消、肚腹胀满等,尤以消化肉食积滞见长,常与行气消滞药木香、青皮、枳实等同用。②用于食积停滞,配伍神曲、半夏、茯苓等,如保和丸。③用于瘀滞出血,可与蒲黄、茜草等配伍。

【临床用量】 马、牛 20～45 g;猪、羊 10～15 g;犬、猫 3～6 g;兔、禽 1～2 g。

【使用禁忌】 脾胃虚弱无积滞者忌用。

【主要成分】 含脂肪油,油中主要成分为芥酸甘油酯及微量挥发油。

【药理作用】 对伤寒杆菌、痢疾杆菌、绿脓杆菌、大肠杆菌以及多数皮肤真菌有抑制作用;能刺激结肠,使其蠕动增加而致泻;有收敛作用,可产生继发性便秘;具有利胆、止血、利尿、解痉、降血压的作用;有类似雌激素的作用。

莱菔子

本品为十字花科植物(萝卜)的干燥成熟种子。生用或炒用。各地均产。

彩图:莱菔子

【性味归经】 辛、甘,平。入肺、脾、胃经。

【功效主治】 消食导滞,理气化痰。主治食积停滞,腹痛腹泻,肺痰壅盛,咳嗽气喘。

【配伍应用】 ①用于食积气滞所致的肚腹胀满、嗳气酸臭、腹泻腹痛等证,常与六曲、厚朴、山楂等同用。②用于痰涎壅滞、气喘咳嗽等证,常与苏子等同用。

【临床用量】 马、牛 20～60 g;猪、羊 5～15 g。

【使用禁忌】 气虚者忌用。

【药理作用】 对链球菌、葡萄球菌、肺炎双球菌、大肠杆菌及皮肤真菌有抑制作用;此外,还有健胃的作用。

巩固训练

任务五　泻　下　药

泻下药是指能攻积、逐水,引起腹泻或润肠通便的药物。此类药具有清除粪便、清热泻火、逐水退肿三方面功能。

根据泻下药的性能,一般将其分为三类。

①攻下药:性味多苦寒,具有较强的泻下作用,适用于宿食停积,粪便燥结所导致的里实证。证见粪便秘结,腹胀腹痛,二便不通等。

②润下药:多为植物种子或果仁,富含油脂,具有润燥滑肠的作用,适用于血虚津枯,老、弱、怀孕动物的肠燥便秘之证。证见体虚便秘,老弱久病等。

③峻下逐水药:作用猛烈,多有毒,能引起剧烈腹泻,适用于水肿、胸腔积水及痰饮结聚之证。证见肚腹胀满,口中流涎,水肿积液等。

使用泻下药的过程中应注意以下几点。

①泻下药的使用中,表证未解,当先解表,然后攻里,若表邪未解而里实已成,则应表里双解,以防表邪陷里。

②泻下药的作用与剂量、配伍有关。量小则力缓,量大则力峻;大黄配厚朴、枳实则力峻,大黄配甘草则力缓。所以,应依据病情把握用药的剂量与配伍。

③攻下药、峻下逐水药易伤正气,凡虚证及孕畜应慎用,必要时可辅助补益药。

④峻下逐水药多具有毒性,使用时应注意剂量,防止中毒。

一、攻下药

大黄

彩图:大黄

本品为蓼科植物药用大黄、掌叶大黄或唐古特大黄的干燥根及根茎。生用,或酒制、蒸熟、炒黑用。主产于四川、甘肃、青海、湖北、云南、贵州等地。

【性味归经】 苦,寒。入脾、胃、大肠、肝、心包经。

【功效主治】 泻热通肠,凉血解毒,破积行瘀。主治实热便秘,结症,疮黄疔毒,目赤肿痛,烧伤烫伤,跌打损伤。

【配伍应用】 ①用于热结便秘、腹痛起卧、实热壅滞等,多与芒硝、枳实、厚朴同用,如大承气汤。②用于血热妄行的出血,以及目赤肿痛、热毒疮肿等属血分实热壅滞之证,常与黄芩、黄连、牡丹皮等同用。③用于跌打损伤、瘀阻作痛,可与桃仁、红花等配伍。④用于清化湿热而用治黄疸,常与茵陈、栀子同用,如茵陈蒿汤。⑤用于烫伤、热毒疮疡的外敷药,与陈石灰炒至桃红色,去大黄后研末为桃花散,撒布伤口,能治创伤出血等。

【临床用量】 马、牛 30～120 g;猪、羊 6～12 g;犬、猫 3～5 g;兔、禽 1.5～3 g。

【使用禁忌】 凡血分无热郁结,肠胃无积滞者,以及孕畜应慎用或忌用。

【主要成分】 含大黄酚、芦荟大黄素、大黄酸等蒽醌衍生物及鞣质。

【药理作用】 对葡萄球菌、链球菌、伤寒杆菌、痢疾杆菌、绿脓杆菌、大肠杆菌以及多数皮肤真菌有抑制作用;口服后能刺激结肠,使其蠕动增加而致泻;有收敛作用,可产生继发性便秘;有利胆、止血、利尿、解痉、降低血压和胆固醇等作用;有类似雌激素的作用。

芒硝

彩图:芒硝

本品为硫酸盐类矿物芒硝族芒硝,经加工精制而成的结晶体。主含含水硫酸钠(Na$_2$SO$_4$·10H$_2$O)。煎炼后结于盆底凝结成块者,称为朴硝;结于上面的细芒如针者,称为芒硝。芒硝与萝卜同煮,待芒硝溶解后,去萝卜,倾于盆中,冷后所形成的结晶称为玄明粉。主产于河北、河南、山东、江西、江苏及安徽等地。

【性味归经】 咸、苦,寒。入胃、大肠经。

【功效主治】 泻下通便,软坚散结,泻火消肿。主治实热便秘,粪便燥结,乳痈肿痛。

【配伍应用】 ①用于实热积滞、粪便燥结、肚腹胀满等,为治里热燥结实证之要药,常与大黄相须为用,配伍木香、槟榔、青皮、牵牛子等。②用于热毒引起的目赤肿痛、皮肤疮肿,外用,如玄明粉。③用于口腔溃烂,配伍硼砂、冰片,共研细末外用。

【临床用量】 马 200～500 g;牛 300～800 g;羊 40～100 g;猪 25～50 g;犬、猫 5～15 g;兔、禽 2～4 g。

【使用禁忌】 孕畜禁用。

【主要成分】 硫酸钠以及少量的氯化钠、硫酸镁等。

【药理作用】 硫酸钠口服后不易吸收,在肠中形成高渗盐溶液,保持肠道内大量水分,导致肠内容积增大,刺激肠黏膜,反射性地引起肠蠕动亢进而致泻。

番泻叶

彩图:番泻叶

本品为豆科植物狭叶番泻或尖叶番泻的干燥小叶。生用。狭叶番泻叶主产于印度、埃及、苏丹,尖叶番泻叶主产于埃及。

【性味归经】 甘、苦,寒。入大肠经。

【功效主治】 泻热导滞,通便,利水。主治热结积滞,便秘腹痛,水肿。

【配伍应用】 ①用于热结便秘、腹痛起卧等,常与大黄、枳实、厚朴等同用。②用于消化不良、食物积滞,配伍槟榔、大黄、山楂等。③用于腹水,配伍牵牛子、大腹皮等。

Note

【临床用量】 马 25～40 g,牛 30～60 g;猪、羊 5～10 g;犬 3～5 g;兔、禽 1～2 g。

【主要成分】 含番泻苷甲、乙,及少量游离蒽醌衍生物如芦荟大黄素、大黄酸等。

【药理作用】 能刺激肠管,使其蠕动加快而致泻;大剂量刺激可引起腹痛、盆腔充血和呕吐等反应,可配伍香附、藿香减少副作用;对皮肤真菌有一定的抑制作用。

巴豆

本品为大戟科植物巴豆的干燥成熟种子。生用、炒焦用或制霜用。主产于四川、广东、福建、广西、云南等地。

【性味归经】 辛,热。有大毒。入胃、大肠经。

【功效主治】 蚀疮。主治恶疮,疥癣。

【配伍应用】 ①用于里寒冷积所致的便秘,腹痛等证,常与干姜、大黄等同用。②用于体质壮实的水肿腹水,可与杏仁等配伍。③用于痰壅咽喉,气急喘促,窒息者,可与胆南星等同用。④用于疮疡脓熟而未溃破者,外用有腐蚀作用,使疮疡溃破,常与乳香、没药等配伍。

【临床用量】 马、牛 3～9 g;猪、羊 0.6～3 g;犬 0.2～0.5 g。

【使用禁忌】 孕畜及泌乳期母畜忌用。畏牵牛。

【主要成分】 含巴豆油、毒性蛋白、巴豆树脂、生物碱、巴豆苷等。

【药理作用】 使肠道分泌和蠕动增加而泻下;对皮肤黏膜有强烈的刺激作用;能溶解红细胞,使局部细胞变性、坏死。

二、润下药

火麻仁

本品为桑科植物大麻的干燥成熟果实。去壳生用。主产于东北、华北、西南等地。

【性味归经】 甘,平。入脾、胃、大肠经。

【功效主治】 润肠通便,滋养益津。主治肠燥便秘,血虚便秘。

【配伍应用】 ①用于邪热伤阴,津枯肠燥所致的粪便燥结,常与大黄、杏仁、白芍等同用,如麻子仁丸。②用于病后津亏及产后血虚所致的肠燥便秘,常与当归、生地黄等配伍。

【临床用量】 马、牛 120～180 g;猪、羊 10～30 g;犬、猫 2～6 g。

【主要成分】 含脂肪油、蛋白质、挥发油、植物甾醇、亚麻酸、葡萄糖醛酸、卵磷脂、维生素 E 和 B 族维生素等。

【药理作用】 具有润滑作用,刺激肠壁使肠道分泌和蠕动增强。

彩图:火麻仁

郁李仁

本品为蔷薇科植物欧李、郁李或长柄扁桃的干燥成熟种子。前两种习称小李仁,后一种习称大李仁。去皮捣碎用。南北各地均有分布,多系野生,主产于河北、辽宁、内蒙古等地。

【性味归经】 辛、苦、甘,平。入脾、大肠、小肠经。

【功效主治】 润肠通便,下气,利水消肿。主治肠燥便秘,宿草不转,水肿,腹水。

【配伍应用】 ①用于老弱病畜之肠燥便秘,多与火麻仁、瓜蒌仁等同用。②用于四肢水肿和尿不利等证,常与薏苡仁、茯苓等配伍。

【临床用量】 马、牛 15～60 g;猪、羊 5～10 g;犬 3～6 g;兔、禽 1～2 g。

【主要成分】 含李苷、苦杏仁苷、脂肪油等。

【药理作用】 有显著降压、利尿及泻下作用。

彩图:郁李仁

食用油

本品为植物油和动物油,如菜籽油、芝麻油、花生油、豆油及猪脂等。

【性味归经】 甘,寒。入大肠经。

【功效主治】 润燥滑肠。主治肠津枯燥,粪便秘结。

【配伍应用】 用于肠津枯燥,粪便秘结,单用或与其他泻下药同用。

【临床用量】 马、牛250～500 mL;猪、羊90～120 mL;犬45～60 mL。

【主要成分】 含甘油三酯、维生素E和植物甾醇。

【药理作用】 能够使肠壁润滑,软化大便,促进粪便排出。

蜂蜜

本品为蜜蜂科昆虫中华蜜蜂或意大利蜂所酿的蜜。各地均产。

【性味归经】 甘,平。入肺、脾、大肠经。

【功效主治】 补中,润燥,解毒,止痛;外用生肌敛疮。主治肺燥咳嗽,肠燥便结;外治疮疡不敛,烫火伤。

【配伍应用】 ①用于体虚不宜用攻下药的肠燥便秘等。②用于肺燥干咳,肺虚久咳等,如枇杷叶,常用蜂蜜拌炒(即蜜炙),以增强润肺之功。③用于缓解乌头、附子等的毒性。④用于脾虚胃弱等证。

【临床用量】 马、牛120～240 g;猪、羊30～90 g;犬5～15 g;兔、禽3～10 g。

【主要成分】 含果糖、葡萄糖,还有蔗糖、无机盐、酶、有机酸、糊精、蛋白质、树胶样物质、蜡、色素、芳香性物质及花粉粒。

【药理作用】 有祛痰和缓泻作用;可促进创面收敛和愈合;有杀菌作用。

三、峻下逐水药

牵牛子

本品为旋花科植物裂叶牵牛或圆叶牵牛的干燥成熟种子,又称二丑或黑白丑。生用。各地均产。

【性味归经】 苦,寒。有毒。入肺、肾、大肠经。

【功效主治】 泻下去积,逐水消肿。主治粪便秘结,虫积腹痛,水肿。

【配伍应用】 ①用于肠胃实热壅滞、粪便不通及水肿腹胀等证。②用于水肿胀满等实证,常与甘遂、大戟、大黄等同用。

【临床用量】 马、牛15～60 g;猪、羊3～10 g;犬2～4 g;兔、禽0.5～1.5 g。

【使用禁忌】 孕畜忌用。

【主要成分】 含牵牛子苷(树脂苷类)、脂肪油、有机酸等。

【药理作用】 能刺激肠黏膜,使肠道分泌物增多,蠕动增加而产生泻下作用。

大戟

本品为大戟科植物大戟的干燥根或茜草科植物红大戟的干燥块根。前者习称京大戟,后者习称红大戟。切片生用、醋炒或与豆腐同煮后用。主产于广西、云南、广东等地。

【性味归经】 苦,寒。入肺、脾、肾经。

【功效主治】 泻水逐饮,消肿散结,通二便。主治宿草不转,水肿胀满,痰饮积聚,疮疡肿毒,二便不利,瘰疬痰核,胎衣不下。

【配伍应用】 ①用于水饮泛溢所致的水草肚胀,京大戟泻水逐饮的功效较好,可与甘遂、牵牛子等配伍,如大戟散。②用于热毒壅滞所致的疮黄肿毒,以红大戟较好。

【临床用量】 京大戟:马、牛10～15 g;猪、羊2～5 g。红大戟:马5～15 g;牛10～25 g;羊、猪2～5 g。

【使用禁忌】 孕畜及体虚者忌用。反甘草。

【主要成分】 红大戟含游离及结合性蒽醌类。京大戟含大戟苷(多为三萜醇的复合体,有类似巴豆油和斑蝥素的刺激作用,与醋酸作用后,其刺激作用消失。

【药理作用】 京大戟的泻下作用和毒性作用强于红大戟;红大戟对痢疾杆菌、溶血性链球菌有抑制作用;毒性大,中毒后腹痛、腹泻,甚至致死。

甘遂

本品为大戟科植物甘遂的干燥块根。切片生用、醋炒用,甘草汤炒用或煨用。主产于陕西、山西、河南等地。

【性味归经】 苦,寒。有毒。入肺、肾、大肠经。

【功效主治】 泻水逐痰,通利二便。主治水肿,胸腹积水,痰饮积聚,二便不利。

【配伍应用】 ①用于水湿壅盛所致的宿水停脐、水肿胀满、二便不利等,尤长于泻胸腹之积水,常与大戟、芫花等同用。②外用消肿散结,用于湿热肿毒等。

【临床用量】 马 6~15 g;牛 10~20 g;猪、羊 0.5~1.5 g;犬 0.1~0.5 g。

【使用禁忌】 体虚及孕畜忌用。反甘草。

【主要成分】 含三萜、棕榈酸、柠檬酸、草酸、鞣酸、树脂、糖、淀粉等。

【药理作用】 生用泻下作用较强,毒性大,经醋炙后其毒性及泻下作用均减小;有利尿及镇痛作用。

芫花

本品为瑞香科植物芫花的干燥花蕾。生用或醋炒、醋煮用。主产于陕西、安徽、江苏、浙江、四川、山东等地。

【性味归经】 苦、辛,温。有毒。入肺、脾、肾经。

【功效主治】 泻水逐饮,通利二便,解毒杀虫。主治胸腹积水,痰饮喘急,二便不利,痈疽肿毒;外治疥癣,蜱虱。

【配伍应用】 ①用于胸水,常与大戟、甘遂、大枣等同用。②外用能杀虫治癣。

【临床用量】 马、牛 6~15 g;猪、羊 1.5~3 g。

【使用禁忌】 孕畜及体虚者忌用。反甘草。

【主要成分】 含芫花苷、芹菜素、芫根苷等多种黄酮类,以及 β-甾固醇、苯甲酸等。

【药理作用】 促进肠蠕动致泻;有利尿作用;醋制有止咳、祛痰作用;对金黄色葡萄球菌、痢疾杆菌、伤寒杆菌、绿脓杆苗、大肠杆菌、皮肤真菌等有抑制作用。

商陆

本品为商陆科植物商陆或垂序商陆的干燥根。生用或醋炒用。主产于河南、安徽、湖北等地。

【性味归经】 苦,寒。入脾、肾、大肠经。

【功效主治】 逐水消肿,通利二便;外用解毒散结。主治水肿,宿水停脐,二便不通;外治痈肿疮毒。

【配伍应用】 ①用于水肿胀满、粪便秘结、尿不利等实证,常与甘遂、大戟同用。②用于疮黄肿毒,常以新鲜商陆捣烂外敷。

【临床用量】 马、牛 15~30 g;猪、羊 2~5 g。

【使用禁忌】 脾胃虚弱、孕畜忌用。

【主要成分】 含三萜皂苷、甾族化合物、生物碱及大量硝酸钾等。

【药理作用】 有利尿作用,大剂量抑制心脏功能;有镇咳作用;对皮肤真菌有抑制作用。

巩固训练

任务六 祛 湿 药

祛湿药是指能祛除湿邪,治疗水湿证的药物。此类药多辛温,具有祛风除湿、利水渗湿、芳香化湿的作用。适用于风湿之邪而导致的风寒湿痹,泄泻,水肿,黄疸之证。

根据祛湿药的性能,一般将其分为三类。

①祛风湿药:性味多辛温燥烈,功能为祛风胜湿,适用于风湿在表而导致的肢节疼痛、颈项强直、

Note

筋脉拘挛、风寒湿痹等。

②利湿药:性味多淡平,功能为利尿、渗除水湿,适用于尿赤涩、淋浊、水肿、水泻、黄疸和风湿性关节疼痛等。

③化湿药:性味多辛温芳香,功能为运化水湿,适用于湿浊内阻、脾为湿困、运化失调等所致的肚腹胀满等。

使用祛湿药的过程中应注意以下几点。

①祛风湿药其性多燥,凡阳虚血虚的病畜应慎用。

②利湿药忌用于阴虚津少,尿不利之症。

③化湿药慎用于阴虚血燥及气虚者。

一、祛风湿药

羌活

彩图:羌活

本品为伞形科植物羌活或宽叶羌活的干燥根茎及根。切片生用。主产于陕西、四川、甘肃等地。

【性味归经】 辛、苦,温。入膀胱、肾经。

【功效主治】 发汗解表,祛风胜湿,止痛。主治外感风寒,风湿痹痛。

【配伍应用】 ①用于风寒感冒、四肢拘挛等,常配伍防风、白芷、川芎等。②用于项背、前肢风湿痹痛,风湿在表,腰脊僵拘,配伍独活、防风、藁本、川芎、蔓荆子、甘草等。

【临床用量】 马、牛 15～45 g;猪、羊 3～10 g;犬 2～5 g;兔、禽 0.5～1.5 g。

【使用禁忌】 阴虚火旺,产后血虚者慎用。

【主要成分】 含挥发油、有机酸(棕榈酸、油酸、亚麻酸)及生物碱等。

【药理作用】 对皮肤真菌、布鲁氏杆菌有抑制作用。

独活

彩图:独活

本品为伞形科植物重齿毛当归的干燥根。切片生用。产于四川、陕西、云南、甘肃、内蒙古等地。

【性味归经】 辛、苦,微温。入肾、膀胱经。

【功效主治】 祛风胜湿,通痹止痛。主治风寒湿痹,腰肢疼痛。

【配伍应用】 ①用于风寒湿痹,尤其是腰胯、后肢痹痛的常用药物,常与桑寄生、防风、细辛等同用,如独活寄生汤。②用于外感风寒挟湿,四肢关节疼痛等,常与羌活共同配伍于解表药中。

【临床用量】 马、牛 15～45 g;猪、羊 3～10 g;犬 2～5 g;兔、禽 0.5～1.5 g。

【使用禁忌】 血虚者忌用。

【主要成分】 含挥发油、甾醇、有机酸等。

【药理作用】 有扩张血管、降低血压、兴奋呼吸中枢和抗风湿、镇痛、镇静、催眠作用。

秦艽

彩图:秦艽

本品为龙胆科植物秦艽、麻花秦艽、粗茎秦艽或小秦艽的干燥根。切片生用。主产于四川、陕西、甘肃等地。

【性味归经】 辛、苦,平。入胃、肝、胆经。

【功效主治】 祛风湿,止痹痛,退虚热。主治风湿痹痛,筋脉拘挛,虚劳发热,尿血。

【配伍应用】 ①用于风湿性肢节疼痛、湿热黄疸、尿血等,配伍瞿麦、当归、蒲黄、山栀等,治疗弩伤尿血,如秦艽散。②用于虚劳发热,常配伍知母、地骨皮等。

【临床用量】 马、牛 15～45 g;猪、羊 3～10 g;犬 2～6 g;兔、禽 1～1.5 g。

【使用禁忌】 脾虚便溏者忌用。

【主要成分】 含有龙胆碱、龙胆次碱、秦艽丙素及挥发油、糖类等。

【药理作用】 对金黄色葡萄球菌、炭疽杆菌、痢疾杆菌、伤寒杆菌等有抑制作用;增强肾上腺皮质功能,抗炎;有镇痛、镇静、解热作用。

威灵仙

本品为毛茛科植物威灵仙、棉团铁线莲或东北铁线莲的干燥根及根茎。切碎生用、炒用。主产于安徽、江苏等地。

【性味归经】 辛、咸,温。入膀胱经。

【功效主治】 祛风湿,通经络,消肿止痛。主治风湿痹痛,筋脉拘挛,屈伸不利。

【配伍应用】 用于风湿所致的四肢拘挛、屈伸不利、肢体疼痛、跌打损伤等,常与羌活、独活、秦艽、乳香、没药等配伍。

【临床用量】 马、牛 15～60 g;猪、羊 3～10 g;犬、猫 3～5 g;兔、禽 0.5～1.5 g。

【主要成分】 含白头翁素、白头翁醇、甾醇、糖类、皂苷。

【药理作用】 有解热、镇痛和增加尿酸盐排泄的作用;有抗痛风及抗组胺作用;对金黄色葡萄球菌有抑制作用。

彩图:威灵仙

木瓜

本品为蔷薇科植物贴梗海棠的干燥近成熟果实。蒸煮后切片用或炒用。主产于安徽、浙江、四川、湖北等地。

【性味归经】 酸,温。入肝、脾、胃经。

【功效主治】 舒筋活络,和胃化湿。主治风湿痹痛,湿困脾胃,呕吐泄泻,水肿。

【配伍应用】 ①用于风湿痹痛、腰胯无力、湿困脾胃、呕吐腹泻等。②用于后肢风湿,并为后肢痹痛的引经药,常与独活、威灵仙等同用。

【临床用量】 马、牛 15～45 g;猪、羊 5～10 g;犬、猫 2～5 g;兔、禽 1～2 g。

【主要成分】 含有苹果酸、酒石酸、皂苷、鞣酸、维生素 C 等。

【药理作用】 对于腓肠肌痉挛所致的抽搐有一定效果;对关节炎有明显消肿作用。

彩图:木瓜

五加皮

本品为五加科植物细柱五加的干燥根皮。切片生用或炒用。主产于四川、湖北、河南、安徽等地。

【性味归经】 辛、苦,温。入肝、肾经。

【功效主治】 祛风除湿,强筋壮骨,补益肝肾,利水消肿。主治风寒湿痹,腰肢痿软,体虚乏力,水肿。

【配伍应用】 ①用于风湿痹痛、筋骨不健等,若肝肾不足、筋骨痿软,可配伍木瓜、牛膝,以增强其强筋壮骨作用。②用于水肿、尿不利等,多配伍茯苓皮、大腹皮等,如五皮饮。

【临床用量】 马、牛 15～45 g;猪、羊 5～10 g;犬、猫 2～5 g;兔、禽 1.5～3 g。

【主要成分】 含挥发油、鞣质、棕榈酸、亚麻仁油酸、维生素 A 及 B_1 等。

【药理作用】 有抗关节炎和镇痛作用;能调整血压和降低血糖;能增强机体的抵抗力。

彩图:五加皮

防己

本品为防己科植物粉防己的干燥根。切片生用或炒用。主产于浙江、安徽、湖北、广东等地。

【性味归经】 苦,寒。入膀胱、肺经。

【功效主治】 利水退肿(汉防己较佳),祛风止痛(木防己较佳)。主治尿不利,风湿痹痛,关节肿痛。

【配伍应用】 ①用于水湿停留所致的水肿、胀满等,常与杏仁、滑石、连翘、栀子、半夏等同用。②用于肾虚腿肿,与黄芪、茯苓、桂心、胡芦巴等配伍,如防己散。③用于风湿疼痛、关节肿痛等,常与乌头、肉桂等同用。

【临床用量】 马、牛 15～45 g;猪、羊 5～10 g;犬 3～6 g;兔、禽 1～2 g。

【使用禁忌】 阴虚无湿滞者忌用。

【主要成分】 汉防己含多种生物碱,已提纯的有汉防己甲素、汉防己乙素及酚性生物碱等;木防

彩图:防己

Note

己含木防己碱、异木防己碱、木兰花碱等多种生物碱。

【药理作用】 汉防己小剂量可使尿量增加;大剂量作用相反;汉防己有明显镇痛、消炎、抗过敏、解热和降压等作用;汉防己、木防己均有抗阿米巴原虫作用。

桑寄生

彩图:桑寄生

本品为桑寄生科植物桑寄生的干燥带叶茎枝。主产于河北、河南、广东、广西、浙江、江西、台湾等地。

【性味归经】 苦、甘,平。入肝、肾经。

【功效主治】 除风湿,补肝肾,强筋骨,益血安胎。主治风湿痹痛,腰胯无力,胎动不安。

【配伍应用】 ①用于血虚、筋脉失养、腰脊无力、四肢痿软、筋骨痹痛、背项强直,常与杜仲、牛膝、独活、当归等同用,如独活寄生汤。②用于肝肾虚损,胎动不安,常与阿胶、艾叶等配合。

【临床用量】 马、牛 30～60 g;猪、羊 5～15 g;犬 3～6 g。

【主要成分】 含广寄生苷等黄酮类。

【药理作用】 有利尿、降压作用;对伤寒杆菌、葡萄球菌有抑制作用。

乌梢蛇

本品为游蛇科动物乌梢蛇的干燥体。砍去头,以黄酒闷透去骨用或炙用。主产于浙江、安徽、贵州、湖北、四川等地。

【性味归经】 甘,平。入肝经。

【功效主治】 祛风湿,定惊厥。主治风寒湿痹,惊痫抽搐,破伤风。

【配伍应用】 ①用于风湿麻痹、风寒湿痹等,多与羌活、防风等配伍。②用于惊痫、抽搐,常与蜈蚣、全蝎等配伍。③用于破伤风,常与天麻、蔓荆子、羌活、独活、细辛等配伍,如千金散。

【临床用量】 马、牛 15～30 g;猪、羊 3～6 g;犬 2～3 g。

【使用禁忌】 血虚生风者不宜单用。

【主要成分】 含蛋白质及肽类、脂类等。

【药理作用】 有镇静、镇痛及扩张血管的作用。

【附药功效】 蛇蜕为蛇类蜕下的干燥皮膜,凡银白色或淡棕色者可入药。性平,味咸、甘。具有驱风定惊、明目退翳等功效。

马钱子

彩图:马钱子

本品为马钱科植物马钱的干燥成熟种子。砂炒至膨胀,去毛压粉用;或泡后去毛,油炒制用。主产于云南、广东等地。

【性味归经】 苦,温。有大毒。入肝、脾经。

【功效主治】 通经络,消结肿,止疼痛。主治风湿痹痛,跌打损伤,宿草不转,疮黄肿毒。

【配伍应用】 ①用于风毒窜入经络所致的拘挛疼痛,常与羌活、川乌、乳香、没药等配伍。②用于跌打骨折等瘀滞肿痛,可与自然铜、土鳖虫、骨碎补、乳香、没药同用。③用于痈肿疮毒,配伍雄黄、乳香、穿山甲等药。

【临床用量】 马、牛 1.5～6 g;猪、羊 0.3～1.2 g;犬 0.1～0.2 g。

【使用禁忌】 脾胃虚弱者忌用。

【主要成分】 含生物碱,主要为番木鳖碱、番木鳖苷等。

【药理作用】 能兴奋脊髓,小剂量时能显著增强脊髓的反射活动,中毒剂量时产生强直性惊厥。

二、利湿药

茯苓

彩图:茯苓

Note

本品为多孔菌科真菌茯苓的干燥菌核。寄生于松树根。其傍附松根而生者,称为茯苓;抱附松根而生者,谓之茯神;内部色白者,称白茯苓;色淡红者,称赤茯苓;外皮称茯苓皮,均可供药用。晒干切片生用。主产于云南、安徽、江苏等地。

【性味归经】 甘、淡,平。入心、肺、脾、肾经。

【功效主治】 渗湿利水,健脾补中,宁心安神。主治水肿尿少,脾虚食少,便溏泄泻,心神不宁。

【配伍应用】 ①一般水湿停滞或偏寒者,多用白茯苓;偏于湿热者,多用赤茯苓;若水湿外泛而为水肿、尿涩者,多用茯苓皮。②用于脾虚湿困,水饮不化的慢草不食或水湿停滞等,茯苓有标本兼顾之效,因茯苓既能健脾又能利湿,既能补又能泻。③用于宁心安神,以茯神功效较好,朱砂拌用,可增强疗效。④用于泄泻、脾虚湿困、运化失调者,有健脾利湿止泻的功效,如参苓白术散。

【临床用量】 马、牛 20～60 g;驼 45～90 g;猪、羊 5～10 g;犬、猫 3～6 g;兔、禽 1.5～3 g。

【主要成分】 含有茯苓酸、β-茯苓聚糖、麦角甾醇、蛋白质、卵磷脂、胆碱及钾盐等。

【药理作用】 有利尿镇静作用;对金黄色葡萄球菌、大肠杆菌等有抑制作用。

猪苓

本品为多孔菌科真菌猪苓的干燥菌核。切片生用。主产于山西、陕西、河北等地。

彩图:猪苓

【性味归经】 甘、淡,平。入肾、膀胱经。

【功效主治】 渗湿利水。主治小便不利,水肿,泄泻,淋浊,带下。

【配伍应用】 ①用于水湿停滞所致的尿不利、水肿胀满、肠鸣作泻、湿热淋浊等,常与茯苓、白术、泽泻等同用,如五苓散。②用于阴虚性尿不利、水肿,常配伍阿胶、滑石。

【临床用量】 马、牛 25～60 g;猪、羊 10～20 g;犬 3～6 g。

【主要成分】 含有麦角甾醇、可溶性糖、蛋白质等。

【药理作用】 有较好的利尿作用,能促进钠、氯、钾等电解质的排出;有降低血糖和抗肿瘤作用。

茵陈

本品为菊科植物茵陈蒿或滨蒿的干燥地上部分。晒干生用。主产于安徽、山西、陕西等地。

彩图:茵陈

【性味归经】 苦、辛,微寒。入脾、胃、肝、胆经。

【功效主治】 清湿热,利黄疸。主治黄疸,尿少,湿疮瘙痒。

【配伍应用】 ①用于湿热黄疸,配伍栀子、大黄,如茵陈蒿汤。②用于湿热泄泻,配伍黄柏、车前子等。③用于阳黄,单味大剂量内服即能奏效。④用于阴黄,则须配伍温里药,化湿而除阴寒,如茵陈四逆汤。

【临床用量】 马、牛 20～45 g;猪、羊 5～15 g;犬、猫 3～8 g;兔、禽 1～2 g。

【主要成分】 含有挥发油,主要为 β-蒎烯、茵陈烃、茵陈酮及叶酸。果穗中也含挥发油(茵陈酮及茵陈素)。

【药理作用】 对伤寒杆菌、金黄色葡萄球菌、流感病毒及某些皮肤真菌有一定抑制作用;有明显的利胆、解热、降压作用。

泽泻

本品为泽泻科植物(东方泽泻或泽泻)的干燥块茎。切片生用。主产于福建、广东、江西、四川等地。

彩图:泽泻

【性味归经】 甘、淡,寒。入肾、膀胱经。

【功效主治】 利水渗湿,泻肾火。主治水肿,尿不利,泄泻,淋浊。

【配伍应用】 ①用于因水湿停滞所致的尿不利、水肿胀满、湿热淋浊、泻痢不止等,常与茯苓、猪苓等同用。②用于肾阴不足,虚火偏亢,可配伍牡丹皮、熟地黄等,如六味地黄汤。

【临床用量】 马、牛 20～45 g;猪、羊 10～15 g;犬、猫 2～8 g;兔、禽 0.5～1 g。

【使用禁忌】 无湿及肾虚精滑者禁用。

【主要成分】 含挥发油、树脂淀粉等。

【药理作用】 有显著利尿作用,对金黄色葡萄球菌、结核分枝杆菌等有抑制作用。

Note

车前子

彩图:车前子

本品为车前科植物车前或平车前的干燥成熟种子。生用或炒用。主产于浙江、安徽、江西等地。

【性味归经】 甘,微寒。入肝、肾、肺、小肠经。

【功效主治】 清热利尿,渗湿通淋,明目。主治热淋尿血,泄泻,目赤肿痛,水肿,胎衣不下。

【配伍应用】 ①用于湿热淋浊、水湿泄泻、暑湿泻痢、尿不利等,配伍滑石、木通、瞿麦。②用于眼目赤肿、晴生翳障、黄疸等,配伍夏枯草、龙胆、青葙子等。

【临床用量】 马、牛 20～30 g;猪、羊 10～15 g;犬、猫 3～6 g;兔、禽 1～3 g。

【使用禁忌】 内无湿热及肾虚精滑者忌用。

【注】 全草为车前草,功效与车前子相似,兼有清热解毒和止血的作用。

【主要成分】 含车前子碱、车前子烯醇酸、胆碱、维生素 A 及 B 族维生素等。

【药理作用】 有利尿、止咳、祛痰、降压等作用,利尿作用明显;对伤寒杆菌、大肠杆菌等有抑制作用。

金钱草

彩图:金钱草

本品为报春花科植物过路黄的干燥全草。鲜用或晒干生用。主产于江南各地。

【性味归经】 甘、咸,微寒。入肝、胆、肾、膀胱经。

【功效主治】 清热利湿,利水通淋,排石止痛,解毒消肿。主治湿热黄疸,热淋,石淋,水肿,肿毒,毒蛇咬伤。

【配伍应用】 ①用于湿热黄疸,常与栀子、茵陈等同用。②用于尿道结石,常配伍石韦、鸡内金、海金沙等。③用于恶疮肿毒,可配伍鲜车前草,捣烂加白酒擦患处。

【临床用量】 马、牛 60～150 g;猪、羊 15～60 g;犬、猫 2～12 g。

【主要成分】 含酚性成分和甾醇、黄酮类、氨基酸、鞣质、挥发油、胆碱、钾盐等。

【药理作用】 有利胆作用,对金黄色葡萄球菌有抑制作用。

滑石

彩图:滑石

本品为硅酸盐类矿物滑石族滑石。主含含水硅酸镁$[Mg_3(Si_4O_{10})(OH)_2]$。打碎成小块,水飞或研细生用。产于广东、广西、云南、山东、四川等地。

【性味归经】 甘、淡,寒。入膀胱、肺、胃经。

【功效主治】 利尿通淋,清热解暑;外用祛湿敛疮。主治热淋,石淋,湿热泄泻,暑热;外治湿疹,湿疮。

【配伍应用】 ①用于湿热下注的尿赤涩疼痛、淋证、水肿等,常与金钱草、车前子、海金沙配合应用。②用于马胞转,常配伍泽泻、灯心草、茵陈、知母、酒黄柏、猪苓,如滑石散。③用于暑热、暑温、暑湿泄泻等,配伍甘草为六一散。④用于湿疮、湿疹,常配伍石膏、枯矾或与黄柏同用。

【临床用量】 马、牛 25～45 g;猪、羊 10～20 g;犬 3～9 g;兔、禽 1.5～3 g。

【使用禁忌】 内无湿热,尿过多及孕畜忌用。

【主要成分】 含硅酸镁、氧化铝、氧化镍等。

【药理作用】 具有吸附和收敛作用,内服能保护肠壁,止泻而不引起臌胀;有保护创面、吸收分泌物、促进结痂的作用。

冬瓜仁

彩图:冬瓜仁

本品为葫芦科植物冬瓜的种子。全国各地均有栽培。

【性味归经】 甘、平。入肺、小肠经。

【功效主治】 清肺化痰,利湿排脓。主治肺热咳喘,肺痈肠痈,水肿。

【配伍应用】 ①用于肺热咳喘、肺痈,常与桃仁、苇茎等配伍。②用于肠痈,常与大黄、牡丹皮等配伍。③用于利水消肿,常与猪苓、茯苓、泽泻等配伍。

【临床用量】 马、牛 25～40 g;猪、羊 3～6 g;犬 2～4 g。

Note

【主要成分】 含有脂肪油、瓜氨酸。

【药理作用】 降低血液中脂肪和胆固醇含量;增强动物机体的免疫功能。

木通

本品为木通科植物木通、三叶木通或白木通的干燥藤茎。主产于湖南、贵州、四川、吉林、辽宁等地。

彩图:木通

【性味归经】 苦,微寒。入心、小肠、膀胱经。

【功效主治】 清心泻火,利尿,通经下乳。主治口舌生疮,尿赤,五淋,水肿,湿热带下,乳汁不通。

【配伍应用】 ①用于心火上炎、口舌生疮、尿短赤、湿热淋痛、尿血等,常与生地黄、竹叶、甘草等配伍。②用于乳汁不通,常与王不留行、穿山甲同用。③用于通经,可与牛膝、当归、红花等配伍。

【临床用量】 马、牛 10～30 g;猪、羊 3～6 g;犬 1～2 g。

【使用禁忌】 汗出不止、尿频数者忌用。

【主要成分】 含有钙和鞣质等。

【药理作用】 有利尿和强心作用;对革兰氏阳性菌、痢疾杆菌、伤寒杆菌有抑制作用;大剂量木通可抑制心脏功能。

通草

本品为五加科植物通脱木的干燥茎髓。切碎生用。主产于江西、四川等地。

彩图:通草

【性味归经】 甘、淡,微寒。入肺、胃经。

【功效主治】 清热利尿,通气下乳。主治湿热尿淋,尿短赤,水肿,乳汁不下。

【配伍应用】 ①用于尿不利、湿热淋痛等,常与滑石配伍。②用于母畜下乳,常用于催乳方中。

【临床用量】 马、牛 15～30 g;猪、羊 3～10 g;犬 2～5 g;兔、禽 0.5～2 g。

【主要成分】 含肌醇、多聚戊糖、葡萄糖、果糖及半乳糖醛酸等。

【药理作用】 有利尿和下乳作用。

薏苡仁

本品为禾本科植物薏苡的干燥成熟种仁。生用或炒用。主产于山东、福建、河北、辽宁、江苏等地。

彩图:薏苡仁

【性味归经】 甘、淡,凉。入脾、胃、肺经。

【功效主治】 利水渗湿,健脾止泻,除痹,排脓。主治脾虚泄泻,湿痹拘挛,水肿,尿不利,肺痈。

【配伍应用】 ①用于肺痈等,配伍桃仁、芦根等。②用于水肿、浮肿、沙石热淋等,常配伍滑石、木通等。③用于脾虚泄泻,常炒熟与茯苓、白术同用。④用于风湿热痹、四肢拘挛等,常与防己等配伍。

【临床用量】 马、牛 30～60 g;猪、羊 10～25 g;犬 3～12 g;兔、禽 3～6 g。

【主要成分】 含有薏苡仁油、糖类、氨基酸、维生素 B_1 等。

【药理作用】 低浓度兴奋骨骼肌及运动神经末梢,高浓度则呈现麻痹作用。

地肤子

本品为藜科植物地肤的干燥成熟果实。生用。主产于河北、江苏、福建等地。

彩图:地肤子

【性味归经】 辛、苦,寒。入肾、膀胱经。

【功效主治】 清热利湿,祛风止痒。主治湿热淋浊,皮肤瘙痒,风疹,湿疹。

【配伍应用】 用于尿不利、湿热瘙痒、皮肤湿疹等,常与猪苓、通草、知母、黄柏、瞿麦等配合应用。

【临床用量】 马、牛 15～45 g;猪、羊 5～10 g;兔、禽 1～3 g。

【使用禁忌】 阴虚无温热和尿多者忌用。

【主要成分】 含有皂苷、维生素 A。

【药理作用】 有利尿作用;对皮肤真菌有抑制作用。

三、化湿药

藿香

彩图:藿香

本品为唇形科植物藿香干燥地上部分。晒干切碎生用。主产于广东、吉林、贵州等地。

【性味归经】 辛,微温。入肺、脾、胃经。

【功效主治】 发表解暑,芳香化湿,和中止呕。主治夏伤暑湿,暑湿泄泻,反胃呕吐,肚腹胀满。

【配伍应用】 ①用于湿浊内阻、脾为湿困、运化失调所致的肚腹胀满、少食、神疲、粪便溏泻、口腔滑利、舌苔白腻等偏湿的病证,常与苍术、厚朴、陈皮、甘草、半夏等配伍。②用于散表邪,治疗感冒而夹有湿滞之证,常配伍紫苏叶、白芷、陈皮、厚朴。

【临床用量】 马、牛 15～45 g;猪、羊 5～10 g;犬 3～5 g;兔、禽 1～2 g。

【使用禁忌】 阴虚无湿及胃虚作呕者忌用。不宜久煎。

【主要成分】 含有挥发油、鞣质、苦味质。

【药理作用】 能促进胃液分泌以助消化;对金黄色葡萄球菌、大肠杆菌、痢疾杆菌等有抑制作用。

苍术

彩图:苍术

本品为菊科植物茅苍术或北苍术的干燥根茎。晒干,切片生用或炒用。主产于江苏、安徽、浙江、河北、内蒙古等地。

【性味归经】 辛、苦,温。入脾、胃、肝经。

【功效主治】 燥湿健脾,祛风散寒,明目。主治泄泻,水肿,风寒湿痹,风寒感冒,夜盲。

【配伍应用】 ①用于湿困脾胃、运化失司、食欲不振、消化不良、胃寒草少、腹痛泄泻,常配伍厚朴、陈皮、甘草等,如平胃散。②用于关节疼痛,风寒湿痹,常配伍独活、秦艽、牛膝、薏苡仁、黄柏等。③用于眼科疾病。

【临床用量】 马、牛 15～60 g;猪、羊 3～15 g;犬 5～8 g;兔、禽 1～3 g。

【使用禁忌】 阴虚有热或多汗者忌用。

【主要成分】 含挥发油(苍术醇、苍术酮)、胡萝卜素以及维生素 B_1 等。

【药理作用】 小剂量镇静,大剂量对中枢抑制;对夜盲症、骨软症、皮肤角化症都有一定疗效。

佩兰

彩图:佩兰

本品为菊科植物佩兰的干燥地上部分。晒干切段生用。主产于江苏、浙江、安徽、山东等地。

【性味归经】 辛,平。入脾、胃、肺经。

【功效主治】 芳香化湿,醒脾开胃,发表解暑。主治伤暑,食欲不振。

【配伍应用】 ①用于湿热浊邪郁于中焦所致的肚腹胀满、舌苔白腻和暑湿表证等,常与藿香、厚朴、白豆蔻等同用。②用于暑热内蕴、肚腹胀满,常与藿香、厚朴、鲜荷叶等配伍。

【临床用量】 马、牛 15～40 g;猪、羊 5～15 g。

【使用禁忌】 阴虚血燥,气虚者不宜用。

【主要成分】 挥发油(对聚伞花素)。

【药理作用】 对流感病毒有抑制作用。

豆蔻

彩图:豆蔻

本品为姜科植物白豆蔻或瓜哇白豆蔻的干燥成熟果实。研碎生用或炒用。主产于广东、广西等地。

【性味归经】 辛,温。入肺、脾、胃经。

【功效主治】 芳香化湿,行气和中,化痰消滞。主治腹痛下痢,脾胃气滞,胃寒呕吐。

【配伍应用】 ①用于胃寒草少、腹痛下痢、脾胃气滞、肚腹胀满、食积不消等,常与苍术、厚朴、陈皮、半夏等同用。若湿盛,可配伍薏苡仁、厚朴;热盛,可配伍黄芩、黄连、滑石等。②用于马翻胃吐草,常与益智仁、木香、槟榔、草果等同用。③用于胃寒呕吐,常与半夏、藿香、生姜等配伍。

【临床用量】 马、牛 15～30 g；猪、羊 3～6 g；犬 2～5 g；兔、禽 0.5～1.5 g。

【主要成分】 含右旋龙脑及左旋樟脑等挥发油。

【药理作用】 能促进胃液分泌,增强肠管蠕动;制止肠内异常发酵,驱除胃肠内积气,并有止呕作用。

草豆蔻

本品为姜科植物草豆蔻的干燥近成熟种子。打碎生用。主产于广东、广西等地。

【性味归经】 辛,温。入脾、胃经。

【功效主治】 燥湿健脾,温胃止呕。主治脾胃虚寒,冷痛,寒湿泄泻,呕吐。

【配伍应用】 ①用于因脾胃虚寒所致食欲不振、食滞腹胀、冷肠泄泻、伤水腹痛等,配伍砂仁、陈皮、建曲等。②用于寒湿郁滞中焦,气逆作呕,常与高良姜、生姜、吴茱萸等同用。

【临床用量】 马、牛 15～30 g；猪、羊 3～6 g；犬、猫 2～5 g。

【使用禁忌】 阴血不足、无寒湿郁滞者不宜用。

【主要成分】 含豆蔻素、樟脑等挥发油。

【药理作用】 小剂量对豚鼠离体肠管有兴奋作用,大剂量则抑制。

巩固训练

任务七 理 气 药

理气药是指能疏通气机,调理气分疾病的药物。此类药物多辛温芳香,具有行气消胀、解郁、止痛、降气等作用,主要用于脾胃气滞所表现的肚腹胀满、食欲不振、嗳气呕吐、粪便异常及肺气壅滞所致咳喘等。

使用理气药的过程中应注意以下几点。

①使用此类药物时,应针对病情,根据药物的不同特点进行正确的选择和配伍。若湿邪困脾而兼见脾胃气滞,应配伍燥湿、温中或清热药。若宿草不转而气滞,应配伍消食药或泻下药;若为脾胃虚弱,运化无力所致的气滞者,应配伍健脾、助消化的药;若痰饮、瘀血而兼有气滞,应配伍祛痰药或活血祛瘀药。

②理气药多辛燥,易伤阴耗气,故对阴虚、气虚的动物慎用,必要时可选择补气、养阴药配伍同用。

陈皮

本品为芸香科植物橘及其栽培变种的干燥成熟果皮。生用或炒用。主产于长江以南各地。

【性味归经】 辛、苦,温。入肺、脾经。

【功效主治】 理气健脾,燥湿化痰。主治食欲减少,肚胀,腹痛,泄泻,痰湿咳嗽。

【配伍应用】 ①用于中气不和而引起的肚腹胀满、食欲不振、呕吐、腹泻等,常与生姜、白术、木香等配伍。②用于痰湿滞塞、气逆喘咳,常配伍半夏、茯苓、甘草等。③用于肚腹胀满、消化不良,常配伍厚朴、苍术等,如平胃散。

彩图:陈皮

【临床用量】 马、牛 15～45 g；猪、羊 5～10 g；犬、猫 2～5 g；兔、禽 1～3 g。

【使用禁忌】 阴虚燥热、舌赤少津、内有实热者慎用。

【主要成分】 含挥发油(右旋柠檬烯、柠檬醛等)、黄酮类(橙皮苷、川陈皮苷等)、肌醇、维生素 B_1。

【药理作用】 既有利于胃肠积气的排出,又可使胃液分泌增加而助消化;能刺激呼吸道,使分泌物增多,有利于痰液排出;有降低胆固醇水平的作用。

青皮

本品为芸香科植物橘及其栽培变种的干燥幼果或未成熟果实的果皮。切片生用或炒用。主产于长江以南各地。

彩图:青皮

【性味归经】　苦、辛,温。入肝、胆、胃经。

【功效主治】　疏肝止痛,破气消积,化滞。主治胸腹胀痛,气胀,食积不化,气血郁结,乳痈。

【配伍应用】　①用于肝气郁结所致的肚胀腹痛,配伍郁金、香附、柴胡、鳖甲等。②用于气血郁滞,配伍枳实、三棱、莪术等。③用于消化不良,配伍山楂、麦芽、建曲等。④单用可治乳房胀痛等。

【临床用量】　马、牛 15～30 g;猪、羊 5～10 g;犬 3～5 g;兔、禽 1.5～3 g。

【使用禁忌】　阴虚火旺者慎用。

【主要成分】　含陈皮苷、苦味质、挥发油、维生素 C 等。

【药理作用】　具有调理胃肠功能和祛痰的作用。

厚朴

彩图:厚朴

本品为木兰科植物厚朴或凹叶厚朴的干燥干皮、根皮及枝皮。切片生用或制用。主产于四川、云南、福建、贵州、湖北等地。

【性味归经】　苦、辛,温。入脾、胃、肺、大肠经。

【功效主治】　下气消胀,燥湿消痰。主治宿食不消,食积气滞,肚胀便秘,痰饮咳喘。

【配伍应用】　①用于湿阻中焦,气滞不利所致的肚腹胀满、腹痛或呃逆等,常与苍术、陈皮、甘草等药配伍应用,如平胃散。②用于肚腹胀痛兼见便秘属于实证者,常与枳实、大黄等药配伍,如消胀汤。③用于降逆平喘,因外感风寒而发者,可与桂枝、杏仁配伍;属痰湿内阻之咳喘者,常与苏子、半夏等同用。

【临床用量】　马、牛 15～45 g;猪、羊 5～15 g;犬 3～5 g;兔、禽 1.5～3 g。

【使用禁忌】　脾胃无积滞者慎用。

【主要成分】　厚朴酚、四氢厚朴酚油等挥发油、木兰箭毒碱等生物碱。

【药理作用】　对伤寒杆菌、霍乱弧菌、葡萄球菌、链球菌及痢疾杆菌有抑制作用;可抑制动物心脏收缩;有明显的降压作用。

枳实

彩图:枳实

本品为芸香科植物酸橙及其栽培变种或甜橙的干燥幼果。切片晒干生用、清炒、麸炒及酒炒用。主产于浙江、福建、广东、江苏、湖南等地。

【性味归经】　苦,微寒。入脾、胃经。

【功效主治】　破气消积,通便利膈。主治肚腹胀满,热结便秘。

【配伍应用】　①用于脾胃气滞,痰湿水饮所致的肚腹胀满、草料不消等,常与厚朴、白术等同用。②用于热结便秘、肚腹胀满疼痛者,常与大黄、芒硝等配伍,如大承气汤。

【临床用量】　马、牛 30～60 g;猪、羊 5～10 g;犬 4～6 g;兔、禽 1～3 g。

【使用禁忌】　脾胃虚弱和孕畜忌服。

【主要成分】酸橙果皮中含 N-甲基酪胺、对羟福林、挥发油、黄酮苷。挥发油中主要为右旋柠檬烯,次为枸橼醛、右旋芳樟醇等;黄酮苷类有橙皮苷、新橙皮苷、柚苷、枳黄苷、苦橙素、苦橙丁、5-羟基苦橙丁及 5-O-脱甲基川皮酮等。

【药理作用】　能增强胃、肠节律性蠕动;使子宫收缩有力,肌张力增强,可治子宫脱垂;使血管收缩,血压升高。

香附

本品为莎草科植物莎草的干燥根茎。去毛打碎用,或醋制、酒制后用。我国沿海各地均产。

【性味归经】　辛、微苦、微甘,平。入肝、脾、三焦经。

【功效主治】　疏肝解郁,理气宽中,活血止痛。主治气血郁滞,胸腹胀痛,产后腹痛。

【配伍应用】　①用于肝气郁结所致的肚腹胀满疼痛和食滞不消,配伍柴胡、郁金、白芍等。②用于寒凝气滞所致的胃肠疼痛,常与高良姜、吴茱萸、乌药配伍。③用于乳痈初起,可与蒲公英、赤芍等

Note

药配伍。④用于产后腹痛,常与艾叶、当归等配伍。

【临床用量】 马、牛 15～45 g;猪、羊 10～15 g;犬 4～8 g;兔、禽 1～3 g。

【使用禁忌】 本品苦燥能耗血散气,故血虚气弱者不宜单用。体温过高和孕畜慎用。

【主要成分】 含挥发油(香附子烯、香附子醇等)、酚性成分、脂肪酸等。

【药理作用】 能抑制子宫平滑肌的收缩;提高机体对疼痛的耐受性;降低肠管紧张性。

木香

本品为菊科植物木香的干燥根。切片生用。主产于云南、四川等地。

【性味归经】 辛、苦,温。入脾、胃、大肠、三焦、胆经。

【功效主治】 行气止痛,健脾消食,和胃止泻。主治胃肠气滞,食积肚胀,泻痢后重,腹痛。

【配伍应用】 ①用于脾胃气滞的肚腹疼痛、食欲不振,配伍砂仁、陈皮。②用于胸腹疼痛,配伍枳实、川楝子、茵陈。③用于里急后重的腹痛,配伍黄连等。④用于脾虚泄泻等,配伍白术、党参等。

【临床用量】 马、牛 30～60 g;猪、羊 6～12 g;犬、猫 2～5 g;兔、禽 0.3～1 g。

【使用禁忌】 血枯阴虚、热盛伤津者忌用。

【主要成分】 挥发油(α-木香烃和 β-木香烃、木香内醇、樟烯、水芹烯等)、树脂、菊糖、木香碱及甾醇等。

【药理作用】 对大肠杆菌、痢疾杆菌、伤寒杆菌等有不同程度的抑制作用;有降压作用。

彩图:木香

砂仁

本品为姜科植物阳春砂、绿壳砂或海南砂的干燥成熟果实。生用或炒用。主产于云南、广东、广西等地。

【性味归经】 辛,温。入胃、脾、肾经。

【功效主治】 化湿开胃,温脾止泻,理气安胎。主治湿困脾胃,宿食不消,肚胀,反胃吐食,冷痛,肠鸣泄泻,胎动不安。

【配伍应用】 ①用于气滞、食滞、肚腹胀满、少食便溏等,配伍木香、枳实、白术。②用于脾胃虚寒,清阳下陷而致冷滑下利不禁者,配伍干姜。③用于气滞所致胎动不安,常与白术、桑寄生、续断等同用。

【临床用量】 马、牛 15～30 g;猪、羊 3～10 g;犬 1～3 g;兔、禽 1～2 g。

【使用禁忌】 胃肠热结者慎用。

【主要成分】 挥发油(龙脑、乙酸龙脑酯、右旋樟脑、芳香醇、橙花椒醇等)。

【药理作用】 能促使胃液分泌,排出消化道内的积气。

彩图:砂仁

草果

本品为姜科植物草果的干燥成熟果实。生用或炒用。主产于广东、广西、云南、贵州等地。

【性味归经】 辛,温。入脾、胃经。

【功效主治】 温中燥湿,行气消胀。主治脾胃虚寒,食积不消,肚腹胀满,反胃吐食。

【配伍应用】 ①用于痰浊内阻、苔白厚腻等,常与槟榔、厚朴、黄芩等同用。②用于寒湿阻滞中焦,脾胃不运所致的肚腹胀满、疼痛、食少等,常与草豆蔻、厚朴、苍术等燥湿健脾药配伍。

【临床用量】 马、牛 20～45 g;猪、羊 3～10 g。

【使用禁忌】 无寒湿者不宜用。

【主要成分】 含挥发油约 3%,油中主要成分为 α-蒎烯和 β-蒎烯、1,8-桉油素、香叶醇等。

【药理作用】 具有镇痛、镇静、镇咳、解热、平喘等作用;有较强的抗炎作用。

槟榔

本品为棕榈科植物槟榔的干燥成熟种子。又称玉片或大白。主产于广东、台湾、云南等地。

【性味归经】 辛、苦,温。入胃、大肠经。

【功效主治】 杀虫消积,行气利水。主治绦虫病,蛔虫病,姜片虫病,虫积腹痛,宿草不转,食积腹胀,便秘,水肿。

彩图:槟榔

【配伍应用】 ①驱除绦虫、姜片虫疗效较佳,尤以猪、鹅、鸭绦虫较为有效,如配合南瓜子同用,效果更为显著,对于蛔虫、蛲虫、血吸虫等也有驱杀作用。②用于食积气滞、腹胀便秘、里急后重等,多与理气导滞药同用。③用于行气利水,常与吴茱萸、木瓜、紫苏叶、陈皮等同用。

【临床用量】 马 5~15 g;牛 12~60 g;猪、羊 6~12 g;兔、禽 1~3 g。

【使用禁忌】 老弱气虚者禁用。

【主要成分】 槟榔碱、槟榔次碱、去甲槟榔碱、去甲槟榔次碱、槟榔副碱、鞣质、脂肪油、槟榔红等。

【药理作用】 对流感病毒有抑制作用;有泻下、促使唾液腺及汗腺分泌、缩瞳等作用;对姜片吸虫、蛲虫、蛔虫有较好的驱除作用。

乌药

本品为樟科植物乌药的干燥块根。切片生用。主产于浙江,天台所产者习称台乌,安徽、湖北、江苏、广东、广西等地也有出产。

【性味归经】 辛,温。入脾、胃、肺、肾经。

【功效主治】 行气止痛,温胃散寒。主治腹痛腹胀,尿频数。

【配伍应用】 ①用于寒郁气逆所致的腹痛腹胀,如冷痛、脾胃气滞等,常与香附、木香同用。②用于虚寒性的尿频数等,常与益智仁、山药等配伍。

【临床用量】 马、牛 30~60 g;猪、羊 10~15 g;犬、猫 3~6 g;兔、禽 1.5~3 g。

【使用禁忌】 血虚内热、体虚、气虚者慎用。

【主要成分】 含有乌药烷、乌药烃、乌药酸和乌药醇酯、龙脑、柠檬烯、乌药内酯等。

【药理作用】 有解除胃痉挛的作用;能增进肠蠕动,促进气体排出;有兴奋心肌、加速血液循环、升高血压及发汗作用;对金黄色葡萄球菌、溶血性链球菌、绿脓杆菌、大肠杆菌均有抑制作用。

彩图:乌药

丁香

本品为桃金娘科植物丁香的干燥花蕾。捣碎生用。主产于广东和热带地区。

【性味归经】 辛,温。入脾、胃、肺、肾经。

【功效主治】 温中降逆,补肾助阳。主治胃寒呕吐,肚胀,冷肠泄泻,肾虚阳痿,宫寒。

【配伍应用】 ①用于脾胃虚寒所致的食欲不振,常与砂仁、白术配伍。②用于泄泻、阳痿和子宫虚冷等,可与茴香、附子、肉桂等温肾药配伍。

【临床用量】 马、牛 10~30 g;猪、羊 3~6 g;犬、猫 1~2 g;兔、禽 0.3~0.6 g。

【使用禁忌】 热证腹痛忌用。畏郁金。

【主要成分】 含挥发性丁香油(丁香酚、乙烯丁香油酚等)、丁香素、没食子鞣酸等。

【药理作用】 对多种细菌及皮肤真菌有抑制作用;对猪蛔虫有麻痹作用;可促进胃液分泌、增强胃肠蠕动等。

赭石

本品为氧化物类矿物刚玉族赤铁矿,主含三氧化二铁(Fe_2O_3)。生用或煅用。主产于河北、山西、山东、广东、江苏、四川、河南、湖南等地。

【性味归经】 苦,寒。入肝、心经。

【功效主治】 平肝潜阳,重镇降逆,凉血止血。主治肝阳上亢,气逆喘息,胃气上逆,鼻衄,吐血,肠风便血,子宫出血。

【配伍应用】 ①用于肝阳上亢所致的眼目红肿,常与牡蛎、白芍等同用。②用于气逆喘息,可单用本品,醋调服;虚者配伍党参、山茱萸等补肺纳气药。③用于胃气上逆所致的呕吐、呃逆等,常与旋覆花、半夏、生姜等配伍,如旋覆代赭石汤。④用于血热之出血,如衄血等,常与生地黄、芍药、栀子等配伍。

【临床用量】 马、牛 30~120 g;猪、羊 15~30 g;犬 6~10 g。

【使用禁忌】 寒证及孕畜忌用。

【主要成分】　含三氧化二铁,混有黏土、钛、镁、砷、盐等杂质。

【药理作用】　对胃肠黏膜有收敛和保护作用;对中枢神经有镇静作用;长期小量饲喂动物,可引起砷中毒。

任务八　理　血　药

理血药是指能调理和治疗血分病证的药物。此类药物具有补血、活血祛瘀、清热凉血和止血的功效,分别适用于血虚、血溢、血热和血瘀之证。

根据理血药的性能,一般将其分为两大类。

①活血祛瘀药:能活血祛瘀、疏通血脉,适用于瘀血疼痛,痈肿初起,跌打损伤,产后血瘀腹痛,肿块及胎衣不下等病证,证见胸膊疼痛,束步难行,频频换足,站立困难,脉象沉涩等。

②止血药:能制止内外出血,适用于咯血、便血、衄血、尿血、子宫出血及创伤出血等各种出血之证。治疗出血,必须根据出血的原因和不同的症状,选择适当药物进行配伍,增强疗效。若为血热妄行之出血者,应配伍清热凉血药;若为阴虚阳亢之出血者,应配伍滋阴潜阳药;若为气虚不能摄血之出血者,应配伍补气药;若为瘀血内阻者,应配伍活血祛瘀药。

使用理血药的过程中应注意以下几点:

①活血祛瘀药兼有催产下胎作用,对孕畜要忌用或慎用。

②在使用止血药时,除大出血应急救止血外,须注意有无瘀血,若出血暗紫,提示瘀血未净,应酌加活血祛瘀药,以免留瘀之弊;若出血过多,虚极欲脱,可加用补气药以固脱。

一、活血祛瘀药

川芎

本品为伞形科植物川芎的干燥根茎。切片生用或炒用。主产于四川,大部分地区也有种植。

【性味归经】　辛,温。入肝、胆、心包经。

【功效主治】　活血行气,祛风止痛。主治气血瘀滞,跌打损伤,胎衣不下,产后血瘀,风湿痹痛。

【配伍应用】　①用于气血瘀滞所致的难产、胎衣不下,常与当归、赤芍、桃仁、红花等配伍,如桃红四物汤。②用于跌打损伤,可与当归、红花、乳香、没药等同用。③用于外感风寒,多与细辛、白芷、荆芥等同用。④用于风湿痹痛,常与羌活、独活、当归等配合。

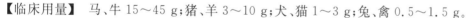

彩图:川芎

【临床用量】　马、牛 15~45 g;猪、羊 3~10 g;犬、猫 1~3 g;兔、禽 0.5~1.5 g。

【使用禁忌】　阴虚火旺、肝阳上亢及子宫出血者忌用。

【主要成分】　含挥发油、川芎内酯、阿魏酸、四甲吡嗪、生物碱及酚性物质等。

【药理作用】　对大脑有抑制作用;对心脏呈微麻痹作用;少量能刺激子宫收缩,大量导致子宫麻痹。

丹参

本品为唇形科植物丹参的干燥根及根茎。切片生用。主产于四川、安徽、湖北等地。

【性味归经】　苦,微寒。入心、肝经。

【功效主治】　活血祛瘀,通经止痛,凉血消痈,养血安神。主治气血瘀滞,跌打损伤,恶露不尽,创痈疗毒。

彩图:丹参

【配伍应用】　①用于产后恶露不尽、瘀滞腹痛等,常与桃仁、红花、当归、牡丹皮、益母草等配伍。②用于疮痈肿毒,常与金银花、乳香等同用。③用于温病热入营血、躁动不安等,常与生地黄、玄参、黄连、麦冬等配伍。

【临床用量】　马、牛 15~45 g;猪、羊 5~10 g;犬、猫 3~5 g;兔、禽 0.5~1.5 g。

【使用禁忌】　反藜芦。

【主要成分】　含有丹参酮、鼠尾草酚和 B 族维生素等。

【药理作用】　具有镇静、安神、降压作用;对多种细菌和皮肤真菌有抑制作用。

桃仁

彩图:桃仁

本品为蔷薇科植物桃或山桃的干燥成熟种子。去果肉及核壳,生用或捣碎用。主产于四川、陕西、河北、山东、贵州等地。

【性味归经】　苦、甘,平。入心、肝、大肠经。

【功效主治】　活血祛瘀,润肠通便。主治产后血瘀,胎衣不下,膀胱蓄血,跌打损伤,肠燥便秘。

【配伍应用】　①用于产后瘀血疼痛,常与红花、川芎、延胡索、赤芍等同用。②用于跌打损伤、瘀血肿痛,常与酒大黄、穿山甲、红花等配伍。③用于肠燥便秘,常与柏子仁、火麻仁、杏仁等同用。

【临床用量】　马、牛 15～30 g;猪、羊 3～10 g。

【使用禁忌】　无瘀滞者及孕畜忌用。

【主要成分】　含苦杏仁苷和苦杏仁酶、挥发油、脂肪油、维生素 B_1 等。

【药理作用】　具有抑制血凝、镇静止咳及润肠通便的作用。

红花

彩图:红花

本品为菊科植物红花的干燥花。生用。主产于四川、河南、云南、河北等地。

【性味归经】　辛,温。入心、肝经。

【功效主治】　活血通经,祛瘀止痛。主治跌打损伤,瘀血疼痛,胎衣不下,恶露不尽。

【配伍应用】　①用于产后瘀血疼痛、胎衣不下等,为活血要药,常与桃仁、川芎、当归、赤芍等同用,如桃红四物汤。②用于跌打损伤、瘀血作痛,可与肉桂、川芎、乳香、草乌等配伍,以增强活血止痛作用。③用于痈肿疮疡,常与赤芍、生地黄、蒲公英等同用。④红花有川红花及藏红花两种。二者均能活血祛瘀,但藏红花性味甘寒,主要有凉血解毒作用,多用于血热毒盛的斑疹等。

【临床用量】　马、牛 15～30 g;猪、羊 3～10 g;犬 3～5 g。

【使用禁忌】　孕畜忌用。

【主要成分】　含红花苷、红花黄色素、红花油等。

【药理作用】　具有兴奋平滑肌的作用;小剂量对心肌有轻度兴奋作用,大剂量则抑制,并能使血压下降。

益母草

彩图:益母草

本品为唇形科植物益母草的新鲜或干燥地上部分。切碎生用。各地均产。

【性味归经】　辛、苦,微寒。入肝、心包、膀胱经。

【功效主治】　活血通经,利尿消肿。主治胎衣不下,恶露不尽,带下,水肿尿少。

【配伍应用】　①用于产后血瘀腹痛,常与赤芍、当归、木香等同用。②用于消除水肿,常与茯苓、猪苓等配伍。

【临床用量】　马、牛 30～60 g;猪、羊 10～30 g;犬 5～10 g;兔、禽 0.5～1.5 g。

【使用禁忌】　孕畜忌用。

【主要成分】　含益母草碱甲、益母草碱乙和水苏碱、氯化钾、有机酸等。

【药理作用】　具有兴奋子宫的作用;具有抑制皮肤真菌的作用;具有明显的利尿作用。

王不留行

彩图:
王不留行

本品为石竹科植物麦蓝菜的干燥成熟种子。生用或炒用。主产于东北、华北、西北等地。

【性味归经】　苦,平。入肝、胃经。

【功效主治】　活血通经,下乳消痈。主治乳汁不通,乳痈,疔疮。

【配伍应用】　①用于产后瘀滞疼痛,常与当归、川芎、红花等同用。②用于产后乳汁不通,常与穿山甲、通草等配伍,如通乳散。③用于痈肿疼痛、乳痈等,常与瓜蒌、蒲公英、夏枯草等配伍。

【临床用量】　马、牛 30～100 g;猪、羊 15～30 g;犬、猫 3～5 g。

【使用禁忌】 孕畜忌用。

【主要成分】 含皂苷、生物碱、香豆精类化合物。

【药理作用】 对子宫有收缩作用,对催乳和子宫复旧有明显效果;对小鼠实验性疼痛有镇痛作用。

赤芍

本品为毛茛科植物芍药或川赤芍的干燥根。切段生用。主产于内蒙古、甘肃、山西、贵州、四川、湖南等地。

【性味归经】 苦,微寒。入肝经。

【功效主治】 清热凉血,散瘀止痛。主治温毒发斑,肠热下血,目赤肿痛,痈肿疮疡,跌扑损伤。

【配伍应用】 ①用于温病热入营血、发热、舌绛、斑疹以及血热妄行、衄血等,常与生地黄、牡丹皮等同用。②用于跌打损伤、疮痛肿毒等气滞血瘀证,常与丹参、桃仁、红花等同用。③用于疮痈肿毒,可与当归、金银花、甘草等配伍。④对肝热上炎,目赤肿痛亦有一定疗效,常与菊花、夏枯草、薄荷等同用。

【临床用量】 马、牛 15～45 g;猪、羊 3～10 g;犬 5～8 g;兔、禽 1～2 g。

【主要成分】 含苯甲酸、葡萄糖及少量树脂样物质。

【药理作用】 能松弛胃肠平滑肌,可缓解其痉挛性疼痛;对痢疾杆菌、霍乱弧菌、葡萄球菌有抑制作用。

彩图:赤芍

乳香

本品为橄榄科植物乳香树及同属植物树皮渗出的树脂。去油用或制用。主产于地中海沿岸及其岛屿。

【性味归经】 辛、苦,温。入心、肝、脾经。

【功效主治】 活血祛瘀,消肿止痛,敛疮生肌。主治跌打损伤,气滞血瘀,外用治疮疡不敛。

【配伍应用】 ①用于增强活血止痛的功效,与没药合用。②用于腹痛,可与五灵脂、高良姜、香附等配伍。③用于跌打损伤,瘀滞疼痛,可与没药、血竭、红花等同用。④用于风湿,配伍乳香,能增强活血通痹、止痛的功效。⑤外用有生肌功效,常与儿茶、血竭等配伍,入散剂或膏药中应用。

【临床用量】 马、牛 15～30 g;猪、羊 3～6 g;犬 1～3 g。

【使用禁忌】 无瘀滞者及孕畜忌用。

【主要成分】 主要含树脂、挥发油、树胶及微量苦味质。

【药理作用】 能够促进血液循环,减轻疼痛。

彩图:乳香

没药

本品为橄榄科植物地丁树和哈地丁树的干燥树脂。

【性味归经】 辛、苦,平。入心、肝、脾经。

【功效主治】 行气活血,消肿定痛,敛疮生肌。主治跌打损伤,痈疽肿痛。

【配伍应用】 ①本品的活血、止痛及生肌功效与乳香基本相似,用法亦同,故常与乳香合用,相互增进疗效。②用于气血凝滞、瘀阻疼痛,常与乳香、当归、丹参等配伍。

【临床用量】 马、牛 25～45 g;猪、羊 6～10 g;犬 1～3 g。

【使用禁忌】 无瘀滞者及孕畜忌用。

【主要成分】 含树脂、挥发油、树胶及微量苦味质等,并含没药酸、甲酸、乙酸及氧化酶等。

【药理作用】 有抑制支气管、子宫分泌物增多的作用;对皮肤真菌有抑制作用。

彩图:没药

牛膝

本品为苋科植物牛膝的干燥根。切片生用。怀牛膝主产于河南、河北等地;川牛膝主产于四川、云南、贵州等地。

【性味归经】 苦、甘、酸,平。入肝、肾经。

彩图:牛膝

Note

【功效主治】 补肝肾,强筋骨,逐瘀通经,引血下行。主治腰胯疼痛,跌打损伤,产后瘀血,胎衣不下。

【配伍应用】 ①用于产后瘀血腹痛、胎衣不下及跌打损伤等,常与红花、川芎等同用。②用于衄血、咽喉肿痛、口舌生疮等上部的火热证,常与石膏、知母、麦冬、地黄等配伍。③用于热淋涩痛、尿血而有瘀滞者,常与瞿麦、滑石、冬葵子等配伍。④怀牛膝长于补肝肾,多用于肝肾不足、腰膝痿弱之证,常与熟地黄、龟板、当归等同用。

【临床用量】 马、牛 15～45 g;猪、羊 5～10 g。

【使用禁忌】 气虚下陷者及孕畜忌用。

【主要成分】 怀牛膝含有脱皮甾酮、皂苷、多种钾盐及黏液质。川牛膝含生物碱,不含皂苷。

【药理作用】 有降压及轻度利尿作用,并能增强子宫收缩。

延胡索

彩图:延胡索

本品为罂粟科植物延胡索的干燥块茎。又称玄胡或元胡。主产于浙江、天津、黑龙江等地。

【性味归经】 辛、苦,温。入肝、脾经。

【功效主治】 活血散瘀,行气止痛。主治气滞血瘀,跌打损伤,产后瘀阻,风湿痹痛。

【配伍应用】 ①用于血滞腹痛,可与五灵脂、青皮、没药等配伍。②用于跌打损伤,常与当归、川芎、桃仁等同用。

【临床用量】 马、牛 15～30 g;驼 35～75 g;猪、羊 3～10 g;犬 1～5 g;兔、禽 0.5～1.5 g。

【使用禁忌】 无瘀滞者及孕畜忌用。

【主要成分】 含甲、乙、丑等 15 种生物碱,其中较重要的是延胡索甲素、乙素、丑素。

【药理作用】 能显著提高痛阈,有镇痛作用;能使肌肉松弛,有解痉作用;有中枢性镇吐作用。

五灵脂

本品为鼯鼠科动物橙足鼯鼠或飞鼠科动物小飞鼠的干燥粪便。主产于东北、华北及西北等地。

【性味归经】 咸,温。入肝经。

【功效主治】 活血散瘀,止痛。主治血瘀疼痛,产后恶露不下。

【配伍应用】 本品有活血散瘀和止痛作用,适用于一切血瘀疼痛及产后恶露不下等,常与蒲黄同用。

【临床用量】 马、牛 15～30 g;猪、羊 6～10 g;犬 3～5 g。

【使用禁忌】 孕畜慎用。畏人参。

【主要成分】 含多量树脂、尿素、尿酸等。

【药理作用】 有缓解平滑肌痉挛的作用;对伤寒杆菌、结核分枝杆菌、葡萄球菌及皮肤真菌有不同程度的抑制作用。

三棱

本品为黑三棱科植物黑三棱的干燥块茎。去皮,切段生用。主产于东北、黄河流域、长江中下游各地。

【性味归经】 辛、苦,平。入肝、脾经。

【功效主治】 破血行气,消积止痛。主治瘀血作痛,宿草不转,腹胀,秘结。

【配伍应用】 ①用于产后瘀滞腹痛、瘀血结块等,常与莪术、当归、红花、桃仁、郁金等同用。②用于食积气滞、肚腹胀满疼痛等,常与木香、枳实、麦芽、山楂等配伍。

【临床用量】 马、牛 15～60 g;猪、羊 5～10 g;犬、猫 1～3 g。

【使用禁忌】 无瘀滞者及孕畜忌用。

【主要成分】 含挥发油及淀粉。

【药理作用】 能抑制血小板的聚集,使全血黏稠度降低,并有抗体外血栓形成的作用。

莪术

本品为姜科植物蓬莪术、广西莪术或温郁金的干燥根茎。切段生用。主产于广东、广西、台湾、四川、福建、云南等地。

【性味归经】 辛、苦,温。入肝、脾经。

【功效主治】 破瘀消积,行气止痛。主治气血瘀滞,肚腹胀痛,食积不化,跌打损伤。

【配伍应用】 ①用于血瘀气滞所致的产后瘀血疼痛,常与三棱相须为用。②用于食积气滞、肚腹胀满疼痛等,常与木香、青皮、山楂、麦芽等配伍,也可与三棱同用。

【临床用量】 马、牛 15~60 g;猪、羊 5~10 g。

【主要成分】 含挥发油,油中含倍半萜烯醇、莪术醇、β-姜烯、桉油精、β-莰烯,另含树脂、黏液质等。

【药理作用】 可显著抑制血小板聚集,降低全血黏稠度,对体内血栓形成有显著抑制作用;明显促进局部微循环的恢复;对金黄色葡萄球菌、β-溶血性链球菌、大肠杆菌等有抑制作用。

彩图:莪术

郁金

本品为姜科植物温郁金、姜黄、广西莪术或蓬莪术的干燥块根。前二者分别习称温郁金和黄丝郁金,其余按性状不同,习称桂郁金或绿丝郁金。切片生用。主产于四川、云南、广东、广西等地。

【性味归经】 辛、苦,寒。入肝、心、肺经。

【功效主治】 行气解郁,凉血活血,利胆退黄。主治胸腹胀满,肠黄泄泻,热病神昏,湿热黄疸。

【配伍应用】 ①用于湿温病所致浊邪蒙蔽清窍、神志不清、惊痫、癫狂等病证,常与菖蒲、白矾等配伍。②用于气滞血凝所致的胸腹疼痛,常与柴胡、白芍、香附、当归等同用。③用于血热妄行而兼有瘀滞的病证,常与生地黄、牡丹皮、栀子等配伍。④用于利胆退黄,可治黄疸,常与茵陈、栀子等同用。

【临床用量】 马、牛 15~45 g;猪、羊 3~10 g;犬 3~6 g;兔、禽 0.3~1.5 g。

【使用禁忌】 畏丁香。

【主要成分】 含姜黄素、挥发油、淀粉等。

【药理作用】 能明显降低全血黏稠度和红细胞聚集指数,显著提高红细胞的变形指数;能促进胆汁的分泌和排泄;对多种细菌均有抑制作用。

彩图:郁金

土鳖虫

本品为鳖蠊科昆虫地鳖或冀地鳖的雌虫干燥体,又称地鳖虫。主产于福建、江苏、北京等地。

【性味归经】 咸,寒。有小毒。入肝经。

【功效主治】 破瘀血,续筋骨。主治血瘀疼痛,产后腹痛,跌打损伤,痈肿,筋骨疼痛。

【配伍应用】 ①用于瘀血凝滞的病证,常与大黄、水蛭、桃仁等同用。②用于跌打损伤、骨折,常与自然铜、乳香、没药等配伍。

【临床用量】 马、牛 15~45 g;猪、羊 5~10 g;犬、猫 1~3 g。

【使用禁忌】 孕畜忌用。

【主要成分】 含谷氨酸、丙氨酸、酪氨酸等氨基酸及多种微量元素、甾醇和直链脂肪族化合物。

【药理作用】 可明显抑制体外血栓的形成和血小板的聚集;可降低心、脑组织的耗氧量。

彩图:土鳖虫

二、止血药

三七

本品为五加科植物三七的干燥根和根茎。打碎或磨末生用。主产于云南、广西、江西等地。

【性味归经】 甘、微苦,温。入肝、胃经。

【功效主治】 散瘀止血,消肿止痛。主治便血,衄血,吐血,外伤出血,跌打肿痛。

【配伍应用】 ①用于出血兼有瘀滞肿痛者,可单用,或与花蕊石、血余炭等同用。②用于活血散

彩图:三七

瘀,消肿止痛,有"止血不留瘀"的特点,为治跌打损伤之要药,可单用,亦可配入制剂,如云南白药含有本品。

【临床用量】　马、牛 10～30 g;驼 15～45 g;猪、羊 3～5 g;犬、猫 1～3 g。

【主要成分】　含三萜类皂苷(如三七皂苷 A、B 等)、黄酮苷及生物碱。

【药理作用】　能缩短血凝时间,并使血小板增多而止血。

白及

彩图:白及

本品为兰科植物白及的干燥块茎。打碎或切片生用。主产于华东、华南及陕西、四川、云南等地。

【性味归经】　苦、甘、涩,微寒。入肺、肝、胃经。

【功效主治】　收敛止血,消肿生肌,补肺止咳。主治肺胃出血,肺虚咳喘,外伤出血,烧伤,痈肿。

【配伍应用】　①用于肺、胃出血,可单用,也可配伍阿胶、藕节、生地黄等同用。②用于外伤出血。③用于疮痈初起未溃者,常与金银花、天花粉、乳香等同用。④用于疮疡已溃,久不收口者,研粉外用,有敛疮生肌之效。

【临床用量】　马、牛 25～60 g;猪、羊 6～12 g;犬、猫 1～5 g;兔、禽 0.5～1.5 g。

【使用禁忌】　反乌头。

【主要成分】　含白及胶、黏液质、淀粉、挥发油等。

【药理作用】　内服外用均可止血。

小蓟

彩图:小蓟

本品为菊科植物刺儿菜的干燥地上部分。生用或炒炭用。我国各地均产。

【性味归经】　甘、苦,凉。入心、肝经。

【功效主治】　凉血止血,祛瘀消肿。主治衄血,尿血,痈肿疮毒,外伤出血。

【配伍应用】　①用于各种血热出血证,尤长于尿血,多与蒲黄、木通、滑石等配伍。②大剂量单味用,亦可治热结膀胱的血淋证。③用于热毒疮肿,单味内服或外敷均有疗效。

【临床用量】　马、牛 30～90 g;猪、羊 20～40 g;犬 5～10 g。

【主要成分】　含生物碱、皂苷。

【药理作用】　对多种细菌均有抑制作用。

地榆

彩图:地榆

本品为蔷薇科植物地榆或长叶地榆的干燥根。生用或炒炭用。主产于浙江、安徽、湖北、湖南、山东、贵州等地。

【性味归经】　苦、酸、涩,微寒。入肝、大肠经。

【功效主治】　凉血解毒,止血敛疮。主治血痢,衄血,子宫出血,疮黄疔毒,烫伤。

【配伍应用】　①用于各种出血证,但以治下焦血热出血最为常用,治便血,常与槐花、侧柏叶等同用,治血痢经久不愈,常与黄连、木香等配伍。②具有凉血、解毒、收敛作用,为治烧烫伤的要药,生地榆研末,麻油调敷,可使渗出减少,疼痛减轻,愈合加速。③用于湿疹、皮肤溃烂等。

【临床用量】　马、牛 15～60 g;猪、羊 6～12 g;兔、禽 1～2 g。

【使用禁忌】　虚寒病畜不宜用。

【主要成分】　含大量鞣质、地榆皂苷以及维生素 A 等。

【药理作用】　能缩短出血时间,对小血管出血有止血作用;对溃疡面有收敛作用,对多种细菌均有抑制作用。

槐花

本品为豆科植物槐的干燥花及花蕾。生用或炒用。主产于辽宁、湖北、安徽、北京等地。

【性味归经】　苦,微寒。入肝、大肠经。

Note

【功效主治】　凉血止血,清肝泻火。主治便血,赤白痢疾,子宫出血,肝热目赤。

【配伍应用】　①具有凉血止血的作用,血热妄行出血者皆可应用,但多用于便血,并常与地榆配伍;也可与侧柏叶、荆芥炭、枳壳等配伍,如槐花散;若为大肠热盛,伤及脉络而引起的便血,可与黄连等同用。②用于肝火上炎所致的目赤肿痛,常与夏枯草、菊花、黄芩、决明子等配伍。

【临床用量】　马、牛 30~45 g;猪、羊 5~15 g;犬 5~8 g。

【使用禁忌】　孕畜忌用。

【主要成分】　含芸香苷(又名芦丁,属黄酮苷,水解生成槲皮素、葡萄糖及鼠李糖等)、槐花甲素、槐花乙素、槐花丙素、鞣质、绿色素、油脂、挥发油及维生素 A 类物质。

【药理作用】　可改善毛细血管功能,防治因毛细血管脆性过大、渗透性过高引起的出血。

茜草

本品为茜草科植物茜草的干燥根及根茎。生用或炒用。全国各地均产。

彩图:茜草

【性味归经】　苦,寒。入肝经。

【功效主治】　凉血止血,祛瘀通经。主治鼻衄,便血,尿血,外伤出血,跌打损伤,产后恶露不尽。

【配伍应用】　①本品具有凉血止血作用,治血热便血,可与地榆、仙鹤草等同用;治血热子宫出血,常配伍侧柏叶、仙鹤草、生地黄、牡丹皮等凉血止血药;属虚证出血,可与牡蛎、山茱萸、棕榈炭等同用。②有活血祛瘀之功,可治跌打损伤,瘀滞肿痛及痹证,常与川芎、赤芍、牡丹皮等活血通经之品配伍。

【临床用量】　牛、马 15~60 g;猪、羊 6~12 g。

【使用禁忌】　孕畜忌用。

【主要成分】　含蒽醌苷类茜草酸、紫色素及伪紫色素等。

【药理作用】　能缩短血液凝固时间;对金黄色葡萄球菌有抑制作用。

蒲黄

本品为香蒲科植物水烛香蒲、东方香蒲或同属植物的干燥花粉,又称香蒲。炒用或生用。主产于浙江、山东、安徽等地。

彩图:蒲黄

【性味归经】　甘,平。入肝、心包经。

【功效主治】　止血,化瘀,通淋。主治鼻衄,尿血,便血,子宫出血,外伤出血,跌打损伤,瘀血肿痛。

【配伍应用】　①用于子宫出血,常与益母草、艾叶、阿胶等同用。②用于尿血,常配伍白茅根、大蓟、小蓟。③用于咳血,常配伍白及、血余炭。④用于跌打瘀滞,多与桃仁、红花、赤芍等同用。

【临床用量】　马、牛 15~45 g;猪、羊 5~10 g;犬 3~5 g;兔、禽 0.5~1.5 g。

【主要成分】　含脂肪油、植物甾醇及黄色素等。

【药理作用】　有收缩子宫作用,能缩短凝血时间。

仙鹤草

本品为蔷薇科植物龙芽草的干燥地上部分。切段生用。全国大部分地区均有分布。

彩图:仙鹤草

【性味归经】　苦、涩,平。入心、肝经。

【功效主治】　收敛止血,止痢,解毒。主治便血,尿血,吐血,衄血,血痢,痈肿疮毒。

【配伍应用】　①用于各种出血证,如衄血、便血、尿血等,可单用,也可与其他止血药如茜草、侧柏叶、大蓟等同用。②用于疮痈肿毒,久痢不愈等病证。

【临床用量】　马、牛 15~60 g;猪、羊 6~15 g;犬、猫 1~5 g;兔、禽 1~1.5 g。

【主要成分】　含仙鹤草素、鞣质、甾醇、有机酸、酚性成分、仙鹤草内酯和维生素 C、K_1 等。

【药理作用】　能缩短凝血时间和促进血小板生成;对革兰氏阳性菌有抑制作用。

Note

血余炭

本品为人发制成的炭化物。

【性味归经】 苦,平。入肝、胃经。

【功效主治】 收敛止血,化瘀,利尿。主治尿血,便血,衄血,子宫出血,外伤出血,尿不利。

【配伍应用】 用于衄血、便血、尿血、子宫出血等证,常与侧柏叶、藕节、棕榈炭同用,如十黑散。

【临床用量】 马、牛 15～30 g;猪、羊 6～12 g;犬 3～5 g。

【主要成分】 为一种优角蛋白,无机成分为钙、钾、锌、铜、铁、锰等,有机质中主要含胱氨酸,以及含硫基酸等组成的头发黑色素。

【药理作用】 能明显缩短凝血时间,减少出血量,对多种细菌有较强的抑制作用。

大蓟

彩图:大蓟

本品为菊科植物蓟的干燥地上部分。生用或炒炭用。主产于江苏、安徽,我国南北各地均有分布。

【性味归经】 甘、苦,凉。入心、肝经。

【功效主治】 凉血止血,散瘀消肿。主治衄血,便血,尿血,子宫出血,外伤出血,疮黄疔毒。

【配伍应用】 ①用于血热引起的衄血、尿血、便血、子宫出血等,常与生地黄、蒲黄、侧柏、牡丹皮同用,单用鲜根捣汁服,亦能止血。②用于疮痈肿毒,可用鲜品捣服或煎服,并敷患处。

【临床用量】 马、牛 20～60 g;猪、羊 10～20 g。

【使用禁忌】 虚寒病畜忌用。

【主要成分】 挥发油、三萜、甾体、黄酮及其多糖。

【药理作用】 具有降低血压的作用,对结核分枝杆菌有抑制作用,对疱疹病毒有明显抑制作用。

侧柏叶

彩图:侧柏叶

本品为柏科植物侧柏的干燥枝梢和叶。生用或炒炭用。主产于辽宁、山东,我国大部分地区均有分布。

【性味归经】 苦、涩,寒。入肺、肝、脾经。

【功效主治】 凉血止血,化痰止咳。主治衄血,咯血,便血,尿血,子宫出血,肺热咳嗽。

【配伍应用】 ①用于便血、尿血、子宫出血等属血热妄行者,常与生地黄、生荷叶、生艾叶同用;若属虚寒出血者,则配伍炮姜、艾叶等温经止血药。②用于肺热咳嗽。

【临床用量】 马、牛 15～60 g;猪、羊 5～15 g;兔、禽 0.5～1.5 g。

【主要成分】 挥发油(主要成分为 2-2-蒎烯-倍半萜醇、丁香烯等)、生物碱、松柏苦素、侧柏醇、鞣质、树脂及维生素 C 等。

【药理作用】 有止咳、祛痰、平喘作用;以平喘作用显著。

血竭

本品为棕榈科植物麒麟竭果实渗出的树脂经加工制成。捣碎研末用。主产于广东、广西、云南等地。

【性味归经】 甘、咸,平。入心、肝经。

【功效主治】 祛瘀定痛,止血生肌。主治跌打损伤,瘀血腹痛,外伤出血,疮疡不敛。

【配伍应用】 ①用于外伤出血,可单用,撒于出血处,或与蒲黄等同用。②用于鼻出血,可配血余炭,研末吹鼻。③用于疮面久不愈合者,常与乳香、没药、儿茶配伍,如生肌散。④用于产后瘀阻疼痛及外伤瘀滞疼痛等,常与乳香、没药等配伍。

巩固训练

Note

【临床用量】 马、牛 15～25 g;猪、羊 3～6 g;犬、猫 1～3 g。

【使用禁忌】 孕畜忌用。

【主要成分】 含树脂、树胶、血竭素、血竭树脂烃、安息香酸及肉桂酸等。

【药理作用】 对多种皮肤真菌有不同程度的抑制作用。

任务九 温 里 药

温里药是指药性温热,能够祛除寒邪的一类药物。此类药物性味多为辛热,具有温中散寒、回阳救逆的功效。适用于因寒邪而引起的耳鼻发凉、肚腹寒痛、肠鸣泄泻、四肢厥冷、脉微欲绝等证。

使用温里药的过程中应注意以下几点:

①此类药物除祛寒之外,还具有行气止痛的作用,因此,凡寒凝气滞、肚腹胀满疼痛等均可选用。

②有些药物还有健运脾胃功效,应用时当按实际情况而定其配伍,若里寒而兼表证者,则配伍发表药;若脾胃虚寒、呕吐下利者,则选用具有健运脾胃作用的温里药。

③此类药物温热燥烈,易伤阴液,故热证及阴虚的病畜应忌用或少用。

附子

本品为毛茛科植物乌头的子根加工品。主产于广西、广东、云南、贵州、四川等地。

【性味归经】 大辛,大热。有毒。入心、脾、肾经。

【功效主治】 温中散寒,回阳救逆,除湿止痛。主治大汗亡阳,四肢厥冷,伤水冷痛,风寒湿痹。

【配伍应用】 ①用于阴寒内盛之脾虚不运、伤水腹痛、冷肠泄泻、胃寒草少、肚腹冷痛等,应用本品可收温中散寒、通阳止痛之效。②用于阳微欲绝之际,对于大汗、大吐或大下后,四肢厥冷,脉微欲绝,或大汗不止,或吐利腹痛等虚脱危证,急用附子回阳救逆,如四逆汤、参附汤均用于亡阳证。③用于风寒湿痹、下元虚冷等,常与桂枝、生姜、大枣、甘草等同用,如桂附汤。

【临床用量】 马、牛15～30 g;猪、羊3～10 g;犬、猫1～3 g;兔、禽0.5～1 g。

【使用禁忌】 热证、阴虚火旺及孕畜忌用。

【主要成分】 为乌头碱、新乌头碱、次乌头碱及其他非生物碱成分。

【药理作用】 有强心、镇痛和消炎作用,同时能使心肌收缩幅度增高;对垂体-肾上腺皮质系统有兴奋作用;促进饱和脂肪酸和胆固醇代谢。

干姜

本品为姜科植物姜的干燥根茎。切片生用。炒黑后称炮姜,主产于四川、陕西、河南、安徽、山东等地。

彩图:干姜

【性味归经】 辛,热。入脾、胃、肾、心、肺经。

【功效主治】 温中逐寒,回阳通脉,燥湿消痰。主治胃寒食少,冷肠泄泻,冷痛,四肢厥冷,风寒湿痹,痰饮喘咳。

【配伍应用】 ①用于胃冷吐涎,多配伍桂心、青皮、益智仁、白术、厚朴、砂仁等,如桂心散。②用于脾胃虚寒,常配伍党参、白术、甘草等,如理中汤。③用于阳虚欲脱证,常与附子、甘草配伍,如四逆汤。④用于风寒湿痹证,具有温经通脉之效。

【临床用量】 马、牛15～30 g;猪、羊3～10 g;犬、猫1～3 g;兔、禽0.3～1 g。

【使用禁忌】 热证、阴虚及孕畜忌用。

【主要成分】 同生姜,含辛辣素及姜油。

【药理作用】 能促进血液循环,反射性地兴奋血管运动中枢和交感神经,使血压上升。

肉桂

本品为樟科植物肉桂的干燥树皮。生用。主产于广东、广西、云南、贵州等地。

彩图:肉桂

【性味归经】 辛、甘,大热。入肾、脾、心、肝经。

【功效主治】 补火助阳,温中除寒。主治脾胃虚寒,冷痛,肾阳不足,风寒痹痛,阳痿,宫冷。

【配伍应用】 ①用于肾阳不足,命门火衰的病证,常与熟地黄、山茱萸等同用,如肾气丸。②用于下焦命火不足,脾胃虚寒,伤水冷痛,冷肠泄泻等病证,常配伍附子、茯苓、白术、干姜等。③用于脾

Note

胃虚寒、肚腹冷痛、风湿痹痛、产后寒痛等证,常与高良姜、当归同用。④用于治疗气血衰弱的方剂,有鼓舞气血生长之功效,如十全大补汤。

【临床用量】 马、牛 15～30 g;猪、羊 5～10 g;犬 2～5 g;兔、禽 1～2 g。

【使用禁忌】 忌与赤石脂同用。孕畜慎用。

【注】 桂心是肉桂的中层,官桂是肉桂的细枝干皮,肉桂的细枝称为桂枝。

【主要成分】 含有肉桂油、肉桂酸、甲脂等成分。

【药理作用】 能够促进胃肠分泌,增进食欲作用;有扩张血管,增强血液循环的作用;能缓解胃肠痉挛,并抑制肠内的异常发酵。

小茴香

彩图:小茴香

本品为伞形科植物茴香的干燥成熟果实。生用或盐水炒用。主产于山西、陕西、江苏、安徽、四川等地。

【性味归经】 辛,温。入肝、肾、脾、胃经。

【功效主治】 散寒止痛,理气和胃。主治寒伤腰胯,冷痛,冷肠泄泻,胃寒草少,腹胀,宫寒不孕。

【配伍应用】 ①用于子宫虚寒,伤水冷痛,肚腹胀满等,常与干姜、木香等同用。②用于寒伤腰胯,配伍肉桂、槟榔、白术、巴戟天、白附子等治,如茴香散。③用于芳香醒脾,开胃进食,用治胃寒草少,常与益智仁、白术、干姜等配伍。

【临床用量】 马、牛 15～60 g;猪、羊 5～10 g;犬、猫 1～3 g;兔、禽 0.5～2 g。

【使用禁忌】 热证及阴虚火旺者忌用。

【主要成分】 含挥发性小茴香油(茴香脑、茴香酮、茴香醛等)。

【药理作用】 能增强胃肠蠕动,排出腐败气体;有祛痰作用。

吴茱萸

彩图:吴茱萸

本品为芸香科植物吴茱萸、疏毛吴茱萸或石虎的干燥近成熟果实。生用或炙用。主产于广东、湖南、贵州、浙江、陕西等地。

【性味归经】 辛、苦,热。有小毒。入肝、脾、胃、肾经。

【功效主治】 温中止痛,理气止呕。主治脾胃虚寒,冷肠泄泻,胃冷吐涎。

【配伍应用】 ①用于脾虚慢草、伤水冷痛、胃寒不食等,常与干姜、肉桂等配伍。②用于胃冷吐涎,常配伍生姜、党参、大枣等。

【临床用量】 马、牛 15～30 g;猪、羊 3～10 g;犬、猫 2～5 g。

【使用禁忌】 血虚有热及孕畜慎用。

【主要成分】 含挥发油,其中主要含吴茱萸甲碱、吴茱萸乙碱。

【药理作用】 有收缩子宫、健胃、镇痛、止呕等作用;对多种细菌及皮肤真菌有抑制作用;对猪蛔虫有杀灭作用。

艾叶

彩图:艾叶

本品为菊科植物艾的干燥叶。生用、炒炭或揉绒。各地均产,但以苏州产者为好。

【性味归经】 辛、苦,温。入肝、脾、肾经。

【功效主治】 散寒止痛,温经止血。主治风寒湿痹,肚腹冷痛,宫寒不孕,胎动不安。

【配伍应用】 ①用于寒性出血和腹痛,特别是子宫出血、腹中冷痛、胎动不安等,常与阿胶、熟地黄等同用。②制绒后是灸治的主要原料。

【临床用量】 马、牛 15～45 g;猪、羊 5～15 g;犬、猫 1～3 g;兔、禽 1～1.5 g。

【使用禁忌】 阴虚血热者忌用。

【主要成分】 含挥发油,油中含侧柏醇、侧柏酮、杜松烯及水芹烯等,此外尚含鞣酸、氯化钾、维生素 A、B 族维生素、维生素 C 类物质。

Note

【药理作用】 有平喘、镇咳、祛痰作用,并有止血作用。

高良姜

本品为姜科植物高良姜的干燥根茎。切片生用。主产于广东、广西、浙江、福建和四川等地。

【性味归经】 辛,热。入脾、胃经。

【功效主治】 温中散寒,止痛,消食。主治冷痛,反胃吐食,冷肠泄泻,胃寒少食。

【配伍应用】 用于胃寒草少、伤水冷痛、气滞腹痛、胃冷吐涎等,常与香附、半夏、厚朴、生姜等配伍。

【临床用量】 马、牛 15～30 g;猪、羊 3～10 g;兔、禽 0.3～1 g。

【使用禁忌】 胃火亢盛者忌用。

【主要成分】 含挥发油,包括桉油精、辛辣油质高良姜酚等,以及黄酮类化合物。

【药理作用】 对炭疽杆菌、溶血性链球菌、结核分枝杆菌、金黄色葡萄球菌有抑制作用;刺激胃壁神经,增强消化道功能。

彩图:高良姜

花椒

本品为芸香科植物花椒或青椒的干燥成熟果皮。生用或炒用。主产于四川、陕西、江苏、河南、山东、江西、福建、广东等地。

【性味归经】 辛,温。入脾、胃、肾经。

【功效主治】 温中散寒,止痛,杀虫止痒。主治冷痛,冷肠泄泻,虫积;外治湿疹,疥癣。

【配伍应用】 ①用于脾胃虚寒,伤水冷痛等,多与干姜、党参等同用。②用于蛔虫,常与乌梅等配伍。

【临床用量】 马、牛 10～20 g;猪、羊 3～9 g。

【使用禁忌】 阴虚火旺者禁用。

【主要成分】 含挥发油(为柠檬烯、枯醇等)、甾醇、不饱和有机酸。

【药理作用】 对多种细菌有较好的抑制作用;有局部麻醉止痛作用;对猪蛔虫有杀灭作用。

彩图:花椒

白扁豆

本品为豆科植物扁豆的干燥成熟种子。生用或炒用。主产于浙江、江苏、陕西、山西、河南、安徽等地。

【性味归经】 甘,微温。入脾、胃经。

【功效主治】 健脾和中,消暑化湿。主治暑湿腹泻,尿短少,脾胃虚弱。

【配伍应用】 ①用于脾虚作泻,可与白术、木香、茯苓等配伍。②用于伤暑泄泻,常与荷叶、藿香等同用。

【临床用量】 马、牛 15～45 g;猪、羊 5～15 g;兔、禽 1.5～3 g。

【主要成分】 含蛋白质、维生素 B_1 及 C、胡萝卜素、蔗糖及具有毒性的植物毒素等。

【药理作用】 对痢疾杆菌有抑制作用,并具有抗病毒作用。

彩图:白扁豆

巩固训练

任务十 平 肝 药

平肝药是指能清肝热、熄肝风的药物。此类药物具有清泻肝火、平肝潜阳、镇痉熄风的功能,适用于肝受风热外邪侵袭导致的目赤肿痛、睛生翳障等眼疾之证及肝风内动导致的四肢抽搐、角弓反张等内风之证。

根据平肝药的性能,一般将其分为两类。

①平肝明目药:具有清肝火、退目翳的功效,适用于肝火亢盛、肝经风热、睛生翳膜之证,证见目赤肿痛,云翳遮睛,口舌赤红,脉象弦数等。

②平肝熄风药:具有潜降肝阳、止息肝风的作用,适用于肝阳上亢、肝风内动、惊痫癫狂之证,证

Note

见口眼歪斜,口唇麻痹下垂,痉挛抽搐,脉弦等。

使用平肝药的过程中应注意:平肝熄风药主要治标,应用时应标本兼顾,才能收到明显的效果。若肝热生风,应配伍清热泻火药;若血虚生风,应配伍补血养肝药;若阴虚生风,应配伍补益阴虚的药物。

一、平肝明目药

石决明

彩图:石决明

本品为鲍科动物杂色鲍、皱纹盘鲍、羊鲍、澳洲鲍、耳鲍或白鲍的贝壳。打碎生用或煅后碾碎用。主产于广东、山东、辽宁等地。

【性味归经】 咸,寒。入肝经。

【功效主治】 平肝潜阳,清肝明目。主治肝经风热,目赤肿痛,睛生翳障,肝阳上亢。

【配伍应用】 ①用于肝肾阴虚、肝阳上亢所致的目赤肿痛,常与生地黄、白芍、菊花等配伍。②用于肝热实证所致的目赤肿痛、羞明流泪等,常与夏枯草、菊花、钩藤等同用。③用于目赤翳障,多与密蒙花、夜明砂、蝉蜕等同用。

【临床用量】 马、牛 30~60 g;猪、羊 15~25 g;犬、猫 3~5 g;兔、禽 1~2 g。

【主要成分】 含碳酸钙、胆素、壳角质等。

【药理作用】 为拟交感神经药,可治视力障碍及眼内障,为眼科明目退翳的常用药。

决明子

彩图:决明子

本品为豆科植物决明或小决明的干燥成熟种子。生用或炒用。主产于安徽、广西、四川、浙江、广东等地。

【性味归经】 甘、苦、咸,微寒。入肝、大肠经。

【功效主治】 清肝明目,润肠通便。主治肝经风热,目赤肿痛,粪便燥结。

【配伍应用】 ①用于肝热或风热引起的目赤肿痛、羞明流泪,可单用,或与龙胆、夏枯草、菊花、黄芩等配伍。②用于粪便燥结,可单用,或与蜂蜜配伍。

【临床用量】 马、牛 20~60 g;猪、羊 10~15 g;犬 5~8 g;兔、禽 1.5~3 g。

【使用禁忌】 泄泻者忌用。

【主要成分】 含大黄素、芦荟大黄素、大黄酚、大黄酸、大黄酚蒽酮、决明子内酯、甜菜碱、维生素 A 样物质、脂肪油等成分。

【药理作用】 具有泻下、降压、收缩子宫或催产等作用;对多数细菌及多种致病性皮肤真菌均有抑制作用。

木贼

本品为木贼科植物木贼的干燥地上部分,又称锉草。切碎生用。主产于山西、吉林、内蒙古及长江流域各地。

【性味归经】 甘、苦,平。入肺、肝经。

【功效主治】 疏风热,退翳膜。主治风热目赤肿痛,迎风流泪,睛生翳膜。

【配伍应用】 用于风热目赤肿痛、羞明流泪或睛生翳膜者,常与谷精草、石决明、草决明、白蒺藜、菊花、蝉蜕等同用。

【临床用量】 马、牛 15~60 g;猪、羊 10~15 g;犬 5~8 g。

【使用禁忌】 阴虚火旺者忌用。

【主要成分】 含无水硅酸、木贼酸、烟碱、二甲砜、鞣质及树脂等。

【药理作用】 所含硅酸盐和鞣质有收敛作用,对所接触部位有消炎、止血作用。

夏枯草

Note

本品为唇形科植物夏枯草的干燥果穗。生用。主产于江苏、安徽、浙江、湖北、河南等地。

【性味归经】 辛、苦,寒。入肝、胆经。

【功效主治】 清肝火,明目,散郁结,消肿。主治目赤肿痛,乳痈,疮疡肿毒。

【配伍应用】 ①用于目赤肿痛,常与菊花、金银花、谷精草等同用。②用于乳痈,常配伍连翘、蒲公英、紫花地丁等。③用于疮疡肿毒,常与栀子、蒲公英、忍冬藤等同用。

【临床用量】 马、牛 15～60 g;猪、羊 5～10 g;兔、禽 1～3 g。

【主要成分】 含齐墩果酸、熊果酸、夏枯草皂苷等。

【药理作用】 具有降血糖、抗炎、镇痛等作用。

谷精草

本品为谷精草科植物谷精草的干燥带花茎的头状花序。切碎生用。主产于华东、华南、西南及陕西等地。

【性味归经】 辛、甘,平。入肝、肺经。

【功效主治】 疏散风热,明目退翳。主治风热目赤,肿痛羞明,睛生翳膜。

【配伍应用】 用于风热目疾、羞明流泪、翳膜遮睛等,常与菊花、桑叶、防风、生地黄、赤芍、木贼、决明子等同用。

【临床用量】 马、牛 30～60 g;猪、羊 10～15 g;犬 5～8 g;兔、禽 1～3 g。

【主要成分】 含有谷精草素、生物碱、有机酸、黄酮等。

【药理作用】 对绿脓杆菌及常见致病性皮肤真菌有抑制作用。

密蒙花

本品为马钱科植物密蒙花的干燥花蕾及其花序。生用。主产于湖北、陕西、河南、四川等地。

【性味归经】 甘,微寒。入肝经。

【功效主治】 清热泻火,养肝明目,退翳。主治肝经风热,目赤肿痛,睛生翳膜,肝虚目暗。

【配伍应用】 ①用于肝热目赤肿痛、羞明流泪、睛生翳障等,常与石决明、青葙子、决明子、木贼等同用。②用于肝虚有热之目疾,多与枸杞、菊花、熟地黄、蒺藜等配伍。

【临床用量】 马、牛 20～45 g;猪、羊 5～15 g。

【主要成分】 含柳穿鱼苷、刺槐素及鼠李糖、葡萄糖等。

【药理作用】 具有抗炎、免疫调节、降血糖及抗氧化的作用。

青葙子

本品为苋科植物青葙的干燥成熟种子。生用。全国大部分地区均有分布。

【性味归经】 苦,微寒。入肝经。

【功效主治】 清肝火,退翳膜。主治目赤肿痛,睛生翳膜,清泄肝火。

【配伍应用】 用于肝热引起的目赤肿痛、睛生翳膜、视物不见等,常与决明子、密蒙花、菊花等同用。

【临床用量】 马、牛 30～60 g;猪、羊 5～15 g;兔、禽 0.5～1.5 g。

【使用禁忌】 肝肾亏虚及瞳孔散大者忌用。

【主要成分】 含青葙子油、烟酸及硝酸钾等。

【药理作用】 有散瞳和降低血压的作用;对绿脓杆菌有抑制作用。

二、平肝熄风药

天麻

本品为兰科植物天麻的干燥块茎。生用。主产于四川、贵州、云南、陕西等地。

【性味归经】 甘,平。入肝经。

【功效主治】 平肝熄风,镇痉止痛。主治惊风抽搐,口眼歪斜,肢体强直,风寒湿痹。

【配伍应用】 ①用于肝风内动所致抽搐拘挛之证,可与钩藤、全蝎、川芎、白芍等配伍。②用于

彩图:天麻

破伤风,可与天南星、僵蚕、全蝎等同用,如千金散。③用于偏瘫、麻木等,可与牛膝、桑寄生等配伍。④用于风湿痹痛,常与秦艽、牛膝、独活、杜仲等配伍。

【临床用量】 马、牛 10～40 g;猪、羊 6～10 g;犬、猫 1～3 g。

【使用禁忌】 阴虚者忌用。

【主要成分】 含香草醇、黏液质、维生素 A 样物质,苷类及微量生物碱。

【药理作用】 有抑制癫痫样发作的作用;有促进胆汁分泌及镇痛的作用。

钩藤

彩图:钩藤

本品为茜草科植物钩藤、大叶钩藤、毛钩藤、华钩藤或无柄果钩藤的干燥带钩茎枝。生用。不宜久煎。主产于广西、广东、湖南、江西、浙江、福建、台湾等地。

【性味归经】 甘,凉。入肝、心包经。

【功效主治】 熄风止痉,平肝清热。主治肝经风热,痉挛抽搐,幼畜抽风。

【配伍应用】 ①用于热盛风动所致的痉挛抽搐等证,常与天麻、蝉蜕、全蝎等同用。②用于肝经有热、肝阳上亢的目赤肿痛等,常与石决明、白芍、菊花、夏枯草等同用。③用于外感风热之证,常与防风、蝉蜕、桑叶等配伍。

【临床用量】 马、牛 15～60 g;猪、羊 5～15 g;犬 5～8 g;兔、禽 1.5～2.5 g。

【使用禁忌】 无风热及实火者忌用。

【主要成分】 含钩藤碱和异钩藤碱。

【药理作用】 具有降压、镇痛、抗癫痫的作用。

全蝎

彩图:全蝎

本品为钳蝎科动物东亚钳蝎的干燥体,又称全虫。主产于河南、山东等地。

【性味归经】 辛,平。有毒。入肝经。

【功效主治】 熄风止痉,解毒散结,通络止痛。主治痉挛抽搐,口眼歪斜,风湿痹痛,破伤风,疮疡肿毒。

【配伍应用】 ①用于惊痫及破伤风等,常与蜈蚣、钩藤、僵蚕等同用。②用于中风口眼歪斜之证,常与白附子、白僵蚕等配伍。③用于解毒散结,恶疮肿毒,用麻油煎全蝎、栀子,加黄蜡为膏,敷于患处。④用于风湿痹痛,常与蜈蚣、僵蚕、川芎、羌活等配伍。

【临床用量】 马、牛 15～30 g;猪、羊 3～9 g;犬、猫 1～3 g;兔、禽 0.5～1 g。

【使用禁忌】 血虚生风者忌用。

【主要成分】 含蝎毒素(为一种毒性蛋白,与蛇毒中的神经毒类似),并含蝎酸、三甲胺、甜菜碱、牛黄酸、棕榈酸、硬脂酸、胆甾醇、卵磷脂及铵盐等。

【药理作用】 能使血压上升,且有溶血作用;对心脏、血管、小肠、膀胱、骨骼肌等有兴奋作用;有显著的镇静和抗惊厥作用。

蜈蚣

彩图:蜈蚣

本品为蜈蚣科动物少棘巨蜈蚣的干燥体。生用或微炒用。主产于江苏、浙江、安徽、湖北、湖南、四川、广东、广西等地。

【性味归经】 辛,温。有毒。入肝经。

【功效主治】 熄风解痉,通络止痛,攻毒疗疮,解蛇毒。主治痉挛抽搐,口眼歪斜,破伤风,风湿痹痛,疮毒,毒蛇咬伤。

【配伍应用】 ①用于癫痫、破伤风等引起的痉挛抽搐,常与全蝎、钩藤、防风等同用。②用于疮疡肿毒、瘰疬溃烂等,可与雄黄配伍外用,还可治毒蛇咬伤。③用于风湿痹痛,常与天麻、川芎等配伍。

【临床用量】 马、牛 5～10 g;猪、羊 1～1.5 g;犬 0.5～1 g。

【使用禁忌】 孕畜忌用。

【主要成分】　含两种类似蜂毒的有毒成分,即组胺样物质及溶血蛋白质;尚含酪氨酸、亮氨酸、蚁酸、脂肪油、胆甾醇。

【药理作用】　有抗惊厥、镇静的作用;对结核分枝杆菌及常见致病性皮肤真菌有抑制作用。

僵蚕

本品为蚕蛾科昆虫家蚕 4～5 龄的幼虫感染(或人工接种)白僵菌而致死的干燥体。生用或炒用。主产于浙江、江苏、安徽等地。

【性味归经】　咸、辛,平。入肝、肺、胃经。

【功效主治】　熄风止痉,祛风止痛,化痰散结。主治痉挛抽搐,破伤风,咽喉肿痛,皮肤瘙痒。

【配伍应用】　①用于肝风内动所致的癫痫、中风等,常与天麻、全蝎、牛黄、胆南星等配伍。②用于风热上扰而致目赤肿痛,常与菊花、桑叶、薄荷等同用。③用于风热外感所致的咽喉肿痛,可与桂枝、荆芥、薄荷等配伍。④用于化痰散结,瘰疬结核,常与贝母、夏枯草等同用。

【临床用量】　马、牛 30～60 g;猪、羊 10～15 g;犬 5～8 g。

【主要成分】　含蛋白质、脂肪。

【药理作用】　所含蛋白质有刺激肾上腺皮质的作用。

彩图:僵蚕

巩固训练

任务十一　安神开窍药

安神开窍药是指具有安神、开窍性能,治疗心神不宁,窍闭神昏病证的药物。此类药物具有宁心安神、宣窍豁痰的作用,适用于躁动不安、神不守内、顽痰迷窍之证。

根据安神开窍药的性能,一般将其分为两类。

①安神药:以入心经为主,能镇静安神。适用于发热心悸、狂躁不安之证,证见全身出汗,气促喘粗,口舌赤红,脉象洪数等。

②开窍药:这类药善于走窜,能通窍开闭,苏醒神昏。适用于热陷心包、痰浊蒙阻清窍之证,证见猝然昏倒,牙关紧闭,口吐痰涎等。

使用安神开窍药的过程中应注意:由于芳香开窍药多走窜伤气,因此大汗、大吐、大泻、大失血、久病体虚及脱证的动物禁用。

一、安神药

朱砂

本品为硫化物类矿物辰砂族辰砂,主含硫化汞(HgS),又称丹砂。研末或水飞用。主产于湖南、湖北、四川、广西、贵州、云南等地。

【性味归经】　甘,微寒。有毒。入心经。

【功效主治】　镇心安神,定惊解毒。主治心热风邪,躁动不安,热病癫狂,脑黄,疮疡肿毒。

【配伍应用】　①用于心火上炎所致躁动不安、惊痫等,常与黄连、茯神同用,如朱砂散。②用于心虚血少所致的心神不宁,需配伍熟地黄、当归、酸枣仁等。③外用治疗疮疡肿毒,常与雄黄配伍外用;④外用治疗口舌生疮、咽喉肿痛,多与冰片、硼砂等研末吹喉。

【临床用量】　马、牛 3～6 g;猪、羊 0.3～1.5 g;犬 0.05～0.45 g。

【使用禁忌】　忌用火煅。

【主要成分】　含硫化汞,常混有少量黏土及氧化铁等杂质。

【药理作用】　有镇静和催眠作用,能降低大脑中枢神经兴奋性;外用能抑杀皮肤细菌及寄生虫。

彩图:酸枣仁

酸枣仁

本品为鼠李科植物酸枣的干燥成熟种子。生用或炒用。主产于河北、河南、陕西、辽宁等地。

【性味归经】　甘、酸,平。入肝、胆、心经。

Note

【功效主治】　宁心安神,养心补肝,敛汗生津。主治心虚惊恐,烦躁不安,体虚多汗,津伤口渴。

【配伍应用】　①用于心肝血虚不能滋养,以致虚火上炎,出现躁动不安等,常与党参、熟地黄、柏子仁、茯苓、丹参等同用。②用于虚汗外泄,多与山茱萸、白芍、五味子或牡蛎、麻黄根、浮小麦等配伍。

【临床用量】　马、牛 20～60 g;猪、羊 5～10 g;犬 3～5 g;兔、禽 1～2 g。

【主要成分】　含桦木素、桦木酸、有机酸、谷甾醇、伊百灵内酯、脂肪油、蛋白质及丰富的维生素 C。

【药理作用】　有镇静、降低血压、兴奋子宫的作用等。

柏子仁

彩图:柏子仁

本品为柏科植物侧柏的干燥成熟种仁。生用。主产于山东、湖南、河南、安徽等地。

【性味归经】　甘,平。入心、肾、大肠经。

【功效主治】　养心安神,止汗,润肠通便。主治心虚惊悸,阴虚盗汗,肠燥便秘。

【配伍应用】　①用于血不养心引起的心神不宁等,常与酸枣仁、远志、熟地黄、茯神等同用。②用于阴虚血少及产后血虚的肠燥便秘,常与火麻仁、郁李仁等配伍。

【临床用量】　马、牛 25～60 g;猪、羊 10～15 g;犬、猫 2～5 g。

【主要成分】　含大量脂肪油及少量挥发油、皂苷等。

【药理作用】　含大量脂肪油,故有润肠作用。

远志

彩图:远志

本品为远志科植物远志或卵叶远志的干燥根。生用或炙用。主产于山西、陕西、吉林、河南等地。

【性味归经】　苦、辛,温。入心、肾、肺经。

【功效主治】　宁心安神,祛痰开窍,消痈肿。主治心虚惊悸,咳嗽痰多,疮疡肿毒。

【配伍应用】　①用于心神不宁、躁动不安,常与朱砂、茯神等配伍。②用于痰阻心窍所致的狂躁、惊痫等,常与菖蒲、郁金等同用。③咳嗽而痰多难咯者,用本品可使痰液稀释易于咯出,常与杏仁、桔梗等同用。④用于痈疽疔毒、乳房肿痛,单用为末,加酒灌服,外用调敷患处。

【临床用量】　马、牛 10～30 g;猪、羊 5～10 g;犬 3～6 g;兔、禽 0.5～1.5 g。

【使用禁忌】　有胃炎者慎用。

【主要成分】　含远志皂苷、糖类、远志素等。

【药理作用】　有较强的祛痰、收缩子宫、降低血压、溶血、镇静、催眠的作用;有刺激胃黏膜而反射性地引起轻度呕吐的副作用;对多数细菌有抑制作用。

二、开窍药

石菖蒲

彩图:石菖蒲

本品为天南星科植物石菖蒲的干燥根茎。切片生用。主产于四川、浙江等地。

【性味归经】　辛,温。入心、肝、胃经。

【功效主治】　宣窍豁痰,化湿和中。主治神昏癫狂,肚腹胀满,寒湿泄泻。

【配伍应用】　①用于痰湿蒙蔽清窍、清阳不升所致的神昏、癫狂,常与远志、茯神、郁金等配伍。②用于湿困脾胃、食欲不振、肚腹胀满等,常与香附、郁金、藿香、陈皮、厚朴等同用。

【临床用量】　马、牛 20～45 g;猪、羊 10～15 g;犬、猫 3～5 g;兔、禽 1～1.5 g。

【主要成分】　含挥发油(油中主要为细辛醚、β-细辛醚)、氨基酸和糖类。

【药理作用】　促进消化液分泌,缓解肠管平滑肌痉挛;外用能改善局部血液循环;对常见致病性皮肤真菌有不同程度的抑制作用。

皂角

本品为豆科植物皂荚的干燥成熟果实。打碎生用。皂角刺为皂荚茎上的干燥棘刺。主产于东北、华北、华东、中南和四川、贵州等地。

Note

【性味归经】 辛,温。有小毒。入肺、大肠经。

【功效主治】 豁痰开窍,消肿排脓。主治高热神昏,癫痫,疮痈肿毒。

【配伍应用】 ①用于顽痰、结痰或风痰阻闭、猝然倒地的病证,常配伍细辛、天南星、半夏、薄荷、雄黄等,研末吹鼻,促使通窍苏醒。②外用治恶疮肿毒。

【临床用量】 马、牛 20~40 g;猪、羊 5~10 g。

【使用禁忌】 孕畜及体虚者不宜用。用量过大,可引起呕吐或腹泻。破溃疮禁外用。

【主要成分】 含三萜皂苷、鞣质、蜡醇、二十九烷、豆甾醇、谷甾醇等。

【药理作用】 对呼吸道黏膜有刺激作用;有溶血作用;用量过大,可产生全身毒性而致死;对多种细菌及皮肤真菌等有抑制作用。

蟾酥

本品为蟾酥科动物中华大蟾蜍或黑眶蟾蜍的干燥分泌物。蟾蜍耳后腺及皮肤腺所分泌的白色浆液,经收集加工而成。产于全国大部分地区。

【性味归经】 辛,温。有毒。入心经。

【功效主治】 解毒,止痛,开窍。主治疮黄疔毒,咽喉肿痛,中暑神昏。

【配伍应用】 ①用于痈肿疔毒、咽喉肿痛等,多外用。也常用于内服,如六神丸中即含有本品。②用于感受秽浊之气,猝然昏倒之证,常与麝香、雄黄等配伍。

【临床用量】 马、牛 0.1~0.2 g;猪、羊 0.03~0.06 g;犬 0.075~0.15 g。

【使用禁忌】 孕畜忌用。

【主要成分】 含华蟾蜍素、华蟾蜍次素、去乙酰基华蟾蜍素,均为强心成分。此外,尚含甾醇类、5-羟基吲哚胆碱、精氨酸及辛二酸,最后一种有利尿作用。

【药理作用】 有强心、升高血压、兴奋呼吸中枢、升高白细胞、局麻镇痛、抗炎止咳的作用。

牛黄

本品为牛科动物牛的干燥胆囊结石。研细末用。主产于西北、华北、东北等地。

【性味归经】 苦、甘,凉。入心、肝经。

【功效主治】 豁痰开窍,清热解毒,熄风定惊。主治热病神昏,痰热癫痫,咽喉肿痛,痉挛抽搐。

【配伍应用】 ①用于热病神昏、痰迷心窍所致的癫痫、狂乱等,多与麝香、冰片等配伍。②用于热毒郁结所致的咽喉肿痛、口舌生疮、痈疽疔毒等,常与黄连、麝香、雄黄等同用。③用于温病高热引起的痉挛抽搐等,常与朱砂、水牛角等配伍。

【临床用量】 马、牛 3~12 g;猪、羊 0.6~2.4 g;犬 0.3~1.2 g。

【使用禁忌】 脾胃虚弱及孕畜不宜用,无实热者忌用。

【主要成分】 含胆红素、胆酸、胆固醇、麦角固醇、脂肪酸、卵磷脂、维生素 D、钙、铜、铁、锌等。

【药理作用】 小剂量能促进红细胞及血红蛋白的增加,大剂量破坏红细胞。此外,尚有镇静、抗惊厥及强心作用。

麝香

本品为鹿科动物林麝、马麝或麝成熟雄体香囊中的分泌物干燥制成。研末用。主产于四川、西藏、云南、陕西、甘肃、内蒙古等地。

【性味归经】 辛,温。入十二经。

【功效主治】 开窍通络,活血散瘀,催产下胎。主治高热神昏,疮疡肿毒,死胎,胎衣不下。

【配伍应用】 ①用于温病热入心包之热闭神昏、痉厥及中风痰厥等,多与冰片、牛黄等配伍。②用于疮疡肿毒,常与雄黄、蟾蜍等配伍。③用于跌打损伤,常与活血祛瘀药同用。④用于死胎和胎衣不下。

【临床用量】 马、牛 0.6~1.5 g;猪、羊 0.1~0.2 g;犬 0.05~0.1 g。

【使用禁忌】 孕畜忌用。

巩固训练

【主要成分】 含麝香酮、甾体激素雄素酮、脂肪、树脂、蛋白质和无机盐等。

【药理作用】 少量可增强大脑功能,大量有麻醉作用;具有增加心跳、呼吸、发汗利尿、兴奋子宫的作用;对猪霍乱杆菌、大肠杆菌、金黄色葡萄球菌有抑制作用。

任务十二 收 涩 药

收涩药是指具有收敛固涩作用,能治疗各种滑脱证的药物。此类药物性味多酸涩,具有敛汗、止泻、缩尿、固精等功效,适用于子宫脱出、滑精、自汗、盗汗、久泻、久痢、二便失禁、脱肛、久咳虚喘等滑脱之证。

根据收涩药的性能,一般将其分为两类。

①涩肠止泻药:能涩肠止泻,适用于脾肾气虚所致的久泻久痢、二便失禁、脱肛或子宫脱出之证,证见肚腹胀痛、泻粪如浆、回头观腹、久泻不止、口舌赤红等。

②敛汗涩精药:能固肾涩精或缩尿,适用于肾虚气弱所致的自汗、盗汗、阳痿、滑精之证,证见自汗、盗汗、尿频、夜晚尤甚、脉虚等。

使用收涩药的过程中应注意以下几点:

①凡表邪未解或内有实邪者,应当禁用或慎用。

②湿邪未清的久泻或相火过旺的滑精,应当禁用。

一、涩肠止泻药

诃子

彩图:诃子

本品为使君子科植物诃子或绒毛诃子的干燥成熟果实。煨用或生用。主产于广东、广西、云南等地。

【性味归经】 苦、酸、涩,平。入肺、大肠经。

【功效主治】 涩肠止泻,敛肺止咳。主治久泻久痢,便血,脱肛,肺虚咳喘。

【配伍应用】 ①对痢疾而偏热者,常与黄连、木香、甘草等同用。②若泻痢日久,气阴两伤,须与党参、白术、山药等配伍。③用于肺虚咳喘,常与党参、麦冬、五味子等同用。④用于肺热咳嗽,可配伍瓜蒌、百部、贝母、玄参、桔梗等。

【临床用量】 牛、马 15~60 g;猪、羊 3~10 g;犬、猫 1~3 g;兔、禽 0.5~1.5 g。

【使用禁忌】 泻痢初起者忌用。

【主要成分】 含鞣质,主要为诃子酸、没食子酸、黄酸、诃黎勒酸、鞣花酸等。

【药理作用】 对肺炎双球菌、痢疾杆菌、伤寒杆菌有较强的抑制作用。

乌梅

彩图:乌梅

本品为蔷薇科植物梅的干燥近成熟果实。主产于浙江、福建、广东、湖南、四川等地。

【性味归经】 酸、涩,平。入肝、脾、肺、大肠经。

【功效主治】 敛肺涩肠,生津止渴,驱虫。主治久泻久痢,肺虚久咳,幼畜奶泻,蛔虫病。

【配伍应用】 ①用于肺虚久咳,常与款冬花、半夏、杏仁等配伍。②用于久泻久痢,常与诃子、黄连等同用,如乌梅散;亦可与党参、白术等配伍应用。③用于虚热所致的口渴贪饮,常与天花粉、麦门冬、葛根等同用。④用于蛔虫引起的腹痛、呕吐等,常与干姜、细辛、黄柏等配伍。

【临床用量】 马、牛 15~60 g;猪、羊 3~9 g;犬、猫 2~5 g;兔、禽 0.6~1.5 g。

【主要成分】 含苹果酸、枸橼酸、酒石酸、琥珀酸、蜡醇、β-谷甾醇、三萜成分等。

【药理作用】 对多种杆菌、球菌、真菌有抑制作用。

肉豆蔻

Note

本品为肉豆蔻科植物肉豆蔻的干燥种仁。又称肉果。煨用。主产于印度尼西亚、西印度群岛和马来半岛等地。我国广东有栽培。

【性味归经】 辛,温。入脾、胃、大肠经。

【功效主治】 收敛止泻,温中行气。主治脾胃虚寒,久泻不止,肚腹胀痛。

【配伍应用】 ①用于久泻不止或脾肾虚寒引起的久泻,常与补骨脂、吴茱萸、五味子等同用,如四神丸。②用于脾胃虚寒引起的肚腹胀痛和食欲不振,常与木香、半夏、白术、干姜等配伍。

【临床用量】 马、牛 15～30 g;猪、羊 5～10 g;犬 3～5 g。

【使用禁忌】 凡热泻热痢者忌用。

【主要成分】 含挥发油(豆蔻油)、脂肪油(蔻酸甘油酯、油酸甘油酯)。

【药理作用】 生肉豆蔻有滑肠作用,经煨去油后有涩肠止泻作用;少量服用,可增加胃液分泌,促进消化。

石榴皮

本品为石榴科植物石榴的干燥果皮。切碎生用。我国南方各地均有。

【性味归经】 酸、涩,温。入大肠经。

【功效主治】 涩肠止泻,止血,驱虫。主治泻痢,便血,脱肛,虫积。

【配伍应用】 ①用于虚寒所致的久泻久痢,常与诃子、肉豆蔻、干姜、黄连同用。②用于驱杀蛔虫、蛲虫,可单用或与使君子、槟榔等配伍。

彩图:石榴皮

【临床用量】 马、牛 15～30 g;猪、羊 3～15 g;犬、猫 1～5 g;兔、禽 1～2 g。

【使用禁忌】 有实邪者忌用。

【主要成分】 含鞣质及微量生物碱。

【药理作用】 对多种细菌及各种皮肤真菌有抑制作用。

五倍子

本品为漆树科植物盐肤木、青麸杨或红麸杨叶上的虫瘿,主要由五倍子蚜寄生而形成。研末用。主产于四川、贵州、广东、广西、河北、安徽、浙江及西北各地。

【性味归经】 酸、涩,寒。入肺、大肠、肾经。

【功效主治】 敛肺降火,涩肠止泻,敛汗涩精,收敛止血,收湿敛疮。主治久咳,久泻,脱肛,虚汗,便血,外伤出血,疮疡。

【配伍应用】 ①用于久泻久痢、便血日久,可与诃子、五味子等同用。②用于敛肺止咳、肺虚久咳,常与党参、五味子、紫菀等配伍。③用于疮癣肿毒、皮肤湿烂等,可研末外敷或煎汤外洗。

【临床用量】 马、牛 10～30 g;猪、羊 3～10 g;犬、猫 0.5～2 g;兔、禽 0.2～0.6 g。

【使用禁忌】 肺热咳嗽及湿热泄泻者忌用。

【主要成分】 含五倍子鞣质、没食子酸、脂肪、树脂、蜡质、淀粉等。

【药理作用】 收敛止血作用;解生物碱中毒作用;对多种细菌均有抑制作用。

罂粟壳

本品为罂粟科植物罂粟的干燥成熟果壳。晒干醋炒或蜜炙用。主产于云南。

【性味归经】 酸、涩,平。有毒。入肺、大肠、肾经。

【功效主治】 涩肠敛肺,止痛。主治肺虚久咳,久泻久痢,脱肛,肚腹疼痛。

【配伍应用】 ①用于肺气不收,久咳不止,常与乌梅配伍应用。②用于久泻、久痢兼腹痛者,可单用或配伍木香、黄连。

【临床用量】 马、牛 15～30 g;猪、羊 3～6 g;犬、猫 1～3 g。

【使用禁忌】 咳嗽或腹泻初起者忌用。

【主要成分】 含罂粟酸、吗啡、可待因、那可丁、罂粟碱、酒石酸、枸橼酸及蜡质等。

【药理作用】 能减少呼吸的频率和降低咳嗽反射的兴奋性,具有镇咳作用;能抑制中枢神经系统对疼痛的感受性;有松弛胃肠平滑肌的作用,使肠蠕动减少而止泻;有缓解气管平滑肌痉挛的作用,从而达到止支气管喘息之效;用量大时可引起中枢性呕吐、缩瞳、抽搐等。

二、敛汗涩精药

五味子

彩图:五味子

本品为木兰科植物五味子的干燥成熟果实。习称北五味子,主产于东北、内蒙古、河北、山西等地。

【性味归经】 酸、甘,温。入肺、心、肾经。

【功效主治】 敛肺涩肠,生津止汗,固肾涩精。主治肺虚咳喘,久泻,自汗盗汗,滑精。

【配伍应用】 ①用于肺虚或肾虚不能纳气所致的久咳虚喘,常与党参、麦冬、熟地黄、山茱萸等同用。②用于津少口渴,常与麦冬、生地黄、天花粉等同用。③用于体虚多汗,常与党参、麦冬、浮小麦等配伍。④用于脾肾阳虚泄泻,常与补骨脂、吴茱萸、肉豆蔻等同用,如四神丸。⑤用于滑精及尿频数等,可与桑螵蛸、菟丝子同用。

【临床用量】 马、牛 15～30 g;猪、羊 3～10 g;犬、猫 1～2 g;兔、禽 0.5～1.5 g。

【使用禁忌】 表邪未解及有实热者不宜应用。

【主要成分】 含挥发油(内含五味子素)、苹果酸、枸橼酸、酒石酸、维生素 C、鞣质及大量糖分、树脂等。

【药理作用】 能调节心血管系统而改善血液循环;能兴奋子宫,可用于催产;能调节胃液及促进胆汁分泌。

牡蛎

彩图:牡蛎

本品为牡蛎科动物长牡蛎、近江牡蛎或大连湾牡蛎的贝壳。生用或煅用。主产于沿海地区。

【性味归经】 咸,微寒。入肝、胆、肾经。

【功效主治】 滋阴潜阳,敛汗固涩,软坚散结。主治阴虚内热,虚汗,滑精,带下,骨软症。

【配伍应用】 ①用于阴虚阳亢引起的躁动不安等证,常与龟板、白芍等配伍。②用于消散瘰疬,常与玄参、贝母等同用。③用于自汗、盗汗,常与浮小麦、麻黄根、黄芪等配伍,如牡蛎散。④用于滑精,常与金樱子、芡实等配伍。

【临床用量】 马、牛 30～90 g;猪、羊 10～30 g;犬 5～10 g;兔、禽 1～3 g。

【主要成分】 含碳酸钙、磷酸钙及硫酸钙,并含铝、镁、硅及氧化铁等。

【药理作用】 对某些病毒有抑制作用。

浮小麦

彩图:浮小麦

本品为禾本科植物小麦的干燥轻浮瘪瘦的果实。生用或炙用。主产于各地桑蚕区。

【性味归经】 甘、咸,凉。入心经。

【功效主治】 敛汗,益气,退虚热。主治阴虚,内热,虚汗。

【配伍应用】 ①用于肾气不固所致的滑精早泄及尿频数等,常与益智仁、菟丝子、黄芪等同用。②用于阳痿,常与巴戟天、肉苁蓉、枸杞子等配伍。

【临床用量】 马、牛 30～120 g;猪、羊 10～20 g。

【使用禁忌】 阴虚有火,膀胱湿热所致的尿频数者忌用。

【主要成分】 含蛋白质、脂肪、粗纤维、铁、钙及胡萝卜样的色素。

【药理作用】 降低血脂,保护肝脏。

芡实

彩图:芡实

本品为睡莲科植物芡的干燥成熟种仁。生用或炒用。主产于湖南、江苏、广东、福建等地。

【性味归经】 甘、涩,平。入脾、肾经。

【功效主治】 益肾涩精,补脾祛湿。主治滑精,尿频数,脾虚泄泻,腰肢痹痛,带下。

【配伍应用】 ①用于肾虚、精关不固所致的滑精早泄及尿频数等,常与菟丝子、桑螵蛸、金樱子等同用。②用于脾虚久泻不止,常与党参、白术、茯苓等配伍。

Note

【临床用量】 马、牛 20～45 g；猪、羊 10～20 g。

【主要成分】 含蛋白质、脂肪、碳水化合物、钙、磷、铁、维生素 B_2 及 C 等。

【药理作用】 能够增强免疫力，抗氧化，明目保肝。

金樱子

本品为蔷薇科植物金樱子的干燥成熟果实。擦去刺，剥去核，洗净晒干，备用。主产于江苏、湖南、广东、广西、江西、浙江、安徽等地。

【性味归经】 酸、甘、涩，平。入肾、膀胱、大肠经。

【功效主治】 固精缩尿，涩肠止泻。主治滑精，尿频数，带下，脾虚久泻，久痢。

【配伍应用】 ①用于肾虚所致的滑精，尿频数等，常与芡实、莲子、菟丝子、补骨脂等同用。②用于脾虚久泻，常与党参、白术、山药、茯苓等配伍。③用于脱肛、子宫脱出，单用或与党参、罂粟壳、白术等同用。

【临床用量】 马、牛 15～45 g；猪、羊 5～10 g。

【主要成分】 含金樱子多糖、金樱子皂角苷 A、β-谷甾醇等。

【药理作用】 具有抑菌、抗病毒、抗炎、抗氧化、止泻等作用。

彩图：金樱子

桑螵蛸

本品为螳螂科昆虫大刀螂、小刀螂或巨斧螳螂的干燥卵鞘。主产于各地桑蚕区。

【性味归经】 甘，咸，涩，平。入肝、肾经。

【功效主治】 补肾助阳，固精缩尿，止淋浊。主治阳痿，滑精，尿频数，尿浊，带下。

【配伍应用】 ①用于肾虚阳痿、滑精等，常与益智仁、菟丝子、黄芪等同用。②用于肾虚不固所致的尿频数，常与巴戟天、肉苁蓉、枸杞子、黄芪、山药等配伍。

【临床用量】 马、牛 15～30 g；猪、羊 5～15 g；兔、禽 0.5～1 g。

【主要成分】 含苏氨酸、缬氨酸、蛋氨酸、异亮氨酸、亮氨酸、苯丙氨酸、赖氨酸、色氨酸，以及常量元素钾、磷、钙、钠、镁和微量元素铁、铜、锌、锰、镍等。

【药理作用】 具有增强免疫、提高耐力、抗利尿及降血脂等作用。

巩固训练

任务十三　补　虚　药

补虚药是指能补益机体气血阴阳的不足，治疗各种虚证的药物。此类药物具有补气、补血、滋阴、助阳的功效，分别适用于气虚、血虚、阴虚、阳虚之证。

根据补虚药的性能，一般将其分为四类。

①补气药：多味甘，性平或偏温，主入脾、胃、肺经，有补肺气、益脾气的功效，适用于脾肺气虚证。证见精神倦怠、食欲不振、肚腹胀满、粪便泄泻、气短气少、动则气喘、自汗无力等。

②补血药：多味甘，性平或偏温，多入心、肝、脾经，能补血，适用于心脾血虚证。证见体瘦毛焦、口色淡白、精神萎靡、心悸脉弱等。

③滋阴药：多味甘，性凉。主入肺、胃、肝、肾经。能滋肾阴、补肺阴、养胃阴、益肝阴，适用于肾、肺、胃、肝等阴虚证，证见舌光无苔、口舌干燥、虚热口渴、肺燥咳嗽等。

④助阳药：味甘或咸，性温或热，多入肝、肾经，能补肾助阳，强筋壮骨，适用于形寒肢冷、腰胯无力、阳痿滑精、肾虚泄泻等。

使用补虚药的过程中应注意以下几点：

①由于气为血帅，气旺可以生血，故补气药又常用于血虚的病证。

②由于心、肝血虚证与脾密切相关，故治疗血虚时以补心、肝为主，配伍健脾药，若血虚兼气虚则配伍补气药，若血虚兼阴虚则配伍滋阴药。

③滋阴药多甘凉滋腻,凡阳虚阴盛,脾虚泄泻者不宜用。

④由于"肾为先天之本",故助阳药主要用于温补肾阳。对肾阴衰微不能温养脾阳所致的泄泻,也用补肾阳药治疗。但助阳药多属温燥,阴虚发热及实热证者等均不宜用。

一、补气药

党参

彩图:党参

本品为桔梗科植物党参、素花党参或川党参的干燥根。生用或蜜炙用。野生者称野台党,栽培者称潞党参。主产于东北、西北、山西及四川等地。

【性味归经】　甘,平。入脾、肺经。

【功效主治】　补中益气,健脾益肺。主治脾胃虚弱,少食腹泻,肺虚咳喘,体倦无力,气虚垂脱。

【配伍应用】　①用于久病气虚、倦怠乏力、肺虚喘促、脾虚泄泻等,常与白术、茯苓、炙甘草等同用,如四君子汤。②用于气虚下陷所致的脱肛、子宫脱垂,常与黄芪、白术、升麻等同用,如补中益气汤。③用于津伤口渴、肺虚气短,常与麦冬、五味子、生地黄等同用。

【临床用量】　马、牛 20～60 g;猪、羊 5～10 g;犬 3～5 g;兔、禽 0.5～1.5 g。

【使用禁忌】　反藜芦。

【主要成分】　含皂苷、蛋白质、维生素 B_1 和 B_2、生物碱、菊糖等。

【药理作用】　有降压作用,对神经系统有兴奋作用,有升高血糖的作用,可促进凝血。

人参

彩图:人参

本品为五加科植物人参的干燥根和根茎。野生者称山参,栽培者称园参。园参经晒干或烘干,称生晒参;山参经晒干,称生晒山参。生用。主产于吉林、辽宁、黑龙江等地。

【性味归经】　甘、微苦,微温。入脾、肺、心、肾经。

【功效主治】　大补元气,复脉固脱,补脾益肺,生津养血,安神。主治体虚欲脱,肢冷脉微,虚损劳伤,脾虚胃弱,肺虚喘咳,口干自汗,惊悸不安。

【配伍应用】　①用于病后津气两亏、汗多口渴者,可与麦冬、五味子等同用。②用于心气不足,神志不宁,可与当归、枣仁、龙眼肉等配伍。

【临床用量】　马、牛 15～30 g;羊、猪 5～10 g;犬、猫 0.5～2 g。

【使用禁忌】　反藜芦,畏五灵脂。

【主要成分】　含皂苷类、挥发油、脂肪酸、植物甾醇、维生素、糖等。

【药理作用】　可显著兴奋大脑皮层,故有抗疲劳作用;能加强机体对有害因素的抵抗力,提高动物对低温或高温的耐受力;能调节胆固醇代谢;有强心作用;有促进蛋白质、核糖、核酸合成的作用;能刺激造血器官,使造血功能旺盛;能增强机体免疫力。

黄芪

彩图:黄芪

本品为豆科植物膜荚黄芪或蒙古黄芪的干燥根。生用或蜜炙用。主产于甘肃、内蒙古、陕西、河北及东北、西藏等地。

【性味归经】　甘,微温。入肺、脾经。

【功效主治】　补气升阳,固表止汗,利水消肿,托毒排脓,敛疮生肌。主治肺脾气虚,中气下陷,表虚自汗,气虚水肿,疮痈难溃,久溃不敛。

【配伍应用】　①用于脾肺气虚、食少倦怠、气短、泄泻等,常与党参、白术、山药、炙甘草等同用。②用于气虚下陷引起的脱肛、子宫脱垂等,常与党参、升麻、柴胡等配伍,如补中益气汤。③用于表虚自汗,常与麻黄根、浮小麦、牡蛎等配伍。④用于表虚易感风寒等,可与防风、白术同用。⑤用于疮痈内陷或久溃不敛,可与党参、肉桂、当归等配伍。⑥用于脓成不溃,可与白芷、当归、皂角刺等配伍。⑦用于气虚脾弱、尿不利、水湿停滞而成的水肿,常与防己、白术同用。

【临床用量】　马、牛 20～60 g;驼 30～80 g;猪、羊 5～15 g;犬 5～10 g;兔、禽 1～2 g。

【使用禁忌】　阴虚火盛、邪热实证不宜用。

【主要成分】 含 $2',4'$-二羟基-5,6-二甲氧基异黄酮、胆碱、甜菜碱、氨基酸、蔗糖、葡萄糖醛酸及微量叶酸。内蒙古黄芪含 β-谷甾醇、亚油酸及亚麻酸。

【药理作用】 对衰竭的心脏有强心作用,使血压下降;有利尿、止汗、类性激素作用;对多数细菌有抑制作用。

山药

本品为薯蓣科植物薯蓣的干燥根茎。切片生用或炒用。主产于河南、湖南、河北、广东等地。

【性味归经】 甘,平。入脾、肺、肾经。

【功效主治】 补脾养胃,益肺生津,补肾涩精。主治脾胃虚弱,食欲不振,脾虚泄泻,虚劳咳喘,滑精,带下,尿频数。

彩图:山药

【配伍应用】 ①用于脾胃虚弱、减食倦怠、泄泻等,常配党参、白术、茯苓、扁豆等同用。②用于肺虚久咳,可配沙参、麦冬、五味子等配伍。③用于肾虚滑精,常与熟地黄、山茱萸等配伍。④用于肾虚之尿频数,常与益智仁、桑螵蛸等同用。

【临床用量】 马、牛 30～90 g;猪、羊 10～15 g;犬 5～8 g;兔、禽 1.5～3 g。

【主要成分】 含皂苷、黏液质、尿囊素、胆碱、精氨酸、淀粉酶、黏蛋白质、脂肪、淀粉及碘质。

【药理作用】 所含的黏蛋白质在体内水解为蛋白质和碳水化合物;所含的淀粉酶有水解淀粉为葡萄糖的作用。

白术

本品为菊科植物白术的干燥根茎。切片生用或炒用。主产于浙江、安徽、湖南、湖北及福建等地。

【性味归经】 苦、甘,温。入脾、胃经。

【功效主治】 补脾益气,燥湿利水,安胎,固表止汗。主治脾虚泄泻,水肿,胎动不安,自汗。

彩图:白术

【配伍应用】 ①用于脾胃气虚、运化失常所致的食少胀满、倦怠乏力等,常与党参、茯苓等同用,如四君子汤。②用于脾胃虚寒、肚腹冷痛、泄泻等,常与党参、干姜等配伍,如理中汤。③用于水湿内停或水湿外溢之水肿,常与茯苓、泽泻等同用,如五苓散。④用于表虚自汗,常与黄芪、浮小麦同用。⑤用于安胎,常与当归、白芍、黄芩配伍。

【临床用量】 马、牛 15～60 g;猪、羊 6～12 g;犬、猫 1～5 g;兔、禽 1～2 g。

【主要成分】 含挥发油,油中主要成分为苍术醇和苍术酮,并含维生素 A 样物质。

【药理作用】 有利尿作用、轻度降血糖作用。

甘草

本品为豆科植物甘草、胀果甘草或光果甘草的干燥根及根茎。切片生用或炙用。主产于辽宁、内蒙古、甘肃、新疆、青海等地。

【性味归经】 甘,平。入心、肺、脾、胃经。

【功效主治】 补脾益气,祛痰止咳,和中缓急,解毒,调和诸药,缓解药物毒性、烈性。主治脾胃虚弱,倦怠无力,咳喘,咽喉肿痛,中毒,疮疡。

彩图:甘草

【配伍应用】 ①用于脾胃虚弱证,常与党参、白术等同用,如四君子汤。②用于疮痈肿痛,多与金银花、连翘等清热解毒药配伍。③用于咽喉肿痛,可与桔梗、牛蒡子等同用。④本品是中毒的解毒要药。⑤用于咳嗽喘息等,因其性质平和,肺寒咳喘或肺热咳嗽均可应用,常与化痰止咳药配伍。⑥用于缓和某些药物峻烈之性,具有调和诸药的作用,许多处方常配伍本品。

【临床用量】 马、牛 15～60 g;驼 45～100 g;猪、羊 3～10 g;犬、猫 1～5 g;兔、禽 0.6～3 g。

【使用禁忌】 湿盛中满者不宜用。反大戟、甘遂、芫花、海藻。

【主要成分】 含甘草苷、甘露醇、β-谷甾醇、葡萄糖、蔗糖、有机酸及挥发油等。

【药理作用】 具有解毒、抗利尿、镇咳、抗炎及抗过敏性反应的作用。

Note

大枣

本品为鼠李科植物枣的干燥成熟果实。生用。主产于河北、河南、山东等地。

彩图:大枣

【性味归经】 甘,温。入脾、胃、心经。

【功效主治】 补中益气,养血安神,缓和药性。主治脾虚少食,便溏,气血亏损,津液不足。

【配伍应用】 ①用于脾胃虚弱、倦怠乏力、食少便溏等,常与党参、白术等配伍,以加强补益脾胃的功能。②用于内伤肝脾、耗伤营血证,常与甘草、浮小麦等同用。③用于调和药性,如十枣汤,以芫花、甘遂、大戟逐水饮,用大枣保其脾胃,以防攻逐太过,达到攻邪而不伤正的目的。

【临床用量】 马、牛 30～90 g;猪、羊 10～15 g;犬 5～8 g;兔、禽 1.5～3 g。

【使用禁忌】 湿盛中满者不宜用。

【主要成分】 含蛋白质、脂肪、碳水化合物、钙、磷、铁及维生素 A、维生素 B_2、维生素 C 等。

【药理作用】 具有保肝、增强肌力、镇静催眠和降低血压的作用。

二、补血药

当归

本品为伞形科植物当归的干燥根。切片生用或酒炒用。主产于甘肃、宁夏、四川、云南、陕西等地。

彩图:当归

【性味归经】 甘、辛,温。入肝、心、脾经。

【功效主治】 补血养血,活血止痛,润燥通便。主治血虚劳伤,血瘀疼痛,跌打损伤,痈肿疮疡,肠燥便秘,胎产诸病。

【配伍应用】 ①用于体弱血虚证,常与黄芪、党参、熟地黄等配伍。②用于损伤瘀痛,可与红花、桃仁、乳香等配伍。③用于痈肿疼痛,可与金银花、牡丹皮、赤芍等配伍。④用于产后瘀血疼痛,可与益母草、川芎、桃仁等同用。⑤用于风湿痹痛,可与羌活、独活、秦艽等祛风湿药配伍。⑥用于阴虚或血虚的肠燥便秘,常与火麻仁、杏仁、肉苁蓉等配伍。

【临床用量】 马、牛 15～60 g;猪、羊 5～15 g;犬、猫 2～5 g;兔、禽 1～2 g。

【使用禁忌】 阴虚内热者不宜用。

【主要成分】 含挥发油、正-戊酸邻羧酸、正十二烷醇、β-谷甾醇、香柠檬内脂、脂肪油、棕榈酸、维生素 B_{12}、维生素 E、烟酸、蔗糖等。

【药理作用】 对子宫的作用具有"双向性",但以兴奋为主;对维生素 E 缺乏症有一定疗效;对多数细菌均有一定抑制作用。

白芍

本品为毛茛科植物芍药的干燥根。切片生用或炒用。主产于东北、河北、内蒙古、陕西、山西、山东、安徽、浙江、四川、贵州等地。

彩图:白芍

【性味归经】 苦、酸,微寒。入肝、脾经。

【功效主治】 平抑肝阳,柔肝止痛,敛阴养血。主治肝血不足,虚热,泻痢腹痛,四肢拘挛。

【配伍应用】 ①用于肝阴不足、肝阳上亢、躁动不安等,常与石决明、生地黄、女贞子等配伍。②用于肝旺乘脾所致的腹痛,常与甘草同用。③用于血虚或阴虚盗汗等,常与当归、地黄等配伍。

【临床用量】 马、牛 15～60 g;猪、羊 6～15 g;犬、猫 1～5 g;兔、禽 1～2 g。

【使用禁忌】 反藜芦。

【主要成分】 含芍药苷、β-谷甾醇、鞣质、少量挥发油、苯甲酸、树脂、淀粉、脂肪油、草酸钙等。

【药理作用】 对肠胃平滑肌有松弛作用,可缓挛止痛;对多数细菌均有抑制作用。

熟地黄

本品为玄参科植物地黄的块根,经加工炮制而成。切片用。主产于河南、浙江、北京,其他地区也有生产。

【性味归经】　甘,微温。入肝、肾经。

【功效主治】　滋阴补血,益精填髓。主治肝肾阴虚,血虚精亏,腰膀痿软,虚喘久咳,虚热盗汗。

【配伍应用】　①用于血虚诸证。治血虚体弱,常与当归、川芎、白芍等同用,如四物汤。②用于肝肾阴虚所致的潮热、出汗、滑精等,常与山茱萸、山药等配伍,如六味地黄丸。

【临床用量】　马、牛 30～60 g;猪、羊 5～15 g;犬 3～5 g。

【使用禁忌】　脾虚湿盛者忌用。

【主要成分】　含梓醇、地黄素、维生素 A 样物质、葡萄糖、果糖、乳糖、蔗糖及赖氨酸、组氨酸、谷氨酸、亮氨酸、苯丙氨酸等,还含有少量磷酸。

【药理作用】　有降低血糖、强心、利尿的作用;对皮肤真菌均有抑制作用。

彩图:熟地黄

阿胶

本品为马科动物驴的干燥皮或鲜皮经煎煮、浓缩制成的固体胶。溶化冲服或炒珠用。主产于山东、浙江。此外,北京、天津、河北、山西等地也有生产。

【性味归经】　甘,平。入肺、肝、肾经。

【功效主治】　滋阴补血,安胎。主治虚劳咳喘,产后血虚,虚风内动,胎动不安。

【配伍应用】　①用于血虚体弱,常与当归、黄芪、熟地黄等配伍。②用于肺出血,配伍白及。③用于衄血,配伍生地黄、旱莲草、仙鹤草、茅根等。④用于子宫出血,配伍艾叶、生地黄、当归等。⑤用于便血,配伍槐花、地榆等。⑥用于妊娠胎动、下血,可与艾叶配伍。

【临床用量】　马、牛 15～60 g;猪、羊 6～12 g;犬 5～8 g。

【使用禁忌】　内有瘀滞及有表证者不宜用。

【主要成分】　含骨胶原,与明胶相类似。水解生成多种氨基酸,但赖氨酸较多,还含有胱氨酸。

【药理作用】　有加速血液中红细胞和血红蛋白生长的作用,能改善动物体内钙的平衡,促进钙的吸收,有助于血清中钙的存留,并有促进血液凝固作用,故善于止血。

何首乌

本品为蓼科植物何首乌的干燥块根。生用或制用。晒干未经炮制的为生何首乌,加黑豆汁反复蒸晒而成为制何首乌。主产于广东、广西、河南、安徽、贵州等地。

【性味归经】　苦、甘、涩,微温。入肝、心、肾经。

【功效主治】　制何首乌补肝肾、益精血;生何首乌通便、解疮毒。制何首乌主治肝肾阴虚,血虚;生何首乌主治肠燥便秘,疮黄肿毒。

【配伍应用】　①制何首乌用于阴虚血少、腰膝痿弱等,多与熟地黄、枸杞子、菟丝子等配伍。②生何首乌用于弱畜及老年病畜之便秘,常与当归、肉苁蓉、火麻仁等同用。③生用用于瘰疬、疮疡、皮肤瘙痒等,常与玄参、紫花地丁、天花粉等同用。

【临床用量】　马、牛 30～100 g;猪、羊 10～15 g;犬、猫 2～6 g;兔、禽 1～3 g。

【使用禁忌】　脾虚湿盛者不宜用。

【主要成分】　含卵磷脂及蒽醌衍生物,以大黄素、大黄酚为较多,其次为大黄酸、大黄素甲醚、洋地黄蒽醌及食用大黄苷,此外,尚含淀粉及脂肪。

【药理作用】　构成神经组织,特别是脑脊髓的主要成分,有促进肠管蠕动的作用,故能通便;对痢疾杆菌有抑制作用。

彩图:何首乌

三、助阳药

肉苁蓉

本品为列当科植物肉苁蓉或管花肉苁蓉的干燥带鳞叶的肉质茎,用盐水浸渍,称咸苁蓉;再以清水漂洗,蒸熟晒干,称淡苁蓉;或切片生用。主产于内蒙古、甘肃、青海、新疆等地。

【性味归经】　甘、咸,温。入肾、大肠经。

【功效主治】　补肾阳,益精血,润肠通便。主治滑精,阳痿,垂缕不收,宫寒不孕,腰膀疼痛,肠

彩图:肉苁蓉

Note

燥便秘。

【配伍应用】 ①用于肾虚阳痿、滑精早泄及肝肾不足、筋骨痿弱、腰膝疼痛等,常与熟地黄、菟丝子、五味子、山茱萸等同用。②用于老弱血虚及病后、产后津液不足、肠燥便秘等,常与火麻仁、柏子仁、当归等配伍。

【临床用量】 马、牛 15～45 g;猪、羊 5～10 g;犬 3～5 g;兔、禽 1～2 g。

【主要成分】 含苯乙醇苷类、环烯醚萜类、木质素类、多糖、生物碱等。

【药理作用】 具有增强免疫、增重、抗疲劳、泻下、抗氧化作用。

淫羊藿

彩图:淫羊藿

本品为小檗科植物淫羊藿、箭叶淫羊藿、柔毛淫羊藿或朝鲜淫羊藿的干燥叶。切段生用。主产于陕西、甘肃、四川、台湾、安徽、浙江、江苏、广东、广西、云南等地。

【性味归经】 辛、甘,温。入肝、肾经。

【功效主治】 补肾壮阳,强筋骨,祛风除湿。主治阳痿滑精,母畜乏情,腰胯无力,风湿痹痛。

【配伍应用】 ①用于肾阳不足所致的阳痿、滑精、尿频、腰膝冷痛、肢冷恶寒等,常与仙茅、山茱萸、肉苁蓉等补肾药同用,以加强药效。②用于风湿痹痛、四肢不利、筋骨痿弱、四肢瘫痪等,常与威灵仙、独活、肉桂、当归、川芎等配伍。

【临床用量】 马、牛 15～30 g;猪、羊 10～15 g;犬 3～5 g;兔、禽 0.5～1 g。

【主要成分】 含淫羊藿苷、淫羊藿素、维生素 E、植物甾醇。

【药理作用】 具有兴奋神经和促进精液分泌的作用;对多数细菌有抑制作用。

杜仲

彩图:杜仲

本品为杜仲科植物杜仲的干燥树皮。切丝生用,或酒炒、盐炒用。主产于四川、贵州、云南、湖北等地。

【性味归经】 甘,温。入肝、肾经。

【功效主治】 补肝肾,强筋骨,安胎。主治肾虚腰痛,腰肢无力,风湿痹痛,胎动不安。

【配伍应用】 ①用于腰胯无力、阳痿、尿频等肾阳虚证,常与补骨脂、菟丝子、枸杞子、熟地黄、山茱萸、牛膝等同用。②用于久患风湿、麻木痹痛,配伍祛风湿药。③对孕畜体虚、肝肾亏损所致的胎动不安,常配伍续断、阿胶、白术、党参、砂仁、艾叶等。

【临床用量】 马、牛 15～60 g;猪、羊 6～15 g;犬 3～5 g。

【使用禁忌】 阴虚火旺者不宜用。

【主要成分】 含树脂、鞣质、杜仲胶、桃叶珊瑚苷、山奈醇、咖啡酸、绿原酸、酒石酸、还原糖及脂肪油等。

【药理作用】 有降低血压、减少胆固醇的吸收、利尿及镇静的作用。

巴戟天

彩图:巴戟天

本品为茜草科植物巴戟天的干燥根。生用或盐炒用。主产于广东、广西、福建、四川等地。

【性味归经】 甘、辛,微温。入肾、肝经。

【功效主治】 补肾阳,强筋骨,祛风湿。主治阳痿滑精,腰胯无力,风湿痹痛。

【配伍应用】 ①用于肾虚阳痿、滑精早泄等,常与肉苁蓉、补骨脂、胡芦巴等同用,如巴戟散。②用于肾虚骨痿,运步困难,腰膝疼痛等,常与杜仲、续断、菟丝子等配伍。③用于肾阳虚的风湿痹痛,可与续断、淫羊藿及祛风湿药配伍。

【临床用量】 马、牛 30～50 g;猪、羊 10～15 g;犬、猫 1～5 g;兔、禽 0.5～1.5 g。

【使用禁忌】 阴虚火旺者不宜用。

【主要成分】 含维生素 C、糖类及树脂。

【药理作用】 有皮质激素样作用及降低血压作用,对枯草杆菌有抑制作用。

补骨脂

本品为豆科植物补骨脂的干燥成熟果实,又称破故纸。生用或盐水炒用。主产于河南、安徽、山西、陕西、江西、云南、四川、广东等地。

【性味归经】 辛、苦,温。入肾、脾经。

【功效主治】 温肾壮阳,纳气平喘,温脾止泻。主治阳痿,滑精,尿频数,腰膝寒痛,肾虚喘,脾肾阳虚,泄泻。

【配伍应用】 ①用于肾阳不振引起的阳痿、滑精、腰膝冷痛及尿频等,常与淫羊藿、菟丝子、熟地黄等助阳益阴药配伍。②用于脾肾阳虚引起的泄泻,多与肉豆蔻、吴茱萸、五味子等同用,如四神丸。

【临床用量】 马、牛 15～45 g;猪、羊 5～10 g;犬 2～5 g;兔、禽 1～2 g。

【使用禁忌】 阴虚火旺、粪便秘结者忌用。

【主要成分】 含补骨脂内酯、补骨脂里定、异补骨脂内酯、补骨脂乙素。此外,尚含豆甾醇、棉籽糖、脂肪油、挥发油及树脂等。

【药理作用】 有兴奋心脏的作用,对霉菌有抑制作用。

彩图:补骨脂

益智仁

本品为姜科植物益智的干燥成熟果实。主产于广东、云南、福建、广西等地。

【性味归经】 辛,温。入脾、肾经。

【功效主治】 温肾固精缩尿,暖脾止泻,摄涎唾。主治滑精,虚寒泄泻,尿频,涎多。

【配伍应用】 ①用于肾阳不足、不能固摄所致的滑精、尿频等,常配山药、桑螵蛸、菟丝子等同用。②用于脾阳不振、运化失常引起的虚寒泄泻、腹部疼痛,常与党参、白术、干姜等配伍。③用于脾虚不能摄涎,以致涎多自流者,常与党参、茯苓、半夏、山药、陈皮等配伍。

【临床用量】 马、牛 15～45 g;猪、羊 5～10 g;犬 3～5 g;兔、禽 1～3 g。

【使用禁忌】 阴虚火盛者忌用。

【主要成分】 含挥发油,油中主要成分为桉油精、姜烯、姜醇等倍半萜类。

【药理作用】 对前列腺素合成有抑制作用,具有强心、钙拮抗、抑制回肠收缩的作用。

彩图:益智仁

续断

本品为川续断科植物川续断的干燥根。生用、酒炒或盐炒用。主产于四川、贵州、湖北、云南等地。

【性味归经】 苦、辛,微温。入肝、肾经。

【功效主治】 补肝肾,强筋骨,续折伤,安胎。主治肝肾不足,腰肢痿软,风寒湿痹,跌打损伤,筋伤骨折,胎动不安。

【配伍应用】 ①用于肝肾不足、血脉不利所致的腰膝疼痛及风湿痹痛,常与杜仲、牛膝、桑寄生等同用。②用于跌打损伤或骨折,常与骨碎补、当归、赤芍、红花等同用。③用于补肝肾和安胎,常配伍阿胶、艾叶、熟地黄等。

【临床用量】 马、牛 25～60 g;猪、羊 5～15 g;兔、禽 1～2 g。

【使用禁忌】 阴虚火旺者忌用。

【主要成分】 含续断碱、挥发油、维生素 E 及有色物质。

【药理作用】 有排脓、止血、镇痛、促进组织再生等作用。

彩图:续断

菟丝子

本品为旋花科植物南方菟丝子或菟丝子的干燥成熟种子。生用或盐水炒用。主产于东北、河南、山东、江苏、四川、贵州、江西等地。

【性味归经】 辛、甘,平。入肝、肾、脾经。

【功效主治】 滋补肝肾,固精缩尿,安胎,明目,止泻。主治肾虚滑精,腰膝软弱,尿频数,胎动不安,肾虚目昏,脾肾虚泻。

彩图:菟丝子

Note

【配伍应用】 ①用于肾虚阳痿、滑精、尿频数、子宫出血等,常与枸杞子、覆盆子、五味子等配伍。②用于肝肾不足所致的目疾等,常与熟地黄、枸杞子、车前子等同用。③用于脾肾虚弱、粪便溏泻等,常与茯苓、山药、白术等同用。

【临床用量】 马、牛 15～45 g;猪、羊 5～15 g。

【主要成分】 含胆甾醇、菜油甾醇、β-谷甾醇、豆甾醇、β-香树精及三萜酸类物质。据报道,种子含树脂苷、糖类;全草含维生素及淀粉酶。

【药理作用】 抑制肠运动。

骨碎补

彩图:骨碎补

本品为水龙骨科植物槲蕨的干燥根茎。去毛晒干切片生用。

【性味归经】 苦,温。入肾、肝经。

【功效主治】 补肾壮骨,续筋疗伤,活血止痛。主治肾虚久泻,腰胯无力,风湿痹痛,跌打闪挫,筋骨折伤。

【配伍应用】 ①用于肾阳不足所致的久泻,可与菟丝子、五味子、肉豆蔻等同用。②用于跌打损伤及骨折等,常与续断、自然铜、乳香、没药等配伍。

【临床用量】 马、牛 15～45 g;猪、羊 5～10 g;犬 3～5 g;兔、禽 1.5～3 g。

【主要成分】 含橙皮苷、淀粉及葡萄糖等。

【药理作用】 能抑制葡萄球菌生长。

锁阳

彩图:锁阳

本品为锁阳科植物锁阳的干燥肉质茎。切片生用。主产于内蒙古、青海、甘肃等地。

【性味归经】 甘,温。入肝、肾、大肠经。

【功效主治】 补肾壮阳,滋燥养筋,益精血,滑肠通便。主治肾虚阳痿,滑精,肝肾阴亏,腰胯无力,肠燥便秘。

【配伍应用】 ①用于肾虚阳痿、滑精等,常与肉苁蓉、菟丝子等配伍。②用于肝肾阴亏、筋骨痿弱、步行艰难等,多与熟地黄、牛膝、枸杞子、五味子等配伍。③用于弱畜、老年病畜及产后肠燥便秘者等,可与肉苁蓉、火麻仁、柏子仁等配伍。

【临床用量】 马、牛 25～45 g;猪、羊 5～15 g;犬 3～6 g;兔、禽 1～3 g。

【使用禁忌】 肾火盛者忌用。

【主要成分】 主要成分为花色苷、三萜苷等。

【药理作用】 增强免疫力,抗氧化,抗应激及提高耐氧能力。

蛤蚧

本品为壁虎科动物蛤蚧的干燥体。主产于广西、云南、广东等地。

【性味归经】 咸,平。入肺、肾经。

【功效主治】 补肺益肾,纳气定喘,助阳益精。主治肺肾不足,虚喘气促,劳嗽咳血,阳痿,滑精。

【配伍应用】 用于肾虚气喘及肺虚咳喘,常与贝母、百合、天冬、麦冬同用,如蛤蚧散。

【临床用量】 马、牛 1～2 对。

【使用禁忌】 外感咳嗽者不宜用。

【主要成分】 含肌肽、胆碱、肉毒碱、鸟嘌呤及 14 种氨基酸、18 种微量元素、5 种磷脂等。

【药理作用】 具有性激素样作用,可以平喘、增强免疫功能。

四、滋阴药

沙参

本品为桔梗科植物轮叶沙参、沙参或伞形科植物珊瑚菜的干燥根。生用。主产于江苏、安徽、浙江、福建、四川、广西、云南、贵州等地。

【性味归经】 甘、微苦,微寒。入肺、胃经。

【功效主治】 清心润肺,养胃生津。主治干咳痰少,热病伤津。

【配伍应用】 ①用于阴虚内热、干咳少痰等,常与天冬、生地黄等配用。②用于阴虚内热,或热病伤津、口渴贪饮、肠燥便秘等,常与生地黄、玄参等配伍,如增液汤。③用于凉血清心和养心安神,亦常使用本品。

彩图:沙参

【临床用量】 北沙参:马、牛 15～30 g;猪、羊 3～15 g;犬、猫 2～5 g;兔、禽 1～2 g。南沙参:马、牛 15～45 g;猪、羊 5～10 g;犬猫 2～5 g;兔禽 1～2 g。

【使用禁忌】 寒咳多痰、脾虚便溏者不宜用。

【主要成分】 含黏液质、多量葡萄糖、维生素 A 样物质及少量 β-谷甾醇。

百合

本品为百合科植物百合、细叶百合或卷丹的干燥肉质鳞叶。主产于浙江、江苏、湖南、广东、陕西等地。

【性味归经】 甘,寒。入心、肺经。

【功效主治】 润肺止咳,清心安神。主治肺燥咳喘,阴虚久咳,心神不宁。

【配伍应用】 ①用于肺燥咳或肺热咳以及肺虚久咳等,常与麦冬、贝母等配伍,如百合固金汤。②用于热病后余热未清、气阴不足而致躁动不安、心神不宁等证,常与知母、生地黄等同用。

彩图:百合

【临床用量】 马、牛 18～60 g;猪、羊 6～12 g;犬 3～5 g。

【使用禁忌】 外感风寒咳嗽者忌用。

【主要成分】 含淀粉、蛋白质、脂肪及微量秋水仙碱。

【药理作用】 有镇咳祛痰和抗癌作用。

石斛

本品为兰科植物金钗石斛、霍山石斛、鼓槌石斛或流苏石斛的栽培品及其同属植物近似种的新鲜或干燥茎。生用或熟用。主产于广西、台湾、四川、贵州、云南、广东等地。

【性味归经】 甘,微寒。入胃、肾经。

【功效主治】 滋阴生津,清热养胃。主治热病伤津,口渴欲饮,病后虚热。

【配伍应用】 ①用于热病伤阴、津少口渴或阴虚久热不退者,常与麦冬、沙参、生地黄、天花粉等配伍。②肺、胃有热和口渴贪饮者亦可应用。

彩图:石斛

【临床用量】 马、牛 15～60 g;猪、羊 5～15 g;犬、猫 3～5 g;兔、禽 1～2 g。

【使用禁忌】 湿温及温热尚未化燥者忌用。

【主要成分】 含石斛碱、石斛次碱、石斛奥克新碱、石斛胺、黏液质及淀粉等。

【药理作用】 促进胃液分泌,帮助消化。

女贞子

本品为木犀科植物女贞的干燥成熟果实。主产于江苏、湖南、河南、湖北、四川等地。

【性味归经】 甘、苦,凉。入肝、肾经。

【功效主治】 补肝肾,强筋骨,明目。主治阴虚内热,腰肢无力,肾虚滑精,视力减退。

【配伍应用】 ①用于肝肾阴虚所致的腰胯无力、眼目不明、滑精等,常与枸杞子、菟丝子、熟地黄、菊花等同用。②用于阴虚发热,可与旱莲草、白芍、熟地黄等配伍。

彩图:女贞子

【临床用量】 马、牛 15～60 g;猪、羊 6～15 g;犬、猫 2～5 g。

【使用禁忌】 脾虚泄泻及阳虚者忌用。

【主要成分】 果皮含齐墩果酸、乙酰齐墩果酸、乌索酸、甘露醇、葡萄糖;种子含脂肪油,其中有棕榈酸、硬脂酸及亚麻仁油酸等。

【药理作用】 有强心、利尿及保肝作用;对痢疾杆菌有抑制作用。

鳖甲

彩图:鳖甲

本品为鳖科动物鳖的背甲。主产于安徽、江苏、湖北、浙江等地。

【性味归经】 咸,微寒。入肝、肾经。

【功效主治】 养阴清热,平肝潜阳,软坚散结。主治阴虚发热,虚汗,热病伤阴,虚风内动,痞块瘤肿。

【配伍应用】 ①用于阴虚发热、出汗等,常与龟板、地骨皮、青蒿、地黄等同用。②用于癥瘕积聚作痛,常配伍三棱、莪术、木香、桃仁、红花、青皮、香附等。

【临床用量】 马、牛 15～60 g;猪、羊 5～10 g;犬 3～5 g。

【使用禁忌】 阳虚及外感未解,脾虚泄泻及孕畜忌用。

【主要成分】 含动物胶、角蛋白、碘、维生素 D 等。

【药理作用】 能抑制结缔组织增生,有软肝脾的作用,故对肝硬化、脾肿大有治疗作用,并有提高血浆蛋白水平的作用。

天冬

彩图:天冬

本品为百合科植物天冬的干燥块根。主产于华南、西南、华中等地。

【性味归经】 甘、苦,寒。入肺、肾经。

【功效主治】 养阴润燥,润肺生津。主治肺热咳嗽,阴虚内热,热病伤阴,肠燥便秘。

【配伍应用】 ①用于干咳少痰的肺虚热证,常与麦冬、川贝等配伍。②用于阴虚内热、口干痰稠者,可与沙参、百合、花粉等配伍。③用于肺肾阴虚、津少口渴等,常与生地黄、党参等同用。④用于温病后期肠燥便秘,可与玄参、生地黄、火麻仁等配伍。

【临床用量】 马、牛 15～40 g;猪、羊 5～10 g;犬、猫 1～3 g;兔、禽 0.5～2 g。

【使用禁忌】 寒咳痰多、脾虚便溏者不宜用。

【主要成分】 含天冬酰胺(即天冬素),5-甲氧基糠醛、葡萄糖、果糖、维生素 A 及少量 β-谷甾醇、黏液质等。

【药理作用】 有镇咳祛痰、抑菌作用。

麦冬

彩图:麦冬

本品为百合科植物麦冬的干燥块根。生用。主产于江苏、安徽、浙江、福建、四川、广西、云南、贵州等地。

【性味归经】 甘、微苦,微寒。入心、肺、胃经。

【功效主治】 养胃生津,清心润肺。主治热病伤阴,肺热燥咳,肠燥便秘。

【配伍应用】 ①用于阴虚内热、干咳少痰等,常与天冬、生地黄等配用。②用于阴虚内热,或热病伤津、口渴贪饮、肠燥便秘等,常与生地黄、玄参等配伍,如增液汤。③用于凉血清心和养心安神,亦常加入本品。

【临床用量】 马、牛 20～60 g;猪、羊 10～15 g;犬 5～8 g;兔、禽 0.6～1.5 g。

【使用禁忌】 寒咳多痰、脾虚便溏者不宜用。

【主要成分】 含黏液质、多量葡萄糖、维生素 A 样物质及少量 β-谷甾醇。

【药理作用】 有镇咳祛痰、强心利尿、抑菌的作用。

枸杞子

彩图:枸杞子

本品为茄科植物宁夏枸杞的干燥成熟果实。生用。主产于宁夏、甘肃、河北、青海等地。

【性味归经】 甘,平。入肝、肾经。

【功效主治】 补益肝肾,益精明目。主治肝肾阴虚,腰肢无力,目昏不明,阳痿滑精。

【配伍应用】 ①用于肝肾亏虚、精血不足、腰胯乏力等,常与菟丝子、熟地黄、山茱萸、山药等同用。②用于肝肾不足所致的视力减退、眼目昏暗、瞳孔散大等,常与菊花、熟地黄、山茱萸等配伍,如杞菊地黄丸。

Note

【临床用量】 马、牛 15～60 g；猪、羊 10～15 g；犬、猫 3～8 g。

【使用禁忌】 脾虚湿滞、内有实热者不宜用。

【主要成分】 含甜菜碱、胡萝卜素、硫胺、核黄素、烟酸、抗坏血酸、钙、磷、铁等。

【药理作用】 有降低血糖、促进肝细胞新生及降低胆固醇水平的作用。

黄精

本品为百合科植物黄精、多花黄精或滇黄精的干燥根茎。生用或熟用。主产于广西、四川、贵州、云南、河南、河北、内蒙古等地。

【性味归经】 甘,平。入脾、肺、肾经。

【功效主治】 养阴生津,补脾润肺。主治脾胃虚弱,肺虚燥咳,精血不足。

【配伍应用】 ①用于脾胃虚弱、食少便溏、体倦无力,常与党参、山药等合用。②用于肺虚燥咳,常与沙参、麦冬、天冬等配伍。③用于久病体虚、精血不足,多与熟地、枸杞子等同用。

【临床用量】 马、牛 20～60 g；猪、羊 5～15 g；兔、禽 1～3 g。

【使用禁忌】 脾虚有湿者不宜用。

【主要成分】 含烟酸、黏液质、淀粉及糖分等。

【药理作用】 有降低血糖、降压、抑菌的作用。

彩图:黄精

山茱萸

本品为山茱萸科植物山茱萸的干燥成熟果肉。生用或熟用。主产于山西、陕西、山东、安徽、河南、四川、贵州等地。

【性味归经】 酸、涩,微温。入肝、肾经。

【功效主治】 补益肝肾,涩精敛汗。主治肝肾阴虚,阴虚盗汗。

【配伍应用】 ①用于肝肾不足所致的腰胯无力、滑精早泄等,常与菟丝子、熟地黄、杜仲等配伍。②用于大汗亡阳欲脱证,可与党参、附子、牡蛎等同用。③用于阴虚盗汗之证,常与地黄、牡丹皮、知母等配伍。

【临床用量】 马、牛 15～60 g；猪、羊 10～15 g；犬、猫 3～6 g；兔、禽 1.5～3 g。

【主要成分】 含山茱萸苷、番木鳖苷、皂苷、鞣质、维生素 A 样物质、没食子酸、酒石酸、苹果酸等。

【药理作用】 有利尿、降压及抑菌的作用。

巩固训练

任务十四 驱 虫 药

驱虫药是指能驱除或杀灭畜、禽体内外寄生虫的药物。此类药物具有驱除或杀灭蛔虫、绦虫、蛲虫、钩虫、吸虫、疥癣虫等动物体内外寄生虫的功效,适用于寄生虫所引起的毛焦欣吊、饱食不长、粪便失调、异食喜卧、磨牙腹痛、结膜淡白、皮肤损伤等证。

使用驱虫药过程中应注意以下几点:

①应根据寄生虫种类、病情缓急、体质强弱,采取急攻或缓驱。对于体弱脾虚的病畜,可采用先补脾胃后驱虫或攻补兼施的办法。

②驱虫时以空腹投药为好,同时要注意驱虫药对寄生虫的选择作用,如选用槟榔驱绦虫,选用使君子、苦楝子驱蛔虫。

③应用驱虫药,可配合泻下药,能够增强驱虫作用。

④驱虫时,应使病畜适当休息,驱虫后要加强其饲养管理,使除虫而不伤正,从而使其迅速恢复健康。

⑤驱虫药对虫体有毒害作用的同时,对动物体也有不同程度的副作用,所以要慎用此类药物,把

握好药物的用量和配伍,以免引起中毒。

川楝子

彩图:川楝子

本品为楝科植物川楝的干燥成熟果实,又称金铃子。生用或炒用。主产于四川、湖北、贵州、云南等地。生用或炒用。主产于四川、湖北、贵州、云南等地。

【性味归经】 苦,寒。有小毒。入肝、小肠、膀胱经。

【功效主治】 杀虫,理气,止痛。主治肚腹胀痛,虫积。

【配伍应用】 ①用于驱杀蛔虫、蛲虫,常与使君子、槟榔等同用,但本品驱虫之力不及苦楝根皮。②用于湿热气滞所致的肚腹胀痛,常配延胡索、木香等同用。

【临床用量】 马、牛 15～45 g;猪、羊 5～10 g;犬 3～5 g。

【主要成分】 含川楝素、生物碱、楝树碱、中性脂肪、鞣质等。

【药理作用】 麻醉虫体而具有杀虫作用,尤以根皮明显;对铁锈色小芽胞癣菌有抑制作用。

南瓜子

彩图:南瓜子

本品为葫芦科植物南瓜的干燥成熟种子。研末生用。主产于我国南方各地。

【性味归经】 甘,温。入胃、大肠经。

【功效主治】 驱虫。主治绦虫病,蛔虫病。

【配伍应用】 ①用于驱杀绦虫,可单用,但与槟榔同用疗效更好。②用于血吸虫病。

【临床用量】 马、牛 60～150 g;猪、羊 60～90 g;犬、猫 5～10 g。

【主要成分】 含脂肪油、蛋白质、南瓜子氨酸、尿酶及维生素 A、B 族维生素、维生素 C 等。

【药理作用】 具有驱杀牛绦虫、血吸虫作用。

蛇床子

彩图:蛇床子

本品为伞形科植物蛇床的干燥成熟果实。生用。全国各地广有分布。

【性味归经】 辛、苦,温。入肾经。

【功效主治】 温肾壮阳,燥湿祛风,杀虫止痒。主治肾虚阳痿,宫寒不孕,带下,湿疹瘙痒。

【配伍应用】 ①用于湿疹瘙痒,多与白矾、苦参、银花等煎水外洗。②用于荨麻疹,可配地肤子、荆芥、防风等煎水外洗。③用于驱杀蛔虫。④内服用于肾虚阳痿、腰胯冷痛、宫冷不孕等,可与五味子、菟丝子、巴戟天等同用。

【临床用量】 马、牛 30～60 g;猪、羊 15～30 g;犬 5～12 g。

【使用禁忌】 阴虚火旺者忌用。

【主要成分】 含蛇床子素及挥发油,油的主要成分为左旋蒎烯、异戊酸、龙脑脂等。

【药理作用】 有类性激素作用,故内服能壮阳;对皮肤真菌、流感病毒有抑制作用。

绵马贯众

彩图:
绵马贯众

本品为鳞毛蕨科植物粗茎鳞毛蕨的干燥根茎及叶柄残基。主产于湖南、广东、四川、云南、福建等地。

【性味归经】 苦,微寒。有小毒。入肝、胃经。

【功效主治】 清热解毒,止血,驱虫。主治时疫感冒,温毒发斑,疮疡肿毒,衄血,便血,子宫出血,虫积腹痛。

【配伍应用】 ①用于驱杀绦虫、蛲虫、钩虫,可与芜荑、百部等同用。②用于湿热毒疮,时行瘟疫等,可单用或配伍应用。③可用于外治疥癞。

【临床用量】 马、牛 20～60 g;猪、羊 10～15 g。

【使用禁忌】 肝病、贫血、衰老病畜及孕畜忌用。

【主要成分】 含绵马素,能分解产生绵马酸、绵马酚、白绵马酸、黄绵马酸等。

【药理作用】 有驱虫和抑菌的作用。

鹤草芽

本品为蔷薇科植物龙芽草的干燥地上部分。晒干,研粉用。全国大部分地区均有分布。

【性味归经】 苦、涩,凉。入肝、大肠、小肠经。

【功效主治】 杀虫。主治绦虫病。

【配伍应用】 本品为驱除绦虫要药。用时研粉,于空腹时投服,一般服药后5~6 h即可排出绦虫。

【临床用量】 马、牛100~200 g;猪、羊30~60 g。

【主要成分】 含鹤草酚。

【药理作用】 能使绦虫体痉挛致死,驱虫时以散剂为宜。

使君子

本品为使君子科植物使君子的干燥成熟果实。打碎生用或去壳取仁炒用。主产于四川、江西、福建、台湾、湖南等地。

【性味归经】 甘,温。入脾、胃经。

【功效主治】 杀虫消积。主治虫积腹痛,蛔虫病,蛲虫病。

【配伍应用】 ①本品为驱杀蛔虫要药,也可用治蛲虫病,可单用或配槟榔、鹤虱等同用,如化虫汤。②外用可治疥癣。

【临床用量】 马、牛30~90 g;猪、羊6~12 g;犬5~10 g;兔、禽1.5~3 g。

【主要成分】 含使君子酸钾、使君子酸、胡芦巴碱、脂肪油(油中主要成分为油酸及棕榈酸的酯),还含蔗糖、果糖等。

【药理作用】 对蛔虫有麻痹作用,对皮肤真菌有抑制作用。

雷丸

本品为白蘑科真菌雷丸的干燥菌核。多寄生于竹的枯根上。切片生用或研粉用,不宜煎煮。主产于四川、贵州、云南等地。

【性味归经】 苦,寒。入胃、大肠经。

【功效主治】 杀虫消积。主治绦虫病,钩虫病,蛔虫病,虫积腹痛。

【配伍应用】 有杀虫作用,以驱杀绦虫为主,亦能驱杀蛔虫、钩虫,使用时可以单用或配伍槟榔、牵牛子、木香等同用,如万应散。

【临床用量】 马、牛30~60 g;猪、羊10~20 g。

【主要成分】 含一种蛋白分解酶(雷丸素),并含钙、镁、铝等。

【药理作用】 有驱杀绦虫的作用,对丝虫病、脑囊虫病也有一定的疗效。

鹤虱

本品为菊科植物天名精的干燥成熟果实。生用。

【性味归经】 苦、辛,平。有小毒。入脾、胃经。

【功效主治】 杀虫消积。主治蛔虫病,蛲虫病,绦虫病,虫积腹痛。

【配伍应用】 ①用于驱杀蛔虫、蛲虫、绦虫、钩虫等,常与川楝子、槟榔等同用。②用于外治疥癞。

【临床用量】 马、牛15~30 g;猪、羊3~6 g;兔、禽1~2 g。

【主要成分】 北鹤虱含挥发油,主要成分为天名精内脂和天名精酮、正己酸;南鹤虱含挥发油,油中含巴豆酸、细辛酮、甜没药烯、胡萝卜萜烯、胡萝卜醇、南鹤虱醇。不挥发成分为细辛醛和胡萝卜甾醇。

【药理作用】 具有驱杀绦虫、蛲虫、钩虫作用,对大肠杆菌、葡萄球菌有抑制作用。

常山

本品为虎耳草科植物常山的干燥根。晒干切片,生用或酒炒用。主产于长江以南各省及甘肃、陕西等地。

【性味归经】 苦、辛,寒。有毒。入肺、肝、心经。

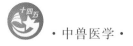

巩固训练

【功效主治】 杀虫,除痰消积。主治球虫病,宿草不转,痰饮积聚。

【配伍应用】 ①用作抗疟专药,除杀灭疟原虫外还杀球虫,故能治鸡疟、鸭疟及鸡、兔球虫病。②用于退热。

【临床用量】 马、牛 30～60 g;猪、羊 10～15 g;兔、禽 0.5～3 g。

【主要成分】 含常山碱甲、乙、丙,常山次碱等多种生物碱及伞形花内酯等。

【药理作用】 对甲型流行性感冒病毒及疟原虫有抑制作用,此外,还具有降压、催吐的作用。

任务十五 外 用 药

外用药是指以外用为主,通过涂敷、喷洗形式治疗家畜外科疾病的药物。此类药物一般具有清热解毒、消肿止痛、活血散瘀、去腐生肌、体外杀虫、收敛止血、接骨续筋等功效。适用于于疮疡痈疽、跌打损伤、疥癣、骨折、皮肤湿疹等病证。

使用外用药过程中应注意以下几点:

①由于病证发生症状及部位不同,用药途径也不同,一般采用外敷、涂擦、喷射、熏洗、滴鼻、点眼、吹喉、浸浴等方法。

②多数外用药具有毒性,故用量宜慎,因此,对于毒性大的外用药,涂敷时间不宜过长,涂敷面积不宜过大,并防止动物舔食,以保证用药安全。

③此类药一般都与他药配伍,较少单味使用。

冰片

本品为菊科植物大风艾的鲜叶经蒸馏、冷却所得的结晶品,或以松节油、樟脑为原料化学方法合成。主产于广东、广西及上海、北京、天津等地。

【性味归经】 辛、苦,微寒。入心、肝、脾、肺经。

【功效主治】 宣窍除痰,消肿止痛。主治咽喉肿痛,口舌生疮,目赤翳障,疮疡肿毒,神昏惊厥。

【配伍应用】 ①用于神昏、惊厥诸证,但效力不及麝香,二者常配伍应用,如安宫牛黄丸。②外用用于各种疮疡、咽喉肿痛、口舌生疮及目疾等。③用于咽喉肿痛,常与硼砂、朱砂、玄明粉等配伍,如冰硼散;用于目赤肿痛,可单用点眼。

【临床用量】 入丸、散剂用,不宜煎煮。马、牛 3～6 g;猪、羊 1～1.5 g;犬 0.5～0.75 g。

【主要成分】 合成冰片为消旋龙脑,艾片为左旋龙脑。

【药理作用】 能抑制猪霍乱弧菌、大肠杆菌及金黄色葡萄球菌的生长。

硫黄

本品为自然元素类矿物硫族自然硫,或用含硫矿物经加工而成。主产于山西、陕西、河南、广东、台湾等地。

【性味归经】 酸,温。有毒。入肾、大肠经。

【功效主治】 外用解毒杀虫,内服补火助阳。主治疥癣疮毒,阳痿,虚寒气喘。

【配伍应用】 ①用于皮肤湿烂、疥癣阴疽等,常制成 10%～25% 的软膏外敷,或配伍轻粉、大风子等同用。②用于命门火衰、阳痿等,可与附子、肉桂等配伍应用。③治肾不纳气的喘逆,可配黑锡丹、胡芦巴、补骨脂等同用。

【临床用量】 马、牛 10～30 g;猪、羊 0.3～1 g。

【使用禁忌】 阴虚阳亢及孕畜忌用。

【主要成分】 含硫及杂有少量砷、铁、石灰、黏土、有机质。

【药理作用】 具有溶解皮肤角质和杀灭皮肤寄生虫的作用;内服后刺激肠壁而起缓泻作用;对皮肤真菌有抑制作用,对疥虫有杀灭作用。

硼砂

本品为从硼砂矿提炼而成的结晶,主产于西藏、青海、四川等地。

【性味归经】 甘、咸,凉。入肺、胃经。

【功效主治】 解毒防腐,清热化痰。主治口舌生疮,咽喉肿痛,目赤肿痛,痰热咳喘。

【配伍应用】 ①用于口舌生疮、咽喉肿痛,常与冰片、玄明粉、朱砂等配伍;也可单味制成洗眼剂,用治目赤肿痛。②内服用于肺热痰嗽、痰液黏稠之证,常与瓜蒌、青黛、贝母等同用,以增强清热化痰之效。

【临床用量】 马、牛 10～25 g;猪、羊 2～5 g。

【主要成分】 为四硼酸二钠。

【药理作用】 能刺激胃液、尿液分泌及防止尿道炎症,外用对皮肤、黏膜有收敛保护作用,可治湿毒引起的皮肤糜烂。

雄黄

本品为硫化物类矿物雄黄族雄黄,主含二硫化二砷(As_2S_2)。主产于湖南、贵州、湖北、云南、四川等地。

【性味归经】 辛,温。有毒。入肝、大肠经。

【功效主治】 杀虫解毒,燥湿祛痰。主治疮痈肿毒,惊痫,蛇虫咬伤,疥癣。

【配伍应用】 ①用于疥癣,可研末外撒或制成油剂外涂。②用于湿疹,可同煅白矾研末外撒。③用于毒蛇咬伤,与五灵脂为末,酒调 2～3 g,并以药末涂患处。

【临床用量】 马、牛 5～15 g;猪、羊 0.5～1.5 g;犬 0.05～0.15 g;兔、禽 0.03～0.1 g。

【使用禁忌】 孕畜禁用。

【主要成分】 含三硫化二砷及少量重金属盐。

【药理作用】 内服在肠道吸收,毒性较大,有引起中毒的危险;外用时亦应注意,大面积或长期使用会产生中毒。若中毒,按砷中毒处理。对常见细菌均有抑制作用。

石灰

本品为碳酸盐类矿物石灰岩经加热煅烧制成,主含氧化钙(CaO)。各地均产。

【性味归经】 辛,温。归肝、脾经。

【功效主治】 止血,生肌,杀虫,消毒。主治外伤,疮疡,疥癣,烫伤,气胀。

【配伍应用】 ①外用用于汤火烫伤,创伤出血,用风化石灰 0.5 kg,加水 4 碗,浸泡,搅拌,澄清后吹去水面浮衣,取中间清水,1 份水加 1 份麻油,调成乳状,搽涂烫伤处。②用于刀伤止血,陈石灰研末。③用于牛臌胀证,制取 10% 的清液 500～1000 mL,灌服。

【临床用量】 牛、马 10～30 g;猪、羊 3～6 g,制成石灰水澄清液;外用适量。

【主要成分】 生石灰为氧化钙(CaO),熟石灰为氢氧化钙($Ca(OH)_2$)。

【药理作用】 用石灰水治牛臌胀证,是由于大量二氧化碳与之结合而呈制酵作用,其杀菌作用主要是通过改变介质的 pH 值,夺取微生物的水分,并与蛋白质形成蛋白化合物。

白矾

本品为硫酸盐类矿物明矾石经加工提炼制成,主含含水硫酸铝钾$[KAl(SO_4)_2 \cdot 12H_2O]$,又称明矾。生用或煅用,煅后称枯矾。主产于山西、甘肃、湖北、浙江、安徽等地。

【性味归经】 酸、涩,寒。入肺、脾、肝、大肠经。

【功效主治】 燥湿祛痰,止血,止泻。外用解毒杀虫,止痒,敛疮。主治喉痹,癫痫,久泻,便血,口舌生疮,湿疹,疥癣,疮疡。

【配伍应用】 ①外用用于痈肿疮毒,常配等份雄黄,浓茶调敷;治湿疹疥癣,多与硫黄、冰片同用;治口舌生疮,可与冰片同用,研末外搽。②用于风痰壅盛,喉中声如拉锯,常配半夏、牙皂、甘草、姜汁灌服。③内服用于治癫痫痰盛,则以白矾、牙皂为末,温水调灌。④用于久泻不止,单用或配五

彩图:白矾

147

倍子、诃子、五味子等同用。⑤用于止血,常与儿茶配伍。

【临床用量】　马、牛 15～30 g;猪、羊 5～10 g;犬、猫 1～3 g;兔、禽 0.5～1 g。

【主要成分】　为硫酸钾铝[$KAl(SO_4)_2 \cdot 12H_2O$]。

【药理作用】　内服后至肠则不吸收,能制止肠黏膜的分泌,因而可止泻;枯矾能与蛋白化合成难溶于水的蛋白化合物而沉淀,故可用于局部创伤出血;对多数细菌有抑制作用。

儿茶

本品为豆科植物儿茶的去皮枝、干的干燥煎膏。主产于云南南部,海南岛有栽培。

【性味归经】　苦、涩、微寒。入肺、心经。

【功效主治】　收涩止血,生肌敛疮,清肺化痰。主治疮疡不收,湿疹,口疮,跌打损伤,外伤出血,肺热咳嗽。

【配伍应用】　①用于疮疡多脓、久不收口及外伤出血等,常与冰片等配伍,研末用。②用于泻痢便血,常配伍黄连、黄柏等。③用于肺热咳嗽,常配伍桑叶、硼砂等。

【临床用量】　马、牛 15～30 g;猪、羊 3～10 g;犬、猫 1～3 g。

【主要成分】　含儿茶鞣酸、儿茶精、黏液质、脂肪油、树脂及蜡等。

【药理作用】　能抑制十二指肠及小肠的蠕动而有止泻作用;对多数细菌及常见致病性皮肤真菌均有抑制作用。

斑蝥

本品为芫青科昆虫南方大斑蝥、黄黑小斑蝥的干燥体。全国大部分地区均有分布,以安徽、河南、广东、广西、贵州、江苏等地产量较大。

【性味归经】　辛,热。有大毒。入肝、胃、肾经。

【功效主治】　破血逐瘀,散结消癥,攻毒蚀疮。主治痈疽疔毒,慢性关节及筋腱肿痛。

【配伍应用】　①外用有攻毒止痒和腐蚀恶疮的作用,用于治疥癣、恶疮等,本品对皮肤有强烈的刺激性,能引起皮肤发赤起疱。②内服具有破症散结和解毒之功,用于治瘰疬,配玄明粉可消散症块。

【临床用量】　马、牛 6～10 g;猪、羊 2～6 g。

【使用禁忌】　孕畜忌用。

【主要成分】　含斑蝥素、蚁酸、树脂、脂肪及色素等。

【药理作用】　外用为皮肤发赤、发疱剂。

巩固训练

项目三 方剂总论

任务一 方剂的组成

扫码学课件
项目 2-3

除单方外,方剂一般均由若干味药物组成。组成一个方剂,不是把药物进行简单堆砌,也不是单纯地将药效相加,而是根据病情需要,在辨证立法的基础上,按照一定的组织原则,选择适当的药物组合而成的。构成方剂的药物组分一般包括君、臣、佐、使四个部分,它概括了方剂的结构和药物配伍的主从关系。《黄帝内经·素问》中说:"主病之谓君,佐君之谓臣,应臣之谓使。"

1.君药 针对病因或主证起主要治疗作用的药物,又称主药。

2.臣药 辅助君药,以加强治疗作用的药物,又称辅药。

3.佐药 有三方面的作用:一是用于治疗兼证或次要证候;二是制约君药的毒性或烈性,即"因主药之偏而为监制之用"的意思;三是反佐,用于因病势拒药须加以从治者,即"因病气之甚而为从治之用",如在温热剂中加入少量寒凉药,或于寒凉剂中加入少许温热药,以消除病势拒药"格拒不纳"的现象。

4.使药 方中的引经药,或协调、缓和药性的药物。

以主治风寒表实证的麻黄汤为例,方中:麻黄辛温发汗,解表散寒,为君药;桂枝辛温通阳以助麻黄发汗散寒,为臣药;杏仁降泄肺气以助麻黄平喘,为佐药;甘草调和诸药,为使药。

一般来说,君药用量多,药力大,其他药的用量和药力则相对较小。甚至有人认为,药量的多寡是区分君、臣、佐、使的主要依据。如李东垣在《脾胃论》中说:"君药分量最多,臣药次之,佐药又次之,不可令臣过于君。君臣有序,相互宣摄,则可以御邪除病矣。"

至于一个方剂中,君、臣、佐、使各药药味的多少,《黄帝内经·素问》中说:"君一臣二,制之小也;

Note

君一臣三佐五,制之中也;君一臣三佐九,制之大也。"但并非定数,应根据辨证立法的需要而灵活配伍。

方剂中君、臣、佐、使的药味划分,是为了使处方者在组方时注意药物的配伍和主次关系,并非死板格式。有些方剂,药味很少,其中的君药或臣药本身就兼有佐使作用,则不需再另配伍佐使药。有些方剂,根据病情需要,只须区分药味的主次即可,不必都按君、臣、佐、使的结构排列。如二妙散(苍术、黄柏)只有两味药,独参汤只有一味药。

任务二 方剂的变化

学习目标

▲知识目标

1. 熟知药味增减变化的规律。

2. 熟知药物配伍变化的规律。

▲技能目标

1. 能够根据临床需要合理调整方剂的组成。

2. 能够根据临床需要合理调整剂型。

▲课程思政目标

1. 培养学生吃苦耐劳的品质、忠于职守的爱岗敬业精神、严谨务实的工作作风、良好的沟通能力和团队合作意识。

2. 培养学生具有从事本专业工作的安全生产、环境保护意识。

▲知识点

1. 构成方剂的药量增减变化的规律。

2. 数方合并的规律。

3. 剂型变化的规律。

4. 药物替代的规律。

方剂虽然有一定的组成原则,但在临床应用时,常常不是一成不变地照搬原方,而是根据病情轻重缓急,以及动物种类、体质、年龄等的不同,灵活化裁,加减应用,做到"师其法而不泥其方",以获得预期的治疗效果。方剂的组成变化大致有以下几种形式。

1. 药物配伍的变化 方剂中主药不变,而改变与之相配伍的药物,其功能和主治也相应地发生变化。以麻黄为例,配桂枝,组成麻黄汤,能发汗解表,主治风寒表实证;若配石膏,组成麻杏甘石汤,则由辛温散寒之剂变为辛凉清热之剂,解表清里,主治表邪未解、里热已炽之证。

2. 药味增减的变化 在主证未变,兼证不同的情况下,方中主药仍然不变,但根据病情,适当增添或减去一些次要药味,也称随证加减。如郁金散是治疗马肠黄的基础方,临床上常根据具体病情加减使用。若热甚,宜减去原方中的诃子,以免湿热滞留,加金银花、连翘,以增强清热解毒之功;若腹痛重,加乳香、没药、延胡索,以活血止痛;若水泻不止,则去原方中的大黄,加猪苓、茯苓、泽泻、乌梅,以增强利水止泻的功能。若主证已变,则应重新立法组方。

3. 数方合并 当病情复杂,主、兼各证均有其代表性方剂时,可将两个或两个以上的方剂合并成一个方使用,以扩大方剂的功能,增强疗效。如四君子汤补气,四物汤补血,由两方合并而成的八珍汤则是气血双补之剂。又如平胃散燥湿运脾,五苓散健脾利水,由两方合并而成的胃苓汤则具健脾燥湿和利水止泻之功,用于治疗泄泻,效果更好。再如在卫气营血辨证中,卫气同病可用银翘散合白虎汤加减;营卫合邪可用银翘散合清营汤加减;气营同病可用白虎汤合清营汤加减。

4.药量增减的变化 方中的药物不变,只增减药物的用量,可以改变方剂的药力或治疗范围,甚至也可改变方剂的功能和主治。如治疗肺热咳喘的麻杏甘石汤,若麻黄用量小而石膏用量大时,方剂的功能重在清泄肺中郁热,宜用于身热有汗者;若增加麻黄用量而减少石膏用量,则方剂的功能重在发汗解表,宜用于身热无汗者。又如小承气汤和厚朴三物汤,同是由大黄、枳实、厚朴三味药物组成,但方剂中药物之间的比例不同,功能和主治也有差异。小承气汤中重用大黄,功能泻热通便,主治阳明腑实证;厚朴三物汤重用厚朴,功能行气除满,主治气滞腹胀。

5.药物的替代 一般来说,性味功效相近的药物可以相互代替。这对于来源稀少、价格昂贵,或一时紧缺的药物是十分必要的措施。如以黄芩、黄柏代替川黄连,以党参代人参,水牛角代犀角,山羊角代羚羊角,珍珠母代珍珠,草红花代藏红花,乳香、没药代血竭,人工牛黄代天然牛黄等。在选择代用药物时,应注意将用量做相应的改变,力薄者量宜大,力厚者量宜少。某些药效广泛的药物,可选用几种不同的药物替代。如山茱萸补肝益肾,敛汗涩精,可用女贞子、枸杞子或菟丝子代之以补肝益肾,金樱子或五味子代之以敛汗涩精。

6.剂型的变化 同一方剂,由于剂型不同,功效也有变化。一般注射剂、汤剂和散剂作用较快,药力较峻,适用于病情较重或较急者;丸剂作用较慢,药力较缓,适用于病情较轻或较缓者。

以上方剂的变化可以单独应用,也可以合并应用。遣药组方既有严格的原则性,又有极大的灵活性。只有掌握了这些特点,才能制裁随心,用利除弊,以应临床实践中的无穷之变。

Note

项目四　常用方剂

扫码学课件
项目 2-4

任务一　解　表　方

学习目标

▲知识目标

1.熟知常见解表方。

2.熟知常见解表方的主要药物的组成。

▲技能目标

1.能够熟练应用常见解表方。

2.能够根据表证表寒与表热的不同,选择正确的方剂。

▲课程思政目标

1.具有规范操作、安全防护、环保节约、遵纪守法意识。

2.具有团队协作意识和创新精神。

▲知识点

1.解表方的分类。

2.麻黄汤的应用。

3.桂枝汤的应用。

4.荆防败毒散的应用。

5.防风通圣散的应用。

6.发汗散的应用。

7.银翘散的应用。

以解表药为主组成,具有发汗解表作用,用以解除表证的一类方剂,称解表方。属"八法"中的"汗法"。

因表证有表寒与表热的不同,故解表方也有辛温解表和辛凉解表之分。

①辛温解表方:适用于外感风寒引起的表寒证。病的初期一般以荆芥、防风为主药;病情较重者,可用麻黄、桂枝为主药;对于表虚证,则应在辛温解表药中配用白芍等,以敛阴止汗,防止耗伤正气。

②辛凉解表方:适用于外感风热引起的表热证。若为风热伤肺的轻证,可以疏散风热的桑叶、菊花、薄荷等为主药;若发热明显,则应配清热解毒的银花、连翘、牛蒡子等。

使用解表方,必须先辨明是表寒证还是表热证,辛温、辛凉不可误用。既有表证,又有里证,宜先解表后治里;表里俱急,则表里双解;若动物兼见气、血、阴、阳不足,应在解表方中相应地配伍补气、补血、滋阴、助阳的药物,以扶正祛邪。解表取汗以微微汗出为宜,服药后,应避风寒。

麻黄汤(《伤寒论》)

【组成】　麻黄(去节)45 g,桂枝 45 g,杏仁 60 g,炙甘草 20 g。

【用法】 水煎,候温灌服;或为细末,稍煎,候温灌服。

【方歌】 麻黄汤中用桂枝,杏仁甘草四般施,发热恶寒流清涕,风寒无汗服之宜。

【方解】 本方是辛温解表的代表方。风寒表实证乃寒邪束表,肺气失于宣降所致。治宜发汗解表,宣肺平喘。方中麻黄辛温,能发汗解表以散风寒,又能宣利肺气以平喘咳,为主药;桂枝发汗解肌,温通经脉,与麻黄合用则发表之力大增,并能解除肢体疼痛,为辅药;杏仁宣降肺气,助麻黄止咳平喘,为佐药;炙甘草协调诸药,为使药。四药同用,共收发汗解表、宣肺平喘之效。

【功效】 发汗解表,宣肺平喘。

【主治】 外感风寒表实证。证见恶寒发热,无汗咳喘,苔薄白,脉浮紧。

【应用】 本方用于风寒表实证。临床上常以本方加减治疗感冒、流感和急性气管炎等属于风寒表实证者。本方去桂枝,加生姜,名三拗汤(《太平惠民和剂局方》),功能宣肺止咳,主治外感风寒,咳嗽痰多;若倍用麻黄、桂枝,加石膏、生姜、大枣,名大青龙汤(《伤寒论》),功能发汗解表,清热除烦,主治风寒表实证兼有里热而见发热恶寒、寒热俱重、无汗而烦躁者。

本方为发汗之峻剂,凡表虚自汗、外感风热、体虚外感、产后血虚等不宜应用。本方不宜久服,一经出汗,即应停药。

【参考】 本方具有解热、促进腺体分泌、镇咳祛痰和扩张支气管等作用。三拗汤有较强的平喘作用,效果优于单味麻黄或麻黄碱。

荆防败毒散(《摄生众妙方》)

【组成】 荆芥 30 g,防风 30 g,羌活 25 g,独活 25 g,柴胡 25 g,前胡 25 g,桔梗 30 g,枳壳 25 g,茯苓 45 g,甘草 15 g,川芎 20 g。

《中华人民共和国兽药典》收载的荆防败毒散加薄荷一味。

【用法】 为末,开水冲调,候温灌服,或煎汤灌服。

【方歌】 荆防败毒草苓芎,羌独柴前枳桔同,风寒挟湿致畜病,解表祛湿有良功。

【方解】 本方证系因外感风寒湿邪所致。治宜发汗解表,散寒除湿。方中荆芥、防风发散肌表风寒,羌活、独活祛除全身风湿,四药共用以解表祛邪,为主药;川芎散风止痛,柴胡助荆芥、防风疏解表邪,茯苓渗湿健脾,均为辅药;枳壳理气宽胸,前胡、桔梗宣肺止咳,为佐药;甘草益气和中,调和诸药,为使药。诸药相合,共奏发汗解表、散寒除湿之效。

【功效】 发汗解表,散寒除湿。

【主治】 外感挟湿的表寒证。证见发热无汗,恶寒颤抖,皮紧肉硬,肢体疼痛,咳嗽,舌苔白腻,脉浮。

【应用】 本方是治疗感冒的常用方,对于时疫、痢疾、疮疡而挟湿的表寒证均可酌情应用。如无湿证,可去独活;若兼气虚,可加党参。本方辛温解表作用较强,对于风热表证及湿而兼热者,不宜应用。

【参考】 本方对流感病毒有一定的抑制作用。

桂枝汤(《伤寒论》)

【组成】 桂枝 45 g,白芍 45 g,炙甘草 45 g,生姜 60 g,大枣 60 g。

【用法】 水煎,候温灌服;或为细末,稍煎,候温灌服。

【方歌】 风寒表虚桂枝汤,调和营卫用此方,桂枝芍药同甘草,再加大枣与生姜。

【方解】 本方证系因风寒之邪客于肌表,营卫不和所致。治宜解肌发表,调和营卫。方中桂枝解肌发表,为主药;辅以白芍敛阴和营,使桂枝辛散风寒又不致伤阴,桂、芍二药配伍,一散一收,使营卫调和,表邪得解;生姜助桂枝散风寒,大枣助白芍和营卫,共为佐药;炙甘草调和诸药,为使药。诸药相合,共奏解肌发表、调和营卫之功。

【功效】 解肌发表,调和营卫。

【主治】 外感风寒表虚证。证见恶风发热,汗出,鼻流清涕,舌苔薄白,脉浮缓。

【应用】 本方主要用于外感风寒表虚证,对流感、外感性腹痛、产后发热等均有良效。若喘咳,可加厚朴、杏仁,以平喘止咳,名桂枝加厚朴杏子汤(《伤寒论》);本方倍用芍药,加饴糖,名小建中汤(《伤寒论》),治虚寒腹痛;再加黄芪,名黄芪建中汤(《金匮要略》),治疗气虚而腹痛者。

本方重在解肌发表,调和营卫,与专于发汗的方剂不同,只适用于外感风寒的表虚证。表实无汗者不宜应用,表热证也当忌用。

发汗散(《元亨疗马集》)

【组成】 麻黄 25 g,升麻 20 g,当归 30 g,川芎 30 g,葛根 20 g,白芍 20 g,党参(原方为人参)30 g,紫荆皮 15 g,香附 15 g。

【用法】 为末,开水冲,候温加葱白 3 根、生姜 15 g、白酒 60 mL,同调灌服。

【方歌】 发汗散是元亨方,麻升葛芍酒葱姜,归芍紫荆参香附,畜患感冒效力强。

【方解】 本方证系因病畜体质素虚,气血不足,又感受风寒所致。由于正气不足,不能鼓邪外出,故治宜补益与散寒药并用。方中麻黄散寒解表,为主药;党参、当归、川芎、白芍益气补血,为辅药;葛根解肌表热,升麻解表升阳,二药合用,助麻黄散解表邪;紫荆皮、香附二药合用,活血理气,为佐药。且白芍能和营敛阴,防麻黄发散太过。诸药合用,共奏表散风寒、补气活血之效。

【功效】 表散风寒,补气活血。

【主治】 气血不足的外感风寒证。证见恶寒颤抖,发热无汗,咳嗽流涕,体瘦食少,脉浮。

【应用】 本方是扶正解表之剂,为治疗牛体虚风寒感冒的主方。咳嗽严重者,加冬花、杏仁祛痰止咳;肚胀者,加莱菔子、草果理气消胀;大便秘结者,加大黄、芒硝泻肠通便。

防风通圣散(《宣明论》)

【组成】 防风 15 g,荆芥 15 g,连翘 15 g,麻黄 15 g,薄荷 15 g,当归 15 g,川芎 15 g,白芍(炒)15 g,白术 15 g,栀子(炒)15 g,大黄(酒蒸)15 g,芒硝 15 g,生石膏 30 g,黄芩 30 g,桔梗 30 g,滑石 60 g,甘草 60 g。

【用法】 为末,开水冲调,或加生姜 3 片,水煎服。

【方歌】 防风通圣大黄硝,荆芥麻黄栀芍翘,甘桔芎归膏滑石,薄荷芩术力偏饶。

【方解】 本方证为外感表邪,内有实热,表里俱实之证,故治宜解表泻下,清泄里热。方中麻黄、防风、荆芥、薄荷疏风解表,使风热之邪从汗而解;大黄、芒硝泄热通便,栀子、滑石清热利湿,使里热从二便而除;配伍生石膏、黄芩、连翘、桔梗清解肺胃之热;更以当归、川芎、白芍养血和血,白术、甘草、生姜健脾和胃。以上各药合用,有解表、泻下、清热之功,实为汗、下、清三法并用,上下分消,表里同治之剂。本方在泻散之中又有温养,故汗不伤表,下不伤里。

【功效】 解表通里,疏风清热。

【主治】 外感风邪,内有蕴热,表里俱实之证。证见恶寒发热,口干舌燥,咽喉不利,便秘尿赤,舌苔黄腻,脉洪数或弦滑。

【应用】 本方适用于外感风邪,内有蕴热的表里俱实之证。使用时应根据具体情况加减化裁。如恶寒不重,可酌减解表药;发热不甚,可减生石膏;有汗者,可去麻黄;若无便秘,可减去芒硝之类泻下药。

银翘散(《温病条辨》)

【组成】 银花 60 g,连翘 45 g,淡豆豉 30 g,桔梗 25 g,荆芥 30 g,淡竹叶 20 g,薄荷 30 g,牛蒡子 45 g,芦根 30 g,甘草 20 g。

【用法】 为末,开水冲调,候温灌服,或煎汤服。

【方歌】 银翘散主上焦疴,竹叶荆牛豉薄荷,甘桔芦根凉解法,风温初感此方卓。

【方解】 本方证乃外感温邪所致。温病初起,邪在卫分,故治宜辛凉解表,清热解毒。方中银花、连翘清热解毒,辛凉透表,为主药;薄荷、荆芥、淡豆豉发散表邪,助主药透热外出,为辅药;牛蒡子、桔梗、甘草合用能宣肺祛痰、利咽止咳,芦根、淡竹叶清热生津止渴,治疗兼证,为佐使药。诸药相合,共奏辛凉透表、清热解毒之功。

【功效】 辛凉解表,清热解毒。

【主治】 外感风热或温病初起。证见发热无汗或微汗,微恶风寒,口渴咽痛,咳嗽,舌苔薄白或薄黄,脉浮数。

【应用】 本方由清热解毒药与解表药组成,是辛凉解表的主要方剂,常用于治疗各种家畜的风热感冒或温病初起,也用于治疗流感、急性咽喉炎、支气管炎、肺炎及某些感染性疾病初期而见有表热证者。本方防治禽霍乱有效。发热甚者,加栀子、黄芩、石膏以清热;津伤口渴甚者,加天花粉生津止渴;咽喉肿痛甚者,加马勃、射干、板蓝根以利咽消肿;痈疮初起,有风热表证者,应酌加紫花地丁、蒲公英等以增强清热解毒之力。

【参考】 本方有较强的解热、抗炎和抗过敏作用,能明显地抑制组胺引起的毛细血管通透性增高,但对5-羟色胺和前列腺素引起的作用较弱。

任务二 清 热 方

学习目标

▲知识目标

1.熟知常见清热方。

2.熟知常见清热方的主要药物的组成。

▲技能目标

1.能够熟练应用常见清热方。

2.能够根据里热证的不同,选择正确的清热方剂。

▲课程思政目标

1.通过学习中兽医的历史典故,学生树立深厚的家国情怀、国家认同感、民族自豪感和社会责任感。

2.培养学生献身"三农"的强国复兴情怀。

3.培养学生积极利用中兽医防治疾病的意识。

▲知识点

1.清热方的分类。

2.清泄气分方的应用。

3.清营凉血方的应用。

4.清热解毒方的应用。

5.清脏腑热方的应用。

6.清热解暑方的应用。

7.清热燥湿方的应用。

8.清虚热方的应用。

以清热药为主组成,具有清热泻火、凉血解毒等作用,用以治疗里热证的一类方剂,称为清热方。清热属于"八法"中的"清法"。

里热证,有气分、血分之分,实热、虚热之别,脏腑偏胜之殊,以及湿热、暑热之异。因而清热剂又可分为清泄气分、清营凉血、清热解毒、清脏腑热、清热解暑、清热燥湿以及清虚热等类。

①清泄气分方:适用于热在气分的病证。多以石膏、知母之类清泄肺、胃为主。

②清营凉血方:适用于邪热侵入营血的病证。多以水牛角、生地黄、玄参、牡丹皮、赤芍等清营凉血为主。

③清热解毒方:适用于瘟疫、毒痢、疮痈等热毒证。多以银花、连翘、栀子、黄连、黄柏、大青叶、板蓝根、蒲公英、紫花地丁、射干、山豆根等清热解毒为主。

④清脏腑热方:适用于热邪偏盛于某一脏腑的病证,根据各个脏腑热盛的特点,用药有所不同。

⑤清热解暑方:适用于暑热炎天,心经壅热,高热倦怠的暑热证,常以香薷之类发散暑邪为主。

⑥清热燥湿方:适用于湿热内盛的黄疸、热淋等证。多以黄芩、黄连、黄柏、栀子等清热燥湿为主。

⑦清虚热方:适用于暮热早凉、潮热骨蒸、低热不退的虚热证。常以鳖甲、青蒿、牡丹皮、地骨皮等退虚热为主。

使用清热剂时,应先辨明里热的真假。如真热假寒,当用清热法;真寒假热,则应使用温里回阳之剂。屡用清热剂而热仍不退者,属阴虚火旺之证,当用滋阴壮水之法,使阴复而热自退。此外,使用清热剂,还应根据病情轻重和病畜体质强弱来选药定量,避免因使用寒凉药太过而损伤脾胃阳气。

清营汤(《温病条辨》)

【组成】 犀角 10 g(锉细末冲服,可用 10 倍量水牛角代),生地黄 60 g,玄参 45 g,竹叶心 15 g,银花 45 g,连翘 30 g,黄连 25 g,丹参 30 g,麦冬 45 g。

【用法】 为末,开水冲调,候凉灌服,或水煎服。

【方歌】 清营汤治热传营,脉数舌绛辨分明,犀地丹玄麦凉血,银翘连竹气亦清。

【方解】 本方专为温热病邪由气分传入营分而设。热入营分,治宜清泄营分之热。方中以犀角清解营分热毒,为主药;热盛伤阴,故以生地黄、玄参、麦冬养阴清热,为辅药;又因热邪初入营分,气分热邪尚未解尽,根据"入营犹可透热转气"的理论,佐以黄连、银花、连翘、竹叶心清解气分热毒,使营分邪热转出气分而解,防止邪热进一步内陷,体现了气营两清的治法;丹参助主药清热凉血,还能活血散瘀,防止血与热结,且又能引导诸药入心经以清热,为使药。诸药相合,共奏清营解毒、透热养阴之功。

【功效】 清营解毒,透热养阴。

【主治】 热邪初入营分。证见高热,口渴或不渴,烦躁或时有神昏,舌红口干,或见斑疹隐现,脉细数。

【应用】 本方用于治疗温热病邪由气分初入营分之证,是清营透气的代表方。凡脑炎、败血症而有上述见证者,均可酌情加减应用。若气分热重而营分热轻,应重用银花、连翘、黄连、竹叶心,并相应减少犀角、生地黄、玄参的用量。

白虎汤(《伤寒论》)

【组成】 石膏(打碎先煎)250 g,知母 45 g,甘草 25 g,粳米 45 g。

【用法】 水煎至米熟汤成,去渣温服。

【方歌】 石膏知母白虎汤,再加甘草粳米襄,热蒸汗出兼烦渴,气耗津伤人参尝。

【方解】 本方为治阳明经热盛或气分实热的代表方。方中石膏辛甘大寒,清阳明气分实热而除烦,为主药;知母苦寒质润,清热润燥,为辅药;甘草、粳米益胃养阴,且又能缓和石膏、知母寒凉伤胃之弊,共为佐使药。四药合用,有清热生津之效。

【功效】 清热生津。

【主治】 阳明经证或气分热盛。证见高热大汗,口干舌燥,大渴贪饮,脉洪大有力。

【应用】 本方用于治疗阳明经证或气分热盛证。如乙型脑炎、中暑、肺炎等热性病而有上述见证者,均可在本方基础上加减应用。本方加人参,名人参白虎汤(《伤寒论》),用于伤寒表证已解,热盛于里,气津两伤,口干,汗多,脉浮大无力者。本方加玄参、犀角,名化斑汤(《温病条辨》),清热解毒,滋阴凉血,主治温病发斑。

【参考】 白虎汤有显著的解热作用,其解热效果和血钙水平增加有关。如去钙白虎汤,因其不增加血钙浓度而无退热作用。芒果苷被认为是知母解热的有效成分。

犀角地黄汤(《千金方》)

【组成】 犀角 10 g(用 10 倍量水牛角代),生地黄 150 g,芍药 60 g,牡丹皮 45 g。

【用法】 为末,开水冲调,候凉灌服,或水煎服。

【方歌】 犀角地黄芍药丹,热在血分服之安。

【方解】 本方所治为温热之邪燔于血分。血分热毒炽盛,可出现动血伤阴及热扰心神等证,故方中以犀角清营凉血,清热解毒,为主药;生地黄养阴清热,凉血止血,助主药解血分热毒,为辅药;芍药(伤阴甚者用白芍、瘀血重者用赤芍)、牡丹皮清热凉血,活血散瘀,共为佐使药。四药合用,清热之中兼以养阴,使热清血宁而不耗血,凉血之中兼以散瘀,使血止而不留瘀。

【功效】 清热解毒,凉血散瘀。

【主治】 温热病之血分证或热入血分,有热甚动血,热扰心营见证者。

【应用】 本方为治热入血分之各种出血证的重要方剂,临床应用时可随证加减。鼻衄者,加白茅根、侧柏叶以凉血止血;便血者,加地榆、槐花以清肠止血;尿血者,加白茅根、小蓟以利尿止血;心火盛者,加黄连、黑栀子以清心泻火。

【参考】 本方有抑制血小板聚集、抗凝和抗血栓形成作用,对急性弥散性血管内凝血(DIC)的发生有一定的防治效果。本方还具有显著的解热、镇静和抗惊厥作用。

三子散(《中华人民共和国兽药典》)

本方为蒙古族验方。

【组成】 栀子 200 g,诃子 200 g,川楝子 200 g。

【用法】 为末,开水冲调,候温灌服,或煎汤服。

【方歌】 三子散用栀诃楝,三焦热盛泻之安。

【方解】 本方为治一切热证的基础方。方中栀子性寒凉,清泻三焦实热,凉血解毒,为主药;诃子味涩清热,为辅药;川楝子味苦清热,为佐使药。三药合用,共奏清热解毒之效。

【功效】 清热解毒。

【主治】 三焦热盛,疮黄肿毒,脏腑实热。

【应用】 本方可用于治疗一切热证。若食欲不振,粪便干燥,加芒硝;热泻或肺热咳嗽,加连翘、拳参、木通、麦冬;幼畜红痢,加制胆粉;白痢,加酒炒红花、红糖;羊痘,加苦参、杏仁、甘草、绿豆粉。

黄连解毒汤(《外台秘要》)

【组成】 黄连 30 g,黄芩 60 g,黄柏 60 g,栀子 45 g。

【用法】 为末,开水冲调,候温灌服,或煎汤服。

【方歌】 黄连解毒汤四味,黄柏黄芩栀子配,大热狂燥火炽盛,疮疡肿毒皆可退。

【方解】 本方证乃热毒壅盛所致,治宜泻火解毒。方中黄连泻心火,兼泻中焦之火,为主药;黄芩泻上焦之火,黄柏泻下焦之火,栀子通泻三焦之火,且导热下行从膀胱而出,共为辅药。四药合用,苦寒直折,使邪去而热毒解。

【功效】 泻火解毒。

【主治】 三焦热盛或疮疡肿毒。证见大热烦躁,甚则发狂,或见发斑,以及外科疮疡肿毒等。

【应用】 本方为泻火解毒之要方,适用于三焦火邪壅盛之证,但以津液未伤为宜。可用于败血症、脓毒血症、痢疾、肺炎及各种急性炎症等属于火毒炽盛者。本方去黄柏、栀子,加大黄名泻心汤(《金匮要略》),功效似本方而尤适用于口舌生疮、胃肠积热;本方还可用于治疗疮疡肿毒,不但可以内服,还可以调敷外用。

【参考】 本方水煎液对金黄色葡萄球菌、痢疾杆菌等有明显的抗菌作用,各药之间在抗菌作用上有协同作用。细菌对本方不易产生耐药性。

清瘟败毒饮(《疫疹一得》)

【组成】 石膏(先煎)120 g,知母 30 g,犀角 6 g(锉细末冲服,可用 10 倍量水牛角代),生地黄 30 g,牡丹皮 20 g,玄参 25 g,赤芍 25 g,黄连 20 g,栀子 30 g,黄芩 25 g,连翘 30 g,桔梗 25 g,竹叶 25 g,甘草 15 g。

【用法】 为末,开水冲调,候温灌服,或煎汤服。

【方歌】 清瘟败毒地连芩,丹石栀甘竹叶寻,犀角玄翘知芍桔,清邪泻毒亦滋阴。

【方解】 本方所治乃热毒充斥,气血两燔之证。本方可看作由白虎汤、黄连解毒汤、清营汤三方加减化裁而成。方中重用石膏、知母大清气分热,为主药;犀角、生地黄、牡丹皮、玄参、赤芍清营凉血解毒,黄连、栀子、黄芩、连翘通泻三焦火热,为辅药;竹叶清心利尿,导热下行,桔梗载药上行,共为佐药;使以甘草清热解毒,调和诸药。各药配合,气血两清作用颇强,可使热毒迅速清除。

【功效】 清气凉血,泻下解毒。

【主治】 热毒炽盛,气血两燔。证见大热躁动,渴饮,昏狂,发斑,舌绛,脉数。

【应用】 适用于温热疫毒及一切火热之证。凡丹毒、脑炎、败血症等属于气血两燔者,均可酌情加减应用。若见惊厥抽搐,可加僵蚕、石菖蒲、钩藤等;热毒炽盛发斑紫暗者,可加银花、大青叶、紫草等;若粪干便秘,加大黄、芒硝;气喘,加枳壳、瓜蒌。

【参考】 本方可明显降低伤寒杆菌引起的家兔发热。若经直肠给药,则解热效果更加明显。

消黄散(《元亨疗马集》)

【组成】 知母 30 g,浙贝母 25 g,黄芩 25 g,连翘 25 g,黄连 30 g,大黄 30 g,栀子 30 g,芒硝 60～150 g,黄药子 30 g,白药子 30 g,郁金 30 g,甘草 15 g。

【用法】 煎汤或为末,开水冲调,候温加蜂蜜 120 g、鸡蛋清 4 个,同调灌服。

【方歌】 消黄知贝二子芩,黄连连翘共郁金,栀子大黄朴硝草,火热壅毒总能清。

【功效】 清热泻火,凉血解毒。

【方解】 本方为治马热毒黄肿而设。方中知母、浙贝母、黄芩、连翘清心肺之火于上焦;黄连、大黄清胃肠之热于中焦;栀子通泻三焦之火,导热下行入于小肠;芒硝泻火热走大肠;黄药子、白药子、郁金清热凉血;甘草调和诸药而解毒,为使药。各药相合,共成清热泻火、凉血解毒之功。

【主治】 三焦热盛、热毒、黄肿。

【应用】 为治马火热壅盛之剂。凡属火热内实,疮黄肿毒,肺热气喘等证,均可酌情应用。本方去甘草,加桔梗,治马胸黄;在《元亨疗马集》中,还有几个类似方。如治"马遍身黄"的消黄散(本方去黄连,加防风、黄芪、蝉蜕);治"马心经积热"的消黄散(大黄、知母、甘草、瓜蒌、朴硝、黄柏、栀子);治"马热毒、槽结、喉骨胀、咽水草难病"的济世消黄散(本方去连翘,加冬花、黄柏、秦艽)等。

五味消毒饮(《医宗金鉴》)

【组成】 金银花 60 g,野菊花 60 g,蒲公英 60 g,紫花地丁 60 g,紫背天葵 30 g。

【用法】 为末,开水冲调,候温灌服,或煎汤服。

【方歌】 五味消毒蒲公英,银花野菊紫地丁,配上天葵解热毒,疮痈肿毒可真灵。

【方解】 疮痈肿毒系因动物感受湿热火毒,或内生积热,热毒浸淫肌肤所致,治宜清热解毒。方中金银花清热解毒,消散痈肿,为主药;紫花地丁、紫背天葵、蒲公英、野菊花清热解毒,消散疮痈肿毒,均为辅佐药。诸药合用,共同发挥清热解毒、消疮散痈的功效。

【功效】 清热解毒,消疮散痈。

【主治】 各种疮痈肿毒。证见局部红肿热痛,身热,口色红,脉数。

【应用】 本方是治疗疮痈肿毒的常用方剂,适用于疮痈肿毒初起,红肿热痛者。若热重,可加连翘、黄芩;肿甚,加防风、蝉蜕;血热毒盛,加赤芍、牡丹皮、生地黄。此外,本方还可外用调敷患部,鲜品效果更好。

真人活命饮（《医方集解》）

【组成】 金银花 90 g，当归 25 g，陈皮 25 g，防风 20 g，白芷 20 g，甘草 15 g，浙贝母 20 g，天花粉 20 g，乳香 15 g，没药 15 g，皂角刺 15 g，穿山甲（蛤粉炒）30 g。

【用法】 水煎取汁，候温加黄酒 120 mL 灌服。

【方歌】 真人活命金银花，防芷归陈甘草加，贝母花粉兼乳没，山甲皂刺酒煎佳。

【方解】 本方为治阳证疮痈肿毒初起的要方。本方证多因热毒蕴结，局部气血痰湿郁滞而成。治宜清热解毒，理气活血，消肿止痛，使热毒消解，气血畅通，则肿消痛止。方中金银花清热解毒，是治疮痈的要药，为主药；防风、白芷除湿祛风，并能排脓消肿，当归、乳香、没药活血散瘀，消肿定痛，为辅药；天花粉、浙贝母清痰散结消肿，陈皮理气行滞以助消肿，均为佐药；使以穿山甲、皂角刺善走能散，贯穿经络，直达病所，而溃痈破坚，甘草清热解毒，加酒以助药势，增强活血通络作用，使药力速达病所。

【功效】 清热解毒，消肿排脓，活血止痛。

【主治】 疮痈肿毒属于阳证者。

【应用】 用于疮痈肿毒、局部红肿热痛。脓未成者，服之能消；脓已成者，可速使外溃（疮已溃或属于阴证者，不能服用）。若热毒盛，可加清热解毒药蒲公英、紫花地丁、野菊花、连翘、黄连等；痛不甚，可减乳香、没药；脓未成，可减少穿山甲及皂角刺的用量。

【备注】 《外科发挥》中尚有仙方活命饮一方，只比本方多赤芍一味，其功用、主治均与本方相同。

苇茎汤（《千金方》）

【组成】 苇茎 150 g，冬瓜仁 120 g，薏苡仁 150 g，桃仁 45 g。

【用法】 水煎去渣，候温灌服；或苇茎煎汤，药研末冲服。

【方歌】 苇茎汤出千金方，桃仁薏苡冬瓜仁，郁热肺脏成痈毒，甘寒清热上焦宁。

【方解】 肺痈多为痰热郁结于肺，蕴蓄成痈所致，当以清热化痰，祛瘀排脓为治则。方中苇茎（芦根）为疗肺痈之要药，能清肺泄热，为主药；辅以冬瓜仁祛瘀排脓；桃仁活血化瘀，薏苡仁利湿排脓，共为佐使药。四药合用，具有清热化痰、祛瘀排脓之效。

【功效】 清肺化痰，祛瘀排脓。

【主治】 肺痈。证见发热咳嗽，痰黄臭或带脓血，口干舌红，苔黄腻，脉滑数。

【应用】 本方为治肺痈的常用方。用本方治疗肺脓疡、大叶性肺炎，初起能消，脓成能排，但其清热解毒之力尚嫌不足，使用时可配清热解毒药，以增强疗效。初起，可加蒲公英、银花、连翘、鱼腥草、薄荷、牛蒡子；脓成，可加贝母、桔梗、生甘草等以增强其化痰排脓之效。

公英散（《中兽医治疗学》）

【组成】 蒲公英 60 g，银花 60 g，连翘 60 g，丝瓜络 30 g，通草 25 g，芙蓉叶 25 g，浙贝母 30 g。

【用法】 为末，开水冲调，候温灌服，或拌入饲料喂服。

【方歌】 公英散用金银花，连翘芙蓉浙贝母，加上通草丝瓜络，乳痈初起选此方。

【方解】 本方证系因湿热毒气熏蒸乳房而生痈，或因乳汁蓄留，阻塞经络引起乳房胀满所致。方中蒲公英清热解毒，消痈散结，为主药；配合银花、连翘、芙蓉叶清热解毒，丝瓜络、通草通络消肿，浙贝母消肿散痈，均为辅佐药。诸药合用，共成清热解毒、消肿散痈之功。

【功效】 清热解毒，消肿散痈。

【主治】 乳痈初起，局部红肿热痛。

【应用】 本方用治乳痈初起，凡急性乳腺炎红肿热痛者，均可用本方酌情加减。

龙胆泻肝汤（《医宗金鉴》）

【组成】 龙胆草（酒炒）45 g，黄芩（炒）30 g，栀子（酒炒）30 g，泽泻 30 g，木通 30 g，车前子 20 g，当归（酒炒）25 g，柴胡 30 g，甘草 15 g，生地黄（酒洗）45 g。

【用法】 水煎服或为末，开水冲调，候温灌服。

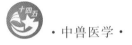

【方歌】 龙胆泻肝栀芩柴,生地车前泽泻偕,木通甘草当归合,肝经湿热力能排。

【方解】 本方证乃肝胆实火上炎,或肝经湿热下注所致。方中以龙胆草泻肝经实火,除下焦湿热,为主药;辅以栀子、黄芩泻火清热,助龙胆草清肝胆实火,泽泻、木通、车前子利尿,引湿热从尿而出,以助龙胆草清利肝胆湿热;当归活血,生地黄养血,柴胡疏肝,均为佐药;甘草调和诸药,为使药。诸药合用,泻中有补,清中有养,既能泻肝火,清湿热,又能养阴血。

【功效】 泻肝胆实火,清三焦湿热。

【主治】 肝火上炎或湿热下注。证见目赤肿痛,尿淋浊、涩痛,阴肿等。

【应用】 本方适用于肝胆实火上炎,或肝经湿热下注所致的各种病证,如急性结膜炎、胆囊炎、急性湿疹、尿路感染、睾丸炎等。治疗急性结膜炎,可加菊花、白蒺藜;治疗急性尿路感染,可加萹蓄、金钱草等。

【参考】 本方有显著保肝利胆和利尿作用。

郁金散(《元亨疗马集》)

【组成】 郁金30 g,诃子15 g,黄芩30 g,大黄60 g,黄连30 g,栀子30 g,白芍15 g,黄柏30 g。

【用法】 为末,开水冲调,候温灌服。

【方歌】 郁金散中黄柏芩,黄连大黄栀子寻,白芍更加诃子肉,肠黄热泻此方珍。

【功效】 清热解毒,涩肠止泻。

【方解】 本方所治乃马热毒炽盛,积于大肠而引起的肠黄。方中郁金清热凉血,行气散瘀,为主药;黄连、黄芩、黄柏、栀子清三焦郁火兼化湿热,为辅药;白芍、诃子敛阴涩肠而止泻,更以大黄清血热,下积滞,推陈致新,共为佐药。诸药合用,具有清热解毒、涩肠止泻之功。

【主治】 肠黄。证见泄泻腹痛,荡泻如水,泻粪腥臭,舌红苔黄,渴欲饮水,脉数。

【应用】 本方是治马急性肠炎的基础方,临床上可根据病情加减使用。肠黄初期,内有热毒积滞,应重用大黄,加芒硝、枳壳、厚朴,少用或不用诃子、白芍,以防留邪于内;如果热毒盛,应加银花、连翘;腹痛甚,加乳香、没药;黄疸重,则应重用栀子,并加茵陈;热毒已解,泄泻不止者,则可重用诃子、白芍,并加乌梅、石榴皮,少用或不用大黄。

本方如果与白头翁汤配合使用,效果更好。

清肺散(《元亨疗马集》)

【组成】 板蓝根90 g,葶苈子50 g,甘草25 g,浙贝母50 g,桔梗30 g。

【用法】 为末,开水冲调,加蜂蜜120 g,候温灌服。

【方歌】 桔贝板蓝一处捣,甜葶甘草共相随,蜂蜜为引同调灌,肺热喘粗服可愈。

【方解】 本方证为肺热壅滞,气失宣降所致的肺热气喘。方中以浙贝母、葶苈子清热定喘为主药;辅以桔梗开宣肺气而祛痰,使升降调和而喘咳自消;板蓝根、甘草清热解毒,蜂蜜清肺止咳,润燥解毒,均为佐使药。诸药合用,共奏清肺平喘、化痰止咳之效。

【功效】 清肺平喘,化痰止咳。

【主治】 肺热咳喘,咽喉肿痛。证见气促喘粗,咳嗽,口干,舌红等。

【应用】 本方适用于马的肺热喘咳。支气管炎、肺炎等均可加减使用。若热盛痰多,可加知母、瓜蒌、桑白皮、黄白药子等;喘甚,可加苏子、杏仁、紫菀等;肺燥干咳,可加沙参、麦冬、天花粉等。

通肠芍药汤(《牛经备要医方》)

【组成】 大黄60 g,槟榔30 g,山楂60 g,芍药30 g,木香25 g,黄连10 g,黄芩45 g,玄明粉150 g,枳实30 g。

【用法】 为末,开水冲调,候温灌服或水煎服。

【方歌】 通肠芍药黄连芩,大黄更加玄明粉,木香槟榔枳山楂,牛患痢疾此方珍。

【方解】 本方所治为牛湿热下痢、腹痛后重之证。方中黄连、黄芩清热燥湿解毒,为主药;辅以大黄、玄明粉泄热通肠,清除胃肠湿热积滞;芍药散瘀行血,"行血则便脓自愈",木香、槟榔、枳实、山楂均能调气,"气调则后重自除",共为佐药。诸药合用,可清热燥湿,行气导滞。

【功效】 清热燥湿,行气导滞。

【主治】 湿热积滞,肠黄泻痢。

【应用】 用于牛痢疾,欲泻不泻,点滴难出,日泻多次,粪色赤白或粉红如水,不食水草,肚腹胀满。

白头翁汤(《伤寒论》)

【组成】 白头翁 60 g,黄柏 30 g,黄连 45 g,秦皮 60 g。

【用法】 为末,开水冲调,候温灌服。

【方歌】 白头翁汤治热痢,黄连黄柏与秦皮,味苦性寒清肠热,坚阴止痢称良剂。

【方解】 本方证为热毒熏灼肠胃,深陷血分所致。方中白头翁清热解毒、凉血,清大肠血热而专治热毒血痢,为主药;黄连、黄柏、秦皮助主药清热解毒,燥湿止痢,共为辅佐药。合而用之,可清热解毒,凉血止痢。

【功效】 清热解毒,凉血止痢。

【主治】 热毒血痢。证见里急后重,泻痢频繁,或大便脓血,发热,渴欲饮水,舌红苔黄,脉弦数。

【应用】 本方为治热毒血痢之要方,常用于细菌性痢疾和阿米巴痢疾。对体弱血虚的病畜,加阿胶、甘草以养血滋阴,名白头翁加甘草阿胶汤(《金匮要略》);本方去秦皮,加黄芩、枳壳、砂仁、厚朴、苍术、猪苓、泽泻,名三黄加白散(《中兽医治疗学》),清热燥湿作用更强;若高热,粪少且带黏液或脓血者,减砂仁、苍术,加生地黄、花粉、大黄、芒硝等。

【参考】 白头翁有抗阿米巴原虫的作用,黄连有抗致病性细菌的作用。因此,用本方治疗阿米巴痢疾时,宜重用白头翁;而治疗细菌性痢疾时,宜重用黄连。

香薷散(《元亨疗马集》)

【组成】 香薷 60 g,黄芩 45 g,黄连 30 g,甘草 15 g,柴胡 25 g,当归 30 g,连翘 30 g,天花粉 60 g,栀子 30 g。

【用法】 为末,开水冲调,候温加蜂蜜 60 g,同调灌服。

【方歌】 香薷散用芩连草,栀子花粉归柴翘,蜂蜜为引相和灌,伤暑脉洪功效高。

【方解】 本方为治伤暑之剂。暑病皆因负重奔走太急,上受烈日暴晒,下受暑气熏蒸,以致邪热积于心胸,气血壅热而发。治宜清心解暑,养血生津。方中香薷解表祛暑化湿,是治夏季伤暑表证的要药,为主药;辅以黄芩、黄连、栀子、连翘、柴胡通泻诸经之火;暑热最易耗气伤津,故以当归、天花粉养血生津为佐药;甘草和中解毒,蜂蜜清心肺而润肠,皆为使药。诸药相合,成为清热解暑、养血生津之剂。

【功效】 清心解暑,养血生津。

【主治】 伤暑。证见发热气促,精神倦怠,四肢无力,眼闭不睁,口干,舌红,粪干,尿短赤,脉数。

【应用】 用于慢性中暑。若高热不退,加石膏、知母、薄荷、菊花等;昏迷抽搐,加石菖蒲、钩藤等;津液大伤,加生地黄、玄参、麦冬、五味子等。

止痢散(《中兽医方剂》)

【组成】 雄黄 40 g,滑石 150 g,藿香 110 g。

【用法】 为末,开水冲服。仔猪每服 2~4 g。

【方歌】 止痢散中用雄黄,藿香滑石组成方,凡属仔猪幼雏痢,用之皆见效力彰。

【方解】 痢疾多因外感火毒湿热,或因饲料腐败,食后火毒湿热侵扰胃肠所致。方中以雄黄燥湿解毒,为主药;辅以滑石清热渗湿止泻;以藿香化湿行气、和胃止泻为佐药。合而用之,有清热解毒、化湿止痢之功。

【功效】 清热解毒,化湿止痢。

【主治】 仔猪白痢。证见里急后重,粪稀量少,味腥臭,其色灰暗或灰黄,并混有胶冻样物等。

【应用】 本方为治痢疾的有效方剂。适用于仔猪白痢、黄痢,猪胃肠炎,雏鸡白痢等。

茵陈蒿汤(《伤寒论》)

【组成】 茵陈蒿 250 g,栀子 60 g,大黄 45 g。

【用法】 水煎服。

161

· 中兽医学 ·

【方歌】　茵陈蒿汤治阳黄,栀子大黄组成方。

【方解】　本方证为湿热与瘀热蕴结于里而成的阳黄证,治宜清热利湿。方中茵陈蒿利胆清热,去湿除黄,为主药;辅以栀子清利三焦湿热,使湿热由小便而出;大黄通泄郁热,使湿热由粪便而下,为佐药;三药均为苦寒之品,能清热利湿,使湿热从二便排出,则黄疸自退。

【功效】　清热,利湿,退黄。

【主治】　湿热黄疸。证见结膜、口色皆黄,鲜明如橘色,尿短赤,苔黄腻,脉滑数等。

【应用】　本方是治疗湿热黄疸的基础方,凡属阳证、实证、热证者,均可加减使用。本方去栀子、大黄,加干姜、附子、甘草等药,名"茵陈四逆汤"(《玉机微义》),可治阴黄证。

【参考】　本方对四氯化碳所致实验性肝损伤有较好的保护作用,并能促进胆汁的分泌和排泄。茵陈蒿、栀子和大黄各药单独使用时,利胆作用不明显。大黄和茵陈蒿合用时,利胆作用明显增强。

青蒿鳖甲汤(《温病条辨》)

【组成】　青蒿 45 g,鳖甲 90 g,生地黄 60 g,知母 45 g,牡丹皮 60 g。

【用法】　水煎服。

【方歌】　青蒿鳖甲地知丹,养阴透热服之安。

【方解】　本方所治为温病后期,余热留恋阴分的虚热证。治宜养阴透热。方中鳖甲直入阴分,以滋阴退虚热,青蒿透热邪外出,皆为主药;生地黄、知母养阴,助鳖甲退虚热,牡丹皮助青蒿以透泄阴分之伏热,共为辅佐药。诸药相合,有养阴透热之功。

【功效】　养阴透热。

【主治】　温热病后期,阴液耗伤,邪留于阴分。证见低热不退,夜热早凉,口干舌红少苔,脉细数。

【应用】　本方为治虚热常用之剂。凡温热病后期,阴液已伤,邪留阴分者,均可酌情加减使用。如阴虚火旺,低热不退,可酌加地骨皮、石斛等以退虚热;治疗结核病或其他原因引起的低烧而属于阴虚者,可加地骨皮、玄参、麦冬等。

洗心散(《元亨疗马集》)

【组成】　天花粉 25 g,黄芩 45 g,黄连 30 g,连翘 30 g,茯神 20 g,黄柏 30 g,桔梗 25 g,栀子 30 g,牛蒡子 45 g,木通 20 g,白芷 15 g。

【用法】　为末,开水冲调,候温加鸡蛋清 4 个,同调灌服。

【方歌】　洗心花粉及芩连,翘柏栀桔茯神兼,白芷木通牛蒡子,心热舌疮服之痊。

【方解】　本方系由黄连解毒汤加味而来,为治心热舌疮之剂。心经积热,上攻于舌,致使舌体肿胀,破溃成疮,治宜清热、泻火、解毒。方中黄连、黄芩、黄柏、栀子通泻三焦火,导热下行,为主药;辅以连翘助主药泻火解毒;牛蒡子、白芷消肿止痛,茯神安心神,天花粉清热生津,木通清心火、利尿,皆为佐药;桔梗排脓消肿,并载药上达病所,为使药。诸药合用,共奏泻火解毒、散瘀消肿之效。

【功效】　泻火解毒,散瘀消肿。

【主治】　心经积热,口舌生疮。证见舌红,舌体肿胀溃烂,口内垂涎,草料难咽。

【应用】　用于心经积热所致舌体肿胀或溃破成疮的病证。临床上常与外用方冰硼散或青黛散同用治疗口炎,疗效显著。

任务三　泻　下　方

学习目标

▲知识目标

1.熟知常见泻下方。

2.熟知常见泻下方的主要药物的组成。

▲技能目标

1.能够熟练应用常见泻下方。

2.能够根据病邪性质的不同及畜体的体质情况的差异,正确选择不同的泻下方剂。

▲课程思政目标

1.通过身边常见药物,培养学生良好的学习兴趣和求知欲。

2.通过中药治疗的病例,在学习活动中帮助学生获得成功的体验。

▲知识点

1.泻下方的分类。

2.攻下剂的应用。

3.润下剂的应用。

4.逐水剂的应用。

以泻下药为主组成,具有通导大便、排除胃肠积滞、荡涤实热、攻逐水饮作用,以治疗里实证的方剂,称为泻下方,又称作攻里方。泻下属"八法"中的"下法"。

根据病邪性质的不同及畜体的体质情况的差异,泻下剂常分为攻下、润下和逐水几类。临床应用时,必须根据动物正气的强弱,邪气的盛衰,而选择适当的泻下剂。

①攻下剂:泻下作用猛烈,适用于正气未衰的里实证。常以大黄、芒硝等为主药。

②润下剂:泻下作用和缓,适用于体虚便秘之证。常以火麻仁、郁李仁、肉苁蓉等为主药。

③逐水剂:泻下作用峻烈,仅适用于水肿或水饮停聚而体质强壮者。常以牵牛子、续随子、大戟等为主药。

泻下剂大多药性峻猛,凡孕畜、产后、老弱以及伤津亡血者,均应慎用。必要时,可考虑攻补兼施,或先攻后补。对于表证未解,里实未成者,不宜使用泻下剂。如表证未解而里实已盛,宜先解表,后治里,或表里双解。又因泻下剂易伤胃气,应得效即止,切勿过投。

无失丹(《痊骥通玄论》)

【组成】 木香 25 g,槟榔 20 g,青皮 35 g,大黄 75 g,芒硝 200 g,牵牛子 45 g,荆三棱 25 g,木通 20 g,郁李仁 60 g。

【用法】 水煎服或为末内服。

【方歌】 无失丹中用槟榔,青丑木香棱硝黄,木通郁李和葱酒,枳实便秘能推荡。

【方解】 本方为主治马属动物大肠粪结之剂。方中大黄、芒硝破结通肠,为主药;牵牛子、槟榔攻逐峻泻,郁李仁润下滑肠,助主药攻逐泻下,皆为辅药;木香、青皮、荆三棱理气消滞,木通利尿降火,均为佐使药。诸药合用,共成攻逐泻下之功。

【功效】 泻下通肠。

【主治】 结症,便秘。

【应用】 凡马属动物大结肠便秘,或小结肠便秘,均可酌情加减应用。若继发肚胀,可加莱菔子、厚朴、砂仁等以理气消胀;久病体虚者,加党参、当归、甘草、大枣以扶助正气;伤津甚者,加玄参、麦冬、生地黄等以滋阴润燥。本方功效与大承气汤相近,但攻逐泻下之力更强。

大承气汤(《伤寒论》)

【组成】 大黄 60 g(后下),芒硝 180 g,厚朴 30 g,枳实 30 g。

【用法】 水煎服或为末开水冲调,候温灌服。

【方歌】 大承气中用硝黄,枳实厚朴共成方,结症起卧需急下,加入槟榔力更强。

【方解】 本方证乃大肠气机阻滞,肠道胀满燥实所致的粪便燥结不通,治宜行气破结。方中大黄苦寒泻热通便,为主药;辅以芒硝咸寒软坚润燥;厚朴、枳实行气散结,消痞除满,并助大黄、芒硝加

速积滞的排泄,共为佐药。四药相合,有峻下热结、承顺胃气下行之功。

【功效】 攻下热结,破结通肠。

【主治】 结症,便秘。证见粪便秘结,腹部胀满,二便不通,口干,舌燥,苔厚,脉沉实。

【应用】 本方适用于阳明腑实证,病畜主要表现为实热便秘,以"痞、满、燥、实"为本证特点。"痞、满"是指腹部胀满,"燥、实"是指燥粪结于肠道,腹痛拒按。临床应用时,可根据病情在本方基础上加减化裁。本方去芒硝,名小承气汤(《伤寒论》),主治证候为仅具痞、满、实三证而无燥证者;去枳实、厚朴,加炙甘草,名调胃承气汤(《伤寒论》),主治燥热内结之证,配甘草乃取其和中调胃,下不伤正;若病程较长,导致热结阴亏,可用原方去枳实、厚朴,加生地黄、玄参、麦冬,名增液承气汤(《温病条辨》)。

【参考】 本方的有效成分是大黄中的蒽醌类物质。如果煎煮时间过长,蒽醌类物质遭到破坏,其泻下作用就会减弱。研究表明,本方具有增强胃肠道蠕动和增加肠管容积从而引起泻下的作用,静脉给药则无此作用。此外,本方还具有改善肠道血液循环和降低毛细血管通透性,以及促进胆囊收缩,使胆道口括约肌放松,胆汁分泌增加等作用。

马价丸(《痊骥通玄论》)

【组成】 大黄60 g,五灵脂60 g,牵牛子60 g,木通60 g,续随子60 g,甘遂60 g,滑石60 g,大戟60 g,瞿麦60 g,香附子60个,巴豆200粒。

【用法】 为末,醋和为三十丸,每次用一丸,温开水化开灌服,或酌情适当调整剂量作散剂冲服。

【方歌】 马价丸中黄灵牵,续随木通滑石添,巴豆香附瞿戟遂,马患中结服之痊。

【方解】 马患中结,结粪难下,故宜峻泻猛攻。方中以巴豆峻泻通畅,为主药;大黄、牵牛子、续随子、甘遂、大戟助巴豆攻逐泻下,滑石滑肠通便,皆为辅药;五灵脂、香附子理气止痛,木通、瞿麦导热下行,均为佐使药。诸药相合,有峻泻通肠、理气止痛之效。

【功效】 峻泻通肠,理气止痛。

【主治】 马属动物中结。证见粪结不通,肚腹胀满,疼痛起卧等。

【应用】 对马、骡大结肠或小结肠便秘,可酌情使用。

【备注】 古籍中有多方是以马价丸为方名的。如《安骥药方》中的马价丸,由猪牙皂角、瞿麦、牵牛子、郁李仁、老鼠粪、榆白皮、续随子、紫芫花等组成。《痊骥通玄论》中的马价丸又方,只有五灵脂、巴豆、黑牵牛三味药物。在《元亨疗马集》中有三个马价丸,除上方及无失丹外,另一个马价丸系由续随子、腻粉、滑石、木通、牵牛子、酥油、大黄、芒硝、生油等组成。以上各方虽组成有所不同,但均能治疗马中结。

当归苁蓉汤(《中兽医治疗学》)

【组成】 当归180 g,肉苁蓉90 g,番泻叶45 g,广木香12 g,厚朴45 g,炒枳壳30 g,醋香附45 g,瞿麦15 g,通草12 g,六曲60 g。

【用法】 水煎取汁,候温加麻油250～500 g,同调灌服。

【方歌】 当归苁蓉汤木香,泻叶枳朴瞿麦尝,通草香附和麻油,大肠燥结功效良。

【方解】 本方原为治疗马大肠燥结的润下剂。方中以当归补血润肠,肉苁蓉补肾润肠,共为主药;辅以番泻叶泻热通便,麻油润肠通下,广木香、醋香附、厚朴、炒枳壳通行滞气,助主药理气通便;六曲消食积和中;瞿麦、通草利尿以清燥粪所化之热,皆为佐药。

【功效】 润燥滑肠,理气通便。

【主治】 老弱、久病、体虚病畜之便秘。

【应用】 本方药性平和,马的一般结症都可应用,但偏重于治疗老弱久病、胎产家畜的结症。用时可随证加减,体瘦气虚者加黄芪;孕畜去瞿麦、通草,加白芍。

猪膏散(《元亨疗马集》)

【组成】 滑石60 g,牵牛子30 g,大黄60 g,官桂15 g,甘遂25 g,大戟25 g,续随子30 g,白芷10 g,地榆皮60 g,甘草25 g。

【用法】 为末,热调猪油250 g、蜂蜜100 g,一次灌服。

【方解】　本方证的发生多因过多饲喂粗硬干饲料,饮水不足,胃中津液耗损过多,使百叶干枯。方中以大黄涤荡胃肠,为主药;大戟、甘遂、续随子、牵牛子、滑石破坚消积,通利二便,猪油、蜂蜜润燥滑肠,皆为辅药;佐以白芷、官桂理气,且官桂尚能温阳补土,以防攻逐太过,地榆皮可止胃痛、解毒;甘草协调药性为使。诸药相合,共成润燥攻下之功。

【功效】　润燥滑肠,消积导滞。

【主治】　牛百叶干。证见身瘦毛枯,食欲减退,反刍停止,腹缩粪紧,鼻镜无汗,口色淡红,脉象沉涩等。

【应用】　本方主要用于治疗牛百叶干。百叶干为本虚标实之证,本方服后能润燥攻下,待瓣胃积滞解除后,可根据病情,再施以补法。本方对牛瘤胃积食、便秘也有较好的疗效。

【参考】　方中大戟、甘遂与甘草虽是"反药",但临床应用未见毒副作用。

任务四　消　导　方

学习目标

▲知识目标

1. 熟知常见消导方。
2. 熟知常见消导方的主要药物的组成。

▲技能目标

1. 能够熟练应用常见消导方。
2. 能够根据病邪性质的不同及畜体的体质情况的差异,正确选择不同的消导方。

▲课程思政目标

1. 通过中医历史人物比如李时珍成为一代名家的故事,培养学生克服困难的意志,建立自信心。
2. 通过常见中药用药的病例,培养学生养成严格遵守安全操作规程的安全意识。

▲知识点

1. 保和丸的应用。
2. 曲蘗散的应用。
3. 木香导滞丸的应用。

以消导药为主组成,具有消食化积功能,以治疗积滞痞块的一类方剂,称为消导方。消导属"八法"中的"消法"。

消导方应用甚为广泛,凡由气、血、痰、湿、食等壅滞而成的积滞痞块,均可用之。本节内容主要讨论消食导滞方面的方剂。消导方与泻下方有消除有形实邪的作用,但在临床运用上,两者有所不同。泻下方一般用于急性有形实邪,是猛攻急下的方剂;消导方一般用于慢性的积滞胀满,属渐消缓散的方剂。

水谷停滞,往往因脾失健运,胃失和降而逐渐产生,家畜出现食欲减退、肚腹胀满等症。除重用山楂、六曲、麦芽等消导药外,还需配伍行气宽中及理气健脾的药物。如积滞郁而化热,则宜配伍清热药;若积滞兼寒,宜配伍祛寒药等。消导方虽较泻下方作用缓和,然而毕竟是克伐之剂,对于脾胃虚弱、气血不足而邪已实者,还须配伍补益药物,消补兼施。

保和丸(《丹溪心法》)

【组成】　山楂 60 g,六曲 60 g,半夏 30 g,茯苓 30 g,陈皮 30 g,连翘 30 g,莱菔子 30 g。

【用法】　共为末,开水冲调,候温灌服。

【方歌】　保和六曲和山楂,苓夏陈翘菔子加,能消食积能和胃,再入麦芽效更佳。

【方解】　本方证多因饲养管理不当,动物贪食过多,肠胃受伤,水谷停积于胃肠所致,宜用平和之品,消而化之。方中山楂、六曲消食导滞为主药;辅以莱菔子消食下气,宽胸利膈,以增强主药消导作用;由于积滞往往化热生湿,故用陈皮、半夏、茯苓化湿和胃,连翘清热散结,共为佐使药。诸药相合,而有和胃消食、清热利湿之功。

【功效】　消食和胃,清热利湿。

【主治】　食积停滞。证见肚腹胀满,食欲不振,嗳气酸臭,或大便失常,舌苔厚腻,脉滑等。

【应用】　治一切食积。若食积较甚,加麦芽、枳实、槟榔等以行气消胀;热盛,加黄连、黄柏以清热泻火;便秘,加大黄、芒硝、槟榔以通便导滞。本方加白术,名大安丸(《丹溪心法》),能消食补脾,主治脾虚食滞不化,粪便溏薄等证。

曲蘖散(《元亨疗马集》)

【组成】　六曲 60 g,麦芽 30 g,山楂 30 g,厚朴 25 g,枳壳 25 g,陈皮 25 g,苍术 25 g,青皮 25 g,甘草 15 g。

【用法】　共为末,开水冲,候温加生油 60 g,白萝卜一个,同调灌服。

【方歌】　曲蘖散楂厚朴依,枳壳苍术青陈皮,麦油甘草生萝卜,马牛料伤服之宜。

【方解】　本方证乃喂饲无节,造成脾胃失职,宿谷积于胃肠致肚腹胀满,治宜消积化谷,破气宽肠。方中用六曲、山楂、麦芽消食化谷,为主药;辅以青皮、厚朴、枳壳、白萝卜行气宽肠,助主药消胀;陈皮、苍术理气健脾,使脾气得升,胃气得降,运化复常,皆为佐药;甘草和中协调诸药,为使药。

【功效】　消积化谷,破气宽肠。

【主治】　料伤。证见精神倦怠,眼闭头抵,拘行束步,四足如攒,口色鲜红,脉洪大。

【应用】　用于治疗马、牛料伤。若脾胃虚弱而草谷不消,则去青皮、六曲、苍术,加白术、茯苓、木香、党参、山药、砂仁等以补气健脾。

木香导滞丸(《松崖医径》)

【组成】　木香 20 g,槟榔 20 g,枳实 45 g,大黄 60 g,六曲 45 g,茯苓 30 g,黄芩 20 g,黄连 15 g,白术 20 g,泽泻 15 g。

【用法】　为末,开水冲调,候温灌服。

【方歌】　木香导滞首大黄,枳实芩连曲术襄,茯苓泽泻与槟榔,湿热积滞服之康。

【方解】　本方证是由于食积与湿热互结于肠胃,气机受阻所致。方中以枳实破气消积导滞,大黄荡涤实结,为主药;辅以木香、槟榔下气导滞,黄芩、黄连清热燥湿;茯苓、白术、泽泻、六曲渗湿和中,均为佐使药。各药配合,积滞可去,湿热能清。

【功效】　调气导滞,清热利湿。

【主治】　湿热、食积所致的下痢后重。

【应用】　本方为调气导滞与清热利湿并用之剂,专治湿热积滞所致的下痢后重、腹胀、泄泻等证。

任务五　和　解　方

▲知识目标

1.熟知常见和解方。

2.熟知常见和解方的主要药物的组成。

▲技能目标

1.能够熟练应用常见和解方。

2.能够根据病邪性质的不同及畜体的体质情况差异,正确选择不同的和解方。

▲课程思政目标

1.培养学生吃苦耐劳、爱岗敬业的品质。

2.树立职业意识,严格遵循企业的"6S"(整理、整顿、清扫、清洁、素养、安全)质量管理体系。

▲知识点

1.四逆散的应用。

2.逍遥散的应用。

3.小柴胡汤的应用。

根据调和的原则组方,具有和解表里、调畅气机的作用,用于治疗少阳病或肝脾、肠胃不和等病证的方剂,称作和解方。和解属"八法"中的"和法"。

和解方原为治疗少阳胆经病证而设,然而肝胆关系密切,病理上常相互影响,并往往累及脾胃,故其适应证还包括肝脾不和、胃肠不和等病证。

服用和解剂应注意适应证。凡属邪在肌表,或表邪已入里者,不宜使用和解剂,以免引邪入里或延误治疗;脏腑极虚、气血不足之寒热,不宜使用和解剂。

四逆散(《伤寒论》)

【组成】 柴胡 60 g,炒枳实 60 g,白芍 60 g,炙甘草 60 g。

【用法】 为末,开水冲调,候温灌服。

【方歌】 四逆散非四逆汤,柴甘枳芍共煎尝,阳郁厥逆腹胀痛,泄热疏肝效力彰。

【方解】 本方所治之热厥证乃肝气郁结,气机不利,阳郁于里,不能布达四肢所致,故以透解郁热,舒畅气机为治则。方中柴胡疏肝解郁,使阳气透达肌表,兼调寒热,白芍养肝敛阴,和里止痛,柴胡、白芍相配,一散一收,共为主药;炒枳实下气破结,与柴胡相配,一升一降,以升清降浊,为佐药;炙甘草为使,调和诸药。四药相合,能透解郁热,调和肝脾。

【功效】 透解郁热,调和肝脾。

【主治】 热厥证。证见四肢厥逆,身热,腹痛,泄泻后重,脉弦。

【应用】 本方为疏肝理气的基础方。凡消化道疾病属于肝脾不和者,均可酌情选用。若食滞不消,可加麦芽、山楂;若黏膜黄染,可加郁金、茵陈;气滞较甚,可加香附、木香、陈皮。本方加川芎、香附,枳实改枳壳,名柴胡疏肝散(《景岳全书》),可用于慢性胃炎。

逍遥散(《太平惠民和剂局方》)

【组成】 柴胡 45 g,当归 45 g,白芍 45 g,白术 45 g,茯苓 45 g,炙甘草 20 g,煨生姜 15 g,薄荷 10 g。

【用法】 水煎服或为末,开水冲调,候温灌服。

【方歌】 逍遥散用当归芍,柴苓术草加姜薄;肝郁血虚脾气弱,调和肝脾功效卓。

【方解】 本方所治为肝郁血虚、脾失健运所引起的肝脾不和之证。治宜疏肝解郁,健脾养血。方中柴胡疏肝解郁,当归、白芍补血养肝,三药配合,补肝体而养肝用,为主药;茯苓、白术补中理脾,为辅药;煨生姜、薄荷助全方疏肝理脾,炙甘草补中健脾并调和诸药,为使。诸药相合,疏肝解郁,健脾养血。

【功效】 疏肝解郁,健脾养血。

【主治】 肝郁血虚,肝脾不和。证见口干食少,神疲力乏,或寒热往来,舌淡红,脉弦虚。

【应用】 本方是疏肝理脾的常用方。凡肝脏疾病、胃炎、母畜性周期不调以及乳房胀痛等属于肝郁血虚,肝脾不和者,均可用本方加减治疗。若肝郁血虚发热,加栀子、牡丹皮以增加疏肝解热作

用,名丹栀逍遥散(《内科摘要》);若血虚较甚,加生地黄或熟地黄,增强补血功能,名黑逍遥散(《医略六书》);若脾虚较甚,加党参、大枣以补气健中。

小柴胡汤(《伤寒论》)

【组成】 柴胡 45 g,黄芩 45 g,党参 45 g,制半夏 30 g,炙甘草 15 g,生姜 20 g,大枣 60 g。

【用法】 水煎服或为末,开水冲调,候温灌服。

【方歌】 小柴胡汤和解供,半夏党参甘草从,更用黄芩加姜枣,少阳经病此方宗。

【方解】 本方证为外感寒邪传入少阳的半表半里证,非汗、下、吐法之所宜,惟以和解少阳之法为妥。方中用柴胡清解少阳之邪,疏解气机,为主药;黄芩清泄少阳之郁热,为辅药,若寒重于热,可加大柴胡用量,热重于寒,则加大黄芩用量,二药合用,能解除寒热往来;党参、炙甘草、大枣能扶正和中,并防止邪气内侵,制半夏、生姜和胃止呕,且生姜还能助柴胡散表邪,同时姜枣配合既能调和营卫,输布津液,又能助制半夏和胃止呕,共为佐使药。各药相合,可和解少阳,扶正祛邪,解热。

【功效】 和解少阳,扶正祛邪,解热。

【主治】 少阳病。证见寒热往来,饥不饮食,口津少,反胃呕吐,脉弦。

【应用】 本方为治伤寒之邪传入少阳的代表方。也可用于体虚及母畜产后或发情期间外感寒邪。

【参考】 本方具有保肝和解热作用。

任务六 化痰止咳平喘方

学习目标

▲**知识目标**

1.熟知常见化痰止咳平喘方。

2.熟知常见化痰止咳平喘方的主要药物的组成。

▲**技能目标**

1.能够熟练应用常见化痰止咳平喘方。

2.能够根据病邪性质的不同及畜体的体质情况的差异,正确选择不同的化痰止咳平喘方。

▲**课程思政目标**

1.培养良好的心理品质,具备建立和谐人际关系的能力与合作精神。

2.培养科学严谨的探索精神和实事求是、独立思考的工作态度。

▲**知识点**

1.百合散的应用。

2.辛夷散的应用。

3.止嗽散的应用。

4.半夏散的应用。

5.苏子降气汤的应用。

6.款冬花散的应用。

7.麻杏甘石汤的应用。

8.清燥救肺汤的应用。

9.二陈汤的应用。

以化痰、止咳、平喘药为主组成,具有消除痰涎、缓解或制止咳喘的作用,用以治疗肺经疾病的方剂,称为化痰止咳平喘方。

咳嗽与痰、喘在病机上关系密切,咳嗽每多挟痰,而痰多亦每致咳嗽,久咳则肺气上逆而作喘,三者可互为因果。在治法上,化痰、止咳、平喘常配合应用。因此,将化痰止咳、平喘的方剂归为一类。

痰病的成因很多,素有"脾为生痰之源,肺为贮痰之器"之说。脾不健运,湿聚成痰者,治宜燥湿化痰;火热内郁,炼液为痰者,治宜清化热痰;肺燥阴虚,灼津为痰者,治宜润肺化痰;肺寒留饮者,治宜温阳化痰等。《景岳全书》云:"五脏之病,虽俱能生痰,然无不由乎脾肾。"因此,治疗时不能单攻其痰,应重视治其生痰之本,即所谓"善治痰者,治其生痰之源"。

此外,痰随气升降,气壅则痰聚,气顺则痰消,故在祛痰止咳剂中,每配伍理气药物。如《证治准绳》说:"善治痰者,不治痰而治气,气顺则一身津液亦随气而顺矣。"

百合散(《痊骥通玄论》)

【组成】 百合 45 g,贝母 30 g,大黄 30 g,甘草 20 g,天花粉 45 g。

【用法】 为末,加蜂蜜 120 g、荞面 60 g、萝卜汤 1 碗,水适量冲调,候温灌服。

【方歌】 百合散治鼻出脓,花粉大黄贝甘同,蜂蜜荞面萝卜汤,降火清痰此方雄。

【方解】 《元亨疗马集》说:"良马鼻中流白脓,多因奔走热攻胸",故治宜清热润肺化痰。方中百合、贝母滋阴清热,润肺化痰,为主药;辅以天花粉、萝卜汤润肺理气化痰;荞面降气,大黄清热,均为佐药;甘草、蜂蜜和中润肺止咳,为使药。诸药相合,使肺气清肃,痰涎消散,咳嗽自止。

【功效】 滋阴清热,润肺化痰。

【主治】 肺壅鼻脓。证见喘粗鼻咋,连声咳嗽,鼻孔流脓,欣吊毛焦,口色红,脉洪数。

【应用】 本方为治疗肺热鼻流脓涕的常用方,用于治疗化脓性鼻炎。若上焦热盛,加黄芩、栀子、黄连、柴胡以清热解毒;咽喉敏感,加玄参以养阴生津。

辛夷散(《中兽医治疗学》)

【组成】 辛夷 60 g,酒知母 30 g,酒黄柏 30 g,沙参 30 g,木香 15 g,郁金 30 g,明矾 20 g。

【用法】 为末,开水冲服,候温灌服。

【方歌】 辛夷散治脑颡方,酒炒知柏沙参良,木香郁金和明矾,诸药相合效力彰。

【方解】 本方证为脑颡鼻脓。额窦鼻腔受外伤或六淫之邪侵袭,邪毒郁积,化而成脓。方中辛夷上通额窦鼻腔,疏散邪毒,为主药;辅以酒知母、酒黄柏酒浸上行而清热解毒;沙参养阴润肺,郁金活血化瘀,木香调理气机,明矾收敛固涩,均为佐药。诸药相合,清热滋阴,疏风通窍。

【功效】 清热滋阴,疏风通窍。

【主治】 脑颡鼻脓。证见涕液稀白或呈豆腐渣样,恶臭,鼻部肿胀,叩之呈浊音,多为一侧性。

【应用】 本方为治脑颡鼻脓的专用方。凡鼻窦炎、副鼻窦炎、上颌窦蓄脓属肺热上蒸者,均可酌情加减运用。病初有热者,可加荆芥、薄荷、桑叶等以疏散风热;热盛者,加银花、连翘、蒲公英等以清热解毒;脓多而腥臭者,加桔梗、贝母等以排脓散结;鼻骨肿痛者,加乳香、没药,或骨碎补、姜黄、红花、土鳖虫活血散瘀消肿。

止嗽散(《医学心悟》)

【组成】 荆芥 30 g,桔梗 30 g,紫菀 30 g,百部 30 g,白前 30 g,陈皮 10 g,甘草 6 g。

【用法】 为末,开水冲,候温灌服。

【方歌】 止嗽散用桔梗前,荆菀陈草百部联,一般咳嗽能通用,随证加减效更全。

【方解】 本方证为风寒外感,肺气被郁,气逆痰升所致。治宜止咳、化痰、解表。本方以止咳为主,化痰、解表为辅,故名止嗽散。方中百部、紫菀、白前、陈皮理气化痰、止咳,为主、辅药;荆芥、桔梗疏风宣肺,甘草和中化痰,协调诸药。各药相合,共具止咳化痰、疏风解表之功。

【功效】 止咳化痰,疏风解表。

【主治】 外感咳嗽。证见咳嗽痰多,日久不愈,舌苔白,脉浮缓。

【应用】 本方为治外感咳嗽的常用方,用于外感风寒咳嗽,以咳嗽不畅、痰多为主证。若恶寒发热,偏重于表证者,可加防风、紫苏叶、生姜等以发散风寒;若外邪已去,见有热候者,去荆芥,加黄芩、栀子、连翘等以清热。

半夏散(《元亨疗马集》)

【组成】 半夏 30 g,升麻 45 g,防风 25 g,枯矾 45 g,生姜 30 g。

【用法】 为末,开水冲,候温加蜂蜜 60 g,同调灌服。

【方歌】 半夏散姜升防矾,肺寒吐沫服之安。

【方解】 本方证为脾阳受损,胃失和降,湿聚成饮,寒饮犯肺,与肺气凝结而成痰饮所致。方中半夏温化寒痰,枯矾燥湿利痰,为主药;防风、升麻理脾助阳,增强脾运化水湿的功能,为辅药;生姜温中和胃止呕,既助半夏降逆,又可制半夏之毒,为佐药;蜂蜜协调诸药,为使药。

【功效】 燥湿化痰,平胃止呕。

【主治】 马肺寒吐沫。证见吐沫垂涎,有时频频空口咀嚼,口鼻俱凉,精神倦怠,口色青白,脉象沉迟。

【应用】 用于马的肺寒吐沫。若寒重腹胀者,可加木香、草豆蔻。

苏子降气汤(《太平惠民和剂局方》)

【组成】 苏子 60 g,制半夏 30 g,前胡 45 g,厚朴 30 g,陈皮 45 g,肉桂 15 g,当归 45 g,生姜 10 g,炙甘草 15 g。

【用法】 水煎服。

【方歌】 苏子降气橘半宜,前归桂朴草姜依,上实下虚痰喘嗽,或入沉香去桂施。

【方解】 本方所治为上实下虚的咳喘证。"上实"是指痰涎壅盛于肺,肺气不得宣畅,升降失常,气逆于上,则为喘咳;"下虚"是指肾阳虚,肾不纳气,则上下不相接续,以致气急而短,呼多吸少,发生喘咳。治宜降气,化痰,平喘,以治上实为主,下虚为辅。方中用苏子降气平喘,为主药;辅以陈皮、制半夏、前胡、厚朴、生姜化痰止咳,理气降逆,以疏通上实,加入肉桂温肾以助纳气,而治下虚;咳喘病畜,久病多虚,在化痰止咳平喘的大队药物中,配当归养血补虚,且缓和本方药物的温燥之性,为佐药;炙甘草和中,协调诸药,为使药。综观本方,肺肾同治,而以治肺为主;上实下虚同治,而以降气化痰治上实为主。

【功效】 降气平喘,温肾纳气。

【主治】 上实下虚的喘咳证。证见痰涎壅盛,咳喘气短,舌苔白滑等。

【应用】 临床上常用于治疗慢性气管炎、支气管炎、轻度肺气肿属痰涎壅盛,肾气不足者。方中入沉香,去肉桂,则温肾之力减弱,而降气平喘之力增强;若兼有气虚,可加党参、五味子;若兼有风寒表证,应减去肉桂、当归,加入麻黄、杏仁等,以疏散风寒。全方药性偏温燥,故肺肾两虚或肺热咳喘者,均不宜应用。

款冬花散(《元亨疗马集》)

【组成】 款冬花 60 g,黄药子 60 g,僵蚕 30 g,郁金 30 g,白芍 60 g,玄参 60 g。

【用法】 水煎服,或共为末,开水冲调,候温灌服。

【方歌】 肺燥咳嗽冬花散,黄药郁金加僵蚕,玄参白芍蜜调灌,滋阴止咳能平喘。

【方解】 本方证系由阴虚肺热,津液耗伤,燥痰阻肺而致。方中款冬花润肺化痰,止咳平喘,玄参养阴润肺,清热祛痰,为主药;辅以白芍养阴清热,助主药滋阴降火;肺火上炎而致咽喉肿痛,故佐以黄药子、郁金、僵蚕利咽喉,消肿痛;蜂蜜润肺清热,协调诸药,为使药。

【功效】 滋阴降火,止咳平喘。

【主治】 阴虚肺热。证见咳嗽气急,咽喉肿痛。

【应用】 用于阴虚火旺引起的咳嗽气急,咽喉肿痛。若见有表证者,可加桑叶、薄荷;火盛咳剧者,可加桑白皮、枇杷叶等。

麻杏甘石汤(《伤寒论》)

【组成】 麻黄 30 g,杏仁 30 g,炙甘草 30 g,石膏(打碎先煎)150 g。

【用法】 为末,开水冲调,候温灌服,或煎汤服。

【方歌】 平喘麻杏甘石汤,四药组成法度良,辛凉宣泄能清肺,清热平喘效力彰。

【方解】 本方证之形成,多为外感风邪,化热犯肺所致。治宜宣肺,清热,平喘。方中麻黄辛、苦,宣肺解表平喘,为主药;辅以大剂量石膏,辛凉宣泄,二药配合,发散肺经郁热而平喘;杏仁宣降肺气,助麻黄止咳平喘,为佐药;炙甘草协调诸药,为使药。四药合用,则有辛凉泄热、宣肺平喘之效。

【功效】 辛凉泄热,宣肺平喘。

【主治】 肺热气喘。证见咳嗽喘急,发热有汗或无汗,口干渴,舌红,苔薄白或黄,脉浮滑而数。

【应用】 本方是治疗肺热气喘的常用方剂,使用时以喘急身热为依据。若热甚,可加黄芩、栀子、连翘、银花;若兼有咳嗽,可加贝母、桔梗等。

【参考】 本方可抑制肥大细胞脱颗粒释放组胺引起的平滑肌痉挛,其平喘作用可能与此有关。

清燥救肺汤(《医门法律》)

【组成】 石膏(煅)75 g,桑叶 45 g,麦冬 30 g,阿胶(烊化)15 g,胡麻仁 15 g,杏仁(炒)30 g,枇杷叶(去毛蜜炙)25 g,党参 30 g,甘草 15 g。

【用法】 水煎服。

【方歌】 清燥救肺参草杷,石膏胶杏麦胡麻,经霜收下冬桑叶,清燥润肺效可佳。

【方解】 本方所治多为温燥伤肺,气阴两伤之证,当以甘寒之品清肺燥,滋肺阴。方中以石膏清肺之燥热,桑叶宣肺止咳,为主药;以麦冬、胡麻仁、阿胶润肺滋阴,为辅药;又以党参益气培土生津,杏仁、枇杷叶降逆化痰止咳,共为佐药;甘草协调诸药,为使药。诸药相合,清肺润燥。

【功效】 清肺润燥。

【主治】 温燥伤肺。证见发热,干咳无痰,咽干口燥,无舌苔。

【应用】 本方为轻宣润燥之剂,用于治疗温燥伤肺之证,如急性支气管炎、咳嗽无痰或痰液黏稠者。若阴虚血热,加生地黄以养阴清热;痰多,加贝母、瓜蒌以清润化痰。

二陈汤(《太平惠民和剂局方》)

【组成】 制半夏 45 g,陈皮(原方用橘红)50 g,茯苓 30 g,炙甘草 15 g。

【用法】 水煎服或为末,开水冲调,候温灌服。

【方歌】 二陈汤用夏和陈,益以甘草和茯苓,利气调中兼去湿,痰湿咳嗽此方珍。

【方解】 本方证乃脾失健运,湿邪凝聚,气机阻滞所致。治宜燥湿化痰,理气和中。方中制半夏燥湿化痰,降逆止呕,为主药;气顺则痰降,气化则痰消,故辅以陈皮理气化痰;又因痰由湿生,脾复健运则湿可化,湿去则痰消,故以茯苓健脾利湿,为佐;使以炙甘草和中健脾,协调诸药。四药合用,具有燥湿化痰、理气和中的功效。

【功效】 燥湿化痰,理气和中。

【主治】 湿痰咳嗽,呕吐,腹胀。证见咳嗽痰多、色白,舌苔白润。

【应用】 本方为治疗以湿痰为主的多种痰证的基础方,多用于治疗因脾阳不足,运化失职,水湿凝聚成痰所引起的咳嗽、呕吐等证。本方加紫苏、杏仁、前胡、桔梗、枳壳可治风寒咳嗽;加党参、白芍可治脾胃虚弱、食少便溏、湿咳等证;本方加沙参、麦冬、芍药、牡丹皮、贝母、杏仁、蜂蜜,名沙参散,治劳伤咳嗽、久咳不止(慢性气管炎)。

任务七　温　里　方

▲**知识目标**

1. 熟知常见温里方。

2. 熟知常见温里方的主要药物的组成。

▲**技能目标**

1. 能够熟练应用常见温里方。

2. 能够根据病邪性质的不同及畜体的体质情况的差异,正确选择不同的温里方。

▲**课程思政目标**

1. 培养良好的心理品质,具备建立和谐人际关系的能力与合作精神。

2. 通过讲解《元亨疗马集》的典故,培养学生对中兽医的热爱。

▲**知识点**

1. 吴茱萸汤的应用。

2. 理中汤的应用。

3. 茴香散的应用。

4. 益智散的应用。

5. 温脾散的应用。

6. 桂心散的应用。

7. 丁香散的应用。

8. 四逆汤的应用。

9. 阳和汤的应用。

10. 参附汤的应用。

　　以温热药为主组成,具有温中散寒、回阳救逆、温经通脉等作用,用于治疗里寒证的一类方剂,称为温里方或祛寒方。温里属"八法"中的"温法"。

　　寒证,有表寒和里寒之别。表寒证当用辛温解表治疗,已在解表方中论述,本节专论治疗里寒证的方剂。

　　里寒证的形成,不外乎寒邪直中与寒从内生两个方面,根据"寒者热之"的原则,应以温里祛寒的药物治疗。由于寒邪所侵脏腑经络的不同,以及病情轻重缓急的差异,温里方可分为温中散寒、回阳救逆、温经散寒三类。又因寒邪易伤阳气,故本类方剂中经常配伍助阳补气的药物。

　　①温中散寒方:常以干姜、吴茱萸等药物为主组成,适用于中焦脾胃虚寒证。

　　②回阳救逆方:常以附子、肉桂、干姜等药物为主组成,适用于脾肾阳虚、心肾阳虚之阴寒重证。

　　③温经散寒方:由温经散寒的桂枝、细辛和养血和血的当归、熟地黄、白芍等药物组成,适用于寒凝经脉的痹证。

　　温里方多由辛热温燥之品组成,应用时应首先辨明寒热真假,真热假寒决非所适;其次,对阴虚或失血动物,当注意用量,切不可过量。

吴茱萸汤(《伤寒论》)

【**组成**】　吴茱萸 30 g,党参 30 g,大枣 20 g,生姜 30 g。

【**用法**】　共为末,开水冲调,候温灌服,或煎汤服。

【方歌】 吴茱萸汤重用姜,党参大枣共煎尝,厥阴头痛胃寒呕,温中补虚降逆良。

【方解】 本方为肝胃虚寒而设。方中吴茱萸温胃散寒,开郁化滞,下气降逆,为主药;党参补虚益胃,为辅药;生姜为止呕圣药,散寒温胃,降浊阴,消痰涎,为佐药;大枣甘缓和中,助吴茱萸、党参温胃补虚,为使药。诸药合用,共奏温中散寒、益胃降逆之功。

【功效】 温肝暖胃,降逆止呕。

【主治】 肝胃虚寒证。证见肚腹疼痛,呕吐嗳气,口吐涎沫,舌淡苔白滑,脉细迟。

【应用】 本方为治疗肝胃虚寒而呕吐严重的常用方剂。临床以肚腹疼痛,口吐涎沫,呕吐严重,四肢不温,口淡不渴,口苔白滑,脉迟细为特征。呕吐甚,可加半夏、砂仁以增强降逆止呕之功;阴寒甚,宜加干姜、附子等。凡呃逆严重者,应予冷服。有些动物服药后症状反而加剧,此为正常服药反应,约半小时后消失。

现代兽医临床常用于慢性胃炎、妊娠呕吐及原因不明的呕吐等属于脾胃虚寒者。

【参考】 药理研究表明,本方具有兴奋中枢神经、使胃酸缺乏性胃炎者胃酸水平升高、和胃镇吐等作用。

理中汤(《伤寒论》)

【组成】 党参 60 g,干姜 60 g,炙甘草 60 g,白术 60 g。

【用法】 水煎服,或共为末,开水冲调,候温灌服。

【方歌】 理中汤主理中乡,甘草党参术干姜,腹痛泄泻阴寒盛,祛寒健脾是妙方。

【方解】 本方为温中散寒的代表方。脾主运化而升清阳,胃主受纳而降浊。脾胃虚寒,升降失职,故出现食欲减退、腹痛泄泻等症。治宜温中祛寒,补气健脾,助运化而复升降。方中干姜辛热,温中焦脾胃而祛里寒,为主药;党参甘温,益气健脾,助干姜振脾胃之升降,为辅药;脾虚则生湿,以白术燥湿健脾,为佐药;炙甘草益气和中而调诸药,为使药。四药合用,温中焦之阳,补脾胃之虚,复升降之常,升清降浊,共奏"理中"之效。

【功效】 补气健脾,温中散寒。

【主治】 脾胃虚寒证。证见慢草不食,腹痛泄泻,完谷不化,口不渴,口色淡白,脉象沉细或沉迟。

【应用】 本方是治疗脾胃虚寒的代表方剂。对于脾胃虚寒引起的慢草不食,腹痛泄泻等均可应用,如慢性胃肠炎、胃及十二指肠溃疡等属脾胃虚寒者。寒甚者,重用干姜;虚甚者,重用党参;呕吐者,加生姜、吴茱萸;泄泻甚者,加肉豆蔻、诃子。本方加附子,名附子理中汤(《太平惠民和剂局方》),温阳祛寒,益气健脾,主治脾胃虚寒,腹痛,泄泻,四肢厥逆,拘急等。

【参考】 药理研究证明,该方能降低胃液中游离盐酸浓度,从而减轻对黏膜的侵蚀和减少胃蛋白酶激活,促进醋酸型胃溃疡愈合,促进黏膜细胞再生修复,从而发挥抗溃疡作用。本方还具有调整肾上腺皮质功能、提高中枢神经系统兴奋性、促进骨髓造血功能、提高基础代谢率等作用。

茴香散(《元亨疗马集》)

【组成】 茴香 30 g,肉桂 20 g,槟榔 10 g,白术 25 g,巴戟天 25 g,当归 30 g,牵牛子 10 g,藁本 25 g,白附子 15 g,川楝子 25 g,肉豆蔻 15 g,荜澄茄 20 g,木通 20 g。

【用法】 共为末,开水冲调,候温加炒盐 30 g、酒 60 mL,同调灌服。

【方歌】 茴香散槟术肉桂,木通巴戟牵牛归,藁本白附川楝子,肉蔻澄茄共同擂。

【方解】 本方为治疗寒伤腰胯的常用方剂。方中茴香散寒理气,善入腰肾祛风寒邪气,为主药。肉桂、荜澄茄、肉豆蔻温肾除寒,暖脾和中,行气止痛;巴戟天补肾壮阳,强筋骨,祛风湿;白术健脾燥湿;藁本、牵牛子、槟榔、木通祛风利湿,共为辅药。白附子、川楝子祛风止痛;当归活血止痛,同为佐药。盐、酒为引,入肾而活络,为使药。诸药合用,温肾散寒,祛风除湿,通经止痛。

【功效】 温肾散寒,祛湿,通经止痛。

【主治】 风寒湿邪引起的腰胯疼痛。

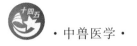

【应用】 本方以温肾散寒为主,临床用于治疗寒邪偏胜的寒伤腰胯疼痛。若湿邪偏重,加羌活、独活、秦艽、苍术等。《元亨疗马集》中有金铃散(肉桂、茴香、没药、当归、槟榔、防风、荆芥、肉苁蓉、木通、川楝子、肉豆蔻、荜澄茄、白附子),温肾祛湿,活血止痛,临证可与本方互参。

【备注】 《元亨疗马集》中名为茴香散的方剂尚有多个,其组成和功能大致相近。《蓄牧纂验方》四时调理方中的茴香散(茴香、川楝子、青皮、陈皮、当归、芍药、荷叶、厚朴、元胡、牵牛子、木通、益智仁各 15 g),理气散寒,温肾活血,也可用于寒伤腰胯,与本方功能相近。

益智散(《元亨疗马集》)

【组成】 益智仁 30 g,肉豆蔻 25 g,广木香 10 g,五味子 20 g,槟榔 10 g,草果 25 g,细辛 10 g,青皮 25 g,厚朴 30 g,当归 25 g,川芎 15 g,白术 30 g,官桂 20 g,砂仁 15 g,芍药 30 g,白芷 15 g,枳壳 25 g,甘草 15 g,生姜 10 g,大枣 30 g。

【用法】 共为末,开水冲调,候温加醋 120 mL 灌服;或水煎,候温加醋 120 mL 灌服。

【方歌】 翻胃吐草益智散,芎归芍蔻味术甘,木香槟榔辛果桂,青砂朴芷壳同煎。

【方解】 本方证多因外感内伤,脾胃受寒,脾虚不能运化水谷精微,胃寒不能腐熟水谷所致。治宜温中健脾,行气降逆。方中益智仁温中健脾,为主药;官桂、肉豆蔻、砂仁、白芷、细辛、五味子助主药温中散寒,为辅药;广木香、厚朴、槟榔、青皮、草果、枳壳理气导滞,行气降逆,当归、川芎、芍药养血敛阴,白术健脾燥湿,共为佐药;甘草补气兼调和诸药,大枣甘缓和中,生姜散寒,食醋活血通经,皆为使药。各药相合,共奏温中散寒、行气健脾之效。

【功效】 温脾暖胃,行气降逆。

【主治】 马翻胃吐草。证见精神倦怠,四肢无力,鼻浮面肿,毛焦欤吊。

【应用】 用于马翻胃吐草及其他脾胃虚寒证。本方中辛散药物较多,临床应用时可减去白芷、细辛。体弱消瘦者,加党参、黄芪以补气扶正。翻胃吐草或骨软症状显著者,可酌加龙骨、牡蛎、苍术等。

【备注】 《司牧安骥集》中也有益智散(槟榔、肉豆蔻、桂心、厚朴、当归、益智仁、芍药、木香、五味子、白芷、细辛、青皮、枳壳、蜜、酒),主治马的五劳七伤,骑损起卧,头垂向地,鼻冷,亦治伤水冷痛,功能与本方相近。《元亨疗马集》中另有益智散,其组成、功效及主治与《司牧安骥集》中的益智散完全相同。

温脾散(《元亨疗马集》)

【组成】 当归 25 g,厚朴 25 g,陈皮 25 g,青皮 25 g,苍术 25 g,益智仁 30 g,牵牛子 15 g,细辛 10 g,甘草 20 g。

【用法】 共为末,开水冲,候温加葱 1 把、醋 120 mL,同调灌服,或煎汤服。

【方歌】 温脾散治冷水伤,肠鸣起卧痛难当,青陈术朴当归草,细辛益智葱醋帮。

【方解】 本方为治马伤水冷痛的方剂。冷痛为冷热相击所导致的腹痛起卧之证,治宜暖肠逐水,调和气血,清利小便。方中益智仁、细辛温中祛寒,寒既祛则病因除,故为主药。青皮、陈皮、厚朴理气宽中;当归活血,气血调和则腹痛可止,共为辅药。苍术燥湿健脾;牵牛子逐水,二药配合温肠逐水,为佐药。甘草缓中,调和诸药;葱温中通阳;醋活血止痛,共为使药。诸药合用,共奏温中散寒、理气活血、止痛之效。

【功效】 温中散寒,理气活血,止痛。

【主治】 脾胃寒冷、冷痛等。证见腹痛剧烈,不时起卧,频频摆尾,前蹄刨地,肠鸣如雷,泻粪如水,鼻寒耳冷,口色青黄,口津滑利,脉象沉迟。

【应用】 用于治疗冷痛。一般在原方基础上加减使用。

【备注】 《元亨疗马集》另一温脾散(茴香、苍术、厚朴、防风、枳壳、芍药、细辛、陈皮、青皮、甘草、当归、姜、酒)治疗牛的水伤病,作用与本方相近。

桂心散(《元亨疗马集》)

【组成】 桂心 20 g,青皮 15 g,益智仁 20 g,白术 30 g,厚朴 20 g,干姜 25 g,当归 20 g,陈皮 30

g,砂仁 15 g,五味子 15 g,肉豆蔻 15 g,炙甘草 15 g。

【用法】 共为末,开水冲调,候温加炒盐 15 g、青葱 3 根、酒 60 mL 灌服,或水煎汁,候温灌服。

【方歌】 温脾暖胃桂心散,青陈术朴益智仁,姜砂归草五味蔻,炒盐大葱白酒饮。

【方解】 本方为治马脾胃阴寒的方剂。脾胃阴寒皆因久渴失饮,空腹饮冷水太过,或食冰冻草料,或寒邪直中,阴寒之气积于脏腑,寒湿流注脾经,传于胃,脾胃合之阴冷,土衰火弱不能运化所致。治宜温中散寒,健脾理气。方中桂心温中散寒,暖胃,为主药。干姜、砂仁、益智仁、肉豆蔻助主药温中散寒,增强温脾暖胃之力,为辅药。白术、五味子、厚朴健脾燥湿;青皮、陈皮、当归理气活血,共为佐药。炙甘草健脾和中,协调诸药,为使药。各药合用,温中散寒,健脾燥湿,活血理气。

【功效】 温中散寒,健脾燥湿,活血理气。

【主治】 脾胃阴寒所致的吐涎不食、腹痛、肠鸣泄泻等证。

【应用】 凡冷肠泄泻,胃寒草少,伤水腹痛者均可加减应用。慢草不食重者,可加三仙各 30 g;泄泻重者,可加猪苓 20 g、泽泻 30 g,去厚朴、当归;冷痛严重者,可加木香 15 g,去五味子、肉豆蔻。

【备注】 《元亨疗马集》中还有桂心散(桂心、厚朴、当归、细辛、青皮、牵牛子、陈皮、桑白皮),主治马冷饮过多,伤脾作泻,作用与本方相似。《司牧安骥集》的桂心散(牛蒡子、桂心、甘草、酒、猪脂)治乳痈,与本方有别。

丁香散(《元亨疗马集》)

【组成】 丁香 30 g,汉防己 45 g,当归 30 g,茴香 60 g,官桂 20 g,麻黄 20 g,川乌 20 g,元胡 20 g,羌活 30 g。

【用法】 共为末,开水冲调,候温加葱一把、温酒 120 mL,同调灌服,亦可水煎服。

【方歌】 丁香散中防己当,川乌元胡桂麻羌,茴香葱酒同调服,逐冷发表肾家康。

【方解】 本方为治内肾积冷,腰胯疼痛之剂。寒性收引,主痛,内肾积冷,气滞不行,则腰胯疼痛。治宜温肾壮阳,祛风除湿。方中丁香、官桂、川乌温肾壮阳,为主药。麻黄解表散寒为辅药。茴香、羌活暖肾祛风湿;元胡活血通经,行气止痛;汉防己利水消肿,祛风止痛,共为佐药。葱、酒通阳活血,为使药。诸药合用,共奏温肾壮阳、祛风除湿之效。

【功效】 温肾壮阳,祛风除湿。

【主治】 内肾积冷,腰胯疼痛。

【应用】 寒伤腰胯疼痛。凡因肾受风寒湿邪所致腰胯疼痛诸证,均可加减应用。

四逆汤(《伤寒论》)

【组成】 熟附子 45 g,干姜 45 g,炙甘草 30 g。

【用法】 水煎服,或共为末,开水冲调,候温灌服。

【方歌】 四逆汤中草附姜,四肢厥冷急煎尝,腹痛吐泻脉沉微,救逆回阳赖此方。

【方解】 本方为肾阳衰微,阴寒内盛而设,是回阳救逆的代表方剂。四肢为诸阳之本,肾阳为一身阳气之根。阳气不足,阴寒内盛,阳气不能敷布周身,故四肢厥冷;脾肾阳衰,故呕吐,腹痛泄泻,下利清谷;阴盛阳衰,则神疲力乏,恶寒倦卧;阳气虚衰,不能鼓动血液运行,则见脉象沉微。当此阳衰证急之时,非用大辛大热纯阳之品不能破阴寒而复阳气。方中熟附子大辛大热,祛散寒邪,救命门火衰,为回阳救逆第一要药,为君药。"附子无干姜则不热",干姜温脾散寒,助熟附子回阳救逆,为臣药。炙甘草和中益气,并缓和姜、附燥烈之性。三药合用,药简效宏,有回阳救逆之功。

【功效】 回阳救逆。

【主治】 少阴病或太阳病误汗亡阳。证见四肢厥逆,恶寒倦卧,神疲力乏,呕吐不渴,腹痛泄泻,舌淡苔白,脉沉微细。

【应用】 本方剂以四肢厥冷、神疲力乏、舌苔淡白、脉微沉细为应用要点。临床实践中,若因急性胃肠炎、大汗、大泻、阳虚阴盛而致的四肢厥逆,均可用本方治疗。若正虚体衰,加入人参或党参,名四逆加人参汤(《伤寒论》),以益气复阴与回阳救逆兼顾。

现代临床常用于急性心衰、休克、急慢性胃肠炎吐泻失水过多或急性病大汗出而见休克等属阴盛阳衰者。

本方中皆为纯阳药物,若为阳热郁闭、邪热内陷之真热假寒四肢厥冷者,则不宜应用。

【参考】 现代药理研究证明,本方具有强心、抗休克、升压等作用,能够兴奋心脏及胃肠功能,促进血液循环而治疗新陈代谢功能低下或衰竭的虚脱。

阳和汤(《外科证治全生集》)

【组成】 熟地黄 90 g,白芥子 15 g,肉桂 15 g,鹿角胶 25 g,炮姜 10 g,麻黄 10 g,生甘草 20 g。

【用法】 水煎服,或共为末,开水冲调,候温灌服。

【方歌】 阳和汤方治阴疽,麻桂鹿胶炮姜地,甘草白芥同煎服,温补通滞疮自愈。

【方解】 本方为治疗外科阴疽的著名方剂。阴疽常因素体阳虚,阴寒之邪乘虚侵袭,阻于筋骨血脉之中,致血虚寒凝痰滞而成。治宜温阳补血,散寒通滞。方中重用熟地黄,温补肝肾,滋阴养血,为主药。鹿角胶补肾填精,强筋壮骨,为辅药。麻黄辛温宣散,发越阳气;白芥子祛痰除湿,内外宣通,二药合用可宣通气血,使熟地黄、鹿角胶补而不滞;炮姜、肉桂均入血分,温经散寒,皆为佐药。生甘草清热解毒,调和诸药,为使药。诸药合用,共奏补阴血、温阳气、解寒凝、消痰滞之功,使精血充盛,阴破阳和,则阴疽自愈。

【功效】 温阳补血,散寒通滞。

【主治】 阴疽疮疡。证见患处漫肿无头,皮色不变,酸痛无热,不渴,舌苔淡白,脉沉细。

【应用】 本方为治疗阴证疮疡的常用方剂。以患处漫肿不红,舌淡脉细为应用要点。若兼气虚,加党参、黄芪以益气补血;阴寒甚者,酌加附子等以助其温阳散寒。

现代临床常用于治疗骨结核、腹膜结核、慢性骨髓炎、肌肉深部脓肿、慢性淋巴结炎、风湿性关节炎等属血虚寒凝者。

本方中药多温燥,凡痈肿疮疡属于阳证、阴虚有热或阴疽久溃者,均不宜使用。方中麻黄阴疽未溃者可用,已溃者不宜。

【参考】 现代药理研究证明,本方有强心利尿、扩张血管、抑制血小板聚集、增加白细胞数量、激素样作用及保肝、利胆、抑菌、抗甲状腺功能亢进和调节性腺等作用。

参附汤(《校注妇人良方》)

【组成】 人参 45 g,制附子 30 g。

【用法】 水煎服,或研末,开水冲调,候温灌服。

【方歌】 参附汤是急救方,补气回阳效力强。

【方解】 本方是急治由阳衰气脱所致四肢厥逆、汗出气短、呼吸微弱、脉微欲绝的名方。阳衰气脱,一则不能温通四肢而致四肢厥冷,二则不能鼓动血液运行而致脉微。因元气大伤,故见冷汗自出,气息微弱。治宜温阳,益气,固脱。方中人参甘温,大补后天之元气;制附子辛热,温壮先天之元阳。二药相须为用,上救心阳,下温命门,共收挽垂危于顷刻,扶阳气于将亡之捷效,为挽救垂危之良方。

【功效】 回阳,益气,救脱。

【主治】 阳衰气脱,元气大亏。证见汗出肢冷,呼吸微弱,脉微欲绝。

【应用】 本方为回阳固脱的代表方。以四肢厥逆,呼吸微弱,汗出脉微为应用要点。凡大病虚极欲脱、产后或痈肿疮疡溃久及手术失血等血脱亡阳者,均可应用。

目前临床多用于休克及心力衰竭、心律失常而致四肢厥冷、脉微欲绝、大汗不止等阳衰气脱之证。

本方与四逆汤均为回阳救逆之剂,主治阴盛阳衰之四逆证,但四逆汤所治病在脾肾,阳虽衰而气未脱;而本方所治病及心肾,阳衰气脱,证情严重。

【参考】 本方有明显改善心功能及强心抗休克的作用,对血压呈双向调节作用,能够防止内毒素中性粒细胞脱颗粒作用,可以降低血浆蛋白质和脂质含量,对细胞免疫和抗体形成功能有促进作用。

任务八 祛 湿 方

学习目标

▲**知识目标**

1.熟知常见祛湿方。

2.熟知常见祛湿方的主要药物的组成。

▲**技能目标**

1.能够熟练应用常见祛湿方。

2.能够根据病邪性质的不同及畜体的体质情况的差异,正确选择不同的祛湿方。

▲**课程思政目标**

1.培养科学严谨的探索精神和实事求是、独立思考的工作态度。

2.培养求真务实、勇于实践的工匠精神和创新的精神。

▲**知识点**

1.防风散的应用。

2.独活散的应用。

3.滑石散的应用。

4.独活寄生汤的应用。

5.五苓散的应用。

6.活络丹的应用。

7.藿香正气散的应用。

8.八正散的应用。

9.防己散的应用。

10.五皮饮的应用。

11.平胃散的应用。

以祛湿药物为主组成,具有化湿利水、祛风除湿作用,治疗水湿和风湿病证的一类方剂,称为祛湿方。

湿邪为病,有外湿、内湿之分,所犯部位有上下表里之别。外湿由外感受,常伤及畜体肌表经络;内湿由内而生,多因脾失健运所致,常常伤及脏腑气血。外湿内湿为病,有时相互兼见。

湿邪又多与风、寒、暑、热等邪气相挟,并有化热、化寒的转机。

临床治疗时,首先应辨别湿邪所在部位的内外上下。在外在上,宜微汗以解之;在内在下,宜健脾行水以利之。其次,应审其寒热虚实。如湿从寒化,宜温阳化湿;湿从热化,宜清热祛湿;体虚湿盛者,宜祛湿与扶正兼顾;水湿壅盛脉证俱实者,宜用逐水之方。

根据治法的不同,祛湿方一般分为利水、祛风湿和化湿三类。

①利水方:适用于水湿停滞所引起的各种病证,如小便不利、泄泻、水肿、尿淋、尿闭等,常以茯苓、猪苓、泽泻、车前子、木通、滑石等渗湿利水药为方中主药。

②祛风湿方:适用于风寒湿邪侵袭肌表经络所致的痹痛等证,常以独活、羌活、秦艽、桑寄生等祛风胜湿药为方中主药。

③化湿方:适用于湿浊内阻,脾为湿困,运化失职之证,常以苍术、藿香、陈皮、砂仁、草豆蔻等芳香燥湿药为方中主药。

本类方剂多属于辛温香燥或淡渗利水之品,容易伤阴耗液,对津液亏损之证,一般不宜使用,必要时须配伍养阴药同用。此外,湿邪重着黏腻,易于阻碍气机,故祛湿剂中,常配伍理气药,以求"气化则湿亦化"。

防风散(《元亨疗马集》)

【组成】 防风 30 g,独活 25 g,羌活 25 g,连翘 15 g,升麻 25 g,柴胡 20 g,制附子 15 g,乌药 20 g,当归 25 g,葛根 20 g,山药 25 g,甘草 15 g。

【用法】 研为细末,开水冲调,候温灌服,或煎汤服。

【方歌】 防风散用草二活,乌药山药归柴葛,升附温散寒以解,防寒化热连翘合。

【方解】 本方证为风湿在表之痹痛,治宜祛风胜湿。方中防风、羌活、独活宣散肌表及周身之风湿,利关节而通痹,为主药;升麻、柴胡、葛根升散在表之风湿,以助主药宣散周身表湿,为辅药;山药壮腰肾而祛湿,制附子温阳气而除寒,乌药理气,当归活血,连翘防寒化热,均为佐药;甘草调和诸药,为使药。诸药合用,具有散表湿、祛寒邪、理气血的功能。

【功效】 散表湿,祛寒邪,调气血。

【主治】 肌表风湿。证见恶寒微热,肌肉紧硬,腰肢疼痛。

【应用】 本方对于风湿在表,里有寒邪之痹痛较为合适。凡感冒、肌肉风湿、风湿性关节炎等属于风湿在表者,均可酌情使用本方。若湿热重,关节疼痛跛行显著,可酌加苍术、黄柏、防己等以清热除湿;若寒重,宜去连翘、升麻、柴胡、葛根,加茴香、桂枝。

【备注】 《元亨疗马集》中还有治疗创伤、疮疡溃破、直肠脱、阴道脱等的防风汤(防风 30 g、荆芥 30 g、花椒 30 g、薄荷 30 g、苦参 30 g、黄柏 30 g)和主治马直肠脱的防风散(防风、荆芥、花椒、白矾、苍术、艾叶)。药味组成和功能主治均与本方不同,应加以区别。

独活散(《元亨疗马集》)

【组成】 独活 30 g,羌活 30 g,防风 30 g,肉桂 30 g,泽泻 30 g,酒黄柏 30 g,大黄 30 g,当归 15 g,桃仁 10 g,连翘 15 g,汉防己 15 g,炙甘草 15 g。

【用法】 研为细末,开水冲,候温加酒 120 mL,同调灌服。

【方歌】 独活散用羌防草,归柏大黄桃翘饶,桂泻防己专利湿,风湿腰痛力能疗。

【方解】 本方适用于因汗出当风,或久处潮湿之地,外感风湿之邪,着于腰胯,郁于腠理,营卫受阻所致的风湿证。方中独活、羌活、防风疏风祛湿,逐邪外出,为君药。辅以肉桂、泽泻、汉防己化气行水,祛湿下行,以助君药祛除湿邪,为臣药。当归、桃仁、大黄活血化瘀止痛;酒黄柏、连翘清热燥湿解毒,共为佐药。炙甘草温中,调和诸药,为使药。诸药相合,共收疏风祛湿、活血止痛之效。

【功效】 疏风祛湿,活血止痛。

【主治】 风湿痹痛。证见腰胯疼痛,项背僵直,四肢关节疼痛,肌肉震颤等。

【应用】 风湿性腰胯疼痛。

滑石散(《元亨疗马集》)

【组成】 滑石 60 g,泽泻 25 g,灯心草 15 g,茵陈 25 g,知母 25 g,酒黄柏 25 g,猪苓 20 g。

【用法】 研为细末,开水冲调,候温灌服,或水煎服。

【方歌】 滑石散中泽灯心,知柏茵陈加猪苓,热淋有血加瞿麦,膀胱湿热服之宁。

【方解】 本方证系由湿热积滞,膀胱气化功能受阻所致。方中滑石性寒而滑,寒能清热,滑能利窍,兼清热利尿之功,为主药;茵陈、猪苓、泽泻清利湿热,助主药利水,为辅药;知母、酒黄柏清热泻火,为佐药;灯心草清热利水,引湿热从小便而出,为使药。诸药相合,共收清热化湿、利尿通淋之功。

【功效】 清热化湿,利尿通淋。

【主治】 马胞转,即小便不利。证见尿液短赤、淋漓,肚腹胀痛,蹲腰踏地,欲卧不卧,打尾刨蹄等。

【应用】 小便短赤或淋漓不尽的原因较多,而本方主要用于膀胱湿热所致的尿闭或小便不利。凡膀胱炎、尿道炎、膀胱麻痹、膀胱括约肌痉挛所引起的尿闭、小便不利,属于湿热证者,均可加减应用。若湿热重而出现黄疸,加栀子、黄芩、大黄等,以加强清热除湿作用;血淋,可配伍瞿麦,增强清热凉血、利尿通淋作用。

独活寄生汤(《备急千金要方》)

【组成】 独活 30 g,桑寄生 45 g,秦艽 30 g,防风 25 g,细辛 6 g,当归 30 g,白芍 25 g,川芎 15 g,熟地黄 45 g,杜仲 30 g,牛膝 30 g,党参 30 g,茯苓 30 g,桂心 15 g,甘草 20 g。

【用法】 水煎服,或研末,开水冲调,候温灌服。

【方歌】 独活寄生艽防辛,芎归地芍桂苓君,杜仲牛膝党参草,冷风顽痹能屈伸。

【方解】 本方是治疗风寒湿痹日久、肝肾不足、气血两虚证的方剂。方中以独活、秦艽、防风、细辛祛风湿,止痹痛,为主药。重用桑寄生,配伍杜仲、牛膝以益肝肾,强筋骨,兼祛风湿,为辅药。当归、川芎、白芍、熟地黄养血兼活血;党参、茯苓补气健脾;桂心温通血脉,共为佐药。甘草益气扶正,调和诸药为使。诸药合用,祛邪扶正,标本兼治,使气血足而风湿除,肝肾强而痹痛愈。

【功效】 益肝肾,补气血,祛风湿,止痹痛。

【主治】 风寒湿痹日久、肝肾不足、气血两虚诸证。证见腰胯疼痛,四肢关节屈伸不利、疼痛,筋脉拘挛,脉沉细弱等。

【应用】 本方为治疗痹证日久、肝肾气血不足之证的常用方剂。临床上对肝肾两虚,风寒湿三气杂至,痹阻经脉导致的慢性肌肉风湿、腰胯及四肢关节疼痛、慢性风湿性关节炎及牛产后瘫痪等皆可酌情加减应用。若疼痛较甚,可加制川乌、红花、地龙、白花蛇等;寒邪偏重者,可加附子、干姜;湿邪重者,加防己、苍术。

【参考】 实验研究证明本方有抗炎、镇痛、扩张血管等作用,对免疫功能也有一定影响。

五苓散(《伤寒论》)

【组成】 猪苓 30 g,茯苓 30 g,泽泻 45 g,白术 30 g,桂枝 25 g。

【用法】 共为细末,开水冲调,候温灌服,或煎汤服。

【方歌】 五苓散是治水方,泽泻白术猪茯苓,桂枝化气兼解表,小便不利水饮除。

【方解】 本方具有化水行气之效,是利尿消肿的常用方剂。水湿内停兼有表证,治宜利水渗湿,温阳化气,兼解表邪。方中重用泽泻,甘淡性寒,渗湿利水,为主药。以茯苓、猪苓淡渗,助主药以增强利水饮之力;加白术健脾燥湿,运化水湿,共为辅药。又以桂枝通阳化气,疏散表邪,为佐药。五药合用,有渗湿利水、温阳化气、和胃止呕之效。

【功效】 渗湿利水,温阳化气,和胃止呕。

【主治】 外有表证,内停水湿。证见发热恶寒,口渴贪饮,小便不利,舌苔白,脉浮。亦可治水湿内停之水肿、泄泻、小便不利或痰饮、吐涎等证。

【应用】 本方是利尿消肿的常用方剂。临床上凡脾虚不运,气不化水之水湿内停、小便不利,或为蓄水,或为水逆,或为痰饮,或为水肿、泄泻等,均可以本方加减治疗。若无表证,可将方中桂枝改为肉桂,以增强除寒化气利水的作用。本方合平胃散(陈皮、苍术、厚朴、甘草)名胃苓汤,具有行气利水、祛湿和胃的作用,用于治疗寒湿泄泻,腹胀,水肿,小便不利;本方加茵陈,名茵陈五苓散,具有利湿清热退黄疸的作用,治疗湿热性黄疸;本方去桂枝名"四苓散",功专渗湿利水,治脾虚湿阻,粪便溏泻。

现代临床常用于治疗肾炎、心源性水肿、急性肠炎、尿潴留等属于水湿内停者。

【参考】 现代药理研究证明,五苓散具有抗菌、抗病毒和保肝、利尿、抗凝血、降糖等作用。

活络丹(《太平惠民和剂局方》)

【组成】 制川乌 180 g,制草乌 180 g,地龙 180 g,制天南星 180,乳香 60 g,没药 60 g。

【用法】 共为细末,酒面糊为丸。兽医临床可作散剂用,加陈酒适量灌服。

【方歌】 活络丹用胆南星,二乌乳没地龙寻,酒面糊丸能通络,风寒湿邪闭在经。

【方解】 风寒湿邪或湿痰留阻经络,致使气血不能宣通,营卫不得通畅,故出现肢体麻木疼痛等症。治宜搜风祛湿，温经逐瘀。方中制川乌、制草乌散寒祛风，温经通络，为君药；臣以制天南星燥湿化痰，驱风活络；乳香、没药行气活络止痛，为佐药；地龙通经活络，酒助药势，引导诸药直达病所，为使药。各药合用，发挥疏风活络、祛湿止痛之功效。

【功效】　驱风活络，祛湿止痛。

【主治】　寒湿痹痛及湿痰留滞经络，肢体疼痛，关节屈伸不利等证。

【应用】　本方多用于马、牛日久不愈的着痹，以及湿痰瘀血留滞经络的病证。方中燥烈的药物较多，药力峻猛，宜用于体质强壮的动物，体质弱或阴虚有热及孕畜忌用。

【备注】　为与《圣惠方》中的大活络丹区别，本方又名小活络丹。

藿香正气散（《太平惠民和剂局方》）

【组成】　藿香 90 g，紫苏 30 g，白芷 30 g，大腹皮 30 g，茯苓 30 g，白术 60 g，陈皮 60 g，半夏曲 60 g，厚朴（姜汁炙）60 g，桔梗 60 g，炙甘草 75 g。

【用法】　共为末，生姜、大枣煎水冲调，候温灌服，或水煎灌服。

【方歌】　藿香正气大腹苏，甘桔陈苓术朴俱，夏曲白芷加姜枣，感伤岚瘴并能驱。

【功效】　解表化湿，理气和中。

【方解】　本方证由外感风寒，内伤湿滞，清浊不分，升降失常所致。外感风寒，卫阳被郁，则恶寒发热；湿浊内阻，气机不畅，则胸腹胀满，肚腹疼痛；湿滞肠胃，清气不升，浊气不降，则恶心呕吐，肠鸣泄泻；而舌苔白腻为湿郁之象。治宜外散风寒，内化湿浊，兼以和中理气。方中重用藿香，既能辛散风寒，又能芳香化浊，和中止呕，为主药。配以紫苏、白芷辛香发散，助藿香外解风寒，芳香化浊，为辅药。用半夏曲、陈皮燥湿和胃，降逆止呕；茯苓、白术健脾运湿，和中止泻；厚朴、大腹皮行气化湿，畅中除满；桔梗宣肺利膈，既利于解表，又益于化湿，共为佐药。生姜、大枣、炙甘草调和诸药，为使药。诸药合用，外散风寒，内化湿浊，升清降浊，气机通畅，诸证自愈。

【主治】　外感风寒，内伤湿滞，中暑。证见发热恶寒，胸腹胀满，肚腹疼痛，恶心呕吐，肠鸣泄泻，舌苔白腻，脉象滑。

【应用】　本方为治外感风寒、内伤湿滞的常用方。对暑月感冒、中暑、脾胃失和者最为适宜。如表邪偏重，恶寒无汗，可加香薷以助其解表；如兼食积，可加炒莱菔子、焦三仙以消食导滞；如泄泻严重，加白扁豆、薏苡仁以祛湿止泻；若小便短少，可加泽泻、车前子以利水除湿。

现代兽医临床上常用本方加减治疗家畜急性胃肠炎、胃肠型感冒、消化不良等属于外感风寒、内伤湿滞者和牛的流行热等。

本方作汤剂时，不宜久煎，以免药性耗散，影响疗效。

【参考】　药理研究证明，本方有抑制胃肠平滑肌痉挛而止痛、止泻、止痢及调整胃肠功能和发汗解热、抗菌、抗病毒等作用。

八正散（《太平惠民和剂局方》）

【组成】　木通 30 g，瞿麦 30 g，车前子 45 g，萹蓄 30 g，滑石 10 g，甘草梢 25 g，栀子 25 g，大黄 25 g。

【用法】　加灯心草 10 g，共为细末，开水冲调，候温灌服，或水煎服。

【方歌】　八正车前和木通，大黄栀滑加萹蓄，瞿麦草梢灯心草，热淋血淋病能祛。

【方解】　本方为苦寒通利之剂，所治之证系湿热下注膀胱所致。湿热结于膀胱，则小便涩痛，淋漓不尽，甚至闭而不通；邪热内蕴，故口干舌红，苔黄，脉象滑数。治宜清热泻火，利水通淋。方中木通、瞿麦、车前子、萹蓄、滑石清热利湿，利水通淋，为主辅药。栀子、大黄泄热降火，导热下行，为佐药。灯心草清心利水；甘草梢调和诸药，缓急止痛，为使药。诸药合而用之，共奏清热泻火、利水通淋之功。

【功效】　清热泻火，利水通淋。

【主治】　湿热下注引起的热淋、石淋。证见尿频、尿痛或闭而不通，或小便浑赤，淋漓不畅，口干舌红,苔黄腻,脉象滑数。

【应用】 本方为治疗热淋的常用方剂。凡淋证属于湿热者,均可用本方加减治疗。若治血淋,宜加小蓟、白茅根以凉血止血;如有结石(石淋),宜加金钱草、海金沙、石苇以化石通淋;如小便浑浊(膏淋),宜加萆薢、菖蒲以分清化浊;内热甚,加蒲公英、金银花等,以清热解毒。

临床上,本方被广泛用于治疗泌尿系统感染、泌尿系统结石、急性肾炎等属于下焦湿热者。

【参考】 现代药理研究证明,本方具有抗大肠杆菌、金黄色葡萄球菌等多种细菌的作用和较好的利尿作用。

防己散(《中兽医治疗学》)

【组成】 防己 30 g,黄芪 30 g,茯苓 30 g,桂心 20 g,胡芦巴 30 g,厚朴 25 g,补骨脂 30 g,泽泻 30 g,猪苓 30 g,川楝子 30 g,巴戟天 30 g,牵牛子 20 g。

【用法】 共为末,开水冲调,候温灌服,或水煎服。

【方歌】 防己散中芪桂朴,二丑芦巴随巴戟,二苓故纸楝己泽,肾虚腿肿服之宜。

【方解】 本方为治疗肾虚腿肿的方剂。因为肾虚命门火衰,水湿不能蒸化,导致水湿流注肢体,形成水肿。治宜补肾健脾,利水除湿。方中用桂心、胡芦巴、巴戟天、补骨脂温肾壮阳,蒸化水湿,为主药。川楝子舒肝行气止痛,善行后焦,协同防己、猪苓、泽泻、牵牛子等利水药,导水湿外出,皆为辅药。黄芪补中益气,厚朴、茯苓健脾利水消肿,均为佐药。诸药合用,共奏补肾健脾、利水除湿之功。

【功效】 补肾健脾,利水除湿。

【主治】 肾虚腿肿。

【应用】 临床根据病情加减,治疗肾虚火衰、水湿流注肢体的水肿证。

五皮饮(《华氏中藏经》)

【组成】 桑白皮 60 g,陈皮 60 g,生姜皮 60 g,茯苓皮 60 g,大腹皮 60 g。

【用法】 水煎服,或共为末,开水冲调,候温灌服。

【方歌】 五皮饮用五种皮,姜桑苓陈大腹皮,或以五加易桑白,脾虚腹胀服之宜。

【方解】 本方为较平和的利水消肿,治疗皮肤水肿的常用方剂。脾虚湿盛,运化失常,水湿泛滥,故全身水肿,肢体沉重;湿阻气机,则胸腹胀满,上逆迫肺使呼气喘急;水湿壅盛,水道不通,故小便不利。治宜健脾化湿,利水消肿。方中以茯苓皮淡渗利湿,健脾和中,为主药。陈皮芳香化湿,理气健脾,和胃气,为辅药。桑白皮肃降肺气,通调水道,泻肺行水;大腹皮下气行水,消胀满,共为佐药。生姜皮辛散,通行全身而散水气,为使药。五药相合,健脾化湿,水湿得利,则水肿自消。

【功效】 健脾化湿,利水消肿。

【主治】 脾虚湿盛,水肿及妊娠水肿。证见头面四肢水肿,小便不利,胸腹胀满,呼气喘促,舌苔白腻,脉象沉缓。

【应用】 本方为治疗皮肤水肿的通用方剂。凡脾虚湿盛,泛溢皮肤所致全身水肿,四肢、腹下水肿,小便不利,或妊娠浮肿等均可加减应用。脾虚甚者,宜加白术、党参、黄芪以补气健脾;腰以前水肿,加紫苏、秦艽、防风、羌活以散风除湿;腰以后水肿,小便短少者,常与五苓散合用,以增强利水消肿之功;肾阳虚者,加附子、肉桂、干姜以温阳利水。本方去桑白皮,加五加皮,亦称五皮饮(《医方集解》),利水兼祛风湿,主治与本方基本相同。《太平惠民和剂局方》中的五皮散为本方去桑白皮、陈皮,加五加皮、地骨皮所组成,主治亦基本相同,但行气之力较差。

【参考】 本方有一定的利尿作用,能够增强消化功能,促进血液循环,对于肾性水肿、心性水肿均有较好的治疗作用。

平胃散(《太平惠民和剂局方》《元亨疗马集》)

【组成】 苍术 60 g,厚朴 45 g,陈皮 45 g,甘草 20 g,生姜 20 g,大枣 90 g。

【用法】 共为末,开水冲调,候温灌服,或水煎服。

【方歌】 平胃散用苍术朴,甘草陈皮共四药,湿滞脾胃腹胀满,行气和胃有奇功。

【方解】 本方为治湿滞脾胃的主方。脾主运化,喜燥恶湿,湿浊困阻脾胃,运化失司,则食欲减退,大便溏泻;湿阻气滞,则肚腹胀满;胃失和降,则嗳气呕吐;舌苔白腻、脉缓为湿郁之象。治宜燥湿健脾,行气和胃,消胀除满。方中重用苍术,苦温性燥,除湿健脾,为主药。厚朴行气化湿,消胀除满,为辅药。陈皮理气化滞,和胃止呕,为佐药。甘草甘缓和中,调和诸药;生姜、大枣调和脾胃,共为使药。诸药合用,共同发挥化湿浊、畅气机、健脾运、和胃气的作用。

【功效】 燥湿健脾,行气和胃,消胀除满。

【主治】 胃寒食少,寒湿困脾。证见食欲减退、肚腹胀满、大便溏泻、嗳气呕吐、舌苔白腻而厚、脉缓。

【应用】 本方为燥湿健脾的基本方,临床治疗脾胃病证的许多方剂都由此演化而来。本方加藿香、半夏,名不换金正气散(《太平惠民和剂局方》),化湿解表,和中止呕,主治脾虚胃寒,兼受外感而致的腹痛呕吐、肚腹胀满、寒热腹泻、舌苔白腻等证。加槟榔、山楂,名消食平胃散(《中华人民共和国兽药典》),主治寒湿困脾,宿食不化。加山楂、香附子、砂仁,名消积平胃散(《元亨疗马集》),主治马伤料不食。加神曲、草果、焦山楂、青皮、法半夏、槟榔、枳壳、枳实、焦麦芽,去陈皮,名承气平胃散(《牛医金鉴》),主治牛草伤脾胃。加砂仁、草果、枳实、青皮、山楂、山药、扁豆、牵牛子、车前子、前胡、木通,亦名平胃散(《抱犊集》),主治牛胃寒不食草,呕吐。如湿郁化热,加黄芩、黄连以清热燥湿;如属寒湿,加干姜、肉桂以温化寒湿;如兼见表证,加藿香或紫苏叶以芳香解表;如兼见食滞,加山楂、神曲以消食化滞;如气滞甚者,加砂仁、木香以行气宽中。

现代兽医临床经常用于治疗食欲减退,急慢性胃肠炎,胃肠神经官能症(即胃肠功能紊乱)等。

【参考】 现代药理研究证明,平胃散具有抗菌、抗溃疡、降血压、降血糖和解痉等作用。

任务九 理 气 方

学习目标

▲知识目标
1.熟知常见理气方。
2.熟知常见理气方的主要药物的组成。

▲技能目标
1.能够熟练应用常见理气方。
2.能够根据病邪性质的不同及畜体的体质情况的差异,正确选择不同的理气方剂。

▲课程思政目标
1.培养学生树立深厚的家国情怀、国家认同感、民族自豪感和社会责任感。
2.培养学生献身"三农"的强国复兴情怀。

▲知识点
1.健脾散的应用。
2.橘皮散的应用。
3.消胀汤的应用。
4.三香散的应用。
5.越鞠丸的应用。

以理气药为主组成,具有调理气分,舒畅气机,消除气滞、气逆作用,用于治疗各种气分病证的方剂,称为理气方。

气分病证有气滞、气逆、气虚三种。一般来说,气滞以肝郁气滞和脾胃气滞为主,临床表现以胀、痛为特征;气逆以肺气上逆和胃气上逆为主,以咳嗽、气喘、呕吐、嗳气等为主要表现;气虚则表现为气的不足。治疗时,气滞宜行气,气逆宜降气,气虚宜补气。因此,理气方的内容概括起来有行气、降气和补气三个方面,补气方和降气方分别在补虚方和化痰止咳平喘方中介绍,本任务仅介绍行气方。

行气方主要由辛温香窜的理气药或破气药组成,适用于肝郁气滞和脾胃气滞的病证,临床常见慢草、腹胀、腹痛、下痢、泄泻等。

本类方剂多辛温香燥,容易伤津耗气,临床应用时当中病即止,勿过量使用。此外,气滞常有寒热虚实之分,又兼有食积、痰湿、血瘀等不同,故应随证化裁,灵活配伍其他药物。

健脾散(《元亨疗马集》)

【组成】 当归 30 g,白术 30 g,甘草 15 g,菖蒲 25 g,砂仁 25 g,泽泻 25 g,厚朴 30 g,官桂 30 g,青皮 25 g,陈皮 30 g,干姜 30 g,茯苓 30 g,五味子 20 g。

【用法】 共为末,开水冲,候温加炒盐 30 g、酒 120 mL,同调灌服。

【方歌】 健脾散中朴青陈,苓泽菖归桂砂仁,五味术草姜盐酒,脾胃虚寒效果真。

【方解】 本方证系因冷伤脾胃,气失升降而致的腹痛作泻,治当温中行气,健脾利水。方中厚朴、砂仁、干姜、官桂温中散寒为主药;青皮、陈皮、当归、菖蒲行气活血为辅药;白术、茯苓补脾燥湿,泽泻助茯苓行水,五味子补虚而止泻,均为佐药;使以甘草协调诸药。诸药合用,具有温中行气,健脾利水之效。

【功效】 温中行气,健脾利水。

【主治】 脾气痛。证见蹇唇似笑,肠鸣泄泻,摆头打尾,蹲腰卧地等。

【应用】 用于脾胃虚寒、胃肠寒湿的腹痛、泄泻等证。寒重者,可加干姜;湿重者,则重用白术、五味子、茯苓,加猪苓、车前子;草谷不消者,加三仙(神曲、麦芽、山楂);体质虚弱者,酌减理气药,加党参、黄芪等。

【备注】 本方为《元亨疗马集》中治疗脾气痛的方剂。此外,还有治疗宿水停脐的健脾散和治疗胃冷吐涎的健脾散。治疗宿水停脐的健脾散与本方相比较,除官桂易桂枝外,余药完全相同;治疗胃冷吐涎的健脾散为本方减去青皮、陈皮、茯苓、五味子,加枳壳、升麻、半夏、赤石脂,其功用偏于健脾暖胃,燥湿祛痰涎。

橘皮散(《元亨疗马集》)

【组成】 青皮 25 g,陈皮 30 g,厚朴 30 g,桂心 15 g,细辛 5 g,茴香 30 g,当归 25 g,白芷 15 g,槟榔 15 g。

【用法】 共为末,开水冲,候温加葱白 3 只、炒盐 10 g、醋 120 mL,同调灌服。

【方歌】 橘皮散中青陈朴,辛桂茴香归芷和,槟榔醋葱炒盐入,伤水腹痛此方卓。

【方解】 本方证为伤水腹痛起卧,伤水为本,腹痛为标。急则治其标,气滞血瘀则疼痛,气血通调,则疼痛可止。方中青皮、陈皮、当归理气活血为主药;水为阴邪,"阴盛则寒",故以桂心、茴香、厚朴、大葱等辛温散寒之品,以驱里寒,均为辅药;白芷、细辛、槟榔等温经行水,以驱肠内积水为佐药;盐、醋引经为使药。诸药合用,具有理气活血,散寒止痛,温经行水之效。

【功效】 理气散寒,和血止痛。

【主治】 马伤水起卧。证见腹痛起卧、肠鸣如雷、口色淡青、脉象沉迟等。

【应用】 本方广泛用于治疗马属动物伤水冷痛。如小便不利,可加滑石、茵陈、木通;若肠鸣如雷,可加苍术。

【参考】 《元亨疗马集》中另有一方亦名为橘皮散,其组成除官桂易桂心外,还增加枳壳、白术、木通、甘草、砂仁、益智仁六味,具有健脾理气、散寒止痛的作用,适用于脾胃虚寒引起的肚腹冷痛。《痊骥通玄论》中的厚朴散,即本方去槟榔,亦用于治疗马的冷痛。

消胀汤(《中兽医研究所研究资料汇集》)

【组成】 酒大黄 35 g,醋香附 30 g,木香 30 g,藿香 15 g,厚朴 20 g,郁李仁 35 g,牵牛子 35 g,木

通 20 g，五灵脂 20 g，青皮 20 g，白芍 25 g，枳实 25 g，当归 25 g，滑石 25 g，大腹皮 30 g，乌药 15 g，莱菔子(炒)30 g，麻油(为引)250 g。

【用法】 先将醋香附、厚朴、郁李仁、牵牛子、木通、青皮、白芍、枳实、当归、大腹皮、乌药、莱菔子煎沸 15 min，加入酒大黄、藿香、木香、五灵脂，再煎 15 min，去渣取汁，再加入滑石、麻油，候温一次灌服。

【方歌】 消胀酒军朴李通，青腹枳乌三香同，消灵归芍麻菔丑，急性气胀有奇功。

【方解】 本方为破气消胀缓下之剂。过食草料，阻滞肠胃，腹胀难消，治宜破气消胀，宽肠通便。方中以酒大黄缓泻为主药，辅以枳实、厚朴、莱菔子、青皮、大腹皮理气宽中消胀；郁李仁、牵牛子、木通、滑石通利大小便，藿香醒脾除湿，当归、白芍、五灵脂、木香、醋香附、乌药活血理气以止痛，皆为佐药。诸药合用，宿草下行，二便通利，气血调畅，腹胀疼痛自消。

【功效】 消胀破气，宽肠通便。

【主治】 马急性肠气胀。证见过食草料、阻滞胃肠、气机被郁、腹胀难消等。

【应用】 本方随证加减可用于治疗马、骡、驴等的急性肠气胀。

三香散(《中华人民共和国兽药典》)

【组成】 丁香 25 g，木香 45 g，藿香 45 g，青皮 30 g，陈皮 45 g，槟榔 15 g，炒牵牛子 45 g。

【用法】 水煎服，或为末，开水冲调，候温灌服。

【方歌】 丁香木香和藿香，青皮陈皮可理气，槟榔牵牛共宽肠，胃肠臌气用之良。

【功效】 破气消胀，宽肠通便。

【方解】 本方为治疗马属动物原发性胃肠臌气的常用方剂。方中丁香温胃散寒，下气消胀为主药；木香、藿香理气和中，止痛，青皮、陈皮理气解郁，疏肝和脾，共为辅药；槟榔、牵牛子宽肠导滞，为佐使药。诸药相合，共同发挥破气消胀，宽肠通便的功能。

【主治】 胃肠臌气。

【应用】 主要适用于马属动物原发性肠臌气。若属于继发性肠臌气，则不适宜用本方。此外，对牛、羊瘤胃臌气亦可酌情加减应用。

越鞠丸(《丹溪心法》)

【组成】 香附 30 g，苍术 30 g，川芎 30 g，六曲 30 g，栀子 30 g。

【用法】 水煎服，或研末，开水冲调，候温灌服。

【方歌】 越鞠丸治六般郁，食气血湿痰火郁，芎苍曲附并栀添，行气解郁病自瘥。

【方解】 本方长于发越郁滞，治疗气、火、血、痰、湿、食六郁之证。六郁之中，以气郁为主，气行则郁散。六郁之生成，主要是由于脾胃气机不畅，升降失常而致气郁，故见肚腹胀痛、嗳气呕吐、草谷不消等。气郁可由湿、食、痰、火、血诸郁所致，气郁也可导致湿、食、痰、火、血诸郁。因此，本方重在行气解郁，调畅气机，气机通畅则血、湿、食、痰、火诸郁自解。方中香附行气解郁，以治气郁为主药；川芎行气活血，以治血郁诸痛；苍术燥湿健脾，以治湿郁；六曲消食和胃，以治食郁；栀子泻火清热，以治火郁，皆为辅佐药。至于痰郁，多因水湿凝聚而成，亦与气、火、食郁有关，尤是气郁更使湿聚而痰生，若气机通畅，五郁得解，则痰郁亦随之而解，况方中配有苍术，可增加祛痰解郁之功，故不另用治痰郁之药。综观本方，六郁并治，但以行气解郁治疗气郁为主。

【功效】 行气解郁，疏肝理脾。

【主治】 由于气、火、血、痰、湿、食诸郁所致的肚腹胀满、嗳气呕吐、水谷不消等属于实证者。

【应用】 本方是治疗六郁证的基础方，临床应用时根据六郁的偏甚，适当配伍，以提高疗效。如气郁偏重，以香附为主，并加入厚朴、枳壳、木香、青皮等，以加强行气解郁的功用；若湿郁偏重，以苍术为主，加入茯苓、泽泻以利湿；如食郁偏重，以六曲为主，加山楂、麦芽、莱菔子等以加强消食作用；如血郁偏重，以川芎为主，加入桃仁、红花等加强活血作用；如火郁偏重，以栀子为主，再加黄连、黄芩等以清热；如以痰郁为主，加半夏、陈皮、胆南星、瓜蒌等以化痰；若挟寒者，加吴茱萸以祛除寒邪。总之，应随证加减，灵活使用。

现代兽医临床上常用本方治疗胃肠神经官能症、胃及十二指肠溃疡、慢性胃炎及其他慢性胃肠病和消化不良等属于六郁所致者。

【参考】 药理研究证明,本方的单味药具有抑制胃肠运动、减少胃液分泌、利胆、减轻肝损害、改善血液循环、抑制血小板聚集、镇静、镇痛、收缩子宫平滑肌等作用。

任务十 理 血 方

具有活血调血或止血作用,治疗血瘀或出血证的方剂,统称理血方。

血分病证有血虚、血热、血瘀、血溢等类型,所以在治疗方面则有补血、凉血、活血、止血等方法。其中补血、凉血方,分别列于补虚、清热方中介绍,这里只介绍治疗血瘀和出血两证的活血祛瘀和止血两类方剂。

止血方:以止血药为主组成,具有制止出血的作用,用于治疗血溢脉外的各种出血病证,如尿血、便血、咳血、子宫出血等。在临证运用时,由于出血的病因和部位不同,组方配伍亦随证而异。如急性出血,血色鲜红,有热象表现者,多为血热妄行之出血,应选用凉血止血药与清热凉血药配用;若出血血色紫暗,有血凝块并兼有瘀血现象者,多为血瘀出血,应选用具有祛瘀作用的止血药或与活血祛瘀药同用;若为慢性出血,或出血反复不止,血色淡红而有虚寒之象者,多属气虚不能摄血,应以止血药与补气温阳药配伍应用。总之,止血应治本,在止血的基础上,要根据出血的原因适当配伍,切勿一味着眼于止血,故又有"见血休止血"之说,只有做到审因施治,才能提高疗效。

活血祛瘀方:以活血祛瘀药为主组成,具有通行血脉、消散瘀血、通经止痛、疗伤消疮等作用,适用于血行不畅及瘀血阻滞的各种病证,如创伤瘀肿、母畜产后恶露不行、乳汁不通等。在临证运用中,由于气与血的关系非常密切,"气为血之帅,气行则血行",故对一般瘀血证候,通常多在活血祛瘀的同时,适当配伍理气药物如柴胡、枳壳、香附子等,以助血行瘀散。此外,由于瘀血病证的病机不同,部位有在上、在下之别,且瘀血久留可导致血亏气弱等,故本类方剂组成时尚须根据证候表现不同,分别配伍温经散寒、荡涤瘀热、补气养血的药物,如吴茱萸、桂枝、大黄、芒硝、党参、当归等。因此类方剂多侧重攻的一面,故不可过用,以免伤害正气。凡血虚无瘀及孕畜均当慎用。

定痛散(《元亨疗马集》)

【组成】 全当归 60 g,鹤虱 30 g,红花 30 g,乳香 30 g,没药 30 g,血竭 30 g。

【用法】 共为末,开水冲调,候温,加白酒 100 mL,再入童便 100 mL 灌服,或水煎服。

【方歌】 定痛散治跌打伤,当归没药和乳香,红花血竭与鹤虱,白酒童便共成方。

Note

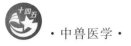

【方解】 本方适用于跌打损伤,瘀血凝滞,气血不通所致的各种病证。方中用全当归、红花活血祛瘀,止痛为主药;乳香、没药、血竭行气通络,散瘀定痛为辅药;鹤虱增强止痛作用为佐药;加入白酒,以行药势,直达病所,童便消瘀降火,助通经脉为使药。诸药相合,具有和血散瘀止痛之效。

【功效】 和血止痛。

【主治】 跌打损伤筋骨,血瘀气滞、疼痛。

【应用】 对于四肢闪伤、跌打损伤、捻挫等损伤,均可根据病情加减应用。

桃红四物汤(《医宗金鉴》)

【组成】 桃仁 45 g,当归 45 g,赤芍 45 g,红花 30 g,川芎 20 g,生地黄 60 g。

【用法】 水煎服,或共为末,开水冲调,候温灌服。

【方歌】 桃红四物用桃仁,红花当归赤芍呈,川芎生地共煎服,活血祛瘀有良效。

【方解】 本方为治疗瘀血阻滞的基础方,由四物汤加桃仁、红花组成。四物汤具有补血活血的作用,将其中补血养阴的白芍代之以活血祛瘀的赤芍,将补血养阴的熟地黄代之以清热凉血消瘀的生地黄,使原方的补血调血作用,变为活血凉血。再加入活血祛瘀的桃仁、红花为主药,突出了活血祛瘀的作用,成为一个比较平和有效的活血祛瘀方。

【功效】 活血祛瘀,补血止痛。

【主治】 血瘀所致的四肢疼痛、血虚有瘀、产后血瘀腹痛及瘀血所致的不孕症等。

【应用】 本方广泛用于血瘀诸证。因跌打损伤所致的四肢瘀血疼痛、血虚有瘀、产后血瘀腹痛以及瘀血所致的不孕症等,均可在本方的基础上加减运用。

【参考】 现代药理研究证明,本方具有显著抑制肉芽肿生成的作用和降低血管通透性、扩张血管、降低血清胆固醇与甘油三酯等作用。

跛行散(经验方)

【组成】 当归 30 g,红花 25 g,骨碎补 25 g,土鳖虫 20 g,自然铜(醋淬)20 g,地龙 25 g,制天南星 15 g,大黄 25 g,血竭 25 g,乳香 20 g,没药 20 g,甘草 15 g。

【用法】 共为末,开水冲,候温加黄酒 150 mL,同调灌服。

【方歌】 跛行散是经验方,乳没红黄龙竭当,土鳖碎补铜星草,散瘀消肿效尤佳。

【方解】 本方证多因跌倒、蹴踢、打扑、挫伤、剧伸等,致瘀血停滞,疼痛跛行。血瘀则气滞,发生疼痛跛行。治宜活血祛瘀,消肿止痛。方中当归、红花、乳香、没药、血竭、自然铜(醋淬)、土鳖虫、骨碎补、大黄等均具有活血祛瘀,消肿止痛作用,共为主药;制天南星散结消肿,地龙清热通络共为辅药;甘草清热解毒,协调诸药,黄酒活血通络,以助药势,共为佐使药。诸药合用,活血祛瘀,消肿止痛。

【功效】 活血祛瘀,消肿止痛。

【主治】 跌打损伤、跛行、气滞血瘀所致的肿胀疼痛。

【应用】 各部位的闪伤、捻挫以及跌打损伤、筋骨损伤等均可使用。若前肢疼痛跛行,加桂枝、续断;后肢疼痛跛行,加牛膝、杜仲、木瓜等;腰胯疼痛加木瓜、杜仲、续断等。

血府逐瘀汤(《医林改错》)

【组成】 当归 45 g,生地黄 45 g,牛膝 45 g,红花 40 g,桃仁 60 g,柴胡 20 g,赤芍 30 g,枳壳 30 g,川芎 20 g,桔梗 20 g,甘草 15 g。

【用法】 水煎服,或共为末,开水冲调,候温灌服。

【方歌】 血府逐瘀桃红当,地芎赤芍牛膝裹,柴胡枳壳桔梗草,血瘀气滞用之宜。

【方解】 本方系由桃红四物汤和四逆散加桔梗、牛膝而成,具有活血祛瘀而不伤血,疏肝解郁而不耗气的特点,用于治疗血瘀气滞诸证。方中桃红四物汤活血祛瘀养血,四逆散行气活血疏肝,桔梗开肺气,载药上行,牛膝通利血脉,引血下行。诸药合用,互相配合,达到活血祛瘀,理气止痛之效。

【功效】 活血祛瘀,行气止痛。

【主治】 跌打损伤及血瘀气滞诸证。

【应用】　本方为通治一切血瘀气滞之基础方。凡瘀血引起的各种疼痛,均可应用。用于跌打损伤及血瘀气滞等证时,应加重川芎、红花的用量;若瘀血在上,则重用赤芍、川芎;若瘀血在胸腹,则重用桃仁、红花,加乳香、没药、乌药、香附等;瘀血在下腹,则加蒲黄、五灵脂、肉桂、小茴香等;若瘀血在后肢,则重用牛膝,加桑寄生。因本方祛瘀药较多,非确有血瘀证者不宜使用。

【参考】　现代药理研究证实,本方具有改善血液循环,调整凝血及抗凝血系统,防止血栓形成和镇痛、抑制肿瘤生长、保肝、抗炎、抗过敏等作用。

跛行镇痛散(《中华人民共和国兽药典》)

【组成】　当归80 g,红花60 g,桃仁70 g,丹参80 g,桂枝70 g,牛膝80 g,土鳖虫20 g,醋乳香20 g,醋没药20 g。

【用法】　共为末,开水冲调,候温灌服。

【方歌】　跛行镇痛归桃红,丹桂牛膝土鳖虫,乳香没药一般施,跛行疼痛用之宜。

【方解】　本方用于治疗跛行疼痛诸证。方中当归、桃仁、红花活血祛瘀,止痛;丹参散瘀消肿;桂枝通利关节;牛膝温经通脉;土鳖虫破瘀血,续筋骨;醋乳香、醋没药活血定痛。诸药合用,具有祛瘀血,止疼痛的功能。

【功效】　活血祛瘀,止痛。

【主治】　跌打损伤,腰肢疼痛。

【应用】　临床用于治疗马、牛跌打损伤所致的四肢疼痛、跛行等,有良好效果。

当归散(《元亨疗马集》)

【组成】　当归30 g,天花粉20 g,黄药子20 g,枇杷叶20 g,桔梗20 g,白药子20 g,牡丹皮20 g,白芍20 g,红花15 g,大黄15 g,没药20 g,甘草10 g。

【用法】　共为末,水煎数沸,入童便100 mL,候温灌服。

【方歌】　当归散用丹大黄,黄白药子芍花粉,没红杷桔草童便,闪伤胸膊用此方。

【方解】　本方为治闪伤胸膊痛的常用方剂。本方证多因踏空跌倒,闪伤前肢胸膊,瘀血痞气凝结不散所致。方中当归、红花、没药、白芍活血通络,散瘀止痛为,主药;牡丹皮、大黄、天花粉、黄药子、白药子清热凉血,消肿破瘀,大黄同时还能助主药行瘀滞,共为辅药;佐以桔梗、枇杷叶宽胸顺气,利膈散滞,引药上行直达病所;甘草协调诸药,童便消瘀通经,共为使药。诸药相合,共奏和血止痛,宽胸顺气之效。

【功效】　和血止痛,宽胸顺气。

【主治】　胸膊痛。证见胸膊疼痛、束步难行、频频换足、站立困难。

【应用】　临床用于马、牛瘀血结在胸中的胸膊痛。若在本方中加入行气祛瘀药物川芎、川楝子、青皮、三七等,则疗效更佳。本方去桔梗、白药子、红花,名止痛散(《元亨疗马集》),亦可治疗马胸膊痛。临床治疗胸膊痛时,若先放胸堂血或蹄头血,再灌服本方,则疗效更好。

【备注】　《元亨疗马集》中,名为当归散的有六方,除本方外,尚有治劳伤一方,慢草一方,胎产三方。

红花散(《元亨疗马集》)

【组成】　红花20 g,没药20 g,桔梗20 g,六曲30 g,枳壳20 g,当归30 g,山楂30 g,厚朴20 g,陈皮20 g,甘草15 g,白药子20 g,黄药子20 g,麦芽30 g。

【用法】　共为末,开水冲,候温灌服。

【方歌】　活血祛瘀红花方,黄白没药陈朴当,桔曲楂麦枳甘草,料伤五攒痛服康。

【方解】　本方证系因饲喂精料过多,饮水过少,运动不足,脾胃运化失职,致使谷料毒气凝于肠胃,吸入血液,流注肢蹄所致。方中红花、没药、当归活血祛瘀为主药;枳壳、厚朴、陈皮行气宽中,六曲、山楂、麦芽,消食化积为辅药;桔梗宣肺利膈,黄药子、白药子清热散瘀为佐药;甘草和中缓急,协调诸药为使药。诸药相合,活血行气,消食化积。

【功效】 活血理气,清热散瘀,消食化积。

【主治】 料伤五攒痛,即现代兽医学中的蹄叶炎。证见站立时腰曲头低,四肢攒于腹下,食欲大减,吃草不吃料,粪稀带水,口色红,呼吸迫促,脉洪大等。

【应用】 对于因喂养过剩、运动不足或过食精料所致马属动物料伤五攒痛,均可按本方加减使用。

【备注】 《元亨疗马集》中,名为红花散的有二方,另一方(红花、当归、没药、茴香、川楝子、巴戟天、枳壳、血竭、木通、乌药、藁本)主治闪伤腰胯。

生化汤（《傅青主女科》）

【组成】 当归 120 g,川芎 45 g,桃仁 45 g,炮姜 10 g,炙甘草 10 g。

【用法】 加黄酒 250 mL,童便 250 mL,煮,候温灌服;亦可水煎服。

【方歌】 生化汤宜产后服,恶露不行痛难当,炮姜归草芎桃仁,黄酒童便共成方。

【方解】 产后血虚,寒邪乘虚而入,寒凝血瘀,留阻胞宫,导致恶露不行,肚腹疼痛,治宜温经散寒,养血化瘀,以使瘀去新生,故取名为“生化”。方中重用当归活血补血,化瘀生新为主药;川芎活血行气,桃仁活血祛瘀,均为辅药;炮姜温经散寒,止痛为佐药;炙甘草调和诸药,黄酒、童便温通血脉,益阳化瘀,并助药力直达病所引败血下行,均为使药。诸药合用,有养血化瘀,温经止痛之功,使恶露畅行,肚腹疼痛自愈。

【功效】 活血祛瘀,温经止痛。

【主治】 产后血虚受寒,恶露不行,肚腹疼痛。

【应用】 本方为临床治疗产后瘀血阻滞的基础方。产后恶露不行,肚腹疼痛均可加减应用。如产后腹痛,恶露不尽且其中血块较多者,加蒲黄、五灵脂;产后腹痛寒甚者,加肉桂、吴茱萸、益母草、荆芥穗等;产后腹痛属气血亏损者,加党参、熟地黄、山药、阿胶等;产后恶露已去,仅有腹痛者,去桃仁,加元胡、益母草;产后发热者,去炮姜,加益母草、赤芍、丹参、牡丹皮、知母、黄柏等。本方加山楂、党参等,用于产后子宫收缩不全,能够加速子宫复原,减少子宫收缩腹痛,并有促进乳汁分泌的作用;亦可加入党参、黄芪、益母草、牡丹皮等,治疗产后胎衣不下。本方加益母草,名益母生化散,具有活血祛瘀,温经止痛的功能,亦主治产后恶露不行。现代兽医临床广泛用于产后子宫复旧不全、恶露不行、子宫内膜炎、胎衣不下及产后调理。

本方宜用于产后受寒而有瘀血者,血热有瘀滞者忌用。

【参考】 现代药理研究证明,本方有显著减少子宫收缩腹痛、防止产后感染的作用。

白术散（《元亨疗马集》）

【组成】 白术 30 g,当归 30 g,熟地黄 30 g,党参 30 g,阿胶 60 g,陈皮 30 g,紫苏叶 20 g,黄芩 20 g,砂仁 20 g,川芎 20 g,生姜 15 g,甘草 15 g,白芍 20 g。

【用法】 水煎服,或共为末,开水冲调,候温灌服。

【方歌】 白术散归芎熟地,参砂芍草胶陈皮,紫苏黄芩生姜配,胎动腹疼此方宜。

【方解】 本方用于气血虚衰的胎动不安证。安胎应以养血为本,方中熟地黄、白芍、当归、川芎、阿胶养血调经,为主药;营出中焦,血因气行,用党参、白术、甘草健脾益气,以资生血之源,为辅药;砂仁、陈皮理气安胎,紫苏叶升举胎元,黄芩配白术更能清热安胎,均为佐药;生姜、甘草协调诸药为使药。诸药相合,共奏养血安胎之效。

【功效】 养血安胎。

【主治】 胎动不安、习惯性流产、先兆流产等。证见病畜站立不安,回头顾腹,蹲腰努责,阴门频频外翻,排出少量尿液,或流出带血水的浊液,间有起卧或腹痛剧烈,口色青黄,脉象浮紧。

【应用】 根据病情随证加减,用于治疗马、牛的胎动不安、习惯性流产、先兆性流产等。

通乳散（江西省中兽医研究所方）

【组成】 黄芪 60 g,党参 40 g,通草 30 g,川芎 30 g,白术 30 g,川续断 30 g,穿山甲 30 g,当归 60 g,王不留行 60 g,木通 20 g,杜仲 20 g,甘草 20 g,阿胶 60 g。

【用法】 共为末,开水冲调,加黄酒 100 mL,候温灌服,亦可水煎服。

【方歌】 通乳散芪参术草,归杜芎断通草胶,木通山甲王不留,黄酒为引催乳好。

【方解】 本方用于气血不足之缺乳症。乳乃血液化生,血由水谷精微气化而成;气衰则血亏,血虚则乳少。方中黄芪、党参、白术、甘草、当归、阿胶气血双补以培其本,为主药;杜仲、川续断、川芎补肝益肾,通利肝脉,木通、穿山甲、通草、王不留行通经下乳,以治其标,为辅佐药;黄酒助药势为使药。诸药相合,补益气血,通经下乳。

【功效】 补益气血,通经下乳。

【主治】 气血不足,经络不通所致的缺乳症。

【应用】 用于母畜体质瘦弱,气血不足之缺乳症。对于气机不畅,经脉阻滞,阻碍乳汁通行的缺乳症宜用由当归、王不留行、路路通、炮甲珠、木香、瓜蒌、生元胡、通草、川芎组成的通乳散(《中兽医治疗学》),以调畅气机,疏通经脉。

十黑散(《中兽医诊疗经验·第二集》)

【组成】 知母 30 g,黄柏 30 g,地榆 30 g,蒲黄 30 g,栀子 20 g,槐花 20 g,侧柏叶 20 g,血余炭 20 g,杜仲 20 g,棕榈皮 15 g。

【用法】 除血余炭外,各药炒黑,共为末,开水冲,候温加童便 200 mL,灌服,或水煎服。

【方歌】 十黑散栀槐柏叶,榆蒲杜仲知黄柏,血余棕皮均炒黑,热伤血尿方妥贴。

【方解】 本方为治劳伤过度,热积膀胱之尿血而设。方中黄柏、知母、栀子清降肾火以治热淋尿血,为主药;地榆、槐花、侧柏叶凉血止血,蒲黄、血余炭、棕榈皮收敛止血以治尿血,为辅药;杜仲补益肝肾,固本清源以治劳伤,为佐药;童便清热降火,引药归经,为使药。诸药合用,能清热泻火,凉血止血。

【功效】 清热泻火,凉血止血。

【主治】 膀胱积热所致的尿血。证见精神倦怠,食欲减少,畜体发热,排尿困难,有明显的痛苦表现,尿色鲜红,口色淡红,脉象细数等。

【应用】 临床用于膀胱积热的尿血证。以血色鲜红,舌红苔黄,脉细数为应用要点。现代常用本方治疗急性泌尿系统感染及泌尿系结石而见上述证候者。

【备注】 本方仿自十灰散(大蓟、小蓟、荷叶、侧柏叶、白茅根、茜草根、山栀、大黄、牡丹皮、棕榈皮各等份,可用于尿中混血或有血块,口色偏红之尿血。《十药神书》)成方。

槐花散(《本事方》)

【组成】 炒槐花 100 g,炒侧柏叶 50 g,荆芥炭 30 g,炒枳壳 30 g。

【用法】 共为末,开水冲,候温灌服。

【方歌】 槐花散用治肠风,荆芥枳壳侧柏从,用时诸药须炒黑,疏风清肠止血功。

【方解】 本方为治肠风下血的常用方剂。肠风下血系因风热或湿热壅遏于肠胃血分,肠络受损,血溢肠道所致,故治宜清肠凉血止血。方中用炒槐花专清大肠湿热,凉血止血为主药;炒侧柏叶助槐花凉血止血,荆芥炭理气疏风并入血分而止血,共为辅药;炒枳壳理气宽肠为佐使药。各药合用,既能凉血止血,又能清肠疏风。风热湿毒既清,则便血自止。

【功效】 清肠止血,疏风理气。

【主治】 肠风下血,血色鲜红,或粪中带血。

【应用】 用于大肠湿热所致的便血。若大肠热盛,加黄连、黄芩以清肠热;下血多者,加地榆以清肠止血;大便下血不止者,加生地黄、当归、川芎;便血已久而血虚者,加熟地黄、当归、川芎等。本方药性寒凉,不宜久服。

【参考】 现代药理研究证明,本方主要通过改善毛细血管的功能而达到止血的目的,还具有消炎和抗病毒等作用。

秦艽散(《元亨疗马集》)

【组成】 秦艽 30 g,炒蒲黄 30 g,瞿麦 30 g,车前子 30 g,天花粉 30 g,黄芩 20 g,大黄 20 g,红花 20 g,当归 20 g,白芍 20 g,栀子 20 g,甘草 10 g,淡竹叶 15 g。

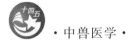

【用法】 共为末,开水冲,候温灌服,亦可煎汤服。

【方歌】 弩伤尿血芜蒲黄,归芩芍粉瞿前尝,栀红草黄同共使,竹叶煎汤调灌康。

【方解】 本方用于治疗弩伤尿血证。方中炒蒲黄、瞿麦、秦芜通淋止血,和血止痛为主药;当归、白芍养血滋阴为辅药;大黄、红花清热活血,栀子、黄芩、车前子、天花粉、淡竹叶清热利尿,均为佐药;甘草调和诸药为使药。各药相合,可使热清瘀去而血止,小便通利而痛除。

【功效】 清热通淋,祛瘀止血。

【主治】 热积膀胱、弩伤尿血。证见尿血,弩气弓腰,头低耳耷,草细毛焦,舌质如绵,脉滑。

【应用】 凡体虚弩伤之尿血证,均可加减应用。

【备注】 《元亨疗马集》中,共有四方名为秦芜散,除本方治疗尿血外,尚有治马肺热、肺败各一方,治马脾毒生疮一方。

任务十一 收 涩 方

▲知识目标

1.熟知常见收涩方。

2.熟知常见收涩方的主要药物的组成。

▲技能目标

1.能够熟练应用常见收涩方。

2.能够根据病邪性质的不同及畜体的体质情况的差异,正确选择不同的收涩方剂。

▲课程思政目标

1.培养学生良好的人际交往能力、团队合作精神和大局意识。

2.培养学生独立思考、科学严谨、勇于探索、潜心钻研、持之以恒的工匠精神。

▲知识点

1.四神丸的应用。

2.乌梅散的应用。

3.牡蛎散的应用。

4.金锁固精汤的应用。

5.玉屏风散的应用。

具有收敛固涩作用,治疗气、血、精、津液耗散滑脱的一类方剂,统称为收涩方。

收涩方所治气、血、精、津液的耗散滑脱之证,均由脏腑亏损,正气内虚所致,因其临床表现有自汗、盗汗、久泻久痢、肺虚久咳、遗精滑泄、小便失禁、崩漏带下等的不同,故治疗上也有固表止汗、涩肠固脱、涩精止遗和固崩止带等不同方法。所以,收涩方在组方时又常根据气、血、阴、阳、精、津液耗伤程度的不同,相应地配伍补益药物,以标本兼顾。

本类方剂专为本虚卫外不固及脏腑固摄无力所设,临床上不可误用于热病汗多,热病初起,伤食泄泻、热痢下重、相火妄动之滑精等有实邪的病证。

四神丸(《证治准绳》)

【组成】 补骨脂(炒)120 g,肉豆蔻(煨)60 g,五味子 60 g,吴茱萸 30 g。

【用法】 上药为末,另用生姜 120 g,大枣 120 g,与水同煎,去姜及枣肉,和药为丸,或水煎服,也可为散剂。

【方歌】　四神骨脂与吴萸,肉蔻除油五味须,大枣生姜补脾胃,脾肾阳虚久泻宜。

【方解】　本方用于脾肾虚寒之泄泻。本方证由家畜体弱阳虚,命门火衰,不能上温脾阳,导致脾失健运所引起,治宜温肾暖脾,涩肠止泻。方中重用补骨脂温补肾阳,暖脾止泻,为主药;肉豆蔻温脾肾而涩肠止泻,吴茱萸暖脾胃而散寒湿,均为辅药;五味子酸敛固涩,涩肠止泻,为佐药;生姜助吴茱萸以温胃散寒,大枣补脾和中,均为使药。诸药合用,使脾肾温,运化复,大肠固,则诸症自愈。

【功效】　温补脾肾,涩肠止泻。

【主治】　脾肾虚寒泄泻。证见草谷不消,久泻不止,完谷不化,神疲乏力,四肢发凉,舌淡苔白,脉象沉迟无力等。

【应用】　本方为治脾肾虚寒、久泻不止的专用方。久泻气陷脱肛者,宜加党参、柴胡、枳壳、升麻等以益气升陷;若泄泻无度,肾阳虚甚者,宜加肉桂或附子以温补肾阳。

现代临床常用本方加减治疗慢性肠炎、慢性结肠炎等属脾肾阳虚者。

【备注】　本方是由《本事方》中的二神丸(补骨脂、肉豆蔻)和五味子散(五味子、吴茱萸)合方而成,既温补命门又兼补脾阳,为脾肾双补之剂。

【参考】　现代药理研究证明,本方对肠道主要起抑制作用,对肠蠕动亢进的抑制作用最强,还具有抗菌和增强消化系统功能的作用。

乌梅散(《蕃牧纂验方》)

【组成】　乌梅(去核)15 g,干柿 25 g,诃子肉 6 g,黄连 6 g,郁金 6 g。

【用法】　共为末,开水冲调,候温灌服,亦可水煎服。

【方歌】　乌梅散中用干柿,诃子郁金与黄连,涩肠止泻兼清热,幼驹奶泻此方治。

【方解】　本方是治幼驹奶泻的收敛性止泻方剂。幼畜奶泻,多因乳热所伤,湿热病邪积于胃肠。因幼畜体质娇嫩,不耐克伐,故应固涩与祛邪并用。方中乌梅涩肠止泻,生津止渴为主药;辅以诃子肉、干柿敛涩大肠;佐以黄连清热燥湿止泻,郁金行气活血止痛。诸药合用,涩肠止泻,清热燥湿。

【功效】　涩肠止泻,清热燥湿。

【主治】　幼驹奶泻及其他幼畜的湿热下痢。

【应用】　凡幼驹或其他幼畜奶泻,均可加减应用。体热者,加银花、蒲公英、黄柏;体虚者,加党参、白术、茯苓、山药等。亦可加大剂量用于成年动物的泻痢;对猪痢疾也有效。

【备注】　本方在《元亨疗马集》中亦名乌梅散,但改方中郁金为姜黄,主治幼驹奶泻。另本方在《司牧安骥集》中名诃子散。

【参考】　研究证明,本方对沙门氏杆菌、致病性大肠杆菌、痢疾杆菌有一定的抑制作用。

牡蛎散(《太平惠民和剂局方》)

【组成】　麻黄根 45 g,生黄芪 45 g,煅牡蛎 60 g,浮小麦 60 g。

【用法】　共为末,开水冲调或用浮小麦煎水冲调,候温灌服,或水煎服。

【方歌】　牡蛎散中用黄芪,浮麦麻黄根最宜,卫虚自汗或盗汗,固表敛汗功能奇。

【方解】　汗有自汗、盗汗之分。自汗者以阳虚为主,盗汗者以阴虚为主。本方所治,既有阳虚自汗,复有阴虚盗汗之证。汗为心之液,汗出系由卫气虚不能外固,营阴亏不能内守所致。方中牡蛎益阴潜阳,固涩止汗,为主药;生黄芪益卫气而固表为辅药;麻黄根专于止汗,浮小麦益心气,养心阴,止汗泄,二药助生黄芪、煅牡蛎增强止汗功效,共为佐使药。诸药配合,共同发挥益气固表,敛阴止汗之功能。

【功效】　固表敛汗。

【主治】　体虚自汗。证见身常汗出,夜晚尤甚,脉虚等。

【应用】　临床以本方为基础,随证加减用于阳虚、气虚、阴虚、血虚之虚汗证,但主要用于阳虚卫气不固之虚汗证。若属阳虚,加白术、附子;若属阴虚,加干地黄、白芍;若属气虚,加党参、白术;若属血虚,可加熟地黄、何首乌。若大汗不止,有阳虚欲脱症状者,则本方不能胜任,应用参附汤加龙骨、牡蛎,以回阳固脱止汗。

金锁固精汤（《医方集解》）

【组成】 沙苑蒺藜 60 g，芡实 60 g，莲须 30 g，煅龙骨 30 g，煅牡蛎 30 g，莲肉 30 g。

【用法】 原方为丸剂。水煎去渣，候温灌服，或研末，开水冲调，候温灌服。

【方歌】 固精散用芡莲须，沙苑蒺藜莲肉需，龙骨牡蛎煅煎汤，肾虚滑精用相宜。

【方解】 本方专为治疗肾虚滑精而设。肾主藏精，肾虚则精液不固而自泄；腰为肾府，肾精不足，则腰胯无力。方中沙苑蒺藜补肾益精，治其不足为主药；莲肉、芡实益肾涩精，健脾宁心，为辅药；莲须、煅龙骨、煅牡蛎涩精止滑，安神，共为佐使药。诸药合用，既能涩精之外泄，又可补精之不足，标本兼顾，为补肾固精之良方。

现代临床主要用于性功能紊乱，乳糜尿，慢性肠炎及带下等。

【功效】 补肾涩精。

【主治】 肾虚不固。证见滑精，早泄，腰胯四肢无力，尿频，舌淡，脉细弱。

【应用】 本方为治疗肾虚滑精的常用方剂，以滑精，早泄，腰胯无力为应用要点，并可随证加减。若兼见阳痿者，加淫羊藿、肉苁蓉、菟丝子、锁阳等，以壮阳补肾；若肾阳偏虚者，可加山茱萸肉、补骨脂、巴戟天、肉桂等以温补肾阳；若肾阴偏虚者，可加女贞子、枸杞子、龟板等以滋养肾阴；肾阴虚而有火者，加知母、黄柏以滋阴降火。

【备注】 本方用药以收涩之品为主，如属下焦湿热所致滑精，早泄，禁用本方。

玉屏风散（《世医得效方》）

【组成】 黄芪 90 g，白术 60 g，防风 30 g。

【用法】 共为末，开水冲调，候温灌服，或水煎服。

【方歌】 玉屏风散术芪防，益气固表止汗良，表虚自汗恶风证，服之以后体安康。

【方解】 本方的特点是不用收涩药，只用益气固表药而奏止汗之效。方中重用黄芪以益气固表，为主药；白术健脾益气，助黄芪益气固表止汗，为辅药；二药合用使气旺表实，汗不外泄，邪不内侵。防风走表散风祛寒，为佐使药。黄芪得防风，固表而不留邪；防风得黄芪，祛邪而不伤正。三药合用，使邪去则外无所扰而汗止，卫和则腠理固密而邪不复侵，脾健则正气复而内有所据，达到益气固表，扶正祛邪之功。方名是取其有益气固表止汗、抵御风邪之功，有如御风的屏障之意。

【功效】 益气固表止汗。

【主治】 表虚自汗及体虚易感风邪者。证见自汗，恶风，苔白，舌淡，脉浮缓。

【应用】 本方为治表虚自汗以及体虚病畜易感风邪的常用方剂。若表虚自汗不止，可酌加牡蛎、浮小麦、五味子等，以增强固表止汗的作用；若表虚外感风邪，汗出不解，可合桂枝汤以解肌祛风，固表止汗。

现代临床常用于表虚卫外不固所致的感冒、多汗。

【备注】 本方虽与牡蛎散均能固表止汗，牡蛎散敛汗之力强，适用于卫气不固之自汗，本方旨在益气健脾，适用于表虚自汗及体虚易感受风邪者。

【参考】 现代药理研究证明，本方具有提高机体免疫功能和一定的抗菌、抗病毒的作用。

任务十二 补 虚 方

学习目标

▲知识目标

1. 熟知常见补虚方。

2. 熟知常见补虚方的主要药物的组成。

▲技能目标

1.能够熟练应用常见补虚方。

2.能够根据病邪性质的不同及畜体的体质情况的差异,正确选择不同的补虚方。

▲课程思政目标

1.在学习活动中帮助学生获得成功的体验,培养学生克服困难的意志,建立自信心。

2.培养学生严格遵守安全操作规程的安全意识。

▲知识点

1.补气方的应用。

2.补血方的应用。

3.补阴方的应用。

4.补阳方的应用。

具有补益畜体气、血、阴、阳不足和扶助正气,用以治疗各种虚证的一类方剂,统称为补虚方。补虚方系依据《素问》中"虚则补之""损者益之"的原则立法组方,属"八法"中的"补法"。

因虚证有气虚、血虚、阴虚、阳虚之分,故补虚方也相应地分为补气方、补血方、补阴方、补阳方四类。

补阳方:适用于肾阳虚的一类病证,常以温阳补肾药肉桂、附子、巴戟天、杜仲、淫羊藿、肉苁蓉等为主,配伍补阴、利水药。肾气丸为补阳的代表方。

补气方:适用于脾肺气虚病证,常以补气药党参、黄芪、白术、甘草等为主,配伍理气、渗湿、养阴或升举中气的药物。四君子汤为补气的基础方。

补血方:适用于营血亏虚的病证,常以补血药熟地黄、当归、白芍、阿胶等为主,配伍益气、活血祛瘀、理气、安神药。四物汤为补血的基础方。

补阴方:适用于阴虚的病证,主要是肝肾阴虚的病证,常以补阴药熟地黄、麦冬、沙参、龟板等为主,配伍补阳或清热的药物。六味地黄丸为补阴的基础方。

气虚补气,血虚补血,气血俱虚则气血双补,这是临床治疗气血不足的常规。但因气血同源,气为血帅,血为气母,二者相互为用,故补气与补血虽各有侧重,但不能截然分开。若血虚兼有气虚,补血必须辅以补气;或血虚而气不虚,也应少量佐以补气药,以资生化;对大出血而致血虚者,更应重用或急投补气药,使气旺以生血。正如李东垣《脾胃论》所说,"血不自生,须得生阳气之药,血自旺矣。"可知补血应与补气结合运用。对于气虚而血不虚者,一般以补气为主,较少运用补血药,以防阴柔滞气,影响脾胃运化。临证中因血弱所致的气虚,以及因气不足所致的血亏,亦属常见,当用气血双补之法。

补阴和补阳的关系,较之气血关系更为密切。由于阴阳互根,相互依从,相互转化,故阳虚补阳,常辅以补阴之药,使所补之阳有所依附;阴虚补阴,多配伍补阳药物,以使欲补之阴,生化有源。如张景岳《景岳全书》所说,"善补阳者,必于阴中求阳;善补阴者,必于阳中求阴。"指出补阴或补阳时,不能强调一面,应该将阴阳看成是一个整体。但如阳虚而阴不虚者,应以补阳为主,宜补之以甘温;阴虚而火旺者,应以补阴为主,宜补之以甘凉;如阴阳两虚,又当阴阳双补。

总之,气血同源,阴阳互根,不论补气、补血、补阴、补阳,必须全面兼顾,才能相得益彰。

此外,畜体气、血、阴、阳不足所表现出的各种虚证,与五脏六腑有着密切的关系,临证治疗时一方面可直接补益受病脏腑,另一方面可根据五行相生,"虚则补其母"的原则进行治疗。但要明确的是,脾为后天之本,气血生化之源;肾为先天之本,为真阴真阳之所在,故补益五脏应特别重视脾肾,凡补气补血均应着重从脾论治,补阴补阳多从补肾入手,通过补脾或补肾,使诸虚得补。

使用补虚方应注意以下事项。首先,补虚方禁用于外邪在表及一切实证。其次,补血方、补阴方

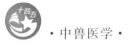

多滋腻,应用时应注意脾胃功能,若脾胃功能不足,则需配伍理气健脾、和胃助运药物,或先调理脾胃,然后予以补益。最后,应辨清虚实真假,所谓"大实有羸状"(真实假虚证)、"至虚有盛候"(真虚假实证),前者当攻反补,则实者愈实;后者应补反攻,则虚者愈虚。

补中益气汤(《脾胃论》)

【组成】 炙黄芪 90 g,党参 60 g,白术 60 g,当归 60 g,陈皮 60 g,炙甘草 45 g,升麻 30 g,柴胡 30 g。

【用法】 水煎服。

【方歌】 补中益气芪术陈,升柴参草当归身,劳倦内伤功独显,气虚下陷亦堪珍。

【方解】 本方为治疗脾胃气虚及气虚下陷诸证的常用方,是根据《黄帝内经》"劳者温之,损者益之"的原则而创立的。气虚下陷,治宜益气升阳,调补脾胃。方中炙黄芪补中益气,升阳固表,为主药;党参、白术、炙甘草温补脾胃,助主药益气补中,为辅药;当归养血,陈皮理气行滞,与补气养血药物同用,使补而不滞,更配升麻、柴胡升阳举陷,助主、辅药升提正气,均为佐药;炙甘草调和诸药,兼有使药之用。诸药相合,升阳益气,调补脾胃。

【功效】 补中益气,升阳举陷。

【主治】 脾胃气虚及气虚下陷诸证。证见精神倦怠,草料减少,发热,汗自出,口渴喜饮,粪便稀溏,舌质淡,苔薄白或久泻脱肛、子宫脱垂等。

【应用】 本方为补气升阳,甘温除热的代表方。中气不足,气虚下陷,泻痢脱肛,子宫脱垂或气虚发热自汗,倦怠无力等均可使用本方。如加入枳壳,效果更为显著。

【备注】 本方去当归,加阿胶、焦艾,名加减补中益气汤(《脾胃论》),功能补气安胎,升阳举陷;去当归、白术,加木香、苍术,名调中益气汤(《脾胃论》),功能与之大同小异。《脾胃论》中的升阳益胃汤(黄芪、半夏、党参、炙甘草、白芍、羌活、独活、橘皮、茯苓、泽泻、柴胡、黄连、防风、白术、生姜、大枣),功能升阳益脾,甘温补肺,与本方相近。

【参考】 研究表明,本方对改善机体蛋白质代谢,防止贫血的发展,增强体力,均有良好的作用;对在体或离体子宫及其周围组织有选择性兴奋作用;对小肠蠕动有双向调节作用;具有增强机体网状内皮系统吞噬功能和促进机体非特异性免疫功能及细胞免疫功能的作用等。

参苓白术散(《太平惠民和剂局方》)

【组成】 党参 45 g,白术 45 g,茯苓 45 g,炙甘草 45 g,山药 45 g,扁豆 60 g,莲子肉 30 g,桔梗 30 g,薏苡仁 30 g,砂仁 30 g。

【用法】 共为末,开水冲调,候温灌服,或水煎服。

【方歌】 参苓白术扁豆陈,山药甘莲砂苡仁,桔梗上浮兼保肺,脾虚湿泻止泻功。

【方解】 本方证由脾胃气虚挟湿所致。治宜补虚除湿,行气调滞。本方由四君子汤加味而成。方中党参、白术、茯苓、炙甘草补气健脾,为主药;山药、莲子肉助党参补气健脾,扁豆、薏苡仁助茯苓、白术健脾止泻,共为辅药;佐以砂仁芳香醒脾,理气宽胸;桔梗宣利肺气,载药上行以补肺,为使药。诸药相合,补气健脾,渗湿止泻。

【功效】 补气健脾,益肺气,渗湿止泻。

【主治】 脾胃气虚挟湿证。证见精神倦怠,体瘦毛焦,食欲减退,四肢无力,便溏或泄泻,舌苔白腻,脉缓弱等。

【应用】 本方温而不燥,是补气健脾,渗湿止泻的常用方剂。临床用于脾胃虚弱的慢性病,如慢性消化不良、慢性胃肠炎、久泻以及幼畜脾虚泄泻等。本方兼有益肺气之功,经常用作"培土生金"的代表方,对肺虚劳损诸证属脾肺气虚者均可应用。

【参考】 研究证明本方主要有调节胃肠运动、加强肠道的吸收功能、抗溃疡、抗疲劳、提高免疫功能、抗炎、镇咳祛痰、利尿等药理作用。

四物汤(《太平惠民和剂局方》)

【组成】 熟地黄 45 g,白芍 45 g,当归 45 g,川芎 30 g。

【用法】 共为末，开水冲调，候温灌服，或水煎服。

【方歌】 四物地芍与归芎，血分疾病此方宗，血虚血滞诸病证，加减运用在变通。

【方解】 本方是补血调血的基础方剂，所主诸证皆由营血亏虚，血行不畅所致。治宜补血养肝，调血行滞。方中熟地黄滋阴补血，为主药；当归补血养肝，并能活血行滞，为辅药；白芍养血敛阴，为佐药；川芎入血分行气活血，使补而不滞，为使药。从药物配伍关系来看，熟地黄、白芍是血中之血药，川芎、当归是血中之气药，两相配伍，可使补血而不滞血，行血而不破血，补中有散，散中有收，共同组成治血要剂。因此，不仅血虚之证可用以补血，即使血滞之证，亦可加减运用。

【功效】 补血调血。

【主治】 血虚、血瘀诸证。证见舌淡，脉细，或血虚兼有瘀滞。

【应用】 对于营血虚损，气滞血瘀，胎前产后诸疾，均可以本方为基础，加减运用。本方合四君子汤名八珍汤(《正体类要》)，双补气血，用治气血两虚者；再加肉桂、附子，名十全大补汤(《太平惠民和剂局方》)，气血双补兼能温阳散寒，用治气血双亏兼阳虚有寒者。本方加桃仁、红花，即桃红四物汤。血虚有热，可加黄芩、牡丹皮，并改熟地黄为生地黄以清热凉血；若妊娠胎动不安，加艾叶、阿胶以养血安胎；若血虚气滞腹痛，加香附子、元胡。

现代多用于治疗血液系统、循环系统等多种疾病，尤其对胎前、产后病证最为常用。

【参考】 现代药理研究表明，本方具有抗凝血、抗血栓形成、镇痛、镇静及收缩子宫止血的作用。

归芪益母汤(《牛经备要医方》)

【组成】 炙黄芪120 g，益母草60 g，当归30 g。

【用法】 水煎服，或共为末，开水冲调，候温灌服。

【方歌】 归芪益母补虚方，补气活血功能强，芪四益二归一份，气血双亏服之良。

【方解】 本方由当归补血汤(《内外伤辨惑论》)加益母草组成，用于治疗气血虚弱和产后血虚、瘀血诸证。方中重用炙黄芪大补脾肺之气，以资生血之源，为主药；当归养血补血，使阴生阳长，气旺血生，为辅药；益母草活血祛瘀，疏血中滞气，为佐使药。诸药合用，共奏补气生血，活血祛瘀之功。

【功效】 补气生血，活血祛瘀。

【主治】 过力劳伤所致气血虚弱及产后血虚、瘀血诸证。证见头低耳聋，四肢无力，怠行喜卧，口色淡，脉细弱等。

【应用】 对于劳役过度所致的气血俱虚及产后血虚、瘀滞腹痛等证，均可加减运用。

泰山磐石散(《景岳全书》)

【组成】 熟地黄45 g，当归45 g，白芍45 g，黄芪45 g，党参45 g，白术45 g，川续断45 g，川芎45 g，炙甘草30 g，砂仁30 g，黄芩30 g，糯米120 g。

【用法】 水煎服，或共为末，开水冲调，候温灌服。

【方解】 本方为治驴、马产前不食或胎动不安的常用方，其证多因运动不足，脾胃功能减弱，气血亏虚所致。脾气不足则食少或不食，气血亏损，不能充养胞宫，甚或冲任不固，导致胎动不安。治宜健脾益气，养血安胎。方中以四君子汤去茯苓，加黄芪健脾益气；四物汤加川续断补血固肾以养胎元；砂仁调气安胎；糯米补养脾胃；更以白术、黄芩同用以安胎。各药合用，益气健脾，养血安胎。

【功效】 益气健脾，养血安胎。

【主治】 马、驴产前少食或不食证，或气血两虚引起的胎动不安。

【应用】 对于马、驴产前不食或少食和气血两虚的胎动不安等均可加减应用。临床实践证明，本方对驴怀骡妊娠毒血证之脾胃虚弱、气血两虚治疗效果较好。

【参考】 现代药理研究证明，本方有一定的抗移植排斥反应和防治实验性变态反应性脑脊髓炎的作用。

巴戟散(《元亨疗马集》)

【组成】 巴戟天45 g，肉苁蓉45 g，补骨脂45 g，胡芦巴45 g，小茴香30 g，肉豆蔻30 g，陈皮30

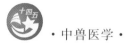

g,青皮 30 g,肉桂 20 g,木通 20 g,川楝子 20 g,槟榔 15 g。

【用法】 共为末,开水冲调,候温灌服,或水煎服。

【方歌】 巴戟暖肾除寒湿,芦巴苁蓉桂骨脂,川楝槟榔青陈皮,肉蔻茴香木通使。

【方解】 命门火衰,不能温暖下焦,寒湿侵犯于腰胯,则腰脊僵硬、疼痛,后肢难移,治以温补肾阳为主。方中用巴戟天、肉苁蓉、补骨脂、胡芦巴、小茴香、肉桂温补肾阳,强筋骨,散寒痛,以治下元虚冷、肾阳不振所致的腰胯疼痛、运步不灵,为主药;辅以陈皮、青皮、槟榔健胃温脾行气,肉豆蔻温中暖脾肾;佐以少量的川楝子止痛;使以木通通经利湿,引药归肾。诸药相合,温补肾阳,通经止痛,散寒除湿。

【功效】 温补肾阳,通经止痛,散寒除湿。

【主治】 肾阳虚衰所致的腰胯疼痛,后腿难移,腰脊僵硬等证。

【应用】 临床对于寒伤腰胯疼痛,或肾痛后腿难移等证均可随证加减应用。

【备注】 《司牧安骥集》中的巴戟散(巴戟天、胡芦巴、破故纸、茴香、苦楝子、滑石、海金沙、槐花、木通、牵牛子),功能与本方相似。

蛤蚧散(《元亨疗马集》)

【组成】 蛤蚧 1 对,天冬 30 g,麦冬 30 g,百合 30 g,苏子 30 g,瓜蒌 30 g,马兜铃[①] 30 g,天花粉 20 g,枇杷叶 20 g,知母 20 g,栀子 20 g,汉防己 20 g,秦艽 20 g,升麻 20 g,贝母 20 g,白药子 20 g,没药 20 g。

【用法】 共为末,开水冲,候温加蜂蜜 120 g 灌服。

【方歌】 蛤蚧散苏杷百合,二冬二母没白药,升艽己蒌兜栀蜜,花粉清肺止喘咳。

【方解】 本方为治肺肾两虚咳喘之剂。方中蛤蚧补肺肾、定咳喘为主药;天冬、麦冬、百合、蜂蜜、瓜蒌养阴清热,润肺止咳,枇杷叶、马兜铃、苏子、贝母化痰止咳,降气平喘,知母、天花粉清肺降火,均为辅药;栀子、白药子凉血解毒,秦艽、升麻退虚热,没药活血行瘀止痛,汉防己行水祛痰,均为佐药。诸药相合,养阴润肺,止咳定喘。

【功效】 养阴润肺,止咳定喘。

【主治】 劳伤咳喘,四肢浮肿。

【应用】 用于肺阴不足,虚火上炎之咳嗽气喘。

【备注】 方中升麻、汉防己现多已不用。

生脉散(《内外伤辨惑论》)

【组成】 党参 90 g,麦冬 60 g,五味子 30 g。

【用法】 水煎服。

【方歌】 生脉麦味与参施,补气生津保肺阴,少气汗多口干渴,病危气绝效力奇。

【方解】 本方原用于治疗暑热汗多,或久咳肺虚致气阴两伤之证。方中党参(原方为人参)补肺益气而生津,为主药;麦冬甘寒养阴,清热生津,为辅药,五味子敛肺止汗而生津,为佐药。三药相合,一补、一清、一敛,共奏益气养阴,生津止渴,敛阴止汗之效。

【功效】 补气生津,敛阴止汗。

【主治】 暑热伤气,气津两伤之证。证见精神倦怠,汗多气短,口渴舌干,或久咳肺虚,干咳少痰,气短自汗,舌红无津,脉象虚弱。

【应用】 本方为治气津两伤的基础方。凡热伤汗出过多,气津耗伤,体倦乏力,气短舌燥,咽干口渴,舌红无津,脉虚弱之气阴虚而无外邪者,均可应用。对于胃肠炎属气津两伤者,亦可应用。

现多用本方加减治疗肺结核、慢性支气管炎、心律不齐及心源性休克、失血性休克等属气津不足者。近年来本方已被制成注射剂,使临床应用更为方便。

---

① 注:该方剂含马兜铃酸,马兜铃酸可引起肾脏损害等不良反应。

本方有收敛作用,如外邪未解或暑病热盛气津未伤者,不宜使用。

【参考】 现代药理研究表明,该方具有强心、保肝和解热、抗炎等作用。

百合固金汤(《医方集解》)

【组成】 百合 45 g,麦冬 45 g,生地黄 60 g,熟地黄 60 g,川贝母 30 g,当归 30 g,白芍 30 g,生甘草 30 g,玄参 20 g,桔梗 20 g。

【用法】 水煎服,或共为末,开水冲调,候温灌服。

【方歌】 百合固金二地黄,玄参川贝桔甘藏,麦冬白芍当归配,燥火喘咳用此方。

【方解】 本方证由肺肾阴亏所致。阴虚生内热,虚火上炎,则咽喉疼痛;虚火灼肺,则咳嗽气喘;咳伤肺络,则痰中带血;舌红少苔、脉细数,均为阴虚内热之象。治宜养阴清热,润肺化痰。方中百合、生地黄、熟地黄滋养肺肾之阴,均为主药;麦冬、川贝母润肺养阴,化痰止咳,为辅药;玄参滋阴凉血清虚热,当归、白芍养血和阴,桔梗清肺化痰止咳,共为佐药;生甘草协调诸药,并配桔梗以清利咽喉,为使药。诸药相合,养阴清热,润肺化痰。

【功效】 养阴清热,润肺化痰。

【主治】 肺肾阴虚,虚火上炎所致燥咳气喘,痰中带血,咽喉疼痛,舌红少苔,脉细数。

【应用】 本方为治肺肾阴虚,咳嗽痰中带血的常用方。以咽喉疼痛、干咳无痰或痰中带血、气喘、舌红少苔、脉细数为应用要点。痰多者,加瓜蒌以清肺化痰;痰中带血、气喘甚者,可去桔梗之升提,加白茅根、仙鹤草以凉血止血。

现代常用于肺结核、慢性气管炎、支气管扩张咯血、肺炎中后期、慢性肝炎、咽炎等属于肺肾阴虚者。

本方药物多属甘寒滋腻之品,对脾虚便溏病畜,应当慎用。

【参考】 现代药理研究表明,本方具有抑菌、抗炎、退热、祛痰止咳、镇静、镇痛、止血等作用。

六味地黄汤(《小儿药证直诀》)

【组成】 熟地黄 80 g,山茱萸 40 g,山药 40 g,泽泻 30 g,茯苓 30 g,牡丹皮 30 g。

【用法】 水煎服,亦可作为散剂服用。

【功效】 滋阴补肾。

【方歌】 六味地黄滋肾肝,山药萸肉苓泽丹,再加知柏成八味,阴虚火旺治何难。

【方解】 本方所治诸证,皆因肾阴亏虚,虚火上炎所致。本方以肾、肝、脾三阴并补,重在补肾阴立法。方中熟地黄补肾滋阴,养血生津,为主药;山茱萸养肝肾而涩精,山药补脾固精,共为辅药。主辅配合,肾、脾、肝三阴同补以收补肾治本之功,称为"三补",是本方的主体部分。泽泻清泻肾火,利水,以防熟地黄之滋腻;牡丹皮凉血清肝,泻伏火,退骨蒸,以制山茱萸之温;茯苓利脾除湿,助山药以益脾;三药同用称为"三泻",共为佐使药。综观全方,"三补""三泻",以补为主,肝、脾、肾三阴并补,以补肾为主。合而用之,补中有泻,寓泻于补,相辅相成,共成通补开泻之剂。

【主治】 肝肾阴虚,虚火上炎所致的潮热盗汗,腰膝痿软无力,耳鼻四肢温热,舌燥喉痛,滑精早泄,粪干尿少,舌红苔少,脉细数。

【应用】 本方是滋阴补肾的代表方剂,凡肝肾阴虚不足诸证,如慢性肾炎、肺结核、骨软症、贫血、消瘦、子宫内膜炎、周期性眼炎、慢性消耗性疾病等属于肝肾阴虚者,均可加减应用。

本方加知母、黄柏,名知柏地黄汤(《医宗金鉴》),用治阴虚火旺,潮热盗汗;加枸杞子、菊花,名杞菊地黄汤(《医级》),重在滋补肝肾以明目,用治肝肾阴虚所致的夜盲、弱视;加五味子,名都气汤(《医宗己任编》),用治肾虚气喘;加麦冬、五味子,名麦味地黄汤(《医级》),滋阴敛肺,用治肺肾阴虚;加柴胡、茯神、当归、五味子,名明目地黄汤(《审视瑶函》),滋肾养阴,平肝明目,用治肾虚目暗不明;加桂枝、附子,名肾气丸,温补肾阳,主治肾阳不足。

本方由纯阴药物组成,凡气虚脾胃弱,消化不良、大便溏泻者忌用。

【参考】 药理研究表明,本方具有抗肿瘤、提高机体免疫功能、抗应激、降血压、降血脂、强心利尿、兴奋性功能、抗衰老、调节钙磷代谢、镇静等作用。

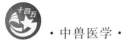

炙甘草汤(《伤寒论》)

【组成】 炙甘草 60 g,党参 60 g,生姜 30 g,阿胶 30 g,桂枝 30 g,火麻仁 30 g,麦冬 30 g,生地黄 120 g,大枣 30 枚。

【用法】 水煎,加白酒 60 mL 灌服。

【方歌】 复脉甘草参桂姜,麦枣胶地麻仁襄,益气滋阴兼复脉,虚劳肺痿亦堪尝。

【方解】 本方为治气虚血少,脉结代,心悸动的常用方,亦称复脉汤。方中炙甘草甘温益气,通经脉,利血气,养心复脉,为主药;党参、大枣补气养脾胃,以助气血生化之源,生地黄、麦冬、阿胶、火麻仁滋阴养血,以充其脉,为辅药;桂枝、生姜温通血脉,振奋心阳,为佐药;白酒助药势,通经脉为使药。诸药相合,补气养血,滋阴复脉。

【功效】 益气养血,滋阴复脉。

【主治】 气虚血弱。证见毛焦身瘦,脉结代,心悸动,呼吸气短,舌色淡白,口津少等。

【应用】 临床对气血不足引起的脉结代、心悸气短等,均可加减应用。对虚劳肺痿,气阴不足之干咳无痰、痰中带血、气短、盗汗、脉虚数等,亦可用本方治疗。

现代多用于功能性心律不齐、期外收缩和低血压。

【参考】 药理研究证明,本方能够明显减轻心律失常的严重程度;具有显著改善心肌结构,促进细胞功能的恢复和耐缺氧的作用。

透脓散(《外科正宗》)

【组成】 生黄芪 60 g,炮甲珠 30 g,川芎 30 g,当归 45 g,皂角刺 30 g。

【用法】 共为末,加白酒 100 mL,水调灌服。

【方歌】 透脓散用当归芎,黄芪扶正治疮痈,山甲皂刺加酒助,托毒排脓用有功。

【方解】 本方所治疮疡,系正虚不能托毒外透,以致脓成不能溃破。方中用生黄芪补气扶正,托毒外出;当归、川芎养血活血;炮甲珠、皂角刺解毒软坚,通透溃脓;以酒助药力,增强行血、活血的作用。诸药相合,扶正法邪,托毒排脓。本方的组成特点是祛邪中兼有扶正,目的在于托毒排脓,使毒随脓泄,腐去新生。

【功效】 补气养血,托毒溃脓。

【主治】 气血虚弱所致的疮疡久不成脓,或内已成脓而不溃者。

【应用】 用于气血虚弱所致的疮疡不能成脓,或脓成而不易破溃,痈肿不消。临床应用时,疮疡已成脓,但不易破溃者,加白芷、银花解毒;气虚亏损,不能化毒成脓,或将溃之时,紫陷无根,根脚散大者,加党参、白术、炙甘草。

【备注】 《医学心语》中的透脓散,即本方加白芷、牛蒡、银花,扶正祛邪,托毒溃脓,用于疮疡内已成脓。《医宗金鉴》中的托里透脓汤,由党参、白术、炮甲珠、白芷、升麻、甘草、当归、生黄芪、皂角刺、青皮组成,扶正祛邪,托里透脓,用于一切痈疽气血亏损。

归脾汤(《济生方》)

【组成】 白术 60 g,党参 60 g,炙黄芪 60 g,龙眼肉 60 g,酸枣仁 60 g,茯神 45 g,当归 60 g,远志 30 g,木香 30 g,炙甘草 15 g,生姜 20 g,大枣 20 g。

【用法】 水煎服,或共为末,开水冲调,候温灌服。

【方歌】 归脾汤用参术芪,归草茯神远志随,酸枣术香龙眼肉,煎加姜枣益心脾。

【方解】 本方证由心脾两虚,气血不足所致。心主血脉;脾为气血生化之源,脾虚则血无以化生,血少则心失所养,脾虚又可致气不摄血。治宜益气补血,健脾养心。方中用党参、炙黄芪补气健脾,使脾气健旺,生化有源,为主药;当归、龙眼肉补血养心,配合主药以气血双补,为辅药;白术、木香健脾理气,使补而不滞,远志、茯神、酸枣仁补心安神,共为佐药;炙甘草、生姜、大枣和胃健脾,调和诸药,为使药。诸药相合,健脾养心,益气补血。

【功效】 健脾养心,益气补血。

【主治】 心脾两虚,气血不足所致的倦怠少食、心悸气短、舌淡脉弱,以及脾不统血引起的各种慢性出血证。

【应用】 临床用于治疗心脾两虚证及脾虚不能统血的各种慢性出血。凡久病体虚、自汗、再生障碍性贫血、胃肠道慢性出血、水牛血红蛋白尿病、功能性子宫出血等属于心脾两虚者,均可加减应用。

【参考】 药理研究证明,本方可使血压和血糖水平显著升高;通过调节胃肠的分泌、运动功能对应激性胃溃疡有较好的抑制作用;还具有激活胆碱能神经系统功能和抑制胆碱酯酶活性的作用。

四君子汤(《太平惠民和剂局方》)

【组成】 党参60 g,炒白术60 g,茯苓60 g,炙甘草30 g。

【用法】 共为末,开水冲调,候温灌服,或水煎服。

【方歌】 四君子汤中和义,参术茯苓甘草比,益以夏陈名六君,祛痰益气补脾虚,除去半夏名异功,或加香砂胃寒使。

【方解】 本方为治脾气虚弱的基础方。脾胃为后天之本,气血生化之源,补气必从脾胃着手。方中党参(原方为人参)补中益气为主药;炒白术苦温,健脾燥湿为辅药;茯苓甘淡,健脾渗湿为佐药,炒白术、茯苓合用,健脾除湿之功更强;炙甘草甘温,益气和中,调和诸药为使药。诸药相合,共奏补中气,健脾胃之功。

【功效】 益气健脾。

【主治】 脾胃气虚。证见体瘦毛焦,精神倦怠,四肢无力,食少便溏,舌淡苔白,脉细弱等。

【应用】 用于脾胃虚弱证,许多补气健脾的方剂,都是从本方演化而来。临床实践中,对于各种原因引起的慢性胃肠炎、胃肠功能减退、消化不良等慢性疾病,凡表现有脾气虚弱者,均可加减运用。本方加陈皮以理气化滞,名为异功散(《小儿药证直诀》),主治脾虚兼有气滞者;加陈皮、半夏以理气化痰,名六君子汤(《医学正传》),主治脾胃气虚兼有痰湿;加木香、砂仁以行气止痛,降逆化痰,名香砂六君子汤(《太平惠民和剂局方》),主治脾胃气虚,湿阻气机;加诃子、肉豆蔻,名加味四君子汤(《世医得效方》),主治脾虚泄泻。

【备注】 本方药物组成与理中汤仅一味之别,四君子汤参、术、苓、草,重在益气健脾;理中汤参、术、姜、草,重在温中散寒。

【参考】 现代药理研究表明,本方具有促进骨髓造血,加速红细胞生成功能;调节神经系统功能、促进内分泌腺的活动,拮抗乙酰胆碱和组胺的作用;使紊乱的胃肠功能恢复正常;增加肝脏糖原,抗休克,增加能量;加强机体免疫功能,抗脂质过氧化和自由基等作用。

任务十三 祛 风 方

学习目标

▲知识目标

1. 熟知常见祛风方。

2. 熟知常见祛风方的主要药物的组成。

▲技能目标

1. 能够熟练应用常见祛风方。

2. 能够根据病邪性质的不同及畜体的体质情况的差异,正确选择不同的祛风方剂。

▲课程思政目标

1. 培养学生良好的人际交往能力、团队合作精神和大局意识。

2. 培养学生独立思考、科学严谨、勇于探索、潜心钻研、持之以恒的工匠精神。

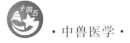

▲知识点
1. 平熄内风方的应用。
2. 疏散外风方的应用。

以辛散祛风或滋阴潜阳,清热平肝药为主组成,具有疏散外风和平熄内风作用,治疗风证的一类方剂,统称祛风方。

风证有"外风"和"内风"之分,外风多由风邪侵袭肌表、筋脉、肌肉、关节等引发,如歪嘴风、破伤风等;内风由脏腑功能失调所引发,如热极生风、肝风内动、肝阳上亢、阴虚风动等。因此,祛风方也分为平息内风和疏散外风两类。

平熄内风方:适用于肝风内动、肝阳亢盛、热极风动或热病后期的阴虚风动等病证,以平肝熄风药为主,配伍清热凉肝、滋阴养血、镇痉潜阳或化痰药;或以滋阴养血药为主,配伍平肝与熄风潜阳药。

疏散外风方:适用于外风病证,以辛散祛风药为主,根据证候表现,分别配伍清热、祛湿、祛寒、养血活血药物,如牵正散等。

牵正散(《杨氏家藏方》)

【组成】 白附子 20 g,僵蚕 20 g,全蝎 20 g。

【用法】 共为末,开水冲,加黄酒 100 mL,候温灌服。

【方歌】 牵正散为杨家方,僵蚕全蝎白附襄,研末混合酒调服,口眼歪斜效力佳。

【方解】 本方主证,俗称面瘫,系由风痰阻滞头面经络所致。方中白附子辛散,祛头目之风,为主药;僵蚕祛络中之风,兼能化痰,全蝎祛风止痉,共为辅佐药;黄酒助药力,宣通血脉,引诸药入络,直达病所,增强祛风通络作用,为使药。诸药相合,祛风化痰,通络止痉。

【功效】 祛风化痰,通络止痉。

【主治】 歪嘴风。证见口眼歪斜,或一侧耳下垂,或口唇麻痹下垂等。

【应用】 本方为治风中经络,口眼歪斜的基础方。临床应用时可酌加防风、白芷、红花等,以加强疏风活血的作用;若用于风湿性或神经炎性颜面神经麻痹,可酌加蜈蚣、天麻、川芎、地龙等祛风通络止痉药物以加强疗效。

白附子、全蝎有毒,用量不宜过大。

【参考】 药理研究表明,本方具有降低血管阻力、局部麻醉、抗惊厥及一定的催眠作用。

千金散(《元亨疗马集》)

【组成】 天麻 25 g,乌蛇 30 g,蔓荆子 30 g,羌活 30 g,独活 30 g,防风 30 g,升麻 30 g,阿胶 30 g,何首乌 30 g,沙参 30 g,天南星 20 g,僵蚕 20 g,蝉蜕 20 g,藿香 20 g,川芎 20 g,桑螵蛸 20 g,全蝎 20 g,旋覆花 20 g,细辛 15 g,生姜 30 g。

【用法】 水煎取汁,化入阿胶,灌服,或共为末,开水冲调,候温灌服。

【方歌】 千金散治破伤风,牙关紧闭反张弓,天麻蔓荆蝉二活,防风蛇蝎蚕藿同,芎胶首乌辛沙参,升星旋覆螵蛸功。

【方解】 本方用治破伤风。风邪由表而入,用蝉蜕、防风、羌活、独活、细辛、蔓荆子疏散风邪,为主药;风已入内,引动肝风,用天麻、僵蚕、乌蛇、全蝎熄风解痉,以治内风为辅药;"治风先治血,血和风自灭",用阿胶、沙参、何首乌、桑螵蛸、川芎养血滋阴,"祛风先化痰,痰去风自安",用天南星、旋覆花化痰熄风,藿香、升麻升清降浊,醒脾开胃,共为佐使药。诸药相合,共同发挥散风解痉,熄风化痰,补血养阴的功能。

【功效】 散风解痉,熄风化痰,养血补阴。

【主治】 破伤风。

【应用】 临床用于治疗破伤风时,可根据病情随证加减。如本方加减配制的祛风解痉汤(钩藤、僵蚕、全蝎、藁本、防风、羌活、独活、天南星、乌蛇、麻黄、土鳖虫、白芷、白胡椒、甘草、细辛、蜈蚣、黄酒），煎汤保留灌肠，对马属动物破伤风有较好的疗效。

洗肝散（《太平惠民和剂局方》）

【组成】　羌活 30 g，防风 30 g，薄荷 30 g，当归 20 g，大黄 20 g，栀子 20 g，甘草 15 g，川芎 15 g。

【用法】　共为末，开水冲，候温灌服。

【方歌】　洗肝散治目赤红，风热犯肝火上攻，羌薄归芎防风草，大黄栀子降能通。

【方解】　本方为治风热上攻，目赤肿痛之剂。方中薄荷、羌活、防风宣散内郁之风热，为主药；川芎香窜上行，宣散风热，当归和肝养血，大黄清热泻火，栀子泻心利尿，导下以清上，均为辅佐药；甘草泻火解毒，调和诸药，为使药。诸药相合，疏散风热，清肝解毒。

【功效】　疏散风热，清肝解毒。

【主治】　肝经风热。证见目赤肿痛，羞明流泪，四肢、关节肿痛等。

【应用】　用于风热上攻所致的目赤肿痛，眵盛难睁，羞明流泪等证。

决明散（《元亨疗马集》）

【组成】　煅石决明 45 g，草决明 45 g，栀子 30 g，大黄 30 g，白药子 30 g，黄药子 30 g，黄芪 30 g，黄芩 20 g，黄连 20 g，没药 20 g，郁金 20 g。

【用法】　煎汤候温加蜂蜜 60 g，鸡蛋清 2 个，同调灌服。

【方歌】　决明散用二决明，芩连栀军蜜蛋清，芪没郁金二药入，外障云翳服之宁。

【方解】　本方为明目退翳之剂。方中煅石决明、草决明清肝热，消肿痛，退云翳，为主药；黄连、黄芩、栀子、鸡蛋清清热泻火，黄药子、白药子凉血解毒，加强清肝解毒作用，为辅药；大黄、郁金、没药散瘀消肿止痛，黄芪补脾气，均为佐药；使以蜂蜜为引。诸药相合，清肝明目，退翳消瘀。

【功效】　清肝明目，退翳消瘀。

【主治】　肝经积热，外传于眼所致的目赤肿痛，云翳遮睛等。

【应用】　用于外障眼及鞭伤所致的眼目赤肿、睛生云翳、眵盛难睁、羞明畏光等。方中黄芪现多不用。

镇痫散（《中兽医治疗学》）

【组成】　当归 6 g，白芍 6 g，川芎 9 g，僵蚕 6 g，钩藤 10 g，全蝎 3 g，朱砂 5 g，蜈蚣 2 条，麝香 0.5 g。

【用法】　共为末，开水冲，候温加入朱砂、麝香灌服（百日内幼驹剂量）。

【方歌】　镇痫散方朱麝研，当归川芎白芍全，蜈蚣僵蚕蝎钩藤，共末冲服治癫痫。

【方解】　本方用治幼畜痰火壅盛，肝风内动之癫痫证。方中钩藤、僵蚕、全蝎、蜈蚣熄风镇痉，涤痰安神，为主药；当归、川芎、白芍补血养阴，熄风，为辅药；朱砂镇心定神，麝香通经开窍，共为佐药。诸药相合，涤痰镇痫，养血安神。

【功效】　镇痫安神，养血熄风。

【主治】　幼畜癫痫。证见猝然昏倒，四肢抽搐，口吐涎沫，醒后如常。

【应用】　用于幼驹癫痫，亦可加大剂量用于治疗成年家畜癫痫。

天麻散（《司牧安骥集》）

【组成】　天麻 30 g，党参（原方用人参）30 g，川芎 25 g，蝉蜕 20 g，防风 30 g，荆芥 25 g，甘草 15 g，薄荷 20 g，何首乌 30 g，茯苓 30 g。

【用法】　水煎服，或共为末，加蜂蜜，开水冲调，候温灌服。

【方歌】　熄风祛湿天麻散，苓参防风薄荷蝉，首乌荆芥与甘草，脾虚湿邪服之安。

【功效】　益气和血，祛湿解表。

【方解】　本方用治马、骡脾虚湿邪偏风证。方中天麻甘温镇定，平肝养阴，解痉熄风，为主药。防风、薄荷、荆芥解表散风，清利头目；蝉蜕祛风解痉，共为辅药。茯苓健脾渗湿，党参补气健脾，川芎行气活血，何首乌滋肝养血，均为佐药。甘草调和诸药为使药。各药合用，疏散风邪，益气活血。

【主治】　气血虚弱偏风证或脾虚湿邪证和脾虚风邪证。证见偏头直项，眼目歪斜，神昏似醉，站

立如痴,口色青紫,脉象迟细。

【应用】 临床上用于治疗马、骡脾虚湿邪偏风证(相当于某些脑病或中毒性疾病过程中出现的慢性脑水肿等)。若神志迷乱,加远志、郁金;血虚明显,加当归、白芍;湿邪重,加苍术、石菖蒲。

补阳还五汤(《医林改错》)

【组成】 黄芪200~400 g,当归40 g,赤芍30 g,地龙30 g,川芎30 g,桃仁30 g,红花30 g。

【用法】 水煎服。

【方歌】 补阳还五芪归芎,赤芍桃红加地龙,四肢痿软中风证,益气活血通经络。

【方解】 本方证因气血瘀阻脑血管脉络,或中风后,气虚血滞瘀阻所致。治宜补气活血通络。方中重用黄芪大补元气,使气旺血行,为主药。当归活血祛瘀而不伤正,为辅药。赤芍、川芎、桃仁、红花协同当归活血祛瘀,共为佐药。地龙力专性走,通经活络,以行药势,为使药。全方补气药和活血药相配伍,补气药多于活血药,使气旺血行,瘀祛络通。

【功效】 补气活血,祛瘀通络。

【主治】 中风证。证见腰瘫腿瘓,四肢软弱无力,口角流涎,口眼歪斜,小便频数或遗尿等。

【应用】 本方为治疗中风后气虚血瘀所致诸证的常用方剂,也适用于治疗其他原因引起的瘫痪、截瘫及四肢痿软等属于气虚血瘀者。本方必须在病畜体温正常、出血停止时方可投服。另外,应用本方时,黄芪量宜重,祛瘀药量宜轻。

【参考】 现代药理研究证明,本方主要有扩张血管、强心、降压、抑制血小板聚集、抗炎和增强细胞吞噬等作用。

镇肝熄风汤(《医学衷中参西录》)

【组成】 怀牛膝90 g,生赭石90 g,生龙骨45 g,生牡蛎45 g,生龟板45 g,生杭芍45 g,玄参45 g,天冬45 g,川楝子15 g,生麦芽15 g,茵陈15 g,甘草15 g。

【用法】 水煎服,或共为末,开水冲调,候温灌服。

【方歌】 镇肝熄风芍天冬,牛膝麦芽赭石同,玄楝龟茵龙牡草,肝阳上亢此方宗。

【方解】 本方证因肝肾阴亏,肝阳上亢,肝风内动,气血逆乱,蒙扰清窍所致。方中重用怀牛膝滋养肝肾,引血下行,为主药。重用生赭石,合生龙骨、生牡蛎降逆气,镇肝熄风,为辅药。生龟板、玄参、生杭芍、天冬滋阴清热,协助主药以制阳亢;茵陈、川楝子、生麦芽清泄肝热,疏肝理气,共为佐药。甘草调和诸药,合麦芽和胃调中,防金石药伤胃之弊,为使药。诸药相合,镇肝熄风,潜阳滋阴。

【功效】 镇肝熄风,滋阴潜阳。

【主治】 阴虚阳亢,肝风内动所致的口眼歪斜、转圈运动或四肢活动不利、痉挛抽搐、脉弦长有力。

【应用】 用于治疗肝阳上亢,肝肾阴虚,肝风内动导致的拘挛抽搐、口眼歪斜、转圈运动等。

【参考】 药理研究证明,本方加减具有明显的降血压作用。

任务十四 安神与开窍方

学习目标

▲知识目标
1.熟知常见安神与开窍方。
2.熟知常见安神与开窍方的主要药物的组成。
▲技能目标
1.能够熟练应用常见安神与开窍方。
2.能够根据病邪性质的不同及畜体的体质情况的差异,正确选择不同的安神与开窍方剂。

▲课程思政目标

1.培养学生吃苦耐劳的品质、忠于职守的爱岗敬业精神、严谨务实的工作作风、良好的沟通能力和团队合作意识。

2.培养学生具有从事本专业工作的安全生产、环境保护意识。

▲知识点

1.通关散的应用。

2.镇心散的应用。

3.朱砂散的应用。

以养心安神药为主组成,具有重镇安神功能,治疗惊悸、神昏不安等证的方剂,称为安神方。

以芳香走窜,醒脑开窍药物为主组成,具有通关开窍醒神作用,用于治疗窍闭神昏、气滞痰闭等证的方剂,称为开窍方。

通关散(《丹溪心法附余》)

【组成】 猪牙皂角,细辛各等份。

【用法】 共为极细末,和匀,吹少许入鼻取嚏。

【方歌】 皂角细辛通关散,吹鼻醒神又豁痰。

【方解】 本方为急救催醒之剂。方中猪牙皂角味辛散,性燥烈,祛痰开窍;细辛辛香走窜,开窍醒神,二者合用有开窍通关的作用。因鼻为肺窍,用于吹鼻,能使肺气宣通,气机畅利,神识苏醒而用于急救。

【功效】 通关开窍。

【主治】 高热神昏,痰迷心窍。证见猝然昏倒,牙关紧闭,口吐涎沫等。

【应用】 急救高热神昏,痰迷心窍。本方为临时的急救方法,苏醒后应按病辨证施治。

【备注】 《证治准绳》中的通关散为本方加天南星、半夏、薄荷、雄黄,研末吹鼻,其功用相同。《元亨疗马集》中的麝香散为本方加谷精草、胡椒、瓜蒂、麝香,研末吹鼻,用治伤水起卧。

镇心散(《元亨疗马集》)

【组成】 朱砂(另研)10 g,茯神 30 g,党参 30 g,防风 30 g,远志 30 g,栀子 30 g,郁金 30 g,黄芩 30 g,黄连 20 g,麻黄 20 g,甘草 20 g。

【用法】 共为末,开水冲,候温加鸡蛋清 4 个,蜂蜜 120 g,灌服。

【方歌】 镇心散朱栀麻黄,茯神远志郁金防,党参芩连甘草入,心热惊狂服之良。

【方解】 本方由朱砂散加味而来。方中朱砂重镇安神,清心为主药。黄连、黄芩、栀子清热泻火,茯神、远志宁心安神,共为辅药。郁金凉血解郁,除三焦郁热;麻黄、防风疏风解表,以散热出表;党参扶正祛邪,皆为佐药。甘草益气和中,调和诸药,为使药。诸药相合,清热祛风,镇心安神。

【功效】 清热祛风,镇心安神。

【主治】 马心黄。证见眼急惊狂,浑身肉颤,汗出如浆,咬身啮足,口色赤红,脉洪数。

【应用】 用于表里热盛,热极生风的惊狂、抽搐及神失所主等证。本方加减对马、骡脑炎,脑膜脑炎和慢性脑水肿等表现为中枢神经系统功能紊乱、高度兴奋的疾病有一定疗效。若热盛伤阴,可加生地黄、麦冬;痰火过盛,加连翘、天南星、竹茹等。

【备注】 《元亨疗马集》中另一镇心散(朱砂、茯神、人参、防风、甘草、远志、栀子、黄芩、黄连)和《司牧安骥集》中的镇心散(人参、桔梗、白芷、白茯苓)均有安神镇惊作用,亦可用治心热风邪。

朱砂散(《元亨疗马集》)

【组成】 朱砂(另研)10 g,党参 30 g,茯神 45 g,黄连 45 g。

【用法】　共为末,开水冲,候温,加猪胆汁 50 mL,童便 100 mL,灌服。

【方歌】　朱砂散中茯神用,党参扶正在其中,再合黄连清心火,心热风邪治有功。

【方解】　本方证由外感热邪,热积于心,扰乱神明所致。方中朱砂微寒,清热镇心安神,为主药;辅以黄连苦寒,清降心火;茯神宁心安神除烦,党参益气宁神,固卫止汗,扶正祛邪,共为佐药。诸药合用,安神清热,扶正祛邪。

【功效】　重镇安神,扶正祛邪。

【主治】　心热风邪。证见全身出汗,肉颤头摇,气促喘粗,左右乱跌,口色赤红,脉洪数。

【应用】　用于心热风邪等证。对于家畜热衰竭、日射病或热射病后期属于邪盛正衰者,配合放鹘脉血、冷水浇淋头部、冷水灌肠和将动物置于阴凉通风处等措施,效果更佳。对火盛伤阴者,加生地黄、竹叶、麦冬;正虚邪实者,加栀子、大黄、郁金、天南星、明矾等。

【备注】　本方与《元亨疗马集》中治疗黑汗风的茯神散(茯神、朱砂、雄黄),均可用于治疗家畜中暑和高热癫痫等。

任务十五　驱　虫　方

学习目标

▲知识目标

1.熟知常见驱虫方。

2.熟知常见驱虫方的主要药物的组成。

▲技能目标

1.能够熟练应用常见驱虫方。

2.能够根据病邪性质的不同及畜体的体质情况的差异,正确选择不同的驱虫方剂。

▲课程思政目标

1.具有规范操作、安全防护、环保节约、遵纪守法意识。

2.具有团队协作意识和创新精神。

▲知识点

1.贯众散的应用。

2.万应散的应用。

3.驱虫散的应用。

4.肝蛭散的应用。

　　以驱虫药物为主组成,具有驱除或杀灭寄生虫的作用,用于治疗畜禽体内外寄生虫病的方剂,称为驱虫方。

　　常见的体内寄生虫有蛔虫、肝片吸虫、马胃蝇幼虫、绦虫、蛲虫、钩虫等;常见的体外寄生虫有螨、虱等。本类方剂主要适用于体内寄生虫引起的腹痛、胀满、贪食消瘦、口色淡白等虫积证和疥螨、虱等外寄生虫病。

　　组成驱虫方的药物,如雷丸、鹤虱、贯众、苦楝根皮等,都有不同程度的毒性,在使用时应注意掌握准确的剂量和服药间隔时间。同时,驱虫方在服法上,多空腹服,或配伍适当的泻下药,以加速寄生虫的排出。驱虫之后,当调补脾胃,使虫去而正不伤。

贯众散（《中兽医治疗学》）

【组成】 贯众 60 g，使君子 30 g，鹤虱 30 g，芜荑 30 g，大黄 40 g，苦楝子 15 g，槟榔 30 g。

【用法】 共为末，开水冲调，候温灌服，亦可煎汤服。

【方歌】 贯众散中虱芜荑，使君大黄槟楝齐，此方能治瘦虫病，空腹灌服才相宜。

【方解】 方中贯众、使君子、鹤虱、芜荑驱杀胃肠道寄生虫；大黄利便通肠，排出驱虫；槟榔杀虫攻积，下气行滞；苦楝子杀虫，疏肝止痛。各药合用，有驱杀攻逐寄生虫的作用。

【功效】 驱虫。

【主治】 胃肠道寄生虫病。

【应用】 治疗胃肠道寄生虫病，尤其对马胃蝇（马瘦虫）病疗效较好。若动物脾胃虚弱，可考虑兼补脾胃。

万应散（《医学正传》）

【组成】 槟榔 30 g，大黄 60 g，皂角 30 g，苦楝根皮 30 g，黑丑 30 g，雷丸 20 g，沉香 10 g，木香 15 g。

【用法】 共为末，温水冲服。

【方歌】 万应散中槟丑黄，苦楝根皮和木香，沉香皂角雷丸入，驱虫化积用此方。

【功效】 攻积杀虫。

【方解】 方中雷丸、苦楝根皮杀虫，为主药；黑丑、大黄、槟榔、皂角既能攻积，又可杀虫，为辅药；木香、沉香行气温中，为佐药；合而用之，具有攻积杀虫之功。

【主治】 蛔虫、姜片虫、绦虫等虫积证。

【应用】 用于驱出蛔虫、姜片虫、绦虫等。本方攻逐力较强，对孕畜及体弱者慎用。

驱虫散（《中华人民共和国兽药典》）

【组成】 鹤虱 30 g，使君子 30 g，槟榔 30 g，芜荑 30 g，雷丸 30 g，绵马贯众 60 g，炒干姜 15 g，淡附片 15 g，乌梅 30 g，诃子肉 30 g，大黄 30 g，百部 30 g，木香 15 g，榧子 30 g。

【用法】 共为末，开水冲调，候温灌服，或水煎服。

【方歌】 驱虫鹤虱使君子，槟芜雷贯炒干姜，附子乌诃大百木，再入榧子驱虫佳。

【功效】 驱虫。

【方解】 方中鹤虱、使君子、绵马贯众、雷丸、芜荑、百部、榧子具有驱杀胃肠道寄生虫的作用；槟榔杀虫攻积，下气行滞；大黄泻下以排出虫体；木香理气止痛；淡附片、炒干姜温中散寒；乌梅驱蛔虫；诃子肉敛肺下气，涩肠止泻。各药合用，具有驱杀攻逐虫体的功效。

【主治】 胃肠道寄生虫病。

【应用】 治疗家畜胃肠道寄生虫病。

肝蛭散（《中华人民共和国兽药典》）

【组成】 苏木 25 g，肉豆蔻 25 g，茯苓 25 g，绵马贯众 60 g，龙胆 25 g，木通 25 g，甘草 25 g，厚朴 25 g，泽泻 25 g，槟榔 24 g。

【用法】 共为末，开水冲调，候温灌服，或水煎服。

【方歌】 肝蛭散治肝蛭病，苏木槟榔贯众龙，厚朴甘草肉豆蔻，木通泽泻茯苓同。

【方解】 方中绵马贯众、槟榔杀虫为主药；苏木活血止痛，龙胆草清肝胆火，厚朴行气导滞，均为辅药；虫阻肝胆，疏泄失常，使脾失健运而水湿不化，故佐以茯苓、泽泻、木通健脾渗湿，肉豆蔻温中，涩肠止泻；甘草健脾和中，调和诸药，为使药。各药合用，发挥驱虫利水，行气健脾的功效。

【功效】 驱虫利水，行气健脾。

【主治】 肝片吸虫病。

【应用】 用于牛、羊的肝蛭病（肝片吸虫病）。体虚者，加党参、白术益气健脾；寒盛者，加附子、干姜温中散寒。

任务十六　外　用　方

▲**知识目标**

1. 熟知常见外用方。

2. 熟知常见外用方的主要药物的组成。

▲**技能目标**

1. 能够熟练应用常见外用方。

2. 能够根据病邪性质的不同及畜体的体质情况的差异,正确选择不同的外用方。

▲**课程思政目标**

1. 培养学生树立深厚的祖国认同感、民族自豪感以及积极投身社会主义现代化建设的家国情怀。

2. 培养学生良好的人际交往能力、团队合作精神和大局意识。

▲**知识点**

1. 桃花散的应用。

2. 冰硼散的应用。

3. 青黛散的应用。

4. 如意金黄散的应用。

5. 雄黄散的应用。

6. 防腐生肌散的应用。

7. 防风汤的应用。

8. 拨云散的应用。

9. 擦疥方的应用。

　　以外用药为主组成,能够直接作用于病变局部,具有清热凉血、消肿止痛、化腐拔毒、排脓生肌、接骨续筋和体外杀虫止痒等功效的一类方剂,称为外用方。

　　外用方以局部熏洗、涂搽、撒布、敷贴、点眼、吹鼻等为主要运用方式,多用于治疗疮黄肿毒、皮肤病、眼病和某些内科病证等。对于某些顽固性或病情严重的外科病证,可配合内服方药,以加强疗效。

　　本类方剂中的药物多具有刺激性或毒性,不宜过量使用,涂搽面积亦不宜过大,以免引起肿胀疼痛或畜体中毒。

桃花散(《医宗金鉴》)

【组成】　陈石灰 250 g,大黄 45 g。

【用法】　陈石灰用水泼成末,与大黄同炒至陈石灰呈粉红色为度,去大黄,将石灰研细末,过筛,装瓶备用。外用撒布于创面。

【方歌】　桃花散石灰大黄,外伤出血速撒上。

【方解】　方中陈石灰解毒防腐,收敛止血;大黄凉血解毒。二药同炒增强陈石灰敛伤止血之功。

【功效】　防腐收敛止血。

【主治】　创伤出血。

【应用】　外撒创面或撒布后用纱布包扎,以治疗新鲜创伤出血、化脓疮、褥疮、猪坏死杆菌病等。

【参考】　药理研究证明,本方具有止血、加速新鲜创伤愈合,促进局部坏死组织分离,防止创腔毒素吸收及抗菌等作用。

冰硼散（《外科正宗》）

【组成】 冰片 50 g，朱砂 60 g，硼砂 500 g，玄明粉 500 g。

【用法】 共为极细末，混匀，吹撒患部。

【方歌】 冰棚散效实堪夸，玄明粉与辰朱砂，硼砂冰片共细末，咽肿舌疮一把抓。

【方解】 方中冰片、硼砂芳香化浊，清热解毒，消肿；朱砂防腐解毒，疗疮；玄明粉清热泻火，解毒消肿。四药合用，清热解毒，消肿止痛。

【功效】 清热解毒，消肿止痛，敛疮生肌。

【主治】 舌疮。

【应用】 用于咽喉肿痛，口舌生疮。

【参考】 药理研究证明，本方能够明显促进口腔溃疡愈合，而且对口腔正常黏膜无明显不良影响，还具有抗菌、抗炎和镇痛作用。

青黛散（《元亨疗马集》）

【组成】 青黛，黄连，黄柏，薄荷，桔梗，儿茶各等份。

【用法】 共为极细末，混匀，装瓶备用。用时装入纱布袋内，口嚼，或吹撒于患处。

【方歌】 青黛散用治舌疮，黄柏黄连薄荷襄，桔梗儿茶共为末，口嚼吹撒可安康。

【方解】 方中青黛清热解毒；黄连、黄柏助青黛清热解毒，消肿；薄荷、桔梗疏散风热，清利咽喉，祛痰排脓；儿茶收敛生肌，止痛。诸药相合，清热解毒，消肿止痛。

【功效】 清热解毒，消肿止痛。

【主治】 口舌生疮，咽喉肿痛。

【应用】 用于心热舌疮、咽喉肿痛。

如意金黄散（《外科正宗》）

【组成】 天花粉 120 g，黄柏 60 g，大黄 60 g，白芷 60 g，姜黄 60 g，生南星 60 g，苍术 30 g，厚朴 30 g，陈皮 30 g，生甘草 30 g。

【用法】 共研细末，混匀，装瓶备用。用时以醋或蜂蜜调敷患部。

【方歌】 如意金黄散大黄，姜黄黄柏芷陈苍，南星厚朴花粉草，敷之肿胀可安康。

【方解】 方中天花粉、黄柏、大黄药性寒凉，清热泻火，散瘀消肿；姜黄辛温，活血行气；生南星散结消肿；苍术、厚朴、陈皮行气除湿；白芷疏风活血，消肿定痛；生甘草解毒；醋或蜂蜜调敷以除热毒。诸药合用，共有清热解毒，消肿止痛之效。

【功效】 清热解毒，消肿止痛。

【主治】 阳证疮痈肿毒，跌打损伤。

【应用】 疮疡肿毒未成脓者或湿疹等。临床凡疮疡证见红肿热痛属阳证者，均可应用，亦可用于烫火伤。

雄黄散（《痊骥通玄论》）

【组成】 雄黄，白及，白蔹，龙骨，大黄各等份。

【用法】 共为细末，温醋或水调敷，亦可撒布创面。

【方歌】 雄黄散用白及蔹，龙骨大黄共同研，醋水调匀敷患部，消肿散瘀此方验。

【方解】 方中雄黄解毒防腐；龙骨生肌敛疮；白及消肿生肌，收敛止血；白蔹清热解毒，消肿生肌；大黄清热泻火，逐瘀消肿。诸药相合，清热解毒，散瘀消肿。

【功效】 清热解毒，消肿止痛。

【主治】 体表各种急性黄肿，而见红、肿、热、痛，尚未溃脓者。

【应用】 用于各种外科炎性肿胀，无破溃者。加白矾、冰片、黄连可增强清热解毒功效，用于非开放性急性炎症，疗效较好。

【备注】 《司牧安骥集》中的雄黄散（雄黄、白及、白蔹、官桂、草乌头、芸薹子、白芥子、大黄、硫

黄),治马诸般肿毒,筋骨大硬。《抱犊集》中的雄黄散(雄黄、川椒、白及、白蔹、草乌、大黄、硫黄、白芥子),治牛诸般肿毒及筋骨胀。

防腐生肌散(《中兽医诊疗》)

【组成】 枯矾 500 g,陈石灰 500 g,熟石膏 400 g,没药 400 g,血竭 250 g,乳香 250 g,黄丹 50 g,冰片 50 g,轻粉 50 g。

【用法】 共为极细末,混匀,装瓶备用。用时撒布创面或填塞创腔。

【方歌】 外用防腐生肌散,膏灰乳没血竭丹,冰矾轻粉共研末,用治疮疡与溃烂。

【方解】 方中枯矾、陈石灰、熟石膏吸湿生肌敛疮;没药、乳香、血竭生肌消肿止痛;冰片清热消肿止痛;轻粉防腐止痒;黄丹防腐拔毒生肌,且增加黏性,使各药易附着于创面。诸药相合,防腐吸湿,生肌敛疮。

【功效】 防腐吸湿,生肌敛疮。

【主治】 痈疽疮疡及外伤出血等。

【应用】 用于疮痈溃烂、创口不敛。

防风汤(《元亨疗马集》)

【组成】 防风,荆芥,花椒,薄荷,苦参,黄柏各等份。

【用法】 水煎二沸,去渣,候温洗患部。

【方歌】 防风汤用洗疮疡,荆芥花椒薄荷防,苦参黄柏均等份,消肿解毒功效强。

【方解】 本方为外洗消肿解毒之剂。方中防风祛风解毒;荆芥解毒散邪;薄荷清凉止痒;花椒活血消肿;黄柏、苦参清热燥湿,疗疮解毒。诸药相合,祛风清热,解毒消肿。

【功效】 祛风清热,解毒消肿。

【主治】 各种创伤、肿毒、疮疡溃破、直肠脱、阴道脱等。

【应用】 外洗疮疡。

拨云散(《元亨疗马集》)

【组成】 炉甘石 30 g,硼砂 30 g,青盐 30 g,黄连 30 g,铜绿 30 g,硇砂 10 g,冰片 10 g。

【用法】 共为极细末,过筛,装瓶备用。点眼用。

【方歌】 拨云散连青盐铜,硇砂甘石冰片硼,上药一处研细末,外障云翳医建功。

【功效】 解毒防腐,退翳明目。

【方解】 本方为外用解毒,退翳明目的专用剂。方中炉甘石拨云退翳,解毒防腐,为眼科要药;冰片、硼砂消肿解毒,防腐;青盐、铜绿去腐解毒,退目翳;硇砂收湿止痒;硼砂收敛消肿;黄连清心明目。诸药相合,解毒去腐,明目退翳。

【主治】 外障眼。

【应用】 用于暴发火眼、红肿流泪、眼边红烂和外障云翳等眼疾。

【备注】 《中兽医诊疗》中拨云散以朱砂、硇砂、硼砂、炉甘石、黄连、冰片组成,其功用、主治类同。

擦疥方(《元亨疗马集》)

【组成】 狼毒 120 g,牙皂 120 g,巴豆 30 g,雄黄 9 g,轻粉 6 g。

【用法】 共为细末,用热油调匀擦之。隔日一次。

【方歌】 畜患疥癣痒难当,疥螨藏肤皮糙伤,狼皂巴豆雄轻粉,用油调擦虫灭康。

【方解】 本方诸药均系辛散有毒之品,可以毒杀疥螨,消肿止痒。

【功效】 杀虫止痒。

【主治】 疥癣。

【应用】 治疗家畜疥癣。本方有杀疥、止瘙痒的作用,所用药物均为有毒之品,应用时应分片涂擦,并防止病畜舔食。

任务十七 饲料添加方

学习目标

▲**知识目标**

1. 熟知常见饲料添加方。

2. 熟知常见饲料添加方的主要药物组成。

▲**技能目标**

1. 能够熟练应用常见饲料添加方。

2. 能够根据需求不同,正确选择不同的饲料添加方。

▲**课程思政目标**

1. 培养良好的心理品质,具备建立和谐人际关系的能力。

2. 培养科学严谨的探索精神和实事求是、独立思考的工作态度。

▲**知识点**

1. 肥猪散的应用。

2. 承气治僵散的应用。

3. 健鸡散的应用。

4. 催情散的应用。

5. 激蛋散的应用。

6. 蛋鸡宝的应用。

7. 驱球散的应用。

8. 虾蟹脱壳促长散的应用。

9. 鸡痢灵散的应用。

10. 百咳宁的应用。

11. 仙珠呋喃合剂的应用。

12. 蚌毒灵散的应用。

以饲料添加剂的方式,通过添加于饲料中给药的一类方剂,统称为饲料添加方,又称中草药饲料添加剂。严格来讲,这只是给药方式比较特殊的一类方剂。

中草药作为饲料添加剂,在我国有着悠久的历史,早在西汉刘安所著的《淮南子·万毕术》中就记载有"取麻子三升,捣千余杵,煮为羹,以盐一升,著中;和以糠三斛,饲豚,则肥也"的"麻盐肥豚豕法";《神农本草经》中也有"桐叶饲猪,肥大三倍,且易养"的记载。但中草药饲料添加剂研究和应用的广泛开展,却始于二十世纪七十年代末期,且因其具有毒副作用小,不易在肉、蛋、奶等畜产品中产生有害残留的特点,越来越受到国内外的重视,成为畜禽饲料添加剂中的一个独特系列。

在集约化畜牧业生产中,中草药饲料添加剂主要用于保障动物的健康,防病治病,增加动物产品的产量,改善其质量,以及改善饲料的品质等方面。在组成中草药饲料添加剂配方时,往往要根据应用的目的,考虑到各种动物的不同生理特点,各种疾病的不同病因、病机和症状表现,在中兽医辨证的基础上,确定组方原则,做到以法统方,方从法立,扬长避短。必要时,还可中西药结合组方,发挥中西药各自的优势。当然,在某些特殊用途时,也可根据具体的应用目的,选择适当单味药物或多味药物组方,而不考虑组方原则。

目前,中草药饲料添加剂尚无统一的分类标准,一般可根据其来源、作用及加工程度进行分类。

1. 按来源分类 有植物类、矿物类及动物类饲料添加剂三种,其中植物类饲料添加剂所占比例最大。据不完全统计,目前用于饲料添加剂的植物类饲料添加剂有麦芽(或谷芽)、神曲、山楂、苍术、松针、陈皮、贯众等近二百种,矿物类饲料添加剂有芒硝(或玄明粉)、麦饭石、雄黄、明矾等数十种,而动物类饲料添加剂所占比例较小,见于报道的有土鳖虫、蚯蚓、蚕蛹、蛤蚧、僵蚕等十数种。

2. 按作用分类 可分为增加动物产品产量类、改进动物产品质量类、保障动物健康类以及其他类等。

(1)保障动物健康类 增强动物体机抵抗力和防治动物疫病,是中草药饲料添加剂的主要用途之一。如在鸡的饲料中添加金荞麦提取物,可治疗霉形体病;添加大蒜粉,可防治鱼、虾的维生素 B_1 缺乏症和肝病;添加甘草,可防治鸡肌胃糜烂;添加"鸡痢灵"(雄黄、白头翁、马齿苋、藿香等),可防治雏鸡白痢;添加补气类中药,能提高雏鸡的抗应激能力,降低死亡率等。这类方剂常根据具体用途,在中兽医辨证的基础上,以调整阴阳、祛邪逐疫为原则,选择合适的药物组方。

(2)改进动物产品质量类 主要包括改善动物产品(肉、蛋)的色泽和风味两个方面,如在产蛋鸡的基础日粮中添加 0.05% 松针活性提取物,可使蛋黄颜色变深;在肉鸡的饲料中添加大蒜粉,可改善鸡肉的风味等。这类方剂常根据具体的目的要求选择合适的药物。

(3)增加动物产品产量类 主要用于促进动物的生长发育,提高肉、蛋、奶的产量,如在猪的饲料中添加松针粉、麦饭石、党参茎叶或调理脾胃的药物(黄芪、白术)等,在肉鸡、蛋鸡、鹅、鸭、鹌鹑的饲料中添加松针粉、松针膏、蜂花粉、泡桐叶、艾叶、钩吻或杨树花等药物,在兔的日粮中加沙棘等,分别具有促进产肉、产蛋及降低料重比或料蛋比等作用。这类方剂多以健脾开胃、补气养血为组成原则。

(4)其他类 包括提高肉、蛋、奶中某些成分的含量,刺激动物的食欲,改善饲料的品质等多个方面。如用海藻作饲料添加剂喂鸡,一周后所产蛋中有机碘含量是普通蛋的 15~30 倍,可作为食疗药蛋;有些天然产物添加剂,如用茴香油、大蒜、砂糖等作为饲料调味品,可以刺激动物食欲;用腐植酸类(泥炭、褐煤、风化煤)作为饲料添加剂,不但可以提高饲料营养价值,还可抑制氧化,促进饲料中的脂肪分散,防止抗生素、维生素失活;用膨润土、石英粉等作为饲料添加剂,可以防止饲料结块等。这类方剂,多根据其使用目的选择合适的药物。

3. 按加工程度分类 可分为原产物、加工提取物和副产物三类。原产物为天然产物,是经过清洗、干燥、传统炮制、粉碎等简单加工而制成的添加物;加工提取物是天然产物经过提取、精制而成的饲料添加物,如松针活性提取物、党参提取物等;副产物是天然产物经加工利用后的剩余部分,如党参茎叶、人参渣、沙棘渣等。

目前所生产和使用的中草药饲料添加剂,在剂型上以散剂为主,也有采用预混剂形式的,即将中药或其提取物预先与某种载体混合均匀制成添加剂,如将松针提取物和载体松针粉混合制成饲料添加剂。除此之外,还有颗粒剂和饮水剂等剂型,可添加到饲料中,或作为饮水添加剂使用。

在给药方式上,中药饲料添加剂,主要采用群体用药的方式。为了达到促进生产、防病治病等目的,饲料添加剂或混饲剂的运用要做到适时、适量、适度。适时,就是要抓住时机,及时应用;适量,就是添加的量既不可过多,也不可太少,应在剂量允许的范围之内,发挥其最佳效果;适度,是指添加剂投药时间长短要适当。添加日程的长短,通常要根据添加剂或混饲剂的应用目的以及生产需要而定,大体可分为长程添加法、中程添加法和短程添加法三种。长程添加法持续添加时间一般在 4 个月以上,甚至终生添加;中程添加法持续添加时间一般为 1~4 个月;短程添加法持续添加时间一般是 2~30 天。有时还可采用间歇式添加法,如三二式添加法(添加 3 天,停止 2 天)、五三式添加法(添加 5 天,停止 3 天)等。

当前,中草药饲料添加剂已用于马、牛、羊、猪、犬、禽、鱼、虾、蚕、蜂等多种动物的促进生产性能和防病治病等方面。据不完全统计,截至 2000 年底,有记录的中草药饲料添加方已达 400 余个,本任务仅列举几个有代表性的方剂供学习参考。

肥猪散(《中华人民共和国兽药典》)

【组成】 绵马贯众 30 g,制何首乌 30 g,麦芽 500 g,黄豆 500 g。

【用法】 共为末,按每只猪 50～100 g 拌料饲喂。

【功效】 开胃,驱虫,补养,催肥。

【主治】 食少,瘦弱,生长缓慢。

承气治僵散(《兽医验方新编》)

【组成】 大黄 500 g,芒硝 500 g,枳实 500 g,厚朴 500 g,甘草 500 g,氯化锌 3 g,氯化钴 3 g,硫酸铜 5 g,硫酸镁 5 g,碘化钾 5 g。

【用法】 共为末,按 0.1% 量拌料饲喂。

【功效】 健胃消食,促进生长。

【主治】 僵猪。

健鸡散(《中华人民共和国兽药典》)

【组成】 党参 20 g,黄芪 20 g,茯苓 20 g,六神曲 10 g,麦芽 10 g,炒山楂 10 g,甘草 5 g,炒槟榔 5 g。

【用法】 共为末,按 2% 的量混饲喂鸡,连喂 3～7 天。

【功效】 益气健脾,消食开胃。

【主治】 食欲不振,生长迟缓。

催情散(《中华人民共和国兽药典》)

【组成】 淫羊藿 6 g,阳起石(酒淬)6 g,当归 4 g,香附 5 g,益母草 6 g,菟丝子 5 g。

【用法】 共为末,按每只猪 30～60 g 拌料饲喂。

【功效】 催情。

【主治】 母猪不发情。

激蛋散(《中华人民共和国兽药典》)

【组成】 虎杖 100 g,丹参 80 g,菟丝子 60 g,当归 60 g,川芎 60 g,牡蛎 60 g,地榆 50 g,肉苁蓉 60 g,丁香 20 g,白芍 50 g。

【用法】 共为末,按 1% 的量拌料饲喂。

【功效】 清热解毒,活血祛瘀,补肾强体。

【主治】 输卵管炎,产蛋功能低下。

蛋鸡宝(《中华人民共和国兽药典》)

【组成】 党参 100 g,黄芪 200 g,茯苓 100 g,白术 100 g,麦芽 100 g,山楂 100 g,六神曲 100 g,菟丝子 100 g,蛇床子 100 g,淫羊藿 100 g。

【用法】 共为末,按 2% 的量拌料饲喂。

【功效】 益气健脾,补肾壮阳。

【应用】 用于提高产蛋率,延长产蛋高峰期。

驱球散(《中国兽医杂志》)

【组成】 常山 2500 g,柴胡 900 g,苦参 1850 g,青蒿 1000 g,地榆炭 900 g,白茅根 900 g。

【用法】 加水煎煮 3 次,浓缩至 2800 mL,或将以上中药粉碎,过筛。治疗量:将原药液稀释至 25% 的浓度,每千克饲料中加入 250 mL 稀释药液,拌匀,连续喂鸡 8 天;预防量:按 0.5% 的量拌料饲喂,连服 5 天。

【功效】 驱虫平肝,止血止痢。

【主治】 鸡球虫病。

虾蟹脱壳促长散(《中华人民共和国兽药典》)

【组成】 露水草 50 g,龙胆 150 g,泽泻 100 g,沸石 350 g,夏枯草 100 g,筋骨草 150 g,酵母 50 g,稀土 50 g。

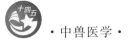

【用法】　共为末,虾蟹饲料中添加 0.1%。

【功效】　促脱壳,促生长。

【主治】　虾蟹脱壳迟缓。

鸡痢灵散(《中华人民共和国兽药典》)

【组成】　雄黄 10 g,藿香 10 g,白头翁 15 g,滑石 10 g,诃子 15 g,马齿苋 15 g,马尾连 15 g,黄柏 10 g。

【用法】　共为末。治疗量:每只雏鸡 0.5 g。预防量:按 1%～2% 的量拌料饲喂。

【功效】　清热解毒,涩肠止泻。

【主治】　雏鸡白痢。

百咳宁(《中兽医医药杂志》)

【组成】　柴胡 30 g,荆芥 30 g,半夏 30 g,茯苓 30 g,甘草 30 g,贝母 30 g,桔梗 30 g,杏仁 30 g,玄参 30 g,赤芍 30 g,厚朴 30 g,陈皮 30 g,细辛 6 g。

【用法】　共为末,按每日每千克体重 1 g 生药的量给药。将药粉用沸水焖半小时,取上清液,加水适量供饮用。药渣拌饲料喂鸡。

【功效】　止咳平喘,燥湿化痰。

【主治】　鸡呼吸道炎症。

蚌毒灵散(《中华人民共和国兽药典》)

【组成】　黄芩 60 g,黄柏 20 g,大青叶 10 g,大黄 10 g。

【用法】　共为末,1 m³ 水体泼洒 1 g。

【功效】　清热解毒。

【主治】　三角帆蚌瘟病。

模块三
针灸与按摩

项目一　针灸与按摩总论

任务一　针灸的起源和特点

　　中兽医针灸是我国兽医学宝贵的科学遗产。我国兽医学历史悠久。早在原始社会,人类把野生动物驯化成家畜的时期,就出现了砭石和骨针等医疗工具,考古资料证明,针法萌芽于新石器时代,最原始的针刺工具称为"砭石"(图 3-1),古代有文献记载,如"砭,以石刺病也","有石如玉,可以为针"。后来又发展为用竹削制而成,故"针"古代写成"箴",直至现今还有用竹削制而成的特殊巧治针具——夹气针,用以治疗大家畜陈久性肩膊部闪伤,有一定的疗效。随着生产发展,我国夏、商时期,已发明冶金术,此时金属针具开始创建和发展,以后逐渐形成九种针具,总称古代九针(图 3-2)。

图 3-1　新石器时代的砭石(有切割脓疡和针灸两种性能)

扫码学课件
任务 3-1-1

215

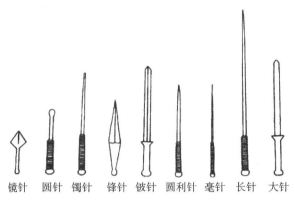

图3-2 古代九针

镜针 圆针 镯针 锋针 铍针 圆利针 毫针 长针 大针

视频:3-1-1

　　1982年兽医针灸专著《中国兽医针灸学》问世(图3-3)。该书记载了犬的针灸穴位76个,猫的针灸穴位36个。进入21世纪以来利用针灸治疗犬猫疾病,已在世界很多国家受到关注和应用。

图3-3 《中国兽医针灸学》封面

　　针灸术是针术和灸术的总称。针和灸是方法不同、作用相似的两种治疗技术,针刺是用针具刺入动物体某特定部位,以促使经络通畅、气血调和,达到扶正祛邪、治疗疾病的治疗目的的技术。

　　灸字是由"久"字和"火"字组成,其意是长时间加热。从而可知,"灸"法离不开火和热。灸法所用的燃料,最初是利用一般树枝等燃料来烧、灼、烫、熨以治病,通过反复实践,终于选择了易于点燃,火力温和,且有温通血脉作用的艾。人医《灵枢·经水》就有"其治以针艾"的记载;兽医在唐代《司牧安骥集》中也有用艾灸治病的记载。以后也有不断的发展,近代又逐步形成艾条灸和复方药物艾条灸(在艾绒中掺入皂角、细辛、雄黄、苍术、菖蒲等药末而制成)两大类。拔火罐和熨烙术,也是由温热灸演化而来。艾灸有疏通经络、祛除寒邪的功效。

　　在古代这两种方法常合并在一起应用,故常合称为"针灸",这种说法一直沿袭至今。针灸术是我国兽医临诊的一种独特的治疗技术。它具有治病范围广,操作简便、安全,疗效迅速,易学易用,节省药品,便于推广等优点。

Note

扫码学课件
任务 3-1-2

任务二　传统针灸器具与手法

应用各种类型的针具或某种刺激源(如激光、电磁波等)刺入或辐射动物体的一定穴位或患部,予以适当刺激,以治疗疾病的技术称为针术。

经络学说是针灸治病的理论基础。经络内属于脏腑,外络于肢节,通达表里,运行气血,使动物各脏腑组织器官与外界环境构成一个有机的整体,以维持动物的正常生理功能。在经络的径路上分布许多经气输注、出入、聚集的穴点,与相应的脏腑有着密切的联系。最新研究证明,相关腧穴与生殖分泌系统并不仅仅有神经传导途径,还存在另一条途径即经络传导途径。当动物感受病邪,阴阳失调时,就会发生疾病,通过针刺、灸熨一定的穴位,调节机体的气机,可使经络疏通,气血调和,正气充盛以驱除病邪,从而达到阴阳平衡的治疗目的。

现代医学认为,动物机体的一切生命活动,都受神经系统的支配与调节。针灸疗法的作用在于激发与调节神经功能,以达到治疗目的。

通过大量的实验研究表明,针灸对机体有如下三个方面的作用。

(一)针刺的止痛作用

针刺具有良好的止痛效果,已被大量的人兽临床资料和实验结果证实。如针刺家兔两侧的"内庭穴""合谷穴",以电极击烧兔的鼻中隔前部,以头部的躲避性移动为指标,结果 30 只家兔中有 15 只家兔的痛阈较针前提高。据此,有人提出这是由于针刺穴位的传入信号传入中枢后,可在中枢段水平抑制或干扰痛觉传入信号。这种抑制或干扰的物质,能降低或阻止缓激肽和 5-羟色胺对神经感受器的刺激,这是外周反应。又有研究证明,针刺或电针能使脑内释放出一种内啡肽物质,由于这种物质的存在,抑制了丘脑和大脑痛觉中枢的兴奋性,从而产生镇痛作用,这是中枢反应。又有研究证实这种内啡肽物质存在于脑脊液中,并可进入血液,通过甲、乙、丙动物的交叉循环实验,不仅受针刺的甲动物可呈现镇痛作用,接受甲血的未受针刺的乙动物也可产生镇痛作用。通过针刺产生的内啡肽物质,要经过 1~2 h 才能完全在血液中消失,故起针后 1~2 h 内仍有镇痛作用。有人把这种现象称作"后效应"或"麻余"。

(二)针灸的防卫作用(防御作用)

针刺一定穴位,可以使机体白细胞吞噬作用增强,血清糖皮质激素水平增高,同时也可使已有的特异性抗体增加,从而起到抗炎、退热及产生抗体等防卫作用。

研究表明,交感神经、副交感神经在针灸调整免疫功能过程中起着重要作用,环核苷酸在针灸调节细胞免疫过程中具有一定作用。

(三)针灸的双相调节作用

机体具有保持内外环境相对恒定的作用。如各地冬夏温度相差几十度,而健康人和动物的体温却始终保持在一个恒定的范围内,这就是机体的调节作用。针灸疗法能促进这种作用的实现。如临诊上给体温升高的马针降温穴,在 2 h 内可使其体温降低 2 ℃,而对体温正常的马则没有这种效应;又如针灸后海穴,对腹泻的动物可以止泻,对便秘的动物则可通便。同样,针灸对贫血可使红细胞增多,增加血红蛋白;而对红细胞过多症又可使之下降等等。这种作用的主要表现为良性的双向性的调节作用,使之趋于正常的生理平衡。

一、针具

常用的针具有如下几种。

(一)白针用具

1.毫针　针体光滑,针尖圆锐,针柄用金属丝缠裹,以便操作(图 3-4)。针体直径 0.64~1.25

mm(即 12 号、20 号和 23 号钢丝),针体长度有 10 cm、12 cm、15 cm、20 cm、25 cm、30 cm 多种。兽医毫针是近 20 年来仿照人医毫针所创制的一种针具,故又称新针。适用于深刺、透穴、针刺镇痛和小动物的白针穴位。

2. 圆利针 圆利针用不锈钢制成。特点是针尖呈三棱状,较锋利,针体较粗。针体直径 1.5～2 mm,长度有 2 cm、3 cm、4 cm、6 cm、8 cm、10 cm 数种。针柄有盘龙式、平头式、八角式、圆球式 4 种(图 3-5)。短针多用于针刺马、牛的眼部周围穴位及仔猪的白针穴位;长针多用于针刺马、牛、猪的躯干和四肢上部的白针穴位。

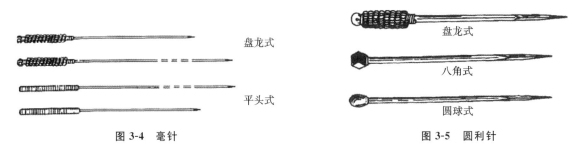

图 3-4　毫针　　　　　　　　　　　图 3-5　圆利针

(二)血针用具

血针用具包括宽针、三棱针、眉刀针和痧刀针。基本构造分为针体和针头两部分。

1. 宽针 宽针用优质钢制成。针头部如矛状,针刃锋利;针体部呈圆柱状。分大、中、小三种。大宽针长约 12 cm,针头部宽 8 mm,用于放大动物的颈脉、肾堂、蹄头血;中宽针长约 11 cm,针头部宽 6 mm,用于放大动物的带脉、尾本血;小宽针长约 10 cm,针头部宽 4 mm,用于放马、牛的太阳、缠腕血。

2. 三棱针 三棱针用优质钢或合金制成。针头部呈三棱锥状,针体部为圆柱状。有大、小两种,大三棱针用于针刺三江、通关、玉堂等位于较细静脉或静脉丛上的穴位或点刺分水穴,小三棱针用于针刺猪的白针穴位;针尾部有孔者,也可用作缝合针使用(图 3-6)。

3. 眉刀针和痧刀针 眉刀针和痧刀针均用优质钢制成。眉刀针形似眉毛,故名,全长 10～12 cm;痧刀针形似小眉刀,长 4.5～5.5 cm。两针的最宽部约 0.6 cm,刀刃薄而锋利,主要用于猪的血针放血,也可代替小宽针使用(图 3-7)。

(三)火针用具

火针用不锈钢制成。针尖圆锐,针体光滑,比圆利针粗。针体长度有 2 cm、3 cm、4 cm、5 cm、6 cm、8 cm、10 cm 等多种。针柄有盘龙式、螺旋式、双翅式、拐子式多种,也有另加木柄、电木柄的,以盘龙式、针柄夹垫石棉类隔热物质为多(图 3-8)。用于家畜的火针穴位。以上针具主要用于大、中家畜,对于宠物和小动物,可采用人用针具。

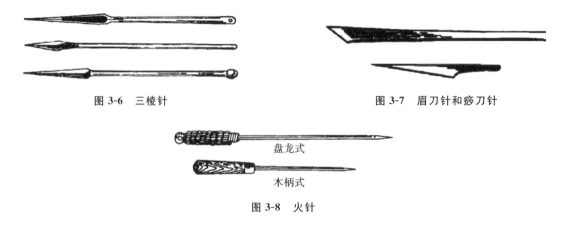

图 3-6　三棱针　　　　　　　　　图 3-7　眉刀针和痧刀针

图 3-8　火针

（四）巧治针具

1.穿黄针 与大宽针相似,但针尾部有一小孔,可以穿马尾或棕绳,主要用于穿黄穴,也可作大宽针使用,或用于穿牛鼻环(图 3-9)。

2.夹气针 用竹或合金制成。扁平长针,长 28～36 cm,宽 4～6 mm,厚 3 mm,针头钝圆,专用于针刺大家畜的夹气穴(图 3-10)。

图 3-9　穿黄针　　　　　　　　　　　　　　　　图 3-10　夹气针

3.三弯针 又名浑睛虫针或开天针,用优质钢制成,长约 12 cm,针尖锐利,距尖端约 5 mm 处呈直角双折弯。专用于针刺马的开天穴,治疗浑睛虫病(图 3-11)。

4.玉堂钩 用优质钢制成。尖部弯成直径约 1 cm 的半圆形,针尖呈三棱针状,针身长 6～8 cm,针柄多为盘龙式。专用于放玉堂穴的血(图 3-12)。

图 3-11　三弯针　　　　　　　　　　　　　　　图 3-12　玉堂钩

5.姜牙钩 用优质钢制成。针尖部半圆形,钩尖圆锐,其他与玉堂钩相似。专用于姜牙穴钩取姜牙骨。

6.抽筋钩 用优质钢制成。针尖部弯度小于姜牙钩,钩尖圆而钝。专用于抽筋穴钩拉肌腱。

7.骨眼钩 用优质钢制成。钩弯小,钩尖细而锐,尖长约 0.3 cm。专用于马、牛的骨眼穴钩取闪骨。

8.宿水管 用铜、铝或铁皮制成的圆锥形小管,形似毛笔帽。长约 5.5 cm,尖端密封,扁圆而钝,粗端管口直径 0.8 cm,有一唇形缘,管壁有 8～10 个直径 2.5 mm 的小圆孔,用于针刺云门穴放腹水。

（五）持针器

1.针锤 用硬质木料车制而成。长约 35 cm,锤头呈椭圆形,通过锤头中心钻有一横向洞道,用以插针。沿锤头正中通过小孔锯一道缝至锤柄上段的 1/5 处。锤柄外套一皮革或藤制的活动箍。插针后将箍推向锤头部则锯缝被箍紧,即可固定针具,将箍推向锤柄,锯缝松开,即可取下针具。主要用于安装宽针,放颈脉、胸堂、带脉和蹄头血(图 3-13)。

2.针杖 用硬质木料车制而成。长约 24 cm,粗 4 cm,在棒的一端约 7 cm 处锯去一半,沿纵轴中心挖一针沟即成。使用时,用细绳将针紧固在针沟内,针头露出适当长度,即可施针。常用于持宽针或圆利针(图 3-14)。

3.射针器 结构与手枪相似。施针时,将针具固定在枪头上,对准穴位,扣动扳机,针即被刺入穴位。常用于宽针或圆利针的针刺,也可用于水针发射注射针头。

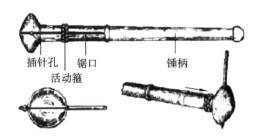

插针孔　锯口　　锤柄
活动箍

图 3-13　针锤

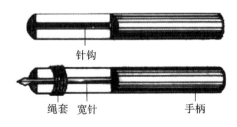

针钩

绳套　宽针　　　　手柄

图 3-14　针杖

二、针灸穴位

（一）施针前的准备

1. 针具的准备　根据施针的计划与目的选择适当的针具，检查其有无锈蚀、带钩、弯折。对所用针具用75％酒精棉球反复擦拭消毒。

2. 病畜准备　为便于针刺操作，确保人兽安全，对病畜须进行确实安全的保定。穴位部剪毛（也可不剪毛），先用5％碘酊消毒，后用酒精棉球涂擦脱碘，然后施针。其目的在于防止施针感染，特别注意防止厌氧菌感染。

3. 术者准备　术者手指应予消毒，同时根据临诊具体情况，确定针治处方，正确施针。术者要重视基本功的练习，包括指力、腕力练习，以及血针的瞄准练习。

（二）选穴规律及取穴方法

1. 选穴规律　针灸治病与方药治病一样，其目的主要是扶正祛邪，补虚泻实，同样有规律可循。一般是急性病宜针，慢性病宜灸；实证、热证宜泻；虚证、寒证宜补。只有辨证施治，才能发挥针灸的补泻作用，收到预期的治疗效果。古今兽医根据经络学说和穴位主治，结合临诊实践，提出了如下选穴规律。

（1）循经选穴：根据经络循行部位选穴。因疾病发生在某一脏腑，可通过经络反映在体表的相应部位，故可在相关的一经上选穴治疗，如肝热传眼，可放肝经的太阳血；肺热喘粗，可放肺经的颈脉血；心热神昏、口舌红肿糜烂，可放心经的胸堂血；肠黄，放脾经的带脉血等。

（2）局部选穴：某局部发生疾病，就在该部选穴。如混睛虫选开天穴；舌肿选通关穴；胃热选玉堂穴；锁口黄选锁口穴；低头难选九委穴；迎风痛选掠草穴等。

（3）邻近选穴：在患部的上下或左右附近的经络上选穴。如中风选大、小风门穴；尾根歪斜选尾根穴；公畜阴肾黄选阴俞穴；母畜水肾黄选会阴穴等。

（4）远端选穴：在患部的远离部位选穴。主要用于脏腑疾病的治疗。如脾虚泄泻、消化不良选后三里穴等。

（5）随证选穴：根据某些病证选取主要穴。如感冒时主选天门穴，高热加大椎穴以退热，通鼻解表加风门穴，咳嗽加肺俞穴或肺攀穴。又如在疝痛疾病时放三江、蹄头、带脉血，或取姜牙穴、三江穴、分水穴等。

以上几种选穴法也是针灸处方的基本原则，可单独应用，也可配合应用。

2. 取穴方法　取穴是针灸疗法取得良好效果的关键所在，绝对不是用针乱扎一下或扎入任何一个部位都能取得疗效。这正如《元亨疗马集》中指出的"针皮勿令伤肉，针肉勿令伤筋伤骨，隔一毫如隔泰山，偏一丝不如不针"。因此，施针前必须掌握好取穴方法，准确取穴，才能收到好的效果。一般取穴用以下几种方法。

（1）解剖形态取穴法：穴位多分布在骨骼、关节、肌腱、韧带之间或体表静脉管上。依其穴位的局部解剖形态作取穴标志是最合理的方法。

①以骨骼作取穴标志：如膊尖穴在肩胛骨与肩胛软骨交界处的前角凹陷中；百会穴在腰荐间隙的正中部；尾根穴在荐尾椎间的背侧正中等。这些穴位全以骨体的突起为标志。

②以肌、腱作取穴标志：如抢风穴在臂三头肌长头与外头和三角肌之间的凹陷处；汗沟穴、仰瓦穴、牵肾穴在股二头肌和半腱肌的肌沟内等，都是以肌、腱作取穴标志。

③以耳、眼、口、鼻等孔窍的固有特征作取穴标志：如耳上的耳尖穴，眼内的开天穴，上唇旋毛正中的分水穴，鼻侧的鼻俞穴等。

（2）体躯连线比例定位法：在某些解剖标志之间画线，以一线的比例分点或两线的交叉点为定穴依据。例如，百会穴与股骨大转子连线的中点为巴山穴，胸骨后缘与肚脐连线中点为中脘穴。

（3）指量取穴法：以术者第二指关节的宽度为取穴尺度，适用于中等体型的大家畜。即中指第二指关节的宽度为1.5 cm，食中指相并为3 cm，食、中、无名指3指相并为4.5 cm，食、中、无名、小指4

指相并为 6 cm。如马眼外角外侧 4 横指为眼脉穴、2 横指为太阳穴,肘后 4 横指脉管上为带脉穴,膊尖穴前下方 8 横指的肩胛骨前缘处为肺门穴等。

(三)施针的基本技术

1. 进针法 常用的有速刺和缓刺两种进针法。

(1)速刺进针法:又称急刺进针法,是以急速的手法将针刺入穴位。一般多在使用圆利针、宽针、三棱针和火针时运用。若使用圆利针时,先将针尖急速刺入穴位皮下,调整针刺角度后,随即迅速地刺入一定深度;使用宽针或三棱针时,要固定针尖长度,对准穴位,针刃顺血管方向敏捷地刺入血管,要求一针见血;如使用火针时,选择一定长度的火针针具,待针烧透后,一次急速刺入所需深度,不可中途加深。

(2)缓刺进针法:又称捻转进针法。一般仅用于小圆利针。进针时先将针尖刺入穴位皮下,以右手的拇指和食、中指持针柄,左手的拇指和食指固定针体,然后右手用轻捻小旋转的手法,缓缓刺入一定深度。

2. 进针方向 又称针刺角度。即针体与穴位皮肤平面所构成的角度,它是由针刺方向决定的,常见的有三种。

(1)直刺:针体与穴位皮肤垂直或接近垂直刺入,常用在肌肉丰满处的穴位,如巴山、环跳、百会等穴。

(2)斜刺:针体与穴位皮肤约成 45°角刺入,适用于骨骼边缘和不宜深刺的穴位,如关元俞、脾俞等穴。

(3)平刺:针体与穴位皮肤约成 15°角刺入,多用于肌肉浅薄处的穴位,如锁口、肺门、肺攀等穴。有时在施行透针时也常应用(图 3-15)。

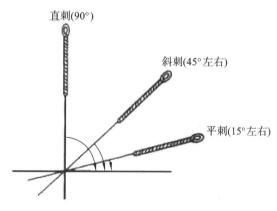

图 3-15　针刺角度

3. 进针深度与针感 针刺时进针深度必须适当,不同的穴位对针刺深度有不同的要求,如开关穴刺入 2~3 cm,而夹气穴一般要刺入 30 cm 左右。一般情况下,其他穴位均应以本书规定的深度为依据,但又须根据动物体型、年龄、体质、病情等不同而灵活掌握。一般肌肉菲薄,或靠近大血管,或内部有重要脏器的穴位,尤其是胸背部和胁下有肝、脾的穴位,针刺就不宜过深。而肌肉丰厚的穴位则可酌情深刺。

当针刺达到适当深度后,就可能产生针感。针感即"得气",是指在针刺过程中,术者手下感到沉紧,病畜出现提肢、拱腰、摆尾、局部肌肉收缩或跳动等反应。针刺在出现针感后,还应施以恰当的刺激,才能获得满意的治疗效果。

其刺激强度一般可分为三种。

(1)强刺激:手法是进针较深,较大幅度和较快频率地提插、捻转。一般多用于体质较强动物的四肢穴位,进行针麻手术时也常采用。

(2)弱刺激:手法是进针较浅,较小幅度和较慢频率地提插、捻转。一般多用于老弱、年幼的动物

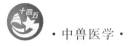

和内有重要脏器的穴位。

（3）中刺激：刺激强度介于上述两者之间，提插、捻转的幅度、强度、频率均取中等。针刺治病，要达到一定的刺激量，除保证刺激强度外，还需维持一定的刺激时间，才能取得较好效果。

4.施针手法　针刺操作须有正确的方法和术式。针刺得气后就要配合运用适宜的施针手法。

（1）提插："提"就是把刺入"针达部位"的针向上提；"插"就是把上提的针再向下刺。提和插是一个连续动作，有的也称"捣针"，也就是将针刺入穴位"得气"后，再一上一下连续不断地在一定范围内变动针刺深度的手法。一般先浅部后深部，反复重插轻提为补；先深部后浅部，反复重提轻插为泻。

（2）捻转："捻"就是毫针"得气"后，用手指捻转针柄，使针体不断左右摆动的手法；"转"是用手指拨动针柄，使深部的针体随之向不同方向轻微摆动的手法。一般顺时针转针为补，逆时针转针为泻。现多以捻针的强度来定补泻，即进针和出针时强度捻针为泻，轻度捻针为补。

（3）徐疾："徐"是慢，"疾"是快。无论是提插或捻转，都可徐可疾。因此，它是各种手法中的一种配合动作。一般徐缓进针，疾速出针为补；疾速进针，徐缓出针为泻。

（4）轻重：配合其他手法的一种操作。"轻"是在提插捻转时用力要轻；"重"是在提插捻转时较为用力，速度较快。轻者为补，重者为泻。

（5）留针：留针是在施针运用手法后，将针留在穴内一段时间，其长短根据病情决定，一般10～20 min。通常毫针、火针都要留针。

5.退针　退针又叫起针，可分为以下几种。

（1）捻转退针：起针时，一手按定针旁皮肤，另一手持针柄，左右捻转，将针慢慢退出。

（2）抽拔退针：起针时将针轻捻后，一手按定针旁皮肤，另一手持针柄，将针体迅速退出穴位。也叫急起针法。

（四）施针意外情况的处理

施针中只要妥善保定动物，选好针具，遵守操作规程，是不会发生意外事故的。一旦发生，要冷静、沉着，认真处理。

1.弯针　多由于动物体位变化，肌肉强烈收缩；或因进针时用力太猛，捻转、提插时指力不均匀造成。对弯曲小者，可顺针的弯曲方向缓缓拔出；若弯曲较大，则采用轻提轻按两手配合，顺弯曲方向，慢慢取出。切忌强力猛抽，以防割伤组织或折针。

2.折针　多由施针前失于检查，针体特别是与针柄交接处有缺损锈蚀；或进针后捻转过猛，或动物突然骚动不安造成。若折针断端露出皮肤，用钳子钳住拔出；若折针断端在皮下，则应控制动物以防其骚动，顺针孔切开皮肤，用钳子钳住断端拔出。

3.滞针　多因肌肉紧张，强力收缩，肌纤维夹持针体，无法捻转或拔出。此时可嘱畜主抚摸动物，待动物安静后，紧张的肌肉得到缓解，即可捻转拔针。

4.血针出血不止　多因针头过大，或用力过猛、过深刺伤深层动脉，或操作有误切断血管所致。出血轻者可用消毒药棉或止血粉（七厘散、云南白药、松萝止血粉，或枯矾粉、艾绒等）压迫止血；或包扎止血，或用止血钳钳住血管止血；若系动脉管被切断，则应手术结扎血管止血。

5.针孔化脓　多由于施针时穴位消毒不严，针具不洁，或针后雨淋水浸，针孔感染；火针烧针不透，或针后动物啃咬摩擦针穴所致。对于化脓轻者，挤出脓后涂擦碘酊，重者根据情况进行局部和全身治疗。

（五）施针注意事项

1.术者态度　古人曰，持针者手如缚虎，势若擒龙，心无外慕，如待贵宾。《元亨疗马集·伯乐明堂论》也说，"凡用针者，必须谨敬严肃，当先令兽停立宁静，喘息调匀……然后方可施针。"这都说明了术者必须严肃认真，操作谨慎。如术者举止轻浮，动作粗鲁，草率从事，很容易引起病畜惊恐不安，不仅施针困难，且易发生事故。

2.诊断确实　针灸前，应对病畜进行详细的检查，在辨证的基础上确定针灸处方。辨证是取穴与组方施术的依据,也是针灸能否有效的关键。若辨证不清,即行治疗,不但不能发挥针灸效果,反而增加病畜痛苦,贻误病机,增加治疗困难。

3.针灸时机 针灸施术,最好选择晴朗而温和的天气进行。在大风、大雨、光线阴暗等情况下,都不宜施术。同时,病畜在过饱、过饥及大失血、大出汗、劳役和配种后,也不宜立即施术。妊娠后期,腹部及腰部不宜施术,或不宜多针;刺激反应强烈的穴位也不宜施针,特别是火针,更应谨慎。

4.施术顺序 对性情温驯的病畜,一般情况下多是先针前部再针后部,先针背部再针腹部,先针躯干部再针四肢部。如果病畜躁动不安,为了避免施针困难或发生事故,亦可先针四肢下部再针上部,先针腹部再针背部。总之,要依据病畜的性格而灵活处理,原则上应以针治安全方便,不影响治疗效果为宜。

5.施术间隔 随针灸的种类而异,一般情况下,白针、电针、艾灸、醋麸灸可每天或隔天施术一次,血针、火针、醋酒灸每隔3～5天一次,夹气针、火烙一般不重复施术。对急性或特殊病例,则可灵活掌握。

6.术后护养 "三分治病,七分护养",足见护理工作的重要。针灸后应对病畜加强护理,役畜停止使役,休养4～6天(重病要多延长几日)。避免雨淋或涉水,特别是针刺背腰部与四肢下部穴位时,更应预防感染。治疗颈风湿针刺抽筋穴后,要不断调整饲槽高度,以病畜能勉强够得着为准,以后根据病情好转情况,把饲槽逐渐放低,直至放到地面上病畜也能采食,则病告痊愈。烧烙术后的"跳痂期",术部发痒,采用"双缰拴马法",防止其啃咬术部。醋酒灸后的病畜要加盖毡被,以防汗后再感风寒等。

三、艾灸与温熨

(一)艾灸

用点燃的艾绒在患病动物的一定穴位上熏灼,借以疏通经络,驱散寒邪,达到治疗疾病目的所采用的方法,称为艾灸疗法。

艾绒是中药艾叶经晾晒加工捣碎,去掉杂质粗梗而制成的一种灸料。艾叶性辛温、气味芳香、易于燃烧,燃烧时热力均匀温和,能穿透肌肤直达深部,有通经活络、祛除阴寒、回阳救逆的功效,有促进功能活动的治疗作用。常用的艾灸疗法分为艾炷灸和艾卷灸两种,此外还有与针刺结合的温针灸。

1.艾炷灸 艾炷是用艾绒制成的圆锥形的艾绒团,将其直接或间接置于穴位皮肤上点燃,前者称为直接灸,后者称为间接灸。艾炷有小炷(黄豆大)、中炷(枣核大)、大炷(大枣大)之分。每燃尽一个艾炷,称为一炷或一壮。治疗时,根据动物的体质、病情以及施术的穴位不同,选择艾炷的大小和数量。一般来说,初病、体质强壮者,艾炷宜大,壮数宜多;久病、体质虚弱者艾炷宜小,壮数宜少;直接灸时艾炷宜小,间接灸时艾炷宜大。

(1)直接灸。将艾炷直接置于穴位上,在其顶端点燃,待烧到接近底部时,再换一个艾炷。根据灸灼皮肤的程度又分为无瘢痕灸和有瘢痕灸两种。

①无瘢痕灸。多用于虚寒轻证的治疗。将小艾炷放在穴位上点燃,动物有灼痛感时不待艾炷燃尽就更换另一艾炷。可连续灸3～7壮,至局部皮肤发热时停灸。术后皮肤不留瘢痕。

②有瘢痕灸。多用于虚寒痼疾的治疗。将放在穴位上的艾炷燃烧到接近皮肤、动物灼痛不安时换另一艾炷。可连续灸7～10壮,至皮肤起水疱为止。术后局部出现无菌性化脓反应,十几天后,渐渐结痂脱落,局部留有瘢痕。

(2)间接灸。在艾炷与穴位皮肤之间放置药物的一种灸法。

①隔姜灸。将生姜切成0.3 cm厚的薄片,用针穿透数孔,上置艾炷,放在穴位上点燃,灸至局部皮肤温热潮红为度(图3-16)。该法利用姜的温里作用,以加强艾灸的祛风散寒功效。

②隔蒜灸。方法与隔姜灸相似,只是将姜片换成用独头大蒜切成的蒜片施灸(图3-16),每灸4～5壮须更换蒜片一次。隔蒜灸利用了蒜的清热作用,常用于治疗痈疽肿毒证。

2. 艾卷灸　用艾卷代替艾炷施行灸术,不但简化了操作手续,而且不受体位的限制,全身各部位均可施术。具体操作方法可分下列三种。

(1)温和灸。将艾卷的一端点燃后,在距穴位 0.5～2 cm 处持续熏灼,给穴位一种温和的刺激,每穴灸 5～10 min(图 3-17),适于风湿痹痛等证。

(2)回旋灸。将燃着的艾卷在患部的皮肤上往返、回旋熏灼,用于病变范围较大的肌肉风湿等证。

(3)雀啄灸。将艾卷点燃后,对准穴位,接触一下穴位皮肤,马上拿开,再接触再拿开,如雀啄食,反复进行 2～5 min(图 3-18)。多用于需较强火力施灸的慢性疾病。

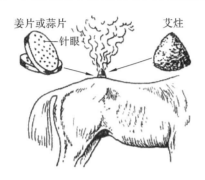

图 3-16　隔姜灸、隔蒜灸

图 3-17　温和灸

3. 温针灸　温针灸是针刺和艾灸相结合的一种疗法,又称为烧针柄灸法。即在针刺留针期间,将艾卷或艾绒裹到针柄上点燃,使艾火之温热通过针体传入穴位深层,而起到针和灸的双重作用(图3-19)。该法适用于既需留针,又需施灸的疾病。

图 3-18　雀啄灸

图 3-19　温针灸

(二)温熨

温熨,又称为灸熨,是指应用热源物对动物患部或穴位进行温敷熨灼的刺激,以防治疾病。温熨包括醋麸灸、醋酒灸和软烧法三种,主要针对较大的患病部位,如背腰、腰胯、前后肢等。

1. 醋麸灸　醋麸灸是用醋拌炒麦获热敷患部的一种疗法,主治背部及腰胯风湿等证。用于马、牛等大动物时,需准备麦糠 10 kg(也可用醋糟、酒糟代替),食醋 3～4 kg,布袋(或麻袋)两条。先将一半麦糠放在铁锅中炒,随炒随加醋,至手握麦糠成团、放手即散为度。炒至温度达 40～60 ℃时即可装入布袋中,平坦地搭于患病动物腰背部进行热敷。此时再炒另一半麦糠,两袋交替使用。当患部微有汗出时,除去装有麦糠的布袋,以干麻袋或毛毯覆盖患部,调养于暖厩,勿受风寒。本法可一天一次,连续数天。

2. 醋酒灸　醋酒灸俗称火烧战船。醋酒灸是用醋和酒直接灸熨患部的一种疗法。主治背部及腰胯风湿,也可用于破伤风的辅助治疗,但忌用于瘦弱衰老、妊娠动物。施术时,先将患病动物保定于六柱栏内,用毛刷蘸醋刷湿背腰部被毛,面积略大于灸熨部位,以 1 m 见方的白布或双层纱布浸透醋液,铺于背腰部;然后以橡皮球或注射器吸取 60 度的白酒或 70% 以上的酒精均匀地喷洒在白布上,点燃;反复地喷酒浇醋,维持火力,即火小喷酒,火大浇醋,直至动物耳根和肘后出汗为止。在施术过程中,切勿使敷布及被毛烧干。施术完毕,以干麻袋压熄火焰,抽出白布,再换搭毡被,用绳缚牢,将病畜置暖厩内休养,勿受风寒(图 3-20、图 3-21)。

图 3-20 醋酒灸

图 3-21 酒灸

3. 软烧法 软烧法是以火焰熏灼患部的一种疗法,适用于慢性关节炎、屈腱炎、肌肉风湿等体侧部的疾病。

(1)术前准备。软烧棒,作火把用;长柄毛刷,为蘸醋工具,也可用小扫帚代替;醋椒液,取食醋 1 kg,花椒 50 g,混合煮沸数分钟,滤去花椒候温备用;60 度白酒 1 kg,或用 95% 酒精 0.5 kg。

(2)操作方法。将患病动物妥善保定于柱栏内,健肢向前方或后方转位保定,以长柄毛刷蘸醋椒液在患部大面积涂刷,使被毛完全湿透。将软烧棒棉槌浸透醋椒液后拧干,再喷上白酒或酒精后点燃。术者摆动火棒,使火苗呈直线甩于患部及其周围。开始摆动宜慢、火苗宜小(文火),待患部皮肤温度逐渐升高后,摆动宜快、火苗加大(武火)。在燎烤中,应随时在患部涂刷醋椒液保持被毛湿润;并及时在棉槌上喷洒白酒,使火焰不断。每次烧灼持续 30~40 min(图 3-22)。

4. 注意事项 烧灼时,火力宜先轻后重,勿使软烧棒棉槌直接打到患部,以免造成烧伤。术后动物应注意保暖,停止使役,每天适当牵遛运动。术后 1~2 天病畜跛行有所加重,待 7~15 天会逐渐减轻或消失。若未痊愈,1 个月后可再施术一次。

四、烧烙

使用烧红的烙铁在患部或穴位上进行熨烙或画烙的治疗方法,称为烧烙疗法(简称烧烙)。马各部烧烙图样见图 3-23。烧烙具有强烈的烧灼作用,所产生的热刺激能透入皮肤肌肉组织,深达筋骨,对一些针药久治不愈的慢性顽固性筋骨、肌肉、关节疾病以及破伤风、神经麻痹等具有较好的疗效。烧烙疗法分为直接烧烙(画烙)和间接烧烙(熨烙)两种。

图 3-22 软烧

图 3-23 马各部烧烙图样

(一)直接烧烙

直接烧烙又称画烙,即用烧红的烙铁按一定图形直接在患部烧烙的方法。适用于慢性屈腱炎、慢性关节炎、慢性骨化性关节炎、骨瘤、外周神经麻痹、肌肉萎缩等。

1. 术前准备 尖头刀状烙铁和方头烙铁各数把(有条件的可用电热烧烙器),小火炉 1 个,木炭、木柴或煤炭数千克,陈醋 50 mL,消炎软膏 1 瓶。病畜术前绝食 8 h,根据烧烙部位不同,可选用二柱栏站立保定,或用缠缚式倒马保定法横卧保定。

2. 操作方法 将烙铁在火炉内烧红,先取尖头刀状烙铁画出图形,再用方头烙铁加大火力继续烧烙。开始时宜轻烙,逐渐加重,且边烙边喷洒醋。烙铁必须均匀平稳地单方向拉动,严禁拉锯式来回运动。烧烙的顺序一般是先内侧、后外侧,先上部、后下部。如保定绳妨碍操作,也可先烙下部,再烙上部,以施术方便为宜。烧烙程度分轻度、中度、重度三种。烙线处皮肤呈浅黄色,无渗出液为轻度;烙线处皮肤呈金黄色,并有渗出液渗出为中度;达中度再将渗出液烙干为重度。一般烙至中度即可,对慢性骨化性关节炎可烙至重度。烙至所需程度后,再喷洒一遍醋,轻轻画烙一遍,涂搽薄薄一层消炎软膏,动物解除保定。

3. 注意事项

(1)幼龄、衰老、妊娠后期不宜施术。严冬、酷暑、大风、阴雨气候不宜烧烙。

(2)烧烙部位要避开重要器官和较大的神经和血管。患部皮肤敏感,或有外伤、软肿、疹块及脓疡者,不宜烧烙。

(3)同一形状的烙铁要同时烧 2~3 把,以便交替使用。烙铁烧至杏黄色为宜,过热呈黄白色则易烙伤皮肤;火力小烙铁呈黑红色,不仅达不到烧烙要求,也易黏皮肤而发生烙伤。

(4)烧烙时严禁重力按压皮肤或来回拉动烙铁,以免烙伤患部。

(5)烧烙后应擦拭病畜身上的汗液,以防感冒。有条件的可注射破伤风抗毒素,以防发生破伤风。术后不能立即饮喂,注意防寒保暖,保持术部的清洁卫生,防止病畜啃咬或磨蹭,并适当牵遛运动。

(6)同一病畜需多处画烙治疗时,可先烙一处,待烙面愈合后,再烙他处。同一部位若需再次烧烙,也须在烙面愈合后进行,且尽可能避开上次烙线。

(二)间接烧烙

间接烧烙是用方形烙铁在覆盖有用醋浸透的棉花纱布垫的穴位或患部上进行熨烙的一种治疗方法。适用于破伤风、歪嘴风、脑黄、癫痫、脾虚湿邪、寒伤腰胯、颈部风湿、筋腱硬肿和关节僵硬等的治疗。

1. 术前准备 方形烙铁数把,棉花纱布垫数个,陈醋、木炭、火炉等。病畜妥善保定在二柱栏或四柱栏内,必要时可横卧保定。

2. 操作方法 将浸透醋液的棉花纱布垫固定在穴位或患部。若患部较大,可将棉花纱布垫缠于该部并固定。术者手持烧红的方形烙铁,在棉花纱布垫上熨烙,手法由轻到重,若烙铁不热及时更换,并不断向棉花纱布垫上加醋,勿让棉花纱布垫烧焦。熨烙至术部皮肤温热,或其周围微出汗时(大约需 10 min)即可。施术完毕,撤去棉花纱布垫,擦干皮肤,解除保定。若病未愈,可隔 1 周后,再次施术。

3. 注意事项

(1)烙铁以烧至红褐色为宜,过热易烫伤术部皮肤。

(2)熨烙时,烙铁宜不断离开术部棉花纱布垫。不应长时间用力强压熨烙,以免发生烫伤。

(3)术后应加强护理,防止风寒侵袭,并经常牵遛运动。

任务三　现代针灸疗法

一、电针术

电针术是将毫针、圆利针刺入穴位产生针感后，连接电针机，通过针体导入适量的电流，利用电刺激来加强或代替手捻针刺激以治疗疾病的一种疗法。这种疗法的优点：①节省人力，可长时间通电刺激，减轻术者的劳累。②刺激强度可控，可通过调整电流、电压、频率、波形等选择不同强度的刺激。③治疗范围广，对多种病证如神经麻痹、肌肉萎缩、急性跛行、风湿症、马骡结症、牛前胃病、消化不良、寒虚泄泻、风寒感冒、垂脱症、不孕症、胎衣不下等均有较好的疗效。④无副作用，方法简便、经济安全。

扫码学课件
任务 3-1-3

（一）术前准备

圆利针或毫针、电针机及其附属用具（导线、金属夹）、剪毛剪、消毒药品等。电针机是电针术的主要工具，目前多用半导体针灸针麻机，它具有体积小、便于携带、操作简单、输出线路多、连续可调、直视定量、一机多用等优点。

（二）操作方法

1. 选穴扎针　根据病情，选定穴位（每组 2 穴），常规剪毛消毒，将圆利针或毫针刺入穴位，行针使之出现针感。

2. 接通电针机　先将电针机调至治疗档，各种旋钮调至"0"位，将正、负极导线分别夹在针柄上；然后打开电源开关，根据病情和治疗需要，以及患病动物对电流的耐受程度来调整电针机的各项参数（图 3-24）。

图 3-24　电针机

（1）波形：脉冲电流的波形较多，常见的有矩形波（方波）、尖形波、锯齿波等。多用方波，它既能降低神经的感受性，具有消炎、止痛的作用；还能增强神经肌肉的紧张度，从而提高肌肉张力，治疗神经麻痹、肌肉萎缩。复合波形有疏波、密波、疏密波、间断波等。密波、疏密波可使神经肌肉兴奋性降低，缓解痉挛、止痛作用明显；间断波可使肌肉强力收缩，提高肌肉紧张度，对神经麻痹、肌肉萎缩有效。

（2）频率：电针机的频率范围为 10～550 Hz。一般治疗时频率不必太高，只在针麻时才应用较高的频率。治疗软组织损伤时频率可稍高；治疗结症则频率要低。

（3）电流输出强度：电流输出强度的调节一般由弱到强，以患病动物能够安静接受治疗的最大耐受量为度。

各种参数调整妥当后，继续通电治疗。通电时间一般为 15～30 min。也可根据病情和病畜体质适当调整，对体弱而敏感的病畜，治疗时间宜短些；对某些慢性且不易收效的疾病，治疗时间可长些。在治疗过程中，为避免患病动物对刺激的适应，应经常变换波形、频率和电流输出强度。治疗结束前，频率调节应该由高到低，电流输出强度由强到弱。治疗完毕后，应先将各种旋钮调回"0"位，再关闭电源开关，除去导线夹，起针消毒。

电针术一般每天或隔天一次，5～7 天为一个疗程，每个疗程间隔 3～5 天。

（三）注意事项

（1）针刺靠近心脏或延脑的穴位时，必须掌握好深度和刺激强度，防止伤及心、脑而导致猝死。动物也必须保定确实，防止因动物骚动而将针体刺入深部。

（2）针柄若由经氧化铝处理的铝丝绕制，因氧化铝为电绝缘体，电针机的金属夹应夹在针体上。

（3）通电期间，注意金属夹与导线是否固定妥当，若因动物骚动而致金属夹脱落，必须先将电流输出强度及频率调至"0"位或低档，再连接导线。

（4）在通电过程中，有时针体会随着肌肉的震颤渐渐向外退出，需注意及时将针体复位。

（5）在电针过程中，有些穴位呈现渐进性出血或形成皮下血肿，不需处理，几日后即可自行消散。

二、微波针术

微波针术是将毫针或圆利针刺入穴位产生针感后，连接微波针治疗仪，经针体导入适量的微波，利用针刺效应和微波的热效应、电磁效应来治疗疾病的方法。其优点包括：①穿透力强，对组织具有较深的穿透力，其导热作用可达皮下组织 5 cm 左右；②改善局部血液循环；③受热均匀，后效应强；④疗效好，取穴少，操作简便。对各种腰胯痛、神经痛、风湿症有较好的疗效。

（一）术前准备

毫针或圆利针，微波针治疗仪。

（二）操作方法

根据病情选定穴位，刺入毫针或圆利针，待出现针感后，将微波针治疗仪导线连接到针柄上，再打开电源，逐渐增加微波输出强度，直至针体微热、穴位周围有微热感为度，持续治疗 15～20 min。治疗结束，先将微波输出强度调至"0"位，再关闭电源，起针消毒针孔。一般每天或隔天 1 次，5～7 次为一个疗程。

（三）注意事项

必须严格遵守安全操作规程，保证针体与微波针治疗仪良好接触，否则影响疗效。

三、电磁针灸术

（一）TDP 疗法

TDP 是特定电磁波谱治疗器的简称，它是利用 TDP 发出的特定电磁波刺激穴位或患部，来治疗疾病的一种方法，相当于灸术。研究表明，特定电磁波谱具有热效应、酶效应和神经系统效应，能使局部微血管扩张，血流加快，抑制炎症反应过程中的损害因素，促进创伤愈合。适用于各种炎症，如关节炎、腱鞘炎、炎性肿胀、扭挫伤等；产科疾病，如子宫脱、阴道脱、胎衣不下、子宫炎及卵巢功能性不孕、阳痿等。对幼畜疾病也有较好的疗效。

1.操作方法

施术前先打开 TDP，预热 5～10 min，病畜妥善保定，暴露治疗部位。然后将机器定时器调整到所需照射的时间，照射头对准患区进行照射。照射距离一般为 15～40 cm，照射时间每次 30～60 min。照射次数视病情而定，一般每天或隔天 1～2 次，7 天为一个疗程。隔 2～3 天后，可进行第二个疗程。

2.注意事项

严格按照操作规程进行操作，避免触电等意外事故的发生。照射时，应随时注意病畜的反应，如病畜骚动不安，应及时调整照射距离，避免烧伤。

（二）磁疗法

磁疗法是单独运用磁场或同时运用针、电和磁场刺激穴位来治疗疾病的方法。包括磁针疗法、电磁针疗法、旋磁疗法、磁按摩法等。对急性软组织损伤、幼畜腹泻、胃肠炎、风湿性关节炎、疼痛性疾病等有较好的疗效。

1. 操作方法

（1）磁针疗法：操作方法有四种。①将毫针或耳针刺入穴位后，在针柄上放一磁片，每天治疗 20～30 min。②预先将圆利针或毫针的针柄盘成钟表发条状，针刺入穴位后将磁体置于针柄上。③将皮内针或耳针刺入体穴或耳穴，针盖上放一小磁片，再以胶布固定，3～5 天换一次磁片。④用橡皮膏将磁片贴敷于体表穴位或患部，或直接将磁片埋植于穴位的皮下。

（2）电磁针疗法：在磁针的基础上再接以脉冲电疗机，接通电源后，即可同时产生针、电、磁三种综合效应。每次通电 30 min 左右，每天治疗 1 次。对深部疾病效果较好，常用于面神经麻痹、肌肉风湿症等的治疗。

（3）旋磁疗法：将旋转的磁疗机的机头（即磁场）对准穴位或患部，靠近或轻轻触压皮肤即可。每次 20～30 min，每天 1～2 次。适用于血肿、皮肤溃疡、冻伤、急慢性肠炎、角膜炎、周期性眼炎及肌肉风湿症等。

（4）磁按摩法：将电动磁按摩器的橡胶触头按在选定的穴位或患部上，每次连续按摩 15～30 min。该法同时具有磁场、机械振动按摩及一定的热效应，是一种多效能的治疗方法，适用于关节、肌肉风湿症和跌打损伤等。

2. 注意事项

（1）治疗用针应能对磁产生吸引力，贴磁应牢固，勿使其脱落。放在针柄上的磁片，应用单片，不能用两块南北极对称的磁片夹持针体。

（2）应逐渐增加磁疗剂量，包括磁场作用面积的大小和磁块数量的多少，以及治疗时间的长短等。

（3）对于皮肤有出血破溃、白细胞总数在 4000 以下及体质极度衰弱、高热者，不宜应用。

四、激光针灸术

应用医用激光器发射的激光束照射穴位或灸烙患部以防治疾病的方法，前者称为激光针术，后者称为激光灸术。激光具有亮度高、方向精、相干性强和单色性好等特点，因此对机体组织的刺激性能良好，穿透力强，可产生良好的温热效应和电磁效应。激光针灸术具有操作简便、疗效显著、强度可调、无痛、无菌等特点，而且以激光代针，无滞针、折针之忧，减少了针灸意外事故的发生，是安全可靠的新型治疗方法。

（一）术前准备

医用激光器，动物妥善保定，暴露针灸部位。

（二）操作方法

1. 激光针术 应用激光束直接照射穴位，又称激光针术或激光穴位照射。适用于各种动物多种疾病的治疗，如肢蹄闪伤捻挫、神经麻痹、便秘、结症、腹泻、消化不良、前胃病、不孕症和乳腺炎等。一般采用低功率氦氖激光器，波长 632.8 nm，输出功率 2～30 mW。施针时，根据病情选配穴位，每次 1～4 穴。穴位部剪毛消毒，用龙胆紫或碘酊标记穴位，然后打开医用激光器电源开关，出光后激光照头距离穴位 5～30 cm 进行照射，每穴照射 2～5 min，一次治疗照射总时间为 10～20 min。一般每天或隔天照射一次，5～10 次为一个疗程。

2. 激光灸术 根据灸烙的程度可分为激光灸灼、激光灸熨和激光烧烙三种。

（1）激光灸灼：也称二氧化碳激光穴位照射，适应证与氦氖激光穴位照射相同。二氧化碳激光的波长 10.6 μm，兽医临床常用的输出功率一般为 1～5 W，也有的高达 30 W 以上。施术时，选定穴位，打开激光器预热 10 min，使用聚焦照头，距离穴位 5～15 cm，用聚焦原光束直接灸灼穴位，每穴灸灼 3～5 s，以穴位皮肤烧灼至黄褐色为度。一般每隔 3～5 天灸灼一次，总计 1～3 次即可。

（2）激光灸熨：使用输出功率 30 mW 的氦氖激光器，或 5 W 以上的二氧化碳激光器，以激光散焦照射穴区或患部。适用于大面积烧伤、创伤、肌肉风湿、肌肉萎缩、神经麻痹、肾虚腰胯痛、阴道脱、子宫脱和虚寒泄泻等。治疗时，装上散焦照头，打开激光，照头距离穴区 20～30 cm，照射至穴区皮肤温度升高,动物能够耐受为度。如计时照射,每区辐照5～10 min,每次治疗总时间为20～30 min,每天或隔天一次,5～7次为一个疗程。二氧化碳激光器功率大,辐照面积大,照射面中央温度高,必须注意调整照头与穴区的距离,确保给患部以最适宜的灸熨刺激。当病变组织面积较大时,可分区轮流照射,无须每次都灸熨整个患部。若为开放性损伤,宜先清创、后照射。

(3)激光烧烙:应用输出功率30 W以上的二氧化碳激光器发出的聚焦光束代替传统烙铁进行烧烙。适用于慢性肌肉萎编、外周神经麻痹、慢性骨关节炎、慢性屈腱炎、骨瘤、肿瘤等。施术时,打开激光器,手持激光烧烙头,直接渐次烧烙术部,随时小心地用毛刷清除烧烙线上的炭化物,边烧烙边喷洒醋醋液,烧烙至皮肤呈黄褐色为度。烧烙完毕,关闭电源,烧烙部再喷洒醋液一遍,涂以消炎软膏,最后解除动物保定。一般每次烧烙时间为40～50 min。

(三)注意事项

(1)所有操作人员应佩戴激光防护眼镜,防止激光及其强反射光伤害眼睛。

(2)开机严格按照操作规程,防止漏电、短路和意外事故的发生。

(3)随时注意患病动物的反应,及时调整激光刺激强度。灸熨面积一般要大于病变组织的面积。若照射腔、道和瘘管等深部组织时,要均匀而充分。

(4)激光照射具有累积效应,应掌握好疗程和间隔时间。

任务四　其他针灸术

扫码学课件
任务 3-1-4

一、埋植术

埋植术即埋植疗法,是将肠线或某些药物埋植在穴位或患部以防治疾病的方法。埋植物在体内有一定的吸收过程,因此其对机体的刺激持续时间长,刺激强烈,从而可产生明显的治疗效果。因埋植物有线类埋植物和药类埋植物的不同,因而埋植疗法分为埋线疗法和埋药疗法两种。

(一)埋线疗法

最常用的是医用羊肠线,有时也可用丝线或马尾。适用于动物的闪伤跛行、神经麻痹、肌肉萎缩、角膜炎、消化不良、下痢、咳嗽和气喘等。

1.术前准备

(1)器材:埋线针,可用封闭针(针尖稍磨钝),针芯用除去针尖的毫针(针体稍短于封闭针),也可用16号注射针头或皮肤缝合针等;肠线,可用镭制1～3号医用羊肠线等。此外,还需准备持针钳、外科剪及常规消毒用品等。

(2)穴位:依据病证的不同,选用不同的穴位。马病常用脾俞、后海、后三里、睛俞、睛明、抢风、腰中、腰后、巴山、大胯等穴;猪病常用后海、脾俞、关元俞、后三里、尾干等穴。一般每穴只埋植一次,如需第二次治疗,应间隔1周,另选穴位埋植。

施术前,先将医用羊肠线剪成1 cm长的小段,或10～15 cm长的大段,置灭菌生理盐水中浸泡;保定动物后,穴位处剪毛消毒。

2.操作方法

(1)封闭针埋线法:将针芯向后退出1 cm,取医用羊肠线2～3小段,放置在封闭针腔前端,将针刺入穴位内,达所需深度后,在缓缓退针的同时,将针芯前推,把医用羊肠线送入穴位内;然后退出封闭针,消毒针孔。

(2)注射针埋线法:将医用羊肠线大段穿入16号注射针头的管腔内,针外留出多余的肠线;将注射针头垂直刺入穴位,随即将针头急速退出,使部分肠线留于穴内;用剪刀贴皮肤剪断外露肠线,然后提起皮肤,使肠线埋于穴内,最后消毒针孔。

Note

(3)缝合针埋线法:用持针钳夹住带医用羊肠线的缝合针,从穴旁 1 cm 处进针,穿透皮肤和肌肉,从穴位另一侧穿出;剪断穴位两边露出的肠线,轻提皮肤,使肠线完全埋进穴位内,最后消毒针孔(图 3-25)。若用丝线或马尾埋线,穿刺穴位后不必剪断,只需将穴外的丝线或马尾挂系一结,待病愈后将其抽出。

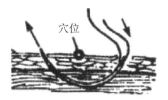

图 3-25　埋线法

3.注意事项

(1)操作时应严格消毒,术后加强护理,防止术部感染。

(2)注意掌握埋植深度,不得损伤内脏、大血管和神经干。

(3)埋线后局部有轻微炎症反应,或有低热,1～2 天即可消退,无须处理。如穴位感染,应进行消炎治疗。

(4)患热性病者,忌用本法。

(二)埋药疗法

常用的是白胡椒和蟾酥,因所埋药物的种类和所选穴位主治的不同,其治疗作用也各不相同。

1.术前准备

(1)器材:手术刀或大宽针,止血钳,镊子,灭菌棉花、纱布,氧化锌胶布,铜钱等。

(2)药品:消毒用酒精、碘酊、火棉胶;埋植用药物,主要有白胡椒、蟾酥、明矾、松香、猫眼草(大戟科植物,又名耳叶大戟)根、羊蹄(蓼科植物,又名土大黄)根、葛根及芫花根皮等。

(3)穴位:膻中、卡耳(耳廓中、下部,内外侧均可,以外侧多用)、槽结等穴。

2.操作方法

(1)埋白胡椒法:常用于猪的膻中穴,主治猪气喘病。仰卧保定病猪,消毒膻中穴,以大宽针在穴位皮肤上做一切口,捏起皮肤做成皮肤囊,在囊内包埋白胡椒 4～5 粒,消毒后,切口以氧化锌胶布封闭。

(2)埋蟾酥法(卡耳疗法):常用于猪的卡耳穴,主治猪支气管炎、猪气喘病、猪肺疫、猪丹毒等。消毒病猪耳廓,以大宽针在卡耳穴切开做成皮肤囊,在囊内埋入绿豆大蟾酥 1 粒,切口用氧化锌胶布封闭。

(3)埋明矾、松香法:常埋在疮黄患部,主治疮黄肿毒。取明矾、松香各等份,放锅内加热炼成膏,制成小圆粒状,桐子大,备用。患病动物站立保定,以大宽针刺破患部皮肤,纳入药丸一粒,用氧化锌胶布或火棉胶封闭。

(4)埋铜钱法:常用于马的通天穴,主治马的热性病。以大宽针切开穴位处皮肤,纳入消过毒的铜钱一枚,外用氧化锌胶布封闭。

(5)埋羊蹄根法:常埋在马的疮黄处,主治马外黄。以大宽针在疮黄四周刺孔,将羊蹄根削成枣核状,植入孔中。如无羊蹄根,用葛根也可。

(6)埋猫眼草根法:穴位根据病位而定,病在口唇部或项上,选槽结穴;病在前肢,选穿黄穴;病在后躯,选百会穴;病在肷窝或股内侧,选疮肿基部。一般是左病埋左,右病埋右。主治马的肺毒疮(为体表遍身瘙痒,脱毛生疮之症)。将猫眼草根削成麦粒大锭子,每穴埋药一锭,用氧化锌胶布或火棉胶封闭针孔。

3. 注意事项

(1)实施埋药疗法时,应注意对所用器材、药品及术部的消毒,严防感染。

(2)植入穴内的白胡椒,一般经 30 天左右可被吸收,不必取出。

(3)埋入蟾酥时,因药物的刺激作用,可引起局部发炎、坏死,愈合后可能会出现瘢痕或缺损。治体表黄肿时,应尽量在肿胀下方刺孔埋药,便于炎性渗出物的排出。

二、拔火罐

拔火罐是指借助火焰消耗罐内部分空气,使罐内形成负压吸附在病畜穴位皮肤上来治疗疾病的方法。古代火罐多用牛角制作,故古称角法。负压可造成局部瘀血,具有温经通络、活血逐痹的作用。适用于各种疼痛性疾病,如肌肉风湿,关节风湿,胃肠冷痛,急、慢性消化不良,风寒感冒,寒性喘证,阴寒疮疽,跌打损伤以及吸毒、排脓等。

(一)术前准备

火罐数个,妥善保定病畜,术部剃毛,或在火罐吸着点上涂不易燃烧的黏浆剂。

(二)操作方法

1. 单独拔罐法 根据排气的方法,常用的方法有以下 3 种。

(1)闪火法:用夹子夹一块酒精棉,点燃后,伸入罐内烧一下再迅速抽出,立即将罐扣在术部,火罐即可吸附在皮肤上(图 3-26)。此法火不接触病畜,故无烧伤之弊。

(2)投火法:将纸片或酒精棉点燃后,投入罐内,不等纸片或酒精棉烧完或火势正旺时,迅速将罐扣在术部(图 3-27)。此法宜从侧面横扣,以免烧伤皮肤。

(3)架火法:将一块不易燃烧且导热性很差的片状物(如姜片、木塞等)放在术部,上面放一小块酒精棉,点燃后,将罐口烧一下,迅速扣至术部(图 3-28)。

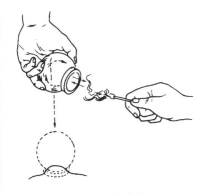 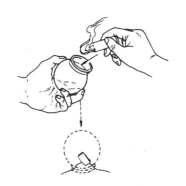 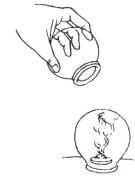

图 3-26 闪火法　　　　　图 3-27 投火法　　　　　图 3-28 架火法

此外,还有贴棉法和滴酒法。贴棉法是将一块酒精棉贴在罐内壁接近底部,点燃,待其烧到最旺时,扣在术部,即可吸附在皮肤上。滴酒法是往罐内滴入少量的白酒或酒精,转动罐使白酒或酒精均匀地布于罐的内壁,用火点燃后,迅速将罐扣在术部。

2. 复合拔罐法 拔罐疗法可单独应用,也可与针刺等疗法配合应用。常用的有以下 3 种。

(1)走罐法:先在施术部位或罐口涂一层润滑油,将罐拔起时,向上下或左右推动,至皮肤充血为止(图 3-29)。适用于面积较大的施术部位。

(2)针罐法:白针疗法与拔罐法的结合。先在穴位上施白针,留针期间,以针为中心,再拔上火罐,可提高疗效。

(3)刺血拔罐法:血针疗法与拔罐法的结合。先用三棱针或皮肤针在局部浅刺出血,再行拔罐,以加强刺血疗法的作用,可使局部的瘀血消散,或将积脓、毒液吸出,常用于疮疡初期吸除瘘管脓液、毒蛇咬伤排毒。

3. 留罐和起罐法 留罐时间的长短依病情和部位而定,一般为 10～20 min,病情较重、患部肌肤丰厚者可长,病情较轻、患部肌肤瘦薄者可短。起罐时,术者一手扶住罐体,使罐底稍倾斜,另一手下按罐口边缘的皮肤,使空气缓缓进入罐内,即可将罐起下(图 3-30),起罐后,若该处皮肤破损,可涂布消炎软膏,以防止感染。

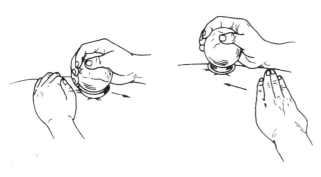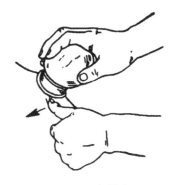

图 3-29　走罐法　　　　　　　　　　　　　　图 3-30　起罐法

(三)注意事项

(1)局部有溃疡、水肿及大血管均不宜施术。病畜敏感,肌肤震颤不安,火罐不能吸牢者,应改用其他疗法。根据不同部位选用大小合适的火罐,并检查罐口是否平整、罐壁是否牢固无损。凡罐口不平、罐壁有裂隙者皆不能使用。

(2)拔罐动作要做到稳、准、轻、快。使用贴棉法时,罐壁内的棉花不应吸收过多的酒精;使用滴酒法时,勿使酒精流于罐口,以免火随酒精流下而灼伤皮肤。起罐时,切不可硬拉或旋动,以免损伤皮肤。

(3)术中若患病动物感到灼痛而不安,应提早起罐。拔罐后局部出现紫红色为正常现象,可自行消退。如留罐时间过长,皮肤会起水疱,疱小不需处理,大的可用针刺破,流出泡内液体,并涂以龙胆紫,以防感染。

三、刮痧

刮痧是用刮痧器在病畜体表一定部位按刮以治疗疾病的方法,又称刮灸,也是一种瘀血疗法。刮痧具有疏通经络,祛邪外出的作用,常用于猪。刮治部位多在颈的腹侧(从喉头到胸骨部)、胸壁、腹侧以及胯膝内侧、肘、腕、跗关节内侧等处,常用于治疗肺炎、喉头炎、关节炎及感冒、中暑、中毒等。

(一)术前准备

刮痧器,也可用旧锄板、铜钱、瓷碗片、旧铁勺等代替。倒卧保定,暴露刮治部位。

(二)操作方法

先将棉花用白酒或盐水浸湿,用力涂擦施术部皮肤,再取刮痧器逆毛刮约 10 min,以刮至皮肤有瘀血斑为度(图 3-31)。注意不要刮破皮肤。

图 3-31　刮痧

任务五 针刺镇痛

针刺具有镇痛作用,是我国古代劳动人民同人兽疾病斗争中的一项重要发现,早在《司牧安骥集》就有针刺脾俞穴治疗马冷痛的记载。随着研究和临床应用的不断发展,针刺镇痛应用于外科手术的麻醉。关于针刺镇痛的原理,由于不同学派主攻方向和实验方法不尽相同,目前尚无完全一致的结果。针刺镇痛的机制目前较流行的有神经机制、体液机制、免疫调节机制及其他调节机制等。

针刺镇痛是一个生理性的调控过程,是针刺信号与痛觉传入信号在中枢神经系统内相互作用的结果。因此,神经机制认为,针感的形成是穴位感受器受到刺激后产生的综合感觉效应,穴位感受器能将针刺刺激转换为相应的神经冲动,并通过粗神经纤维或细神经纤维传入脊髓,粗神经纤维传入脊髓后通过脊髓本身的闸门机制发挥镇痛作用,细神经纤维传入脊髓后通过脊髓丘脑束和网状束沿脊髓腹外侧索上行,在传递疼痛信息的同时也激活了脊髓以上镇痛系统,再通过下行抑制途径抑制脊髓背角神经元信息的传入,对痛觉起负反馈的作用。脊髓及其以上的镇痛结构是复杂的,通过相互作用才能共同发挥镇痛效应,把这些镇痛结构联系在一起的是神经纤维及其递质。

针刺不仅通过神经传导起作用,而且某些体液因素及神经介质也参与了针刺的镇痛作用。国内外学者对针刺麻醉手术患者或实验动物模型的脑、脊髓液及血液中某些化学物质的含量和活性进行了测定和深入研究,初步探明了神经介质等物质与针刺镇痛效应的关系及其机制。目前,普遍认为阿片样物质是参与针刺镇痛的最主要的递质,5-羟色胺、乙酰胆碱、P 物质、去甲肾上腺素、催产素、内啡肽、神经降压素、嘌呤类等物质,也都通过各自相应的途径参与其中。因此,针刺镇痛过程中体液因素的变化是实现针刺镇痛效应的重要环节,神经介质在针刺镇痛中的作用并不是各自孤立的,而是相互配合的。

细胞免疫和体液免疫可能直接参与针刺镇痛,当机体处于免疫抑制或免疫应答的不同免疫状态时,对针刺镇痛的效果会产生不同的影响。临床研究中发现,针刺在镇痛的同时,也具有抗炎、增强免疫的作用。免疫应答和针刺均可促使阿片肽的释放,并具有显著的相关性。

另外,一氧化氮可能也参与了镇痛和电针镇痛的调控。脑内一氧化氮浓度的变化与电针镇痛效应呈显著负相关,这个过程可能还与 cGMP 有关。当然,K^+、Na^+、Ca^{2+} 离子及 cAMP 和 cGMP 可能也参与了针刺镇痛的调控,因为针刺时这些离子和介质的浓度都发生了显著改变,而人为改变这些离子或介质的浓度也可显著影响针刺镇痛的效果。

综上所述,针刺镇痛的机制是一个复杂的过程,是神经、内分泌、免疫共同作用的结果,也与某些离子或介质的参与有关。近来研究指出,中(兽)医治疗使用的较轻微损伤刺激,如针灸、拔火罐、刮痧、按摩等不是简单的加速血液循环,活动筋骨,而具有激活整体的谷胱甘肽抗氧化及抗羰基毒化的作用。

任务六 犬猫按摩基本手法

按摩疗法又称推拿,是运用不同手法在病畜体表一定的经络、穴位上施以机械刺激而防治疾病的方法。按摩疗法以传统医学中的经络腧穴学说为理论基础,目的是最大限度地激发畜体经络系统的调节作用,从而改善各组织、器官的不平衡状态,达到辅助治疗疾病和保健的目的。

在临证中,按摩疗法常作为治疗疾病的辅助疗法,和其他疗法相互配合,起到相辅相成的作用。主要用于家畜消化不良、泄泻、痹症、肌肉萎缩、神经麻痹、关节扭伤等病证。

一、基本手法

基本手法有以下几种。应根据畜种的不同,选择不同手法。

Note

（一）常用方法

1.推法 用手指或手掌在患病部位或相关部位向一个方向做直线滑动,以手指为着力点称指推法（图 3-32）,以手掌为着力点称掌推法。操作时,动作宜平稳,用力要均匀,力量大小视动物具体状态而定,施术速度先慢后快。此法主要用于头颈、躯干和四肢肌肉的慢性炎症。

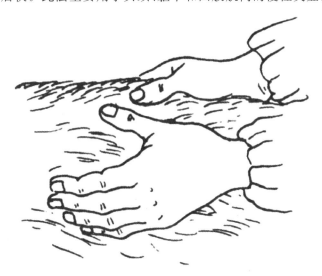

图 3-32　指推法

2.拿法 以拇指和其他手指做相对运动,将皮肤、肌肉或筋膜用力提拿起来,单手或双手操作均可,多用于肌肉丰满处的病痛,如头颈、背腰等处（图 3-33）。

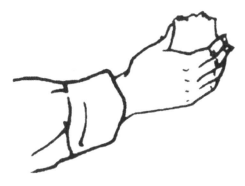

图 3-33　拿颈

3.按压法 用手指或手掌在罹患局部或其附近穴位进行按压,适用于全身各部（图 3-34、图 3-35）。

图 3-34　指压法

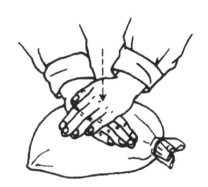

图 3-35　掌按法

4.捏法和掐法 用大拇指和食指或拇、食、中三指夹持某一部位皮肤或穴位进行相对用力内收称捏法（图 3-36、图 3-37）。常用于脊柱两侧的皮肤或穴位。如用两指甲按压穴位则称掐法,常用于

 Note

图 3-36 单手捏法

图 3-37 双手捏法

指间和趾间的穴位。

5. 揉法 用手指或手掌对罹患局部或穴位做按压并平行旋转移动的方法。根据具体部位可用单指、双指、三指、四指或掌根对术部进行按揉(图 3-38、图 3-39、图 3-40)。操作时,对准术部向下施压的同时要做柔和的转动移动,且保持一定的频率。适用于全身各部。

图 3-38 单指揉

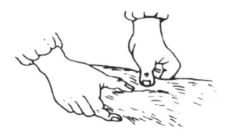

图 3-39 双指揉

6. 搓法 用两手掌面相对,来回搓揉患肢(图 3-41),主要用于四肢疾病。

图 3-40 掌根揉法

图 3-41 搓法

7. 擦法 用手背近小指侧部分或小指、无名指、中指的掌指关节突起部分,附着于一定的部位上,运用腕关节的屈伸外旋进行连续不断的擦动,刺激罹患部分。也可空握拳掌,手心向上,用手背掌指关节突出部位在罹患的部分进行擦动(图 3-42)。多用于颈部和背部疾病。

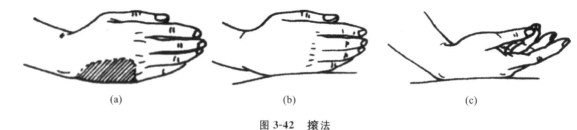

(a)   (b)   (c)

图 3-42 擦法

8. 摩法 用手指或手掌在罹患部位进行柔和的抚摸。主要依靠腕力或指力(图 3-43)。常与推法配合。

9. 拍法和掌击法 用平掌或空心掌拍打或掌击肌肉丰厚部位(图 3-44、图 3-45)。

10. 将法 以单手或双手握耳或尾或四肢等基部向远端或近端将摩,如此反复操作,常作为保健活动。

11. 展法和屈曲法 轻柔地拉伸或屈曲或旋转宠物的关节,用于全身各关节。

图 3-43　摩法

图 3-44　拍法

图 3-45　掌击法

（二）保健按摩

可分为静止按摩和运动按摩。

1.静止按摩　手法与针灸学中的按摩相似,主要用于全身系统的按摩。基本手法是以食指、中指、无名指为主,拇指和小指辅助(特殊部位也可主要用拇指),控制指头的用力方向,尽量避免使用腕力,只用手指关节的力量即可,同一部位按摩 60～70 s 为宜,然后改换位置用相同的方法按摩。这种按摩可使动物减轻压力,全身放松,消除运动后的疲劳,促进血液循环,增强体质。具体按摩部位和方法如下(以犬为例)。

(1)头部:第一步,先从脸部开始,可用两大拇指从眼后方太阳穴开始向前慢慢推进直至鼻外侧;第二步,轻轻抚摸耳朵,抚摸时轻轻托起犬耳并向后轻拉。如果属于下垂大耳,则托起耳朵的同时从耳根部轻轻向下捋到耳朵的边缘;或用大拇指以顺时针或逆时针方向从耳根部慢慢向耳缘推进,并轻轻按摩。

(2)头颈部:第一步,向前按头部,然后再从下颌往上托,展平头部或使头颈稍上昂;第二步,从眼睑周围向颈项部用四指按压。

(3)背部:首先用手心从头部抚至尾尖,然后用指肚轻戳背部的两侧背最长肌与髂肋肌沟,最后再轻揉一遍,以促进皮肤与内脏功能活动。

(4)胸腹部:首先用双手食指、中指和无名指从肩胛骨后角开始向后按摩,然后依次向下重复按摩数次,直至胸腹底壁。

(5)四肢:双手托捧住前肢或后肢,主要用拇指向下推移至指(趾)部,并轻轻按摩。

(6)尾部:握住尾部,轻轻地上下滑动,按摩时食指、中指与无名指在上,拇指在下,手的滑动要缓慢进行。

(7)幼犬按摩:第一步,将幼犬环抱在大腿上,拇指在幼犬背后,如果幼犬不予配合,可牢牢抓紧上身,待其尾部力量下降、身体松弛下来,再开始按摩。第二步,一只手轻轻地抱住幼犬,另一只手在其腹部和腿内侧缓慢摩擦,使幼犬感到像是母犬在轻柔地舔舐一样。第三步,幼犬放松后,将其横躺在大腿上,自前向后按摩躯干和四肢。第四步,轻轻捏起头后颈部皮肤慢慢向后推移,按摩耳朵时,应从耳根开始,逐渐向上,然后再向下推移,对于立耳犬,只需从耳根向上按摩。

按摩结束以后,将幼犬缓缓放在地上,让其自由活动,切忌从腿上突然放下,以免跌伤。

2.运动按摩　实际上就是对宠物做伸展和拽拉动作,常在剧烈运动前、后进行。在进行运动按摩之前,还须让动物做一些小跑或玩耍等热身活动。其具体操作如下。

(1)头部伸展运动:一手握头嘴部,另一手托住颈后部,使头做上下或左右缓缓移动。

(2)前肢伸展运动:首先将前肢肘关节屈曲,前爪紧靠肩部,抓住前爪慢慢向前拉,然后再向后拉。

(3)后肢伸展运动:首先将后肢跗关节屈曲,后爪紧贴膝部,握住膝部慢慢向前拉,然后再向后拉。这一运动结束后,再将一侧后肢向另一侧斜伸,力度适宜,以动物不挣扎反抗为宜。

(4)尾部运动:一手从尾巴根部向尾尖轻轻捋过,另一手扶着犬的腰部,用手轻轻向上卷尾巴。

(5)背部运动:双手环抱犬的腹部将犬提起来,可使其背部立起,放下后自然恢复,这样可使背部

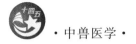
做弯曲运动。

二、按摩疗法注意事项

（1）防病治病中，施术者要依据犬猫的品种、体质、年龄、部位、肌肉的厚薄等采用不同的按摩手法。无论采用哪种按摩手法，均以动物能耐受的程度为限，酌情运用。

（2）按摩疗法在施术时，还要依据具体情况，二法或数法结合，或与针、药结合，相辅相成以达到较好的疗效。

（3）按摩时间，一般为每次 5～15 min，每天或隔天 1 次，7～10 次为一个疗程。间隔 3～5 天进行第二个疗程。

（4）按摩后避免风吹雨淋。

对施术者的要求：施术者要有很好的身体素质和心理素质。在按摩手法上要有一定的力度，具有灵活性和持久性。施术者平日应注意锻炼自己的腕力、掌力和指力。在施术时要做到手法有力、柔和、均匀而又持久，力求达到"法从手出，手随心转"的意境。

三、按摩疗法禁忌证

按摩是一种无创伤性的物理疗法，虽然安全，无副作用，但下列情况不宜采用。如急性传染病、急性炎症、各种原因引起的体质极度虚弱及皮肤病、脑病、肿瘤、水肿、骨折、败血症、孕畜、剧烈运动后、过饥、过饱等。

按摩性情较凶猛的犬猫时应随时注意防范，以保证施术者和动物的安全。

 巩固训练

项目二　常用穴位及功能

学习目标

▲知识目标

1.掌握牛、猪、马、犬、猫、鸡常用穴位的位置和主治。

2.掌握牛、猪、马、犬、猫、鸡常用穴位的针灸方法。

▲技能目标

学会牛、猪、马、犬、猫、鸡常见病、多发病的针灸治疗方法。

▲课程思政目标

1.培养学生自主学习、吃苦耐劳、团队协作能力与精神。

2.培养学生实事求是、科学严谨的学习作风。

3.培养学生获取信息及终身学习的能力。

4.培养学生良好的职业道德和敬业精神。

▲知识点

1.牛常用穴位的位置、主治及针灸方法。

2.猪常用穴位的位置、主治及针灸方法。

3.马常用穴位的位置、主治及针灸方法。

4.犬常用穴位的位置、主治及针灸方法。

5.猫常用穴位的位置、主治及针灸方法。

6.鸡常用穴位的位置、主治及针灸方法。

任务一　牛的常用穴位与应用

一、头部穴位

穴名	定位	针法	主治
山根	主穴在鼻唇镜上缘正中有毛与无毛交界处,两副穴在左右两鼻孔背角处,共三穴	小宽针向后下方斜刺 1 cm,出血	中暑,感冒,腹痛,癫痫
鼻中	两鼻孔下缘连线中点,一穴	小宽针或三棱针直刺 1 cm,出血	慢草,热性病,唇肿,衄血,黄疸
顺气	口内硬腭前端,齿板后切齿乳头上的两个鼻腭管开口处,左右侧各一穴	将去皮、节的鲜细柳、榆树条端部削成钝圆形,徐徐插入 20～30 cm,剪去外露部分,留置 2～3 h 或不取出	肚胀,感冒,睛生翳膜

Note

穴名	定位	针法	主治
通关	舌体腹侧面,舌系带两旁的血管上,左右侧各一穴	将舌拉出,向上翻转,小宽针或三棱针刺入1 cm,出血	慢草,木舌,中暑,春秋季开针洗口有防病作用
承浆	下唇下缘正中、有毛与无毛交界处,一穴	中、小宽针向后下方刺入1 cm,出血	下颌肿痛,五脏积热,慢草
锁口	口角后上方约3 cm凹陷处,左右侧各一穴	小宽针或火针向后上方平刺3 cm,毫针刺入4~6 cm,或透刺开关穴	牙关紧闭,歪嘴风
开关	口角向后的延长线与咬肌前缘相交处,左右侧各一穴	中宽针、圆利针或火针向后上方刺入2~3 cm,毫针刺入4~6 cm,或向前下方透刺锁口穴	破伤风,歪嘴风,腮黄
鼻俞	鼻孔上方4.5 cm处(鼻颌切迹内),左右侧各一穴	三棱针或小宽针直刺1.5 cm,或透刺到对侧,出血	肺热,感冒,中暑,鼻肿
三江	内眼角下方约4.5 cm处的血管分叉处,左右侧各一穴	低拴牛头,使血管怒张,用三棱针或小宽针顺血管刺入1 cm,出血	疝痛,肚胀,肝热传眼
睛明	下眼眶上缘,两眼角内、中1/3交界处,左右眼各一穴	上推眼球,毫针沿眼球与泪骨之间向内下方刺入3 cm,或三棱针在下眼睑黏膜上散刺,出血	肝热传眼,睛生翳膜
睛俞	上眼眶下缘正中的凹陷中,左右眼各一穴	下压眼球,毫针沿眶上突下缘向内上方刺入2~3 cm,或三棱针在上眼睑黏膜上散刺,出血	肝经风热,肝热传眼
太阳	外眼角后方约3 cm处的颞窝中,左右侧各一穴	毫针直刺3~6 cm;或小宽针刺入1~2 cm,出血;或施水针	中暑,感冒,癫痫,肝热传眼,睛生翳膜
通天	两内眼角连线正中上方6~8 cm处,一穴	火针沿皮下向上平刺2~3 cm,或火烙;治脑包虫可施开颅术	感冒,脑黄,癫痫,破伤风,脑包虫
耳尖	耳背侧距尖端3 cm的血管上,左右耳各三穴	捏紧耳根,使血管怒张,中宽针或大三棱针速刺血管,出血	中暑,感冒,中毒,腹痛,热性病
耳根	耳根后方,耳根与寰椎翼前缘之间的凹陷中,左右侧各一穴	中宽针或火针向内下方刺入1~1.5 cm,圆利针或毫针刺入3~6 cm	感冒,过劳,腹痛,风湿
天门	两耳根连线正中点后方,枕寰关节背侧的凹陷中,一穴	火针、小宽针或圆利针向后下方斜刺3 cm,毫针刺入3~6 cm,或火烙	感冒,脑黄,癫痫,破伤风

二、躯干部穴位

穴名	定位	针法	主治
颈脉	颈静脉沟上、中 1/3 交界处的血管上,左右侧各一穴	高拴牛头,徒手按压或扣颈绳,大宽针刺入 1 cm,出血	中暑,中毒,脑黄,肺风毛燥
健胃	颈侧上、中 1/3 交界处的颈静脉沟上缘,左右侧各一穴	毫针向对侧斜下方刺入 4.5～6 cm,或电针	瘤胃积食,前胃弛缓
丹田	第一、二胸椎棘突间的凹陷中,一穴	小宽针、圆利针或火针向前下方刺入 3 cm,毫针刺入 6 cm	中暑,过劳,前肢风湿,肩痛
鬐甲	第三、四胸椎棘突间的凹陷中,一穴	小宽针或火针向前下方刺入 1.5～2.5 cm,毫针刺入 4～5 cm	前肢风湿,肺热咳嗽,脱膊,肩肿
苏气	第八、九胸椎棘突间的凹陷中,一穴	小宽针、圆利针或火针向前下方刺入 1.5～2.5 cm,毫针刺入 3～4.5 cm	肺热,咳嗽,气喘
天平	最后胸椎与第一腰椎棘突间的凹陷中,一穴	小宽针、圆利针或火针直刺 2 cm,毫针刺入 3～4 cm	尿闭,肠黄,尿血,便血,阉割后出血
关元俞	最后肋骨与第一腰椎横突顶端之间的髂肋肌沟中,左右侧各一穴	小宽针、圆利针或火针向内下方刺入 3 cm,毫针刺入 4.5 cm;亦可向脊椎方向刺入 6～9 cm	慢草,便结,肚胀,食积,泄泻
肺俞	倒数第五、六、七、八任一肋间与肩关节水平线的交点处,左右侧各一穴	小宽针、圆利针或火针向内下方刺入 3 cm,毫针刺入 6 cm	肺热咳喘,感冒,劳伤气喘
六脉	倒数第一、二、三肋间,髂骨翼上角水平线上的髂肋肌沟中,左右侧各三穴	小宽针、圆利针或火针向内下方刺入 3 cm,毫针刺入 6 cm	便秘,肚胀,食积,泄泻,慢草
脾俞	倒数第三肋间,髂骨翼上角水平线上的髂肋肌沟中,左右侧各一穴	小宽针、圆利针或火针向内下方刺入 3 cm,毫针刺入 6 cm	同六脉
食胀	左侧倒数第二肋间与髋结节下角水平线相交处,一穴	小宽针、圆利针或毫针向内下方刺入 9 cm,达瘤胃背囊内	宿草不转,肚胀,消化不良
命门	第二、三腰椎棘突间的凹陷中,一穴	小宽针、圆利针或火针直刺 3 cm,毫针刺入 3～5 cm	尿痛,尿闭,尿血,胎衣不下,慢草

续表

穴名	定位	针法	主治
百会	腰荐十字部,即最后腰椎与第一荐椎棘突间的凹陷中,一穴	小宽针、圆利针或火针直刺 3～4.5 cm,毫针刺入 6～9 cm	腰胯风湿、闪伤,二便不利,后躯瘫痪
雁翅	髋结节最高点前缘到背中线所作垂线的中、外 1/3 交界处,左右侧各一穴	圆利针或火针直刺 3～5 cm,毫针刺入 8～15 cm	腰胯风湿,不孕症
肷俞	左侧肷窝部,即肋骨后、腰椎下与髂骨翼前形成的三角区内	套管针或大号采血针向内下方刺入 6～9 cm,徐徐放出气体	急性瘤胃臌气
滴明	脐前约 15 cm,腹中线旁开约 12 cm 处的血管上,左右侧各一穴	中宽针顺血管刺入 2 cm,出血	乳腺炎,尿闭
云门	脐旁开 3 cm,左右侧各一穴	治肚底黄,用大宽针在肿胀处散刺;治腹水,先用大宽针破皮,再插入宿水管	肚底黄,腹水
阳明	乳头基部外侧,每个乳头一穴	小宽针向内上方刺入 1～2 cm,或激光照射	乳腺炎,尿闭
阴俞	肛门与阴门或阴囊中间的中心缝上,一穴	毫针、圆利针或火针直刺 1～2 cm	阴道脱,子宫脱,阴囊肿胀
阴脱	阴唇两侧,阴唇上下联合中点旁开 2 cm,左右侧各一穴	毫针向前下方刺入 4～8 cm,或电针、水针	阴道脱,子宫脱
肛脱	肛门两侧旁开 2 cm,左右侧各一穴	毫针向前下方刺入 3～5 cm,或电针、水针	直肠脱
后海	肛门上、尾根下的凹陷中,一穴	小宽针、圆利针或火针向内下方刺入 3～4.5 cm,毫针刺入 6～10 cm	久痢泄泻,胃肠热结,脱肛,不孕症
尾根	荐椎与尾椎棘突间的凹陷中,即上下摇动尾巴,在动与不动交界处,一穴	小宽针、圆利针或火针直刺 1～2 cm,毫针刺入 3 cm	便秘,热泻,脱肛,热性病
尾本	尾腹面正中,距尾基部 6 cm 处的血管上,一穴	中宽针直刺 1 cm,出血	腰风湿,尾神经麻痹,便秘
尾尖	尾末端,一穴	中宽针直刺 1 cm 或将尾尖十字劈开,出血	中暑,中毒,感冒,过劳,热性病

三、前肢穴位

穴名	定位	针法	主治
轩堂	鬐甲内侧,肩胛软骨上缘正中,左右侧各一穴	中宽针、圆利针或火针沿肩胛骨内侧向内下方刺入 9 cm,毫针刺入 10～15 cm	失膊,夹气痛
膊尖	肩胛骨前角与肩胛软骨结合处的凹陷中,左右侧各一穴	小宽针、圆利针或火针沿肩胛骨内侧向后下方斜刺 3～6 cm,毫针刺入 9 cm	失膊,前肢风湿
膊栏	肩胛骨后角与肩胛软骨结合处的凹陷中,左右侧各一穴	小宽针、圆利针或火针沿肩胛骨内侧向前下方斜刺 3 cm,毫针斜刺 6～9 cm	失膊,前肢风湿
肩井	肩关节前上缘,臂骨大结节外上缘的凹陷中,左右肢各一穴	小宽针、圆利针或火针向内下方斜刺 3～4.5 cm,毫针斜刺 6～9 cm	失膊,前肢风湿,肩胛上神经麻痹
抢风	肩关节后下方,三角肌后缘与臂三头肌长头、外侧头之间的凹陷中,左右肢各一穴	小宽针、圆利针或火针直刺 3～4.5 cm,毫针直刺 6 cm	失膊,前肢风湿、肿痛、神经麻痹
肘俞	臂骨外上髁与肘突之间的凹陷中,左右肢各一穴	小宽针、圆利针或火针向内下方斜刺 3 cm,毫针刺入 4.5 cm	肘部肿胀,前肢风湿、闪伤、麻痹
夹气	前肢与躯干相接处的腋窝正中,左右侧各一穴	先用大宽针向上刺破皮肤,然后以涂油的夹气针向同侧抢风穴方向刺入 10～15 cm,达肩胛下肌与胸下锯肌之间的疏松结缔组织内,出针消毒后前后摇动患肢数次	肩胛痛,内夹气
腕后	腕关节后面正中的凹陷中,左右侧各一穴	中、小宽针直刺 1.5～2.5 cm	腕部肿痛,前肢风湿
膝眼	腕关节背外侧下缘的陷沟中,左右肢各一穴	中、小宽针向后上方刺入 1 cm,放出黄水	腕部肿痛,膝黄
膝脉	前肢内侧,副腕骨下方 6 cm 处的血管上,左右肢各一穴	中、小宽针沿血管刺入 1 cm	腕关节肿痛,攒筋肿痛
前缠腕	前肢球节上方两侧,掌内、外侧沟末端的指内、外侧静脉上,每肢内外侧各一穴	中、小宽针沿血管刺入 1.5 cm	蹄黄,球节肿痛,扭伤

续表

穴名	定位	针法	主治
涌泉	前蹄叉前缘正中稍上方的凹陷中,每肢一穴	中、小宽针沿血管刺入1~1.5 cm,出血	蹄肿,扭伤,中暑,感冒
前蹄头	第三、四指的蹄匣上缘正中,有毛与无毛交界处,每蹄内外侧各一穴	中宽针直刺1 cm,出血	蹄黄,扭伤,便结,腹痛,感冒

四、后肢穴位

穴名	定位	针法	主治
大转	髋关节前缘,股骨大转子前下方约6 cm的凹陷中,左右侧各一穴	小宽针、圆利针或火针直刺3~4.5 cm,毫针直刺6 cm	后肢风湿、麻木,腰胯闪伤
大胯	髋关节上缘,股骨大转子正上方9~12 cm处的凹陷中,左右侧各一穴	小宽针、圆利针或火针直刺3~4.5 cm,毫针直刺6 cm	后肢风湿、麻木,腰胯闪伤
小胯	髋关节下缘,股骨大转子正下方约6 cm的凹陷中,左右侧各一穴	小宽针、圆利针或火针直刺3~4.5 cm,毫针直刺6 cm	后肢风湿、麻木,腰胯闪伤
邪气	股骨大转子和坐骨结节连线与股二头肌沟相交处,左右侧一穴	小宽针、圆利针或火针直刺3~4.5 cm,毫针直刺6 cm	后肢风湿、闪伤、麻痹,胯部肿痛
仰瓦	邪气穴下12 cm处的同一肌沟中,左右侧各一穴	小宽针、圆利针或火针直刺3~4.5 cm,毫针直刺6 cm	后肢风湿、闪伤、麻痹,胯部肿痛
肾堂	股内侧,大腿褶下方约9 cm的血管上,左右肢各一穴	吊起对侧后肢,以中宽针顺血管刺入1 cm,出血	外肾黄,五攒痛,后肢风湿
掠草	膝关节前外侧的凹陷中,左右肢各一穴	圆利针或火针向后上方斜刺3~4.5 cm	掠草痛,后肢风湿
阳陵	膝关节后方,胫骨外髁后上缘的凹陷中,左右肢各一穴	圆利针或火针直刺3 cm,毫针直刺4.5~6 cm	掠草痛,后肢风湿、麻木

穴名	定位	针法	主治
后三里	小腿外侧上部,腓骨小头下部的肌沟里,左右肢各一穴	毫针向内后下方刺入 6~7.5 cm	脾胃虚弱,后肢风湿、麻木
曲池	跗关节背侧稍偏外,中横韧带下方,趾长伸肌外侧的血管上,左右肢各一穴	中宽针直刺 1 cm,出血	跗骨肿痛,后肢风湿
后缠腕	后肢球节上方两侧,跖内外侧沟末端内的血管上,每肢内外侧各一穴	中、小宽针沿血管刺入 1.5 cm	蹄黄,球节肿痛,扭伤
滴水	后蹄叉前缘正中稍上方的凹陷中,每肢一穴	中、小宽针沿血管刺入 1~1.5 cm,出血	蹄肿,扭伤,中暑,感冒
后蹄头	第三、四趾的蹄匣上缘正中,有毛与无毛交界处,每蹄内外侧各一穴	中宽针直刺 1 cm,出血	蹄黄,扭伤,便结,腹痛,中暑,感冒

牛的肌肉与穴位见图 3-46。

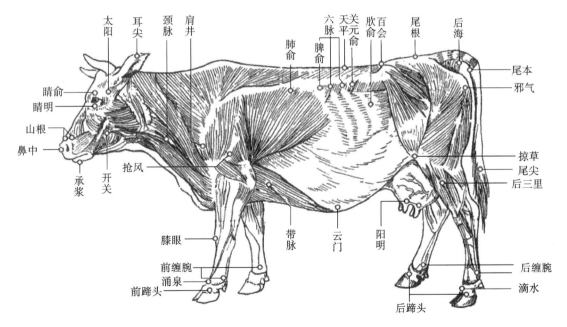

图 3-46 牛的肌肉及穴位

牛的骨骼及穴位见图 3-47。

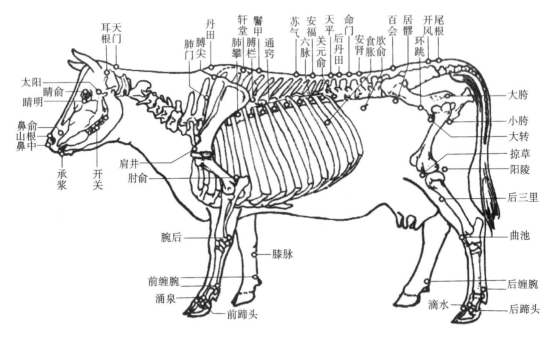

图 3-47 牛的骨骼及穴位

任务二 猪的常用穴位与应用

一、头颈部穴位

穴名	定位	针法	主治
山根	拱嘴上缘弯曲部向后第一条皱纹上,正中为主穴;两侧旁开 1.5 cm 处为副穴,共三穴	小宽针或三棱针直刺 0.5～1 cm,出血	中暑,感冒,消化不良,休克,热性病
鼻中	两鼻孔之间,鼻中隔正中处,一穴	小宽针或三棱针直刺 0.5 cm,出血	感冒、肺热等热性病
顺气	口内硬腭前部,第一腭褶前的鼻腭管开口处,左右侧各一穴	用去皮、节的细软树条,徐徐插入 9～12 cm,剪去外露部分,留于穴内	少食,咳喘,发热,云翳遮睛
玉堂	口腔内,上腭第三棱正中线旁开 0.5 cm 处,左右各一穴	用木棒或开口器开口,以小宽针或三棱针斜刺 0.5～1 cm,出血	胃火,食欲不振,舌疮,心肺积热
承浆	下唇正中,有毛与无毛交界处,一穴	小宽针或三棱针直刺 0.5～1 cm,出血;白针向上斜刺 1～2 cm	下唇肿,口疮,食欲不振,歪嘴风
锁口	口角后方约 2 cm 的口轮匝肌外缘处,左右侧各一穴	毫针或圆利针向内下方刺入 1～3 cm,或向后平刺 3～4 cm	破伤风,歪嘴风,中暑,感冒,热性病

续表

穴名	定位	针法	主治
开关	口角后方咬肌前缘,即从外眼角向下引一垂线与口角延长线的相交处,左右侧各一穴	毫针或圆利针向后上方刺入1.5～3 cm;或灸烙	歪嘴风,破伤风,牙关紧闭,颊肿
睛明	下眼眶上缘,两眼角内、中1/3交界处,左右眼各一穴	上推眼球,毫针沿眼球与泪骨之间向内下方刺入2～3 cm	肝热传眼,睛生翳膜,感冒
睛俞	上眼眶下缘正中的凹陷中,左右眼各一穴	下压眼球,毫针沿眼球与额骨之间向内上方刺入2～3 cm	肝热传眼,睛生翳膜,感冒
太阳	外眼角后上方、下颌关节前缘的凹陷处,左右侧各一穴	低头保定,使血管怒张,用小宽针刺入血管,出血;或避开血管,用毫针直刺2～3 cm	肝热传眼,脑黄,感冒,中暑,癫痫
脑俞	下颌关节前上缘的凹陷中,左右侧各一穴	毫针或圆利针斜向前下方(对侧眼球方向)刺入1～2 cm	癫痫,脑黄,感冒
耳根	耳根正后方、寰椎翼前缘的凹陷处,左右侧各一穴	毫针或圆利针向内下方刺入2～3 cm	中暑,感冒,热性病,歪嘴风
卡耳	耳廓中下部避开血管处(内外侧均可),左右耳各一穴	用宽针刺入皮下成一皮囊,嵌入适量白砒或蟾酥,再滴入适量白酒,轻揉即可	感冒,热性病,猪丹毒,风湿症
耳尖	耳背侧,距耳尖约2 cm处的三条血管上,每耳任取一穴	小宽针刺破血管,出血;或在耳尖部剪口放血	中暑,感冒,中毒,热性病,消化不良
天门	两耳根后缘连线中点,即枕寰关节背侧正中点的凹陷中,一穴	毫针、圆利针或火针向后下方斜刺3～6 cm	中暑,感冒,癫痫,脑黄,破伤风
刮喉	咽喉部至胸骨突部的皮肤上	先擦以盐水,然后用刮痧器逆毛刮至出现瘀血斑为度	咽喉肿痛,感冒,肺热

二、躯干部穴位

穴名	定位	针法	主治
大椎	第七颈椎与第一胸椎棘突间的凹陷中,一穴	毫针、圆利针或小宽针稍向前下方刺入3～5 cm;或灸烙	感冒,肺热,脑黄,癫痫,尿血
身柱	第三、四胸椎棘突间的凹陷中,一穴	毫针、圆利针或小宽针向前下方刺入3～5 cm	脑黄,癫痫,感冒,肺热

Note

穴名	定位	针法	主治
苏气	第四、五胸椎棘突间的凹陷中,一穴	毫针或圆利针顺棘突向前下方刺入3～5 cm	肺热,咳嗽,气喘,感冒
断血	最后胸椎与第一腰椎棘突间的凹陷中为主穴,向前、后移一脊椎为两副穴,共三穴	毫针或圆利针直刺入2～3 cm	尿血,便血,阉割后出血
关元俞	最后肋骨后缘与第一腰椎横突之间的肌沟中,左右侧各一穴	毫针或圆利针向内下方刺入2～4 cm	便秘,泄泻,食积,食欲不振,腰风湿
六脉	倒数第一、二、三肋间,距背中线约6 cm的肌沟中,左右侧各三穴	毫针、圆利针或小宽针向内下方刺入2～3 cm	脾胃虚弱,便秘,泄泻,感冒,风湿症,腰麻痹,膈肌痉挛
脾俞	倒数第二肋间,距背中线6 cm的肌沟中,左右侧各一穴	毫针、圆利针或小宽针向内下方刺入2～3 cm	脾胃虚弱,便秘,泄泻,膈肌痉挛,腹痛,腹胀
肺俞	倒数第六肋间,距背中线约10 cm的肌沟中,左右侧各一穴	毫针、圆利针或小宽针向内下方刺入2～3 cm;或刮灸、拔火罐、艾灸	肺热,咳喘,感冒
肾门	第三、四腰椎棘突间的凹陷中,一穴	毫针或圆利针直刺2～3 cm	腰胯风湿,尿闭,内肾黄
百会	腰荐十字部,即最后腰椎与第一荐椎棘突间的凹陷中,一穴	毫针、圆利针或小宽针直刺3～5 cm;或灸烙	腰胯风湿,后肢麻木,二便闭结,脱肛,痉挛抽筋
肾俞	百会穴旁3～5 cm处,左右侧各一穴	圆利针或毫针向内下方刺入2～3 cm	后肢风湿,便秘,不孕症
六眼	第一、二、三荐椎棘突间旁开约4.5 cm(荐结节水平线)处,左右侧各三穴	毫针或圆利针向内下方刺入3～5 cm	腰胯痛,后肢风湿,阳痿,尿闭
膻中	两前肢正中,胸骨正中线上,一穴	毫针、圆利针或小宽针向前上方刺入2～3 cm;或艾灸5～10 min;或刮灸、埋线	肺火,咳嗽,气喘
刮肋	第二至第九肋间的皮肤上	同刮喉	感冒,中暑
三脘	将胸骨后缘与脐的连线分为四等份,分点依次为上、中、下脘,共三穴	毫针、圆利针直刺2～3 cm;或艾灸3～5 min	食欲不振,胃寒腹痛,泄泻,咳嗽
肚口	肚脐正中,一穴	艾灸3～5 min	胃寒,泄泻,肚痛
乳基	近脐部的一对乳头及其前后各隔一对乳头的外侧基部,左右侧各三穴	毫针或圆利针向内上方斜刺2～3 cm;或艾灸	乳腺炎,子宫内膜炎,热毒症

穴名	定位	针法	主治
阳明	最后两对乳头基部外侧旁开 1.5 cm 处,左右侧各二穴	毫针或圆利针向内上方斜刺 2～3 cm;或激光灸	乳腺炎,不孕症,乏情,乳闭
阴俞	肛门与阴门(雌)或阴囊(雄)中间的中心缝上,一穴	毫针、圆利针或火针直刺 1～2 cm	阴道脱,子宫脱(雌);阴囊肿胀,垂缕不收(雄)
阴脱	母猪阴唇两侧,阴唇上下联合中点旁开 2 cm,左右侧各一穴	毫针或圆利针向前下方刺入 2～5 cm;或电针、水针	阴道脱,子宫脱
肛脱	肛门两侧旁开 1 cm,左右侧各一穴	毫针或圆利针向前下方刺入 2～6 cm;或电针、水针	直肠脱
莲花	脱出的直肠黏膜上	温水洗净,去除坏死皮膜,用 2% 明矾水或生理盐水洗净后,涂上植物油,缓缓整复	脱肛
后海	尾根与肛门之间的凹陷中,一穴	毫针、圆利针或小宽针稍向前上方刺入 3～9 cm	泄泻,便秘,少食,脱肛
尾根	荐椎与尾椎棘突之间的凹陷中,即摇动尾根时,动与不动交界处,一穴	毫针或圆利针直刺 1～2 cm	后肢风湿,便秘,少食,热性病
尾本	尾部腹侧正中,距尾根部 1.5 cm 处的尾静脉上,一穴	将尾巴提起,以小宽针直刺 1 cm,出血	中暑,肠黄,腰胯风湿,热性病
尾尖	尾巴尖部,一穴	小宽针将尾尖部穿通,或十字切开放血	中暑,感冒,风湿症,肺热,少食,饲料中毒

三、前肢穴位

穴名	定位	针法	主治
膊尖	肩胛骨前角与肩胛软骨结合部的凹陷中,左右侧各一穴	毫针沿肩胛骨内侧向后下方刺入 6～7 cm,小宽针刺入 2～3 cm	前肢风湿,肿痛,闪伤
膊栏	肩胛骨后角与肩胛软骨结合部的凹陷中,左右侧各一穴	毫针、圆利针沿肩胛骨内侧向前下方刺入 6～7 cm,小宽针斜刺 2～4 cm	肩膊麻木,闪伤
抢风	肩关节与肘突连线近中点的凹陷中,左右侧各一穴	毫针、圆利针或小宽针直刺 2～4 cm	肩臂部及前肢风湿,前肢扭伤、麻木
肘俞	臂骨外上髁与肘突之间的凹陷中,左右肢各一穴	毫针或圆利针直刺 2～3 cm	肘部肿胀,前肢风湿
七星	腕后内侧的黑色小点上,取正中或近正中处一点为穴,左右肢各一穴	将前肢提起,毫针或圆利针刺入 1～1.5 cm;或刮灸	风湿症,前肢瘫痪,腕肿

续表

穴名	定位	针法	主治
前缠腕	前肢内外侧悬蹄稍上方的凹陷中,每肢内外侧各一穴	将前肢后曲,固定穴位,用小宽针直刺 1～2 cm	球节扭伤,风湿症,蹄黄,中暑
前灯盏	前肢两悬蹄后下方正中的凹陷中,每肢各一穴	小宽针或圆利针向内下方刺入 2～3 cm;或艾灸 3～5 min	风湿症,蹄黄,瘫痪,感冒,热性病
涌泉	前蹄叉正中上方约 2 cm 的凹陷中,每肢各一穴	小宽针向后上方刺入 1～1.5 cm,出血	蹄黄,前肢风湿,扭伤,中毒,中暑,感冒
前蹄叉	前蹄叉正上方顶端处,每肢各一穴	小宽针向后上方刺入 3 cm,圆利针或毫针向后上方刺入 9 cm,以针尖接近系关节为度	感冒,少食,肠黄,扭伤,瘫痪,热性病
前蹄头	前蹄甲背侧,蹄冠正中有毛与无毛交界处,每蹄内外各一穴	小宽针直刺 0.5～1 cm,出血	前肢风湿,扭伤,腹痛,感冒,中暑,中毒
前蹄门	前蹄后面,蹄球上缘、蹄软骨后端的凹陷中,每蹄左右侧各一穴	中宽针直刺 1 cm,出血	中暑,蹄黄,扭伤,腹痛

四、后肢穴位

穴名	定位	针法	主治
大胯	髋关节前缘,股骨大转子稍前下方 3 cm 处的凹陷中,左右侧各一穴	毫针或圆利针直刺 2～3 cm	后肢风湿,闪伤,瘫痪
小胯	大胯穴后下方,臀端到髋骨上缘连线处的中点处,左右侧各一穴	毫针或圆利针直刺 2～3 cm	后肢风湿,闪伤,瘫痪
汗沟	股二头肌沟中,与坐骨弓水平线相交处,左右侧各一穴	毫针或圆利针直刺 3 cm	后肢风湿,麻木
掠草	膝关节前外侧的凹陷中,左右肢各一穴	毫针或圆利针向后上方斜刺 2 cm	膝关节肿痛,后肢风湿
后三里	髋骨外侧后下方约 6 cm 的肌沟内,左右肢各一穴	毫针、圆利针或小宽针向腓骨间隙刺入 3～4.5 cm 或艾灸 3～5 min	少食,肠黄,腹痛,仔猪泄泻,后肢瘫痪
曲池	跗关节前方稍偏内侧凹陷处的血管上,左右肢各一穴	小宽针直刺血管,出血;毫针或圆利针避开血管直刺 1～2 cm	风湿症,跗关节炎,少食,肠黄
后缠腕	后肢内外侧悬蹄稍上方的凹陷中,每肢内外侧各一穴	将后肢后曲,固定穴位,用小宽针直刺 1～2 cm	球节扭伤,风湿症,蹄黄,中暑
后灯盏	后肢两悬蹄后下方正中的凹陷中,每肢各一穴	小宽针或圆利针向内下方刺入 2～3 cm;或艾灸 3～5 min	风湿症,蹄黄,瘫痪,感冒,热性病

续表

穴名	定位	针法	主治
滴水	后蹄叉正中上方约 2 cm 的凹陷中,每肢各一穴	小宽针向后上方刺入 1～1.5 cm,出血	后肢风湿,扭伤,蹄黄,中毒,中暑,感冒
后蹄叉	后蹄叉正上方顶端处,每肢各一穴	同前蹄叉穴	同前蹄叉穴
后蹄头	后蹄甲背侧,蹄冠正中稍偏外有毛与无毛交界处,每蹄内外各一穴	小宽针直刺 0.5～1 cm,出血	后肢风湿,扭伤,腹痛,感冒,中暑,中毒
后蹄门	后蹄后面,蹄球上缘、蹄软骨后端的凹陷中,每蹄左右侧各一穴	中宽针直刺 1 cm,出血	中暑,蹄黄,扭伤,腹痛

猪的肌肉及穴位见图 3-48。

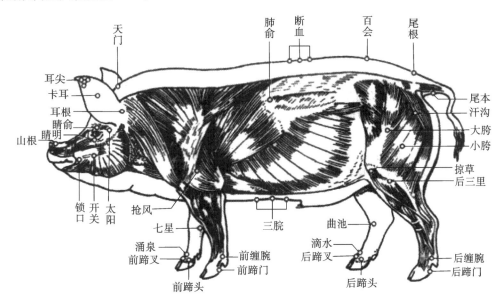

图 3-48　猪的肌肉及穴位

猪的骨骼及穴位见图 3-49。

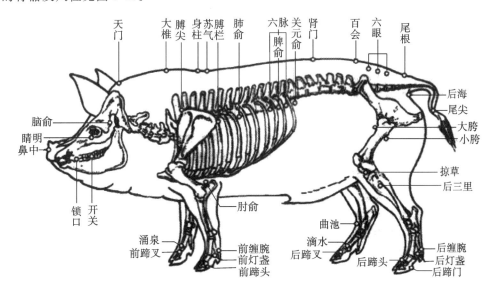

图 3-49　猪的骨骼及穴位

任务三　马的常用穴位与应用

一、头部穴位

穴名	定位	针法	主治
分水	上唇外面旋毛正中点,一穴	小宽针或三棱针直刺1~2 cm,出血	中暑,冷痛,歪嘴风
玉堂	口内上腭第三棱上,正中线旁开1.5 cm处,左右侧各一穴	开口拉舌,以拇指顶住上腭,用玉堂钩钩破穴点,或用三棱针或小宽针向前上方斜刺0.5~1 cm,出血,然后用盐擦之	胃热,舌疮,上腭肿胀
通关	舌体腹侧面,舌系带两旁的血管上,左右侧各一穴	将舌拉出,向上翻转,以三棱针或小宽针刺入0.5~1 cm,出血	舌疮,胃热,慢草,黑汗风
承浆	下唇正中,距下唇边缘3 cm的凹陷中,一穴	小宽针或圆利针向上刺入1 cm	歪嘴风,唇龈肿痛
锁口	口角后上方约2 cm处,左右侧各一穴	毫针向后上方透刺开关穴,火针斜刺3 cm,或间接烧烙3 cm长	破伤风,歪嘴风,锁口黄
开关	口角向后的延长线与咬肌前缘相交处,左右侧各一穴	圆利针或火针向后上方斜刺2~3 cm,毫针刺入9 cm,或向前下方透刺锁口穴,或灸烙	破伤风,歪嘴,面颊肿胀
鼻前	两鼻孔下缘连线上,距鼻内翼内侧1 cm处,左右侧各一穴	小宽针或毫针直刺1~3 cm,毫针捻针后可适当留针	发热,中暑,感冒,过劳
姜牙	鼻孔外侧缘下方,鼻翼软骨(姜牙骨)顶端处,左右侧各一穴	将上唇向另一侧拉紧,使姜牙骨充分显露,用大宽针挑破软骨端,或切开皮肤,用姜牙钩钩拉或割去软骨尖	冷痛及其他腹痛
鼻俞	鼻梁两侧,距鼻孔上缘3 cm的鼻颌切迹内,左右侧各一穴	小宽针横穿鼻中隔,出血(如出血不止可高吊马头,用冷水、冰块冷敷或采取其他止血措施)	肺热,感冒,中暑,鼻肿痛
三江	内眼角下方约3 cm处的血管分叉处,左右侧各一穴	低拴马头,使血管怒张,用三棱针或小宽针顺血管刺入1 cm,出血	冷痛,肚胀,月盲,肝热传眼
睛明	下眼眶上缘,两眼角连线的内、中1/3交界处,左右眼各一穴	上推眼球,毫针沿眼球与泪骨之间向内下方刺入3 cm,或在下眼睑黏膜上点刺出血	肝经风热,肝热传眼,睛生翳膜
睛俞	上眼眶下缘正中,左右眼各一穴	下压眼球,毫针沿眼球与额骨之间向内后上方刺入3 cm,或在上眼睑黏膜上点刺出血	肝经风热,肝热传眼,睛生翳膜

穴名	定位	针法	主治
开天	眼球角膜与巩膜交界处，一穴	将头牢固保定，冷水冲眼或滴表面麻醉剂使眼球不动，待虫体游至眼前房时，用三弯针轻手急刺 0.3 cm，虫随眼房水流出；也可用注射器吸取虫体或注入 3% 精制敌百虫杀死虫体	浑睛虫病
太阳	外眼角后方约 3 cm 处的血管上，左右侧各一穴	低拴马头，使血管怒张，用小宽针或三棱针顺血管刺入 1 cm，出血；或用毫针避开血管直刺 5～7 cm	肝热传眼，肝经风热，中暑，脑黄
上关	下颌关节后上方的凹陷中，左右侧各一穴	圆利针或火针向内下方刺入 3 cm，毫针刺入 4.5 cm	歪嘴风，破伤风，下颌脱臼
下关	下颌关节下方，外眼角后上方的凹陷中，左右侧各一穴	圆利针或火针向内上方刺入 2 cm，毫针刺入 2～3 cm	歪嘴风，破伤风
大风门	头顶部，门鬃下缘、顶骨嵴分叉处为主穴，沿顶骨外嵴向两侧各旁开 3 cm 为二副穴，共三穴	毫针、圆利针或火针沿皮下向上方平刺 3 cm，艾灸或烧烙	破伤风，脑黄，脾虚湿邪，心热风邪
耳尖	耳背侧尖端的血管上，左右耳各一穴	握紧耳根，使血管怒张，小宽针或三棱针刺入 1 cm，出血	冷痛，感冒，中暑

二、躯干部穴位

穴名	定位	针法	主治
风门	耳后 3 cm、寰椎翼前缘的凹陷处，左右侧各一穴	毫针向内下方刺入 6 cm，火针刺入 2～3 cm，或灸烙	破伤风，颈风湿，风邪证
九委	颈两侧弧形肌沟内，左右侧各九穴。伏兔穴后下方 3 cm、鬃下缘约 3.5 cm 为上上委；膊尖穴前方 4.5 cm、鬃下缘约 5 cm 为下下委，两穴之间八等分，分点处为其余七穴	毫针直刺 4.5～6 cm，火针刺入 2～3 cm	颈风湿，破伤风
颈脉	颈静脉沟上、中 1/3 交界处的颈静脉上，左右侧各一穴	高拴马头，颈基部拴一细绳，打活结，用装有大宽针的针锤，对准穴位急刺 1 cm，出血。术后松开绳扣，血流停止	脑黄，中暑，中毒，遍身黄，破伤风
迷交感	颈侧，颈静脉沟上缘的上、中 1/3 交界处，左右侧各一穴	水针，针头向对侧稍斜下方刺入 4～6 cm，针尖抵达气管轮后，再稍退针，连接注射器，回抽无血液时注入药液。也可选择毫针同法刺入，或选择电针	腹泻，便秘，少食

续表

穴名	定位	针法	主治
大椎	第七颈椎与第一胸椎棘突间的凹陷中,一穴	毫针或圆利针稍向前下方刺入6~9 cm	感冒,咳嗽,发热,癫痫,腰背风
鬐甲	鬐甲最高点前方,第三、四胸椎棘突间的凹陷中,一穴	毫针向前下方刺入6~9 cm,火针刺入3~4 cm,治鬐甲肿胀时用宽针散刺	咳嗽,气喘,肚痛,腰背风湿,鬐甲痈肿
断血	最后胸椎与第一腰椎棘突间的凹陷中为主穴;向前、后移一脊椎为副穴	毫针、圆利针或火针直刺2.5~3 cm	阉割后出血,便血,尿血等
关元俞	最后肋骨后缘,距背中线12 cm的髂肋肌沟中,左右侧各一穴	圆利针或火针直刺2~3 cm,毫针直刺6~8 cm,可达肾脂肪囊内,常用作电针治疗,亦可上下透刺	结症,肚胀,泻泄,冷痛,腰脊疼痛
脾俞	倒数第三肋间,距背中线12 cm的髂肋肌沟中,左右侧各一穴	圆利针或火针直刺2~3 cm,毫针向上或向下斜刺3~5 cm	胃冷吐涎,结症,泄泻,冷痛
胃俞	倒数第六肋间,距背中线12 cm的髂肋肌沟中,左右侧各一穴	圆利针或火针直刺2~3 cm,毫针向上或向下斜刺3~4 cm	胃寒,胃热,消化不良,肠臌气,大肚结
命门	第二、三腰椎棘突间的凹陷中,一穴	毫针、圆利针或火针直刺3 cm	闪伤腰胯,寒伤腰胯,破伤风
肷俞	肷窝中点处,左右侧各一穴	巧治,用套管针穿入盲肠放气(右侧),或剖腹术(左侧)	盲肠臌气,急腹症手术
百会	腰荐十字部,即最后腰椎与第一荐椎棘突间的凹陷中,一穴	火针或圆利针直刺3~4.5 cm,毫针刺入6~7.5 cm	腰胯闪伤,风湿,破伤风,便秘,肚胀,泄泻,疝痛
尾根	尾背侧,第一、二尾椎棘突间,一穴	火针或圆利针直刺1~2 cm,毫针刺入3 cm	腰胯闪伤、风湿,破伤风
巴山	百会穴与股骨大转子连线的中点处,左右侧各一穴	圆利针或火针直刺3~4.5 cm,毫针刺入10~12 cm	腰胯风湿、闪伤,后肢风湿、麻木
穿黄	胸前正中线旁开2 cm,左右侧各一穴	拉起皮肤,用穿黄针穿上马尾穿通两穴,马尾两端拴上适当重物,引流黄水;或用宽针局部散刺	胸黄,胸部浮肿
胸堂	胸骨两旁,胸外侧沟下部的血管上,左右侧各一穴	拴高马头,用中宽针沿血管急刺1 cm,出血(出血量500~1000 mL)	心肺积热,胸膊痛,五攒痛,前肢闪伤

续表

穴名	定位	针法	主治
黄水	胸骨后、包皮前,两侧带脉下方的胸腹下肿胀处	避开大血管和腹白线,用大宽针在局部散刺 1 cm 深	肚底黄,胸腹部浮肿
阴俞	肛门与阴门或阴囊中点的中心缝上,一穴	火针或圆利针,直刺 2~3 cm,毫针直刺 4~6 cm 或艾卷灸	阴道脱,子宫脱,带下;垂缕不收
阴脱	阴唇两侧,阴唇上下联合中点旁开 2 cm,左右侧各一穴	毫针向前下方斜刺 6~9 cm,或电针、水针	阴道脱,子宫脱
肛脱	肛门两侧旁开 2 cm,左右侧各一穴	毫针向前下方刺入 4~6 cm,或电针、水针	直肠脱
莲花	脱出的直肠黏膜,脱肛时用此穴	巧治。用温水洗净,除去坏死皮膜,以 2% 明矾水和生理盐水冲洗,再涂以植物油,缓缓纳入	脱肛
后海	肛门上、尾根下的凹陷中,一穴	火针或圆利针向前上方刺入 6~10 cm,毫针刺入 12~18 cm	结症,泄泻,直肠麻痹,不孕症
尾本	尾腹面正中,距尾基部 6 cm 处血管上,一穴	中宽针向上顺血管刺入 1 cm,出血	腰胯闪伤、风湿,肠黄,尿闭
尾尖	尾末端,一穴	中宽针直刺 1~2 cm,或将尾尖十字劈开,出血	冷痛,感冒,中暑,过劳

三、前肢穴位

穴名	定位	针法	主治
膊尖	肩胛骨前角与肩胛软骨结合处,左右侧各一穴	圆利针或火针沿肩胛骨内侧向后下方刺入 3~6 cm,毫针刺入 12 cm	前肢风湿,肩膊闪伤、肿痛
膊栏	肩胛骨后角与肩胛软骨结合处,左右侧各一穴	圆利针或火针沿肩胛骨内侧向前下方刺入 3~5 cm,毫针刺入 10~12 cm	前肢风湿,肩膊闪伤、肿痛
弓子	肩胛冈后方,肩胛软骨上缘中点直下方约 10 cm 处,左右侧各一穴	用大宽针刺破皮肤,再用两手提拉切口周围皮肤,让空气进入;或以 16 号注射器针头刺入穴位皮下,用注射器注入滤过的空气,然后用手向周围推压,使空气扩散到所需范围	肩膊麻木,肩膊部肌肉萎缩
肩井	肩端,臂骨大结节外上缘的凹陷中,左右侧各一穴	火针或圆利针向后下方刺入 3~4.5 cm,毫针刺入 6~8 cm	抢风痛,前肢风湿,肩臂麻木

四、后肢穴位

穴名	定位	针法	主治
环跳	髋关节前缘,股骨大转子前方约 6 cm 的凹陷中,左右侧各一穴	圆利针或火针直刺 3～4.5 cm,毫针刺入 6～8 cm	雁翅肿痛,后肢风湿、麻木
大胯	髋关节前下缘,股骨大转子前下方约 6 cm 的凹陷中,左右侧各一穴	圆利针或火针沿股骨前缘向后下方斜刺 3～4.5 cm,毫针刺入 6～8 cm	后肢风湿,闪伤腰胯
小胯	股骨第三转子后下方的凹陷中,左右侧各一穴	圆利针或火针直刺 3～4.5 cm,毫针刺入 6～8 cm	后肢风湿,闪伤腰胯
邪气	与肛门水平线相交处的股二头肌沟中,左右侧各一穴	圆利针或火针直刺 4.5 cm,毫针刺入 6～8 cm	后肢风湿、麻木,股胯闪伤
肾堂	股内侧,大腿褶下 12 cm 处的血管上,左右肢各一穴	吊起对侧后肢,以中宽针沿血管刺入 1 cm,出血	五攒痛,闪伤腰胯,后肢风湿
后三里	小腿外侧,腓骨小头下方的肌沟中,左右肢各一穴	圆利针或火针直刺 2～4 cm,毫针直刺 4～6 cm	脾胃虚弱,后肢风湿,体质虚弱
曲池	跗关节背侧稍偏内的血管上,左右肢各一穴	小宽针直刺 1 cm,出血	胃热不食,跗关节肿痛
后缠腕	后肢球节上方两侧,跗内、外侧沟末端内的血管上,每肢内外侧各一穴	小宽针沿血管刺入 1 cm,出血	球节肿痛,屈腱炎
后蹄头	后蹄背面正中,蹄缘(毛边)上 1 cm 处,每蹄各一穴	中宽针向蹄内刺入 1 cm,出血	同前蹄头穴
滚蹄	前、后肢系部,掌/跖侧正中凹陷中,出现滚蹄时用此穴	横卧保定,患蹄推磨式固定于木桩,局部剪毛消毒,大宽针针刃平行于系骨刺入,轻症劈开屈肌腱,重症横转针刃,推动"磨杆"至蹄伸直,被动切断部分屈肌腱	滚蹄(屈肌腱挛缩)

马的肌肉及穴位见图 3-50。

马的骨骼及穴位见图 3-51。

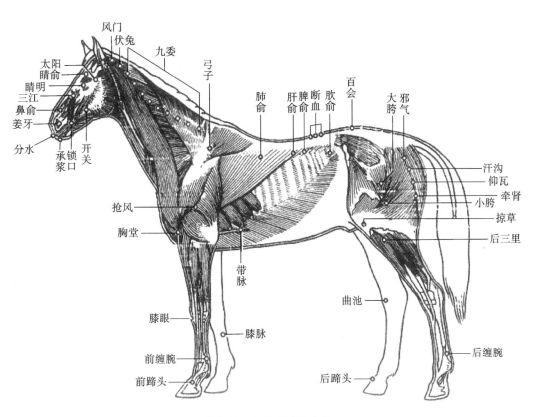

图 3-50　马的肌肉及穴位

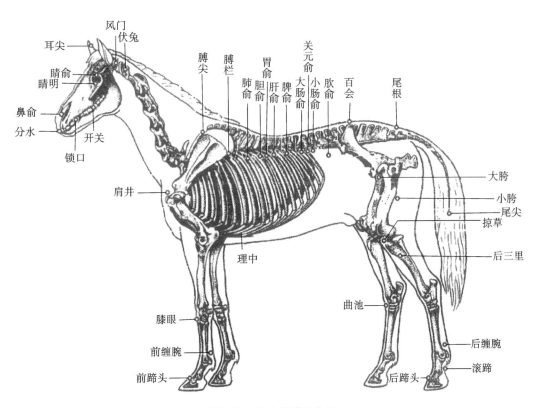

图 3-51　马的骨骼及穴位

任务四 犬的常用穴位与应用

一、头部穴位

穴名	定位	针法	主治
水沟	上唇唇沟上、中 1/3 交界处,一穴	毫针或三棱针直刺 0.5 cm	中风,中暑,支气管炎
山根	鼻背正中有毛与无毛交界处,一穴	三棱针点刺 0.2~0.5 cm,出血	中风,中暑,感冒,发热
三江	内眼角下的血管上,左右侧各一穴	三棱针点刺 0.2~0.5 cm,出血	便秘,腹痛,目赤肿痛
承泣	下眼眶上缘中部,左右侧各一穴	上推眼球,毫针沿眼球与眼眶之间刺入 2~3 cm	目赤肿痛,睛生云翳,白内障
睛明	内眼角上下眼睑交界处,左右眼各一穴	外推眼球,毫针直刺 0.2~0.3 cm	目赤肿痛,睛生云翳
上关	下颌关节后上方,下颌骨关节突与颧弓之间,张口时出现的凹陷中,左右侧各一穴	毫针直刺 3 cm	歪嘴风,耳聋
下关	下颌关节前下方,颧弓与下颌骨角之间的凹陷中,左右侧各一穴	毫针直刺 3 cm	歪嘴风,耳聋
翳风	耳基部,下颌关节后下方的凹陷中,左右侧各一穴	毫针直刺 3 cm	歪嘴风,耳聋
耳尖	耳廓尖端背面的血管上,左右耳各一穴	三棱针或小宽针点刺,出血	中暑,感冒,腹痛
天门	枕寰关节背侧正中点的凹陷中,一穴	毫针直刺 1~3 cm,或艾灸	发热,脑炎,抽风,惊厥

二、躯干部穴位

穴名	定位	针法	主治
大椎	第七颈椎与第一胸椎棘突间的凹陷中,一穴	毫针直刺 2~4 cm,或艾灸	发热,咳嗽,风湿痛,癫痫
身柱	第三、四胸椎棘突间的凹陷中,一穴	毫针向前下方刺入 2~4 cm,或艾灸	肺热,咳嗽,肩扭伤
灵台	第六、七胸椎棘突间的凹陷中,一穴	毫针稍向前下方刺入 1~3 cm,或艾灸	胃痛,肝胆湿热,肺热咳嗽

续表

穴名	定位	针法	主治
悬枢	最后(第十三)胸椎与第一腰椎棘突间的凹陷中,一穴	毫针斜向后下方刺入1~2 cm,或艾灸	风湿病,腰部扭伤,消化不良,腹泻
脾俞	倒数第二肋间,距背中线6 cm的髂肋肌沟中,左右侧各一穴	毫针沿肋间向下方斜刺1~2 cm,或艾灸	食欲不振,消化不良,呕吐,贫血
命门	第二、三腰椎棘突间的凹陷中,一穴	毫针斜向后下方刺入1~2 cm,或艾灸	风湿症,泄泻,腰痿,水肿,中风
阳关	第四、五腰椎棘突间的凹陷中,一穴	毫针斜向后下方刺入1~2 cm,或艾灸	性功能减退,子宫内膜炎,风湿症,腰扭伤
百会	最后腰椎与第一荐椎棘突间的凹陷中,一穴	毫针直刺1~2 cm,或艾灸	腰胯疼痛,瘫痪,泄泻,脱肛
三焦俞	第一腰椎横突末端相对的髂肋肌沟中,左右侧各一穴	毫针直刺1~3 cm,或艾灸	食欲不振,消化不良,呕吐,贫血
肾俞	第二腰椎横突末端相对的髂肋肌沟中,左右侧各一穴	毫针直刺1~3 cm,或艾灸	肾炎,多尿症,不孕症,腰部风湿、扭伤
大肠俞	第四腰椎横突末端相对的髂肋肌沟中,左右侧各一穴	毫针直刺1~3 cm,或艾灸	消化不良,肠炎,便秘
关元俞	第五腰椎横突末端相对的髂肋肌沟中,左右侧各一穴	毫针直刺1~3 cm,或艾灸	消化不良,便秘,泄泻
中脘	胸骨后缘与脐的连线中点,一穴	毫针向前斜刺0.5~1 cm,或艾灸	消化不良,呕吐,泄泻,胃痛
天枢	脐眼旁开3 cm,左右侧各一穴	毫针直刺0.5 cm,或艾灸	腹痛,泄泻,便秘
后海	尾根与肛门间的凹陷中,一穴	毫针稍向前上方刺入3~5 cm	泄泻,便秘,脱肛,阳痿
尾根	最后荐椎与第一尾椎棘突间的凹陷中,一穴	毫针直刺0.5~1 cm	瘫痪,尾麻痹,脱肛,便秘,腹泻
尾本	尾部腹侧正中,距尾根部1 cm处的血管上,一穴	三棱针直刺0.5~1 cm,出血	腹痛,尾麻痹,腰风湿
尾尖	尾末端,一穴	毫针或三棱针从末端刺入0.5~0.8 cm	中风,中暑,泄泻

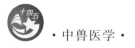

三、前肢穴位

穴名	定位	针法	主治
肩井	肩峰前下方、臂骨大结节上缘的凹陷中,左右肢各一穴	毫针直刺 1～3 cm	肩部神经麻痹,扭伤
肩外俞	肩峰后下方、臂骨大结节后上缘的凹陷中,左右肢各一穴	毫针直刺 2～4 cm,或艾灸	肩部神经麻痹,扭伤
抢风	肩关节后方,三角肌后缘、臂三头肌长头和外头形成的凹陷中,左右肢各一穴	毫针直刺 2～4 cm,或艾灸	前肢神经麻痹,扭伤,风湿症
郗上	肩外俞与肘俞连线的下 1/4 处,左右肢各一穴	毫针直刺 2～4 cm,或艾灸	前肢神经麻痹,扭伤,风湿症
肘俞	臂骨外上髁与肘突之间的凹陷中,左右肢各一穴	毫针直刺 2～4 cm,或艾灸	前肢及肘部疼痛,神经麻痹
曲池	肘关节前外侧,肘横纹外端凹陷中,左右肢各一穴	毫针直刺 3 cm,或艾灸	前肢及肘部疼痛,神经麻痹
前三里	前臂外侧上 1/4 处肌沟中,左右肢各一穴	毫针直刺 2～4 cm,或艾灸	桡、尺神经麻痹,前肢神经痛,风湿症
外关	前臂外侧下 1/4 处的桡、尺骨间隙中,左右肢各一穴	毫针直刺 1～3 cm,或艾灸	桡、尺神经麻痹,前肢风湿,便秘,缺乳
内关	前臂内侧下 1/4 处的桡、尺骨间隙处,左右肢各一穴	毫针直刺 1～2 cm,或艾灸	桡、尺神经麻痹,肚痛,中风
涌泉	第三、四掌骨间的血管上,每肢各一穴	三棱针直刺 1 cm,出血	风湿症,感冒
指间	前足背指间,掌指关节水平线上,每足三穴	毫针斜刺 1～2 cm,或三棱针点刺	指扭伤或麻痹

四、后肢穴位

穴名	定位	针法	主治
环跳	股骨大转子前方,髋关节前缘的凹陷中,左右侧各一穴	毫针直刺 2～4 cm,或艾灸	后肢风湿,腰胯疼痛

续表

穴名	定位	针法	主治
肾堂	股内侧上部的血管上,左右肢各一穴	三棱针或小宽针顺血管刺入 0.5~1 cm,出血	腰胯闪伤、疼痛
膝下	膝关节前外侧的凹陷中,左右肢各一穴	毫针直刺 1~2 cm,或艾灸	膝关节炎,扭伤,神经痛
后三里	小腿外侧上 1/4 处的胫、腓骨间隙内,左右肢各一穴	毫针直刺 1~2 cm,或艾灸	消化不良,腹痛泄泻,胃肠炎,后肢疼痛、麻痹
阳辅	小腿外侧下 1/4 处的腓骨前缘,左右肢各一穴	毫针直刺 1 cm,或艾灸	后肢疼痛、麻痹,发热,消化不良
解溪	跗关节背侧横纹中点、两筋之间,左右肢各一穴	毫针直刺 1 cm,或艾灸	后肢扭伤,跗关节炎、麻痹
后跟	跟骨与腓骨远端之间的凹陷中,左右肢各一穴	毫针直刺 1 cm,或艾灸	扭伤,后肢麻痹
滴水	第三、四跖骨间的血管上,每肢各一穴	三棱针直刺 1 cm,出血	风湿症,感冒
趾间	后足背趾间,跖趾关节水平线上,每足三穴	毫针斜刺 1~2 cm,或三棱针点刺	趾扭伤或麻痹

犬的肌肉及穴位见图 3-52。

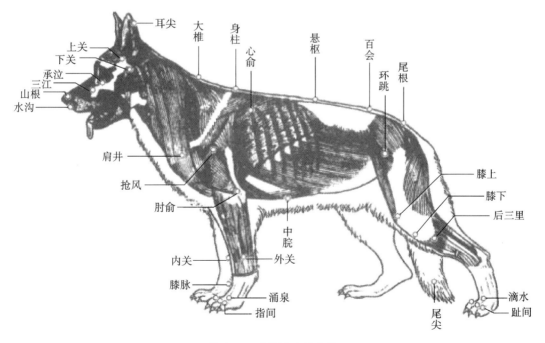

图 3-52　犬的肌肉及穴位

犬的骨骼及穴位见图 3-53。

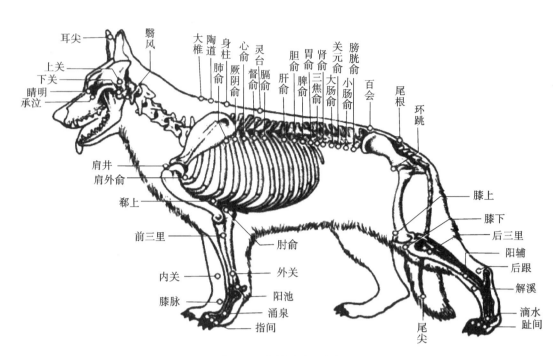

图 3-53　犬的骨骼及穴位

任务五　猫的常用穴位与应用

一、头颈部穴位

穴名	定位	针法	主治
水沟	鼻唇沟中点处,一穴	毫针直刺0.2 cm	休克,昏迷,中暑,冷痛
素髎	鼻尖上,一穴	毫针或三棱针点刺	呼吸微弱,虚脱
开关	口角后方、咬肌前缘,左右侧各一穴	毫针向后上方平刺1.5～3 cm	歪嘴风,面肌痉挛
睛明	眼内角,上下眼睑交界处,左右侧各一穴	外推眼球,毫针沿眼眶与眼球之间直刺0.2～0.5 cm	眼病
太阳	外眼角后方的凹陷中,左右侧各一穴	毫针直刺0.2～0.3 cm	眼病,中暑
耳尖	耳尖背面静脉上,左右耳各一穴	小三棱针点刺血管,出血	中暑,感冒,中毒,痉挛,眼病
伏兔	耳后1 cm、背中线旁开2 cm,即寰椎翼后缘的凹陷处,左右侧各一穴	毫针直刺0.5～1 cm	颈部疾病,耳聋

二、躯干部穴位

穴名	定位	针法	主治
大椎	第七颈椎与第一腰椎棘突间的凹陷中,一穴	毫针直刺2～3 cm	发热,咳喘

续表

穴名	定位	针法	主治
身柱	第三、四腰椎棘突间的凹陷中,一穴	毫针直刺 2～3 cm	咳嗽,气喘
脊中	第十一、十二胸椎棘突间的凹陷中,一穴	毫针直刺 0.5～1 cm	泄泻,消化不良
百会	腰荐十字部,即最后腰椎与第一荐椎突间的凹陷中,一穴	毫针直刺 0.5～1 cm	腰胯风湿,后肢麻木
肝俞	倒数第四肋间的髂肋肌沟中,左右侧各一穴	毫针向脊柱方向刺入 1～1.5 cm	胸腰部疼痛,排尿失常
脾俞	倒数第二肋间的髂肋肌沟中,左右侧各一穴	毫针向脊柱方向刺入 1～1.5 cm	脾胃虚弱,便秘,泄泻
次髎	第二背荐孔处,左右侧各一穴	毫针直刺 0.5～1 cm	髋部疼痛,便秘
后海	尾根与肛门间的凹陷中,一穴	毫针稍向前上方刺入 3～5 cm	腹泻,便秘,脱肛,阳痿
尾尖	尾部尖端,一穴	毫针直刺 0.2 cm	便秘,后躯麻痹,后躯疾病

三、前肢穴位

穴名	定位	针法	主治
膊尖	肩胛骨前角的凹陷中,左右侧各一穴	毫针向后下方刺入 1 cm	颈部疼痛,肩关节疼痛
膊栏	肩胛骨后角的凹陷中,左右侧各一穴	毫针向前下方刺入 1 cm	肩、胸部疼痛
肩井	肩关节前上缘的凹陷中,左右肢各一穴	毫针直刺 0.5～1 cm	肩部疼痛,前肢风湿、麻木
抢风	肩关节后方,三角肌后缘与臂三头肌长头和外头形成的凹陷中,左右侧各一穴	毫针直刺 1～1.5 cm	前肢疼痛、麻痹,便秘
肘俞	臂骨外上髁与肘突之间的凹陷中,左右肢各一穴	毫针直刺 1～1.5 cm	肘部肿痛,前肢麻木
曲池	肘窝横纹外端与臂骨外上髁之间,左右肢各一穴	毫针直刺 0.5～1 cm	前肢疼痛、麻木,发热
前三里	前肢上 1/4 处,腕外侧屈肌与第五指伸肌之间的肌沟中,左右肢各一穴	毫针直刺 1～1.5 cm,或艾灸	前肢疼痛、麻痹,肠痉挛

Note

续表

穴名	定位	针法	主治
太渊	腕部桡侧缘的凹陷中，左右肢各一穴	毫针直刺 0.5～1cm	腕部疼痛
指间	前足背指缝间，每足三穴	毫针直刺 0.2～0.3 cm	前肢麻痹，耳聋

四、后肢穴位

穴名	定位	针法	主治
环跳	股骨头和髋部连接处形成的凹陷中，左右侧各一穴	毫针直刺 0.3～0.5 cm	胯部疼痛
汗沟	股骨大转子与坐骨结节的连线与股二头肌沟的交点处，左右侧各一穴	毫针直刺 1.5～2 cm	荐骨痛，腰胯痛
掠草	髌骨与胫骨近端形成的凹陷中，左右肢各一穴	毫针斜刺 1.5～2 cm	膝关节疼痛，后肢麻痹
后三里	小腿外侧上部，髌骨下 2 cm 的肌沟内，左右肢各一穴	毫针直刺 1.5～2 cm	食欲不振，呕吐，泄泻，后肢麻痹
太溪	内踝与跟腱之间，左右肢各一穴	毫针直刺 0.5 cm，或透刺跟端穴	排尿异常，难产
跟端	外踝与跟腱之间，左右肢各一穴	毫针直刺 0.5 cm，或透刺太溪穴	飞节肿痛
趾间	后足背趾缝间，每足三穴	毫针直刺 0.2～0.3 cm	后肢麻痹，泌尿器官疾病

猫的肌肉及穴位见图 3-54。

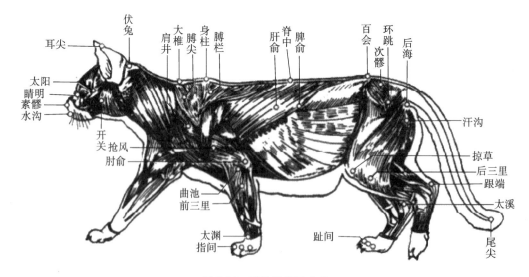

图 3-54　猫的肌肉及穴位

猫的骨骼及穴位见图 3-55。

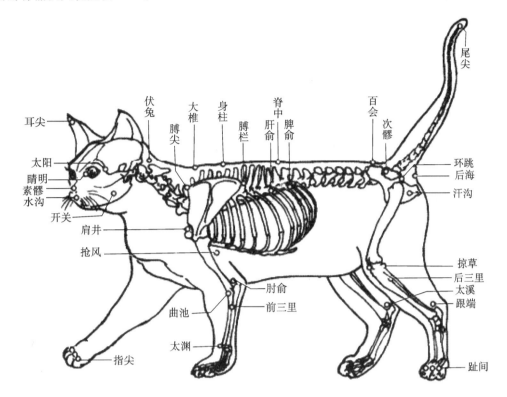

图 3-55　猫的骨骼及穴位

任务六　鸡的常用穴位与应用

穴名	定位	针法	主治
虎门	嘴角两边稍后方的凹陷中,左右侧各一穴	张开鸡嘴,毫针由外向口内侧下方轻轻点刺,并滴灌几滴食盐水	食欲不振,喉部疾病
锁口	嘴角后方,垂髯根部稍上方,左右侧各一穴	以毫针由外向口内斜下方刺入 0.3 cm	口舌干燥,食欲不振
舌筋	舌腹面两侧边缘上的索状突起部,左右侧各一穴	毫针刺入舌黏膜 0.1～0.25 cm,滴入几滴食盐水	食欲不振,热性病,流涎,喉部疾病
鼻隔	两鼻孔之间,穿过鼻瓣(鼻中隔),一穴	不必用针,可用病鸡翼羽的羽管刺穿鼻隔,使羽管留在鼻隔中数日	迷抱,肺气不畅,垂头呆痴
鼻俞	两鼻孔后约 0.5 cm 处的鼻背与泪骨间的界缝中,左右侧各一穴	毫针刺入 0.25 cm	垂头呆痴
眼角(太阳)	眼外角后缘的凹陷处,左右侧各一穴	以毫针平刺 0.1～0.25 cm	眼部疾病,精神沉郁,感冒
耳窝	两耳的耳孔穴,左右侧各一穴	以软长的毫针烧红,由一耳孔内对准另一侧耳孔,作直线穿通,留针 1 h 左右	转头疯,迷抱

续表

穴名	定位	针法	主治
耳下（静脑）	耳后下方、耳垂上端的凹陷中,左右侧各一穴	毫针刺入 0.2 cm	热性病,抽搐或垂头呆痴
冠顶	鸡冠顶上,在冠齿的尖端,以第一冠齿为主,一穴	毫针垂直皮肤刺入 0.5 cm 左右,见血为止。如刺后半分钟不见血,可将冠齿尖顶端顺次剪断,有的鸡冠缺齿,则可针刺冠齿前部	热性病,精神沉郁,公鸡作用较显著,为鸡病常用基础穴
冠基	鸡冠基部中点,即贴近颅顶骨上缘的正中,左右侧各一穴	以毫针由前向后斜刺 0.5～0.8 cm,出血或密刺,或作梅花状点刺	感冒,泻痢,鸡头摇摆,黑冠
垂髯	整个鸣的肉垂上,即喙的下方肉髯上,左右侧各一穴	同冠基穴	食欲不振,喉部疾病
脑后（天门）	枕骨后缘与寰椎交接的正中处,一穴	小圆利针直刺 0.2～0.3 cm(不可探刺)	中毒,感冒,神经性疾病
嗉囊	嗉囊上部或胸前突出的食管膨大部,一穴	拔除术部羽毛,以穿有棕线或马尾的针穿皮肤及嗉囊,然后将穿线来回拉动,或消毒切开,取出积食或异物后缝合	胀气,食积,食物中毒
背脊	最后颈椎与第一胸椎、第一胸椎与第二胸椎、第二胸椎与第三胸椎棘突间的凹陷中,共三穴	毫针直刺 0.5 cm	感冒,上呼吸道疾病
尾脂	尾根部与最后荐椎上方的尾脂腺上,一穴	以线香或艾卷施灸,或针刺挤压出血,或流出黄色液体	便秘,下痢,感冒,迷抱
尾根	摇动鸡尾,动与不动之间是穴,即第一尾椎与腰荐骨的交界处,一穴	毫针直刺 0.5～1 cm,稍加捻转,或用线香、艾卷施灸	泻痢,精神不振,产卵迟滞
后海（交巢）	肛门上方的凹陷中,一穴	用线香或艾卷施灸,或毫针刺入 0.25～0.5 cm,稍加捻转	母鸡生殖器外翻,小鸡精神沉郁
胸脉	胸部龙骨突两侧,胸大肌上的小静脉管上,左右侧各一穴	拔去穴位附近羽毛,涂以酒精,使其静脉显露,再以毫针刺入血管,出血	肺炎,支气管炎,喉部疾病
飞天	翅膀后下方与躯干交界处,即肱骨、乌喙骨及肩胛骨的多轴关节面上,左右侧各一穴	毫针平刺 0.25 cm	中暑,感冒,热性病,翼下垂
翼根	翅膀上方与躯干交界处,即肱骨、锁骨、乌喙骨及肩胛骨的多轴关节面上,左右侧各一穴	同飞天穴	同飞天穴

续表

穴名	定位	针法	主治
展翅	两翅肘头弯曲部,尺骨、桡骨与肱骨交界处后端关节面的凹陷中,左右侧各一穴	毫针平刺 0.25 cm	感冒,精神沉郁,食欲不振,热性病
翼脉	翅膀内侧,桡骨、尺骨间的静脉上,左右侧各一穴	毫针沿静脉平刺 0.1 cm,流出一些污血	热性病
羽囊	翅膀尖部,拔下几根主羽毛,羽囊内是穴,左右侧各一穴	扯去翅旁边缘几根大羽毛,以钝针头或稻草秆在羽囊内旋刺	感冒,羽毛粗乱,母鸡换毛期施术可增加产卵
股端	股骨上端凹陷中,即股骨头与髂骨间的关节窝内,左右侧各一穴	毫针直刺 0.5 cm	翼下垂,软脚
膝盖	膝关节前下方的凹陷中,左右侧各一穴	毫针浅刺 0.25 cm,以触及骨头为度	膝关节风湿,脚肿
膝弯	膝弯缝中,股骨与胫腓骨的交界处,左右肢各一穴	毫针平刺 0.25~0.5 cm,刺入关节面的凹陷中	同膝盖穴
胯内	腿内侧胫腓骨上肌肉丰满处的内侧静脉血管上,左右肢各一穴,专用于成年鸡	去毛消毒,找到血管后,以毫针刺透血管壁,出血	运动障碍,风湿,便秘
胯外	腿外侧的微小静脉上,左右肢各一穴,专用于成年鸡	同胯内穴	同胯内穴
钩前	跗关节前面的凹陷中,左右肢各一穴	毫针直刺 0.2 cm	热性病,雏鸡感冒,跗关节风湿
钩后	跗关节后面的凹陷中,左右肢各一穴	毫针直刺 0.2 cm	同钩前穴
脚脉(活血)	脚管前下方,跖骨远端内侧的静脉管上,左右肢各一穴,专用于雏鸡	毫针沿血管刺入 0.2 cm,出血	血行凝滞、精神呆滞
立地	两脚肉垫的后跟上,即跖骨下端与趾骨的交接面处,左右脚各一穴	毫针浅刺 0.25 cm	热性病、下痢
脚盘	鸡的足爪叉上,即趾骨的三个趾间,每趾间一穴	将脚掌举向光线,看清血管,用毫针或宽针将皮肤表层划破见血	感冒
脚底	脚掌底部肉垫稍前端,即脚趾底中心稍靠前方处,左右脚各一穴	毫针向上方斜刺 0.25 cm,然后轻轻转动,1 min 后出针	下痢,便秘,足趾瘤,迷抱

鸡的肌肉及穴位见图 3-56。

鸡的骨骼及穴位见图 3-57。

Note

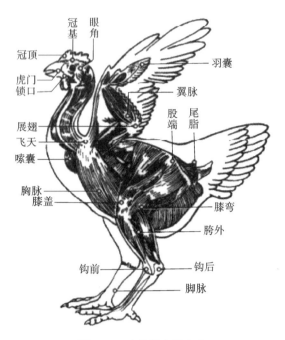

图 3-56　鸡的肌肉及穴位

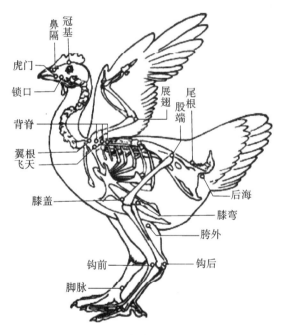

图 3-57　鸡的骨骼及穴位

 巩固训练

模块四
临床诊治与常见病证

项目一　中医诊法

中兽医的诊断方法主要有望、闻、问、切四种,称为"四诊"。望诊,就是运用视觉观察畜体的整体或局部的情况;闻诊,就是运用听觉、嗅觉来辨别声音和气味的变化;问诊,就是询问畜主有关病畜的发病经过、病情等情况;切诊,就是把脉和触摸病畜的某些部位。四诊各有其独特的作用,各有其应用范围、互相联系、密切相关。临床必须将四诊结合起来,即所谓"四诊合参",才能全面系统地了解病情,从而作出正确的判断。

扫码看课件
项目 4-1

任务一　望　　诊

一、整体望诊

主要观察病畜的精神状态、皮毛荣枯、形体肥瘦强弱、站立和运动姿态等。望的方法是由远而近,绕病畜一圈,进行粗略查看,然后站在病畜不同的侧面仔细查看,再让病畜运动以观察其运动状态的变化。

(一)精神状态

"神藏于心,外候在目。"精神的好坏,主要从眼、耳及神态方面反映出来。精神正常则两目有神、两耳灵活,对外界反应迅速。家畜有病,多精神失常,表现为头低耳聋、眼目闭合或开而无神,对外界反应迟钝,行动迟缓,喜卧少立。如果病畜目瞪呆立,行走如痴,对外界事物毫无反应或卧地不起、四肢收缩无力,只见出气不见进气,则是生命垂危的表现。病畜的动态也多有变化。行走时以抬举和迈步困难为主,则病痛在肢体的上部;行走时以踏地小心和不能着地为主,则病痛在肢体的下部,即"敢踏不敢抬,病必在胸怀;敢抬不敢踏,病必在脚下"。如见步行异样,可能是四肢或腰胯有病;如四肢僵直、立如木

Note

马、耳紧尾直、牙关紧闭,可能是破伤风;如病畜起卧不安,回头顾腹,则是腹内疼痛的表现;如病畜突然发病、烦躁不安、口吐白沫、呕吐或泄泻、呼吸喘粗,则是食物中毒的表现;如病畜狂躁不安、尖声怪叫、顶踢啃咬而无法控制,或眼目无神、站立痴呆、昏睡不起,则是邪入心包造成的精神紊乱。

(二)皮毛形体

外形与脏腑通过经络相对应。因此皮毛荣枯和形体肥瘦强弱也能反映畜体的健康与疾病状态。健康家畜的皮毛有弹性,被毛光亮润泽,肌肉丰满,肥瘦适当,骨骼结实。病变时,家畜被毛逆立或粗乱无光、脱落或不按时换毛,皮肤弹性减低,或出现斑疹、瘙痒等。形体消瘦或衰弱,多为脾胃虚弱、精气不足的表现,或见于重病久病过程。

二、分部望诊

(一)眼

肝开窍于目,五脏六腑之精气皆上注于目。因此,眼睛的病变多与肝经有关,与其他脏腑也有一定的关系。望眼时,先一般检查,然后再将眼睑翻开,仔细检查眼结膜等,看有无肿胀、哆泪、翳膜等。

结膜的正常颜色为粉红色。结膜赤红、眼屎多,多是肝经有热(火)证;结膜黄色,是黄疸;结膜苍白多为贫血、大失血、寄生虫等;结膜赤紫色多为中毒、中暑、缺氧等;眼泡水肿,多见于水肿;眼泪长流多为肝冷;视物不清,眼干涩多为肝肾阴虚。瞳孔缩小,多为肝胆火盛或肝肾劳损或中毒;瞳孔散大,多因肾精衰竭,常见于垂危病重者。

(二)耳

耳为肾之外窍。所以听觉的灵敏度,多与肾有关。正常的耳朵竖直,耳根热,耳尖凉,两耳同时运动。两耳下垂为久病或重病,多为肾气虚弱或心气不足;两耳背部血管暴起并延至耳尖者多为热证;一侧耳朵下耷,可能是歪嘴风。此外,还应注意有无生疮、疥癣等及耳道情况。

(三)鼻

鼻为肺之窍,鼻的变化多与肺有关。望鼻主要检查鼻孔的张缩、分泌物的变化、牛鼻镜和猪鼻盘的出汗情况等。正常的鼻镜或鼻盘周围洁净且有珍珠汗。鼻镜是有疾无疾、病情轻重和预测疾病转归之镜。如不时喷鼻而鼻流清涕,鼻汗成片状,多因外感风寒;鼻流黄稠黏涕,鼻汗少或无,多因外感风热;鼻镜干燥龟裂及鼻冷似铁,多属病危。鼻孔张大,鼻翼扇动,鼻干燥无汗,呼吸迫促,多为肺经有热或肺气肿;鼻孔张大,鼻息深长,多为肺虚喘。鼻液灰白污秽,腥臭难闻,多为肺败或肺痈,或肺脓肿破溃期;一侧鼻孔流脓性鼻液或团块状或豆腐渣样者,多见于副鼻窦炎。

(四)呼吸

健康家畜的呼吸数,牛为 10~30 次/分,猪为 10~20 次/分,羊为 12~20 次/分,马为 8~16 次/分,犬为 10~30 次/分。如呼吸急促,气粗喘促,鼻翼扇动,多为实热证;呼吸缓慢而声低,多为虚寒证。出现腹式呼吸,说明胸部有病,如胸膜炎等;出现胸式呼吸,说明腹部有病,如瘤胃臌气等。如病畜张口呼吸,气不得续,往往是病重垂危、气机将绝的表现。

(五)头颈

主要观察头颈的外形及动态变化。一般说来,头颈拘急、吞咽困难,是急性咽喉炎(称咽喉黄);头颈强直、牙关紧闭,是破伤风;头难低下或难移动,是脖中风(又称低头难);头颈软而无力,是正气衰弱。

(六)躯干和四肢

主要观察胸背、腰腹等处有无肿胀、缩、拱、陷等异常情况。如肋骨骨折时胸部凹陷;肚底黄时胸腹下浮肿。胁部的变化多与胃肠疾病关系密切。如长期草料不足,则缩腹吊胁;肚胀或大便秘结,则胁部高起,腹围胀大。腹内气胀时,胁部胀满,按压紧张而有弹性,但触压无坚硬感;食积时,按压坚实而胀满,触摸有二层皮样的感觉;腹水时,按压有波动感,击打有拍水音。"腰为肾之府",故腰的病变多反映肾功能的变化。如腰部拱起,腰背紧硬,常为肾寒湿;腰胯疼痛,前行后拽,难起难卧,多为闪伤或肾经痛。

健康家畜站立时四肢平稳,行走时步调均匀整齐。如病畜站立时四肢频繁移动,可能是肝经风热;后肢开张,可能是膀胱胀大;站立不动,腰沉腹垂是宿水停脐;站立无神,头低背拱,浑身冷颤是脾胃虚寒;站立不稳,乱转圈子,甚至突然倒地,是热毒伤于心包。病畜行走时,如见尾伸是大肠痛;尾卷是小肠痛;尾不摆动、四脚打交,卧地后四肢抽筋,是中毒。奔行急走是心肾热盛;四肢如竿,欲行难移,是风湿痛;脚步拖地,后脚跟不上前脚,是关节积水。

(七)饮食

家畜食欲的好坏能反映出胃气的强弱。如食欲不振,多为脾胃虚弱、消化不良或食胀;若病畜饮食欲逐渐增加,则为疾病好转的征兆;若饮食废绝,则病情严重,多预后不良。饮水量增加或见水贪饮,多是脏腑有热,见于各种热性病的初期;饮水量减少,多为外感寒湿或脾有湿。如咀嚼、吞咽出现异样,主要是口腔、咽喉有病,如口舌生疮、齿龈炎等;空口咀嚼,见于饲料中毒等。

反刍和嗳气在牛羊病诊断上也有重要意义。反刍减少,多表示前胃有病,如前胃弛缓、食积、百叶干等。疾病过程中,反刍恢复,预后良好;反刍一直停止,多预后不良。嗳气频繁,表示瘤胃中发酵增强、过食及瘤胃臌气的初期;嗳气减少,则表示前胃功能减弱,多见于前胃疾病、食管不全阻塞以及热性病等病程中。

(八)望二阴和二便

主要望二阴的形状。如阴户(即外阴)平时外流分泌物称为带下;妊娠家畜未到产期而出现阴户外翻,有黄白色或红色分泌物流出,多为流产征兆,产后阴户排出黑色或黄色、粉红色的分泌物,是恶露不尽;阴户一侧内缩,并有腹痛表现,是子宫扭转;阴囊或睾丸肿胀是外肾黄;肛门松弛或直肠脱出,多为久泻气虚或努伤;肛门随呼吸前后伸缩,为劳伤气喘。

望二便主要是望其次数、色泽、气味、形状及数量等。粪干尿少多见于热证或津液耗伤;粪稀软尿清长多见于寒证;粪便粗糙,有酸臭味,即溏泻或称完谷不化,见于脾胃虚弱、消化不良;粪便黏腻,或如胶冻,或赤白相间,气味恶臭,是肠道湿热痢疾或慢性肠炎;天亮之前家畜拉稀便,称为"五更泻",是肾阳虚。排尿痛苦,尿不畅呈淋漓而下,尿液混浊,甚至尿血,是为膀胱湿热或心热下移小肠所致。另外,尿中有血称血尿,粪中有血称血便。如血色鲜红,排粪(或尿)时先血后粪(或尿),是为近血,多是直肠、肛门(或尿道、膀胱)出血;如血色暗红,或夹有暗褐色或黑色的块状物,是为远血,多是胃肠道(或肾脏)出血。必要时结合现代兽医学的化验予以确诊。

三、望口色

口色是气血的外荣,可反映病性、病情及预后。主要观察口腔有关部位的色泽、舌苔、口津、舌形等的变化。这些部位的色泽变化与五脏相应,即舌应心、唇应脾、金关应肝、玉户应肺、排齿应肾。望口色是中兽医特有的诊断方法之一。

(一)部位

牛羊主要看舌底、卧蚕及舌苔,卧蚕为舌底的左右两肉阜(左金关,右玉户);猪、犬、猫主要看舌及舌苔。

(二)口色

家畜的正常口色是粉红色或红黄色,鲜明光润,舌大小适中且活动自如。常见的病色如下。

1.红色 主热证。赤红是实热证(又称气分实热证)的表现;深红或绛红是营分、血分热证的表现。

2.黄色 主湿证。淡黄是肝脾不和的表现;黄色鲜明如橘黄者称阳黄,相当于急性肝炎;黄色晦暗无光泽者称阴黄,相当于慢性肝炎。

3.白色 主虚证。淡白是病情较轻的表现,多见于气血不足、阳气衰弱等;苍白是病情较重的表现。

4.青色 主寒证、痛证、风证。青白而润是虚寒证;青黄则是寒湿证。

5.绝色 即重危证或濒死的口色,多表现为青紫色(青黑色)或赤紫色(紫黑色),青紫色为体内

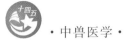

寒极之表现;赤紫色为体内热极之表现。但不能单凭颜色来判断,而要看是否有生机,即"明泽则生,枯夭则死"。此外,还要和舌苔、舌形、舌质及脉诊结合,进行综合判断。

(三)舌苔

家畜正常舌苔是由胃气熏蒸而成,薄白均匀,干湿适中,位于舌中央。主要的病苔如下。

1.白苔 主寒证。薄白苔是表寒证;厚白苔是里寒证。

2.黄苔 主热证。薄黄苔是表热证;厚黄苔是里热证。

3.腻苔 主湿证。黄腻苔是湿热证;白腻苔是寒湿证。腻苔的苔质致密,不易刮去。

4.腐苔 主湿邪将解,说明病情好转。腐苔的苔质疏松,易刮去。

5.灰苔 主危证。灰而干是热极证;灰而湿是寒极证。

舌苔的厚薄表示病情的轻重,苔厚说明病邪入里或胃肠积滞。如由有苔变成无苔,是病情恶化的表现,反之,是病情好转的表现。另外,家畜以草食为主,应注意区别草汁染色。

(四)舌体形态和口津

健康家畜的舌体大小适度,富有弹性,灵活自如。如舌肿硬,转动不灵,色青如铁条,为木舌证(又称舌黄);舌偏歪一侧,时时颤抖,不能复正,多属风证;舌体红肿,为舌黄,是心热毒亢盛所致;舌软绵为气血不足;舌淡白胖大,舌边有齿痕,多属脾肾阳虚舌痿软无力,拉出口外不能自回,为气血俱虚,脾胃气绝,病证危重。

正常情况下,口腔湿润,口津适中。口津反映畜体津液盈亏和存亡。若口津黏稠或干燥,多为热盛或阴液亏损;口津多而清稀,口腔滑利为水湿内停或寒证;口内垂涎,多为脾胃寒证、水湿过盛或口腔疾病。

巩固训练

任务二 闻 诊

学习目标

▲**知识目标**

1.认识中兽医的闻诊方法,掌握闻诊的诊断内容和特点。

2.了解闻诊在中兽医临床的诊断意义,掌握闻诊的诊断步骤。

▲**技能目标**

1.能独立进行闻诊工作。

2.初步具有对闻诊结果进行归纳整理和分析的能力。

▲**课程思政目标**

1.培养学生团结合作,发扬中兽医的职业情怀。

2.培养学生严谨认真、细致入微、善于分析思考的职业素养。

▲知识点

1.中兽医诊法中闻诊的诊断内容、方法。

2.中兽医诊法中闻诊的应用范围及临床应用。

3.正常情况下和病理状况下闻诊动物的表现。

一、闻声音

(一)叫声

健康家畜的叫声洪亮有力。当家畜有病时,叫声常有变化。如叫声无明显变化,说明正气未衰,病情较轻。如叫声低微细弱,则正气已衰,多为虚证;如病畜呻吟而低微,则病情较重;如叫声怪异刺耳,多为邪入心包。

(二)呼吸声

健康家畜一般听不到呼吸音。呼吸气粗,多为实证、热证;呼吸低微,或气短,多为虚证;呼吸出现鸣音,说明呼吸道有痰、异物或肿胀;动则气喘,呼长吸短,声微息弱,是虚喘;呼吸时气如抽锯或鼻出气者,多为病势重危。

(三)咳嗽音

健康家畜一般不咳嗽,咳嗽是肺经有病的一个重要特征,其他脏腑有病,有时也会出现咳嗽。凡病畜咳嗽声低无力为虚证;咳嗽声洪大有力为实证;咳而有痰为湿咳或寒咳;咳而无痰为干咳。

(四)肠鸣音

肠鸣音是肠胃蠕动时发出的声音,它能反映脾胃肠的功能状况。健康家畜的小肠音如流水音,大肠音如远方轻雷音,瘤胃蠕动音如捻发音。病畜肠音高亢,响声如闷雷,称为肠鸣如雷,多为冷肠泄泻、冷痛等寒证;如听不到肠音或肠蠕动次数减少,多为前胃疾病、胃肠积滞、便秘等,如前胃弛缓、百叶干等。

二、嗅气味

(一)口、鼻气味

健康家畜口内一般无异臭。如气味腐臭,多是口舌生疮溃烂、牙根或齿龈脓肿腐烂;如口内气味酸臭、苔黄腻,多是胃有积滞。鼻气的变化与肺证有关。鼻流黄脓涕或豆腐渣样物,气味腥臭,是鼻窦蓄脓或肺痈、肺败。

(二)粪、尿气味

正常的粪便都有一定的臭味,尿有点臊味。粪气味腥臭,多见于脾胃肠湿热泄泻、痢疾等;如气味酸臭,是胃有积食;臭气不显而粪稀软属脾虚证。尿浓而少,气味恶臭,多为膀胱湿热;尿清长,气味不显,多属虚寒证。总之,臭味浓者多属热重、邪实证;臭味不显或略酸臭者多属虚寒证;有腥臭味者,多属湿热、化脓、坏疽之证。

 巩固训练

任务三 问 诊

▲知识目标

1.认识中兽医的问诊方法,掌握问诊的诊断内容和特点。

2.了解问诊在中兽医临床的诊断意义,掌握问诊的诊断步骤。

▲技能目标

1.能独立进行问诊工作。

2.初步具有对问诊结果进行归纳整理和分析的能力。

▲课程思政目标

1.培养学生团结合作,发扬中兽医的职业情怀。

2.培养学生严谨认真、细致入微、善于分析思考的职业素养。

▲知识点

1.中兽医诊法中问诊的诊断内容、顺序、方法。

2.中兽医诊法中问诊的应用范围及临床应用。

3.正常情况下和病理状况下问诊动物的表现。

一、一般项目

包括畜主姓名、住址,家畜年龄、畜别、性别、用途、配种情况、既往病史、就诊日期或住院日期等。

二、现病史

问发病时间可知是急性病还是慢性病。还要问症状,引起疾病的原因,是否进行过诊疗,曾诊断为何病证,用过何药及用药后有何变化和反应等,以便正确诊断,合理用药,避免发生医疗事故。有些症状在临证检查时不一定能见到,或见到的不一定是固定症状,如不询问,容易误诊。如家畜的四肢病有的在运动初表现严重,有的随运动时间延长症状明显。

三、既往病史及母畜的胎产情况

既往病史、配种、妊娠、产仔与疾病的发生、诊断、治疗有密切关系,必须询问清楚发病是否已久,多为虚证,或本虚标实,或虚实错杂,应慎重仔细辨证,使标本皆除。公畜交配过度,易致滑精、阳痿等证;对孕畜应避免使用妊娠禁忌药,慎用某些对妊娠有不利影响的药物;对哺乳家畜,则应注意某些药物对产乳和幼畜的影响。

四、疾病动物的来源及有无疫病流行

如是引进不久的动物发病,还应考虑有无疫病的流行,应问同群、同圈或附近同类动物患类似疾病的数目和比例及他种动物是否有类似疾病发生。如同栏同种家畜(禽)同时或先后发病,症状基本相同,可能是中毒;如附近都发生症状相似的病证,则可能是瘟疫;如仅为个别发病,或虽有几头同时发病但症状各不相同,则多是普通病。

五、饲养管理及使役情况

应问饲料的种类、来源、品质、组成及饲喂方法等。应区别是饥或饱引起疾病,还是饲料突变、中毒等原因引起的。管理方面应考虑圈舍的卫生、保暖、通风、防暑、光照及使役情况等,帮助了解发病的原因及疾病的部位。如圈舍不保暖,易致生长迟缓,易得寒证;夏季通风不良,易致中暑;地面脏湿,易引起风湿瘫痪等证。若久不使役,易致脾胃功能减弱,公畜易出现性欲下降,精子活力下降等病证;奔走过急,易致败血凝蹄而出现腐蹄病等。

巩固训练

任务四　切　诊

学习目标

▲知识目标
1.认识中兽医的切诊方法,掌握切诊的诊断内容和特点。
2.了解切诊在中兽医临床的诊断意义,掌握切诊的诊断步骤。
▲技能目标
1.能独立进行切诊工作。
2.初步具有对切诊结果进行归纳整理和分析的能力。
▲课程思政目标
1.培养学生团结合作,发扬中兽医的职业情怀。
2.培养学生严谨认真、细致入微、善于分析思考的职业素养。
▲知识点
1.中兽医诊法中切诊的诊断内容、方法。
2.中兽医诊法中切诊的应用范围及临床应用。
3.正常情况下和病理状况下切诊动物的表现。

一、切脉

（一）部位和方法

切诊的部位,牛羊是尾动脉(尾底面离肛门约两指的尾中动脉上)或正中动脉(前臂正中沟中)。猪等小动物一般不切脉。除尾脉外,脉位是左右两侧对称的。

切诊时一定要使家畜安静。给牛切脉时,诊者站在牛的后方,左手将尾略向上举,右手食指、中指和无名指按在尾根腹面按压取脉。切脉一般先浮取,接着中取,最后沉取。浮取(举):轻按于皮肤;中取(寻):按指用力不轻不重,按于皮肤和经络之间;沉取(按):按于经脉,即重按。

（二）脉象

家畜的正常脉象又称平脉,应该节律均匀,和缓有力,不浮不沉,至数恒定。平脉随季节、年龄、性别、体质等有所不同。不同家畜的正常至数如下:马、骡26～42次/分;绵羊、山羊70～80次/分;猪60～80次/分;黄牛、乳牛50～80次/分;水牛30～50次/分;犬70～120次/分。

（三）病脉（反脉）和主证

1.浮脉和沉脉

(1)浮脉:脉跳如水上漂木,轻按即显,重按不显,位于肌肉之表面,主表证。多见于外感病初期。

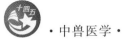
（2）沉脉：脉象深沉如石沉水，轻按不显，重按始得，位于肌肉之内面，主里证。多见于脏腑病变。

2.数脉和迟脉

（1）数脉：脉跳急速，超过正常脉搏次数，主热证。数而有力为实热证；数而无力为虚热证。

（2）迟脉：脉跳缓慢，少于正常脉搏次数，主寒证。迟而有力为实寒证；迟而无力为虚寒证。

3.虚脉和实脉

（1）虚脉：脉浮大而缓，软而瘪，轻按无力，重按空虚，主虚证，多以气虚为主。

（2）实脉：脉搏动有力，来去俱盛，主实证。可见于各种热性传染病的初期以及瘀血、食积、便秘等。

4.洪脉和细脉

（1）洪脉：脉搏幅度大而有力，应指来如洪涛去势衰。主热盛，多见于实热证初期。

（2）细脉：脉细如细线，重按才显，主虚、湿证。多见于阴虚血亏、湿滞证。

5.滑脉和涩脉

（1）滑脉：脉跳如盘中滑珠，往来流利，应指圆滑。主痰饮、食积、实热。多见痰食内滞、邪气壅盛的病畜，正常孕畜也可见此脉。

（2）涩脉：脉跳如刀劈竹，往来艰涩，迟钝不畅。主精亏血虚、气血瘀滞。

二、触诊

（一）触凉热

以手触病畜有关部位的凉热变化，以了解和判断病证的寒热。

1.角温　角温是牛羊病诊察的项目之一。健康家畜的角距基部两寸高的范围内是温热的，其他部位是比较凉的。如角尖也热，多是热证；角基发冷，多为寒证。热证而角冷者为病重，寒证而角温者易治。

2.耳温　健康家畜一般耳根温热，耳尖较凉。如耳尖也发热，多是热证；耳根不温，多是寒证；耳根冰冷，则是气血俱败的危重证候。

其他判断寒热证的部位有口、鼻、躯体和四肢。一般，口内偏凉，津液滑利，鼻冷气凉，四肢皮温发凉，是寒证；而口内偏温热，鼻温热和鼻气热，四肢皮温发热，是热证。

一般采用体温计测定体温变化，健康家畜的体温：牛 37.5～39.5 ℃；猪、羊 38.0～39.5 ℃；马 37.5～38.5 ℃；犬 37.5～39.0 ℃。

（二）触疼痛、肿胀

1.疼痛　按摩或叩击两侧胸部时，如果病畜躲避或拒按，多为胸内疼痛或肝气郁滞之疼痛；触压牛的剑状软骨处，如表现痛苦不安，是胃内有异物刺伤；在胸部摸到凹陷且疼痛，是外伤或肋骨折断；腹部肌肉紧张，按压敏感，多是腹膜炎所致。

2.肿胀　触摸时应注意肿胀性质、大小、形状和凉热等，疮黄肿毒应辨阴阳和成脓否。如疮疡高肿，灼热剧痛为阳证；如漫肿平塌，不热而微痛为阴证；坚实固定为无脓，柔软而有波动感，有脓或有血水；肿胀平漫，按压有痕，则为水肿。

（三）直肠入手

即手从肛门伸入直肠内按摸探寻，主要用于大家畜的结症和妊娠检查。

 巩固训练

项目二　辨证论治

任务一　八纲辨证

学习目标

▲知识目标
1. 熟知八纲辨证的概念。
2. 掌握八纲辨证的内容。
3. 掌握八纲辨证的辨证要点。

▲技能目标
1. 运用八纲辨证的相互关系理解动物疾病的病理变化。
2. 运用八纲辨证的知识诊治动物的疾病。

▲课程思政目标
1. 培养良好医德,传播中兽医文化。
2. 通过学习树立辨证唯物主义的观点。

▲知识点
1. 八纲辨证的基本概念。
2. 八纲证候间的关系。

　　辨证是中兽医分析和认识疾病的基础理论和基本方法。辨,即辨认;证,即证候,是对疾病发展过程中某一阶段病因、病位、病机、病性、邪正双方力量对比等方面情况的概括。辨证,是以脏腑、气血津液、经络、病因等理论为基础,以四诊所获取的资料为依据,认识疾病、诊断疾病的过程。

　　中兽医的辨证方法很多,如八纲辨证、脏腑辨证、气血津液辨证、六经辨证和卫气营血辨证等。这些辨证方法,虽各有特点和侧重,但又互相联系,互相补充。八纲辨证是所有辨证方法的总纲,是对疾病所表现出共性的概括;脏腑辨证是各种辨证方法的基础,是以脏腑理论为基础的,多用于辨内伤杂病;气血津液辨证是与脏腑辨证密切相关的一种辨证方法;六经辨证、卫气营血辨证,主要是针对外感热病的辨证方法。

一、八纲辨证的基本概念

　　八纲,即表、里、寒、热、虚、实、阴、阳。八纲辨证,就是将四诊所搜集到的各种病情资料进行分析综合,对疾病的部位、性质、正邪盛衰等加以概括,归纳为八个具有普遍性的证候类型。

　　在临床实践中,所有疾病都可用八纲来进行辨别。其中表、里是用来辨别病位浅深的基本纲领;寒、热是用来辨别疾病性质的基本纲领;虚、实是用来判断邪正盛衰的基本纲领;阴、阳是用来划分疾病类别的基本纲领,其中阴阳作为八纲中的总纲能概括其余六纲。通过八纲辨证,可找出疾病的关键所在,掌握其要领,确定其类型,推断其趋势,为临床治疗指出方向。

Note

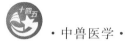

（一）表里之证

表、里两纲是用来辨别病位浅深的纲领,这两纲对于疾病来说是一种相对的概念,如动物体中皮肤与筋骨的关系是皮肤属表,筋骨属里;脏腑之间的关系是腑属表,脏属里;经络与脏腑的关系是经络属表,脏腑属里等等。在疾病诊断时,一般把外邪侵犯肌表,病位浅者为表证;侵犯脏腑,病位深者为里证。不过表里之证的辨别主要以临床症状作为依据,不能简单地理解为固定的一种解剖深浅,所以在临床应用中需要结合其他病情资料综合判断。

1. 表证

（1）含义:六淫、疫病等邪气,经皮毛、口鼻侵入机体的初期阶段,正气抗邪于肌表,以新起恶寒发热为主要表现的证。

（2）临床症状:新起恶寒,或恶寒发热,头身疼痛,打喷嚏,鼻塞,流涕,咽喉痒痛,微有咳嗽、气喘,舌淡红,苔薄,脉浮。

（3）证候分析。

恶寒发热:外邪袭表,正邪相争,阻遏卫气的正常宣发、温煦功能;外邪束表。

头身疼痛:经气郁滞不畅,不通则痛。

打喷嚏、鼻塞、流涕、咽喉痒痛:肺主皮毛,鼻为肺窍,皮毛受邪,内应于肺,鼻咽不利。

咳嗽、气喘:肺气失宣。

舌淡红、苔薄:病邪在表,尚未入里,舌象没有明显变化。

脉浮:正邪相争于表,脉气鼓动于外。

共同特征:因外邪有六淫、疫病的不同,所以表证的临床表现可有差别,但一般以新起恶寒,或恶寒发热并见,脉浮,脏腑症状不明显为共同特征。

（4）治疗方法:表证的治疗方法一般以汗法为主,具体可见后续章节。

2. 里证

（1）含义:病变部位在内,脏腑、气血、骨髓等受病,以脏腑功能失调的症状为主要表现的证。

（2）临床症状:凡非表证（及半表半里证）的特定证,一般都属里证的范畴,即所谓"非表即里"。其表现特征是无新起恶寒,或恶寒发热并见,以脏腑症状为主要表现。

（3）证候分析:形成里证的原因有三个方面。

①外邪袭表,表证不解,病邪传里,形成里证;

②外邪直接入里,侵犯脏腑等部位,即所谓"直中"为病;

③情志内伤、饮食劳倦等因素,直接损伤脏腑气血,或脏腑气血功能紊乱而出现各种证。

基本特征:病情较重,病位较深,病程较长。

（4）治疗方法:里证的治疗方法不能一概而论,需要根据形成原因的不同施以不同的治疗方式,一般包括温、清、补、消、泻法,具体可见后续章节。

3. 半表半里证

（1）含义:病变既非完全在表,又未完全入里,病位处于表里进退变化之中,以寒热往来等为主要表现的证。

（2）临床症状:寒热往来,胸胁苦满,心烦喜呕,默默不欲饮食,口苦,咽干,目眩,脉弦。

（3）证候分析:半表半里证在六经辨证中通常称为少阳病证,是外感病邪在由表入里的过程中,邪正分争,少阳枢机不利所表现的证。证候分析详见"六经辨证"中的"少阳病证"。

（4）治疗方法:半表半里证的治疗方法需依据症状的轻重分清主次矛盾,若里证表现更重则应着重于里证的治疗,若表证表现更重则应着重于表证的治疗,若表里两证均有则应表里同治。

（二）寒热之证

寒、热两纲是用来辨别疾病性质的纲领,寒证与热证实际是机体阴阳偏盛、偏衰的具体表现。寒象、热象与寒证、热证既有区别,又有联系。如恶寒、发热等可被称为寒象或热象,是疾病的表现征象,而寒证或热证是对疾病本质所进行的判断。一般情况下,疾病的本质和表现的征象多是相符的,热证见热象,寒证见寒象。但反过来,出现某些寒象或热象时,疾病的本质不一定就是寒证或热证。因此,寒热辨证,不能孤立地根据个别症状进行判断,而是应在综合分析四诊资料的基础上进行辨识。只要能辨识清楚寒证与热证,就能将其作为"寒者热之,热者寒之"的治则依据,同时也能了解其对疾病性质和指导治疗的重要意义。

1. 寒证

(1)含义:感受寒邪,或阳虚阴盛,导致机体功能活动受抑制而表现出具有"冷、凉"症状特点的证。由于阴盛或阳虚都可表现为寒证,故寒证又有实寒证与虚寒证之分。

(2)临床症状:因寒证有实寒证和虚寒证之分,同时根据寒气是否侵入动物机体内部又可分为表寒证和里寒证。每一种寒证的临床症状均有一些差异,具体如下。

实寒证:因感受寒邪,或过服生冷寒凉所致,起病急骤,见于体质壮实者。

虚寒证:因内伤久病,阳气虚弱而阴寒偏胜者。

表寒证:寒邪袭于表,以新起恶寒为主。

里寒证:寒邪位于脏腑,或因阳虚阴盛所致,以内脏证候为主。

除了以上差异外,寒证也有一些共同的临床特征,如恶寒(或畏寒)喜暖、肢冷路卧、冷痛喜温;由于寒邪遏制,阳气被郁,或阳气虚弱,阴寒内盛,形体失却温煦。口淡不渴,痰、涎、涕、尿等分泌物、排泄物澄澈清冷,苔白而润;寒不消水,津液未伤。

(3)证候分析:寒证多因为外感寒邪,或过食生冷,或因久病,阳气虚弱而阴寒内盛。辨证时应该注意本证候症状有冷、白、稀、润、静的特点。寒证证候分析图见图4-1。

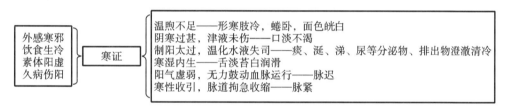

图 4-1 寒证证候分析图

(4)治疗方法:寒证主要是根据"寒者热之"的治则进行治疗,一般使用温法,具体可见后续章节。

2. 热证

(1)含义:感受热邪,或脏腑阳气亢盛,或阴虚阳亢,导致机体功能活动亢进所表现的具有"温、热"症状特点的证。由于阳盛或阴虚都可表现为热证,故热证有实热证、虚热证。

(2)临床症状:常见症状为发热,恶热喜冷,口渴欲饮,面赤,烦躁不宁,痰、涕黄稠,小便短黄,大便干结,舌红少津,苔黄燥,脉数等。

(3)证候分析:热证多因为外感热邪,或过服温燥食物、药物等,或因体内阳气过盛引起内热,这种多病势急促,形体壮实,多为实热证;也有因机体内伤久病、津液耗损过度导致阳气偏亢。辨证时应该注意本证候症状有热、燥、黄、稠、动的特点。热证证候分析图见图4-2。

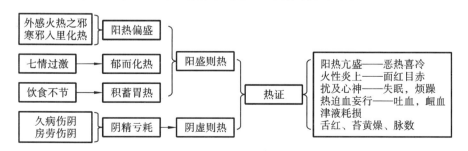

图 4-2 热证证候分析图

除了以上的临床症状,还需要熟悉热证的分类及含义。

①实热证:因外感火热侵袭,致阳气六盛,动物机体表现为病势重,体格壮实,符合热证、实证的特点。

②虚热证:因阴液亏少,致阳气偏旺,动物机体多为体弱久病,符合热证、虚证的特点。

③表热证:因热邪侵袭肌表,致发热重,恶寒轻,符合表证、热证的特点。

④里热证:因阳热侵袭于脏腑,或阴液亏虚而火热偏旺者。

3.寒热之证的辨别

(1)辨别要点:寒证与热证的区别主要在于寒热喜恶、口渴与否、面色、四肢、二便、舌色、脉象等方面,具体见表4-1。

表 4-1　寒热之证辨别要点辨析表

证候	寒热喜恶	口渴与否	面色	四肢	二便	舌色	脉象
热证	恶热喜凉	是	赤红	温热	尿短赤,大便秘结	红绛,苔黄	洪数
寒证	恶凉喜热	否	苍白	寒凉	尿清长,大便溏稀	淡质,苔白	紧迟

(2)真假辨别:一般来说,寒证多表现为寒象,热证多表现为热象。但在某些疾病的危重阶段,会出现一些与其寒、热病理本质相反的"假象",从而影响对寒、热证的准确判断。所以在临床实践中应加以辨别。

①真热假寒证:也叫作"热极似寒",是指疾病的本质为热证,却出现"寒象"的表现。如里热炽盛的动物,除了会出现应有的胸腹灼热、口臭息粗、口渴、小便短赤等实热症状以外,有时还会伴有四肢厥冷、脉象沉迟等症状。从上面例子可以看出,出现"寒象"似乎与诊断疾病的本质相反,但实际进行分析后会发现此病例是由于血热内盛,阳气郁闭致无法到达全身引起四肢等离中心较远的组织厥冷更甚,即所谓的"热深厥亦深"。所以"寒象"是热证发展到复杂阶段的表现,也是阳热内盛的反映,只不过比常规热证的病机更为复杂而已。

②真寒假热证:也叫作"寒极似热",是指疾病的本质为寒证,却出现"热象"的表现。如阳气衰竭、阴寒内盛的动物,除了会出现应有的四肢厥冷、小便清长、大便溏稀等虚寒症状以外,有时还伴有面色红绛、口渴,甚至烦躁、脉象洪数等症状。从上面例子可以看出,出现"热象"似乎与诊断疾病的本质相反,但实际进行分析后会发现此病例是由于阳气衰弱,阴寒内盛逼迫虚阳浮游于上、隔越于外所致,并非体内热邪引起。并且这种"热象"与热证有一些区别,如虽出现自觉发热,但触之胸腹无灼热,且怕冷喜热;虽面色红绛,但为两颧浮红,时隐时现;虽口渴,但喜热饮,且饮水不多。所以"热象"是寒证发展到复杂阶段的表现,也是阴寒内盛的反映,相比常规寒证的病机更为复杂。

(三)虚实之证

虚、实两纲是用来辨别邪正盛衰的纲领,主要反映动物在病变过程中机体内部正气的强弱和淫邪的盛衰。《素问·通评虚实论》中提到"邪气盛则实,精气夺则虚"。另《景岳全书·传忠录》也有提到"虚实者,有余不足也"。其中提出,实证指的是邪气盛,宜攻;虚证指的是正气不足,宜补,所以分析疾病过程中邪正的虚实关系,是辨证的基本要求,通过虚实辨证,可以了解病体的邪正盛衰,为治疗提供依据。虚实辨证准确,攻补方能适宜,才能免犯虚实误判的问题。

1.虚证

(1)含义:指以动物体阴阳、气血、津液、精髓等正气亏虚,"不足、松弛、衰退"为主要症状特征的证。其致病机理主要是正气亏虚、邪气不著。

(2)临床症状:动物机体阴阳、气血、津液等受损程度不同及影响至脏腑器官存在差异,表现出来的临床症状也并不一致,所以很难用几个症状去概括所有的虚证。临床上一般以久病、病缓者为虚证;体质虚弱者为虚证。出现虚证的动物以正气不足,邪不明显,继而出现各种不足、衰弱等症状为特点。

(3)证候分析:虚证主要是因为先天不足,后天失养;或者饮食结构失衡致使营血生化不足;或思虑过度、悲哀猝恐、过度劳累,耗伤气血营阴;或者交配过度,损耗肾精元气;或久病不愈,损伤正气;或汗、吐、失血过多、失精等,耗损阴液气血,均可形成虚证。

(4)治疗方法:对于虚证而言,均以"虚则补之"作为主要治则,所以宜采用补法。其中需要注意的是,有很多原因可导致动物机体出现虚证,如阳虚、阴虚、气虚、血虚、津液亏虚、精髓亏虚以及营气虚、卫气虚等,所以根据不同虚证可采用补气、补血、滋阴、补阳等不同治疗方法。

2.实证

(1)含义:指动物体感受外邪,或疾病过程中阴阳气血失调,体内病理产物蓄积,以"有余、亢盛、停聚"为主要症状特征的证。其致病机理主要是因邪气过盛、正气不虚。

(2)临床症状:动物机体外感病邪的性质与病理产物不同,以及病邪侵袭方式存在差异,表现出来的临床症状同虚证一样千差万别,所以很难用几个症状去概括所有的实证。临床上一般以邪气充实,正气不虚,正邪相争强烈,继而出现各种有余、停积、闭塞、蓄积、强烈等症状为特点。

(3)证候分析:实证病因主要有两个方面:①因风、寒、暑、湿、燥、火、疫病以及虫毒等邪气侵犯动物机体,正气奋起抵御邪气所致,此时病势急促、亢奋;②因内脏功能失调,气化失职,气机瘀滞,在机体内部形成痰、饮、水、湿、脓、瘀血、宿食等有形病理产物,壅聚停积于体内所致。

(4)治疗方法:对于实证来说,以"实则泻之"作为主要治则,所以宜采用泻法。其中需要注意的是,有很多原因可导致动物机体出现实证,如血瘀、痰饮积聚、大便秘结等,所以根据不同实证可采用活血祛瘀、软坚散结、理气消导等不同治疗方法。

3.虚实之证的辨别

(1)辨别要点:虚证与实证的区别点比较多,具体可见表4-2。

表4-2　虚实之证辨别要点辨析表

辨别要点	虚证	实证
病程	较长	较短
体格	多为虚弱	多为壮实
精神状态	萎靡不振	亢奋异常
气息	微弱	粗犷
敏感度	不敏感	敏感
胸腹胀满程度	按时不痛,胀满时减	按时疼痛,胀满不减
发热	微热、潮热	高热
寒热喜恶	畏寒,得温可减轻	恶寒,得温无减轻
舌象	质嫩苔少	质老苔厚
脉象	虚而无力	实而有力

(2)真假辨别:一般来说,虚证具有"不足、松弛、衰退"的特征,实证具有"有余、亢盛、停聚"的特征。但当病畜的正气耗损过度,或病邪极其充实时,会出现一些与其虚、实病理本质相反的"假象",从而影响对虚、实证的准确判断。

①真实假虚证:疾病的本质为实证,却出现某些"虚羸"的现象,即所谓"大实有羸状"。有此表现的动物会表现出身体倦怠、精神沉郁、脉象沉细等症状。虽说会出现以上症状,但与虚证有一定区别。如虽身体倦怠,但动之有力;虽脉象沉细但按之有力。同时也会表现出按之疼痛、舌质苍老苔厚等实证典型表现,可作为鉴别要点。

②真虚假实证:疾病的本质为虚证,却出现某些"盛实"的现象,即所谓"至虚有盛候"。有此表现的动物会出现腹胀腹痛、二便闭塞、脉弦等"盛实"之证。究其原因为脏腑虚弱致使运化无力,气血不足,引起气机不畅。其中鉴别要点为腹胀有时可缓解,不会像实证一样常满不减;腹痛按压后会有所

283

减轻,与实证按之敏感不同;脉虽弦,但重按之后仍表现为无力,实为虚证。同时病畜也会有神疲乏力、舌嫩苔少等虚证的典型症状。

若出现以上症状,在临床中一定要分清主次矛盾,紧紧围绕虚实证的特点及鉴别要点综合分析,防止误诊。

(四)阴阳之证

阴、阳两纲是用来辨别疾病属性的纲领,由于阴、阳分别代表事物相互对立的两个方面,故疾病的性质、临床的证候,一般都可归于阴或阳的范畴,因而阴阳辨证是基本辨证大法。《素问·阴阳应象大论》说:"善诊者,察色按脉,先别阴阳。"《景岳全书·传忠录》亦说,"凡诊病施治,必须先审阴阳,乃为医道之大纲。阴阳无谬,治焉有差?医道虽繁,而可以一言蔽之者,曰阴阳而已。"足见古人对阴阳辨证的重视。

1. 阴证

(1)含义:符合"阴"属性的证候都可称之为阴证,以"抑制、沉静、衰退"为主要症状特征。

(2)临床症状:面色晦暗,精神沉郁,身重迟缓,四肢厥冷,小便清长,大便溏稀,脉象沉迟等表现出静止的、向下的、寒冷的等具有阴属性特点的均属阴证症状。

(3)证候分析:虚寒之证均属于阴性证候。

2. 阳证

(1)含义:符合"阳"属性的证候都可称之为阳证,以"亢奋、躁动"为主要症状特征。

(2)临床症状:面色红绛,精神亢奋,烦躁不安,声高气粗,皮肤灼热,口干渴饮、舌红苔黑、脉象洪数等表现出运动的、向上的、温暖的等具有阳属性特点的均属阳证症状。

(3)证候分析:热实之证均属于阳性证候。

3. 阴阳之证的辨别　　中兽医中阴阳不仅是抽象的哲学概念,而且还有具体的医学内容,如阳气、阴气、心阳、肾阴等,所以阴阳辨证也包含了具体辨证内容,其主要有阳虚证、阴虚证、阴盛证、阳盛证,以及亡阳证、亡阴证等。

(1)阴盛证:实寒证,是寒邪或阴邪侵袭动物机体引起的一种病证,临床上以畏寒喜暖,四肢欠温,面色苍白,腹痛拒按,肠鸣腹泻,或痰鸣喘嗽,口淡多涎,小便清长,舌苔白厚腻,脉迟或紧而有力等为特点。

(2)阳盛证:实热证,是阳邪侵袭动物机体,由表入里引起的病证。临床上以壮热喜冷,口渴饮冷,面红目赤,烦躁或神昏谵语,或腹胀满痛拒按,大便秘结,小便短赤,舌红苔黄而干,脉洪滑数实等为特点。

(3)亡阳证:体内阳气极度衰微而表现出阳气欲脱的危重证候,为"阳虚则寒"的虚寒性病变。临床上以冷汗频出,神情呆滞,四肢厥冷,呼吸微弱,面无血色,舌淡而润,脉微欲绝等为特点。

(4)亡阴证:体液大量耗损,阴液严重不足导致阴津衰竭的危重证候,为"阴虚则热"的虚热性病变。临床上以汗热黏滞,皮肤灼热,口渴喜饮,小便短赤,面色赤红,唇舌干燥,脉细数疾等为特点。

亡阳证和亡阴证是比较危重的证候,若辨证稍有差池,可引起动物死亡,所以必须要掌握好辨证要点。另外由于阴阳是对立互根的,亡阴证可迅速引起亡阳证,亡阳证之后也会引起亡阴证,两者只有先后、主次不同而已,并无明显界限。在临床治疗中应分清亡阳证、亡阴证之主次,及时挽救动物生命。

二、八纲证候间的关系

虽然八纲中每一对都能概括动物机体中某一方面的病理本质,但是动物是一个有机整体,必然存在着相互联系的关系。寒热性质、正邪相争离不开侵袭表里部位而存在,表里之证也离不开寒热虚实等性质,所以用八纲辨证法分析动物疾病时必须要综合运用并随着病情发展改变辨证的方式。在辨证时需要把握八纲证候之间的关系,从而正确、全面地认识疾病状态。八纲证候间的相互关系,可归纳为以下几个方面。

（一）证候相兼

证候相兼指疾病的某一阶段中，某病位无论是在表或在里，病情性质上没有寒热、虚实等相反的证候存在。临床上常见的主要包括表实寒证、表实热证、里实寒证、里实热证、里虚寒证、里虚热证等。其临床表现一般是有关纲领证候的相加。如恶寒重发热轻，头身疼痛，无汗，脉浮紧等，为表实寒证；五心烦热，盗汗，口咽干燥，颧红，舌红少津，脉细数等，为里虚热证。

（二）证候错杂

证候错杂指疾病的某一阶段中，某病位不仅表现出表里同时患病，而且病情性质上的寒、热、虚、实出现相反的情况。临床上常见的主要包括表里同病、寒热错杂、虚实夹杂三种情况，具体如下。

1. 表里同病　在动物患病过程中的某一阶段同时出现表证与里证，称为表里同病。出现此种情况主要有两种原因：第一种是由外感病引起，外感病由表证发展至里证，或者是外感病证尚未痊愈，又复伤于饮食劳倦等；第二种是由内伤病未愈又外感病邪引起。

表里同病时，在疾病性质上往往会出现各种情况。它们之间的排列组合会非常复杂，可能会出现下列八种情况。

（1）表里俱寒证：里有寒而表寒外束，或外感寒邪，内伤饮食生冷等，均可引起此证。症状有头痛、身痛、恶寒、肢冷、腹痛、吐泻、脉迟等。

（2）表里俱热证：夙有内热，又感风热之邪，可见此证。症状有发热、喘而汗出、咽干引饮、烦躁谵语、便秘尿涩、舌质红、舌苔黄燥或起芒刺、脉数等。

（3）表里俱实证：外感寒邪未解，内有痰瘀食积，可见此证。症状有恶寒发热、无汗、身痛头痛、腹部胀满、二便不通、脉实等。

（4）表里俱虚证：气血两虚、阴阳双亏时可见此证。症状有自汗、恶风、眩晕、心悸、食少、便溏、脉虚等。

（5）表热里寒证：动物机体阳气不足，或伤于饮食生冷，同时感受温热之邪；或少阴病，始得而发热、脉沉者，可见此证。症状有发热汗出、饮食难化、便溏溲清、舌体胖、苔稍黄等。如表热证未解，过用寒凉药以致损伤脾胃阳气亦属此类。

（6）表寒里热证：动物表寒证未解而内热又发，或因体内本有内热同时又外感寒邪所致。临床症状为头疼脑热、身体敏感、口渴欲饮、恶寒发热等。

（7）表实里虚证：动物久病体虚，同时外感病邪所致。临床症状为头疼脑热、身体敏感、时而腹痛、恶寒发热、食少、呕吐等。

（8）表虚里实证：动物内有痰瘀食积，但卫气不固所致。临床症状有多汗怕风、腹胀拒按、神情呆滞、大便秘结、苔厚等。

2. 寒热错杂　寒热错杂可分为表里与上下两部分。

（1）表里的寒热错杂具体表现为表寒里热证或表热里寒证，此种情况已在表里同病中进行了描述，不再赘述。

（2）上下的寒热错杂具体表现在上热下寒证和上寒下热证，此种情况是由于体内阴阳之气不协调，致使阴盛于上，阳盛于下；或阳盛于上，阴盛于下所致。

上热下寒证：动物发生疾病的情况下，同时出现上部热证，下部寒证。临床上表现为动物上部出现胸中烦闷、频频呕吐等，下部出现腹痛喜暖、大便溏稀、小便清长等。

上寒下热证：动物发生疾病的情况下，同时出现上部寒证，下部热证。临床上表现为动物上部出现肠胃冷痛、呕吐清涎等；下部出现小便短赤、尿频尿痛等。

3. 虚实夹杂　《通俗伤寒论·气血虚实章》中提到，"虚中夹实，虽通体皆现虚象，一二处独见实证，则实证反为吃紧；实中夹虚，虽通体皆现实象，一二处独见虚证，则虚证反为吃紧。景岳所谓'独处藏奸'是也"。说明动物发病的某一阶段出现实证中夹有虚证（实证夹虚），或虚证中夹有实证（虚证夹实）以及虚实齐见。

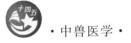

（1）虚证夹实：动物体内以正虚为主、邪实为次的一种证候。多见于实证病程较长，正气受损的同时体内病邪也未消除的动物；也可见于机体大虚而复感外邪的动物。如温病中出现肝肾亏虚证，此时临床表现为低热不退、四肢心热、口干舌燥等。

（2）实证夹虚：动物体内以实邪为主、正虚为次的一种证候。多见于动物患实证的过程中因某些原因使得体内正气受损，同时淫邪未消的动物；也可见于本身体质虚弱又新感外邪的动物。此时动物由体壮发热、口渴欲饮、大汗频出、心烦意乱等里热证慢慢转为口干舌燥、背微恶寒、脉浮大无力等气阴两虚的证候。

（三）证候转化

动物疾病的发展过程中，病位、疾病性质或者正邪盛衰的状态会发生变化，具体为一种证候转化为相反的另一种证候，这种情况称之为证候转化。

1. 表里出入　表里出入主要指的是疾病病位表证与里证的相互转化。一般来说，病位的转化也能预示疾病的发展情况，如由表入里提示病情危重，由里出表提示病情转好。所以，正确判断疾病的表里出入变化对于疾病的预后、治则都有着重要的意义。

（1）由表入里：证候由表证转化为里证，即表证入里。表明病情由浅入深，病势发展转重。

由表入里一般见于外感病的中后期，此时机体未能完全抵御病邪入侵（可能由于护理不当、邪气过盛、失治误治等原因）致使邪气慢慢延伸至脏腑，引起疾病加重。

（2）由里出表：在里的病邪向外透达所表现的证候。表明邪有出路，病情向病愈的趋势发展。

由里出表一般见于动物机体得到及时诊治以及良好的护理方式，使得动物机体抵抗能力大大增强，邪气衰弱。

2. 寒热转化　寒热转化指疾病的寒热属性发生相反的转化。寒证化热预示机体阳气正盛，热证转寒预示机体阳气渐衰。

（1）寒证化热：疾病在发展过程中，原本属于寒证，之后表现出热证，寒证随之慢慢消失。此种情况多是由于失治误治使得动物机体阳气偏盛。

（2）热证转寒：疾病在发展过程中，原本属于热证，之后表现出寒证，热证随之慢慢消失。此种情况多是由于失治误治使得动物机体阳气大伤使得功能逐渐衰退。

3. 虚实转化　虚实转化指疾病的正邪斗争之间的盛衰关系出现了本质性变化，使得虚实性质发生相反的转化。

（1）实证转虚：疾病在发展过程中原本为实证，后来表现为虚证，实证随之慢慢消失。此种情况可能是由于正气战胜邪气慢慢向病愈发展；或是正不胜邪使得病情迁延不愈；或是因失治误治使得病程过长引起正气受损不足以御邪。

（2）虚证转实：动物机体因正气不足使得脏腑功能衰退，组织失去濡润充养，气机运化迟钝，使得气血受阻，病理产物慢慢蓄积，实证慢慢显现。由于虚证转实是因虚而致实，所以在进行辨证时不能简单判断为病势转好。

 巩固训练

任务二 脏腑辨证

扫码学课件
任务 4-2-2

学习目标

▲知识目标

1. 熟知脏腑辨证的概念。
2. 掌握脏腑辨证的内容。
3. 熟悉各证型的临床表现。

▲技能目标

1. 能运用脏腑辨证理论正确分析动物的临床症状。
2. 能运用脏腑辨证的知识诊治动物疾病。

▲课程思政目标

1. 通过学习，树立正确的事物矛盾思想。
2. 通过学习，建立文化自信。

▲知识点

1. 脏腑辨证的基本概念。
2. 脏腑辨证的基本内容。
3. 脏腑兼病的基本内容。

脏腑辨证是根据脏腑的生理功能、病理表现，对疾病证候进行综合分析、总结归纳，以此推究疾病的病因病机，判断病位、性质以及正邪盛衰等情况的一种辨证方法。此方法是中兽医辨证体系中重要的组成部分。因八纲辨证是辨证体系中的纲领，若要仔细分析病畜的某一部位的病理变化则需要进行脏腑辨证研究。

脏腑辨证包括脏病辨证、腑病辨证和脏腑同病辨证，其中以脏病辨证为主，而脏腑之间的疾病传变复杂多样，所以脏腑辨证应与八纲辨证、卫气营血辨证有机融合才能对动物疾病做出全面、有效的判断。

一、心与小肠病辨证

动物的心脏位于胸腔之中，心包覆于其上起保护作用，为心主之宫城。通过经络与小肠相连，两者互为表里。其中心脏主血脉、主神明，开窍于舌；小肠分清泌浊，具有收盛化物的作用。

因心脏主血脉和主神明，因此病变主要表现为血脉运行失常和精神意识出现错乱等，如心悸、心痛、心慌、精神抑制等。小肠因具有分清泌浊的功能所以其病变主要表现为清浊不分、传输障碍等，如大便秘结、小便失常、小便赤涩灼痛等。

心脏证候分为虚实之证，虚证多是因为病程过长导致正气伤损；或是先天正气不足，脏器虚弱，导致心气虚、心阳虚、心血虚、心阴虚等证。实证多由痰阻、火扰、寒凝、气郁、血瘀等引起心亢盛、痰迷心窍、痰火扰心、小肠实热等证。

（一）心气虚

1.含义 通常是指心脏功能发生衰退所表现出来的证候。

2.成因 多见于老龄动物或体质虚弱的动物，也可因久病体虚、劳役过度、失治误治等引起心脏虚脱，或因其他脏器虚脱传变至心脏。

3.临床症状 心悸、胸痛、胸闷、气短、自汗、舌淡苔白等。

4.证候分析 心悸，因心气亏虚，使得气机运化不足出现瘀血阻滞，致心失所养心脉不畅；胸痛、

Note

287

胸闷,因心在胸中,若心气不足则胸中宗气运转无力,气机不畅瘀滞于胸肺;气虚使得毛窍疏松,致卫气不足不能固摄津液而自汗;心气虚使得血脉鼓动无力,无法上行于口舌致使舌淡苔白。

(二)心阳虚

1.含义 心脏阳气虚弱、温运无力,虚寒内生所表现出来的证候。

2.成因 多由心气虚进一步发展形成。或由寒邪侵袭伤及阳气、津液亏损过多引起此证。

3.临床症状 心悸、胸闷、四肢寒凉、面唇青紫、舌淡而胖等。

4.证候分析 心阳虚引起血脉阳气不足,无法温煦形体,故见四肢寒凉、耳鼻不温;心虚使得血脉鼓动无力,无法上行于口舌,同时心阳虚引起血液瘀滞,可见动物面色青紫、舌淡而胖。

(三)心阳暴脱

1.含义 心脏阴阳离决、极度衰弱、心阳骤越、阳气暴脱所表现出来的一种亡阳之证。

2.成因 一般由心阳虚进一步发展形成。或是动物患有危证险证、病情危重可引起此证。

3.临床症状 除有心阳虚的症状外,兼有神志不清、冷汗淋漓、呼吸微弱、脉细欲绝等。

4.证候分析 心阳衰亡,血液推动无力引起动物心神失养涣散,则神志模糊,甚至昏迷;阳气衰弱也可使毛窍疏松,卫气渐衰不能固汗,同时阳衰无法温煦体表,故见冷汗淋漓;阳气外亡无力推动血行,脉道失充,则脉象微细。

(四)心血虚

1.含义 心血不足,心失濡养所表现出来的证候。

2.成因 一般动物久病体虚、劳役过度、损伤心血等可引起此证。

3.临床症状 心悸、眩晕、面唇淡白、脉细无力等。

4.证候分析 心血虚证候均因心血不足,则心失所养,致使心动不安,出现心悸;神明涣散,出现躁动不安;血虚不能濡养脑髓等,而见眩晕、站立不稳;血虚引起血行不能上荣,则见面色淡白,不能充盈脉道导致脉象细微。

(五)心阴虚

1.含义 心阴亏虚、心失濡养,虚热内扰所表现出来的证候。

2.成因 除心血虚的成因外,还可因热证损耗阴津、腹泻日久等引起此证。

3.临床症状 除有心血虚的症状外,兼有潮热、低热不退、盗汗、舌红少苔、两颧发红等。

4.证候分析 心阴不足,无法平衡体内阳气,若出现内热则可出现低热不退;因午后阳气渐强,心阴不足,动物出现午后潮热、烦躁不安;夜间阳气衰弱,卫阳不足以固摄汗液出现盗汗;虚热内生,阴不制阳致使虚热上炎则两颧发红、舌红少苔。

(六)心火亢盛

1.含义 心火炽盛所表现出来的证候。

2.成因 一般因暑热之邪、六淫之邪入里积郁化火,或进食温补之药等可引起此证。

3.临床症状 烦躁不安、面红口渴、溲黄便干、舌尖红绛、口舌生疮等。

4.证候分析 心火内炽,心神被扰则心神不安,烦躁多动;心火上炎至面部引起面红口渴、舌尖红绛;内热过盛,体内津液失调,致使二便水分过少则溲黄便干;火邪过盛变成火毒壅滞脉络,使局部气血不畅,导致口舌生疮、红热肿痛。

(七)心脉痹阻

1.含义 心脏脉络在各种致病因素作用下引起心脉闭塞不通所表现出来的证候。

2.成因 一般因年老体衰、久病体弱引起血脉瘀阻、痰凝等。

3.临床症状 心悸、胸闷、胸痛、畏寒肢冷、舌苔淡白、脉象沉迟等。

4.证候分析 因体质虚弱,正气渐弱,阳气不足,引起心失温养故见心悸;气机不畅、瘀血内阻等病理变化容易导致胸闷胸痛;血液内凝,运行不畅引起面色苍白、舌苔淡白、脉象沉迟等寒凝之象。

(八)痰迷心窍

1.含义 痰浊蒙闭心窍所表现出来的证候。

2. 成因 一般因疫疠之气侵袭体内,湿浊内生,气郁化痰等。

3. 临床症状 神情呆滞、精神抑制、面色晦暗、喉中痰鸣、口流涎沫等。

4. 证候分析 因外感湿浊之邪,邪气瘀滞于中焦引起清阳不升,浊气上泛故见面色晦暗;湿邪迁延不化,蓄积成痰饮,痰随气上至喉部则见喉中痰鸣;痰浊蒙闭心神则意识模糊、精神抑制、神情呆滞。

(九)痰火扰心

1. 含义 痰火内盛,扰乱心神所表现出来的证候。

2. 成因 一般因疫疠或六淫气侵袭体内或气郁化火,火灼津为痰,上蒙心窍所致。

3. 临床症状 发热气粗、面红目赤、痰黄稠、舌苔黄腻、狂躁奔走、咬物伤人等。

4. 证候分析 因外感热邪,邪气蒸腾至机体表面故见高热;内火上炎至面部故见面红目赤、呼吸气粗;热邪灼津为痰,故痰液黄稠、喉中痰鸣;痰火扰心,心神混乱,故狂躁奔走、咬物伤人;舌苔黄腻、脉滑数皆为痰火内盛之证。

(十)小肠实热

1. 含义 小肠里热炽盛所表现出来的证候。

2. 成因 一般因六淫化火或心热下移所致。

3. 临床症状 心烦口渴、口舌生疮、小便短赤、尿道痛灼、舌红苔黄等。

4. 证候分析 因心与小肠互为表里,小肠有内盛化物、分清泌浊的功能。心热下移至小肠,故小便痛灼、短赤;若内热过盛损伤阴津则可见尿血;心火内炽,热扰心神则心烦意乱;心火上炎则口舌生疮。

(十一)心与小肠病辨证要点

(1)心气虚、心阳虚、心阳暴脱都有心悸、胸闷、胸痛、气短的症状,但心气虚一般会面色淡白,心阳虚会畏寒怕冷,而心阳暴脱则有冷汗淋漓、呼吸微弱等亡阳之证。

(2)心血虚与心阴虚均会出现心悸等虚证,但心阴虚会引起阳气内盛,出现午后燥热、低热不退、夜间盗汗等。

二、肝与胆病辨证

动物的肝脏大部分位于右季肋部,胆附于肝上,肝胆经络相互络属,互为表里。其中肝主疏泄、主藏血,在体为筋,其华在爪,开窍于目,性喜条达而恶抑郁。胆储藏与排泄胆汁,帮助消化,并且"胆主决断"与肝同时控制动物情志。

因肝主疏泄、主藏血,因此病变主要表现为疏泄失常和血不归藏等,而且肝是非常重要的器官,所以多种疾病与肝脏病变均有关系,如眼疾、手足抽搐、睾丸胀痛等。胆病常会导致口苦发黄。

肝胆证候分为虚实之证,虚证多是因为肝血、肝阴不足。实证多见于肝风内动、肝火炽盛、肝胆湿热等。

(一)肝气郁结

1. 含义 肝失疏泄、气机郁滞表现出来的证候。

2. 成因 一般因情志抑郁或者突然受到精神刺激所致。

3. 临床症状 精神抑制、胸闷善太息、咽喉常有异物感、咳嗽、常有痕块、舌苔薄白、脉弦等。

4. 证候分析 因肝气郁结,宗气留于胸中,引起胸闷;肝主疏泄,具有调节情志的功能,气机郁结,无法条达舒畅,故精神抑制、善太息;气郁生痰,循经上行至咽喉,导致咽喉有异物感,常咳嗽;气病及血,气滞血瘀,故在胸腹部常有痕块。

(二)肝火上炎

1. 含义 肝失疏泄,气机郁滞,肝郁化火或者热邪内生表现出来的证候。

2. 成因 一般因肝郁化火或热邪内生侵累于肝所致。

3. 临床症状 面红目赤、口干衄血、大便秘结、易怒易躁、有咬物伤人的冲动、舌红苔黄、脉弦

数等。

4.证候分析　因火热之邪侵累于肝,经肝脉循行于头部、耳部等,肝火积聚于脑部,气血涌盛于经络,引起面红目赤、头晕脑热;肝胆相照,若挟胆气上行至脑部,则引起动物口干舌燥、口舌生疮、舌红苔黄;肝失条达之意,故易怒易躁、有咬物伤人的冲动。

(三)肝血虚

1.含义　肝脏血液亏虚表现出来的证候。

2.成因　一般因脾肾亏虚,引起生血不足或者因肝脏破裂等疾病导致失血所致。

3.临床症状　眩晕耳鸣、面白无华、爪甲不容、夜盲、肌肉颤动、舌淡苔白、脉弦细等。

4.证候分析　因肝血不足,不能上荣至头部、四肢,故面白无华;爪甲失养,故爪甲干枯易裂;目无血氧,出现视力减退,甚至夜盲;肝主筋,肝血虚筋脉失养,易出现抽搐、颤动等;舌淡苔白、脉弦细为血虚常见之证。

(四)肝阴虚

1.含义　肝脏阴液亏虚表现出来的证候。

2.成因　一般因慢性病、温热病、火热之邪等热性疾病过度消耗阴液所致。

3.临床症状　眩晕耳鸣、潮热盗汗、口咽干燥、四肢蠕动、舌红少津、脉弦细等。

4.证候分析　因肝阴不足,不能上滋头目,故头部眩晕耳鸣、眼干;虚火上炎,则面红目赤;虚火经脉络循行至各脏腑,故潮热盗汗;津液亏虚上行至头部,故口咽干燥;筋脉失养,故四肢蠕动;舌红少津、脉弦细为阴虚内热常见之证。

(五)肝炎上亢

1.含义　肝肾阴虚,肝阳偏亢表现出来的证候。

2.成因　一般因伤精失血等病引起肝肾阴虚无法制衡肝肾之阳所致。

3.临床症状　眩晕耳鸣、面红目赤、易怒易躁、头重脚轻、舌红少苔、脉弦有力等。

4.证候分析　因肝肾之阴不足,肝肾之阳无阴所制,气血上冲,故头部眩晕耳鸣、面红目赤;肝失条达顺畅之意,故易怒易躁;阳亢于上,阴虚于下,上盛下虚则头重脚轻;舌红少苔、脉弦有力为肝阳亢盛常见之证。

(六)肝风内动

肝风内动是以动物发生抽搐、肌肉震颤为主的证候,临床上有肝阳化风、热极生风、阴虚动风、血虚生风四种。

1.肝阳化风

(1)含义:肝阳亢动无阴所制表现出来的证候。

(2)成因:一般因肝肾之阴亏虚过甚,肝阳失潜所致。

(3)临床症状:头晕目眩、四肢麻木、口眼歪斜、偏瘫、舌红苔白、脉弦有力等。

(4)证候分析:因肝阳化风,涌动气血于头部,则头晕目眩;风动筋脉,引起四肢麻木、肌肉震颤;阳亢上炎形成痰液,风痰流窜经络,气机不畅,可见口眼歪斜;舌红苔白、脉弦有力为肝阳化风常见之证。

2.热极生风

(1)含义:热邪内盛引动肝风表现出来的证候。

(2)成因:一般因邪热过盛、温热病所致。

(3)临床症状:高热神昏、咬物伤人、角弓反张、牙齿紧闭、四肢抽搐、舌质红绛、脉弦数等。

(4)证候分析:热邪过盛,蒸腾生风,充满三焦引起动物高热不退;热入心肺,心神阻滞,故精神躁动,有咬物伤人之势;热伤肝经,引起四肢抽搐、角弓反张、牙关紧闭;内热过甚扇动营血,则舌质红绛,脉洪数。

3.阴虚动风

(1)含义:阴液亏虚引动肝风表现出来的动风证候。

(2)成因:一般因外感热邪后期阴液发生亏损或久病亏阴所致。

(3)临床症状:潮热盗汗、两颧发红、头晕头痛、四肢蠕动、舌红少苔、脉细数等。

(4)证候分析:证候分析与肝阴虚基本一致。

4.血虚生风

(1)含义:血液亏虚引起筋脉失养而表现出来的动风证候。

(2)成因:一般因慢性出血病或消耗性疾病引起血虚所致。

(3)临床症状:面白无华、爪甲不荣、眩晕耳鸣、视物模糊、四肢震颤、四肢麻木、舌淡苔白、脉细等。

(4)证候分析:证候分析与肝血虚基本一致。

(七)寒滞肝脉

1.含义 寒邪凝滞于肝而表现出来的证候。

2.成因 一般因外感寒邪所致。

3.临床症状 小腹牵引阴部坠胀冷痛,或阴囊收缩引痛,舌苔白滑,脉沉弦或迟等。

4.证候分析 因肝脉经行阴部,可抵少腹,寒邪之气侵袭引起气血凝滞,故见小腹牵引睾丸冷痛;寒邪为阴邪,有收引之性,筋脉拘急,故阴囊收缩引痛;舌苔白滑、脉沉弦或迟为寒滞肝脉常见之证。

(八)肝胆湿热

1.含义 湿热瘀结肝胆表现出来的证候。

2.成因 一般因外感湿邪或湿热内生,郁化为热所致。

3.临床症状 胁肋胀痛、目黄、小便短赤、阴部瘙痒、舌红苔黄、脉弦数等。

4.证候分析 肝气因湿邪侵袭失于疏泻,气滞血瘀,故胁肋胀痛,或见有痞块;胆气上行,湿热蕴内,引起排泄不爽,若湿重于热则大便便溏,热重于湿则大便秘结,膀胱失司则小便短赤;湿热经肝脉行于阴部,致阴部瘙痒。

(九)胆郁痰扰

1.含义 胆失疏泄,痰热内扰表现出来的证候。

2.成因 一般因情志郁结,疏泄失职,生痰化火所致。

3.临床症状 头晕目眩、烦躁不安、胸闷太息、日常作呕、舌苔黄腻、脉弦滑等。

4.证候分析 胆脉经行头目,痰浊内扰,故头晕目眩、耳鸣;胆为清净之腑,痰浊内扰引起胆气不畅,故引起心神不宁、烦躁不安;胆气瘀滞常见胸闷太息;胆热犯胃,胃失和降,则犯恶呕吐。

(十)肝与胆病辨证要点

(1)肝性刚强,故患病之初多见实证、热证。

(2)肝气郁结、肝火上炎、肝阴虚、肝炎上亢均由情志郁结引起,其鉴别要点在于肝气郁结属实证,常引起动物胸闷太息,舌象表现为薄白;肝火上炎属热证,可引起动物吐血衄血、易躁易怒,舌象表现为舌红苔黄;肝阴虚属虚证,可引起动物四肢蠕动、潮热盗汗,舌象表现为舌红少津;肝炎上亢属里虚表实,可引起动物头重脚轻,舌象表现为舌红少苔。

(3)肝风内动四种证候的鉴别要点在于肝阳化风属上实下虚证,可引起动物昏昏欲睡、突然倒地,舌象表现为舌红苔白;热极生风属热证,可引起动物角弓反张、四肢抽搐,舌象表现为舌质红绛;阴虚动风属虚证,可引起动物口舌干燥、形体消瘦,舌象表现为舌红少苔;血虚生风属虚证,可引起动物四肢麻木、面白无华,舌象表现为舌淡苔白。

(4)因肝胆互为表里,所以肝胆多数同时发病,治疗上也肝胆同治,其中以肝脏为主。

三、脾与胃病辨证

动物的脾和胃均在中部,同属中焦,经脉上脾胃互为表里。其中脾主水谷运化,胃主受纳腐熟。脾升胃降,使水谷精微之气通过脾胃完成输布,同时脾胃也是气血生化之源头,后天之本。脾还有统血,主四肢肌肉的功能。

因脾主水谷运化,因此病变主要表现为腹胀腹痛、泄泻便溏、浮肿、出血等,而胃主受纳腐熟,病变主要表现为腹痛、呕吐、嗳气、呕逆等。

（一）脾气虚

1.含义 脾气不足、运化失健表现出来的证候。

2.成因 一般因饮食失调、劳役过度或消耗性疾病伤及脾胃所致。

3.临床症状 纳少腹胀、大便溏薄、四肢倦怠、面黄肌瘦、舌淡苔白、脉缓弱等。

4.证候分析 脾气虚弱失健运,故纳少腹胀;水湿不化,藏于肠中,引起大便溏薄;脾气虚弱,久病不愈,易引起气血两虚,引起动物面黄肌瘦。

（二）脾阳虚

1.含义 脾阳虚弱、阴寒内盛表现出来的证候。

2.成因 一般由脾气虚发展而来或过食生冷所致。

3.临床症状 纳少腹胀、畏寒肢冷、小便不利、肢体困重、舌淡苔白、脉沉迟无力等。

4.证候分析 脾阳虚弱失健运,故纳少腹胀;阳气不足,寒凝气滞,四肢无阳气温煦,故畏寒肢冷;中阳不振,水湿内停,膀胱失司,则小便不利;水湿溢于外表,引起周身浮肿、肢体困重;舌淡胖苔白滑,脉沉迟无力均为阳虚湿盛常见之证。

（三）中气下陷

1.含义 脾气亏虚、升举无力表现出来的证候。

2.成因 一般因脾气虚发展而来或劳役过度、久病久痢所致。

3.临床症状 腹部常有坠重感、便意频频、脱肛、四肢倦怠、气少乏力、舌淡苔白、脉弱等。

4.证候分析 因脾气具有升发清阳和升举内脏的作用,气虚无力,故内脏常有坠重感;中气下陷,故便意频频,肛门不托;或大便下痢、肛门脱落;中气不足,全身功能活动减退,故气少乏力、四肢倦怠。

（四）脾不统血

1.含义 脾气亏虚不能统摄血液表现出来的证候。

2.成因 一般因久病伤脾,引起脾气亏虚或劳役过度伤及脾脏所致。

3.临床症状 便血、尿血、衄血、吐血、牙龈出血、面色苍白、舌淡苔白等。

4.证候分析 脾脏有统摄血液的作用,脾气虚弱引起脾不统血,所以动物会出现各种出血的情况。血溢出肠胃,则有胃出血、便血;溢出膀胱,则有尿血;溢出牙龈,则有牙龈出血等;因血液亏虚,故面色苍白、舌淡苔白。

（五）寒湿困脾

1.含义 寒湿内盛,中阳受困表现出来的证候。

2.成因 一般因动物长期处于环境湿度过高、过冷的地方所致。

3.临床症状 食欲减退、头身困重、面色晦黄、食少便溏、周身浮肿、舌淡苔白等。

4.证候分析 寒湿内盛,中阳受困,运化失司,引起肚胀腹满、食欲减退;湿气入肠,故见大便溏稀;寒湿属阴邪、阴液,不会损耗,所以动物出现口淡不渴;寒湿循行经脉,故有头身困重、四肢倦怠;脾被寒湿所困,阳气不宣,胆汁外泄引起面色晦黄。

（六）湿热蕴脾

1.含义 湿热内蕴中焦表现出来的证候。

2.成因 一般因外感湿热之邪所致。

3.临床症状 便溏尿黄、头身困重、面色发黄、身热起伏、汗出热不解、舌红苔黄等。

4.证候分析 湿热蕴结脾胃,受纳运化失职,引起腹胀;湿热循行经脉,故有头身困重、四肢倦怠;湿热蕴结肠胃,交阻下迫,故大便溏稀;湿热内蕴,热邪之气熏蒸肝胆,胆汁不能由常规方式排出,外溢至体表,引起身体面色发黄。

（七）胃阴虚

1.含义 胃阴不足表现出来的证候。

2.成因 一般因胃久病不愈或温热病后期损耗阴液或情志郁结,气郁化火损耗阴液所致。

3.临床症状 饥不欲食、大便干结、干呕、舌苔厚腻等。

4.证候分析 胃阴不足,则胃阳亢盛,致使胃气不和,故饥不欲食;胃阴亏虚,阴液不足不能上行至咽喉,引起咽喉干燥;不能下行至肠道,故大便干结。

（八）食滞胃脘

1.含义 食物停留于胃部不能被腐熟吸收表现出来的证候。

2.成因 一般因饮食失调、暴饮暴食、脾胃虚弱失健运所致。

3.临床症状 肚胀腹满、口臭、厌食、大便秘结、舌苔厚腻等。

4.证候分析 胃气以降为主,若食物停留于胃部导致胃气失和,则肚胀腹满;胃气失降上逆,故见呕吐酸物;浊食下移,积聚于肠道,见大便腐臭。

（九）胃寒

1.含义 寒邪凝滞于胃部表现出来的证候。

2.成因 一般因寒邪犯胃、过食生冷所致。

3.临床症状 胃部冷痛、恶心呕吐、口淡不渴、舌苔白滑等。

4.证候分析 寒邪在胃,胃阳不足,故胃部冷痛;胃气湿寒,不能温化水谷精微之气,致水湿内停,故敲击胃部可闻水声;水湿内停,不能上行,可见口淡不渴或恶心呕吐。

（十）胃热

1.含义 胃中火热炽盛表现出来的证候。

2.成因 一般因情志郁结、气郁化火所致。

3.临床症状 胃部热痛、口臭、牙龈红肿、大便秘结、小便短赤、喜饮冷水、舌红苔黄等。

4.证候分析 胃热炽盛,损耗津液,故喜饮冷水;胃火经经脉上行,气血壅滞,故见牙龈红肿、口臭;胃热损耗津液,故见大便秘结、小便短赤。

（十一）脾与胃病辨证要点

(1)动物病后失养或劳役过度,引起脾胃气虚,可见四肢倦怠、大便溏稀;若中期不足,可见脱肛、子宫下垂等证;若久病不愈,脾阳衰弱,可见畏寒肢冷、肠鸣腹痛。

(2)脾与胃互为表里,是水谷消化的主要脏器,因此在临床上,提到脾,往往包含胃,提到胃,往往包含脾。相对而言,脾病多虚证,胃病多实证,故有"实则阳明,虚则太阴"之说。脾与胃的病证又可以相互转化。胃实因用攻下太过,脾阳受损,可以转为脾虚寒;如脾虚渐复而由于暴食,又能转为胃实。虚实之间,必须详察。

四、肺与大肠病辨证

动物的肺脏位于胸中,经脉上与大肠互为表里。肺主气,司呼吸,主宣发肃降,外合皮毛,开窍于鼻。大肠主传导,排泄糟粕。

因肺主宣发肃降,因此病变主要表现为水液代谢等方面的障碍,临床上会出现咳嗽、气喘、胸痛等。大肠的病变主要为传导功能失常,临床上以便秘与下痢为主。

肺的病证有虚实之分,虚证多见气虚和阴虚,实证可见风寒燥热等邪气侵袭。大肠一般为湿热内袭,阳气亏虚等。

（一）肺气虚

1.含义 肺气不足和卫表不固表现出来的证候。

2.成因 一般因长期咳喘或气生化失常所致。

3.临床症状 咳喘无力、气短、面色苍白、神疲乏力、舌淡苔白、脉弱等。

4.证候分析 因肺主气,司呼吸,肺气不足,故有气短、咳喘无力之证;肺气虚则气无法传至全

身,则神疲乏力,且动则耗气,故多见喘息;肺气虚不能运输津液至全身,聚而成痰,故痰液清稀;肺气虚不能形成足够的卫气,则自汗怕风。

（二）肺阴虚

1.含义 肺阴不足,虚热内生表现出来的证候。

2.成因 一般因久咳伤阴或长期温热病损耗阴津所致。

3.临床症状 干咳无痰、口干舌燥、潮热盗汗、干咳少痰,甚至痰中带血、舌红少津、脉细弱等。

4.证候分析 肺阴不足,虚热内生,引起津液成痰固守于肺部,故干咳无痰或痰少而黏;阴液不足不能传输全身,故口干舌燥;虚热内炽,故潮热盗汗;虚热上炎,故两颧潮红;内热伤肺,使血溢出,故痰中带血。

（三）风寒犯肺

1.含义 寒邪袭肺,肺失宣降表现出来的证候。

2.成因 一般因外感风寒或环境温度过低所致。

3.临床症状 咳痰稀薄、鼻塞流涕、微恶风寒、身通无汗、舌苔薄白、脉浮紧等。

4.证候分析 肺气被寒邪所束不得宣发,故时常咳嗽;寒邪为阴,故痰液稀薄;肺气失宣则引起鼻塞不通、流涕;寒邪随肺气传输至卫气,肌表因寒邪所束,毛窍郁而无汗。

（四）风热犯肺

1.含义 热邪袭肺,肺卫犯病表现出来的证候。

2.成因 一般因外感风热或环境温度过高所致。

3.临床症状 咳痰黄黏、身热、头肢疼痛、微恶风寒、口干咽痛、舌红苔黄、脉浮数等。

4.证候分析 热邪灼津,故痰色黄黏;肺气失宣,热邪属阳,则引起鼻塞不通、流黄色鼻涕;热邪随肺气传输至卫气,卫气抵御热邪,所以体表发热;卫气受热邪所束,所以微恶风寒;热邪上炎,故口干咽痛。

（五）燥邪犯肺

1.含义 秋令燥邪犯肺耗伤津液,侵犯肺卫表现出来的证候。

2.成因 一般因秋季外感燥邪所致。

3.临床症状 轻微发热恶寒、头身酸痛、干咳无痰或少痰,甚至痰中带血、口鼻干燥、龟裂、舌红苔黄、脉浮等。

4.证候分析 燥邪犯肺伤津,肺无津液所润,故干咳无痰或少痰;伤津化燥,故口鼻干燥、龟裂;肺失宣降,燥邪遍输,故见血热恶寒;燥邪化火,伤及肺脏,故咳痰见血;舌红苔黄、脉浮等均属燥热之象。

（六）痰湿阻肺

1.含义 痰湿阻滞于肺表现出来的证候。

2.成因 一般因外感湿寒之邪或环境湿冷所致。

3.临床症状 咳嗽痰多、质黏色白易咳,胸闷,气喘,咳嗽有痰鸣,舌淡苔白,脉滑等。

4.证候分析 湿寒之邪引起脾气亏虚,水液输布失常,聚而为痰,痰液停滞于肺脏,肺气上逆,故咳嗽频繁、咳嗽多痰、痰液质黏色白;痰湿阻滞气道,肺气失宣,则出现胸痛,甚至咳嗽有痰鸣;肺失宣降,燥邪遍输,故见血热恶寒;燥邪化火,伤及肺脏,故咳痰见血;舌淡苔白、脉滑等均属湿寒内阻之象。

（七）大肠湿热

1.含义 湿热之邪侵袭大肠表现出来的证候。

2.成因 一般因外感湿热之邪或环境过于湿热、饮食管理失常所致。

3.临床症状 腹痛、发热、里急后重、小便短赤、下痢便血、暴下黄褐味臭的稀便、肛门灼热、舌苔黄腻、脉滑数等。

4.证候分析 湿热之邪侵袭肠道,气机受阻,故见腹痛、里急后重;湿热蕴结大肠,血气腐化为脓血,则下痢便血或暴下黄褐味臭的稀便;湿热之邪气下移,故肛门灼热、暴注下泻;热邪内炽,湿痢伤津,故小便短赤;舌苔黄腻、脉滑等均属湿热之象。

(八)大肠液亏

1.含义 津液亏虚,不能润泽大肠表现出来的证候。

2.成因 一般因素体阴亏、久病伤阴、温热病等所致。

3.临床症状 大便秘结干燥难以排出、口干舌燥、口臭、腹胀、嗳气、舌红少苔、脉细涩等。

4.证候分析 大肠津液不足难以濡润,引起传导不利,大便秘结干燥难以排出;津液亏虚日久伤阴津,则口干舌燥;大便久而不泄,浊气逆行,故头晕口臭;舌红少苔、脉细涩均属阴液亏虚之象。

(九)肠虚滑泄

1.含义 大肠阳气虚弱不能固摄表现出来的证候。

2.成因 一般因长期下痢、腹泻而不愈等所致。

3.临床症状 大便失禁、脱肛、腹痛隐隐、喜按喜温、舌淡苔白、脉弱等。

4.证候分析 下痢伤阳,日久则阳气渐衰,大肠失去固摄作用,所以大便下痢无度,甚至失禁;阳气渐衰则阴气渐盛,寒邪内生,则腹痛隐隐、喜按喜温;舌淡苔白、脉弱均属阳气衰弱之象。

五、肾与膀胱病辨证

动物的肾脏位于腰部,左右各一,经脉上与膀胱互为表里。肾藏精,主生殖,骨生髓充脑,主水并有纳气的功能。膀胱具有储尿排尿的作用。

因肾藏精,主生殖、水液,因此病变主要表现为生长发育、生殖功能、水液代谢的障碍,临床上出现腰膝酸软、耳鸣耳聋、发育迟缓、阳痿少精等。膀胱的病变主要为储尿排尿失常,临床上以尿频、尿急、尿失禁等为主。

(一)肾阳虚

1.含义 肾脏阳气衰弱表现出来的证候。

2.成因 一般因素体阳虚、久病伤肾、配种频繁所致。

3.临床症状 腰膝酸软、形寒肢冷、精神萎靡、公畜阳痿不育、母畜宫寒不孕、舌淡苔白、脉沉迟无力等。

4.证候分析 腰为肾之府,肾主骨,肾阳虚衰,不能温养腰部,故腰膝酸软;肾阳虚弱引起机体阳气不足,无法温煦身体,则形寒肢冷;阳虚不能振奋精神,故精神萎靡、面色苍白;肾阳过度虚弱,阳不制阴,母畜易宫寒不孕;肾阳不足易造成膀胱运化无力,水湿内停,故周身浮肿。

(二)肾阴虚

1.含义 肾脏阴气衰弱表现出来的证候。

2.成因 一般因禀赋不足、久病伤肾、配种频繁所致。

3.临床症状 腰膝酸软、眩晕耳鸣、潮热盗汗、公畜精少不育、母畜闭经不孕、形体消瘦、口咽干燥、舌红少津、脉细数等。

4.证候分析 肾阴不足,腰部失养,故腰膝酸软;肾阴虚则阳火内动,扰乱精室,则公畜精少不育;母畜需经血,肾阴亏虚致使阴津缺少,故母畜经少,甚至闭经不孕;肾阴虚弱,虚热内生,故形体消瘦;虚热上炎,故口咽干燥、舌红少津。

(三)肾精不足

1.含义 肾精亏损表现出来的证候。

2.成因 一般因先天禀赋不足、后天失养、配种频繁所致。

3.临床症状 腰膝酸软、耳鸣耳聋、生长迟缓、神情呆滞、公畜精少不育、母畜闭经不孕、舌淡、脉细等。

4.证候分析 肾藏精,主生殖,若肾精虚弱,则公畜精少不育、母畜闭经不孕;肾为先天之本,若

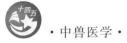

先天之精不足,无法濡养骨骼,则发育迟缓、身材矮小;齿为骨之余,肾精虚弱,则牙齿松动,甚至脱落;无精髓以充脑髓,故神情呆滞、耳鸣耳聋;肾在华为发,肾精亏虚,则毛发失荣。

(四)肾气不固

1.含义 肾气亏虚,固摄无力表现出来的证候。

2.成因 一般因年老体弱、年幼肾气未盈、配种频繁所致。

3.临床症状 腰膝酸软、神疲耳鸣、尿淋漓、尿失禁、公畜滑精、母畜滑胎、舌淡苔白、脉弱等。

4.证候分析 肾气亏虚,血液运行能力减退,血不达耳,故神疲耳鸣;肾气不足无以温养腰骨,则腰膝酸软;肾气不足无以固摄膀胱,则出现尿淋漓、尿失禁;肾气不足,则精关不固,精易外泄,故公畜滑精;肾虚而冲任亏损,胎元不固,母畜易出现滑胎;舌淡苔白、脉弱均属肾气衰弱之象。

(五)肾不纳气

1.含义 肾气虚衰,纳气无力表现出来的证候。

2.成因 一般因久病咳喘、年老肾亏、肺虚及肾所致。

3.临床症状 咳喘无力、冷汗淋漓、面色发青、腰膝酸软、舌淡苔白、脉弱等。

4.证候分析 肾虚纳气无力,气不归元,故呼吸无力,若进行运动则喘息过甚;肾气不足无以温养腰骨,则腰膝酸软;肾气虚弱则阳气不足,无以温煦全身,则面色发青,形寒肢冷。

(六)膀胱湿热

1.含义 湿热蕴结膀胱表现出来的证候。

2.成因 一般因外感湿热之邪、饮食不节所致。

3.临床症状 尿频尿急、尿血、身热、腰部酸痛、舌红苔黄、脉滑数等。

4.证候分析 湿热蕴结膀胱,热及尿道,故尿频尿急;湿热内蕴,则膀胱失司,故尿液发黄,湿热伤阴则有尿血;湿热外散于体表,故身热;波及肾脏,则见腰部酸痛;舌红苔黄、脉滑数均属湿热内蕴之象。

(七)肾与膀胱病辨证要点

(1)肾藏元阴元阳,为人体生长发育之根,脏腑功能活动之本,一有耗伤,则诸脏皆病,故肾多见虚证,膀胱多见湿热证。

(2)肾病均属虚证,都可见腰膝酸软,神倦无力等。其中肾阳虚有公畜阳痿不育、母畜宫寒不孕,二便五更泄泻等特点;肾阴虚会出现公畜精少不育、母畜闭经不孕、小便溲黄,大便干燥等;肾精不足则有身材矮小、生长迟缓、牙齿松动、耳鸣耳聋等;肾气不固表现为尿淋漓、尿失禁、公畜滑精、母畜滑胎等;肾不纳气表现为咳喘无力、冷汗淋漓、面色发青等。

六、脏腑兼病辨证

动物的每一个脏腑虽均有其独立的功能,但在一个有机整体下通过经络的联系能相互制约、相互依存、相互联系。所以在发病时往往不是单一的,一脏发病常常波及其他脏腑。凡两个或两个以上脏器相继或同时发病者,即为脏腑兼病。

一般来说,脏腑兼病在病理上都是存在一定规律的,其规律与脏腑理论的规律基本相同,如具有表里、生克、乘侮关系的脏腑往往存在兼病,反之则少见。因此在辨证时应仔细辨析发病脏腑之间是否存有内在的规律,这样才能在治疗时分清主次,灵活运用。

因脏腑兼病的证候极为复杂,临床上主要以脏与脏、脏与腑的兼病更为常见。临床上常见的脏腑兼病如下。

(一)心肾不交

1.含义 心肾水火共济失调所表现出来的证候。

2.成因 一般因久病伤肾、劳神过度所致。

3.临床症状 潮热盗汗、腰膝酸软、头晕耳鸣、口咽干燥、心悸、口舌生疮、舌红苔黄、脉细数等。

4.证候分析 心主火,肾主水,心火温煦全身,肾水濡润全身,心肾相交即水火相济达到动态平衡,若肾水不足,心火失济则心阳偏盛,引起肾阴亏虚,故出现心悸、潮热盗汗;肾阴亏虚,骨髓不充,脑髓失养,则头晕耳鸣、腰膝酸软;心火上炎,故口咽干燥、口舌生疮;舌红苔黄、脉细数为水亏火亢之象。

（二）心肾阳虚

1.含义 心肾两脏阳气虚衰,阴寒内盛所表现出来的证候。

2.成因 一般因久病伤肾、劳神过度所致。

3.临床症状 形寒肢冷、周身浮肿、面青唇紫、小便不利、心悸、舌紫苔白滑、脉沉弱等。

4.证候分析 肾阳为一身阳气之本,心阳则有推动血液运行、温煦全身的作用,若心神两脏阳气衰弱,则阴寒内盛,全身温度骤降、水湿内停、血行瘀滞;阳气渐衰,则心阳不足,全身失温,故心悸、形寒肢冷;三焦决渎不利,膀胱气化失司,故小便不利;水湿内停,外溢体表,则周身浮肿;血行瘀滞,故面青唇紫;舌紫苔白滑、脉沉弱为阳衰之象。

（三）心肺气虚

1.含义 心肺两脏气虚所表现出来的证候。

2.成因 一般因长期咳喘,过度损耗心肺之气或年老体弱所致。

3.临床症状 心悸、气短胸闷、咳喘、面色苍白、头晕神疲、舌淡苔白、脉沉弱或结代等。

4.证候分析 肺主呼吸,心主血脉,两脏均依靠宗气推动完成其功能。若肺气虚,宗气生成不足,则无法推动血行,引起心气虚;若心气虚,宗气在血行中渐渐耗散,引起肺气虚;心气不足,则无法养心,故心悸;肺气虚,无法肃降气机引起上逆,产生咳喘;肺气虚同时导致肺部呼吸不畅,故气短胸闷;气虚引起全身功能减退,尤其在血行推动方面,故面色苍白、头晕神疲;舌淡苔白、脉沉弱或结代为气虚之象。

（四）心脾两虚

1.含义 心血不足,脾气虚弱所表现出来的证候。

2.成因 一般因久病失养或慢性出血性疾病所致。

3.临床症状 心悸、睡眠浅易被惊醒、面色苍白无华或萎黄、大便溏泻、舌淡脉弱等。

4.证候分析 脾为气血生化之源,同时具有统血功能。脾气虚弱则生血不足,同时不能统血,导致血液外溢,引起心血不足;心主血,血足则气盛,心虚则气虚,同时引起脾气虚;心血不足失养,故心悸;肌体失血养,则面色苍白无华或萎黄;脾气虚弱,运化失健,故食欲不振,肚胀腹满,大便溏泻;舌淡脉弱为气血两虚之象。

（五）心肝血虚

1.含义 心肝两脏血液亏虚所表现出来的证候。

2.成因 一般因心血内耗或慢性出血性疾病所致。

3.临床症状 心悸、头晕目眩、面白无华、爪甲不荣、两目干涩、视物模糊、舌淡苔白、脉细等。

4.证候分析 心主血,肝藏血。心血不足则肝无血藏,若肝血不足同时也会引起心血不足,引起心肝两脏同时血虚;心血不足失养,故心悸;血不上荣,则头晕目眩、面白无华;肝血不盈,目无所养,则两目干涩、视物模糊;筋脉失养,故爪甲不荣;舌淡苔白、脉细为血虚之象。

（六）肝火犯肺

1.含义 肝火上逆犯肺所表现出来的证候。

2.成因 一般因气郁化火或火邪入里所致。

3.临床症状 面红目赤、咳嗽频频、痰黄黏稠、胸胁灼痛、易怒易躁、视物模糊、舌红苔黄、脉弦数等。

4.证候分析 肝主升发,肺主肃降。肝火过盛,气火上炎,循经犯肺引起肝火犯肺证;肝火内郁,

热壅气滞,故胸胁灼痛;肝火内盛,故易怒易躁;肝火上炎,则面红目赤;津被火灼,炼液为痰,故痰黄黏稠;舌红苔黄、脉弦数为实火内炽之象。

(七)肝脾不调

1. 含义 肝失疏泄,脾失健运所表现出来的证候。

2. 成因 一般因情志抑郁,郁怒伤肝,横逆犯脾所致。

3. 临床症状 纳呆腹胀、便溏不爽、腹痛欲泻、泻后痛减、胸胁胀痛、易怒易躁、喜太息、舌苔白腻、脉弦等。

4. 证候分析 肝主疏泄,有益于脾脏运化功能。脾主运化,气机运畅,益于肝气的疏泄,故发生病变时,两脏可相互影响;肝失疏泄,热壅气滞,故胸胁灼痛;太息能使气郁通顺,故动物喜太息,若无法太息,则情志抑郁;肝失条达,故易怒易躁;脾失健运,故纳呆腹胀;气滞湿阻,故便溏不爽;腹中气滞则有疼痛感,若得以泻之,疼痛得以缓解;舌苔白腻、脉弦为湿邪内盛之象。

(八)肝胃不和

1. 含义 肝失疏泄,胃失和降所表现出来的证候。

2. 成因 一般因情志抑郁,肝气郁滞,横逆犯胃所致。

3. 临床症状 胃部疼痛、嗳气呃逆、胁肋胀痛、易怒易躁、喜太息、舌红苔黄或舌苔白滑、脉弦数或脉沉弦等。

4. 证候分析 肝主升发,胃主和降。若肝胃失调,则有两种情况产生,一是肝郁化火,横逆犯胃,故出现胃部疼痛、嗳气呃逆;肝失条达,故易怒易躁;舌红苔黄、脉沉弦为气郁化火之象。二是寒邪侵袭肝胃,阴寒之邪循经行至头部,引起头部疼痛;寒邪侵袭,阳气受损,无以温煦体表,故形寒肢冷;舌苔白滑、脉弦数为寒邪内盛之象。

(九)肝肾阴虚

1. 含义 肝肾两脏阴液亏损所表现出来的证候。

2. 成因 一般因久病伤阴或温热病后期所致。

3. 临床症状 潮热盗汗、两颧潮红、口咽干燥、胸胁灼痛、头晕目眩、腰膝酸软、耳聋耳鸣、舌红少苔、脉细数等。

4. 证候分析 肝肾阴液相互滋生,故有"肝肾同源"之说,所以肝肾两脏同盛同衰。肾阴亏虚,阴液不足,引起肝阳上亢,故头晕目眩、耳聋耳鸣;阴液不足,则口咽干燥;筋脉失养,故腰膝酸软;肝失阴养,故胸胁灼痛;阴虚内热,故潮热盗汗;内热上炎,引起两颧潮红;舌红少苔、脉细数为阴虚内热之象。

(十)脾肾阳虚

1. 含义 脾肾两脏阳气亏虚所表现出来的证候。

2. 成因 一般因久泻久痢或肾阳亏虚不能温养脾脏所致。

3. 临床症状 形寒肢冷、面色苍白、腹部冷痛、周身浮肿、小便不利、舌淡胖苔白滑、脉沉迟无力等。

4. 证候分析 肾为先天之本,脾为后天之本,生理上脾肾相互滋生。肾阳不足,不能温养脾脏,脾阳虚不能运化水谷,气血生化不足,故面色苍白;阳气虚则内寒生,无以温煦肢体,则形寒肢冷;内寒则经脉凝滞,故腰膝、腹部冷痛;水湿内停,故周身浮肿、小便不利;舌淡胖苔白滑、脉沉迟无力均为阳虚水寒内蓄之象。

(十一)脾肺气虚

1. 含义 脾肺两脏气虚所表现出来的证候。

2. 成因 一般因久病咳喘、肺虚及脾或劳役过度所致。

3. 临床症状 久咳不止、气短胸闷、神疲乏力、面白无华、食欲不振、痰液清稀、舌淡苔白、脉沉迟无力等。

4.证候分析 脾主生气,肺主气之宣发。久咳肺虚,气失宣发,气不布津,水聚湿生,脾气受困,故脾失健运。久咳引起肺部受损,故气短胸闷、呼吸急促;气虚生痰,故痰液增多,引起痰液清稀;脾失健运,故食欲不振;气虚则无力推动血行,故面白无华;舌淡苔白、脉沉迟无力均为气虚之象。

(十二)肺肾阴虚

1.含义 肺肾两脏阴液亏虚所表现出来的证候。

2.成因 一般因久病咳喘、伤至肾阴或配种频繁致肾阴受损所致。

3.临床症状 潮热盗汗、两颧发红、干咳少痰、腰膝酸软、声音嘶哑、形体消瘦、舌红少苔、脉细数等。

4.证候分析 肺肾两脏阴液相互滋养。肾阴亏虚则肺燥,故干咳少痰;阴虚则内热,热灼肺经,经损血溢,故痰中带血;喉为肺系,肾脉循喉,肺肾阴亏,喉失滋养兼虚火熏灼会厌,则声音嘶哑;肌肉失养,故形体消瘦;内热上炎,故两颧发红;舌红少苔、脉细数均为阴虚内热之象。

巩固训练

任务三 卫气营血辨证

学习目标

▲**知识目标**
1.熟知卫气营血辨证的概念。
2.掌握卫气营血辨证的内容。
3.熟悉各证型的临床表现。

▲**技能目标**
1.能运用卫气营血辨证理论正确分析动物的临床症状。
2.能运用卫气营血辨证的知识诊治动物的疾病。

▲**课程思政目标**
1.通过学习,树立正确的事物矛盾思想。
2.通过学习,建立文化自信。

▲**知识点**
1.卫气营血辨证的基本概念。
2.卫分证的基本内容。
3.气分证的基本内容。
4.营分证的基本内容。
5.血分证的基本内容。

扫码看课件
项目 4-2-3

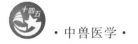
一、卫气营血辨证的基本概念

卫气营血辨证是清代医学家叶天士创立的一种用于论治温热病的辨证方法。此法是在六经辨证的基础上发展起来的。

温热病是一类由外感温热病邪所引起的热象偏重，并具有一定的季节性和传染性的外感疾病。叶天士根据《黄帝内经》中关于"卫""气""营""血"的分布与生理功能的不同将温热病发展过程中不同的病理变化进行归类，将其分为四大类，分别是卫分证、气分证、营分证和血分证。就其病变的部位来说，卫分证主表，病在肺与皮毛；气分证主里，病在胸、膈、胃、肠、胆等脏腑；营分证邪热入于心营，病在心与心包；血分证则邪热已深入心、肝、肾，重在耗血、动血。可以看出温热病邪从口鼻而入，首先犯肺，由卫及气，由气入营，由营入血，病邪步步深入，病情逐渐深重。因此，卫气营血在辨证理论中是一个比较抽象的概念。在《叶香岩外感温热篇》里提到，"温邪上受，首先犯肺，逆传心包，肺主气属卫，心主血属营"。"大凡看法，卫之后方言气，营之后方言血。"

卫气营血辨证的临床意义可表现在以下三个方面。

①温热病的发展过程中的四个阶段是四种不同证候的概括，同样也反映了病邪由表入里的过程。

②阐述了温热病在发展过程中的一般规律。

③阐述了温热病中病位的深浅、病情的轻重和传变的规律，用以指导临床治疗。

二、卫分证

（一）含义

卫分证是温热病邪侵犯肌表，卫分功能失常所表现出的证候。一般见于温热病的初期，属于表热证。因肺外合皮毛，主一身之表，且"肺位最高，邪必先伤"，所以卫分证常伴有肺经病变。

（二）成因

外感各种温热病邪，如风热、暑热、燥热、湿热等热邪经口传入。

（三）临床症状

发热重、恶寒轻、咳嗽、咽喉肿痛、口干微红、舌苔微黄、脉浮数等。

（四）证候分析

温热之邪侵犯肌表，卫气与之斗争而发热，终卫阳被阻，体表失卫阳而失温，故病初发热较重，失温后恶寒；邪气在表，卫气受阻，皮毛开合失常，故无汗或少汗；温邪犯肺，肺气上逆，故咳嗽；上灼咽喉，故咽喉肿痛、口干微红；舌苔微黄，脉浮数均为热邪犯卫之象。

三、气分证

（一）含义

气分证是温热病邪深入脏腑，正盛邪实，正邪相争激烈，阳热亢盛的里热证。多由卫分证传来，或由温热之邪直入气分所致。

（二）成因

卫分证无法解除，向里传变便形成气分证，当然也有外感温热之邪气直接入气分形成气分证。根据热邪侵犯的脏腑不同有不同的证候，常见的有热壅于肺、热扰胸膈、热结肠道、热郁胆经等。

（三）临床症状

发热、不恶寒而恶热、出汗、口渴、咳喘、胸痛、痰液黄稠、易怒易躁、大便干结、舌红苔黄、脉沉数有力等。

（四）证候分析

邪入气分，内热炽盛，正邪相争加剧，故身体发热，且不恶寒而恶热；热则灼津，故口渴预饮、小便短赤且黄;热盛则上炎,故舌红苔黄;若热壅于肺,肺失肃降,灼津为痰,则痰液黄稠、咳喘、胸痛;若热扰胸膈,上扰心神,则易怒易躁;若热炽肠道,则大便干结,腹满胀痛,舌红苔黄燥,脉沉数有力。

四、营分证

(一)含义

营分证是温热病邪入血的轻浅阶段,以营阴受损、心神被扰为特点。

营分证介于气分证和血分证之间,若疾病由营转气,则是病情好转的表现;若由营入血,则病情深重。

(二)成因

营分证的形成,一是由卫分传入,即温热病邪由卫分不经气分而直入营分,称为"逆心包";二是由气分传来,即先见气分证的热象,而后出现营分证的症状;三是温热之邪直入营分,即温热病邪侵入机体,致使畜体起病后便出现营分证症状。

(三)临床症状

身热夜甚、不口渴、斑疹隐隐、舌质红绛无苔、脉细数等。

(四)证候分析

营分行于脉络中,与心气相通。热邪入营,则会热损营阴,故身体发热,入夜更甚;热则灼津,津液蒸腾于口,故不口渴;热邪入心神,故心神不安;热邪窜于血络则见斑疹隐隐;舌质红绛无苔、脉细数均为热邪入营,营阴受损之象。

五、血分证

(一)含义

血分证是卫气营血病变的最后阶段,导致动血、动风、耗阴等一系列的证候,血分证也是温热病发展过程中最为深重的阶段。病变主要波及心、肝、肾三脏。

(二)成因

营分证无法解除,传入血分而形成;或者气分热炽,结营伤血,直入血分;或者素体阴亏,已有热邪内蕴,同时温热病邪直入血分而形成。

(三)临床症状

身热夜甚、烦躁不安、斑疹显露、吐血衄血、便血、角弓反张、低热、耳聋耳鸣、手足蠕动、舌质深绛、脉弦数等。

(四)证候分析

热邪入血分,灼伤真阴,故身体发热,过夜尤甚;血热内扰心神,则烦躁不安;热盛迫血妄行,则有出血性疾病,如吐血衄血、便血、尿血等;热邪灼津,血行瘀滞,故斑疹显露、紫黑;若血分内炽,燔灼肝经,则见"动风"证候;若热邪久甚,灼伤肝肾之阴,可见低热、口干咽燥,肾阴亏虚,耳窍失养,故耳聋耳鸣,骨髓失养,角弓反张;若肝阴不足,筋脉失养,可见手足蠕动。

 巩固训练

项目三 防治法则

任务一 预防原则

扫码学课件
项目 4-3

中国兽医学(简称中兽医)在总结古代劳动人民与家畜疾病做斗争的过程中,已认识到预防的重要意义,并积累了很多宝贵经验。预防,就是采取一定的措施防止疾病的发生和发展,它包括两方面:未病先防和既病防变。

一、未病先防

中兽医认为加强饲养管理是预防家畜疾病的关键。《元亨疗马集》中说,马……有引重致远之功,代人之劳,而亦待人之养;苟失其养,疴瘵萌生,疲困疾患,不可不知也。是故冬暖、夏凉、春牧、秋厩,节刍水、知劳役,使寒暑无侵,则马骡而无疴瘵矣。其饮马水,切忌宿水、冻料、尘草、砂石、灰土、蛛丝、诸杂毛发,食之即瘦瘵生病。凡饮喂刍水者,其则有三,故云三饮三喂也……一曰少饮半刍,二曰忌净刍,三曰戒饮禁刍。少饮者,渴休饮足,羸休饮足,妊休饮足;半刍者,饥肠休喂饱,出门莫喂饱,远来亦忌饱。此谓一饮一喂也。忌饮者,浊水休教饮,恶水休教饮,沫水休教饮;净刍者谷料须当节,灰料须当洁,毛发须当择。此谓二饮二喂也。戒饮者,骑来不得饮,料后不得饮,有汗不得饮。禁刍者,膘大休加料,骑少休加料,炎暑休加料,此谓三饮三喂也。夫饮喂而有其三者,则马骡四时无患,任之骑习矣。远来有汗,牵行喘定,汗息去鞍,……勿近舍檐,移时方喂。这些都是很好的经验,至今仍是饲养管理方面的重要准则。

此外,清洁卫生也是预防家畜疾病的重要措施,要做到水洁净、料洁净、草洁净、槽洁净、圈洁净、畜体洁净,棚圈要定期消毒,可用苍术、菖蒲、艾叶、雄黄等药物燃烟熏棚厩。并可将贯仲、苍术等泡在饮水内,对饮水进行防腐消毒。

除平时注意家畜的饲养管理和使役外,中兽医还根据地区、季节、气候,以及家畜的体质情况,采用放六脉血和灌四季药的办法,使家畜更好地适应外界气候的变化,减少疾病的发生。关于四时调理、灌四季药的机理和效应,尚有待进一步探讨。

二、既病防变

未病先防是最理想的积极措施。如已经发病,就要早期治疗,并采取措施防止疾病的发展和传变。家畜疾病传变的规律,一般是由浅入深,即由表及里,也可由这一脏腑传至另一脏腑,即脏腑间的生克乘侮关系。在治疗时要掌握此规律,防止疾病向深重方面发展。

《素问·阴阳应象大论》中说:"故善治者治皮毛,其次治肌肤,其次治筋脉,其次治六腑,其次治五脏。"这就是说已病就要及时处理,防止病邪由表传里,侵犯内脏。再如根据肝病传脾的传变规律,常在治肝的同时,配合以健脾和胃之法,这就是既病防变法则的具体应用。

既病防变,除上述内容外,还应特别强调已病家畜的护理工作。护理工作的好坏,直接关系着病情的发展和治疗效果。如寒病忌凉,不可寒夜外拴,宜养于暖厩之中;热病忌热,棚厩不可过热,宜拴于阴凉之处。伤食者少喂、伤水者少饮、伤热者宜冷水饮,伤冷者宜温水饮。表散之病忌风,勿拴巷道檐下;四肢拘挛、步行艰难之病,则昼夜放纵;破伤风病畜宜搭毡毯,养于光暗安静之厩,腰腿瘫痪病畜,卧地多垫软草,不可卧于潮湿之地。这些有针对性的护理工作,对于既病防变起着很重要的作用。

 巩固训练

任务二 治 疗 原 则

学习目标

▲知识目标
1.认识治疗原则的重要性,掌握治疗原则的内容和特点。
2.了解治疗原则在中兽医中的重要意义,熟练治疗原则。
▲技能目标
1.通过学习四对治则,掌握治疗方法在中兽医临床上的应用。
2.通过学习四对治则,具备在临床上合理进行中兽医治疗的技术能力。
▲课程思政目标
1.培养学生团结合作的精神,发扬合理运用中兽医治疗疾病的职业情怀。
2.培养学生善于分析、思考的职业意识。
3.培养学生良好的中兽医临床治疗疾病的职业素养。
▲知识点
1.针对病因、病状、病位和个体的不同而制订治疗方法。
2.根据不同的证候,灵活运用四对治则。

一、扶正与祛邪

"正"和"邪"是疾病过程中矛盾的两个方面,它们互相联系,决定了疾病的发生、发展和变化。一切疾病过程都是正邪斗争的过程,双方力量的消长决定疾病的表现、病势轻重和转归。因此,中兽医在治疗上就是要改变机体正邪双方力量,使疾病向痊愈的方向转化。所以,治疗的根本原则在于"扶正"和"祛邪"。

"扶正"是应用药物和加强饲养管理,以扶助病畜的正气,增强体质,提高抗病力和组织修复力,战胜致病因素,使机体恢复健康。

"祛邪"是应用各种治疗手段(药物、针灸等)祛除病邪,彻底消除致病因素或限制疾病的发展,使病畜逐渐痊愈。用药物"扶正"的治疗方法主要是"补法",用药物"祛邪"的治疗方法主要是"攻法"和其他一些疗法(如发汗、清热、祛寒、消导等)。汗、下、温、清、补、消、和、吐八法就是在扶正祛邪的原则下产生的。

"扶正"和"祛邪"二者紧密联系,"扶正"是为了"祛邪",增强抵抗力以战胜疾病;"祛邪"是为了"扶正",消除致病因素使机体恢复健康。在临床中,应根据正邪在矛盾中所占的地位,分清主次、先后,灵活地运用以下原则。

(一)扶正

适用于病证以正虚为主,病邪已除或病邪不显著者。如肠黄恢复期,肠内热毒已除,而病畜气血津液耗伤,脾胃虚弱。治宜健脾益胃、补气养阴。

(二)祛邪

适用于病证以邪盛为主,而正虚不显著者。如肠黄初期或极期,胃肠湿热毒邪壅盛,而病畜体质尚好。治宜清热利湿、凉血解毒。

(三)扶正兼祛邪

以扶正为主,祛邪为辅,适用于正气虚弱而有病邪存在的疾病,但正虚较重者。用药以补正为主,兼用祛邪药物。如肠黄后期,病畜久泻伤阴,气血不足,而胃肠湿热未净。治宜以补气养阴为主,清热利湿为辅。

(四)祛邪兼扶正

以祛邪为主,扶正为辅,适用于正气虚弱而有病邪存在的疾病,但病邪较重者。用药以祛邪为主,兼用滋补药物。如肠黄中期,病畜胃肠湿热壅盛,而体内津液已伤。治宜以清热利湿为主,补气养阴为辅。

(五)先扶正后祛邪

在正虚邪实的病例,由于正气过虚,祛邪则更损伤正气,机体不能承受时,可先用补法,恢复机体正气,然后祛邪。如体质虚弱而患肠黄,病畜大泻伤阴亡阳,且胃肠湿热壅盛。治宜先回阳固脱、补气养阴,而后清热利湿。

(六)先祛邪后扶正

在正虚邪实的病例,由于邪气过盛、扶正反而助长邪气,或邪气不除,危害过大时,可先祛邪,然后扶正。如肠黄极期,病畜胃肠湿热过盛,邪入心包,且体内津液已伤。治宜先清热凉血、宁心开窍,而后补气养阴。

中兽医治疗,非常重视机体的内在因素,因为任何药物都需要通过机体的生理功能才能发挥作用。因此,"扶正"不能理解为单纯应用滋补药,而应包括加强护理,加强饲养管理,增强病畜体质的措施在内。

二、治标与治本

"标、本"的理论在中兽医临床治疗上占有重要地位,标是现象,本是实质,标一般是矛盾的非主要方面,而本一般是矛盾的主要方面。临床上病畜的症状千变万化,同一疾病可表现出不同症状,不同疾病表现的症状又可相同,只有分清了疾病的"标、本",才不致被错综复杂的症状所迷惑,因而才有可能得到正确的治疗。

"标、本"的具体内容是多方面的。从正邪关系来讲,正气是本,邪气是标;从疾病来讲,原因是本,症状是标;从症状来讲,原发症状是本,继发症状是标(如因热生风,热为本,风为标);从疾病的新旧来讲,旧病是本,新病是标;从病的部位来讲,病在里是本,病在表是标;从病因来讲,内因是本,外因是标。

总之,不论疾病过程中的矛盾多么复杂,都可用"标、本"来概括其主次关系。在治疗中,一般原则是先治本,后治标,即"治病必求其本",抓住了这个主要矛盾,一切问题就迎刃而解了。如患食滞性气胀的病畜,食滞是本,气胀是标,采用先导滞的治本方法后,气胀的标也就消失。但是在治本的同时,也不能忽视其标,矛盾的主要方面和非主要方面互相转化,事物的性质也随着发生变化,应对具体的事物进行具体的分析,不能千篇一律,要根据疾病的轻重缓急,症状的主次先后,疗效的大小快慢等情况,采用急则治标,缓则治本,或标本俱急则标本同治等治疗方法。如食滞性气胀的病例,若气胀阻碍呼吸,危及生命时,则应先治气胀,后治食滞。又如病畜外感风寒,发热、怕冷、无汗,属于表证,应急发汗,但又伴有四肢发凉、肠鸣泄泻、脉沉的里证,治应温里,表证属标,里证是本,在这种表里同病的情况下,可采用发表与温里并用的方法,用麻黄、附子、细辛等药物,这就是标本同治。

三、正治与反治

(一)正治

正治又叫逆治,是一般常规的治疗方法,即采用药性与病性相反的药物来治疗。如寒者热之(寒证用热性药治疗);热者寒之(热证用寒性药治疗);虚者补之(虚证用滋补药治疗);实者泻之(实证用泻下消导药治疗)等都属正治。

(二)反治

反治又叫从治,是当病证表现出虚假现象时,进一步探求病证的本质,而后针对本质进行治疗的一种方法。由于应用药物的性质与病证假象的性质相同,所以叫"从治",与"正治"相对而言,则称"反治"。常用的反治有下列几种。

1. 寒因寒用 真热假寒证用寒药治疗。

2. 热因热用 真寒假热证用热药治疗。

3. 塞因塞用 气虚、胃肠后送无力而粪便积滞证用以补开塞的方法治疗。

4. 通因通用 胃肠实热性腹泻用清热泻下法治疗。

四、同病异治与异病同治

在疾病发展的过程中,自始至终贯穿着矛盾的发展变化,因此,疾病的证候有同、有异、有共性、有个性,在辨证施治上,就有"同病异治"和"异病同治"的区分,同一种疾病,证候不同,治疗的方法就不尽相同,称为"同病异治"。例如,同是消化不良,如因胃火内盛引起的胃热不食,属里热证,治疗应以清胃热为主;如因感受寒凉引起的胃寒不食,属里寒证,治疗应以温中散寒为主;如因脾胃虚弱引起的,属里虚证,治疗应以健脾补气为主。不同的疾病,证候相同,治疗方法可以相同,称为"异病同治"。例如,由于跌打损伤而发生关节、肌腱、腱鞘等不同部位的疾病,表现的症状也很复杂,但病因、发病原理基本一致,可归属于气血凝滞、瘀血作痛的血实证,治应活血散瘀、通经止痛,都可用活血散瘀药物治疗。又如在一些热性病(如热痛、脑黄等)过程中,尽管并不是同一种热性病,但都有气分实热证,就都可用石膏汤治疗。

巩固训练

任务三　治　　法

学习目标

▲知识目标

1.认识治疗八法的重要性,掌握治疗八法的内容和特点。

2.了解治疗八法在中兽医的重要意义,熟练运用治疗八法。

▲技能目标

1.通过学习治疗八法,掌握治疗八法在中兽医临床上的应用。

2.通过学习治疗八法,具备在临床上合理进行中兽医治疗的技术能力。

▲课程思政目标

1.培养学生团结合作的精神,发扬合理运用治疗八法的职业情怀。

2.培养学生善于分析、思考的职业意识。

3.培养学生良好的中兽医临床治疗八法的职业素养。

▲知识点

1.治疗八法的概述。

2.治疗八法的内容及临床应用。

一、汗法(解表)

(一)汗法的意义及适应证

汗法是选用具有发汗功能的药物,组成适当的方剂,以开泄腠理,逐邪出表,解除表证的治疗方法。因此,本法主要适用于一切外感疾病的初期,具有恶寒、发热、鼻流清涕,耳鼻俱凉等症者。此外,由于汗法能将病邪和一部分水分从肌表排出,所以,有些疮黄的初期,也可以使用汗法。

(二)汗法的运用

由于表证的病邪有寒热之分,故表证又有"表寒""表热"两种不同类型,因此在治疗上也就有辛温解表和辛凉解表的区别。表寒是风寒外束卫表,宜辛温发汗,麻黄汤、桂枝汤是治疗这类疾病的代表方剂。表热是风热侵犯卫表,宜辛凉散热,银翘散、桑菊饮是治疗这类疾病的代表方剂。然而,同是病邪在表,但由于各个病畜的体质不同,或者旧病未除,又感新疾等复杂情况,单用上述两法,难以奏效,需与他法配合应用,如阳虚外感者,宜助阳发汗,阴虚外感者,宜滋阴发汗。素有痰饮喘咳,复感风寒束表者,小青龙汤主之。

(三)汗法的注意要点

(1)发汗解表,以汗出为度,发汗过多则伤津,甚或汗出不止,引起亡阴亡阳。解表是解除表证证候,有些家畜体表汗腺很少或无,服发汗药也难以出汗,只要解表即可,不可过量灌服发汗药,以免引起变证。

(2)凡剧烈吐泻之后,大失血、疮黄后期,以及体质素虚的家畜,一般不宜用汗法,特别不宜用辛温重剂;如确有表证存在,必须用汗法时,可用轻剂解表,或妥善地配合补益等法进行治疗。

(3)冬季天寒,多用辛温解表之法;夏季炎热,多用辛凉解表之法。

二、吐法

(一)吐法的意义及运用

药物涌吐法(吐法)是利用涌吐药使过食的或有毒的草料由胃中涌吐出来的一种疗法。常用于食入毒物和食积等必须及时吐出的实证。由于解剖生理上的特殊性,药物涌吐法对马、骡、驴不适用;牛、羊、猪可以应用。探吐法是其中一种,胃导管抽吸法则可用于马属动物的急性胃扩张。

(二)吐法的注意要点

药物涌吐法容易损伤元气,耗损胃津,故有下列情况之一者,应慎用或禁用:①怀孕或产后者;②老弱体衰者;③血亏及虚劳之病畜。

三、下法

(一)下法的意义及适应证

下法是运用具有泻下作用的方药,以清理胃肠积滞的治疗方法。主要应用于胃肠积滞的结症,或大肠湿浊的痢疾,同时也应用于瘀血蓄积、高热燥结等里实邪结的疾病。

(二)下法的运用

根据病情的寒热,病畜的体质强弱,病势的轻重缓急,以及积滞、积水等情况,下法可分为攻下法、润下法、逐水法三大类。

1. 攻下法 凡病畜体壮膘肥,病情紧急,胃肠积滞,用猛烈攻下之剂以通大便,称攻下法。若为实热便秘,则用寒下法,大承气汤就是此类方剂的代表;若为寒积,则用温下法,温脾汤就是此类方剂的代表。

2. 润下法 润下法也称缓下法。适用于老弱病畜,或产后气血双亏而引起的粪便秘结。当归苁蓉汤就是此类方剂的代表。

3. 逐水法 对于痰饮实证,胸水腹水,可用峻下逐水药治疗,称逐水法,十枣汤就是此类方剂的代表。

除此之外,痰热胶结所采用的泻下祛痰法,瘀血内蓄所采用的泻下逐瘀法等,因为目的都是攻逐在里的实邪,所以也属于下法的范围。

(三)下法的注意要点

下法是治疗中的重要法则,用之得当,奏效显著,用之失当,流弊很大。所以在运用时必须注意下列要点。

(1)有表证而无里实证,或既有表证,又有里实证(表里同病),但表证急于里实证,或病虽在里,而非实证的,都禁用下法。

(2)体虚便秘而又津液枯竭的老畜和产后血虚的病畜,虽有便秘,却不可急下,孕畜下法慎用。

(3)攻逐泻下之药,耗伤胃气,方药配伍要照顾到胃气,药量要恰当,过多则泻下不止,过少则结粪不下,这两种方法不宜长期使用。

四、和法

(一)和法的意义及适应证

和法又名和解法,是运用疏滞和解的方药,调节营卫的偏胜偏衰,采取扶正祛邪的疗法以协调阴阳。凡邪在半表半里,汗、吐、下三法皆不适用者,均可用和法治之。

（二）和法的运用

和法的范围很广,既适用于和解表里,也适用于调和肝脾,还适用于调和胃肠。例如,邪在半里半表,证见寒热往来、胸胁痛、脉弦数等,可以小柴胡汤和解表里。若因肝气郁结引起胸胁疼痛、眩晕、食欲不振等,则以逍遥散疏肝解郁,调和肝脾。

（三）和法的注意要点

病邪在表,尚未入里,或邪已入里,病畜表现烦躁不安等症时,都不宜用和法。

五、温法

（一）温法的意义及适应证

温法是利用性温热的药物以温中散寒,或回阳救逆的一种疗法。因其具有祛除里寒的作用,因此,该法又名祛寒法,常用于里寒证的治疗。

（二）温法的运用

里寒证有实寒和虚寒之分。例如,寒邪直中大肠所发生的冷肠泄泻以及寒邪直中小肠而引起的冷痛,宜用温中散寒的方药,如橘皮散、理中汤;如属阳气虚弱,寒从内生的虚寒证,则须用温补的方药,可用四神丸治肾虚冷泻;亡阴时用大辛大热的方药以回阳固脱,四逆汤就是回阳救逆的一个代表方剂。

（三）温法的注意要点

温法药多燥热,多用伤阴伤津,凡津枯血虚、血热妄行者忌用。

六、清法

（一）清法的意义及适应证

清法是运用性质寒凉的方药,清除热邪,治疗热证的方法。该法具有清热解毒、凉血生津等作用。热证有虚实之分,清法常用于里热实证和里热虚证,也用于半表半里或表证已解,余邪未清的虚热证。

（二）清法的应用

因热的阶段不同,热邪所在的部位和畜体的虚实不同,清法也是多种多样。

1.清热泻火法 凡邪热侵入气分,呈现发热、口渴、脉洪大等实热证候,则以清热泻火类方药治之。其代表方剂是黄连解毒汤、白虎汤。

2.清热凉血法 凡热伤营血,出现衄血、便血等证候时,则以清热凉血类方药治之,其代表方剂是犀角地黄汤。

3.清热解毒法 以具有清热解毒、消散肿痛的方药治疗瘟疫、肿痛、疮毒等,其代表方剂是清瘟败毒饮、消黄散、普济消毒饮等。

4.清热燥湿法 以苦寒的药物治疗湿热引起的痢疾和肠黄,其代表方剂是白头翁汤。

5.清热祛暑法 以清解暑热的方药治疗暑邪为患的方法,其代表方剂是香薷饮。

6.滋阴降火法 在热病后期,邪热未尽,阴液耗伤,以及阴虚火旺,骨蒸盗汗等虚热证时,以滋阴降火的方药清解虚热,其代表方剂是青蒿鳖甲汤。

（三）清法的注意要点

清法虽能治疗热病,但也能损伤病畜的阳气,因此,在使用时,必须注意下列3点:①体质虚弱,脏腑本寒,胃纳不健,大便溏泻者禁用。产后热证者,也应慎用。②劳役过度,中气大伤,或有虚火者,不宜用苦寒清热药。③阴胜格阳的真寒假热者,不可误用清法。

七、消法

（一）消法的意义及适应证

消法含有消、散、祛、理、行、破、削的意思。对于气、血、痰、湿、食等所形成的积聚、凝滞、痰厥风证等,非攻下所宜的病证,都可用消法治疗。

（二）消法的运用

1. 消风 运用辛温、苦寒、咸寒和芳香的药物组成方剂,主治外风与内风病证。

(1)疏散外风适用于外风所致的病证,如独活寄生汤、牵正散、千金散等。

(2)平息内风主要证候为双目吊眩,四肢肌抖,眼球震颤,治疗应以大定风珠、羊角钩藤汤等,养血熄风。若热邪内陷,侵袭心包,证见神志昏迷、狂躁不安、惊厥等,应用安宫牛黄丸、紫雪丹等清热开窍。若病畜突然昏倒,或痉挛抽搐,牙关紧闭,口吐白沫,后躯麻痹,不能站立,甚至瘫卧于地,应滋阴潜阳,以镇肝熄风汤治之。

2. 祛湿 用淡渗利水方药,根据临床不同情况,随证加减治之。湿在外在上宜微汗以解,薏苡仁汤主之。湿从寒化,实脾饮治之。湿从热化,三妙散、八正散服之。

3. 消气 运用于因气滞而导致的疾病,如腹胀、腹痛、气逆等;本法具有调理和疏解气机的作用。

(1)行气。用理气或破气的药物组成的方剂,治疗气机郁结引起的腹胀和疼痛,如丁香散、橘皮散等。

(2)降气。用降逆重镇的药物组成的方剂,治疗气逆所导致的咳嗽、气喘和呕逆等,如苏子降气汤、丁香柿蒂散或旋覆代赭汤等。

4. 消瘀 利用行血破瘀的药物治疗因血瘀引起的各种肿胀、疼痛。如产后血瘀腹痛,则用生化汤加减;跌扑闪伤引起的跛行,则用当归红花注射液或加减红花散、当归散等。

5. 消食化滞 用化谷宽肠的方药,治疗过食精料伤胃,草谷不化,胃内积食,肚腹胀满等食积,如曲蘖散、保和丸、木香槟榔丸等。

6. 消痰 适用于痰邪所引起的家畜疾病。但痰有湿痰、燥痰、热痰、风痰等不同,治疗原则也不尽相同。

7. 消散痈疡 适用于外疡内痈。

（三）消法的注意要点

理气药大多辛香而燥,重用、久用能耗气伤阴。故对气虚及火盛者应慎用。理血、活血祛瘀多有堕胎作用,孕畜慎用。

八、补法

（一）补法的意义及适应证

补法是对体力虚弱,功能不足,或某一脏气虚弱,用滋补强壮药进行治疗,以达到补气血,增强体质以及减轻衰弱症状的一种治疗方法。它一方面能补虚扶弱,另一方面还有补助正气、抗御外邪的作用。

（二）补法的运用

补法一般可分补气、补血、补阴、补阳几个方面。

1. 补气 用于精神倦怠、四肢无力、心悸气短、动则气喘出汗、久泻脱肛等气虚证。治宜采用党参、白术、茯苓、炙甘草、黄芪等补气药。

2. 补血 用于毛焦体瘦、心悸气促、倦怠无力、口眼黏膜苍白等血虚证。治宜采用熟地黄、白芍、当归、川芎、阿胶等补血药。

3. 补阴（滋阴） 用于瘦弱、低热、口干舌燥、粪干尿少等阴虚证。治宜采用生地黄、麦冬、玄参、知母等滋阴药物。

4. 补阳（助阳） 用于体虚多汗、身寒怕冷、耳鼻发凉、腰胯软弱、虚喘浮肿等阳虚证。治宜采用巴戟天、续断、杜仲、肉桂、附子等助阳药物。

补法主要是应用滋补药,以增强或改善机体的功能状态,补充营养和维生素等物质,改善新陈代谢,增强抗病能力,减轻各种衰弱症状,从整体方面治疗,有利于健康的恢复。

（三）补法的注意要点

应用补法，不能完全依赖单纯的滋补药治疗，更重要的是要加强饲养管理，增强家畜体质，才能保证家畜健康完全恢复。

 巩固训练

项目四　常见病证

任务一　发　　热

发热是临床常见的症状之一,见于多种疾病过程中。中兽医所谓的发热,不仅指体温高于正常,而且包括口色红、脉数、尿短赤等热象。

根据病因和症状表现的不同,可将发热分为外感发热和内伤发热两大类。一般来说,外感发热发病急,病程短,热势盛,体温高,多属实证,外邪不退,热势不减,有的还伴有恶寒表现;而内伤发热发病缓慢,病程较长,热势不盛,体温稍高,或时作时止,或发有定时,多属虚证,常无恶寒表现。

一、外感发热

感受外界邪气,如风寒、风热、暑热等引起。多因气温骤变,劳役出汗,畜体腠理疏泄,外邪乘虚侵入所致。外感发热主要有以下证型。

(一)外感风寒

【常见症状】　又称风寒感冒,发热恶寒,且恶寒重,发热轻,无汗,皮紧毛炸,鼻流清涕,口色青白,舌苔薄白,脉浮紧,有时咳嗽,咳声洪亮。

【病因病机】　多由风寒之邪侵袭肌表,卫气被郁所致。见于外感病的初起阶段。现代兽医临床上的急性鼻炎和上呼吸道卡他等可参照本证进行辨证论治。

【治法】　辛温解表,疏风散寒。

【方例】　麻黄汤(见解表方)加减。咳喘甚者,加桔梗、款冬花、紫菀以止咳平喘;兼有表虚,证见恶风,汗出,脉浮缓者,治宜祛风解肌、调和营卫,方用桂枝汤(见解表方)加减;兼有气血虚者,方用发汗散(麻黄25 g、升麻20 g、当归30 g、川芎30 g、葛根20 g、白芍20 g、党参30 g、紫荆皮15 g、香附15 g,为末,开水冲,候温加葱白3根、生姜15 g、白酒60 mL,同调灌服)加减;外感风寒挟湿,证见恶寒

Note

发热、肢体疼痛、沉重、困倦，少食纳呆，口润苔白腻，脉浮缓者，治宜解表散寒除湿，方用荆防败毒散（见解表方）加减。

【针治】 针鼻前、大椎、苏气、肺俞等穴。

（二）外感风热

【常见症状】 又称风热感冒，发热重，微恶寒，耳鼻俱温，体温升高，或微汗，鼻流黄色或白色黏稠脓涕，咳嗽，咳声不爽，口干渴，舌稍红，苔薄白或薄黄，脉浮数；牛鼻镜干燥，反刍减少。

【病因病机】 感受风热邪气而发病，多见于风热感冒或温热病的初期。现代兽医临床上的急性支气管炎、咽喉炎、扁桃体炎等可参照本证进行辨证论治。

【治法】 辛凉解表，宣肺清热。

【方例】 银翘散（见解表方）加减。若热重，加黄芩、石膏、知母、天花粉；若为外感风热挟湿，兼见体倦乏力，小便黄赤，可视黏膜黄染，大便不爽，苔黄腻者，除辛凉解表外，还应佐以利湿化浊之药，方用银翘散去荆芥，加佩兰、厚朴、石菖蒲等。

【针治】 针鼻前、大椎、鼻俞、耳尖、太阳、尾尖、苏气等穴。

（三）外感暑湿

【常见症状】 又称暑湿感冒，发热不甚或高热，汗出而身热不解，食欲不振，口渴，肢体倦怠、沉重，运步不灵，尿黄赤，便溏，舌红，苔黄腻，脉濡数。

【病因病机】 夏暑季节，天气炎热，且雨水较多，气候潮湿，热蒸湿动，动物易感暑湿而发病。

【治法】 清暑化湿。

【方例】 新加香薷饮加味（香薷、厚朴、连翘、金银花、鲜扁豆花、青蒿、鲜荷叶、西瓜皮）。夏令时节若发生外感风寒又内伤饮食，证见发热恶寒，倦怠乏力，少食呕呃，肚腹胀满，肠鸣泄泻，舌淡苔白腻者，治宜祛暑解表和中，方用藿香正气散（见祛湿方）。

【针治】 同外感风热。

（四）半表半里发热

【常见症状】 微热不退，寒热往来，发热和恶寒交替出现，脉弦。恶寒时，精神沉郁，皮温降低，耳鼻发凉，寒战；发热时，精神稍有好转，寒战现象消失，皮温高，耳鼻转热。

【病因病机】 风寒之邪侵犯机体，邪不太盛不能直入于里，正气不强不能祛邪外出，正邪交争，病在少阳半表半里之间，又称为半表半里证。

【治法】 和解少阳。

【方例】 小柴胡汤（见和解方）加减。

（五）热在气分

【常见症状】 高热不退，但热不寒，出汗，口渴喜饮，头低耳聋，食欲废绝，呼吸喘促，粪便干燥，尿短赤，口色赤红，舌苔黄燥，脉洪数。

【病因病机】 多因外感火热之邪直入气分，或其他邪气入里化热，停留于气分所致。多见于高热病的中期阶段。

【治法】 清热生津。

【方例】 白虎汤（见清热方）加减。热盛者，加黄芩、黄连、金银花、连翘；伤津者，加玄参、麦冬、生地黄；尿短赤者，加猪苓、泽泻、滑石、木通。

【针治】 针耳尖、尾尖、太阳、鼻俞、鼻前、鹘脉、山根、通关等穴。

（六）热结胃肠

【常见症状】 高热，肠燥便干，粪球干小难下，甚至粪便不通或稀粪旁流，腹痛，尿短赤，口津干燥，口色深红，舌苔黄厚而燥，脉沉实有力。

【病因病机】 多由热在气分发展而来。因里热炽盛，热与肠中糟粕相结而使粪便干燥难下。多见于高热病中后期阶段,大量耗伤机体的阴液。现代兽医临床上的肠便秘可参照本证进行辨证论治。

【治法】 滋阴增液,清热泻下。

【方例】 大承气汤(均见泻下方)加减。高热者,加金银花、黄芩;肚胀者,加青皮、木香、香附等。

【针治】 针蹄头、耳尖、尾尖、太阳、分水、鹘脉、山根、脾俞、关元俞等穴。

(七)营分热

【常见症状】 高热不退,夜甚,躁动不安,或神志昏迷,呼吸喘促,有时身上有出血点,舌质红绛而干,脉细数。

【病因病机】 外感邪热直入营分,或由卫分热或气分热传热入营分所致。多见于高热病的中后期阶段。

【治法】 清营解毒,透热养阴。

【方例】 清营汤(见清热方)加减。

【针治】 同气分热。

(八)血分热

【常见症状】 高热,神昏,黏膜、皮肤发绀,尿血,便血,口色红绛,脉洪数或细数。严重者抽搐。

【病因病机】 多由气分热直接传入血分,或营分热传入血分所致。多见于高热病后期的各种出血证。

【治法】 清热凉血,熄风安神。

【方例】 犀角地黄汤(见清热方)加减,方中犀角可用水牛角代。出血者,加牡丹皮、紫草、赤芍、大青叶等;抽搐者,加钩藤、石决明、蝉蜕等。或用羚角钩藤汤(羚羊片、霜桑叶、川贝母、生地黄、钩藤、菊花、茯神、生白芍、生甘草、竹茹,《重订通俗伤寒论》)。

【针治】 同气分热。

二、内伤发热

内伤发热多由体质素虚,阴血不足,或血瘀化热等原因所致。

(一)阴虚发热

【常见症状】 低热不退,午后更甚,耳鼻微热,身热;病畜烦躁不安,皮肤弹性降低,唇干口燥,粪球干小,尿少色黄;口色红或淡红,少苔或无苔,脉细数。严重者盗汗。

【病因病机】 多因体质素虚,阴血不足,或热病经久不愈,或失而过多,或汗、吐、下太过,导致机体阴血亏虚,热从内生。

【治法】 滋阴清热。

【方例】 青蒿鳖甲汤(见清热方)加减。热重者,加地骨皮、黄连、玄参等;盗汗者,加龙骨、牡蛎、浮小麦;粪球干小者,加当归(油炒)、肉苁蓉(油炒)等;尿短赤者,加泽泻、木通、猪苓等。

(二)气虚发热

【常见症状】 多劳役后发热,耳鼻稍热,神疲乏力;易出汗,食欲减少,有时泄泻;舌质淡红,脉细弱。

【病因病机】 多因劳役过度、饲养不当、饥饱不均造成脾胃气虚所引起。

【治法】 健脾益气,甘温除热。

【方例】 补中益气汤(见补虚方)加减。

(三)血瘀发热

【常见症状】 常因外伤引起瘀血肿胀,局部疼痛,体表发热,有时体温升高;因产后瘀血未尽者,除发热之外,常有腹痛及恶露不尽等表现;口色红而带紫,脉弦数。

【病因病机】 多由跌打损伤、瘀血积聚或产后血瘀等引起。

313

【治法】 活血祛瘀。

【方例】 外伤血瘀者,用桃红四物汤或血府逐瘀汤(均见理血方)加减;产后血瘀者,用生化汤(见理血方)加减。

任务二 咳 嗽

咳嗽是肺经疾病的主要症状之一,多发于春秋两季。外感、内伤的多种因素,都可使肺气壅塞,宣降失常而发生咳嗽。

一、外感咳嗽

(一)风寒咳嗽

【常见症状】 发热恶寒,无汗,被毛逆立,甚至颤抖,鼻流清涕,咳声洪亮,打喷嚏,口色青白,舌苔薄白,脉浮紧。牛鼻镜水不成珠,反刍减少,猪、犬等,畏寒喜暖,鼻塞不通。

【病因病机】 风寒之邪侵袭肌表,卫阳被束,肺气郁闭,宣降失常,故而咳嗽。

【治法】 疏风散寒,宣肺止咳。

【方例】 荆防败毒散(见解表方)或止嗽散(见化痰止咳平喘方)加减。

【针治】 针肺俞、苏气、山根、耳尖、尾尖、大椎等穴。

(二)风热咳嗽

【常见症状】 发热重,恶寒轻,咳嗽不爽,鼻流黏涕,呼出气热,口渴喜饮,舌苔薄黄,口红少津,脉浮数。

【病因病机】 感受风热邪气,肺失清肃,宣降失常,故而咳嗽。

【治法】 疏风清热,化痰止咳。

【方例】 银翘散(见解表方)或桑菊饮(桑叶、菊花、杏仁、桔梗、薄荷、连翘、芦根、甘草,《温病条辨》)加减。痰稠,咳嗽不爽,加瓜蒌、贝母、橘红;热盛,加知母、黄芩、生石膏)。

【针治】 针玉堂、通关、苏气、山根、尾尖、大椎、耳尖等穴。

(三)肺热咳嗽

【常见症状】 精神倦怠,饮食欲减少,口渴喜饮,大便干燥,小便短赤,咳声洪亮,气促喘粗,呼出气热,鼻流黏涕或脓涕,口渴贪饮,口色赤红,舌苔黄燥,脉洪数。

【病因病机】 多因外感火热之邪,或风寒之邪,郁而化热,肺气宣降失常所致。

【治法】 清肺降火,化痰止咳。

【方例】 清肺散(见清热方)或麻杏甘石汤(见化痰止咳平喘方)或苇茎汤(见清热方)加减。

【针治】 针胸堂、颈脉、苏气、百会等穴。

二、内伤咳嗽

(一)气虚咳嗽

【常见症状】 食欲减退,精神倦怠,毛焦肷吊,日渐消瘦;久咳不已,咳声低微,动则咳甚并有汗出,鼻流黏涕;口色淡白,舌质绵软,脉迟细。

【病因病机】 多因久病体虚,或劳役过重,耗伤肺气,致使肺宣肃无力而发咳嗽。

【治法】 益气补肺,化痰止咳。

【方例】 四君子汤(见补虚方)合止嗽散(见化痰止咳平喘方)加减。

【针治】 针肺俞、脾俞、百会等穴。

(二)阴虚咳嗽

【常见症状】 频频干咳,昼轻夜重,痰少津干,低热不退,或午后发热,盗汗,舌红少苔,脉细数。

【病因病机】 多因久病体弱，或邪热久恋于肺，损伤肺阴所致。

【治法】 滋阴生津，润肺止咳。

【方例】 清燥救肺汤(见化痰止咳平喘方)或百合固金汤(见补虚方)，加减。

【针治】 针肺俞、脾俞、百会等穴。

（三）湿痰咳嗽

【常见症状】 精神倦怠，毛焦体瘦，咳嗽，气喘，喉中痰鸣，痰液白滑，鼻液量多、色白而黏稠；咳时，腹部扇动，肘头外张，胸胁疼痛，不敢卧地，口色青白，舌苔白滑，脉滑。

【病因病机】 脾肾阳虚，水湿不化，聚而成痰，上渍于肺，使肺气不得宣降而发咳嗽。

【治法】 燥湿化痰，止咳平喘。

【方例】 二陈汤(见化痰止咳平喘方)合三子养亲汤(紫苏子、白芥子、莱菔子，《韩氏医通》)。

任务三　喘　证

喘证是气机升降失常，出现以呼吸喘促，甚或肷肋扇动为主要特征的病证。各种动物均可发生。根据病因及症状的不同，喘证可分为实喘和虚喘两类。一般来说，实喘发病急骤，病程短，喘而有力；虚喘发病较缓，病程长，喘而无力。

一、实喘

（一）寒喘

【常见症状】 喘息气粗，伴有咳嗽，畏寒怕冷，被毛逆立，耳鼻俱凉，甚或发抖，鼻流清涕，口腔湿润，口色淡白，舌苔薄白，脉浮紧。

【病因病机】 外感风寒，腠理郁闭，肺气壅塞，宣降失常，上逆为喘。

【治法】 疏风散寒，宣肺平喘。

【方例】 三拗汤(见解表方之麻黄汤)加前胡、橘红等。

【针治】 针肺俞穴。

（二）热喘

【常见症状】 发病急，气促喘粗，鼻翼扇动，甚或肷肋扇动，呼出气热，间有咳嗽，或流黄黏鼻液，身热，汗出，精神沉郁，耳耷头低，食欲减少或废绝，口渴喜饮，大便干燥，小便短赤，口色赤红，舌苔黄燥，脉洪数。

【病因病机】 暑月炎天，劳役过重，风热之邪由口鼻入肺，或风寒之邪郁而化热，热壅于肺，肺失清肃，肺气上逆而为喘。

【治法】 宣泄肺热，止咳平喘。

【方例】 麻杏甘石汤(见化痰止咳平喘方)加减。热重，加金银花、连翘、黄芩、知母；喘重，加葶苈子、桑白皮等；痰稠，加贝母、瓜蒌。

【针治】 针鼻俞、玉堂等穴。

二、虚喘

（一）肺虚喘

【常见症状】 病势缓慢，病程较长，多有久咳病史。被毛焦燥，形寒肢冷，易自汗，易疲劳，动则喘重，咳声低微，痰涎清稀，鼻流清涕，口色淡，苔白滑，脉无力。

【病因病机】 肺阴虚则津液亏耗，肺失清肃；肺气虚则宣肃无力，二者均可致肺气上逆而喘。

【治法】 补益肺气，降逆平喘。

【方例】 补肺汤(党参、黄芪、熟地黄、五味子、紫菀、桑白皮，《永类钤方》)加减。痰多，加制半

夏、陈皮;喘重,加紫苏子、葶苈子;汗多,加麻黄根、浮小麦。

【针治】 针肺俞穴。

(二)肾虚喘

【常见症状】 精神倦怠,四肢乏力,食少毛焦,易出汗;久喘不已,喘息无力,呼多吸少,呈二段式呼气,肷肋扇动,息劳沟明显,甚或张口呼吸,全身振动,肛门随呼吸而伸缩;或有痰鸣,出气如拉锯,静则喘轻,动则喘重;咳嗽连声,声音低微,日轻夜重;口色淡白,脉象沉细无力。

【病因病机】 久病及肾,肾气亏损,下元不固,不能纳气,肺气上逆而喘。

【治法】 补肾纳气,定喘止咳。

【方例】 人参蛤蚧散加减。

【针治】 针肺俞、百会等穴。

任务四　慢草与不食

慢草,即草料迟细,食欲减退;不食,即食欲废绝。慢草与不食是多种疾病的临床症状之一,此处所讲的慢草与不食,主要是指因脾胃功能失调而引起的,以食欲减少或食欲废绝为主要症状的一类病证。现代兽医临床上的消化不良可参考本证进行辨证论治。

一、脾虚

【常见症状】 精神不振,毛焦肷吊,四肢无力;食欲减退,日见羸瘦,粪便粗糙带水,完谷不化;舌质如绵,脉虚无力。严重者,肠鸣泄泻,四肢浮肿,双唇不收,难起难卧。

【病因病机】 劳役过度,耗伤气血;饲养不当,草料质劣,缺乏营养,或时饥时饱,损伤脾胃,均能导致脾阳不振,胃气衰微,运化、受纳功能失常,从而出现慢草或不食。此外,肠道寄生虫病也能引起本证。

【治法】 补脾益气。

【方例】 四君子汤、参苓白术散、补中益气汤(均见补虚方)加减。粪便粗糙者,加神曲、麦芽;起卧困难者,加补骨脂、枸杞子;泄泻和四肢浮肿症状严重者,以及因肠道寄生虫引起者,可参考泄泻、水肿及寄生虫病的辨证施治。

【针治】 针脾俞、后三里等穴。

二、胃阴虚

【常见症状】 食欲大减或不食;粪球干小,肠音不整,尿少色浓;口腔干燥,口色红,少苔或无苔,脉细数。若兼有肺阴耗伤,则又见干咳不已。

【病因病机】 多因天时过燥,或气候炎热,渴而不得饮,或温病后期,耗伤胃阴所致。

【治法】 滋养胃阴。

【方例】 养胃汤加减。

三、胃寒

【常见症状】 食欲大减或不食,毛焦肷吊,头低耳耷,鼻寒耳冷,四肢发凉;腹痛,肠音活泼,粪便稀软,尿液清长,口内湿滑,口流清涎,口色青白,舌苔淡白,脉沉迟。

【病因病机】 外感风寒,寒气传于脾经;或过饮冷水,采食冰冻草料,以致寒邪直中胃腑;脾胃受寒,致使脾冷不能运化,胃寒不能受纳,发生慢草与不食。

【治法】 温胃散寒,理气止痛。

【方例】 桂心散(见温里方)加减。食欲大减者,可加神曲、麦芽、焦山楂等;湿盛者,加半夏、茯苓、苍术等;体质虚弱者,除重用白术外,加党参。

【针治】 针脾俞、后三里、后海等穴;猪还可以针三脘穴。

四、胃热

【常见症状】 食欲大减或废绝,口臭,上腭肿胀,排齿红肿,口温增高;耳鼻温热,口渴贪饮,粪球干小,尿短赤;口色赤红,少津,舌苔薄黄或黄厚,脉洪数。

【病因病机】 多因天气炎热,劳役过重,饮水不足,或乘饥喂谷料过多,饲后立即使役,热气入胃;或饲养太盛,谷料过多,胃失腐熟,聚而生热;热伤胃津,受纳失职,引发本病。

【治法】 清胃泻火。

【方例】 清胃散(当归身、黄连、生地黄、牡丹皮、升麻,《兰室秘藏》)或白虎汤(见清热方)加减。

【针治】 针玉堂、通关、唇内等穴。

任务五 呕 吐

呕吐是胃失和降,胃气上逆,食物由胃吐出的病证。猪、犬、猫多见,牛、羊次之,马属动物较难发生呕吐。现代兽医临床上的消化系统病变,或其他疾病合并呕吐症状者可参照本证进行辨证论治。

一、胃热呕吐

【常见症状】 体热身倦,口渴欲饮,遇热即吐,吐势剧烈,吐出物清稀色黄,有腐臭味,吐后稍安,不久又发,食欲大减或不食,粪干尿短,口色红黄,苔黄厚,口津黏腻,脉洪数或滑数。

【病因病机】 暑热或秽浊疫疠之气侵犯胃腑,耗伤胃津,使胃失和降,气逆于上,故而呕吐。

【治法】 清热养阴,降逆止呕。

【方例】 白虎汤(见清热方)加味。呕吐甚者,加竹茹、制半夏、藿香;热甚者,加黄连;粪干者,加大黄、芒硝;伤津者,加沙参、麦冬、石斛。

【针治】 针玉堂、脾俞、关元俞、带脉、后三里、大椎等穴,或顺气穴巧治。

二、伤食呕吐

【常见症状】 精神不振,兼有不安,食欲废绝,肚腹胀满,嗳气,呕吐物酸臭,吐后病减,口色稍红,苔厚腻,脉沉实有力或沉滑。

【病因病机】 过食草料,停于胃中,滞而不化,致使胃气不能下行,上逆而呕吐。

【治法】 消食导滞,降气止呕。

【方例】 保和丸(见消导方)加减。食滞重者,加大黄。

【针治】 同胃热呕吐。

三、虚寒呕吐

【常见症状】 消瘦,慢草,耳鼻俱凉,有时寒战,常在食后呕吐,呕吐物无明显气味,吐后口内多涎;口色淡白,口津滑利,脉沉迟或弦而无力。

【病因病机】 劳役太重,饲喂不当,致使脾胃运化功能失职;再遇久渴失饮,或突然饮冷水过多,寒凝胃腑,胃气不降,上逆而为呕吐。常见于瘦弱耕牛。

【治法】 温中降逆,和胃止呕。

【方例】 理中汤加味。寒重者,加小茴香、肉桂。

【针治】 针脾俞、六脉、后三里、中脘等穴。

任务六 腹 胀

腹胀是肚腹膨大胀满的一种病证。就腹胀性质而言,有食胀、气胀、水胀之分,所谓水胀,主要是指宿水停脐(腹水)。按腹胀所属脏腑而论,有肠胀和胃胀之分。马属动物的腹胀多为肠胀,虽有胃

胀,但不表现为明显的肚腹胀满;牛、羊的腹胀多为胃胀,且以瘤胃臌胀为主;猪、犬、猫等主要是肠胀。现代兽医临床上的瘤胃积食、瘤胃臌胀、肠臌气等都可参考本证进行辨证论治。

一、气胀

(一)气滞郁结气胀

【常见症状】 牛、羊发病急速,常在采食中或食后突然发病。左腹部急剧胀满,严重者可突出背脊,腹痛不安,不时起卧,回头顾腹,叩击左腹作鼓响,按之腹壁紧张;食欲、反刍、嗳气停止;严重时,呼吸困难,张口伸舌,呻吟吼叫,口中流涎,肛门突出,四肢张开,站立不稳。马、骡常于饲喂后发病,初多阵痛,继而转为持续而剧烈的腹痛,起卧不安或全身出汗;肚腹胀大,右胁尤显,叩如鼓响;肠音初时响亮,有金属音,后渐弱或消失,排粪稀少不爽,后亦渐止,呼吸迫促。初时口色青黄或赤红而润,后期则青紫干燥;脉数或虚数。直肠检查时,常因肠内充满气体,难以入手或完全不能入手。

【病因病机】 多因采食大量易于发酵的饲料,如幼嫩青草、禾苗及块根、玉米、大麦、豆类等,于短时间内产生大量气体,致使胃肠功能失职,难以运化排出,积聚其内而成病;或过度劳累,乘饥饮喂;或气温骤降,寒邪直中脾胃;或牛误食有毒植物如曼陀罗、夹竹桃等,也可损及脾胃而发病。

【治法】 牛、羊宜行气消胀,化食导滞;马、骡宜行气消胀,宽肠通便。

【方例】 消胀汤(见理气方)加减。牛、羊,轻者用食醋、菜油灌服,重者于胁部臌气最高处行瘤胃穿刺放气术,结合投放制酵剂;马、骡,若肚胀严重,病势急剧,由盲肠穿刺放气,结合投放制酵剂。

【针治】 胁俞穴放气,或针脾俞、关元俞等穴。

(二)脾胃虚弱气胀

【常见症状】 发病缓慢,病程较长,反复发作,腹胀较轻,多于食后臌气;体倦乏力,身瘦毛焦,塞唇似笑;食欲减少,或时好时坏;粪便多溏或偶干。牛则兼见反刍缓慢,次数减少,左胁时胀时消,按之上虚下实。口色淡白,脉虚细。

【病因病机】 多因畜体素虚,或长期饮喂失宜,饥饱不匀,营养缺乏,劳役过度,损伤脾胃,致脾虚不能运化水谷以升清,胃弱无力腐熟以降浊而发病。

【治法】 补益脾胃,升清降浊。

【方例】 四君子汤或参苓白术散(均见补虚方)合平胃散(见祛湿方)加减。

【针治】 针脾俞、六脉、后三里等穴。

(三)水湿困脾气胀

【常见症状】 牛、羊食欲、反刍大减或废绝,胁部胀满,按压稍软,胃内容物呈粥状;瘤胃穿刺,水草与气体同出,形成泡沫,沫多气少,放气时常因针孔被阻塞而屡屡中断;口色青黄而暗,脉沉迟。马、骡粪便稀软,肚腹虚胀,日久不消,草料迟细,口黏不渴,精神倦怠,牵行懒动,口色淡黄或黄白相兼,舌苔白腻,脉虚濡。

【病因病机】 多因饲养管理不当,喂以大量青绿多汁或其他易发酵产气的草料,或空肠过饮冷水,饲以冰冷霜冻草料,或被阴雨苦淋,久卧湿地等,致使脾胃受损,寒湿内侵,脾为湿困,运化失常,清阳不升,浊阴不降,清浊相混,聚于胃肠而发病。

【治法】 牛、羊宜逐水通肠,消积理气;马、骡宜健脾燥湿,理气化浊。

【方例】 牛、羊用越鞠丸(见理气方)加减。体虚,酌加党参,并增加黄芪用量;胀重,酌加厚朴、枳壳;积滞重,酌加三棱、莪术、山楂、神曲。马、骡用胃苓汤(见祛湿方之五苓散)加减;胀重,加木香、丁香;体虚,加党参、黄芪;湿重,加车前子、大腹皮;寒重,加吴茱萸、干姜、附子。

【针治】 针脾俞、胃俞、关元俞、后三里等穴。

(四)湿热蕴结气胀

【常见症状】 腹胀,食欲大减或废绝;粪软而臭,排出不爽,肠音微弱;呼吸喘促,或体温升高;口色红黄,苔黄而腻,脉濡数。

【病因病机】 多因天气炎热,久渴失饮,饮水污浊;或劳役过重,乘热饮冷;或水湿困脾失治,郁久化热,湿热相搏,阻遏气机,致使脾胃运化失职而发病。

【治法】 清热燥湿,理气化浊。

【方例】 胃苓汤(见祛湿方之五苓散)减桂枝、白术,酌加茵陈、木通、黄芩、黄连、藿香。

【针治】 针带脉、脾俞、关元俞等穴。

二、食胀

【常见症状】 食欲大减或废绝,时有呕吐,呕吐物酸臭;腹围膨大,触压腹壁坚实有痛感;重者腹痛不安,前蹄刨地,痛苦呻吟;口臭舌红,苔黄,脉弦滑。

【病因病机】 食胀是采食草料过多,停积胃肠,滞而不化,发酵膨胀,致使肚腹胀满的病证。多由饥后饲喂过多,贪食过饱,胃内食物积聚而致。

【治法】 消食导滞,泻下通便。

【方例】 曲蘖散、保和丸或大承气汤(见泻下方)加减。

【针治】 针脾俞、六脉、后三里穴等。

三、水胀

【常见症状】 精神倦怠,头低耳聋,水草迟细,日渐消瘦,腹部因逐渐膨大而下垂,触诊时有拍水音;口色青黄,脉迟涩。有的病例还兼有湿热蕴结之象,如舌红、苔厚、脉数、粪便稀软、尿少等。

【病因病机】 水胀是脾、肾等脏功能失调,水湿代谢障碍,停聚胃肠而呈现肚腹胀满的病证。多由外感湿热,蕴结脾胃,或饲养管理不当,如劳役过度、暴饮冷浊、长期饲以冰冷草料、久卧湿地、阴雨苦淋等,致使脾失健运,水湿内停,湿留中焦,郁久化热所致。

【治法】 健脾暖胃,温肾利水。

【方例】 大戟散加减。

【针治】 针脾俞、关元俞、带脉、后三里等穴。

任务七 腹 痛

腹痛是多种原因导致胃肠、膀胱及胞宫等腑,气血瘀滞不通,发生起卧不安,滚转不宁,腹中作痛的病证。各种动物均可发生,尤以马、骡更为多见。现代兽医临床上的胃肠痉挛、霉菌性肠炎、产后恶露不尽、胃肠积食、肠臌气、肠阻塞、肠变位、肠便秘等病可参考本证进行辨证论治。

一、阴寒腹痛

【常见症状】 鼻寒耳冷,口唇发凉,甚或肌肉寒战;阵发性腹痛,起卧不安,或刨地蹴腹,回头顾腹,或卧地滚转;肠鸣如雷,连绵不断,粪便稀软带水。少数病例,在腹痛间歇期肠音减弱,饮食欲废绝,口内湿滑,或流清涎,口温较低,口色青白,脉沉迟。

有的病例表现为腹痛绵绵,起卧不甚剧烈,时作时止,病程可达数天;舌质如绵,脉沉细无力,此种病证,称为"慢阴痛"。

【病因病机】 外感寒邪,传于胃肠,或过饮冷水,采食冰冻草料,阴冷直中胃肠,致使寒凝气滞,气血瘀阻,不通则痛,故腹中作痛。

【治法】 温中散寒,和血顺气。

【方例】 橘皮散(见理气方)或桂心散(见温里方)加减。寒盛者,加吴茱萸;痛剧者,加延胡索;体虚者,加党参、黄芪。

【针治】 针姜牙、分水、三江、蹄头、脾俞等穴。

二、湿热腹痛

【常见症状】 体温升高,耳鼻、四肢发热,精神不振,食欲减退,口渴喜饮;粪便稀溏,或荡泻无度,泻粪黏腻恶臭,混有黏液或带有脓血,尿短赤;腹痛不安,回头顾腹,或时起时卧;口色红黄,舌苔黄腻,脉洪数。

【病因病机】 暑月炎天,劳役过重,役后乘热急喂草料,或草料霉烂,谷气料毒凝于肠中,郁而化热,损伤肠络,使肠中气血瘀滞而作痛。

【治法】 清热燥湿,行郁导滞。

【方例】 郁金散(见清热方)加减。病初有积滞者,重用大黄,并加芒硝、枳实,去诃子;热毒盛者,加金银花、连翘。猪、犬、猫等动物,可用白头翁汤(见清热方)加减。

【针治】 针交巢(后海)、后三里、尾根、大椎、带脉、尾本等穴。

三、血瘀腹痛

【常见症状】 产后腹痛者,肚腹疼痛,蹲腰踏地,回头顾腹,不时起卧,食欲减少;有时从阴道流出带紫黑色血块的恶露,口色发青,脉沉紧或沉涩。若兼气血虚,则又见神疲力乏,舌质淡红,脉虚细无力。

血瘀腹痛者,常于使役中突然发生。病畜起卧不安,前蹄刨地,或仰卧朝天。时痛时停,在间歇期一如常态。问诊常有习惯性腹痛史,谷道入手,肠中无粪结,但在前肠系膜根处可触及拇指大甚或鸡蛋大肿瘤,检手可感知血流不畅之"沙沙"音。

【病因病机】 各种动物均可因产前营养不良,素体虚弱,而产时又失血过多,气血虚弱,运行不畅,致使产后宫内瘀血排泄不尽,或部分胎衣滞留其间而引起腹痛;或因产后失于护理,风寒乘虚侵袭;或产后过饮冷水,过食冰冻饲料,致使血被寒凝,而致产后腹痛,马、骡尚可因前肠系膜根处动脉瘤导致气血瘀滞,发生腹痛。

【治法】 产后腹痛宜补血活血,化瘀止痛;血瘀腹痛宜活血祛瘀,行气止痛。

【方例】 产后腹痛,宜选用生化汤(见理血方)加减;兼有气血虚弱者,可用当归建中汤(当归、桂枝、白芍、生姜、炙甘草、大枣,《千金翼方》)。血瘀腹痛,选用血府逐瘀汤(见理血方)。

四、食滞腹痛

【常见症状】 多于食后 1～2 h 突然发病。腹痛剧烈,不时卧地,前肢刨地,顾腹打尾,卧地滚转;腹围不大而气促喘粗;有时两鼻孔流出水样或稀粥样食物,常嗳气,带有酸臭味;初期尚排粪,但数量少而次数多,后期则排粪停止,口色赤红,脉沉数,口腔干燥,舌苔黄厚,口内酸臭。谷道入手,可摸到显著后移的脾脏和扩大的胃后壁,胃内食物充盈、稍硬,压之留痕。插入胃管则有少量酸臭味气体或食物外溢,为胃排空障碍。

【病因病机】 乘饥饲喂太急,采食过多;或骤然更换草料,或采食发酵或霉败饲料,均可使饲料停滞胃腑,不能化导,阻碍气机,引起腹痛。此外,长期采食含泥沙过多的饲料及饮水,沙石沉积于肠胃,阻塞气机,亦可引起腹痛。虫扰肠中或窜于胆道,也可使气血逆乱,引起腹痛。

【治法】 消积导滞,宽中理气,一般应先用胃管导胃,以除去胃内一部分积食,然后再选用方药治之。

【方例】 本病不宜灌服大量药物,如用药,可根据情况选用曲蘖散或醋香附汤(酒三棱、醋香附、酒莪术、炒莱菔子、木香、砂仁、食醋,《中兽医治疗学》)。此外,用食醋 0.5～1 L 加水适量,一次灌服,疗效亦佳。

【针治】 针三江、姜牙、分水、蹄头、关元俞等穴。

五、肝旺痛泻

【常见症状】 食欲减退或不食,间歇性腹痛,肠音旺盛,频排稀软粪便;神疲乏力,口腔干燥,耳鼻温热或寒热往来;口色红黄,苔薄黄,脉弦。

【病因病机】 多因情志不畅或其他应激因素,使肝气郁滞,失于疏泄,导致肝脾不和而引发本病。

【治法】 疏肝健脾。

【方例】 以痛泻为主者,选用痛泻要方(土炒白术、炒白芍、防风、陈皮,《丹溪心法》);以神疲乏力、口干食少为主者,选用逍遥散(见和解方)。

六、粪结腹痛

【常见症状】 食欲大减或废绝,精神不安,腹痛起卧,回头顾腹,后肢蹴腹;排粪减少或粪便不通,粪球干小,肠音不整,继则肠音沉衰或废绝;口内干燥,舌苔黄厚,脉沉实。由于结粪的部位不同,具体临床症状也有差异。

1. 前结(小肠便秘) 一般在采食后数小时内突然发病。肚腹疼痛剧烈,前蹄刨地,连连起卧,不时滚转。继发大肚结(胃扩张)时,则呼吸迫促,在颈部可见逆蠕动波,甚或鼻流粪水,导胃可排出大量黄褐色液体。粪结初期,仍可排少量粪便,肠音微弱,口色赤紫,少津,脉沉细而数。谷道入手,常在右肾前方或右下方摸到结粪块。

2. 中结(小结肠或骨盆曲便秘) 发病较突然。初期表现为伸腰摆尾,起卧不甚剧烈,站立不安,回头顾腹,继则起卧连连,有时滚转,或卧地时四肢伸长,常见肚胀,排粪停止。初期口色赤红而干,脉象沉涩,后期舌苔黄厚,舌有皱纹,口臭,脉沉细。谷道入手可摸到拳头大或小臂粗、能移动的结粪块。

3. 板肠结(大结肠或盲肠便秘) 一般发病缓慢,病程较长,起卧腹痛症状较轻。病畜回头顾腹,或阵阵起卧,卧地四肢伸直,较少滚转,站立时前肢向前伸,后肢向后伸,呈"拉肚腰"的姿势,肚胀常不明显。初期可能排少量粪便,有时甚至排粪水,腹痛暂停时尚有食欲。后期口干少津,舌苔黄厚,口臭。谷道入手,可在左腹下方、右前方或左后方摸到粗大而不易移动的、充满粪便的肠管。

4. 后结(直肠便秘) 间歇性腹痛,一般无起卧表现。病畜不断举尾呈现排粪姿势,蹲腰努责,四肢张开,但排不出粪便,肚腹稍胀。谷道入手,即可摸到积聚在直肠中的粪便。

【病因病机】 长期饲喂粗硬不易消化的劣质饲料,或空腹骤饮急喂,采食过多;或饲喂后立即使役,草料得不到及时消化;或突然更换草料或改变饲养方式;加之动物脾胃素虚,运化功能减退,或老龄家畜牙齿磨灭不整,咀嚼不全;更加天气骤变,扰乱胃肠功能,致使草料停滞胃肠,聚粪成结,阻碍胃肠气机而引发腹痛。

【治法】 破结通下。根据粪结部位和病情轻重可采取捶结、按压、药物及针刺等疗法,捶结、按压可参考《兽医内科学》。

【方例】 根据病情可选用大承气汤或当归苁蓉汤(均见泻下方)加减。

【针治】 针三江、姜牙、分水、蹄头、后海等穴,或电针双侧关元俞穴。

任务八 流涎吐沫

流涎,指病畜口中流出水样或黏液样液体;吐沫,指口吐泡沫样液体。二者均为唾涎增多,从口中流出的病证。各种动物均可发生,尤其以马、牛、犬、猫较为常见。现代兽医临床上的口炎、咽炎、食管阻塞以及中毒性疾病等可参考本证进行辨证论治。

一、胃冷流涎

【常见症状】 精神不振,头低耳耷,食欲减退,劳役易汗,日渐消瘦,行走无力,口流清水。甚者,槽中草料湿如水拌,或口腔受刺激(吃草或灌药)后,流量增加,有时出现空嚼,脉沉细,口舌淡白。

【病因病机】 阴寒盛,则津液凝聚而流涎过多。《元亨疗马集》提到,"流涎者,胃冷也。"

【治法】 益气健脾,摄涎。

【方例】 健脾散(见理气方)加减。

【针治】 针脾俞、关元俞等穴。

二、心热流涎

【常见症状】 舌体肿胀或有溃烂,口流黏涎;病畜精神不振,采食困难;口色赤红,脉洪数。因异物刺伤者,有时可见刺伤或钉、铁、芒刺等物。

【病因病机】 胃热壅盛,使津液积聚成涎。《太平圣惠方》提到,风热壅结,在于脾脏,积聚成涎也。《活兽慈舟》中也提到,口涎长流不息,多归脾胃受邪热所致。

【治法】 清热解毒,消肿止痛。因胃肠有热而致者,治宜清泻胃热。

【方例】 心热流涎用洗心散(见清热方)加减;因胃肠有热而致者,用石膏清胃散(石膏、大黄、玄明粉、知母、黄芩、天花粉、麦冬、甘草、陈皮、枳壳);外伤引起的应除去病因,三种原因而致的流涎,均可用青黛散(见外用方)口噙。

【针治】 针玉堂、通关、鹘脉等穴。

三、肺寒吐沫

【常见症状】 病畜频频磨牙锉齿,口吐白沫,唇流清涎,沫多涎少,如雪似绵,洒落槽边桩下,唇舌无疮。兼见头低耳聋,精神不振,水草迟细,毛焦肷吊,鼻寒耳冷,或偶有咳嗽。口色淡白或青白,舌质软,苔薄而阔,脉沉迟。

【病因病机】 多因脾虚,不能运化津液而成涎。

【治法】 理肺降逆,温化寒痰。

【方例】 半夏散加减。食少肷吊者,加神曲、麦芽、党参、白术;湿盛者沫多,加茯苓、苍术;咳嗽甚者,加紫苏子、莱菔子、紫菀、杏仁。

【针治】 针脾俞、风门、玉堂等穴。

四、恶癖吐水

【常见症状】 歇息时,嘴唇触着外物(如缰绳、饲槽、柱桩等)即不断活动,随之流出大量涎水,经久不止,至采食或劳动时才停止。病程可达数年之久。

【病因病机】 多因口舌生疮、牙齿疼痛、风邪证口眼歪斜或嘴唇松弛而流涎。

【治法】 阻断病因,调整阴阳。

【针治】 水针注射。可用95%的酒精10 mL肌内注射或注于下唇两侧的下唇掣肌内。一次不愈,可隔2～3天重复一次。

任务九　泄　泻

泄泻是指排粪次数增多、粪便稀薄,甚至泻粪如水样的一类病证。见于胃肠炎、消化不良等多种疾病过程。现代兽医临床上的各种原因引起的急性、慢性腹泻等均可参考本证进行辨证论治。

一、寒泻(冷肠泄泻)

【常见症状】 发病较急,泻粪稀薄如水,甚至呈喷射状排出,遇寒泻剧,遇暖泻缓,肠鸣如雷,食欲减少或不食,精神倦怠,头低耳聋,耳寒鼻冷,间有寒战,尿清长,口色青白或青黄,苔薄白,口津滑利,脉沉迟。严重者肛门失禁。

【病因病机】 外感寒湿,传于脾胃,或内伤阴冷,直中胃肠,致使运化无力,寒湿下注,清浊不分而成泄泻。常见于马、骡和猪,多发于寒冷季节。

【治法】 温中散寒,利水止泻。

【方例】 五苓散(见祛湿方)加减。

【针治】 针交巢(后海)、后三里、脾俞、百会等穴。

二、热泻

【常见症状】 发热,精神沉郁,食欲减少或废绝,口渴多饮,有时轻微腹痛,蜷腰卧地,泻粪稀薄,黏腻腥臭,尿赤短,口色赤红,舌苔黄腻,口臭,脉沉数。

【病因病机】 暑月炎天,劳役过重,乘饥而喂热料,或草料霉败,谷气料毒积于肠中,郁而化热,损伤脾胃,津液不能化生,则水反为湿,湿热下注,而成泄泻。

【治法】 清热燥湿,利水止泻。

【方例】 郁金散(见清热方)加减,热盛者,去诃子,加金银花、连翘;水泻严重者,加车前子、茯苓、猪苓,去大黄;腹痛者,加延胡索等。

【针治】 针带脉、尾本、后三里、大肠俞等穴。

三、伤食泻

【常见症状】 食欲废绝,牛、羊反刍停止。肚腹胀满,隐隐作痛,粪稀黏稠,粪中夹有未消化的食物,气味酸臭或恶臭,嗳气吐酸,不时放臭屁,或屁粪同泄,常伴呕吐(马属动物除外),泄吐之后痛减。口色红,苔厚腻,脉滑数。

【病因病机】 采食过量食物,致宿食停滞,脾胃受损,运化失常,水反为湿,谷反为滞,水谷合污下注,遂成泄泻。各种动物均可发生,而以猪、犬、猫较为常见。

【治法】 消积导滞,调和脾胃。

【方例】 保和丸(见消导方)加减。食滞重者,加大黄、枳实、槟榔;水泻甚者,加猪苓、木通、泽泻;热盛者,加黄芩、黄连。

【针治】 针蹄头、脾俞、后三里、关元俞等穴。

四、虚泻

(一)脾虚泄泻

【常见症状】 形体羸瘦,毛焦肷吊,精神倦怠,四肢无力;病初食欲大减,饮水增多,鼻寒耳冷,腹内肠鸣,不时作泻,粪中带水,粪渣粗大,或完谷不化;严重者,肛弛粪溏;舌色淡白,舌面无苔,脉迟缓。后期水湿下注,四肢浮肿。

【病因病机】 长期使役过度,饮喂失调,或草料质劣,致使脾胃虚弱,胃弱不能腐熟消导,脾虚不能运化水谷精微,以致中气下陷,清浊不分,故而作泻。

【治法】 补脾益气,利水止泻。

【方例】 参苓白术散或补中益气汤(均见补虚方)加减。

【针治】 针百会、脾俞、后三里、后海、关元俞等穴。

(二)肾虚泄泻

【常见症状】 精神沉郁,头低耳耷,毛焦肷吊,腰胯无力,卧多立少,四肢厥逆,久泻不愈,夜间及天寒时泻重;严重者,肛门失禁,粪水外溢,腹下或后肢浮肿;舌质如绵,脉沉细无力。

【病因病机】 肾阳虚衰,命门火不足,不能温煦脾阳,致使脾失运化、水谷下注而成泄泻。

【治法】 温肾健脾,涩肠止泻。

【方例】 巴戟散(见补虚方)去槟榔,加茯苓、猪苓等;或用四神丸(见收涩方)合四君子汤(见补虚方)加减。

【针治】 针后海、后三里、尾根、百会、脾俞等穴。

任务十 痢 疾

痢疾是排粪次数增加,但每次量少,粪便稀软,呈胶冻状,或赤或白,或赤白相杂,并伴有弓腰努

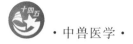
责、里急后重和腹痛等症状的一类病证,多发生于夏秋两季。现代兽医临床上的细菌性痢疾、溃疡性结肠炎等病可以参考本证进行辨证论治。

痢疾与泄泻,均属于腹泻,但泄泻主要由湿盛所致,以粪便稀软为主要症状,病情较轻,治疗以利水止泻为主;痢疾主要由气郁脂伤所致,以粪便带有脓血、排粪时里急后重为主要症状,病情较重,治疗以理气行血为主。

一、湿热痢

【常见症状】 精神倦怠,蜷腰卧地,食欲减少甚至废绝,动物反刍减少或停止,鼻镜干燥,弓腰努责,泻粪不爽,里急后重,下痢稀糊,赤白相杂,或呈白色胶冻状,口色赤红,舌苔黄腻,脉数。如湿重于热,则痢下白多而血少;若热重于湿,则痢下血多而白少。

【病因病机】 多由外感暑湿之邪,或食入霉烂草料,湿热郁结肠内,胃肠气血阻滞,肠道黏膜及肠壁脉络受损,化为脓血而致。

【治法】 清热化湿,行气和血。

【方例】 牛可用通肠芍药汤(大黄、槟榔、山楂、芍药、木香、黄连、黄芩、玄明粉,枳实)加减,兼食滞者加麦芽、神曲等。马、犬、猫、猪等可用白头翁汤(见清热方)加减。

【针治】 针带脉、后三里、后海等穴。

二、虚寒痢

【常见症状】 精神倦怠,毛焦体瘦,鼻寒耳冷,四肢发凉,食欲、反刍日渐减少;不时努责,泻痢不止,水谷并下,带灰白色,或呈泡沫状,时有腹痛;严重者,大便失禁,甚或带血,口色淡白或灰白,舌苔白滑,脉迟细。

【病因病机】 久病体虚,或久泻不止,致使脾肾阳虚,中阳不振,下元亏虚,寒湿内郁大肠,以致水谷并下而发本病。

【治法】 温脾补肾,收涩固脱。

【方例】 四神丸(见收涩方)合参苓白术散(见补虚方)加减。寒甚,加肉桂;腹痛明显,加木香;久痢不止,加诃子;便中带血,加血余炭、炒地榆;里急后重,加枳壳、青皮。

【针治】 针脾俞、后海等穴。

三、疫毒痢

【常见症状】 发病急骤,高热,烦躁不安,食欲减少或废绝;弓腰努责,里急后重,有时腹痛起卧,泻粪黏腻,夹杂脓血,腥臭难闻;口色赤红,舌苔干黄,脉洪数或滑数。

【病因病机】 常见于夏秋之间。多因感受疫毒之气,毒邪壅阻胃肠,与气血相搏化为脓血,遂成本病。

【治法】 清热燥湿,凉血解毒。

【方例】 白头翁汤(见清热方)加减。热毒甚者,加马齿苋、金银花、连翘;腹痛明显者,加白芍、甘草;口渴贪饮者,加葛根、麦冬、玄参、沙参;里急后重剧烈者,加枳壳、槟榔。

【针治】 针带脉、后三里、后海等穴。

任务十一 便 秘

便秘是粪便干燥,排粪艰涩难下,甚至秘结不通的病证。马、骡结症也属便秘范畴,但因其有明显的腹痛,已在腹痛中论述,这里主要论述腹痛症状不甚明显的便秘。

一、热秘

【常见症状】 拱腰努责,排粪困难,粪便干硬、色深,或完全不能排粪,肚腹胀满,小便短赤;口干喜饮,口色红,苔黄燥,脉沉数。牛鼻镜干燥或龟裂,反刍停止;猪鼻盘干燥,有时可在腹部摸到硬粪块。

【病因病机】 外感之邪,入里化热;或火热之邪,直接伤及脏腑;或饲喂难以消化的草料,又饮水不足,草料在胃肠停积,聚而生热,均可灼伤胃肠津液,粪便传导受阻而致本病。

【治法】 清热通便。

【方例】 大承气汤(见泻下方)加味。肚腹胀满者,加槟榔、牵牛子、青皮;粪干者,加食用油、火麻仁、郁李仁,津伤严重者,加鲜生地黄、石斛等。

【针治】 针交巢、关元俞、脾俞、带脉、尾本等穴。

二、寒秘

【常见症状】 形寒怕冷,耳鼻俱凉,四肢欠温,排粪艰涩,小便清长,腹痛,口色青白,舌苔薄白,脉沉迟。

【病因病机】 外感寒邪,脾阳受损;或畜体素虚,正气不足,真阳亏损,寒从内生,不能温煦脾阳,致使运化无力,粪便难下。

【治法】 温中通便。

【方例】 大承气汤(见泻下方)加附子、细辛、肉桂、干姜。腹痛甚者,加白芍、桂枝;积滞重者,加神曲、麦芽。

【针治】 针交巢、关元俞、百会等穴。

三、虚秘

【常见症状】 神倦力乏,体瘦毛焦,多卧少立,不时拱腰努责,大便排出困难,但粪球并不很干硬;口色淡白,脉弱。

【病因病机】 畜体素弱,脾肾阳虚,运化传导无力,以致粪便艰涩难下。

【治法】 益气健脾,润肠通便。

【方例】 当归苁蓉汤(见泻下方)加减。倦怠无力者,加黄芪、党参;粪干津枯者,加玄参、麦冬。

任务十二 便 血

排粪时粪中带血,或便前、便后下血,称为便血。常见于夏秋季节。各种动物均可发生。便血有远血、近血之分。若先便后血,血色暗红,为远血,先血后便,血色鲜红,为近血。远血者,出血部位在小肠或大肠,近血者,出血部位在直肠或肛门。便血与痢疾都有下血的症状,但便血之粪便不呈胶冻状,也无里急后重现象。

一、湿热便血

【常见症状】 发病较急,精神沉郁,食欲、反刍减少或停止,耳鼻俱热,口渴喜饮,鼻镜、鼻盘干燥,排粪带痛。病初粪便干硬,附有血丝或黏液,继而粪便稀薄带血,气味腥臭,甚至全为血水,血色鲜红,小便短赤。口色鲜红,口温高,苔黄腻,脉滑数。

【病因病机】 多因暑月炎天,使役过重,或久渴失饮,或饮水秽浊不清,或乘热饲喂草料,或草料腐败霉烂,以致湿热蕴结胃肠,灼伤脉络,溢于胃肠。

【治法】 清热利湿,凉血解毒。

【方例】 黄连解毒汤(见清热方)合槐花散(见理血方)加减。口渴热盛,纯下鲜血者,加赤芍、牡丹皮、生地黄、金银花、连翘;腹泻严重者,加茵陈、木通、车前子、茯苓;气滞腹痛者,加木香、枳壳、厚朴。

【针治】 针脾俞、交巢、百会、断血等穴。

二、气虚便血

【常见症状】 发病较缓,精神倦怠,四肢无力,毛焦吹吊,食欲、反刍日渐减少;粪便溏稀带血,多

325

先便后血或血粪混下,重者可纯下血水,血液暗红,有时有轻度腹痛,口色淡白,脉迟细。日久气虚下陷者,可见肛门松弛或脱肛。

【病因病机】 多因久病体虚,老龄瘦弱,或长期饲养失宜,劳役过度,致使脾胃虚弱,中气下陷,以致气不摄血,溢于胃肠。

【治法】 健脾益气,引血归经。

【方例】 归脾汤(见补虚方)加减,或补中益气汤(见补虚方)加棕榈炭、阿胶、灶心土等。

【针治】 针脾俞、后三里、百会、断血、后丹田、交巢等穴。

任务十三　尿　　血

一、湿热蕴结

【常见症状】 精神倦怠,食欲减少,发热,小便短赤,尿中混有血液或伴有血块,色鲜红或暗紫;口色红,脉细数。因弩伤或跌打损伤所致者,行走吊腰,触诊腰部疼痛敏感,尿中常有血凝块。

【病因病机】 多因劳役过重,感受热邪的侵袭,致使心火亢盛,下移小肠,以致膀胱积热,湿热互结,损伤脉络而发。此外,尿道结石、弩伤、跌打损伤等也可引起尿血。

【治法】 清热凉血,散瘀止血。

【方例】 八正散(见祛湿方)加白茅根、大蓟、小蓟、生地黄;或秦艽散(见理血方)加减。

【针治】 针断血穴。

二、脾虚尿血

【常见症状】 精神不振,耳耷头低,四肢无力,食欲减少,尿中带血,尿色淡红,口色淡白,脉虚弱。

【病因病机】 多因劳役过度,饮喂失调,伤及脾胃;或体质素弱,脾胃气虚,致使气虚不能统血,血溢脉外,而成尿血。

【治法】 健脾益气,摄血止血。

【方例】 归脾汤或补中益气汤(均见补虚方)加减。

【针治】 针脾俞、断血等穴。

任务十四　淋　　证

淋证是排尿频数、涩痛、淋沥不尽的病证。现代兽医临床上的急性尿路感染、肾盂肾炎、泌尿系结石等泌尿系统疾病可参照本证进行辨证论治。

一、热淋

【常见症状】 排尿时拱腰努责,淋沥不畅,疼痛,频频排尿,但尿量少,尿色赤黄,口色红,苔黄腻,脉滑数。

【病因病机】 湿热蕴结于下焦,膀胱气化失利,以致排尿淋沥涩痛,发为热淋。

【治法】 清热降火,利尿通淋。

【方例】 八正散(见祛湿方)加减。内热盛,加蒲公英、金银花等。

二、血淋

【常见症状】 排尿困难,疼痛不安,尿中带血,尿色鲜红,舌色红,苔黄,脉数。兼血瘀者,血色暗紫,混有血块。

【病因病机】 湿热蕴结膀胱,伤及脉络,血随尿排出,遂成血淋。血淋与尿血,均可见尿中带血,一般排尿涩痛、淋沥不尽者为血淋,无排尿涩痛、尿淋沥者为尿血。

【治法】　清热利湿,凉血止血。

【方例】　小蓟饮子(生地黄、小蓟、滑石、炒蒲黄、通草、淡竹叶、藕节、栀子、炙甘草、当归,《重订严氏济生方》)。

三、砂淋

【常见症状】　尿道不完全堵塞时,尿频,排尿困难,疼痛不安,尿淋沥不尽,有时排尿中断,尿液混浊,常见有大小不等的砂石,或尿中带有血丝。尿道完全堵塞时,虽常作排尿姿势,但无尿排出,动物痛苦不安。犬、猫等动物触诊腹部,可感觉到膀胱充盈;马、牛等谷道入手,可触摸到充满尿液的膀胱,大如篮球。口色、脉象通常无明显变化,或口色微红而干,脉滑数。严重者,因久不排尿,包皮、会阴发生水肿,同时伴有全身症状。

【病因病机】　多由湿热蕴结膀胱,煎熬尿液成石所致。常发于公畜,母畜少发。

【治法】　清热利湿,消石通淋。

【方例】　八正散(见祛湿方)加金钱草、海金沙、鸡内金。兼有血尿者,加大蓟、小蓟、藕节、牡丹皮。

四、劳淋

【常见症状】　精神倦怠,四肢无力,卧多立少,体瘦毛焦,甚或耳鼻发凉,四肢不温;排尿频数,淋沥不尽,但疼痛不显,遇劳则淋重;口色淡白,舌质如绵,舌苔薄白或无苔,脉沉细无力。

【病因病机】　体质素虚,或劳役过度,或淋证失治、误治,耗伤正气,致使脾肾俱虚,膀胱气化不利而发为劳淋。

【治法】　补益脾肾,利尿通淋。

【方例】　肾虚者,用六味地黄汤(见补虚方)加菟丝子、五味子、枸杞子;脾虚者,用补中益气汤(见补虚方)加菟丝子、五味子、枸杞子;排尿困难者,前方加猪苓、泽泻、车前子。

五、膏淋

【常见症状】　身热,排尿涩痛、频数,尿液混浊不清,色如米泔,稠如膏糊,口色红,苔黄腻,脉滑数。

【病因病机】　湿热蕴结于膀胱,气化不利,清浊相混,脂液失约,遂成膏淋。

【治法】　清热利湿,分清化浊。

【方例】　萆薢分清饮(川萆薢、石菖蒲、黄柏、白术、莲子心、丹参、车前子,《医学心悟》)。

任务十五　水　　肿

水肿是由于水代谢障碍,致使水湿潴留体内、泛滥肌肤的一种病证。水肿多见于颌下、眼睑、胸前、腹下、阴囊、会阴、四肢等部位。现代兽医临床上的心脏性、肾脏性、营养不良性以及功能性水肿等都可参照本证。

一、风水相搏

【常见症状】　初起毛炸腰拱,恶寒发热,随之出现眼睑及全身浮肿,腰脊僵硬,肾区触压敏感,尿短少,舌苔薄白,脉浮数。

【病因病机】　风寒外邪,肺失宣降,不能通调水道,风水泛滥,流溢肌肤,发为水肿。

【治法】　宣肺利水。

【方例】　越婢加术汤(麻黄、石膏、甘草、大枣、白术、生姜,《金匮要略》)。表证明显者,加防风、羌活;咽喉肿痛者,加板蓝根、桔梗、连翘、射干等。

二、水湿积聚

【常见症状】 精神萎靡,草料迟细,耳耷头低,四肢沉重,胸前、腹下、四肢、阴囊等处水肿,以后肢最为严重,运步强拘,腰腿僵硬,小便短少,大便稀薄,脉迟缓,舌苔白腻。

【病因病机】 圈舍潮湿,或被雨淋,或暴饮冷水,或长期饲喂冰冻饲料,脾阳为寒湿所困,运化失职,水湿停聚,溢于肌肤,发为水肿。

【治法】 通阳利水。

【方例】 五苓散合五皮饮(均见祛湿方)加减。

三、脾虚水肿

【常见症状】 毛焦胘吊,精神短少,食欲减退,四肢、腹下水肿,按之留下凹痕,尿少、粪稀,舌软如绵,脉沉细无力。

【病因病机】 劳役过度,草料不足,脾气受损,运化失职,以致水液停聚,发为水肿。

【治法】 健脾利水。

【方例】 参苓白术散(见补虚方)加桑白皮、生姜皮、大腹皮等。

四、肾虚水肿

【常见症状】 腹下、阴囊、会阴、后肢等处水肿,尤以后肢为甚,拱背,尿少,腰胯无力,四肢发凉,口色淡白,脉沉细无力。

【病因病机】 体质素虚,或劳役过度,或配种过频,或久病失养,以致脾肾阳虚,水液不能正常蒸化,泛滥肌肤而为水肿。

【治法】 温肾利水。

【方例】 巴戟散(见补虚方)去肉豆蔻、川楝子、青皮,加猪苓、大腹皮、泽泻等。

任务十六 胎 动

胎动又称胎动不安,是指母畜妊娠期未满,出现腹痛蹲腰,从阴道中流出黏液的一种先兆性流产的病证。多见于牛、马,羊、猪发生较少。现代兽医临床上的先兆性流产可参考本证。

临床分为体虚胎动和血热胎动两种证型。

一、体虚胎动

【常见症状】 马多见于妊娠后半程,牛多在临产前3~4周发生。病畜站立不安,努责蹲腰,间有回头顾腹或起卧,频频排出少量尿液,并有黏液从阴道流出,继则腹痛加剧,阴道黏液增多,按摸右侧下腹部可感受到胎儿动荡不安,甚至流产。口色淡白绵软,脉虚弱。

【病因病机】 多因妊娠期间,饲养管理不善,劳役过度,致使气血虚损,冲任不固,胎失所养,或因闪挫滑跌,外伤击打,惊跳奔跑,腹痛起卧而导致本病。

【治法】 益气,养血,安胎。

【方例】 白术散(见理血方)加减。

二、血热胎动

【常见症状】 剧烈腹痛,起卧不安,口色青紫,脉弦而数。因血热妄行而造成的胎动,则腹痛稍轻。呼吸急促,口色鲜红,脉洪数。

【病因病机】 多因损伤或误投伤胎药物而引起。

【治法】 清热解毒,止痛安胎。

【方例】 清热止痛安胎散:酒知母、酒黄柏、酒黄芩、鹿角霜、续断、熟地黄各30 g,当归、川芎、乳香、没药、地榆、生地黄、桑寄生、茯苓、乌药各20 g,血竭、木香、生甘草各15 g。水煎,候温加童便1

碗灌服。

此外,若怀疑胎死腹中,应采用谷道入手,取出死胎,并用当归、益母草、海带、骨碎补、冬瓜子、连翘各 40 g,漏芦、没药、红花、自然铜、胡芦巴、血竭各 30 g,荷叶 3～5 张。水煎灌服调治。

任务十七 胎 衣 不 下

胎衣不下又称胎盘滞留,是母畜分娩之后胎衣不能在正常时间内自行排出。一般马经过1.5 h,牛经过 12 h,羊经过 4 h,猪经过 1 h,胎衣未能全部排出,便认为是胎衣不下,各种动物都能发生本病,但牛较多见。

一、气虚型

【常见症状】 以精神沉郁,努责无力,胎衣不能正常排出,阴道流出大量血水,口色淡白,脉虚弱为特征。

【病因病机】 孕期饲喂管理不当,营养不良,或劳役过度,体质瘦弱,元气受损;或产程过长,过度努责,产后出血过多;或胎儿过大,胎水过多,长期压迫胞宫,均可致气血运行不畅,胞宫收缩力减弱,无力排出胎衣。

【治法】 补气,养血,行瘀。

【方例】 八珍汤加红花、桃仁、黄酒,或补中益气汤加川芎、桃仁等。

二、气血凝滞型

【常见症状】 频频努责,回头顾腹,有时呻吟,胎衣不下,恶露较少,其色黯红,间有血块,口色青紫,津液滑利,脉沉弦。

【病因病机】 多因生产过程中护理不当,感受寒邪,寒凝血滞,使气血运行不畅,血道闭塞,导致胎衣滞留不能排出或部分滞留于子宫。

【治法】 活血祛瘀。

【方例】 生化汤加减。有寒象者,加肉桂、艾叶、炮姜以增强温经祛寒、行血破瘀之功效;有瘀血化热者,加金银花、连翘、紫花地丁、蒲公英以增强清热解毒之功效。

任务十八 垂 脱 证

垂脱证是指由于中气下陷所致的内脏器官相对位置下垂,甚至部分或全部脱出体外的病证,常见的有胃下垂、慢性胃扩张、肾下垂、直肠脱、阴道脱和子宫脱等。

【病因病机】 本病多发于老弱牲畜,主因血气不足,中气下陷,不能固摄所致。直肠脱多因久泄、久咳或粪便迟滞,过度努责,或负载奔跑,用力过度,或伴发于分娩努责时。运动不足,阴道及子宫周围组织无力,分娩或胎衣不下时努责过度,或难产救助时强拉硬拽等皆可引起本病。

根据发病部位,垂脱证主要分为直肠脱、阴道脱、子宫脱。

一、直肠脱

【常见症状】 直肠翻出肛门外,形如螺旋,呈圆柱状,初色淡红,时久色变暗红,水肿,表层肥厚变硬,排粪困难,频频努责,举尾拱腰,如脱出日久则腐烂破溃,食欲减少,口色微黄,脉迟细。

【治法】 手术整复,补中益气。

【方例】 补中益气汤(见补虚方)。

温水灌肠后,先用温开水洗干净脱出的肠头,再用温药水一边洗一边剪掉腐烂部分,同时用手捏挤,将脱出肠头慢慢送入肛门内即可。

若脱出肠头肿大时久,用消过毒的剪刀剪去瘀膜烂肉,随捏随剪,务必细心剪净,以少出血为佳,剪后用温药水反复冲洗,再用手轻轻地送入肛门。

反复脱出的病例,可行肛门烟包缝合。

二、阴道脱

【常见症状】 母畜阴道部分或全部脱出阴门之外,称为阴道脱。部分脱出者,呈半圆形;完全脱出者,大如排球。

【治法】 手术整复,补中益气。

【方例】 补中益气汤。

先将病畜固定,用温药水清洗后,趁病畜不努责时,把脱出的部分慢慢按顺序送入阴户,直至把脱出部分推进骨盆腔内,用手把阴道拨顺,使其完全复位为止。若还脱出,继续整复后,做阴唇纽扣状缝合。

三、子宫脱

【常见症状】 部分脱出,常在阴道内塞有大小不等的球状物,或部分脱出到阴户外。完全脱出,多和阴道一起脱出到阴户外,其状在牛为筒状,在马为袋状,在猪为两个分叉很长的袋状。脱出部分开始时多为鲜明的玫瑰色,随时间的延长和瘀血的发展,表面变为暗红色,水肿,组织脆弱,时间过久则坏死,病畜强烈努责,口色淡白,脉迟细。

【治法】 手术整复,补中益气。

【方例】 补中益气汤(见补虚方)。

有胎膜附着时应先行胎膜剥离,缓慢推送或用两手放于子宫两侧交替向阴道内推送,然后术者伸手到子宫内整复至正常位置,整复后进行阴唇的纽扣状缝合,以防止子宫再脱出。此过程应进行麻醉。

任务十九 虚 劳

虚劳是动物气血不足、脏腑亏损的一类慢性、虚损性证候。

一、气虚

【常见症状】 气虚主要指肺脾气虚,表现为动则气喘,咳嗽声低,劳动即汗,大便清稀,完谷不化或水粪齐下,口舌淡白,舌软无力。

【病因病机】 多因素体虚弱,或老龄体弱,或久病失治、误治耗伤正气,或长期饲养管理不当,劳役过度,脏腑功能衰退所致。

【治法】 益气。

【方例】 参苓白术散(见补虚方)加黄芪、熟地黄、五味子、紫苑、桑白皮等。肺气虚者,用补肺散;脾气虚者,用补中益气汤(见补虚方)。

二、血虚

【常见症状】 血虚主要指心、肝血虚。其特点为口色、结膜淡白无华,脉结代,目昏睛暗,双目无光。

【病因病机】 多因先天不足,体质素虚,或后天失养,脾胃虚弱,血液生化无源;或各种急、慢性出血,肠道虫积等所致。

【治法】 补血。

【方例】 以心血虚为主者用八珍汤加减,为加强安神作用,可酌加龙眼肉、酸枣仁、远志等;若以肝血虚为主,可用四物汤加何首乌、女贞子、枸杞子等。

三、阴虚

【常见症状】 阴虚主要指肺、肾阴虚,表现为虚热不退,午后热盛,不劳而汗,口色红,少苔脉细数无力;干咳无痰,咳声低微或有气喘;或腰拖胯軟,公畜举阳滑精,母畜不孕。

【病因病机】 多由营养不足,饮水缺乏,或久病体虚,或泄泻、大汗、失血以及高热伤津所致。

【治法】 养阴润肺(肺阴虚者),滋阴补肾(肾阴虚者)。

【方例】 以肺阴虚为主者用百合固金汤(见补虚方)加减,以肾阴虚为主者用六味地黄汤(见补虚方)加减。

四、阳虚

【常见症状】 阳虚主要指脾肾阳虚,表现为畏寒怕冷,耳、鼻、四肢发凉,腰膝无力,阳痿滑精,慢草或不食,瘦弱无力,久泻不止,四肢浮肿,口色淡白,脉细弱。

【病因病机】 多因素体阳虚,或老龄体弱,久病不愈,脾肾阳虚;或劳损过度,感受寒邪,阳气受损所致。

【治法】 温中健脾(脾阳虚者),温肾助阳(肾阳虚者)。

【方例】 以脾阳虚为主者用理中汤(见温里方)加减,以肾阳虚为主者用肾气丸(见补虚方)加减。

任务二十 血 虚

全身血液不足或血对动物体某一部位的营养、滋润作用减弱而出现的病证,为血虚证。

失血过多,一时未及时补充;脾胃功能减退,生血不足;瘀血不去,新血不生;久病耗伤气血均可导致血虚。因心主血,肝藏血,故血虚证与心、肝的关系密切。外伤所造成的失血也会造成血虚。因血虚无血以充盈于脉,故脉细无力;可视黏膜淡白、苍白,以及舌淡、脉细无力为血虚之象。

在临床多见心血虚、肝血虚、血虚生风以及外伤血虚等病证。

一、心血虚

【常见症状】 心悸,躁动,易惊,口色淡白或苍白,脉细弱。

【病因病机】 血的生化之源不足,或继发于失血之后,如产后失血过多、外伤出血等。亦可由于劳伤过度,致营血亏虚。多见于劳伤心血、营养不良、贫血等病程中。

【治法】 补心血。

【方例】 归脾汤(见补虚方)。

二、肝血虚

【常见症状】 眼干,视力减退,甚至夜盲、内障,或倦怠嗜卧,蹄甲干枯,站立不稳,时欲倒地,有时可见肢体麻木、震颤,口色淡白,脉弦细。

【病因病机】 多因脾肾亏虚,血的生化之源不足,或久病耗伤肝血,或失血过多,肝失濡养所致。见于夜盲、虹膜睫状体炎、贫血、蹄甲干枯等病程中。

【治法】 滋肾益肝,明目退翳。

【方例】 八珍汤。

三、血虚生风

【常见症状】 除见血虚所致的站立不稳、时欲倒地,蹄甲干枯、口色淡白或苍白、脉细弱之外,还可见肢体麻木、肌肉震颤、四肢拘挛抽搐。

【病因病机】 多因久病,或失血,或脱水,造成血虚阴亏。见于热性病后期、大失血或严重脱水、低镁及低钙血症的病程中。

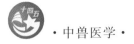

【治法】 滋阴养血,平肝熄风。

【方例】 天麻散(见祛风方)加减。

四、外伤血虚

【常见症状】 致伤物体的不同,创伤的形状也不同,主要表现为出血。出血的多少,取决于受伤的部位、创口的大小和深度,以及血管的损伤情况。组织裂开、组织肿胀、疼痛及疼痛的程度与受伤部位和动物的个体特性有关,如犬和猫对疼痛反应较敏感,而猪和牛对疼痛反应不敏感。如出血量多,可见口色淡白、脉细弱。

【病因病机】 尖锐物体的刺伤,以及钝性物体打击、碰撞或跌倒在硬地上所造成的损伤,致使血管破裂而出血,出血过多,可造成外伤血虚。同时由于致伤物体的损害,也可致使机体组织断裂、脉络损伤、气血瘀滞。

【治法】 止血补血。首先进行止血,根据创伤部位和出血的程度不同,施以不同的止血方法。如一般轻微渗血可用灭菌纱布填塞伤口,严密包扎,压迫止血即可。如出血鲜红呈现喷射状,应迅速结扎血管。四肢出血,可于创伤上方用绳索等紧扎止血,同时配合药物止血。

【方例】

(1)桃花散(见外用方)撒于创口,外用灭菌纱布包扎。

(2)老松香、煅枯矾各 30 g。共研成细粉,撒于创口,外用灭菌纱布包扎,可起到止血效果。

如出血量大,止血后应及时进行补血,可选用同种动物的新鲜血液,经灭菌后输入到失血动物的血管内。同时也可用四物汤补血。

任务二十一　滑　精

滑精又名遗精、泄精、流精,是指未交配而精液自行外泄或即将交配而精液早泄的病证。常见于马、驴、牛、猪等动物。

本病可分为肾虚不固和阴虚阳亢两种证型。

一、肾虚不固

【常见症状】 畜体瘦弱,精神倦怠,出虚汗,动则尤甚,体寒身冷,喜卧暖处,小便频数,或见粪便溏泻;阴茎常伸出,软而不举,精液自流;口色淡白,舌体绵软,舌津清稀,脉细弱。

【病因病机】 多因公畜配种过多,精窍屡开;或因营养不足,劳役过度,致使肾气亏损,下元虚衰,不能封藏所致。

【治法】 温肾助阳,涩精止遗。

【方例】 金锁固精汤(见收涩方)或巴戟散(见补虚方)加减。

二、阴虚阳亢

【常见症状】 阴茎频频勃起,流出精液,遇见母畜加重;或配种未交,精液早泄。重者拱腰,举尾,躁动不安。口色淡红,苔少或无,舌津干少,脉细数。

【病因病机】 配种过度,损伤肾精,或劳役过度,气血亏耗,致使心肾阴虚,相火偏胜,虚火妄动,干扰精室,封藏失职所致。

【治法】 滋阴降火,补肾涩精。

【方例】 知柏地黄丸加减。还可适当选择下列方药。

方一:韭菜子 60 g,龙骨、牡蛎各 30 g。共为末,黄酒为引,开水冲调,候温,马 1 次灌服,隔天 1 剂,连用 5 剂。

方二:乳香 90 g,桂枝 10 g。共为末,开水冲调,候温,马每天 1 剂,轻者 3～4 剂,重者 8～9 剂即愈。

【针治】 对肾虚不固和阴虚阳亢两型滑精均可采用下列针灸疗法。

先取百会、肾俞、尾根、会阴等穴，施以针刺、温灸，或电针、火针、光针、TDP 穴区照射，或用维生素 E 穴位注射。

任务二十二 不 孕 症

不孕症是指繁殖期适龄母畜屡经健康公畜交配而不受孕，或产 1～2 胎后不能怀孕者。临床以马、牛多见，猪也常患此病。

受孕依赖于肾气充盛，精血充足，任脉畅通，太冲脉盛，发情正常，反之则不能受孕。

本病可分为先天性不孕和后天性不孕两类。先天性不孕，多因生殖器官的先天性缺陷和获得性疾病所致，故难以医治。后天性不孕，多因生殖器官疾病或功能异常引起，尚可进行治疗。故此处仅讨论后天性不孕。

引起后天性不孕的病因主要有虚弱不孕、宫寒不孕、肥胖不孕和血瘀不孕四种证型。

一、虚弱不孕

【常见症状】 形体消瘦，精神倦怠，口色淡白，脉沉细无力，或见阴门松弛等症状。

【病因病机】 多因使役过度，或长期饲养管理不当，如饲料品质不良、挤奶期过长等，引起肾气虚损，气血生化之源不足，致使气血亏损，命门火衰，冲任空虚，不能摄精受孕。

【治法】 益气补血，健脾温肾。

【方例】 催情散（淫羊藿、阳起石、益母草、黄芪、山药、党参、当归各 80 g，熟地黄、巴戟天、肉苁蓉各 50 g，马胎衣、生甘草各 30 g。为末，开水冲调，候温灌服）加减应用。

【针刺】 针雁翅、百会、后海、肾俞、阴俞、关元俞等穴。

二、宫寒不孕

【常见症状】 病畜形寒肢冷，小便清长，大便溏泻，腹中隐隐作痛，带下清稀，口色青白，脉沉迟，情期延长，配而不孕。

【病因病机】 多因畜体素虚，或受风寒，客居胞中；或阴雨苦淋，久卧湿地；或饮喂冰冻水草，寒湿注于胞中；或劳役过度，伤精耗血，损伤肾阳，失于温煦，冲任气衰，胞脉失养，不能摄精受孕。

【治法】 暖宫散寒，温肾壮阳。

【方例】 艾附暖宫丸（艾叶、吴茱萸、肉桂各 20 g，醋香附、当归、续断、白芍、生地黄各 30 g，炙黄芪 45 g。为末，开水冲调，候温灌服）。

【针刺】 同虚弱不孕。

三、肥胖不孕

【常见症状】 病畜体肥膘满，动则易喘，不耐劳役，口色淡白，带下黏稠量多，脉滑。

【病因病机】 多因管理性因素造成体质肥胖，痰湿内生，气机不畅，影响发情，故不受孕。

【治法】 燥湿化痰。

【方例】

（1）启宫丸加减：制香附、苍术、炒神曲、茯苓、陈皮各 40 g，川芎、制半夏各 20 g。为末，开水冲调，候温加适量黄酒灌服。马、牛 200～350 g，猪、羊 60～100 g。

（2）苍术散加减：炒苍术、滑石各 25 g，制香附、半夏各 18 g，茯苓 20 g，神曲 25 g，陈皮 18 g，炒枳壳、白术、当归各 15 g，莪术、三棱、甘草各 12 g，升麻 6 g，柴胡 12 g。为末，开水冲调，候温灌服。

【针刺】 同虚弱不孕。

四、血瘀不孕

【常见症状】 发情周期反常或长期不发情，或过多爬跨，有"慕雄狂"之状。直肠检查，易发现卵

巢囊肿或持久黄体。

【病因病机】 母畜患卵巢囊肿、持久黄体等常表现此型。多因舍饲期间运动不足,或长期发情不配,或胞宫原有痼疾,致使气机不畅,胞宫气滞血凝,形成肿块而不能摄精受孕。

【治法】 活血祛瘀。

【方例】 促孕灌注液,子宫内灌注,马、牛 60～100 mL,猪、羊 20～40 mL。或生化汤(见理血方)加减。

【针治】

(1)同虚弱不孕。

(2)激光疗法:用氦氖激光照射阴蒂及交巢穴,对卵巢静止、卵泡发育滞缓、卵巢囊肿、持久黄体、慢性子宫内膜炎等引起的不孕症有良好疗效。

(3)穴位注射疗法:于母畜发情后 24 h 内,用当归或丹参注射液,百会穴注射 10 mL,30 min 后输精配种,可明显提高受孕率。

任务二十三　疮黄疔毒

疮黄疔毒是皮肤与肌肉组织发生肿胀和化脓感染的一类证候。疮是局部化脓性感染的总称,黄是皮肤完整性未被破坏的软组织肿胀;疔是以鞍挽具伤引起皮肤破溃化脓为特征的证候;毒是脏腑毒气积聚外应于体表的证候。

一、疮

疮是局部化脓性感染的总称。

【常见症状】 初期患部肿胀,灼热疼痛。严重的可出现发热、精神不振、食欲减退、脉洪数等全身表现。若局部按之柔软,为脓已成。后期,皮肤逐渐变薄,破溃后流出黄色或绿色稠脓,带恶臭味脓液,或夹杂有血丝或血块,疮面呈赤红色,有时疮面被痂皮覆盖。

【病因病机】 多由六淫之气侵入经络,气血运行受阻,致使气血凝滞而成。如《黄帝内经·痈疽篇》中说,寒邪客于经络之中则血泣,血泣则不通,不通则卫气归之,不得复反,故痈肿。寒气化为热,热胜则腐肉,肉腐则为脓。或因劳役过度,饮喂失调,久之畜体衰弱,营卫不和,气血凝滞而成。如《元亨疗马集》中说,疮者,气之衰也。气衰而血涩,血涩而侵入肉理,肉理淹留而肉腐,肉腐者,乃化为脓。故曰疮也。

【治则】 以祛除毒邪,疏通气血为主,并根据病程的发展阶段、病变的部位,分别采用内治和外治相结合的方法。初起尚未成脓者,采用消法,以散风清热、行瘀活血为主;若成脓迟缓,则采用托法,以托里透脓为主;溃后若无全身症状,则只外治即可;若气血虚弱,久不收口,则采用补法,以补气养血为主。

【方例】 初期脓未成者,内服真人活命饮、黄连解毒汤、五味消毒饮(均见清热方),外敷如意金黄散或雄黄散(均见外用方);成脓迟缓者,内服透脓散(见补虚方);脓已成,未破口者,应切开排脓,然后外用防腐生肌散(见外用方);疮毒内陷者,用清营汤(见清热方)以凉血解毒,清心开窍;溃后气血虚弱,久不收口者,可内服八珍汤,外敷防腐生肌散或冰硼散(均见外用方)。

二、黄

黄是皮肤完整性未被破坏的软组织肿胀。

【常见症状】

(1)锁口黄:又称箍口黄、束口黄。病初口角肿胀,硬而疼痛,口角内侧赤热,咀嚼缓慢,水草渐减,如不及时治疗,黄肿逐渐扩大蔓延。继而唇角破裂,口内流涎,口难张开,口色鲜红,脉洪数。

(2)鼻黄:单侧或双侧鼻部肿胀,软而不痛,久之破溃流黄水,鼻孔内亦微有肿胀,色红,呼吸稍粗,口色鲜红,脉洪数。

(3)颊黄:颊部一侧或双侧发生软肿,压之不痛,初期肿胀较小,后逐渐扩大,口流涎水,咀嚼困难,口色赤红,脉洪数。

(4)耳黄:单耳或双耳发生程度不同的肿胀,患侧耳根肿胀,患耳下垂。一般软而无痛者易消,硬而痛者则溃破成脓。《司牧安骥集》中说,马患耳黄有单双,双少单多是寻常;耳肿耳硬生脓血,内有脓囊似宿肠。

(5)腮黄:腮部一侧或双侧发生肿胀,初期肿胀较小且硬,以后逐渐肿大,可由一侧肿胀扩大到两侧,引起口内流涎,水草难进,咀嚼困难。或向颈部蔓延,则颈部肿胀,影响颈部活动。若波及咽喉则出现呼吸困难,严重时可引起窒息。

(6)背黄:病初背部热痛肿硬,日久软化,触之波动,内有黄水。

(7)胸黄:病初胸前发生肿胀,较硬,热痛,继之扩大变软,甚至布满胸部,无痛,针刺流出黄水,口色鲜红,脉洪大。

(8)肚底黄:又名锅底黄、板肚黄、滚肚黄。多发于马、牛。根据病因和病程可分为湿热型、损伤型和脾虚型三种类型。

①湿热型:多因湿热毒邪凝于腹部所致。肿势发展迅速,身有微热,肿胀界限不明,初如碗口,后渐增大,布满肚底。重者肿胀蔓延至前胸和会阴部,不热不痛,或稍有痛感,指压成坑。患病动物精神不振,水草减少,行动困难,不能卧地,四肢开张,口色微黄或鲜红,脉洪大。

②损伤型:多因跌打损伤所致,主症与湿热型近似。

③脾虚型:多因饮食失常,劳役无时,日久脾胃虚弱,脾失健运,腹中水湿难于运转,渗于肚底所致。肿势发展缓慢,肿渐增大,精神倦怠,水草减少,耳、鼻、四肢稍凉,小便短少,口色淡红,舌津滑利,脉象正常或虚弱无力。

(9)肘黄:初期患部肿胀无痛,后肿胀渐大,时发热疼痛。站立时前肢前伸,运步时呈现跛行状态,口色鲜红,脉洪大。

(10)腕黄:病初微肿发热,稍有疼痛,亦有软肿而不发热者。行走时患肢不灵活,站立时患肢伸向前方,不敢负重,频频踢踏。以后肿胀渐大,疼痛加剧,屈伸不利,起卧困难,行走迟缓。

【病因病机】 多因劳役过度、饮喂失调、气候炎热、奔走太急、外感风邪、内伤草料,致使热邪积于脏腑,循经外传,郁于体表肌腠而成黄肿。或因跌扑挫伤、外物所伤,使气血运行不畅,瘀血凝聚于肌腠所致。根据黄肿部位不同而有相应的病名。

【治则】 清热解毒,消肿散瘀。

【方例】 消黄散(见清热方)加减。

【针刺】 局部消毒后,用大宽针散刺,以排出黄水。

三、疔

【常见症状】 由于病情轻重、病变深浅及患部表现不同,疔分为黑疔、筋疔、气疔、水疔、血疔五种。

(1)黑疔:皮肤浅层组织受伤,疮面覆盖血样分泌物,后则变干,形成黑色痂皮,似钉盖,坚硬色黑,不红不肿,无血无脓。

(2)筋疔:脊间皮肤组织破溃,疮面溃烂无痂,显露出灰白色而略带黄色的肌膜,流出淡黄色水。

(3)气疔:疮面溃烂,局部色白;或因坏死组织分解,产生带有泡沫的脓汁,或流出黄白色的渗出物。

(4)水疔:患部红肿疼痛,光亮多水,严重者伴有全身症状。

(5)血疔:皮肤组织破溃,久不结痂,色赤,常流脓血。

【病因病机】 主要发于役用动物,多见于腰、背、鬐甲、肩膊等处。多因负重远行或骑乘急骤,时间过久,鞍挽具失于解卸,瘀汗积于毛窍,瘀久化热,败血凝于皮肤;或鞍挽具装置或结构不良,动物皮肤被鞍挽具磨破擦烂,毒气侵入引起。

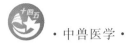

【治则】 以外治为主。未溃者,可针其周围,以防走窜;已溃者,用防风汤(见外用方)洗,然后根据情况用药,干则润之,湿则燥之,肿则消之,腐则脱之,毒则解之。如形成瘘管,则以拔毒去腐之药腐蚀之。

【方例】 黑疔,可先揭去盖,以防风汤(见外用方)洗后,外敷防腐生肌散(见外用方)。筋疔,可外用丹矾散(诃子、黄丹、枯矾,《元亨疗马集》)。气疔,可按疮治疗,必要时可内服真人活命饮(见清热方),外敷防腐生肌散(见外用方)。水疔,必要时可内服消黄散(见清热方),外敷雄黄拔毒散(雄黄、龙骨、大黄、白矾、黄柏、透骨草、樟脑,《河北验方选》)。血疔,外用葶苈散(草乌、穿山甲、葶苈子、龙骨,《元亨疗马集》)。瘘管,可用五五丹(石膏、升丹等份)撒布,或以纱布条裹药塞入瘘管。

四、毒

毒乃脏腑毒气循经外传外应于体表的证候。例如,脾开窍于口,其华在唇,脾有毒气,引起两唇角及口中破裂而出血,称脾之毒。根据病情及体表部位阴阳属性的不同有阴毒和阳毒之分。例如,胸腹下及后胯生瘰疬,称阴毒;前膊及脊背生毒肿,称阳毒。

(一)阴毒

【常见症状】 多在前胸、腹底或四肢内侧发生瘰疬结核,累累相连,肿硬如石,不发热,不易化脓,难溃,难敛,或敛后复溃。

【病因病机】 乃阴邪结毒,阴火挟痰而成。如《元亨疗马集》中说,阴毒浑身生瘰疬。

【治则】 消肿解毒,软坚散结。

【方例】 内服土茯苓散(土茯苓、白藓皮、川革薢、海桐皮、茵陈、蒲公英、金银花、苦参、昆布、海藻、苍术、荆芥、防风、花椒,《民间验方》)。慢性虚弱性阴毒,可内服阳和汤(见温里方)加黄芪、忍冬藤、苍术,外用斑蝥酒(斑蝥 10 只,研末,加白酒 30 mL)涂擦,每日 1 次,一般可擦 3～5 次。

(二)阳毒

【常见症状】 阳毒多于两前膊、脊背及四肢外侧发生肿块,大小不等,发热疼痛,脓成易溃,溃后易敛。

【病因病机】 阳毒多由于膘肥体壮,热毒内盛,加之鞍挽具不适,或气候骤变,劳役中汗出雨淋,湿热交结,郁伏于肤腠而成肿毒。

【治则】 清热解毒,软坚散结;溃后排脓生肌。

【方例】 内服昆海汤(昆布、海藻、酒炒黄芩、金银花、连翘、酒炒黄连、蒲公英、酒知母、酒黄柏、酒栀子、桔梗、木通、荆芥、防风、薄荷、大黄、芒硝、甘草,《民间验方》),外敷雄黄散(见外用方)。

任务二十四　中　暑

家畜在高温环境或暑天烈日下劳动,由于强烈的阳光辐射及高温作用,尤其当温度较高,通风不良及机体适应能力降低时,引起家畜体温调节障碍、水盐代谢紊乱及神经系统功能损害等一系列症状,称为中暑,又称日射病和热射病(包括热衰竭和热痉挛)。

根据病情轻重不同,兽医临床上常分为伤暑和中暑两种。

一、伤暑

【常见症状】 精神倦怠,耳耷头低,四肢无力,呆立如痴,身热气喘;牛常见鼻镜干燥,水草不进,肷窝出汗;口津干涩,口色鲜红,脉洪数。

【病因病机】 多因暑热炎天,烈日当空,负重长途运输,奔走太急;或由于田间长时间劳动,使役过重;或气温闷热,车舟长途运输,过度拥挤;或厩舍狭窄,通风不良等,使暑热熏蒸,暑热之邪由表入里,卫气被郁,内热不得外泄,热毒积于心胸,或热耗津液,致成本病。

【治法】 清暑化湿。

【方例】 香薷散(见清热方)。

二、中暑

【常见症状】 发病急,病程短,高热神昏,行走如醉,精神极度衰弱,呼吸喘粗,浑身出汗,甚至卧地不起,肢体抽搐,严重者虚脱而死;猪常见高热气喘,便秘,抽搐;唇干舌燥,口色赤紫,脉洪数或细数无力。

【病因病机】 同伤暑。

【治法】 清热解暑,安神开窍。

急救法:将病畜移至通风阴凉外,保持安静,用布蒙于病畜头上,以冷水淋之,并针鹘脉、太阳、耳尖、尾尖等穴。

【方例】 消黄散(见清热方)。有热痉挛和热衰竭者,要结合补液和补电解质,如注入大量葡萄糖盐水等。

加强护理:将病畜拴于阴凉外,由专人看护,喂以青草,饮以清凉水,忌喂麸料。对健康家畜,在暑热季节应加强饲养管理,合理使役,厩舍要通风凉快,使役不宜过重。防止烈日暴晒。

任务二十五 黄 疸

黄疸,是以眼、口、鼻黏膜及母畜阴户内黄染为主要症状的一类病证。各种动物均可发生,尤以犬、猫较为多见。

临床上根据病因和主症不同,常将其分为阳黄和阴黄两种。

一、阳黄

【常见症状】 发病较急,眼、口、鼻及母畜阴户黏膜等处均发黄,黄色鲜明如橘;患病动物精神沉郁,食欲减少,粪干或泄泻,常有发热;口色红黄,舌苔黄腻,脉弦数。

【病因病机】 湿热、疫毒之邪外袭,内阻中焦,脾胃运化失常,湿热交蒸,不得外泄,熏于肝胆,以致肝失疏泄,胆汁外溢,浸渍皮肤而发为黄疸。

【治法】 清热利湿,退黄。

【方例】 茵陈蒿汤(见清热方)加减。热重者,加黄连、生地黄、牡丹皮、赤芍;湿重者,加茯苓、猪苓、泽泻等。

【针治】 针耳尖、尾尖、太阳、三江、玉堂等穴。

二、阴黄

【常见症状】 眼、口、鼻等可视黏膜发黄,黄色晦暗;患病动物精神沉郁,四肢无力,食欲减少,耳、鼻末梢发凉;舌苔白腻,脉沉细无力。

【治法】 健脾益气,温中化湿。

【方例】 茵陈术附汤(茵陈、白术、附子、干姜、甘草,《医学心悟》),加茯苓、猪苓、泽泻、陈皮等。

【针治】 针肝俞、胆俞等穴。

任务二十六 痹 证

痹证是闭塞不通的意思。痹证是由于动物体受风寒湿邪侵袭,致使经络阻塞,气血凝滞,引起肌肉关节肿痛,屈伸不利,甚至麻木、关节肿大变形的一类病证,相当于现代兽医学的风湿症。

临床上常见的有风寒湿痹和风湿热痹两种证型。

一、风寒湿痹

【常见症状】 肌肉或关节肿痛,皮紧肉硬,四肢跛行,屈伸不利,跛行随运动而减轻。重则关节肿大,肌肉萎缩,甚或卧地不起。风邪偏盛者(行痹),疼痛游走不定,常累及多个关节,脉缓;寒邪偏盛者(痛痹),疼痛剧烈,痛处固定,得热痛减,遇寒痛重,脉弦紧;湿邪偏盛者(着痹),疼痛较轻,痛楚固定,肿胀麻木,缠绵难愈,易复发,脉沉缓。

【病因病机】 本病的发生多因畜体阳气不足,卫气不固,再逢气候突变、夜露风霜、阴雨苦淋、久卧湿地、穿堂贼风、劳役过重、乘热渡河、带汗揭鞍等时,风寒湿邪乘虚而伤于皮肤,流窜经络、侵害肌肉、关节筋骨,引起经络阻塞,气血凝滞,遂成本病。由于风寒湿三邪偏胜之不同,症状也有所差异,风邪偏胜者为行痹,寒邪偏胜者为痛痹,湿邪偏胜者为着痹。

【治法】 祛风散寒,除湿通络。

【方例】 风邪偏盛者,用防风散(见祛湿方)加减,寒邪偏盛者,用独活寄生汤(见祛湿方)减熟地黄、党参,加川乌;湿邪偏盛者,用薏苡仁汤(薏苡仁、防己、白术、独活、羌活、防风、桂枝、川乌、豨莶草、川芎、当归、威灵仙、生姜、甘草,《举证制裁》)加减。前肢痹证,加瓜蒌、枳壳等;后肢及腰部痹证,加肉桂、茴香等。

【针治】 根据疾病的具体部位进行选穴,如颈部风湿针九委穴,肩部风湿针抢风、冲天等穴,腰背部风湿针百会、肾俞、肾角、腰前、腰中、腰后等穴,后肢风湿针百会、巴山、大胯、小胯等穴。可酌情选用白针、水针、电针、火针、醋酒灸和软烧等不同方法。

二、风湿热痹

【常见症状】 发病较急,患部肌肉关节肿胀、温热、疼痛,常呈游走性,伴有发热出汗、口干色红、脉数等症状。

【病因病机】 动物素体阳气偏胜,内有蕴热,又感风寒湿邪,里热为外邪所郁,湿热壅滞,气血不宣;或痹证迁延,风、寒、湿三邪久留,郁而化热,壅阻经络关节均可导致风湿热痹。

【治法】 清热,疏风化湿。

【方例】 独活散(见祛湿方)加减。

【针治】 选穴同风寒湿痹,但一般不用火针、醋酒灸和软烧等方法。

任务二十七　五　攒　痛

马站立时四肢攒于腹下,腰曲头低,四肢和头部五处攒集故称之五攒痛。多发于两前肢,也发生在两后肢,也有四肢同时发病的。单独一蹄发病的较少。临床上分急性和慢性两种,急性型称为五攒痛,慢性型称为败血凝蹄。多见于现代兽医上的蹄叶炎。

根据病因不同,可分为走伤型和料伤型两种证型。

一、走伤型

【常见症状】 站立时腰曲头低,束步难行,步幅极短,把前把后,卧多立少,气促喘粗,口色偏红,体温升高,患肢前壁敏感。如两前肢患病,则两前肢前伸,以蹄踵负重,蹄尖翘起;两后肢患病,则头颈低下,尽力伸向前方,腹部向上蜷缩,后肢屈曲,以蹄踵负重。

【病因病机】 多因奔走太急,使役后立即栓系,失于牵遛,致使气血凝滞于胸膈和四肢所致。或因长途运输时长久站立,血脉流注于蹄,凝滞不散所致。此外,护蹄不良,装蹄铁失误,也可诱发本病。

【治法】 破滞开郁、和血顺气。

【方例】 茵陈散(茵陈、没药、当归、红花、白药子、桔梗、柴胡、青皮、陈皮、甘草、黄药子、杏仁,《元亨疗马集》)内服。

【针治】 前肢发病,血针鹘脉、胸堂、前蹄头、缠腕穴;后肢发病血针肾堂、后蹄头穴。四肢发病,四穴均可放血。

二、料伤型

【常见症状】 除和走伤型症状相同之外,其典型症状是食欲大减,吃草不吃料,粪稀带水,口色红,呼吸迫促,脉洪大。

【病因病机】 因过食精料,运动不足,饮水过少,致使谷料毒气凝于胃肠,进入血脉,循行于四肢,凝滞于蹄所致。也可继发于其他疾病,如患胃肠炎、结核病、流感、传染性胸膜炎等时易发本病。

【治法】 化谷通肠,消积破瘀,行血止痛。

【方例】 红花散(见理血方)加减。

【针治】 同走伤型。

任务二十八 跛 行

跛行又称拐证,是四肢活动功能障碍的各种临床病证的统称。跛行不仅由四肢疾病所引起,而且与脏腑的功能变化密切相关。如胸膊痛、肾冷拖腰等皆可引起跛行。因此,在临床诊断时,应从整体出发,审证求因,从而做出全面正确的诊断。

根据其病因、病理和主症,可分为闪伤跛行、寒伤跛行及热伤跛行。

一、闪伤跛行

【常见症状】 突然发病,跛行随运动而加剧。四肢闪伤时,患肢疼痛,负重和屈伸困难。腰部闪伤时,拱腰低头,行走困难,后腿难移,起卧艰难,甚至卧地不起。

【病因病机】 闪伤主要指关节及其周围软组织(如皮肤、肌肉、韧带、肌腱、血管等)的扭挫伤。多因跌打损伤,或滑伸扭闪,筋骨脉络受损,致使血瘀气滞,而成肿痛、跛行。

【治法】 行气活血,散瘀止痛。

【方例】 跛行散加减:当归、土鳖虫、自然铜、地龙、大黄、制南星、甘草、血竭、乳香、没药各 20～30 g,红花、骨碎补各 15～20 g。为末,开水冲调,候温灌服。气滞严重者加青皮、枳壳;前肢痛明显者加桂枝,后肢痛明显者加牛膝,腰部闪伤疼痛者加续断、杜仲。

【针治】 根据局部选穴的原则,选取患肢或患部的穴位。急性者,可用血针或白针;慢性者,用白针或火针。

二、寒伤跛行

【常见症状】 腰肢疼痛,跛行,痛无定处。寒伤四肢时,常侵害四肢上部,患肢多伸向前方,避免负重,运动时步幅短小,拘行束步、抬不高、迈不远,如为寒伤腰胯,则背腰拱起,腰脊僵硬,胯鞁腰拖,重则难起难卧。跛行常随运动而减轻。

【病因病机】 多因感受风寒湿邪,侵于皮肤,传入经络,引起气血凝滞,造成跛行。

【治法】 祛风散寒。

【方例】 风邪偏重者,用防风散加减;寒邪偏重者,用独活寄生汤加减,湿邪偏重者用薏苡仁汤加减。

【针治】 前肢风湿针抢风、膊尖、膊栏、肺门、肺攀等穴;后肢风湿针百会、肾俞、大胯、小胯、仰瓦、后通膊等穴;腰背风湿针命门、肾俞、腰中等穴。醋酒灸疗法对各种风湿痹证者均有较好疗效。

三、热伤跛行

【常见症状】 除有跛行症状外,患部有红、肿、热、痛表现,触诊局部灼热;严重者,舌红脉数,全身发热,精神沉郁,食欲减退。

【病因病机】 多因感受风寒湿邪,郁久化热;或因跌打损伤,致使筋脉受损,气滞血瘀,瘀而化热;或因感受热毒之邪等,导致关节肿痛,引起跛行。

【治法】 活血祛瘀,清热止痛。

【方例】 定痛散加牡丹皮、丹参、赤芍、桑枝等。

【针治】 在阿是穴(肿痛处)采取针罐并用的拔火罐疗法能取得较好疗效。

任务二十九　虫　　积

虫积主要是指寄生于家畜胃肠管的各种寄生虫所致的疾病,常见的有瘦虫(马的胃蝇幼虫)、蛔虫、蛲虫、绦虫等。

一、瘦虫(马胃蝇幼虫)

【常见症状】 精神倦怠,行动无力,食欲减少,毛焦欣吊,形体消瘦,常有泄泻、浮肿、口色淡白,脉沉细,吃料不长膘,时打喷嚏,或喷出幼虫,肛门上或粪便中可见到红色蜂蛹样幼虫,严重者腹痛。

【病因病机】 马胃蝇将虫卵排在马皮肤上,当孵化出幼虫后,因幼虫移行,引发瘙痒。马在啃痒时将大量幼虫带入口腔,由口腔进入胃肠,从而引发本病。

【治则】 驱虫为主,兼顾扶正。

【方例】 贯众散(贯众 60 g,使君子、鹤虱、芜荑各 30 g,大黄 20 g)加减,见驱虫方。

二、蛔虫

【常见症状】 精神倦怠,行动无力,食欲减少,毛焦欣吊,形体消瘦,常有泄泻、浮肿;口色淡白,脉沉细,吃料不长膘,另外可见消瘦、发育不良等。泄泻或便秘,偶见咳嗽或腹痛。小牛或仔猪、犬、猫等动物,有时可因虫体过多,缠绕成团,阻塞肠道而引起剧烈腹痛,甚至造成肠破裂。如虫体上行胆道,还可能引起黄疸。

【病因病机】 动物吃进有蛔虫虫卵或幼虫的生水、草料、泥秽等物,将虫卵带入体内,孵化出成虫,从而使动物致病。

【治则】 驱虫为主,兼顾扶正。

【方例】 驱虫散(鹤虱、使君子、槟榔、芜荑、雷丸各 30 g,绵马贯众 60 g,炒干姜 15 g,淡附片 15 g,乌梅、诃子、大黄、百部各 30 g,木香 15 g,榧子 30 g,共为末,开水冲调,空腹灌服。见驱虫方)加减。

三、蛲虫

【常见症状】 精神倦怠,行动无力,食欲减少,毛焦欣吊,形体消瘦,常有泄泻、浮肿、口色淡白,脉象沉细,肛门奇痒,常在墙壁或树桩上擦痒,尾根部被毛脱落,肛门和会阴周围有时可见到黄白色小虫体。

【病因病机】 动物吃进有蛲虫虫卵或幼虫的生水、草料、泥秽等物,使虫邪进入体内而致病。

【治则】 驱虫为主,兼顾扶正。

【方例】 驱虫散(鹤虱、使君子、槟榔、芜荑、雷丸各 30 g,贯众 60 g,炒干姜 15 g,制附子 15 g,乌梅、诃子肉、大黄、百部各 30 g,木香 25 g,榧子 30 g,共为末,开水冲调,空腹灌服。见驱虫方)加减,或雷丸、使君子各 60 g,槟榔 30 g,共研为末,冲服。

四、绦虫

【常见症状】 精神倦怠,行动无力,食欲减少,毛焦欣吊,形体消瘦,常有泄泻、浮肿、口色淡白,脉象沉细,腹泻与便秘交替发生,粪便中混有扁平的绦虫节片。

【病因病机】 动物吃进有绦虫虫卵或幼虫的生水、草料、泥秽等物,使虫邪进入体内而致病。

【治则】 驱虫为主,兼顾扶正。

【方例】 万应散(见驱虫方)。

实验实训

实训一 阳虚动物模型的制作和观察

（一）目的

阳虚是由于机体阴阳平衡失调所出现的阳气不足或功能衰退的表现,本实验制作阳虚动物模型并进行治疗观察。

（二）准备

1.动物 健康小鼠6只。

2.药物 可的松(或氢化可的松)、附子煎剂、冰、食盐、碘酊和酒精等。

3.器材 1 mL注射器,ST-1型数字体温计,鼠筒,10 cm深的玻璃缸,冰盐水装置等。

（三）方法和步骤

(1)观察小鼠精神、活动、被毛、弓背情况、眼睛状况并测体温。

(2)取4只小鼠,其中2只分别每日腹腔注射可的松0.5 mL,连续注射6天,观察小鼠是否出现阳虚症状,并与2只未注射药的对照鼠进行比较,观察有何不同。

(3)造模小鼠和对照小鼠各取2只分别进行耐疲劳(在水中游泳,观察游泳时间)和耐寒冷实验。记录在水中的游泳时间和在冰盐水(食盐与冰块按1∶2重量比混匀放入500 mL烧杯内)中存活时间。

(4)将剩余阳虚症状的小鼠分成两组,一组做对照不治疗,一组经口灌服助阳药附子煎剂,每日1次,每次0.4 mL,连服3天,进行观察,并进行耐疲劳和耐寒冷试验。

(5)阳虚动物模型判定标准:精神不振、活动迟缓、被毛粗乱、弓背、体温降低。

（四）观察结果

自行设计表格,详细记录。

（五）分析讨论

根据实验动物的主要表现,分析讨论阳虚证的实质,并评价助阳药附子煎剂的作用。

（六）作业

完成实训报告。

实训二 寒邪、热邪致病的实验观察

（一）目的

观察寒邪、热邪致病后实验动物出现的症状表现,加深理解寒邪、热邪的致病特点。

（二）准备

1.动物 小鼠(雄性)4只。

2.药物 食盐、冰块、纯净水等。

3.器材 鼠笼、鼠筒、台秤、广口瓶(带有两孔的胶塞)、500 mL烧杯、温度计(-20~100 ℃)、酒精灯、三角支架、石棉网、火柴、体温计、镊子、白瓷板等。

（三）方法和步骤

1.热邪致病

(1)取体重相近的雄性小鼠2只,测量体温后分别放入两个广口瓶内,其中一广口瓶为实验用,

343

另一广口瓶为对照观察用。

(2)将存有500 mL纯净水的烧杯置于三角支架上。

(3)把实验用的广口瓶置于烧杯内,然后用酒精灯慢火加温,控制火焰,使广口瓶内温度保持在35～40 ℃,随着温度逐渐升高,观察小鼠有何异常表现,待小鼠出现热汗、四肢无力、惊厥等症状时,将其从广口瓶中取出,再测量体温,观察精神、黏膜颜色、被毛、汗液、四肢等,并与对照小鼠进行比较。

2.寒邪致病

(1)同热邪致病的第(1)步。

(2)将食盐与冰块按1∶2重量比混匀放入500 mL烧杯内。

(3)将实验用的广口瓶置于上述500 mL烧杯内,随着环境温度逐渐降低,观察小鼠有何异常表现,待小鼠表现出末梢皮肤黏膜苍白、皮紧毛乍、肢体僵硬时,从广口瓶中取出,再测量体温,放于白瓷板上观察其行走步态等,并与对照小鼠进行比较。

(四)观察结果

热邪致病和寒邪致病出现的症状表现分别参考下表记录。

组　别		精神	黏膜颜色	被毛	汗液	四肢	体重
实验小鼠	实验前						
	实验后						
对照小鼠	实验前						
	实验后						

(五)分析讨论

(1)热邪致病时动物有哪些症状?本实验能看到哪些?为什么会出现这些症状?

(2)寒邪致病时动物有哪些症状?这属于外寒还是内寒,为什么?

(六)作业

完成实训报告。

实训三　药用植物标本采集及蜡叶标本制作

(一)目的

了解如何根据各种植物的特性采集较理想的标本,掌握蜡叶标本的制作方法。

(二)准备

1.药物　氯化汞、95%酒精、胶水等。

2.器材　挖掘铲、丁字镐、枝剪、高枝剪、采集筒、塑料袋、种子袋、标本夹、线带或帆布袋、记录纸、小号牌、工作日记、铅笔、标签、草纸、台纸(42 cm×29 cm)等。

(三)方法和步骤

1.采集

(1)采集具有代表性的完整的标本:根、茎、叶、花、果等力求齐全,并突出药用部分;生长发育正常、无病虫害或损伤的植株,其大小不超过一张台纸的长度为宜;大的植株可适当修剪。切勿任意用手折断,必要时可酌情将茎弯折;小的草本植物一般采全株。过小者,可用纸包好,连纸一起压制。对于过大植株,为了说明全株特征,可酌情按根、茎、叶、花、果等分别采集;有些水生植物,全株浮生水面,根生水中,应设法一并采集;寄生植物应同时采集寄主;雌、雄异株植物,应注意将两株采齐。

有变异的植株,也要注意多采几株;还要根据花果的不同时期进行采集。每采集一种植物,应尽快放入采集筒或塑料袋内,以免叶、花萎缩卷曲,影响标本质量。每一种标本通常采3～5份,以供鉴定、交换、保存等用。

(2)做好标本编号和采集记录:每采集一件标本,应用一小号牌,以铅笔写上编号和采集日期,系在标本上。同一植株的若干部分,只能编同一号码。采集记录的内容包括植物名称、植物地方名、采集地点、生态环境、性状、花果及用途等,以助于了解药物情况。

2.压制

(1)初步整理:压制前可适当整形,修去多余的枝叶、花果,洗去根部的泥土。某些肉质植物如肉质茎、块根、块茎等不易压干,可先放入开水中温烫30 s后再压制,或切成两半后再压。

(2)压制过程:将标本夹放平,上置3～4层或7～8层草纸,草纸层的多少,视标本含水量的多少及吸水纸的质量而定。然后将标本平整地摊放在草纸上,切不可互相重叠覆盖,勿让叶子卷曲;正、反面的叶子各压一些,花、果按其野生状态展放。体积小的标本,不应折叠;较大的超过草纸面积的可适当折叠成“V”形或“N”形。将标本放在干草纸上,再盖上一层干草纸。以后每隔一层草纸放一份标本,这样边整理、边压制,当标本压到一定高度后,再盖上另一块标本夹。用绳带捆扎,松紧适宜。一般新鲜植物,由于含水量较大,易致发霉变质,因此,必须每日更换草纸1～2次,以后视标本的干燥情况,每1～2天换一次,待标本的水分慢慢吸干后,可将标本夹逐步捆紧一些,并可置于阳光下晒,加快水分蒸发,一般经7～10天就不需要再换草纸。如果是水生的或肉质多浆的植物,应勤换干草纸,压制时间也要更长一些。每次换下的草纸,必须及时晒干或烘干,以备再用。在换草纸过程中,若有叶、花、果脱落时,应随时将脱落部分装入种子袋内,并记上采集号,附于该份标本内,切勿丢弃。

3.标本消毒 为防止标本发霉、虫蛀而变质,上台纸前,应先进行消毒。

(1)消毒液配制:取1 g氯化汞,置于95%酒精1000 mL内,使其成0.1%溶液,摇动使其溶解均匀。

(2)消毒法:将标本在消毒液中浸湿,取出,待酒精挥发后,即可上台纸。

4.上台纸

(1)确定位置:标本平放于台纸中央,较大或较长的标本可以倾斜放置,并注意在右下角和左上角留出适当空间,以便粘贴标签。

(2)粘贴标本:在标本反面用毛笔涂上一层胶水,将它粘贴于台纸的适当位置上。

(3)加固整理:贴好的标本夹在旧报纸中,并用重物压平。待胶水干后,再用细棉线将标本的根、枝、果等处钉牢。标本掉落的果实、种子等,放入种子袋,钉在台纸上。

(4)贴标签:台纸的左上角贴上采集记录纸,右下角贴上鉴定植物的标签。

5.鉴定 标本上好台纸后,即可鉴定。一般可根据全国和地方植物志,鉴定植物的学名。鉴定学名后,将该药用植物的中文名称、常见别名、药材名、药用部分、功能、主治、采集地点、日期、采集者、鉴定人等内容填写于标签上。

6.保存 已制成的蜡叶标本,应保存在干燥密闭的标本橱内,同时必须放入杀虫剂如樟脑之类,以便长期保存,供学习研究用。

(四)观察结果

将自己制作的标本检查一遍,并与他人互相核对。

(五)分析讨论

采集具有代表性的完整的标本有哪些要求,并分析其原理所在。

(六)作业

完成实训报告。

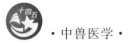

实训四　原色药用植物标本制作

（一）目的

了解原色药用植物标本的制作原理,并掌握其制作方法。

（二）准备

1. 药物　硫酸铜、醋酸铜、亚硫酸、氯化铜、甘油、冰醋酸、福尔马林、硼酸等。

2. 器材　标本缸、陶瓷盆、塑料桶(盆)、量杯或量筒(500 mL 或 1000 mL)等。

（三）方法和步骤

1. 颜色固定

(1)绿色的固定:方法较多,常用下列三种。

① 5％硫酸铜溶液浸渍:将新鲜标本放在 5％硫酸铜溶液中浸渍 1~2 周,待标本变为深绿色或褐色时,取出用水漂洗,然后放在 2％~3％亚硫酸溶液中进行漂白净化。如果标本在 5％硫酸铜溶液中浸渍过久,颜色变褐时,可在 2％~3％亚硫酸溶液中加少量 1％~2％硫酸或盐酸,待标本返绿后取出,用水洗净。

② 温热醋酸铜处理(快速着绿法):标本质地较硬或表面蜡质多或茸毛多者,常用此法。

固定液:醋酸铜 18 g,冰醋酸 50 mL,加水 50 mL 搅拌成饱和溶液,再将此饱和溶液加水 3~4 倍稀释成固定液。

处理:将固定液加热至 85 ℃时,放入标本,液温控制在 82~83 ℃,10 min 左右,待标本变黄褐色再转绿时取出,用清水漂洗。

标本加热时间不宜过长,以防破烂;处理过程中应经常翻动标本,以利于均匀着绿。在处理过程中应避免与铁器接触,否则影响标本的色彩。

③氯化铜固定液处理:淡绿色嫩薄的中药标本,适用此法。

固定液:氯化铜 10 g,冰醋酸 2.5 mL,甘油 2.5 mL,福尔马林 5 mL,5％酒精 90 mL。

处理:将标本加入固定液中浸渍 3~7 天,取出后用清水漂洗。如浸渍过的标本过于透明,可能是酒精用量较多所致,应适当减少酒精用量。

(2)红色的固定。

① 福尔马林·硼酸固定:红色果实标本如枸杞子、颠茄等常用此法。

固定液:福尔马林 10 mL,硼酸 0.8 g,加水 1000 mL。

处理:将标本置于固定液内浸渍 1~3 天,一般皮厚标本浸渍时间长些,皮薄的则短些。待果实由红变褐色时,取出洗净,再用 2％~3％亚硫酸溶液漂白净化,清水洗净。

② 5％硫酸铜溶液固定:绿色标本带有红色果实或花的植株,常用此法。

固定液:硫酸铜 50 g,加水 1000 mL。

处理:将标本放入固定液内浸渍 1~2 周,待果实由红变淡褐色时,取出洗净,用 3％亚硫酸溶液漂白净化,清水洗净。

(3)黄色的固定:黄绿色或黄色的橘类果实和黄色的根茎,常用此法。

固定液:5％硫酸铜溶液。

处理:将标本放入固定液内浸渍 1~5 天,取出洗净,再用 3％亚硫酸溶液漂白净化,清水洗净。

(4)紫色的固定:紫色素活动性强,不易固定,可试用下列固定液。

固定液:1％~3％甲醛溶液,加 3％食盐溶液(或 2％硼酸溶液)。

处理:将标本放入固定液中,浸渍 2~3 周取出,清水洗净。

2. 标本上台纸保存　将经颜色固定的标本,取出洗净后置于标本夹内,进行压制。压制后,消毒、上台纸、鉴定等与蜡叶标本的制作程序和方法相同。

3.标本浸渍保存

(1)淀粉、糖含量较高的标本,在固定后放入亚硫酸保存液前,可先用清水浸泡 1～3 天,每天换水 1～2 次,可洗去部分淀粉、糖,有利于保存,并节约药液。

(2)经固定的标本,取出后洗净,视体积大小,分别放入不同规格的标本缸中,加入保存液。

(3)标本应完全浸没在保存液中,露出液面部分容易发霉变质。标本不宜放得过多,以免受损。

(4)为便于观看,可将标本用白色尼龙线缚在玻片或玻璃棒上。

(5)及时更换保存液。标本色彩固定后,颜色较深,最初保存时有一个褪色复原返绿的过程,待标本原色复原后,及时更换为浓度较低的亚硫酸保存液。长期保存时,宜用低浓度的保存液,因低浓度保存液对标本组织和色素的影响较小,但容易发霉,可加 0.1％～0.2％山梨醇或苯甲酸钠,以作防腐剂。

(6)标本在保存过程中色素、淀粉、糖等内含物会逐渐渗出,使保存液混浊发黄,对色泽有不良影响,应及时更换保存液。

(7)标本保存一段时间后,亚硫酸将会挥发,使其浓度降低,影响保存效果,故密封前最好更换一次保存液。

(8)浸渍标本,应密封置于阴凉处保存,避免阳光照射,以防颜色消退。

4.封口 取聚乙烯醇缩丁醛 1 份,加 95％酒精 10 份,隔水加温至 75 ℃搅拌成液体,装瓶密封备用。用干抹布擦干标本缸及其盖边的水分,用毛笔蘸聚乙烯醇缩丁醛黏合剂涂在瓶盖边,连涂 2 次,速将盖子盖上,再在瓶口与盖之间涂上一层黏合剂即可。

(四)观察结果

(1)观察颜色固定的效果,比较各种固定法的优缺点。

(2)观察台纸保存和浸渍保存的效果,比较其优缺点。

(五)分析讨论

原色药用植物标本是指制成的标本,保持药用植物原有的色彩。植物的叶、花、果的色彩主要是由其细胞液中的花色素苷和内含物所决定的。叶的绿色是由于叶绿素分子中央有镁原子,而镁原子活泼,容易分离出来,成为植物黑素,使绿色变为褐色。假如将另一种金属原子如铜原子引入植物,使其恢复有机金属化合状态,则可获得与叶绿素一样的绿色物质,这种物质不易被分解破坏,难溶于水。经过 70％酒精及福尔马林溶液处理的植物标本,可长久保持绿色。

根据以上原理,分析讨论各固定液和保存液的原理,并研究设计一个固定液处方。

(六)作业

完成实训报告。

实训五 常用中药炮制方法

(一)目的

(1)了解炮制的意义。

(2)掌握炒、炙、煨、煅、制霜和水飞等常用炮制方法。

(二)准备

1.药物 决明子、薏苡仁、王不留行、山楂、干姜、白术、地榆、鸡内金、大黄、威灵仙、延胡索、磁石、牡蛎、甘草、生姜、泽泻、食盐、诃子、续随子、甘遂、滑石、棕榈、蜂蜜、黄酒、面粉、醋等。

2.器材 铁锅、铲、炉、燃料、笼屉、乳钵等。

（三）方法与步骤

1. 炒　分清炒和辅料炒两类。

（1）清炒：依炒的程度分为以下几种。

① 炒黄。炒决明子：取决明子，用文火炒至微有爆裂声并有香气时，取出放凉；炒薏苡仁：取净薏苡仁，用文火炒至微黄色、微有香气时取出放凉；炒王不留行：取王不留行，文火炒至爆花。

②炒焦。焦山楂：取净山楂，用强火炒至外表焦褐色，内部焦黄色，取出放凉；焦大黄：取大黄片入锅炒，初冒黄烟，后冒绿烟，最后见冒灰蓝烟时急取放凉。

③炒炭。炮姜：取干姜片或丁块，置锅内，炒至发泡，外表焦黑色取出放凉；地榆炭：取地榆片入锅，炒成焦黑为止。

（2）辅料炒。

①麸炒。称取白术 500 g，麦麸 50 g，先将锅烧热，撒入麦麸，待冒烟时投入白术，不断翻动，炒至白术呈黄褐色取出，筛去麦麸。

②沙炒。取筛去粗粒和细粉的中粗河沙，用清水洗净泥土，干燥置锅内加热，加入适量的植物油（为沙量的 $1\% \sim 2\%$）。取洁净干燥的鸡内金，分散投入炒至滑利（容易翻动），不断翻动，至发泡卷曲，取出筛去沙放凉。

2. 炙　与炒相似，但常加药物炮炙。

（1）酒炙：称取大黄片 500 g，以黄酒 50 mL 喷淋拌匀，稍闷，用文火微炒，至色泽变深时，取出放凉。

（2）醋炙：取净延胡索 500 g，加醋 150 mL 和适量水，以平药面为宜，用文火煮至透心、水干时取出，切片晒干，或晒干粉碎。

（3）盐炙：取泽泻片 500 g，食盐 25 g 化成盐水，喷洒拌匀，闷润，待盐水被吸尽后，用文火炒至微黄色，取出放凉。

（4）姜炙：取竹茹 250 g，生姜 50 g 加水捣成汁，拌匀喷洒在竹茹上，用文火微炒至黄色，取出阴干。

（5）蜜炙：首先炼蜜，将蜂蜜置锅内，加热徐徐沸腾后，改用文火，保持微沸，并除去泡沫及上浮蜡质；然后用罗筛或纱布滤去死蜂和杂质，再倾入锅内，炼至沸腾，起鱼眼泡。用手捻之较生蜜黏性略强，即迅速出锅，蜜炙甘草。取甘草片 500 g，炼蜜 150 g，加少许开水稀释，拌匀，稍闷，用文火烧炒至老黄色，不黏手时，取出放凉，及时收储。

3. 煨　常用面裹煨和湿纸裹煨。

（1）面裹煨：取净诃子，打湿用面逐个包裹，晒至半干，投入已炒热细沙的锅中。不断翻动，至面皮焦黑为度，取出。筛去沙子，剥去面皮，轧裂去核。

（2）湿纸裹煨：在煤炉上置一铁丝网，在网上放稻壳，点燃，待无烟、无火焰后，将湿纸包裹的甘遂块埋于稻壳灰中，煨至纸呈黑色，药材微黄色为度，取出去纸，放凉。

4. 煅　常用明煅和扣锅煅。

（1）明煅：取净牡蛎，置炉火上，煅至红透，冷后呈灰白色，研碎或研粉。

（2）扣锅煅：取净棕榈，置锅内。其上扣一较小的锅，两锅结合处垫数层纸，并用黄泥封固，锅上压一重物。用武火加热煅透，冷后取出，即为棕榈炭。

5. 煅淬　取净自然铜，置耐火容器内，于炉中用武火煅至红透，立即倒入醋内，淬酥，反复煅淬至酥脆为度。

6. 制霜　取净续随子，搓去种皮，碾为泥状，用布包严，置笼屉内蒸热，压榨去油，如此反复操作，至药物不再黏结成饼为度，再碾成粉末即得。少量者，将药碾碎，用粗纸包裹，反复压榨去油。

7. 水飞　取整滑石，洗净，浸泡后置乳钵内，加适量清水研磨成糊状，然后加大量清水搅拌，倾出混悬液。下沉的粗粉继续研磨。如此反复多次，直至手捻细腻为止。弃去杂质，将前后倾出的混悬液静置后，倾去上清液，干燥，再研细即得。

（四）作业

完成实训报告。

实训六　膜剂、栓剂、颗粒剂与片剂的制作

（一）准备

1. 药物

膜剂：金银花 100 g、黄芩 100 g、连翘 200 g、聚乙烯醇（PVA）15 g、甘油 2 g、酒精适量等。

栓剂：金银花、黄芩、连翘（与膜剂用量相同）、吐温-80 5 mL、聚乙二醇（相对分子质量 600）70 mL、聚乙二醇（相对分子质量 60000）25 g、酒精适量等。

颗粒剂：制马钱子、延胡索干浸膏、丹参、当归、川芎、煅自然铜、血竭、三七各适量等。

片剂：盐酸小檗碱 500 g、淀粉 450 g、蔗糖 450 g、酒精（45%）250～300 mL、硬脂酸镁 14 g 等。

2. 器材

膜剂：水浴锅、玻璃板 1 块、玻璃棒 1 个、胶皮圈（0.1 mm 厚）2 个等。

栓剂：水浴锅、栓剂模型等。

颗粒剂：电炉、粉碎机、真空泵、药筛、三角烧瓶、冷凝管、抽滤瓶、比重瓶、温度计等。

片剂：药筛、压片机等。

（二）方法和步骤

1. 膜剂

（1）先将金银花、黄芩、连翘加水适量制成溶液 130 mL。

（2）取聚乙烯醇 15 g 事先用 80% 酒精浸泡 24～48 h，用前用蒸馏水将酒精洗净，置于容器内，加上述溶液 100 mL，在水浴上加热至完全膨胀溶解，最后加甘油 1 g，待冷至适当黏稠度，分次放于玻璃板上，然后用两端套有胶圈的玻璃棒向前推进溶液，制成薄膜，放于烘箱内烘干（60 ℃以下），然后于紫外线灯下照射 30 min 灭菌，封装备用。注意制膜温度不宜低于 35 ℃，温度低易凝结。

2. 栓剂

（1）按上述量分别称取金银花、黄芩、连翘、吐温-80、水适量，制成溶液 130 mL。

（2）取一容器将聚乙二醇在水浴锅中溶化，继将上述溶液加至聚乙二醇溶液中，搅拌均匀，适当降温，倒入栓剂模型中，冷却即得。

3. 颗粒剂

（1）按处方将上述药炮制合格，称量配齐。将制马钱子、延胡索干浸膏、血竭、三七单放。

（2）将延胡索干浸膏、血竭、三七混合在一起，共轧为细粉，过 100 目筛。再将制马钱子单独轧为细粉，过 100 目筛。然后将制马钱子粉用递加混合法与其他 3 味药粉混合均匀。

（3）取当归、川芎、丹参、煅自然铜共同粉碎成粗粉。采用闭路式水循环提取法煎煮 2 次。第 1 次加水 8 倍量，冷浸 30 min 后煮沸 2 h；第 2 次加水 6 倍量，煎煮 1.5 h，滤取药液，把两次药液合并，再用高速离心机 4500 转/分，离心 10 min，取上清液，经减压低温（70 ℃左右）后呈稠膏状。

（4）混合，取制马钱子等 4 味药与浓缩稠膏搅匀，分成小块，真空干燥。

（5）制粒，取干燥小块，用打粒机制成均匀颗粒，分装备用。

4. 片剂　取盐酸小檗碱、淀粉及蔗糖以 60 目筛混合过筛 2 次，加 45% 酒精湿润混拌，制成软材，先通过 12 目筛 2 次，再通过 16 目筛制粒，在 60～70 ℃干燥。干粒再通过 16 目筛，继之加入干淀粉 5%（崩解剂）与硬脂酸镁充分混合后压片即得盐酸小檗碱片。

（三）观察结果

1. 膜剂　掌握制膜厚度，制成的膜剂厚约 0.1 mm。

2. 栓剂　制成的栓剂应有一定的硬度和韧性,引入体腔后经一定时间能液化,且液化时间越快越好,以聚乙二醇为基质的栓剂液化时间为 30~40 min。

3. 颗粒剂　制成的颗粒色泽一致,均匀,全部能通过 10 目筛,通过 20 目筛的小颗粒不得超过 20%。

4. 片剂　片剂应具有一定硬度。

(四)分析讨论

讨论总结中药膜剂、栓剂、颗粒剂、片剂的制作技术要点。

(五)作业

完成实训报告。

实训七　黄芩苷的提取

(一)目的

(1)通过黄芩苷的提取,了解常用的中药提取方法。

(2)掌握在黄芩中提取黄芩苷的工艺。

(二)准备

(1)药物黄芩、酒精、氢氧化钠、浓盐酸等。

(2)器材中药提取分离装置等。

(三)方法和步骤

1. 介绍常用的提取方法

(1)煎煮法:用水作溶剂,将药材加热煮沸一定的时间,以提取其所含成分的一种方法。

(2)浸渍法:在一定的温度下,用定量的溶剂将药材浸泡一定的时间,以提取药材成分的一种方法。

(3)渗漉法:将药材粗粉置于浸漉器内,连续地从浸漉器的上部加入溶剂,浸漉液不断从下部流出,从而浸出药材中有效成分的一种方法。

(4)回流法:用酒精等易挥发的有机溶剂提取药材成分,将浸出液加热蒸馏,其中挥发性溶剂溜出后又被冷凝,重复流回浸漉器中浸提药材,这样周而复始,直至有效成分回流提取完全的方法。

(5)蒸馏法:根据道尔顿定律,相互不溶也不起化学作用的液体混合物的蒸汽总压,等于该温度下各组分饱和蒸汽压(即分压)之和。因此,尽管各组分本身的沸点高于混合物的沸点,但当分压总和等于大气压时,液体混合物即开始沸腾并被蒸馏出来。

2. 黄芩中提取黄芩苷的工艺

(1)取黄芩生饮片 200 g,加水 1600 mL,煎煮 1 h,二层纱布滤过,药渣再加水 1200 mL,煎煮 0.5 h,同法滤过。

(2)合并滤液,滴加浓盐酸,酸化至 pH 1~2,80 ℃保温 0.5 h,使黄芩苷沉淀析出。

(3)弃去上清液,沉淀物抽滤,取滤饼加入 10 倍量水,使之呈混悬液,用 40%氢氧化钠溶液调至 pH 7,混悬物溶解,加入等量酒精,滤去杂质,滤液加浓盐酸调至 pH 1~2,加热至 80 ℃,保温0.5 h。

(4)黄芩苷析出后,滤过,沉淀物以少量 50%酒精洗涤后,再以 5 倍量酒精洗涤,干燥,即为黄芩苷粗品。

(四)分析讨论

(1)各种提取方法中都有哪些优缺点?

(2)黄芩苷提取中应该注意哪些问题?

（五）作业

完成实训报告。

实训八　荆芥、柴胡的解热作用

（一）目的

观察解表药荆芥、柴胡的解热作用。

（二）准备

1.动物　家兔。

2.药物　伤寒副伤寒甲乙三联菌苗，1∶1荆芥煎剂，1∶1柴胡煎剂，生理盐水，凡士林等。

3.器材　台秤，体温计，10 mL注射器，酒精棉球等。

（三）方法和步骤

(1)发热家兔的准备：家兔称重后测体温，挑选体温在38~38.5 ℃者，耳缘静脉注射伤寒副伤寒甲乙三联菌苗（每千克体重0.5 mL），观察2 h后，以体温升高1 ℃以上者作实验用。

(2)第1组家兔灌服1∶1荆芥煎剂（每千克体重0.5 mL），第2组家兔灌服1∶1柴胡煎剂（剂量同上），第3组家兔灌服等量的生理盐水作为对照。

(3)灌药后每隔30 min测体温一次，并做记录。

（四）观察结果

记录3组家兔实验前后的体温，分别绘制体温曲线。

（五）分析讨论

分析荆芥和柴胡对实验性发热家兔的退热作用。

（六）作业

完成实训报告。

实训九　清热药的体外抗菌实验

（一）目的

通过实验，掌握中药体外抗菌实验的方法，了解清热药对病原菌的抑制和杀死作用。

（二）准备

1.菌种　根据实验条件可选用大肠杆菌、沙门氏杆菌、肺炎双球菌、链球菌、绿脓杆菌、金黄色葡萄球菌，一种或数种。先接种在适于生长的培养基内，置于37 ℃恒温箱中培养24 h，待菌种复壮后使用。再取复壮的菌种一环，放在适宜的培养基内，置于37 ℃恒温箱中培养。培养时间及所需培养基因细菌的种类不同而异。一般细菌培养6 h，菌液浓度相当于每mL 9亿左右，再用肉汤液1∶500稀释后使用。链球菌、肺炎双球菌等培养18 h，菌液浓度相当于每mL 3亿左右，再用肉汤液1∶5稀释后使用。

2.药物　清热药如黄连、黄芩、地丁、栀子等。将欲试药物制成100%中药煎剂（1∶1煎剂）。经高压灭菌20 min，冷却后置冰箱中备用。

3.培养基　一般细菌如葡萄球菌、肠道杆菌等，可采用普通肉汤培养基或普通肉汤琼脂培养基。

链球菌、肺炎双球菌等对营养要求较高的病原菌,可采用羊血肉汤培养基。

4.器材 试管(高压灭菌后备用),接种环,酒精灯等。

(三)方法和步骤

1.试管法 用普通肉汤琼脂培养基或羊血肉汤培养基与100%中药煎剂进行倍比稀释(第一管双倍培养基),稀释度为1:2,1:4,1:8……1:256,每管量为1 mL。然后将菌液分别接种于不同浓度的药液培养基中,接种量为已稀释好的菌液0.1 mL。同时分别在试管中加入药液(药液与培养基1:2)、细菌(细菌与培养基0.1:1)、培养基(不加药液与菌液),各一管,作为对照。将上述试管摇匀后,置于37 ℃恒温箱中培养24 h,再观察结果。

2.平板法 先将药物按试管法稀释为1:2至1:256等不同浓度。取各稀释度的药液1 mL,置于无菌平皿中,然后在各平皿中加已溶化的琼脂培养基9 mL,使其迅速与药液混匀,对照选择10 mL琼脂培养基。已凝固的平板做标记后置于37 ℃恒温箱中1～2 h,使其水分干燥。取出平皿,将细菌以划线法接种于平板上,再置于37 ℃恒温箱内培养24 h后观察结果。

(四)观察结果

1.试管法 首先在细菌对照管混浊,而培养基对照管、药物对照管澄清透明的前提下,再观察细菌试管的混浊情况,以判定不同浓度药液的抑菌作用,如试管内液体混浊,说明有细菌生长,用"＋"表示;如试管内澄清透明,说明无细菌生长,用"－"表示,将观察结果记入下表。

细菌种类	药 物 浓 度								对照管		
	1:2	1:4	1:8	1:16	1:32	1:64	1:128	1:256	细菌	药液	培养基
××											
××											
××											
××											

如因药物色素较深,不易判断,可取一接种环将细菌移种于平板上,于37 ℃恒温箱内培养24 h再观察。

2.平板法 主要观察平板上有无细菌生长。注意应在观察对照平皿无细菌生长的前提下记录结果。观察和判断方法同试管法。

(五)分析讨论

将全班各组实验结果进行比较,如结果相近可计算平均值,如结果差别较大,应分析讨论其原因。

(六)作业

完成实训报告。

实训十　犬常用穴位的取穴法

(一)目的

掌握犬常用穴位的位置和取穴方法,以便准确定位,为临床应用奠定基础。

(二)准备

1.动物 犬。

2.主要器材 针具,保定用具,犬针灸穴位挂图及模型等。

（三）方法和步骤

1.头部穴位

（1）分水：上唇唇沟上 1/3 与中 1/3 交界处，一穴。

（2）山根：鼻背正中，有毛与无毛交界处，一穴。

（3）三江：内眼角下的眼角静脉处，左右侧各一穴。

（4）睛明：内眼角上下眼睑交界处，左右眼各一穴。

（5）耳尖：耳廓尖端背面脉管上，左右耳各一穴。

（6）天门：头顶部枕骨后缘正中，一穴。

2.前肢穴位

（1）肩井：肩峰前下方的凹陷中，左右侧各一穴。

（2）肩外俞：肩峰后下方的凹陷中，左右侧各一穴。

（3）抢风：肩外俞与肘俞间连线的上 1/3 与中 1/3 交界处，左右侧各一穴。

（4）郄上：肩外俞与肘俞间连线的下 1/4 处，左右侧各一穴。

（5）肘俞：臂骨外上髁与肘突间的凹陷中，左右侧各一穴。

（6）四渎：臂骨外上髁与桡骨外髁间前方的凹陷中，左右侧各一穴。

（7）前三里：前臂外侧上 1/4 处，腕外屈肌与第五指伸肌间，左右侧各一穴。

（8）外关：前臂外侧下 1/4 处，桡骨与尺骨的间隙中，左右侧各一穴。

（9）内关：前臂内侧，与外关相对的前臂骨间隙中，左右侧各一穴。

（10）阳辅：前臂远端正中，阳池穴上方 2 cm 处，左右侧各一穴。

（11）阳池：腕关节背侧，腕骨与尺骨远端连接处的凹陷中，左右侧各一穴。

（12）膝脉：第一腕掌关节内侧下方，第一、二掌骨间的掌心浅静脉上，左右侧各一穴。

（13）涌泉：第三、四掌（跖）骨间的掌（跖）背侧静脉上，每肢一穴。

（14）指（趾）间：掌（跖）、指（趾）关节缝中皮肤皱褶处，每肢三穴，共十二穴。

3.躯干及尾部穴位

（1）大椎：第七颈椎与第一胸椎棘突之间，一穴。

（2）陶道：第一、二胸椎棘突之间，一穴。

（3）身柱：第三、四胸椎棘突之间，一穴。

（4）灵台：第六、七胸椎棘突之间，一穴。

（5）命门：第二、三腰椎棘突之间，一穴。

（6）百会：第七腰椎棘突与荐骨间，一穴。

（7）二眼：第一、二背荐孔处，每侧各二穴。

（8）尾根：最后荐椎与第一尾椎棘突间，一穴。

（9）尾本：尾根部腹侧正中血管上，一穴。

（10）尾尖：尾末端，一穴。

（11）后海：尾根与肛门间的凹陷中，一穴。

（12）肺俞：倒数第十肋间，距背中线 6 cm 处凹陷中，左右侧各一穴。

（13）肝俞：倒数第四肋间，距背中线 6 cm，左右侧各一穴。

（14）脾俞：倒数第二肋间，距背中线 6 cm，左右侧各一穴。

（15）肾俞：第二腰椎横突末端相对的髂肋肌肌沟中，左右侧各一穴。

（16）关元俞：第五腰椎横突末端相对的髂肋肌肌沟中，左右侧各一穴。

（17）天枢：脐眼旁开 3 cm，左右侧各一穴。

（18）中脘：胸骨后缘与脐之间连线中点，一穴。

4.后肢穴位

（1）环跳：股骨大转子前方，左右侧各一穴。

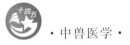

（2）后三里：小腿外侧上 1/4 处，胫、腓骨间隙中，距腓骨头腹侧约 5 cm 处，左右侧各一穴。

（3）解溪：跗关节背侧横纹中点、两筋之间，左右侧各一穴。

（4）肾堂：股内侧隐静脉上，左右侧各一穴。

（四）分析讨论

（1）犬常用穴位的取穴方法有几种？

（2）犬常用穴位的主治是什么？

（五）作业

完成实训报告。

实训十一　白针疗法

（一）目的

（1）掌握白针（毫针、圆利针、小宽针）的操作方法。

（2）体验与观察针感反应。

（二）准备

1. 动物　马、牛。

2. 主要器材　毫针、圆利针、小宽针等。

（三）方法和步骤

1. 针前准备

（1）针具检查：按不同穴位选择适当针具，并检查有无生锈、弯裂、卷刃、针锋不利、针尾松动等，发现问题，及时修理或废弃。

（2）消毒：穴位剪毛后用碘酊消毒，针具和刺手用酒精消毒。

（3）保定病畜。

2. 切穴法　切穴的手叫押手，一般用左手切穴，穴位不同切穴方法不同。

（1）切押法：用左手拇指尖切押穴位皮肤，右手持针，使针尖沿押手拇指甲前缘刺入。

（2）舒张法：用左手拇指、食指按压穴位皮肤上，并向两侧撑开，使穴位皮肤紧张，以利于进针。穴位皮肤松弛时用此法。

（3）夹持法：用左手拇指、食指将穴位皮肤捏起，针尖从侧面刺入，如锁口穴。

3. 持针法　刺穴的手叫刺手，一般用右手持针刺穴。

（1）毫针持针法：因其细而长，易弯易颤，持针时，用刺手的拇指、食指捏针柄，中指和无名指护住针身或用拇指、食指、中指捏握针柄，捻转进针。长毫针可用拇指、食指、中指捏针尖部，留出适当深度，先将针尖刺入皮肤，再持针柄捻转进针。

（2）全握式持针法：此法持针有力，用于圆利针、小宽针或大宽针，即用拇指、食指捏持针尖，留出适当深度，其余三指握针身，并将针尾抵于手心中。

（3）持笔式持针法：用拇指、食指、中指握针尾，中指尖抵按针身以控制入针深度。

4. 进针法

（1）捻转进针法：左手切穴，右手持针，针尖刺入皮肤，左右捻转刺入所需深度。此法用于毫针进针，如因皮厚针细不易进针时，可先将 14～16 号短针头刺入穴位，再把毫针沿针头孔刺入。

（2）急刺进针法：圆利针、小宽针多用此法。即用轻巧而敏捷的手法，将针快速刺入穴位。

（3）飞针法：圆利针、小宽针可用，属急刺法。其特点是不用切手，以刺手点穴并施针，辅助动作多，进针速度快，能分散病畜注意力，减少刺皮痛，故入针完毕病畜安然不动或稍有回避。多用于不老实的病畜。

5. 运针法 运针是针刺入穴位后,为了增强针感而运动针体的方法,仅应用于毫针和圆利针。临床常用的运针手法有提、插、捻、搓、捣、颤、拨等。

(1)提:将针向外、向浅拔。

(2)插:将针向内、向深扎。

(3)捣:快速连续提插。

(4)捻:左右捻转针身。

(5)搓:单向捻针。

(6)颤:留针期间,用指弹击针尾使针颤抖。

(7)拨:手捻针柄摆动穴内的针尖。

6. 留针 将针留在穴内一定时间。

7. 退针 又称拔针或起针,有两种方法。

(1)捻转退针法:押手轻按穴位皮肤,刺手握针柄捻转退出。

(2)抽拔退针法:刺手握针柄迅速拔出。

8. 针刺角度 针体与穴位皮肤平面所构成的角度,由针刺方向所决定。

(1)直刺:针体与穴位皮肤成 $90°$ 角垂直刺入。

(2)斜刺:针体与穴位皮肤成 $45°$ 角刺入。

(3)平刺:针体与穴位皮肤成 $15°$ 角沿皮刺入。

9. 针刺深度 不同穴位要求不同深度,但火针穴位施毫针可适当深些。

10. 针穴举例

(1)毫针睛俞穴:左手切穴,下压眼球,右手持针,以捻转进针法斜向后上方刺入 6 cm,留针不运针,捻转退针。

(2)毫针脾俞穴:入针 4~6 cm,捻转运针或搓针,观察针感、肌肉收缩、颤抖、凹腰、举尾等情况。

(3)小宽针急刺抢风穴:不留针或留针不捻针。

(4)圆利针飞针百会穴:针法见飞针法。

(四)分析讨论

(1)何谓得气? 如何体验针感?

(2)针穴中个人有何体会?

(五)作业

完成实训报告。

实训十二　艾灸、温熨疗法

(一)目的

了解和掌握常用艾灸和温熨疗法的操作方法。

(二)准备

1. 动物 牛或马,每组 1 头(匹)。

2. 药物 艾炷、艾卷、生姜片、大蒜片、食醋 5 kg、70% 酒精或白酒 0.75 L、麸皮 7.5~10 kg 等。

3. 器材 纱布、布袋、麻袋、小盆、50 mL 注射器、小刷子、火炉、炒锅等。

(三)方法和步骤

1. 艾灸法 分为艾炷灸和艾卷灸两种,根据灸后灼伤皮肤的程度可分为无瘢痕灸和瘢痕灸

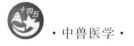

两种。

(1)艾炷灸:包括直接灸和间接灸两种。

①直接灸:根据病情选择适宜大小的艾炷(枣子大或李子大)直接放在穴位上,点燃艾炷尖,待燃烧到底部,不等燃尽就更换一个艾炷,称为"一壮"。每穴灸 5～10 壮或更多一些。其补泻手法是以点燃艾炷令其自灭,按穴者为补,不按穴者为泻。

②间接灸:将厚为 0.2～0.3 cm 的生姜片或大蒜片、药物等,刺上小孔,垫在艾炷和穴位之间。其他操作同直接灸。

(2)艾卷灸:根据艾灸的方式和对穴位皮肤的灼热程度分为温和灸和雀啄灸两种。

①温和灸:将点燃的艾卷放于距穴位 0.5～2 cm 处熏烤,每穴连续灸 5～10 min。

②雀啄灸:将点燃的艾卷像雀啄食一样接触一下穴位皮肤后立即拿开,反复操作,每穴灸 2～5 min。

2. 温熨法 温熨法常用的有醋酒灸和醋麸灸等。

(1)醋酒灸:俗称火烧战船或背火鞍。将马或牛保定在六柱栏内,用温醋刷湿背腰部被毛,盖上用醋浸湿的双层纱布,洒上 70%酒精(或白酒),点燃,醋干加醋,火小用注射器洒酒,勿使纱布烧干,先文火后武火,连续烧 30～40 min,至马或牛耳根或腋下出汗时,用麻袋盖灭火焰,抽出湿纱布,固定麻袋,将动物拴于暖厩,勿受风寒。

(2)醋麸灸:将一半麦麸放在铁锅内加醋拌炒,加醋的量以手握麦麸成团、放手即散或不全散开为度,炒至麸热 40～60 ℃,趁热马上装入布袋,平搭在腰背部施灸。再用同样方法炒另一半麦麸。两布袋交换使用,稍凉就换,直至马耳后或腋下微出汗,除去布袋,盖上干麻袋保暖,勿受风寒。

(四)分析讨论

分析艾灸和温熨疗法的操作要点、注意事项、作用原理和适应证。

(五)作业

完成实训报告。

实训十三　牛病的临床诊治

(一)目的与要求

了解中兽医临床诊治牛病的基本过程及步骤,掌握牛病一般望、闻、问、切法的操作技术,并了解其注意事项及应用范围。

(二)准备

1. 动物 牛(奶牛、黄牛、水牛均可)2 头。

2. 药物 5%碘酊、70%酒精棉球等。

3. 器材 牛鼻钳、听诊器、体温计、病历夹、病历表、保定绳等。

(三)方法和步骤

1. 望诊 望诊的内容很多,大体可分为望全身、望局部和察口色三个方面。实习时教师先示范操作,学生认真观察。

(1)望全身。

①精神:精神的好坏在全身很多方面均有所表现,其中突出表现在眼睛、耳朵、面部表情和对外界事物的反应能力上,故望精神应重点集中在这几个方面。

②形体:外形、体质的肥瘦强弱与五脏相应。一般说来,五脏强壮的,形体也强健;五脏虚弱的,外形也衰弱。其中形体变化与脾胃功能更为密切。

③被毛：被毛的变化可反映机体抗御外邪的能力及家畜气血的盛衰和营养状况，同时也可反映肺气的强弱和有无机械性损伤。

④动态：健康牛卧多立少，站立时常低头，休息时常半侧卧，两耳前后扇动或用舌舔鼻或被毛，人一接近即行起立，起立时前肢跪地，后肢先起，前肢再起，动作缓慢，卧地或站立时，常间歇性倒嚼。

（2）望局部。

①眼：眼为肝之外窍，但五脏六腑之精气皆上注于目，这说明望眼除了望神，还可测知五脏的变化。具体内容有望眼神、望目形、察眼色等，察眼色时只要两手握住牛角，将牛头扭向一侧，巩膜、瞬膜即可外露，欲检查结膜时，可用两手大拇指将其上下眼睑拨开观察。

②耳：耳的动态与牛的精神好坏、肾及其他脏腑的某些病证有关。健康牛两耳灵活，听觉正常。两耳下垂、歪斜、竖立、唤之无反应均预示相应疾病的发生。

③鼻：应注意观察鼻孔的开张，鼻涕的有无及性质，特别是鼻镜的检查对疾病的诊断具有十分重要的意义。正常情况下，鼻镜湿润，且有少许水珠存在，触之有凉感。患病后鼻镜部即发生不同变化。为了更好地观察鼻汗分泌的情况，也可左手牵住鼻孔，右手擦去鼻汗，稍等一会即可看见鼻汗分泌情况，可从分泌快慢、汗珠大小、分布情况等判定寒热、虚实。

④口唇：望口唇，不仅要从外部观察口唇的形态及运动，还要打开口腔观察内部的情况和变化，口唇变化不仅反映脾气的盛衰，而且可以反映全身功能状态。观察时注意口唇有无歪斜，牙关是否紧闭，唇、舌、齿龈、颊部等处有无疮肿、水疱、溃烂、破伤等，以及口津多少，流涎程度及性质等。

⑤呼吸：呼吸异常往往与肺有关，其他脏腑功能失调也可影响气机，进而造成呼吸功能的变化。在疾病过程中，呼吸的次数及状态常发生变化，主要有快、慢、盛、微、紧缓不齐、姿势异常等。

⑥饮食：望饮食包括观察饮食欲、饮食量、采食动作和咀嚼吞咽情况等，特别是反刍情况更应注意，正常情况下，反刍的次数、时间均有一定的规律，多为食后 30～60 min 即开始反刍，每次反刍持续时间在 20 min 至 1 h 不等，每昼夜反刍 4～8 次，每次返回口腔的食团再咀嚼 40～60 次，高产乳牛的反刍次数较多且每次持续时间长。在多种疾病过程中均可出现反刍障碍，表现为反刍开始出现的时间晚，每次反刍的持续时间短，昼夜反刍的次数少以及每个食团的再咀嚼次数减少，严重时甚至反刍完全停止。

⑦躯干：观察胸背、腰、肚腴等部位的变化，注意被毛及上述部位有无胀、缩、拱、陷等外形异常。

⑧四肢：观察四肢站立和走动时的姿势和步态，以及四肢各部分的形状变化。

⑨二阴：前阴和后阴。前阴指外生殖器，注意观察阴茎的功能、形态，阴门的形态、色泽及分泌物的情况。后阴指肛门，观察时注意其松紧、伸缩及周围的情况等。

⑩粪尿：注意观察粪尿的数量、颜色、气味、形态等。

⑪乳房：在检查奶牛时尤为重要，注意观察其对称情况、大小、形状、外伤、皮肤颜色、疹疮及挤乳时病牛的表现，乳汁的颜色、黏稠度、有无絮状物及混杂物。此时最好结合触诊（温度、质地、结节）进行检查。

（3）察口色。

①方法：检查者站于病牛头部的左侧方，先用手轻轻拍打牛的眼睛，在其闭眼的瞬间，以一只手的拇指和食指从两侧鼻孔同时伸入，并捏住鼻中隔（或握住鼻环）向上提举，另一只手从口角伸入口腔，拨开嘴唇，推动舌体，此时即可进行观察。

②部位：牛的口色受到色素沉着的影响，故观察部位以颊部、舌底及卧蚕和仰池为主。

③表现：正常口色呈淡红色。病理口色有白、赤、青、黄、黑五色的变化。正常舌苔薄白。病理舌苔为白、黄、灰黑三种表现。

正常舌筋（舌下静脉）不粗不细不分枝，形如棉线。病理舌筋有的粗大，分枝明显，呈乌红色，形如麻线；有的细小，不明显，不分枝，呈苍白色，形如细丝线。将舌体等分三段，舌尖舌筋变化与上焦病证有关，舌中部舌筋变化与中焦病证有关，舌根舌筋变化与下焦病证有关。

看口津，主要是分辨口津的多少和性质，是量少而黏稠，还是量多而清稀。看舌形，主要是看舌

357

体形状大小及手感有力无力,如舌体是肥瘦适中,还是舌肿满口,板硬不灵,抑或是舌软,伸缩无力。

2. 闻诊　通过听觉和嗅觉了解病情的一种诊断方法。包括闻声音和嗅气味两个方面。

(1)闻声音:包括叫声、呼吸音、咳嗽声、咀嚼声及胃肠音,同时结合听诊心、肺等音。

①叫声:健康牛在求偶、呼群、唤子等情况下,往往发出洪亮而有节奏的叫声,疾病过程中,其叫声的高低常有变化,甚至出现低微的呻吟声。

②呼吸音:一般不易听到,剧烈运动和劳役时,呼吸音变粗大,疾病过程中呼吸气息常有变化,严重者出现气息急促而喘。

③咳嗽声:健康牛一般不咳嗽。由于疾病性质和病程不同,咳嗽的声音、时间及伴随的症状也不相同,包括实咳、虚咳、干咳、湿咳,白天咳嗽、夜晚咳嗽。

④咀嚼声:健康牛在采食、反刍时,可听到清脆而有节奏的咀嚼声,疾病过程中可见咀嚼缓慢小心、声音低微,或口内并无食物而牙齿咬磨作响等异常表现。

⑤瘤胃、瓣胃、真胃音:多以听诊器进行间接听诊。

正常时,瘤胃随每次蠕动而出现先逐渐增强而又逐渐减弱的沙沙声,似吹风样或远雷声,健康牛每2 min蠕动2～3次,主要判定瘤胃蠕动音的次数、强度、性质及持续时间。瓣胃音呈断续性细小的捻发音,于采食后较为明显,主要判定其蠕动音是否减弱或消失。真胃音呈流水声或含漱音,主要判定其强弱和有无蠕动音的变化。

⑥肠音:健康牛在整个右腹侧,均可听到短而稀少的肠蠕动音,呈流水音或含漱音。

(2)嗅气味:包括口气、鼻气、粪、尿、乳汁等的气味。

①口气:健康牛口内带有草料气味,无异臭,若出现异常气味,多为口腔及前胃疾病。

②鼻气:健康牛鼻无特殊气味,若出现异常气味,多是肺经有病,在牛患醋酮血病时,鼻气中出现烂苹果气味。

③粪:正常时有一定的臭味,在某些胃肠疾病过程中,臭味不显,多为虚寒证;臭味浓重,多为湿热证。

④尿:正常时气味较小,在疾病过程中,气味熏臭,多为实热;无异常臭味,多属虚寒。

⑤乳汁:正常时有一定的乳香味,在患病时出现异常气味,如在患醋酮血病时出现特异的烂苹果气味。在某些中毒性疾病过程中也可出现相应的中毒物的气味。

3. 问诊　通过与畜主及有关人员有目的的交谈,对病畜进行调查了解的一种方法。

问诊的内容主要有下列几项。

(1)发病及诊疗经过:包括发病的时间、地点,起病时的主要症状,疾病发展的快慢,是否进行过治疗,如何治疗的,疗效如何。

(2)饲养管理及使役情况:包括饲料种类、来源、品质、调制及饲喂方法,有无圈舍,圈舍条件如何,使役量,使役方法,鞍挽具等。

(3)病畜来源及疫病情况:包括病畜是自繁自养的,还是外地引进的,是个体发病还是群体发病,是否进行过防疫工作。

(4)既往病史及生殖情况:包括病畜的既往病史及其与这次发病的关系,病畜生产性能如泌乳量等,以及配种、妊娠、产仔的情况等。

总之,问诊要灵活,切不可千篇一律,在内容上既要全面收集,又要重点深入,问清与辨清表里、寒热、虚实有关的细节。此外,问诊时语言要通俗,态度要和蔼,以启发的方式进行询问,取得畜主配合。

4. 切诊　依靠手指的感觉,进行切、按、触、叩,从而获得辨证资料的一种诊察方法。包括切脉和触诊两部分。

(1)切脉。

①方法及部位:检查者站在病牛正后方,左手将尾略向上举,右手食指、中指、无名指布按于尾根腹面,用不同的指力推压和寻找即得,拇指可置于尾根背面帮助固定。因牛切的是尾中动脉,所以具

体部位一般是以肛门为中心相对应的尾根定关部(即中指定关部),其上一指为寸部,其下一指为尺部,也可在牛尾椎骨第三节处定关部,据此确定寸、关、尺三部,对应上、中、下三焦病变。

②表现:正常脉象是不浮不沉,不快不慢,至数一定,节律均匀,中和有力,连绵不断,一息四至。正常脉象随机体内外因素的变化而有相应的生理性变化,如季节、性别、年龄、体格等。

病理脉象:由于病证多样,故脉象的变化也就相应复杂,重点掌握八大脉象,如浮、沉、迟、数、虚、实、滑、涩。

③注意事项:切脉成功的关键在于保持病牛及周围环境的安静(使病牛安静的常用方法如下:公牛宜抚摸睾丸,母牛宜扣耳角根,犊牛宜母牛在其身旁)。切脉应首先学会定位,其次摸到脉搏,最后平心静气地去感觉。

(2)触诊。

①凉热:用手触摸病牛有关部位温度的高低,以判断寒热虚实,现多结合体温计测定直肠温度。具体内容包括口温,鼻温,耳温,角温,体表、四肢等部位温度。

触摸角温时,四指并拢,虎口向角尖,小指触角基部有毛与无毛交界处,握住牛角,若小指与无名指感热,体温一般正常,若中指也感热,则体温偏高;若食指也感热,则属发热无疑。若全身热盛而角温低者,多属危证。

②肿胀:触摸时要查明其性质、形状、大小及敏感度等方面的情况。

③咽喉及槽口:主要应注意有无温热、疼痛及肿胀等异常变化,如牛的放线菌病即有该处的变化。

④胸腹:用手按压或叩打两侧胸壁时,观察其躲闪反应。顶压剑状软骨突起部看其疼痛反应。触诊瘤胃是腹部重要的检查内容,检查者位于牛的左腹侧,左手放于中背部,右手可握拳、屈曲手指或以手掌放于肷部,先用力反复触压瘤胃,以感知内容物性状,正常时,似面团样,轻压后可留压痕,随胃壁缩动可将检手抬起,以感知其蠕动力量,并可计算次数,正常时 2 min 蠕动 2~3 次。

⑤谷道入手:主要用于子宫、卵巢、肾、膀胱等脏器疾病的检查和妊娠诊断以及检查骨盆、腰椎有无骨折、包块等。

(四)观察结果

将四诊结果进行综合整理,最终确定其临床诊断。

(五)分析讨论

四诊各有什么诊断意义?四诊合参在临证上的重要性是什么?

实训十四　外感热病的辨证与治疗

(一)目的

外感热病主要包括六经病证和卫气营血病证。通过实训要求掌握外感热病的辨证施治步骤、方法,确定治则及选方用药原则。

(二)准备

1.动物　兽医院门诊、住院部或生产厂(场)外感热病病畜。

2.药物　治疗外感热病的常用中药。

3.器材　常用的动物保定和诊疗器械,如保定绳,中药粉碎、调制和投药器具等。

(三)方法和步骤

1.诊断　按照四诊的方法,对病畜进行全面、系统的检查,将检查所获得的资料填入中兽医病志。诊断过程中要注意掌握正确的方法,望、闻、问、切要"四诊合参"。

2. 辨病 温热病大多属于传染病,但温热病与传染病的含义并不完全相同。温热病既包括急性热性传染病,如流感、仔猪水肿病、禽霍乱、犬传染性肝炎、犬瘟热等,也包括非传染性发热性疾病,如中暑、热射病等。传染病也有不发热者或不发热的阶段,温热病也有不传染者,临床需鉴别。

3. 辨证 四诊所收集到的症状、体征等临床资料,根据它们内在的有机联系,加以综合、分析、归纳,从而得出诊断。辨证时要以八纲辨证、脏腑辨证的基本知识作为指导,但更重要的是必须掌握六经辨证和卫气营血辨证的具体方法。六经辨证主要用于"伤寒",卫气营血辨证主要用于"温病"。

临床辨证时,如果病畜属于"伤寒",首先应分清是属于三阳病,还是三阴病。三阳病多热多实,治疗重在祛邪;三阴病多寒多虚,治疗重在扶正。其次,按其各经病证特有的证候,深入分析,进行归经辨证,最后得出诊断。如果属于"温病",那就依据四诊所获得的资料,首先分清热在"气"还是热在"血"。热在"气"之轻浅者叫卫分,故卫分主表、主肺及皮毛。热在"气"之重者叫气分。气分指温热之邪深入于里,入于脏腑,但尚未入血。热在"血"之轻浅者叫营分。营分是指邪热入于心营,入于心和心包络。由于心主周身之血,故营热又以血热为主证。热在"血"的深重者叫血分。血分是指邪热深入到肝血,重在耗血和动血。在以上辨证的基础上,按其卫、气、营、血各证的特有的证候,进一步深入分析,进行辨证,得出最后诊断。

4. 论治 首先确定治则和治法,其次根据病情选方用药。

(四)观察结果

将治疗过程中及治疗后病畜精神、口色、食欲等变化及其转归情况,详细填入中兽医病志。

(五)分析讨论

根据临诊的具体病例,分析外感热病的辨证程序,讨论六经辨证、卫气营血辨证与八纲辨证和脏腑辨证的关系。

实训十五　犬细小病毒病的诊治

(一)目的

学习掌握犬细小病毒病的常见类型、病因病理、临床症状及其常用的中兽医诊治方法,并由此举一反三,了解犬、猫等宠物的其他传染病一般辨证论治的原则和方法。

(二)准备

1. 动物 宠物医院门诊或住院的患犬细小病毒病的病犬。

2. 方药 白头翁汤、四黄郁金散、加味葛根芩连汤等。

3. 器材 常用的犬保定和诊疗器械,如保定绳、保定架,中药粉碎、调制和投药器具等。

(三)方法和步骤

1. 诊断 用望、闻、问、切四诊,并结合西兽医学临床常用的诊断方法,收集病犬的症状和有关情况,如发病年龄、季节,粪便的形态、颜色和气味,小便的量、颜色和气味,病犬的精神、体质、体温、口腔干湿情况和气味、舌色、舌苔、皮肤弹性、眼窝情况等。

2. 辨证 根据诊断所收集的资料,进行综合分析,按中兽医理论进行辨证;同时尽可能按西兽医的方法对病性进行确诊。犬细小病毒病是由犬细小病毒引起的一种急性传染病,其特征是呈现出血性肠炎(血痢)和非化脓性心肌炎症状。多发于3～6月龄幼犬,常常同窝暴发。仔犬断奶前后正气不足,脾胃虚弱,若与病犬直接接触或食入被污染的饲料,病毒便可乘虚而入,伤及脾胃,特别是小肠下段郁而化热,侵淫营血,迫血妄行,出现出血性肠炎症状;伤及心肺,肺失宣发肃降,心肌受损,扰乱心神,出现心肌炎症状。

出血性肠炎型:各种年龄的犬均可发生,但以3～4月龄的断乳犬更为多发。病犬常突然发病,发热,体温升高至 40～41 ℃,也有体温始终不变者。神倦喜卧,频频呕吐,不食。不久发生腹泻,里急后重,粪便先呈黄色或灰黄色,被覆有大量黏液及伪膜,而后粪便呈番茄汁样,带有血液,甚至频频血便,腥臭难闻。小便短黄,眼窝凹陷,皮肤弹性明显下降。口干,发出臭味,舌色鲜红或绛,舌苔黄腻,脉数或细数。

心肌炎型:多见于 4～6 周龄的幼犬,多因出现临床症状时已来不及救治而死。

3.论治 根据辨证结果确定治疗原则,选择适当的方药进行治疗。出血性肠炎型宜清热解毒、凉血止痢。西兽医治疗时可酌情输液,强心补碱,以维护正气。中兽医治疗时可试用下列方剂。

方一,白头翁汤。白头翁、秦皮各 20 g,黄连、黄柏各 10 g。煎汤去渣,浓缩至 100 mL,候温灌服。里急后重者,加木香、槟榔;夹滞者,加枳实、山楂。

方二,四黄郁金散。黄连、黄芩、黄柏、大黄、栀子、郁金、白头翁、地榆、猪苓、泽泻、白芍各 30 g,诃子 20 g。水煎,分 2 次灌服。呕吐者加半夏、生姜;里热炽盛者加金银花、连翘;热盛伤阴者加玄参、生地黄、石斛;下痢脓血较重者重用地榆、白头翁;气血双亏者减黄芩、黄柏、栀子、大黄,加党参、黄芪、白术等。

方三,加味葛根芩连汤。葛根 40 g,黄芩、白头翁各 20 g,山药、甘草各 10 g,地榆、黄连各 15 g。水煎服,每天 1 剂,分 3～4 次,每次 50～100 mL。幼犬药量酌减。便血重者加侧柏炭 15 g;津伤重者加生地黄、麦冬各 20 g;里急后重者加木香 10 g;呕吐剧烈者加竹茹 15 g。

(四)观察结果

经治疗处理后,观察病犬的精神、食欲、大小便情况等,记录疾病的转归。

(五)分析讨论

根据诊治,分析讨论辨证论治中的收获体会和经验教训。教师应着重提示辨证论治的基本特点、中西兽医结合护理与预防方法和原则,以及犬、猫等宠物的其他传染病的一般辨证论治的原则和方法。

实训十六 掏 结 术

(一)目的

通过学习本实训,初步掌握掏结术的基本操作要领和方法。

(二)准备

1.动物 健康马属动物和结症病畜。

2.器材 长绳 1 条,短绳 2 条,脸盆 1 个,灌肠器,肥皂等。

3.药物 石蜡油,10％～25％硫酸镁溶液 1000 mL。

(三)方法和步骤

1.病畜保定 根据结粪的位置不同,病畜保定的方法、姿势也不一样。站立保定同直肠检查时的保定。卧倒保定时,应先将病畜用倒畜法放倒,再用绳把四肢系部攒绑在一起,其姿势应依据掏结术的要求,有些侧卧,有些仰卧,但以仰卧保定为主。因为仰卧可以使脏腑集中,手触摸的范围相对较广。

2.检查前的准备 术者应剪短指甲并磨光。手臂涂以润滑剂如肥皂或石蜡油,使手臂润滑便于入手。掏结时,术者应根据病畜保定的姿势调整自己的体位以便于掏结。

3.破结的方法 按压法:主要用于中结。术者将结粪牵引至左腹壁或骨盆腔前口,抵于耻骨前缘,或牵引至骨盆腔内,抵于骨盆腔的某部,拇指屈于掌内,其余四指并拢,用食指及中指或四指的指腹由粪块的中央向两端逐点按压,以点连线,压成纵沟,待前部气体或液体通过,再进一步压扁或压碎。

握压法:主要用于前结与中结。术者拇指弯向掌心,其余四指并拢握住结粪,以拇指为支点,另外四指反复进行握捏,把结粪分段握扁,并使之破碎。

切压法:主要用于板肠结。术者拇指屈于掌心,其余四指并拢,用手掌下缘把结粪切压成沟,此法称为纵切法,或将四指并拢,弯曲成90°角,用掌的下缘将结粪切断,此法称为横切法。

顶压法:术者拇指屈于掌心,其余四指并拢,在结粪的后方用指腹进行顶压,使结粪疏松或顶压出一条纵沟使气体通过即可。

直取法:仅用于后结。若属直肠壶腹部便秘,可先用手指将积粪同黏膜分开,再以拇指、食指及中指捏住结粪,一块一块地取出;若属直肠狭窄部便秘,可先用食指由结粪的中央挖开,然后再将紧贴肠壁的粪块向中央拨动,并一点一点地衔出,此法称为"燕子衔泥法"。在直取结粪过程中,如发现直肠狭窄部水肿,可用10%～25%硫酸镁溶液反复灌肠。

捶结法:这是掏结术的进一步发展。它适用于中结。其方法如下,将结粪固定到邻近的软腹壁处,固定方法依结粪的形状、大小而异;结粪呈球状、坚硬、拳头大至小儿头大的,可将拇指屈于掌内,四指固定其边缘,拇指屈曲顶住结粪中央以固定;结粪大而太硬的,可用四指伸直的掌面抵住结粪一端而固定,固定之后,另一手在体外用拳头对准结粪捶击。若术者不方便时,可由助手按术者指示用拳或木槌捶之。一般一至三下即可将结粪捶碎。

捶结时应先轻后重,稳准猛打。术者手抵住结粪时必须妥善固定,以防结粪滑脱,造成肠道破损。结粪被打碎后,即可感到气体通过,病畜腹痛很快停止。

4. 掏结时的注意事项

(1)病畜直肠干燥者,应先灌肠后掏结。

(2)当术者手伸到直肠壶腹部时要谨慎通过直肠狭窄部。若病畜努责,术者应根据努退、缓进的原则慢慢前进,防止穿破肠壁。

(3)若病畜躁动不安,可先给镇静药而后掏结,在掏结过程中应注意术者的安全。

(四)观察结果

将治疗经过及结果记录于病志中。

(五)分析讨论

根据所诊治的具体病例,分析讨论诊治中的收获体会和经验教训。

[1]　汪德刚,陈玉库,王长林.中兽医防治技术[M].2版.北京:中国农业大学出版社,2012.

[2]　毕玉霞,方素芳.中兽医[M].2版.北京:化学工业出版社,2016.

[3]　姚荣林,刘耀武.中药鉴定技术[M].3版.北京:中国医药科技出版社,2017.

[4]　王成,关铜.中兽医诊疗技术[M].3版.郑州:河南科学技术出版社,2012.

[5]　胡元亮.中兽医学[M].北京:中国农业出版社,2006.

[6]　杨云,赵婵娟.中兽医应用技术[M].重庆:重庆大学出版社,2017.

[7]　郑继方.兽医中药学[M].北京:金盾出版社,2012.

[8]　袁颖,都广礼.方药学[M].2版.上海:上海科学技术出版社,2020.

[9]　刘钟杰,许剑琴.中兽医学[M].4版.北京:中国农业出版社,2014.

[10]　姚卫东,范俊娟.兽医临床基础[M].北京:化学工业出版社,2014.

[11]　张登本,孙理军.全注全译黄帝内经[M].北京:新世界出版社,2008.

[12]　孙永才.中兽医学[M].北京:中国农业出版社,2000.

[13]　刘德成,刘山辉.临床兽医基础[M].北京:中国农业大学出版社,2014.

[14]　钟秀会,陈玉库.中兽医学[M].北京:中国农业科学技术出版社,2002.

[15]　姜聪文,陈玉库.中兽医学[M].2版.北京:中国农业出版社,2010.

[16]　戴永海,王自然.中兽医基础[M].北京:高等教育出版社,2002.

[17]　汤德元,陶玉顺.实用中兽医学[M].北京:中国农业出版社,2005.

[18]　邓华学.中兽医学[M].重庆:重庆大学出版社,2007.

[19]　钟秀会.中兽医学实验指导[M].2版.北京:中国农业出版社,2008.